Manfred Meyer

Leistungselektronik

Einführung
Grundlagen
Überblick

Mit 324 Abbildungen

Springer-Verlag Berlin Heidelberg GmbH 1990

Professor Dr.-Ing. Manfred Meyer
Lehrstuhl für elektrische Antriebe,
Leistungselektronik und elektrische Maschinen
Elektrotechnisches Institut
Universität Karlsruhe
Kaiserstraße 12
7500 Karlsruhe 1

CIP-Titelaufnahme der Deutschen Bibliothek
Meyer, Manfred: Leistungselektronik: Einführung, Grundlagen, Überblick/Manfred Meyer.

ISBN 978-3-540-52460-1   ISBN 978-3-642-87348-5 (eBook)
DOI 10.1007/978-3-642-87348-5

Satz: Mit einem System der Springer Produktions-Gesellschaft;
Datenkonvertierung: Brühlsche Universitätsdruckerei, Gießen;

2160/3020-543210 – Gedruckt auf säurefreiem Papier

Vorwort

Die wichtigsten Entwicklungsabschnitte auf dem Gebiet der Leistungselektronik wurden jeweils durch neuartige elektrische Ventile ausgelöst. Der erste begann Anfang dieses Jahrhunderts mit dem ungesteuerten Quecksilberdampf-Gefäß, dem Grundbauelement für die Technik der netzgeführten Gleichrichter. Mitte der zwanziger Jahre standen steuerbare Quecksilberdampf-Gefäße zur Verfügung. Sie führten zur Technik der netzgeführten Stromrichter; gesteuerter Gleich- und Wechselrichterbetrieb wurde möglich. Die Quecksilberdampf-Technologie wurde Anfang der sechziger Jahre durch die Siliziumtechnologie abgelöst. Diese ermöglichte einmal eine Ausweitung der Leistungselektronik zu den kleinen Leistungen hin, zum anderen verhalfen schnelle Thyristoren im Leistungsteil und Transistoren sowie integrierte Schaltkreise im Steuerungsteil der Technik der selbstgeführten Stromrichter zum Durchbruch. Selbstgeführte Stromrichter wurden industriell zunächst nur als elektronische Gleichstromsteller oder als Wechsel- bzw. Drehstromquellen auf der Lastseite und dort überwiegend zur Speisung von Drehstrommaschinen eingesetzt. In den letzten Jahren hat sich das Angebot an Stromrichterventilen um die über den Steueranschluß auch abschaltbaren Leistungshalbleiter erweitert, was zu einer abermaligen starken Ausweitung des Gebietes der Leistungselektronik führt. Selbstgeführte Stromrichter können jetzt auch auf der Netzseite eingesetzt werden, wodurch die Netzrückwirkungen, ein Nachteil der netzgeführten Stromrichter, erheblich reduziert werden können.

Jeder der erwähnten Entwicklungsschritte erforderte eine Erweiterung der theoretischen Grundlagen der Leistungselektronik. Das Gebiet ist heute so groß geworden, daß mir der Versuch, die gesamte Theorie der Leistungselektronik in einem Lehrbuch zusammenzufassen, aussichtslos und auch nicht sinnvoll erscheint.

In dem nachstehenden Text, der aus einer zweisemestrigen Vorlesung für Studenten des siebenten und achten Semesters hervorgegangen ist, beschränke ich mich deshalb darauf, die theoretischen Grundlagen der Schaltungen zu vermitteln, die eine große Verbreitung gefunden haben, und derjenigen, von denen ich meine, daß sie in absehbarer Zukunft an Bedeutung gewinnen werden.

Nach einer knappen Einführung in die Begriffswelt der Leistungselektronik (Teil 1) wird in Teil 2 über die heute zur Verfügung stehenden Leistungshalbleiter berichtet, wobei ausführlich auf deren dynamisches Verhalten eingegangen wird.

Teil 3, der Schwerpunkt dieser Arbeit, ist der Stromrichtertheorie gewidmet. Behandelt werden netzgeführte, lastgeführte und selbstgeführte Stromrichter, wobei bei den selbstgeführten sowohl der lastseitige als auch der netzseitige Einsatz untersucht wird. Besonderer Wert wird bei allen Stromrichterarten auf die Theorie der Drehstrom-Brückenschaltung gelegt. Auf die Theorie der netzgeführten Zweipulsschaltungen, die praktisch nur noch für kleine Leistungen eingesetzt und in Zukunft überwiegend als ungesteuerte Zweipuls- Brückenschaltung Verwendung finden werden, wird nicht eingegangen. Selbstgeführte Wechselstrom- Brückenschaltungen, wie sie bei Bahnantrieben als netzseitige Stromrichter eingesetzt werden, werden dagegen eingehend beschrieben.

Die grundsätzlichen Eigenschaften werden anhand einer idealisierten Stromrichtertheorie behandelt, die Grundlagen einer vertiefenden konventionellen Theorie werden an Beispielen vermittelt. Leser, die sich weiter in ein bestimmtes Teilgebiet einarbeiten wollen, werden über ein umfangreiches Literaturverzeichnis auf die einschlägigen Veröffentlichungen hingewiesen.

Insgesamt bietet Teil 3 dem Leser neben der grundlegenden Theorie der einzelnen Stromrichterarten, die durch umfangreiche Frequenzanalysen der zeitlichen Strom- und Spannungsverläufe ergänzt wird, auch einen Überblick über die meisten mit der modernen Leistungselektronik möglichen Arten der elektrischen Energieumformung.

Bewußt ausgenommen wurden die Resonanzstromrichter, bei denen die Schaltverluste durch Schalten im Spannungs- oder Stromnulldurchgang kleingehalten werden und die somit mit hoher Schaltfrequenz betrieben werden können. An ihrer Entwicklung wird international an vielen Stellen gearbeitet, ihr industrieller Einsatz scheint jedoch noch nicht unmittelbar bevorzustehen. Eine allgemeine Theorie der Resonanzstromrichter ist erst noch zu entwickeln, wodurch die Theorie der Leistungselektronik nochmals erheblich ausgeweitet werden wird.

Der nachstehende Text wurde so gestaltet, daß er einerseits den Studenten der Universitäten, der Technischen Hochschulen und der Fachhochschulen als Lehrbuch der Leistungselektronik dienen und andererseits auch dem in der Praxis tätigen Ingenieur das Einarbeiten in die an Bedeutung gewinnenden neuen Gebiete der Leistungselektronik ermöglichen kann.

Mein herzlicher Dank gilt all jenen, die mir bei der Arbeit an diesem Buch geholfen haben. Herr Dr.-Ing. U. Nuß und Herr Dipl.-Ing. W. Söhner errechneten Frequenzanalysen von Strom- und Spannungsverläufen, Frau G. Fuchs zeichnete mit großer Sorgfalt und Ausdauer die Bilder. Frau H. Köhler und Frau B. Rink schrieben und korrigierten mit viel Geduld das Manuskript. Herr Dr.-Ing. W. Fetscher, Herr Dr.-Ing. U. Nuß, Herr Dipl.-Ing. K. Rohatsch, Herr Dipl.-Ing. W. Söhner und Herr Dr.-Ing. H. Vogelmann sahen kritisch Teile des Manuskripts durch und trugen mit Anregungen und Hinweisen zu Verbesserungen und Ergänzungen bei.

Dem Springer-Verlag danke ich für die immer gute und problemlose Zusammenarbeit. Nicht zuletzt bedanke ich mich bei meiner Frau für die Geduld, mit der sie die Arbeit an diesem Buch tolerierte.

Karlsruhe, Sommer 1990   Manfred Meyer

Inhalt

Formelzeichen

A	Aussteuerungsgrad
A	Koeffizient
a	Einschaltzeitverhältnis
B	Stromverstärkung
B	Koeffizient
b	Ausschaltzeitverhältnis
C	Kapazität
C_L	Kapazität des Lastkreises
C_f	Filterkapazität
C_{th}	Wärmekapazität
C	Koeffizient
c	Lichtgeschwindigkeit
D	Verzerrungsleistung
d	bezogene Gleichspannungsänderung
d_x	bezogene induktive Gleichspannungsänderung
E	Quellenspannung
E_L	Quellenspannung im Lastkreis
f	Frequenz
f_L	Frequenz des Lastkreises
f_M	Maschinenfrequenz
f_f	Frequenz der Flickererscheinung
f_g	Grenzfrequenz
f_n	Netzfrequenz
f_p	Pulsfrequenz
f_r	Resonanzfrequenz
f_s	Schaltfrequenz
f_1	Frequenz der Grundschwingung
G	Spannungsschaltfunktion, allgemein
g	Augenblickswert der Spannungsschaltfunktion
g_i	Grundschwingungsgehalt des Stromes
g_u	Grundschwingungsgehalt der Spannung
I	Strom allgemein Effektivwert des Stromes
i	Zeitwert des Stromes
$\underline{I}$	Zeitzeiger des Stromes I
$\underline{i}$	Raumzeiger des Stromes I
$\hat{\imath}$	Scheitelwert des Stromes I
I_{AVM}	Dauergrenzstrom

I_B	Basisstrom
I_C	Kollektorstrom
I_L	Leiterstrom
I_L	Strom im Lastkreis
I_T	Thyristorstrom
$I_{TAV(l)}$	Dauergrenzstrom eines Thyristors
I_V	Ventilstrom
I_V	Verbraucherstrom
I_d	Gleichstrommittelwert
I_{dl}	Gleichstrommittelwert bei Betrieb an der Lückgrenze
I_k	Kurzschlußstrom
I_s	Strangstrom, stromrichterseitiger Außenleiterstrom
I_v	v-te Teilschwingung des Stromes
I_ϱ	ϱ-te Teilschwingung des Stromes
$I_\sim$	Wechselstrom
i_D	Drain-Strom
i_R	Rückstrom
i_F	Vorwärtsstrom einer Diode
i_T	Vorwärtsstrom eines Thyristors
K	Proportionalitätskonstante, Faktor
K_Q	Verhältnis der Stromrichterleistung zur Kurzschlußleistung des Netzes
K_u	Spannungsteilerverhältnis
k	Proportionalitätskonstante
k_i	Klirrfaktor des Stromes
k_u	Klirrfaktor der Spannung
L	Induktivität
L_k	Induktivität des Kommutierungskreises
N	Anzahl der beweglichen Schaltwinkel bei Pulssteuerung
P	zeitlicher Mittelwert der Leistung
p	Augenblickswert der Leistung
P_d	Gleichsleistung
P_{di}	ideelle Gleichleistung
P_α	Mittelwert der Leistung beim Steuerwinkel α
p_D	Sperrverlustleistung in Vorwärtsrichtung (Augenblickswert)
p_{DQ}	Ausschaltverlustleistung beim Abschalten eines Vorwärtsstroms (Augenblickswert)
p_G	Steuerverlustleistung (Augenblickswert)
p_R	Sperrverlustleistung in Rückwärtsrichtung (Augenblickswert)
p_{RQ}	Ausschaltverlustleistung beim Abschalten eines Rückstroms (Augenblickswert)
p_T	Durchlaßverlustleistung (Augenblickswert)
p_{TT}	Einschaltverlustleistung (Augenblickswert)
p_V	Verlustleistung allgemein (Augenblickswert)
p	Pulszahl des Stromrichters

Q	Blindleistung
Q_1	Grundschwingungsblindleistung
Q	Elektrische Ladung
R	ohmscher Widerstand
$R_{\mathrm{DS(on)}}$	Drain-Source-Durchlaßwiderstand
R_{L}	Lastkreiswiderstand
R_{th}	Thermischer Widerstand
r_{F}	Ersatzwiderstand einer Diode
r_{T}	Ersatzwiderstand eines Thyristors
R	Aussteuerungszustand, Amplitudenverhältnis der Steuerspannungen
S	Scheinleistung
S_{Bt}	Bauleistung eines Stromrichtertransformators
S_{E}	Anschlußleistung von Einphasenlasten
S_{S}	Schaltleistung von Halbleiterbauelementen
S_{k}	Kurzschlußleistung
S_1	Grundschwingungsscheinleistung
S	Stromschaltfunktion allgemein
s	Augenblickswert der Stromschaltfunktion
T	Periodendauer
T_{e}	Einschaltdauer
T_{n}	Periodendauer der Netzfrequenz
T_{s}	Dauer der Schaltperiode
t	Zeit (allgemein)
t_{T}	Totzeit
t_{c}	Schonzeit
t_{d}	Verzögerungszeit eines bipolaren Transistors
t_{f}	Fallzeit des Kollektorstroms
t_{g}	Abschaltzeit (einer Sicherung)
t_{gd}	Zündverzug
t_{ge}	Einschaltdauer eines Thyristors
t_{gr}	Durchschaltzeit
t_{gt}	Zündzeit
t_{k}	Kommutierungsdauer
t_{l}	Löschzeit (einer Sicherung)
t_{off}	Ausschaltzeit eines Transistors
t_{on}	Einschaltzeit eines Transistors
t_{q}	Freiwerdezeit
t_{r}	Anstiegszeit des Kollektorstromes
t_{s}	Schmelzzeit (einer Sicherung)
t_{s}	Speicherzeit
t_{u}	Umschwingdauer
U	Spannung allgemein, Effektivwert der Spannung
u	Zeitwert der Spannung U
$\underline{U}$	Zeitzeiger der Spannung U
$\underline{u}$	Raumzeiger der Spannung U

$\hat{u}$	Scheitelwert der Spannung U
U_C	Kondensatorspannung
U_{CE}	Kollektor-Emitterspannung
U_{DRM}	höchste periodisch zulässige Vorwärts-Spitzensperrspannung
U_{FO}	Schleusenspannung einer Diode
U_M	Maschinenspannung
U_{RRM}	höchste periodisch zulässige Rückwärts-Spitzensperrspannung
U_{TO}	Schleusenspannung eines Thyristors
U_d	Gleichspannungsmittelwert
U_{di}	ideelle Gleichspannung (Mittelwert)
$U_{di\alpha}$	ideelle Gleichspannung beim Steuerwinkel α (Mittelwert)
U_{dr}	ohmsche Gleichspannungsänderung
U_{dx}	induktive Gleichspannungsänderung
U_n	Netzspannung
U_s	Sternspannung
U_v	Außenleiterspannung, Dreieckspannung, verkettete Spannung
U_{vdi}	der Gleichspannung U_{di} überlagerte v-te Teilschwingung (Effektivwert)
$U_\sim$	Wechselspannung
u_{DS}	Drain-Source-Spannung
u_F	Durchlaßspannung einer Diode
u_R	Rückwärtssperrspannung
u_T	Durchlaßspannung eines Thyristors
u_d	Augenblickswert einer Gleichspannung
u_x	induktive Kurzschlußspannung
u	Überlappungswinkel
$\ddot{u}_u$	Spannungsübersetzungsverhältnis
W_{VS}	Schaltverlustenergie je Schaltperiode
w	Windungszahl
w	Welligkeit
X	Reaktanz
X_f	Reaktanz im Filterkreis
X_k	Reaktanz im Kommutierungskreis
Z	Impedanz
Z_{th}	transienter Wärmewiderstand
$Z_{(th)p}$	Pulswärmewiderstand
α	Steuerwinkel
α'	spontaner Zündverzögerungswinkel
α_w	Steuerwinkel an der Wechselrichtertrittgrenze
β	Steuerwinkel bei der Schwenksteuerung und der Blocksteuerung
γ	Löschwinkel
ΔI	Stromdifferenz
ΔQ	Ladungsdifferenz

ΔU	Spannungsdifferenz
$\Delta\vartheta$	Temperaturdifferenz
δ	Steuerwinkel beim selbstgeführten netzgetakteten Stromrichter
ϑ	Temperatur
λ	Leistungsfaktor
λ_n	netzseitiger Leistungsfaktor
λ	Wellenlänge
λ_g	Grenzwellenlänge
ν	Ordnungszahl der Oberschwingungen
ϱ	Ordnungszahl der Zwischenschwingungen (Interharmonics)
τ	Zeitkonstante
τ_L	elektrische Zeitkonstante des Lastkreises
τ_{th}	thermische Zeitkonstante
φ	Verschiebungswinkel
φ_L	Impedanzwinkel des Lastkreises
φ_1	Grundschwingungsverschiebungswinkel
ω	Kreisfrequenz
ω_L	Kreisfrequenz des Lastkreises
ω_n	Kreisfrequenz des Netzes
ω_0	Kernkreisfrequenz
ω_1	Eigenkreisfrequenz des gedämpften Lastkreises
ω_1	Kreisfrequenz der Grundschwingungsgrößen
ωt_F	Stromführungswinkel

Indizes

A	den Anodenanschluß betreffend
a	in Abhängigkeit vom Einschaltzeitverhältnis
B	den Basisanschluß betreffend
B	die Bauleistung eines Transformators betreffend
C	den Kollektoranschluß betreffend
D	den Drain-Anschluß betreffend
d	Gleichgrößen betreffend
E	den Emitteranschluß betreffend
F	die Vorwärtsrichtung eines Halbleiters betreffend
f	das Abfallen betreffend
f	den Filterkreis betreffend
G	den Gate-Anschluß betreffend
g	die Glättung betreffend

i	den Strom betreffend
i	ideell
K	den Kathodenanschluß betreffend
k	die Kommutierung betreffend
k	den Kurzschluß betreffend
L	Lastkreis,- den Lastkreis betreffend
l	die Lückgrenze betreffend
M	Maschine
max	Maximalwert
min	Minimalwert
N	negativ dotiert
n	Netz-, das elektrische Netz betreffend
off	den Ausschaltvorgang betreffend
on	den Einschaltvorgang betreffend
p	pulsförmig, gepulst
R	die Rückwärtsrichtung eines Halbleiters betreffend
r	den Anstieg betreffend
r	den ohmschen Widerstand betreffend
S	den Source-Anschluß betreffend
s	auf den Sternpunkt bezogen
s	den Stromrichter betreffend
st	die Steuergröße betreffend
T	einen Thyristor betreffend
th	thermisch
U	die Klemme U betreffend
u	die Spannung betreffend
V	die Klemme V betreffend
v	den Außenleiter betreffend
W	die Klemme W betreffend
w	die Wechselrichtertrittgrenze betreffend
x	die Reaktanz betreffend
α	beim Steuerwinkel α
β	beim Steuerwinkel β
δ	beim Steuerwinkel δ
ν	die ν-te Teilschwingung betreffend
ϱ	die ϱ-te Teilschwingung betreffend

$+$	die Plusklemme betreffend
0	die Nullklemme betreffend
$-$	die Minusklemme betreffend
$\sim$	die Wechselpotentialklemme betreffend

Schaltplanzeichen

A	Anode
A	Arbeitsmaschine
B	Basis
C	Kapazität
C_A	Kapazität des Anschwingkreises
C_K	Kompensationskapazität
C_L	Kapazität des Lastkreises
C_f	Filterkapazität
C_g	Glättungskapazität
C_{th}	Wärmekapazität
C	Kollektor
D	Diode
D_f	Freilaufdiode
D_r	Rücklaufdiode
D	Drain
DUR	Drehstromumrichter
E	Quellenspannung
ES	Elektronischer Schalter
E	Emitter
G	Gate, Steueranschluß bei Thyristoren, bei MOSFET's und IGBT's
GR	Gleichrichter
GUR	Gleichstromumrichter
H	Hauptanschluß (beim TRIAC)
HK	Hilfskathode
J	PN-Übergang
K	Kathode
K	Überspannungsableiter
L	Induktivität
L_K	Induktivität der Blindleistungsdrossel
L_L	Induktivität des Lastkreises
L_S	Saugdrossel
L_e	Induktivität des Eingangskreises

L_f Filterinduktivität
L_g Glättungsinduktivität
L_k Induktivität im Kommutierungskreis
$L1, L2, L3$ Klemmenbezeichnung der Außenleiter des Drehstromnetzes

M   elektrische Maschine

N   Klemmenbezeichnung des Sternpunkts und des Nulleiters
N   negativ dotierte Halbleiterzone (elektronenleitend)
N^+ stark negativ dotierte Halbleiterzone

P   positiv dotierte Halbleiterzone (löcherleitend)
P^+ stark positiv dotierte Halbleiterzone

Q   Schalter

R ohmscher Widerstand
R_L Widerstand des Lastkreises
R_k ohmscher Widerstand im Kommutierungskreis
R_th Wärmewiderstand

S   Source
S_N schwach negativ dotierte Halbleiterzone
  (schwach elektronenleitend)
SR   Stromrichter

T   Transistor
T   Thyristor

U   Klemmenbezeichnung (Wechselstrom)

V   elektrisches Ventil
V   Klemmenbezeichnung (Wechselstrom)

W   Klemmenbezeichnung (Wechselstrom)
WR   Wechselrichter

X_k Reaktanz im Kommutierungskreis

+   Klemme mit positivem Potential
0   Klemme mit Nullpotential
−   Klemme mit negativem Potential
∼   Klemme mit Wechselpotential

Teil 1

Einführung

1 Definition des Begriffs Leistungselektronik

Unter dem Begriff Elektronik wird die Lehre von den elektronischen Bauelementen und Geräten verstanden. Elektronische Geräte in diesem Sinne sind Einrichtungen, die mit Hilfe von elektronischen Bauelementen Aufgaben des Messens, Steuerns und Regelns, der Datenübertragung und der Datenverarbeitung, nicht zuletzt auch der Umformung elektrischer Energie, übernehmen. Ursprünglich bezog sich der Begriff elektronische Bauelemente ausschließlich auf Elektronenröhren und Gasentladungsgefäße, inzwischen zählen auch die Halbleiterbauelemente und damit auch die Halbleiterventile der Energietechnik zu den elektronischen Bauelementen.

Das gesamte Gebiet der Elektronik läßt sich unterteilen in die informationsverarbeitende Elektronik, bei der es auf einen minimalen Informationsverlust ankommt, und in die energieumformende und energiesteuernde Elektronik, deren Hauptziele ein minimaler Energieverlust und damit ein guter Wirkungsgrad sind; letztere wird Leistungselektronik genannt (Bild 1).

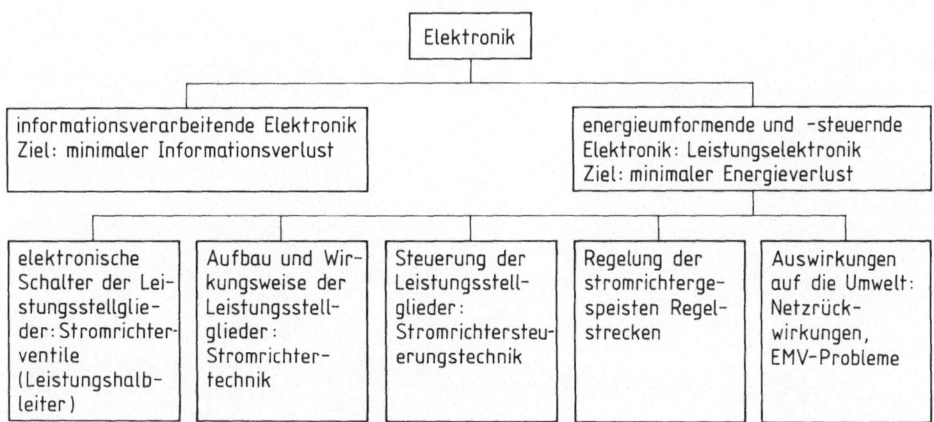

Bild 1. Zur Deutung des Begriffs Leistungselektronik

Die Schlüsselkomponenten der Leistungselektronik sind heute die Leistungs-halbleiter, die als elektronische Ventile wesentliche Bestandteile der Leistungs-stellglieder sind. Auf die heute verfügbaren elektrischen Ventile und deren statische und dynamische Eigenschaften wird in Teil 2 eingegangen.

Die Lehre vom Aufbau und von der Wirkungsweise der Leistungsstellglieder ist die Stromrichtertechnik. Diese hat, seit sich selbstgeführte Stromrichter mit Hilfe von schnellen Thyristoren verwirklichen lassen (etwa seit 1960), an Umfang stark zugenommen. Seit abschaltbare Leistungshalbleiter zur Verfügung stehen (etwa seit 1980), findet nochmals eine erhebliche Ausweitung der Stromrichter-technik statt. Teil 3 ist der Stromrichtertechnik gewidmet, wobei die schaltungs-technischen Möglichkeiten, die sowohl ein- als auch auschaltbare elektrische Ventile bieten, ausführlich behandelt werden.

In Teil 3 wird auch auf Teile der Stromrichtersteuerungstechnik eingegangen, indem die Anforderungen beschrieben werden, denen die Steuergeräte bzw. Steuersätze zu genügen haben. Deren schaltungstechnische Realisierung wird jedoch nicht behandelt. Hier sei nur darauf hingewiesen, daß, bedingt durch Entwicklungen auf dem Gebiet der Mikroelektronik, die analoge Schaltungstech-nik mehr und mehr durch die digitale abgelöst wird.

Zur Leistungselektronik wird auch die Regelung der stromrichtergespeisten Regelstrecken gerechnet. Auf diesen Aspekt soll, da er zu vielfältig ist, hier jedoch nicht eingegangen werden. Es sei auf die recht umfangreiche Spezialliteratur zum Thema stromrichtergespeiste Regelstrecken verwiesen. Eingehende Beschreibun-gen und viele Literaturhinweise finden sich in [1] – [5].

Leistungselektronische Geräte und Anlagen können andere elektrische Geräte und Anlagen stören. Das kann einmal durch die Rückwirkungen der Stromrichter auf das speisende Netz erfolgen, zum anderen vor allem, wenn selbstgeführte Stromrichter mit Schaltfrequenzen im mittleren Kilohertzbereich arbeiten, auch durch abgestrahlte elektromagnetische Wellen. Auf diese Problematik wird in Abschn. 8.1.5 Netzrückwirkungen und in Kap. 12, Elektromagnetische Verträg-lichkeit, eingegangen.

2 Begriffe der Stromrichtertechnik

Das wichtigste Teilgebiet der Leistungselektronik ist die Stromrichtertechnik. Es erscheint daher sinnvoll, hier einführend einige allgemeine Erläuterungen zum Thema Stromrichter zu geben, um das Verständnis der folgenden Abschnitte zu erleichtern. Die wichtigsten Begriffe der Stromrichtertechnik sind in der DIN 41 750 „Begriffe für Stromrichter" definiert.

2.1 Aufbau und Funktionsarten

DIN 41 750 Teil 1/2.85 mit dem Untertitel „Aufbau und Funktionsarten" sagt u.a. aus, daß Stromrichter Einrichtungen zum Stromrichten sind, wobei unter Stromrichten das Umwandeln einer oder mehrerer elektrischer Größen eines Stromsystems mittels Stromrichterventilen verstanden wird. Elektrische Größen sind dabei z.B. Spannung, Strom, Frequenz (einschließlich Frequenz Null) und Anzahl der Phasen. Das Umwandeln umfaßt gegebenenfalls auch das Steuern elektrischer Energie.

Die Stromrichterventile sind somit wesentliche Bestandteile des Stromrichters. Unter einem Stromrichterventil ist ein Funktionselement zu verstehen, das den elektrischen Strom nur in einer Richtung, der Vorwärtsrichtung, führt. Beim Stromrichten wird es periodisch abwechselnd in den elektrisch leitenden und in den nichtleitenden Zustand versetzt. Es wird zwischen nichtsteuerbaren und steuerbaren Stromrichterventilen unterschieden. Ein nichtsteuerbares ist in Vorwärtsrichtung dauernd leitfähig (z.B. die Diode), bei allen steuerbaren kann durch einen Steuereingriff der Zeitpunkt für den Beginn der Leitfähigkeit in Vorwärtsrichtung bestimmt werden, bei manchen kann durch die Steuerung auch der leitfähige Zustand in Vorwärtsrichtung beendet werden. (z.B. bei Transistoren und abschaltbaren Thyristoren).

Die elektrische Verbindung der Stromrichterventile und der gegebenenfalls erforderlichen weiteren Funktionselemente, wie z.B. der Transformatoren, der Saugdrosseln, der Kommutierungseinrichtungen und der Energiespeicher, ergibt die Stromrichterschaltung. Diese enthält mindestens einen, in der Regel jedoch mehrere Stromrichterzweige, wobei jeder Teil der Stromrichterschaltung, der die Funktion eines Stromrichterventils ausübt, ein Stromrichterzweig ist. Der Stromrichterzweig kann neben dem Stromrichterventil noch weitere Funktionselemente, wie z.B. die Beschaltung und die Zweigsicherung, enthalten.

Der konstruktive Aufbau der für eine Stromrichterschaltung erforderlichen Stromrichterventile einschließlich der elektrischen Verbindungen, der Beschaltungsbauelemente, der Steuerimpulsübertrager, der Sicherungen und gegebenenfalls der Kühleinrichtungen, wird Stromrichtersatz oder auch Ventilsatz genannt.

Der gesamte Stromrichter wiederum besteht aus einem oder aus mehreren Stromrichtersätzen, sowie erforderlichenfalls aus den Stromrichtertransformatoren, den Ventilsteuereinrichtungen (Steuersätzen), den Saugdrosseln, den Kommutierungseinrichtungen, den Energiespeichern, den Siebmitteln und den Hilfseinrichtungen.

Ein Stromrichter kann auf vier verschiedene Weisen stromrichten, er kann
— gleichrichten,
— wechselrichten,
— wechselstromumrichten und
— gleichstromumrichten.

Gleichrichten ist das Umwandeln von Wechselstrom in Gleichstrom, wobei die elektrische Energie vom Wechsel- oder Drehstromsystem zum Gleichstromsystem fließt. Die Umkehrung dieses Vorganges ist das Wechselrichten; hierbei wird Gleichstrom in Wechselstrom umgewandelt, und die elektrische Energie fließt aus dem Gleichstromsystem in das Wechsel- oder Drehstromsystem.

Unter Wechselstromumrichten wird das Umwandeln von Wechselstrom einer gegebenen Spannung, Frequenz und Anzahl der Phasen in Wechselstrom einer anderen Spannung und/oder Frequenz und/oder Phasenzahl verstanden. Gleichstromumrichten schließlich ist das Umwandeln von Gleichstrom einer gegebenen Spannung und Polarität in Gleichstrom einer anderen Spannung und/oder Polarität.

In Bild 2 sind die möglichen Arbeitsweisen eines Stromrichters in einem einfachen Schema zusammengefaßt. Neben den Funktionen Gleichrichten, Wechselrichten und Umrichten sind noch Steuern und Stellen angeführt, was besagt, daß ein steuerbarer Stromrichter die Möglichkeit bietet, das Verhältnis zwischen Eingangsgrößen und Ausgangsgrößen zu ändern. Werden z.B. die Funktionen Gleichrichten und Steuern miteinander verbunden, so kann bei konstanter Wechsel- oder Drehspannung die Größe der Gleichspannung verstellt werden.

Die Anforderungen an die äußere Wirkungsweise eines Stromrichters werden in den folgenden Beispielen aus der elektrischen Antriebstechnik näher erläutert. Bild 3 zeigt die allgemeine Aufgabenstellung. Eine elektrische Maschine M wird über einen Stromrichter aus dem Netz mit elektrischer Energie versorgt. Steuergrößen, die z.B. von einer überlagerten Regelung vorgegeben werden,

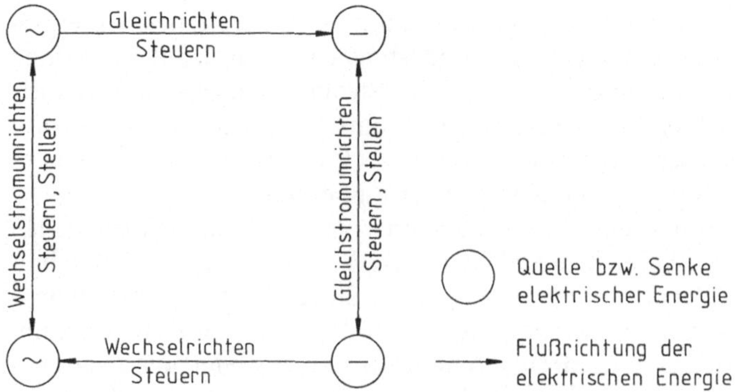

Bild 2. Mögliche Arbeitsweisen eines Stromrichters

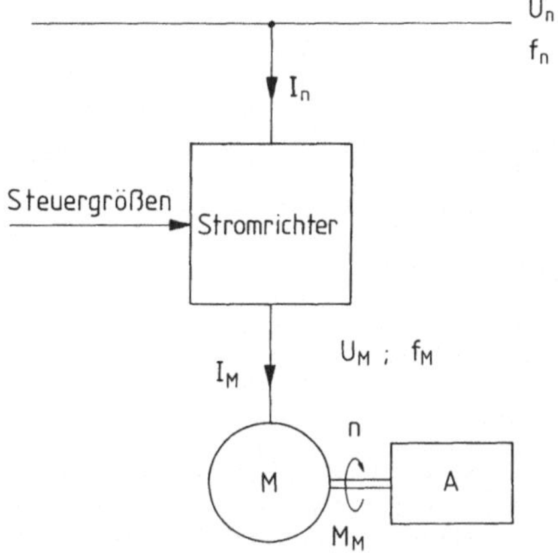

Bild 3. Speisung einer elektrischen Maschine aus einem elektrischen Netz über einen Stromrichter — grundsätzlicher Schaltplan

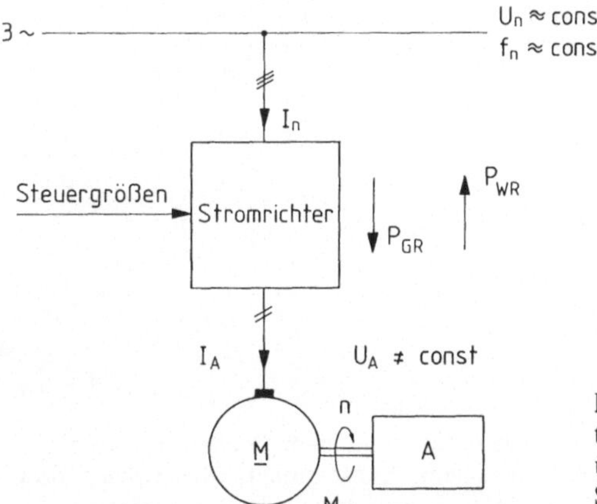

Bild 4. Speisung einer Gleichstrom-Kommutatormaschine aus einem Drehstromnetz über einen Stromrichter — grundsätzlicher Schaltplan

steuern die Größe der Maschinenspannung U_M und deren Frequenz f_M so, daß die elektrische Maschine M an die Arbeitsmaschine A das gewünschte Motordrehmoment M_M bei der gewünschten Drehzahl n abgibt. Der Effektivwert U_n und die Frequenz f_n der Netzspannung können im allgemeinen als näherungsweise konstant angesehen werden.

Häufig besteht die Aufgabe, eine Gleichstrom-Kommutatormaschine über einen Stromrichter aus einem Drehstromnetz so zu speisen, daß die Arbeitsmaschine A bei der vorgegebenen Drehzahl n mit dem erforderlichen Drehmoment M_M betrieben wird (Bild 4). Bei motorischem Betrieb der Gleichstrommaschine M formt der Stromrichter als Gleichrichter (GR) Drehstromleistung in Gleichstromleistung um. Soll die Arbeitsmaschine A abgebremst werden, so geht die elektrische Maschine M in den Generatorbetrieb über und der Stromrichter speist als Wechselrichter (WR) elektrische Energie ins Netz zurück.

Als Fahrmotoren von Nahverkehrsfahrzeugen (Straßenbahnen, Stadtbahnen, U-Bahnen, S-Bahnen) werden seit einigen Jahren auch Drehstrom-Asynchronmaschinen eingesetzt. Die am Fahrdraht mit näherungsweise konstanter

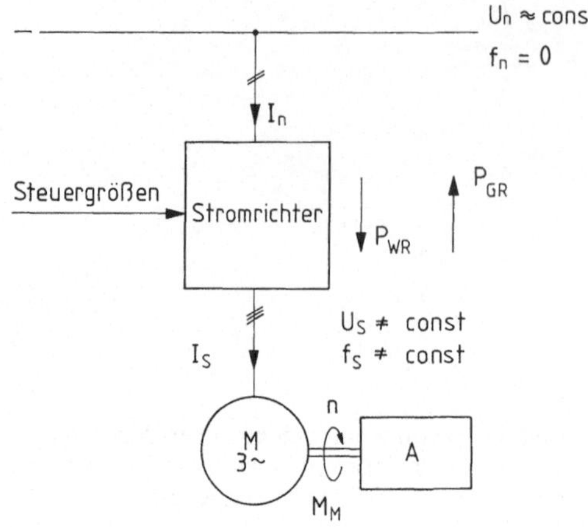

Bild 5. Speisung einer Drehstrommaschine aus einem Gleichstromnetz über einen Stromrichter — grundsätzlicher Schaltplan

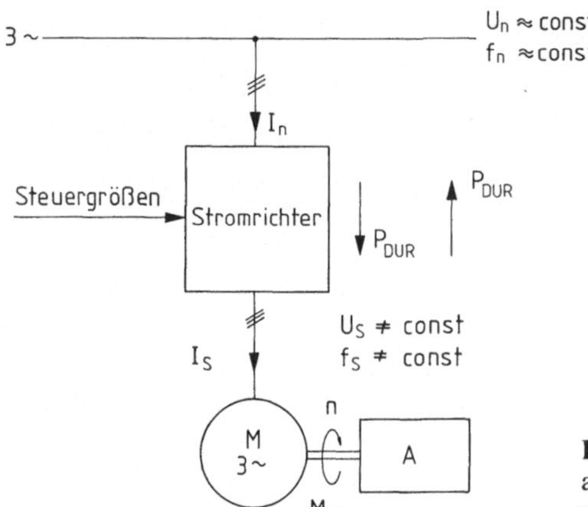

Bild 6. Speisung einer Drehstrommaschine aus einem Drehstromnetz über einen Stromrichter — grundsätzlicher Schaltplan

Größe zur Verfügung stehende Gleichspannung U_n ist dabei mit Hilfe des Stromrichters in eine Statorspannung U_S umzuformen, deren Größe und Frequenz an den jeweiligen Fahrzustand des Fahrzeuges angepaßt werden muß (Bild 5). Bei motorischem Betrieb der elektrischen Maschine M formt der Stromrichter, als Wechselrichter (WR) arbeitend, Gleichstromleistung in Drehstromleistung um. Während des Bremsens kehrt sich die Flußrichtung der Energie um und der Stromrichter speist, als Gleichrichter (GR) arbeitend, die Bremsenerie in das Gleichstromnetz zurück.

Drehzahlgeregelte Drehstrommaschinen werden in zunehmender Anzahl auch als stationäre Antriebe eingesetzt. Die im Drehstromnetz mit näherungsweise konstanter Größe und konstanter Frequenz zur Verfügung stehende Spannung U_n muß über den als Drehstromumrichter (DUR) arbeitenden Stromrichter in die Statorspannung U_S variabler Größe und variabler Frequenz umgeformt werden, wobei U_S und f_S an den erforderlichen Betriebszustand der Drehstrommaschine anzupassen sind. Unabhängig von der Flußrichtung der Leistung drehstromumrichtet der Stromrichter (Bild 6).

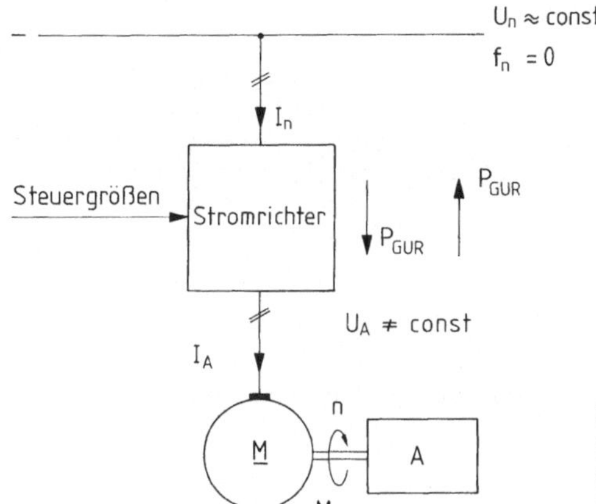

Bild 7. Speisung einer Gleichstrom-Kommutatormaschine aus einem Gleichstromnetz über einen Stromrichter — grundsätzlicher Schaltplan

Bei am Gleichspannungsfahrdraht betriebenen Nahverkehrsfahrzeugen ist auch die stromrichtergespeiste Gleichstrom-Kommutatormaschine eine Standardlösung. Hier muß die näherungsweise konstante Netzspannung U_n in eine Ankerspannung U_A variabler Größe umgeformt werden, wobei der Stromrichter unabhängig von der Flußrichtung der Leistung als Gleichstromumrichter (GUR) arbeitet (Bild 7).

Bislang wurde die „äußere Wirkungsweise" beschrieben, die besagt, welche vier Grundfunktionen ein Stromrichter ausführen kann. Nachstehend wird auf die „innere Wirkungsweise" eingegangen, aus der hervorgeht, unter welchen Bedingungen der Stromrichter diese Grundfunktionen ausführt (s. auch DIN VDE 0558 Teil 1/7.87 „Halbleiter-Stromrichter; Allgemeine Bestimmungen und besondere Bestimmungen für netzgeführte Stromrichter"). Die innere Wirkungsweise wird im wesentlichen durch die in DIN 41 750 Teil 2/2.85 „Begriffe für Stromrichter; Innere Wirkungsweise, Aussteuerung, elektrische Größen" definierten Begriffe Führung und Taktgebung von Stromrichtern bestimmt.

2.2 Führung und Taktgebung

Stromrichter lassen sich zunächst nach der Art ihrer Führung, genauer gesagt nach der Herkunft ihrer Führungsspannung unterscheiden (Bild 8). Unter Führungsspannung wird dabei diejenige Spannung verstanden, durch deren Wirkung der Strom von einem Stromrichterzweig auf den nächsten übergeht. Erfolgt die Stromübernahme als Kommutierung, dann ist die Kommutierungsspannung gleichzeitig auch die Führungsspannung. Die Kommutierung, auf sie wird in Teil 3 „Stromrichtertheorie" mehrfach ausführlich eingegangen, ist eine Stromübernahme, bei welcher der den Strom abgebende und der den Strom übernehmende Stromrichterzweig während der Kommutierungszeit (auch Überlappungszeit genannt) gleichzeitig Strom führen.

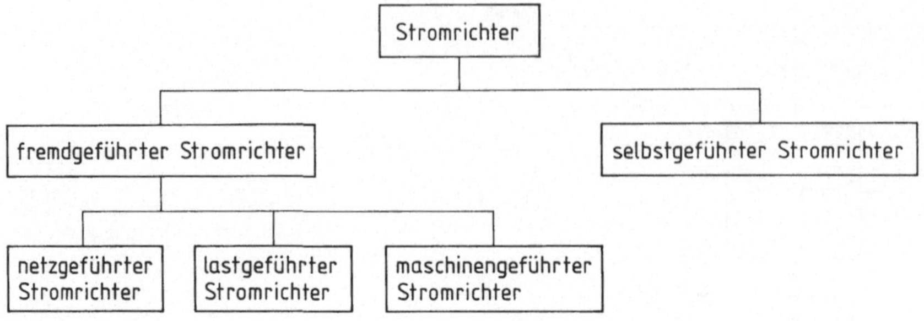

Bild 8. Unterscheidung der Stromrichter nach Herkunft der Führungsspannung

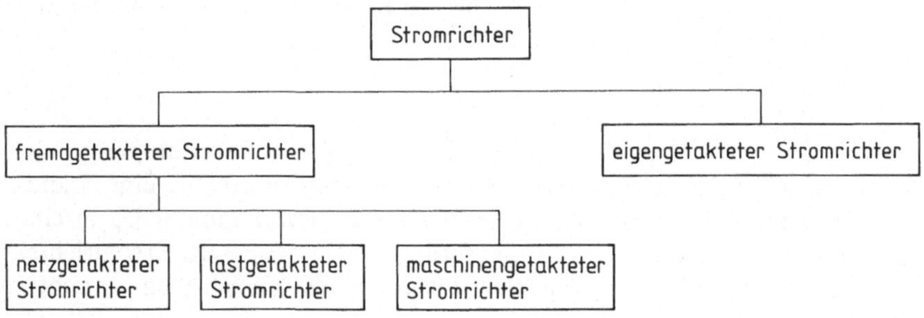

Bild 9. Unterscheidung der Stromrichter nach Herkunft der Taktfrequenz

Nach Bild 8 werden die Stromrichter zunächst in zwei große Gruppen, die fremdgeführten und die selbstgeführten Stromrichter, unterteilt. Betrachten wir zunächst die fremdgeführten. Diese sind dadurch gekennzeichnet, daß bei ihnen nur fremdgeführte Stromübernahmen auftreten, d.h. die Führungsspannung wird von einer fremden, nicht zum Stromrichter gehörenden Spannungsquelle bereitgestellt. Ist diese Spannungsquelle das Wechsel- oder Drehstromnetz, so spricht man von einem netzgeführten Stromrichter. Wirkt der Lastkreis als Quelle der Führungsspannung, z.B. bei einem Schwingkreis kann das der Fall sein, so liegt ein lastgeführter Stromrichter vor (s. Abschn. 8.3.1.2 und 8.3.2). Stellt schließlich eine übererregte Wechsel- oder Drehstrommaschine die Führungsspannung zur Verfügung, so haben wir einen maschinengeführten Stromrichter vor uns (s. Abschn. 8.3.1.1).

Bei selbstgeführten Stromrichtern treten in jeder Periode selbstgeführte Stromübernahmen auf. Dazu muß die Führungsspannung entweder von einem zum Stromrichter gehörenden (meist kapazitiven) Energiespeicher zur Verfügung gestellt oder durch Widerstandserhöhung des zu löschenden Ventilbauelementes gebildet werden.

Ein weiteres wichtiges Unterscheidungsmerkmal der inneren Wirkungsweise eines Stromrichters ist die Art der Taktgebung, die Auskunft über die Herkunft der Taktfrequenz gibt (Bild 9). Wird die Taktfrequenz über einen Steuersatz durch eine fremde, nicht zum Stromrichter gehörende Spannungsquelle bestimmt, so handelt es sich um einen fremdgetakteten Stromrichter. Ist die Spannungsquelle

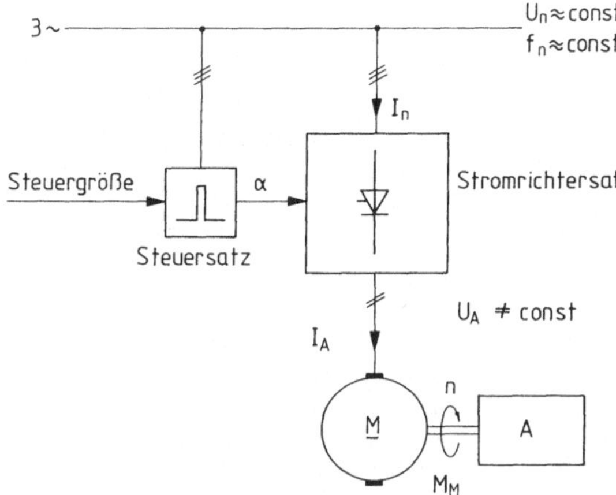

Bild 10. Speisung einer Gleichstrom-Kommutatormaschine aus einem Drehstromnetz über einen netzgeführten und netzgetakteten Stromrichter — grundsätzlicher Schaltplan

ein Wechsel- oder Drehstromnetz, so handelt es sich speziell um einen netzgetakteten Stromrichter. Wird die Frequenz der Wechselspannung z.B. durch die Eigenfrequenz des Lastkreises bestimmt, so liegt ein lastgetakteter Stromrichter vor. Wird die Taktgebung von der Klemmenspannung einer Wechsel- oder Drehstrommaschine abgeleitet, so wird von einem maschinengetakteten Stromrichter gesprochen.

Bei eigengetakteten Stromrichtern erzeugt ein im Stromrichter enthaltener Taktgeber in Verbindung mit dem Steuersatz die Taktfrequenz. Diese kann
— starr vorgegeben sein (feste Taktgebung),
— durch bestimmte Führungsgrößen gesteuert werden (gesteuerte Taktgebung) oder
— abhängig von den Eigenschaften des Stromrichters oder der Last z.B. über einen Regelkreis beeinflußt werden (zurückgekoppelte Taktgebung).

Die vorstehend eingeführten Begriffe werden im folgenden anhand von einigen Schaltungsbeispielen erläutert. Der in seiner äußeren Wirkungsweise in Bild 4 dargestellte Stromrichter zur Speisung einer Gleichstrom-Kommutatormaschine aus einem Drehstromnetz kann bezüglich seiner inneren Wirkungsweise durchaus verschiedene Ausführungsformen haben. Die heute allgemein gebräuchliche zeigt Bild 10. Die Gleichstrom-Kommutatormaschine wird über einen netzgeführten und netzgetakteten Stromrichter gespeist. Wie in Abschn. 8.1 gezeigt wird, nehmen derartige Stromrichter aus dem Netz Steuer- und Kommutierungsblindleistung auf, wobei der Netzstrom einen erheblichen Anteil an Oberschwingungen enthält.

Soll der Stromrichter mit einem Leistungsfaktor $\lambda \approx 1$ arbeiten, so muß er nach Bild 11 selbstgeführt und netzgetaktet ausgeführt werden (s. Abschn. 10.2 und 10.3). Das für den Stromrichtersatz verwendete Symbol mit zwei Steueranschlüssen stellt entweder einen Hauptzweig mit dem ihm zugeordneten Löschzweig (s. DIN V 41 761/1.87) oder einen mit über den Steueranschluß abschaltbaren Stromrichterventilen bestückten Stromrichterzweig dar.

Ist die in Bild 5 dargestellte über einen Stromrichter gespeiste Drehstrommaschine eine Drehstrom-Asynchronmaschine, so ist diese nicht in der Lage, dem

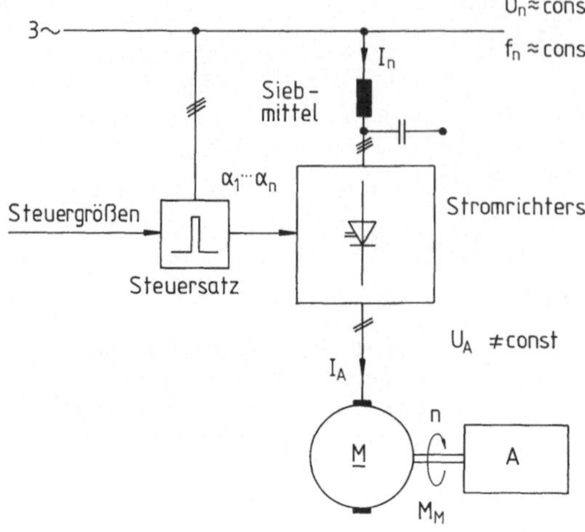

Bild 11. Speisung einer Gleichstrom-Kommutatormaschine aus einem Drehstromnetz über einen selbstgeführten und netzgetakteten Stromrichter — grundsätzlicher Schaltplan

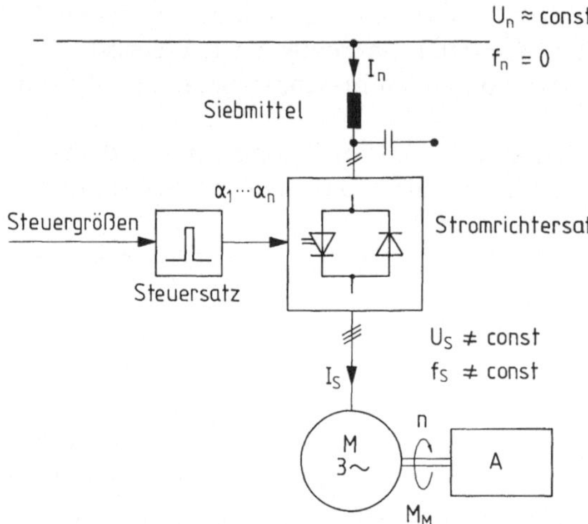

Bild 12. Speisung einer Drehstrommaschine aus einem Gleichstromnetz über einen selbstgeführten und eigengetakteten Stromrichter — grundsätzlicher Schaltplan

Stromrichter eine Führungsspannung zur Verfügung zu stellen, d.h. der Stromrichter muß selbstgeführt arbeiten. Die für die Eigentaktgebung des Stromrichters erforderliche, die Statorfrequenz f_S bestimmende Steuergröße, wird bei Kennlinienverfahren im allgemeinen von einem Regelkreis vorgegeben, es handelt sich dann um eine rückgekoppelte Taktgebung (Bild 12).

Für den als Umrichter wirkenden Stromrichter von Bild 6 gibt es mehrere Lösungsmöglichkeiten, er kann als Direktumrichter oder als Zwischenkreisumrichter ausgeführt werden. In Bild 13 speist ein Zwischenkreisumrichter, dessen Gleichstrom durch eine als Energiespeicher wirkende Glättungsdrossel eingeprägt wird, eine Drehstrom-Synchronmaschine aus einem Drehstromnetz. Der netzseitige Teilstromrichter SR1 arbeitet wie der von Bild 10 netzgeführt und netzgetaktet. Die Synchronmaschine M stellt die Führungsspannung für den maschinensei-

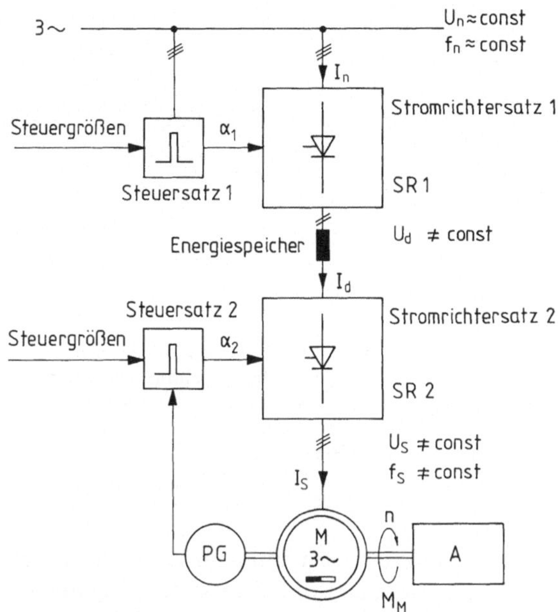

Bild 13. Speisung einer Synchronmaschine aus einem Drehstromnetz über einen Umrichter — grundsätzlicher Schaltplan. SR1 netzgeführt und netzgetaktet; SR2 maschinengeführt und maschinengetaktet

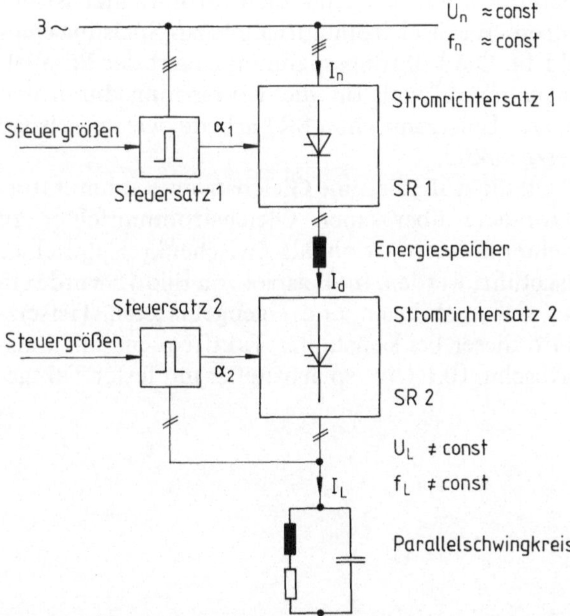

Bild 14. Speisung eines Parallelschwingkreises (z.B. für induktive Erwärmung) aus einem Drehstromnetz über einen Umrichter — grundsätzlicher Schaltplan. SR1 netzgeführt und netzgetaktet; SR2 lastgeführt und lastgetaktet

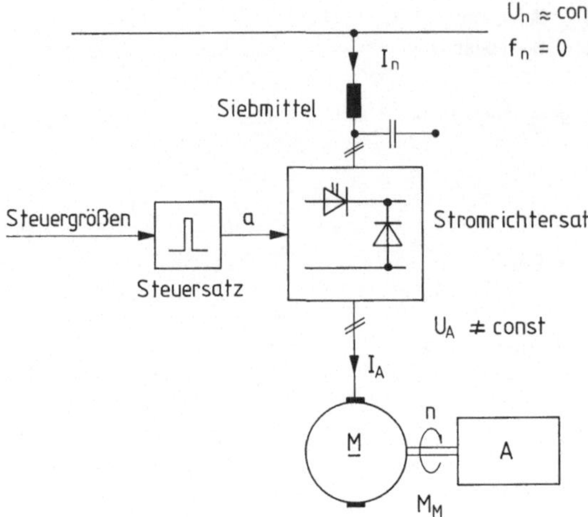

Bild 15. Speisung einer Gleichstrom-Kommutatormaschine aus einem Gleichstromnetz über einen selbstgeführten und eigengetakteten Stromrichter

tigen Teilstromrichter SR2 zur Verfügung, dieser wird somit maschinengeführt betrieben. Die Taktgebung wird im Beispiel über den Polradlagegeber PG von der Läuferstellung der Synchronmaschine abgeleitet, der Stromrichter SR2 arbeitet also maschinengetaktet. Die Reihenschaltung der beiden Teilstromrichter SR1 ud SR2 über den Gleichstromzwischenkreis ergibt den Gesamtstromrichter, den Zwischenkreisumrichter.

Ein Beispiel für einen lastgeführten und lastgetakteten Stromrichter ist der Teilstromrichter SR2 des Drehstrom-Wechselstromumrichters zur Speisung eines Parallelschwingkreises nach Bild 14. Die Führungsspannung liefert der Parallelschwingkreis, dessen Klemmenspannung auch für die Taktgebung durch den Steuersatz 2 herangezogen wird. Der Teilstromrichter SR1 arbeitet wie im Beispiel von Bild 13 netzgeführt und netzgetaktet.

Der Stromrichter von Bild 7 hat die Aufgabe, eine Gleichstrom-Kommutatormaschine aus einem Gleichstromnetz über einen Gleichstromumrichter zu speisen. Auch Gleichstromumrichter können sowohl als Zwischenkreisumrichter als auch als Direktumrichter ausgeführt werden. Im Beispiel von Bild 15 wurde ein Direktumrichter in Form eines selbstgeführten und eigengetakteten Tiefsetz-Gleichstromstellers gewählt. Wird dieser bei konstanter Taktfrequenz mit Pulsbreitensteuerung betrieben (s. Abschn. 10.1.1.1), so arbeitet er mit fester Taktgebung.

Teil 2

Stromrichterventile und Ventilbauelemente

Die Funktion eines Stromrichterventils wurde bereits in Kap. 2 beschrieben. Hier ist nachzutragen, daß ein Stromrichterventil entweder aus einem Ventilbauelement oder aus mehreren in Reihe und/oder parallel geschalteten Ventilbauelementen, die sich jeweils gleichzeitig im Durchlaß oder im Sperrzustand befinden, besteht. Ein Ventilbauelement (s. DIN 41 750 Teil 1) ist ein mechanisch nicht weiter unterteilbares (i. allg. elektronisches) Bauelement, das entweder nicht steuerbar ist oder bistabil gesteuert werden kann. Zu den elektronischen Bauelementen gehören z.B. Dioden, Thyristoren und Transistoren. In Teil 2 werden im folgenden die wichtigsten in Stromrichterschaltungen eingesetzten Leistungshalbleiter-Bauelemente (s. Tabelle 1) mit ihren wesentlichen stationären und dynamischen Eigenschaften behandelt. Zum Thema Leistungshalbleiter gibt es eine umfangreiche Spezialliteratur [6−14a], auf die der Leser, der sich eingehender in die wissenschaftlichen Grundlagen dieses Gebietes einarbeiten will, hingewiesen sei.

Tabelle 1. Leistungshalbleiter-Ventilbauelemente (Übersicht)

Betriebsart	Bauelemente/Ausführungsart, Wirkungsweise		
Ungesteuert	Dioden		
Über Steueranschluß nur einschaltbar	Thyristoren		
	rückwärtssperrend asymmetrisch rückwärtsleitend		
Über Steueranschluß ein- und ausschaltbar	GTO-Thyristoren	Transistoren	Static Induction Thyristor,
	rückwärtssperrend asymmetrisch rückwärtsleitend	bipolar MOSFET IGBT	Field Controlled Thyristor, MOS−GTO

3 Nicht steuerbare Stromrichterventile

Die Ventilbauelemente nicht steuerbarer Stromrichterventile sind durchwegs Dioden. Die folgenden Ausführungen beziehen sich auf Halbleiterdioden, insbesondere auf Siliziumdioden.

Halbleiter-Leistungsdioden in netzgeführten Stromrichtern sollen bei niedrigen Durchlaßverlusten eine hohe Sperrfähigkeit aufweisen. Diese Forderung läßt sich mit einer PSN-Struktur des Halbleiters erfüllen [12, 13]. In Bild 16a ist eine entsprechend dotierte Halbleiterscheibe schematisch dargestellt. Die Breite w der gesamten Struktur beträgt einige 100 μm. Die Größe der anschlußseitigen Flächen hängt von der geforderten Strombelastbarkeit ab. Der Durchmesser der größten für Leistungshalbleiter verwendeten Siliziumscheiben beträgt heute 100 mm. Eine so bestückte Diode in Scheibenzellen-Bauweise ist für einen Dauergrenzstrom von etwa 4 000 A geeignet. Zwischen zwei stark dotierten Schichten, die P- und die N-Schicht, wird eine schwach dotierte S_N-Schicht angeordnet. Die Sperrspannung fällt am PS_N-Übergang ab, wobei sich die Raumladungszone hauptsächlich in der S_N-Schicht aufbaut. Mit der Breite der S_N-Schicht steigt somit die Durchbruchspannung an. Andererseits darf die Breite der S_N-Schicht nicht groß gegenüber den Diffusionslängen sein, da sonst ihr Bahnwiderstand die Durchlaßspannung und damit die Durchlaßverluste erhöht. Mit einer optimierten S_N-Schicht lassen sich Dioden für periodische Spitzensperrspannungen U_{RRM} bis etwa 5 kV bei niedrigen Durchlaßspannungen (U_F unter 2 V) fertigen.

Die in Bild 16a dargestellte PSN-Halbleiterstruktur wird in Schaltplänen durch das in DIN 40 900 Teil 5/3.88 genormte Schaltzeichen (s. Bild 16b) symbolisiert.

Eine ideale Diode würde in Vorwärtsrichtung einen beliebig hohen Vorwärtsstrom i_F bei einer Durchlaßspannung $u_F = 0$ führen können. In Rückwärtsrichtung würde sie eine beliebig hohe Sperrspannung u_R aufnehmen können, ohne daß ein Sperrstrom fließen würde ($i_R = 0$). Eine derartige ideale Diodenkennlinie zeigt Bild 17a. Hier sei darauf hingewiesen, daß in der Stromrichtertheorie vielfach mit derartigen idealen Kennlinien gerechnet wird.

Die reale statische Strom-Spannungskennlinie einer Diode verläuft nach Bild 17b, wobei sich die Strom- und die Spannungsmaßstäbe für die Vorwärts- und die

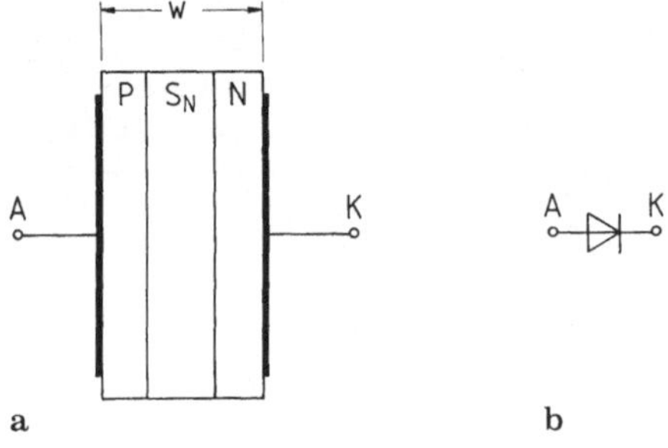

Bild 16. Struktur und Schaltzeichen von Halbleiter-Leistungsdioden. **a** Schematische Darstellung der Halbleiterstruktur; **b** Schaltzeichen nach DIN 40 900 Teil 5/3.88

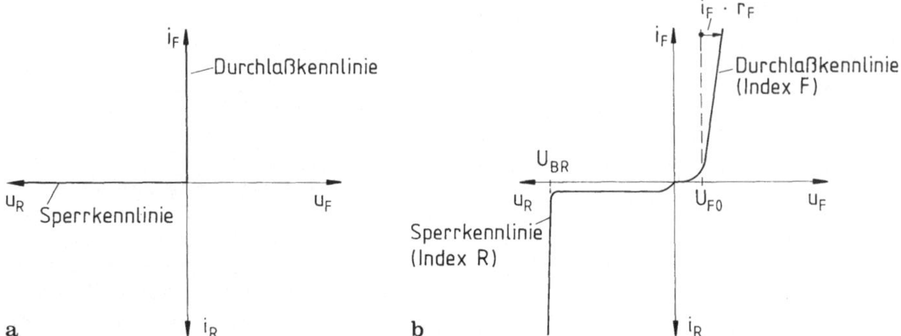

Bild 17. Kennlinien von Halbleiter-Leistungsdioden. **a** Ideale Diodenkennlinie; **b** statische Diodenkennlinie; U_{BR} Durchbruchspannung, U_{FO} Schleusenspannung, r_F Ersatzwiderstand. Anmerkung: Die Maßstäbe für u_R und u_F bzw. für i_F und i_R unterscheiden sich um Zehnerpotenzen

Rückwärtsrichtung bei den üblichen Siliziumdioden um Zehnerpotenzen unterscheiden. In Vorwärtsrichtung muß erst eine gewisse Spannung, die Schleusenspannung U_{FO}, aufgebracht werden, ehe ein nennenswerter Vorwärtsstrom i_F fließen kann. Mit steigendem i_F erhöht sich die Durchlaßspannung u_F um den Spannungsfall am Ersatzwiderstand r_F. Die Durchlaßspannung läßt sich in guter Näherung zu

$$u_F = U_{FO} + r_F \cdot i_F \tag{1}$$

angeben. Die Schleusenspannung ist meist kleiner als 1 V, die Durchlaßspannung im Nennbetrieb meist kleiner als 2 V. Diese Werte sind sehr klein gegenüber der zulässigen periodischen Spitzensperrspannung U_{RRM}, die, je nach Diodentyp, zwischen einigen hundert und einigen tausend Volt liegt. Wird in Rückwärtsrichtung Sperrspannung u_R an die Diode gelegt, so fließt zunächst ein kleiner Sperrstrom i_R, dessen Größe im wesentlichen von der Größe der Siliziumscheibe und von der Sperrschichttemperatur abhängig ist; einem Anstieg der Temperatur um etwa 13 K entspricht jeweils etwa eine Verdoppelung des Sperrstromes. Der Sperrstrom überschreitet bei Sperrspannungen im Bereich unterhalb der Durchbruchspannung U_{BR} und bei der maximal zulässigen Sperrschichttemperatur ϑ_j meist nicht den unteren mA-Bereich. Die starke Temperaturabhängigkeit des Sperrstromes begrenzt im Hinblick auf die Sperrverlustleistung die maximal zulässige Sperrschichttemperatur auf Werte im Bereich $150\,°C \leq \vartheta_j \leq 200\,°C$.

Wird die Durchbruchspannung U_{BR} überschritten, so steigen der Sperrstrom und die Sperrverlustleistung steil an. Inhomogenitäten in der Sperrschicht können zu starker örtlicher Erhitzung und damit zum Durchlegieren der Sperrschicht und zum Verlust der Sperrfähigkeit führen. Nur Avalanchedioden, bei denen sich der Avalanchedurchbruch gleichmäßig über die ganze Sperrschicht verteilt, können kurzzeitig beträchtliche Sperrströme führen, ohne daß mit einem Ausfall des Bauelementes gerechnet werden muß.

Neben den statischen Eigenschaften sind, vornehmlich bei Einsatz in selbstgeführten Stromrichtern, auch die dynamischen Eigenschaften, insbesondere das Schaltverhalten der Dioden, von Interesse. Unmittelbar nach dem Einschalten der

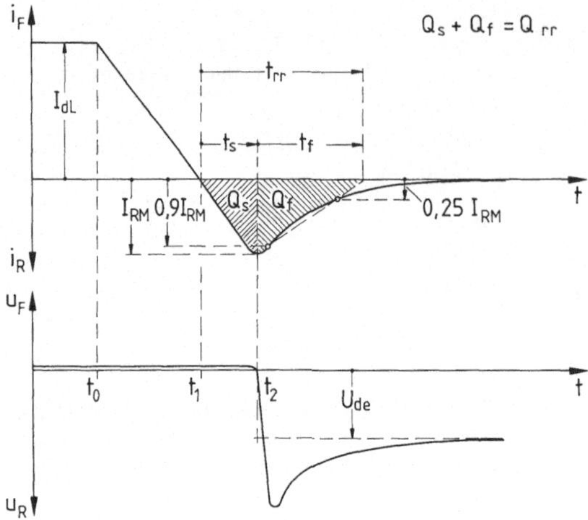

Bild 18. Abschaltvorgang einer Diode, wie er sich beim Kommutieren des Laststromes I_{dL} vom Freilaufzweig auf den Hauptzweig eines Tiefsetz-Gleichstromstellers ergibt. Q_s Nachlaufladung, Q_f Restladung, Q_{rr} Ausräumladung, t_s Spannungsnachlaufzeit, t_f Rückstromfallzeit, t_{rr} Rückstromdauer, Sperrverzögerungszeit, u_{de} Eingangsgleichspannung des Stellers

Diode ist die Trägerkonzentration in der S_N-Zone noch sehr gering, wodurch der Widerstand sehr hoch ist. Erst wenn aus den hochdotierten Randzonen genügend Ladungsträger in die S_N-Zone injiziert worden sind, klingt der Durchlaßwiderstand auf seinen statischen Wert ab. Die Durchlaßverzögerungszeit t_{fr} liegt etwa in der Größe der Trägerlebensdauer, d.h. bei Dioden für netzgeführte Stromrichter im unteren µs-Bereich.

Beim Ausschalten der Diode wird meist vom Wert des Laststromes I_{dL} ausgehend der Diodenstrom mit einer durch den Kommutierungskreis bestimmten endlichen Steilheit abgebaut. Die im Bild 18 dargestellten Verläufe von Strom und Spannung treten z.B. bei der Kommutierung des Laststromes I_{dL} vom Freilaufzweig auf den Hauptzweig eines Tiefsetz-Gleichstromstellers (s. Abschn. 10.1.1.1) in bzw. an der Freilaufdiode auf.

Zu Beginn des im Bild 18 betrachteten Zeitabschnittes fließt der Lastgleichstrom I_{dL} voll über die Freilaufdiode. Im Zeitpunkt t_0 wird der Hauptzweig eingeschaltet und der Laststrom beginnt in diesen zu kommutieren. Die Steilheit der Stromänderung wird durch die Induktivität des Kommutierungskreises und die Höhe der Eingangsgleichspannung U_{de} bestimmt. Die Stromänderungsgeschwindigkeit ist bei Kommutierungsvorgängen i. allg. so groß, daß der Ladungsträgerabbau in der Halbleitertablette, insbesondere in der S_N-Schicht, der Stromabnahme nacheilt; das hat einen Ladungsträger-Überschuß zur Folge. Beim Nulldurchgang des Stromes (Zeitpunkt t_1) ist noch eine hinreichend große Ladungsträgermenge vorhanden, um in der Diode eine hohe Leitfähigkeit aufrecht zu erhalten. Der Strom fällt deshalb zunächst in Rückwärtsrichtung bis zur Rückstromspitze I_{RM} ab, ohne daß sich die Spannung an der Diode umkehrt. Erst nach der Spannungsnachlaufzeit t_s ist die Ladung so weit abgebaut, daß am PS_N-Übergang eine Raumladungszone entsteht und diese die Sperrspannung aufnehmen kann. Der Rückstrom klingt nach Überschreiten der Rückstromspitze je nach Diodeneigenschaft mehr oder weniger steil auf den statischen Wert ab. Die durch die Diode verursachte Stromänderungsgeschwindigkeit ruft an der Induktivität des Kommutierungskreises eine Spannungsspitze hervor, die sich in der Sperrspannung der Stellereingangsspannung U_{de} überlagert. Die Abklingzeit des Rückstromes liegt etwa in der Größe der Trägerlebensdauer und damit bei Dioden für netzgeführte Stromrichter im unteren µs-Bereich.

Die sich ergebenden Sperrspannungsspitzen können, wenn sie die Durchbruchspannung überschreiten, die Diode gefährden. Sie werden deshalb durch eine Trägerspeichereffektbeschaltung (s. Kap. 7) verkleinert.

Die Rückstromspitze I_{RM} wächst bei gegebener Diode mit der Stromänderungsgeschwindigkeit an; I_{RM} kann bei genügender Steilheit des abkommutierenden Stromes größer werden als der vorausgehende Vorwärtsstrom I_{dL}. I_{RM} wächst ebenfalls mit I_{dL} an, wobei dieser Einfluß wiederum von di_F/dt abhängig ist und mit sinkender Steilheit stark abnimmt. Schließlich ist die Größe der Rückstromspitze auch von der Temperatur der Siliziumscheibe abhängig. Zwischen der Raumtemperatur und der höchstzulässigen Sperrschichttemperatur steigt die Rückstromspitze bei sonst gleichen Bedingungen etwa um den Faktor $1,5-2$ an.

Nach dem Zeitpunkt t_2 in Bild 18 tritt in der Diode eine hohe Ausschaltverlustleistung auf, die sich als Produkt der Augenblickswerte des Rückstromes i_R und der Sperrspannung u_R ergibt. Bei netzgeführten Stromrichtern am 50- bzw. 60-Hz-Netz ist die Steilheit des Stromes während der Kommutierung i. allg. nicht sehr groß, was zu geringeren Rückstromspitzen und damit zu einer mittleren Ausschaltverlustleistung führt, die gegenüber der mittleren Durchlaßverlustleistung vernachlässigt werden kann.

Anders ist es bei Dioden, die in selbstgeführten Stromrichtern eingesetzt werden. Hier sind die Taktfrequenzen und die Stromsteilheiten während der Kommutierung höher, was zu mittleren Ausschaltverlustleistungen führt, die in der Verlustbilanz berücksichtigt werden müssen. Erschwerend kommt noch hinzu, daß sich die hohen Rückstromspitzen in dem den Laststrom übernehmenden Stromrichterventil dem Laststrom überlagern, was dort zu einer unerwünscht hohen Einschaltstromspitze führt.

In selbstgeführten Stromrichtern werden deshalb bevorzugt sogenannte „schnelle Dioden" eingesetzt. Bei diesen wird auf Kosten der Sperrfähigkeit die S_N-Zone schmaler dimensioniert, womit die Ausräumladung $Q_{rr}=Q_s+Q_f$ verkleinert wird. Weiterhin wird die Trägerlebensdauer durch eine geringe Dotierung mit Schwermetallen (z.B. Gold oder Platin) reduziert, wodurch einerseits die Spannungsnachlaufzeit t_s, die Rückstromdauer t_{rr} und die Rückstromspitze I_{RM} verkleinert werden, andererseits jedoch die Durchlaßspannung erhöht wird. Weitere Verbesserungen im dynamischen Verhalten lassen sich durch Bestrahlung des Halbleitermaterials mit Elektronen und Protonen erreichen [14a].

Die Rückstromdauer t_{rr} liegt bei Dioden für den Einsatz in netzgeführten Stromrichtern im µs-Bereich, mit schnellen Dioden lassen sich dagegen Rückstromzeiten unter 100 ns erreichen.

Niedrige Durchlaßspannungen und kleine Rückstromspitzen treten bei Schottky-Dioden auf. Diese unterliegen einem anderen Konstruktionsprinzip, bei ihnen tritt die Sperrschicht am anodenseitigen Halbleiter-Metallkontakt auf [13]; die Siliziumtablette ist dabei in drei Zonen mit unterschiedlich starker N-Dotierung gegliedert. Leider können beim derzeitigen Stand Schottky-Dioden nur bis zu einer Durchbruchspannung von etwa 100 V gefertigt werden.

4 Steuerbare Stromrichterventile

4.1 Über den Steueranschluß nur einschaltbare Stromrichterventile

Als über den Steueranschluß nur einschaltbare Stromrichterventile werden in den meisten Fällen Thyristortrioden, kurz Thyristoren genannt, verwendet (s. auch DIN 41 786/6.76 „Thyristoren, Begriffe").

In netzgeführten steuerbaren Stromrichtern werden ausschließlich rückwärts sperrende Stromrichterventile eingesetzt. Die rückwärts sperrende Thyristortriode ist der Thyristor, der in der zweiten Hälfte der fünfziger Jahre als erster beschrieben wurde [15, 16] und der als industrielles Produkt seit Ende der fünfziger Jahre zur Verfügung steht. Über ihn wird im folgenden zunächst berichtet.

4.1.1 Grundsätzlicher Aufbau

Thyristortrioden sind, wie die prinzipielle Darstellung in Bild 19a zeigt, PNPN-Halbleiter, deren Schichten abwechselnd P- und N-dotiert sind. Die äußeren, hochdotierten Zonen sind die Emitter- die inneren, schwach dotierten, die Basiszonen. Am P-Emitter ist der Anodenanschluß A, am N-Emitter ist der Kathodenanschluß K und an der P-Basis der Steueranschluß G (gate terminal) angebracht. Durch Einspeisung eines Steuerstromes i_G in den kathodenseitigen PN-Übergang kann der Thyristor bei positivem Anodenpotential vom Sperrzustand in den Durchlaßzustand umgeschaltet werden.

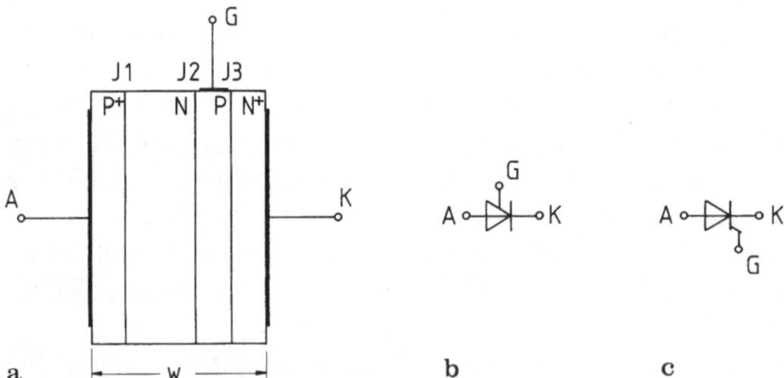

Bild 19. Struktur und Schaltzeichen von rückwärts sperrenden Thyristortrioden. **a** Schematische Darstellung der Halbleiterstruktur; **b** Schaltzeichen einer rückwärts sperrenden Thyristortriode nach DIN 40 900 Teil 5/3.88; **c** Schaltzeichen einer kathodenseitig steuerbaren, rückwärts sperrenden Thyristortriode nach DIN 40 900 Teil 5/3.88

Thyristoren in netzgeführten Stromrichtern sollen bei niedrigen Durchlaßverlusten eine hohe Sperrfähigkeit aufweisen. Die Sperrspannung in Vorwärtsrichtung, auch positive Sperrspannung genannt, fällt an dem PN-Übergang J2 zwischen P-Basis und N-Basis ab, die in Rückwärtsrichtung an dem PN-Übergang J1 zwischen P-Emitter und N-Basis. Der im Steuerkreis liegende PN-Übergang J3 zwischen P-Basis und N-Emitter ist einerseits im Sperrzustand relativ niederohmig [10] und wird andererseits durch den Steuerkreis überbrückt [6], so daß er keine Sperrspannung aufnehmen kann.

Um hohe Sperrfähigkeiten an den PN-Übergängen J1 und J2 zu erreichen, muß die N-Basis hinreichend breit gemacht werden; um geringe Durchlaßverluste zu erhalten ist dann eine große Trägerlebensdauer erforderlich. Die Breite w einer Thyristortablette beträgt einige hundert µm ihr maximaler Durchmesser liegt heute bei etwa 100 mm.

4.1.2 Statische Eigenschaften

Eine ideale rückwärts sperrende Thyristortriode würde im Sperrzustand sowohl in Vorwärtsrichtung als auch in Rückwärtsrichtung eine beliebig hohe Sperrspannung aufnehmen können, ohne daß ein Sperrstrom fließen würde. Liegt positive Sperrspannung an und der Thyristor wird durch einen Steuerstrom größer als der Zündstrom in den Durchlaßzustand umgeschaltet, so springt der Arbeitspunkt auf die Durchlaßkennlinie. Hier könnte der ideale Thyristor einen beliebig hohen Durchlaßstrom bei Durchlaßspannung Null führen (Bild 20a). Die Strom-Spannungskennlinie eines Thyristors besteht somit aus drei Teilkennlinien, der Rückwärts-Sperrkennlinie, der Vorwärts-Sperrkennlinie und der Durchlaßkennlinie.

Die realen statischen Stromspannungskennlinien eines rückwärts sperrenden Thyristors zeigt Bild 20b. Die Rückwärts-Sperrkennlinie ist der Sperrkennlinie

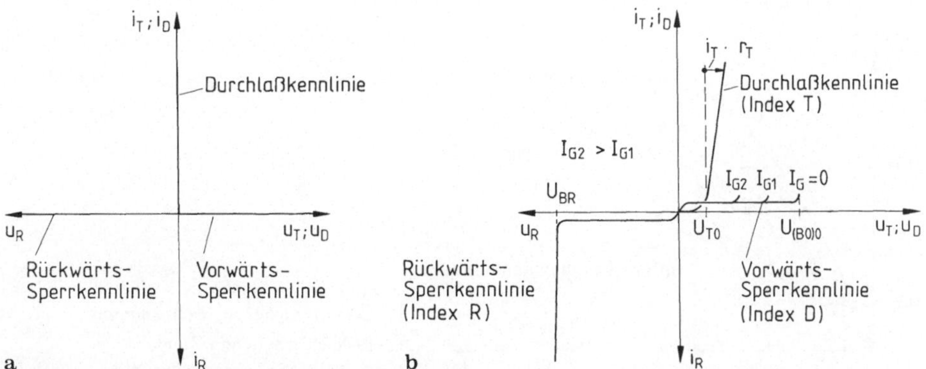

Bild 20. Kennlinien von rückwärts sperrenden Thyristortrioden. **a** Ideale Kennlinien, U_{BR} Durchbruchspannung, U_{TO} Schleusenspannung; **b** statische Kennlinien, $U_{(BO)0}$ Nullkippspannung, r_T Ersatzwiderstand. Anmerkung: Die Maßstäbe für u_R und u_D sowie für i_R und i_D sind gleich, die für u_D und u_t bzw. für i_D und i_T unterscheiden sich um Zehnerpotenzen

einer Diode sehr ähnlich. Das gleiche gilt auch für die Durchlaßkennlinie. Wenn kein Steuerstrom fließt ($I_G = 0$), so besteht eine weitgehende Symmetrie zwischen der im ersten Quadranten der Stromspannungsebene liegenden Vorwärts-Sperrkennlinie und der Rückwärts-Sperrkennlinie im dritten Quadranten. Überschreitet die Vorwärts-Sperrspannung u_D die Nullkippspannung $U_{(BO)0}$, so geht der Thyristor durch sogenanntes Überkopfzünden vom positiven Sperrzustand in den Durchlaßzustand über (betriebsmäßig ist ein derartiges Überkopfzünden zu vermeiden, da es zur Zerstörung des Thyristors führen kann [6]).

Wird ein Steuerstrom I_G, der kleiner als der Zündstrom I_{GT} ist, in den Steueranschluß eingespeist, so wird die Kippspannung U_{BO} kleiner als $U_{(BO)0}$. Für $I_G \geq I_{GT}$ ist die positive Sperrkennlinie völlig abgebaut, in Vorwärtsrichtung existiert nur noch die Durchlaßkennlinie; d.h. die Thyristorkennlinien gehen in eine Diodenkennlinie über [10]. Die Durchlaßspannung eines Thyristors läßt sich zu

$$u_T = U_{TO} + r_T \cdot i_T \tag{2}$$

angeben. Die Schleusenspannung U_{TO} ist meist kleiner als 1 V, die Durchlaßspannung u_T bei Nennbelastung liegt im Bereich zwischen 1,5 V und 3 V. Sowohl die Durchbruchspannung U_{BR} als auch die Nullkippspannung $U_{(BO)0}$ sind stark temperaturabhängig und fallen bei Temperaturen oberhalb 130 °C stark ab. Sinkt $U_{(BO)0}$ ab, so kann das zum unkontrollierten Überkopfzünden führen, bei dem der Thyristor seine Steuerfähigkeit verliert. Die höchstzulässige Sperrschichttemperatur wird vor allem in Hinblick auf die Nullkippspannung meist auf 125 °C begrenzt.

Die Durchlaßkennlinien des Steuerkreises, die auch Eingangskennlinien genannt werden, sind zum einen temperaturabhängig, zum anderen weisen sie bei Thyristoren des gleichen Typs relativ große Exemplarstreuungen auf. Wird die Steuerspannung u_G über dem Steuerstrom i_G aufgetragen, so ergibt sich ein Streuband, das durch die untere und die obere Eingangskennlinie begrenzt wird (Bild 21). I_{GD} und U_{GD} sind die Steuerstrom- und -spannungswerte, bei denen innerhalb des zulässigen Temperaturbereiches gerade noch kein Thyristor eines

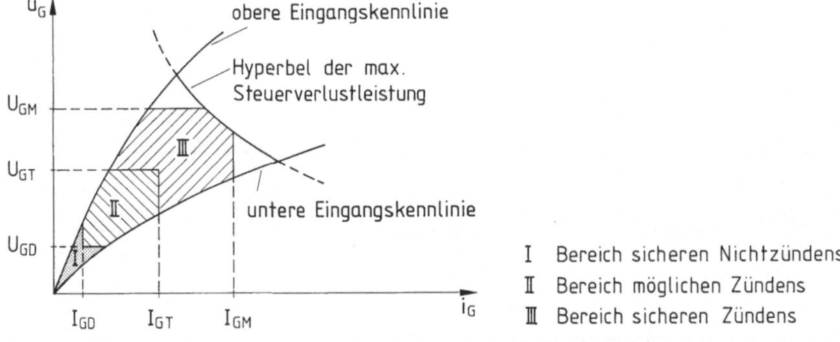

Bild 21. Schematische Darstellung des sicheren Zündbereichs eines Thyristors. I_{GD} Nichtzündender Steuerstrom, I_{GT} Oberer Zündstrom, I_{GM} Höchstzulässiger Steuerstrom, U_{GD} Nichtzündende Steuerspannung, U_{GT} Obere Zündspannung, U_{GM} Höchstzulässige Steuerspannung

Typs zündet, also von dem Sperrzustand in Vorwärtsrichtung in den Durchlaßzustand übergeht; der Bereich I des Bildes 21 ist somit der Bereich des sicheren Nichtzündens. Sicheres Zünden ist erst gewährleistet, wenn die Werte I_{GT} bzw. U_{GT} überschritten werden. Der Bereich II ist somit der Bereich des möglichen Zündens, Steuerströme im Bereich $I_{GD} \leqq I_G \leqq I_{GT}$ können aber müssen nicht zum Einschalten des Thyristors führen und sind wegen ihrer ungewissen Wirkung zu vermeiden. Oberhalb der Werte I_{GT} und U_{GT} liegt der Bereich III, der Bereich des sicheren Zündens. Dieser Bereich wird nach oben durch die höchstzulässigen Werte I_{GM} und U_{GM} bzw. durch die Grenzkurve bestimmt, die sich durch die höchstzulässige Steuerverlustleitung ergibt. Bild 21 zeigt nur eine schematische, nicht maßstabgerechte Darstellung der Bereiche I, II und III (s. auch DIN 41 786/6.76), in der Realität verhalten sich $I_{GM}/I_{GT}/I_{GD}$ etwa wie 1 000:$\sqrt{1\,000}$:1.

Neben dem Wissen über das statische Verhalten, das durch die Kennlinien der Bilder 20 und 21 beschrieben wird, sind für die Auswahl des richtigen Thyristortyps auch Kenntnisse über das dynamische Verhalten erforderlich.

4.1.3 Dynamische Eigenschaften

4.1.3.1 Einschaltverhalten

Liegt an einem Thyristor eine Vorwärts-Sperrspannung $u_D = U_{d1}$ und wird zum Zeitpunkt $t = t_0$ der Steuerstrom vom Wert Null auf einen Wert $i_G \geqq i_{GT}$ erhöht (Bild 22), so ist der Einschaltvorgang eingeleitet. Es vergeht eine endliche Zeit, der Zündverzug, ehe die Sperrwirkung im Zeitpunkt t_1 zusammenzubrechen beginnt. Während des Zündverzugs tritt als Folge des Steuerstromes ein Rückkopplungseffekt auf, durch den die beiden Basiszonen von den Emittern her mit Minoritätsladungsträgern aufgeladen werden, bis der mittlere PN-Übergang seine Sperrfähigkeit verliert und der Thyristor in den Durchlaßzustand übergeht.

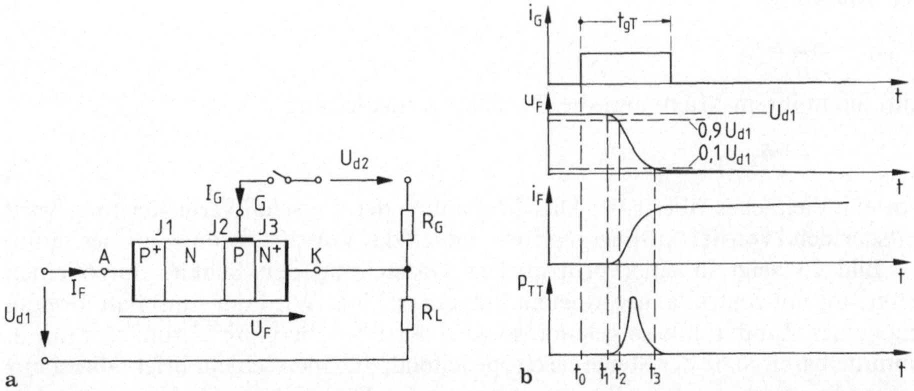

Bild 22. Einschaltvorgang des Thyristors. **a** Schaltplan; **b** zeitlicher Verlauf der charakteristischen Größen; $t_3 - t_0 = t_{gt}$ Zündzeit, $t_2 - t_0 = t_{gd}$ Zündverzug, $t_3 - t_2 = t_{gr}$ Durchschaltzeit, t_{gT} Zündimpulsdauer

Als Zündverzug t_{gd} gilt die Zeit, die vom Einschaltzeitpunkt des Steuerstromes an vergeht, bis die Vorwärts-Spannung auf $u_F = 0,9\,U_{d1}$ abgeklungen ist. Der Zündverzug liegt üblicherweise im unteren µs-Bereich.

In der Folge fällt die Vorwärtsspannung zunächst steil ab, während der Vorwärtstrom i_F anzusteigen beginnt. Spannungsabfall und Stromanstieg sind in diesem Zeitbereich weitgehend von den Einsatzbedingungen des Thyristors abhängig. Die Zeit, die vergeht, bis die Spannung von $0,9\,U_{d1}$ auf $0,1\,U_{d1}$ abgefallen ist, wird als Durchschaltzeit t_{gr} bezeichnet, sie liegt ebenfalls im unteren µs-Bereich. Die Summe aus Zündverzug und Durchschaltzeit ist die Zündzeit

$$t_{gt} = t_{gd} + t_{gr}\,. \tag{3}$$

Nach Ablauf der Zündzeit kann die Vorwärtsspannung u_F bei Thyristoren mit einem hohen Sperrvermögen noch über 100 V liegen, also von der statischen Durchlaßspannung u_T noch weit entfernt sein. Erst wenn $u_F \approx u_T$ ist, ist der Einschaltvorgang abgeschlossen. Die Zeit, die vergeht, bis u_F von $0,9\,U_{d1}$ auf u_T abgeklungen ist, wird als Durchschaltverzögerung t_{td} bezeichnet. Als Einschaltdauer gilt

$$t_{ge} = t_{gd} + t_{td}\,; \tag{4}$$

sie kann einige 100 µs betragen.

Beim Einschalten muß der Steuerimpuls mit $i_G \geqq i_{GT}$ mindestens so lange anstehen, bis der Vorwärtsstrom die Größe des Einraststromes I_L erreicht hat. Dieser ist definiert als der kleinste Durchlaßstrom, bei dem der Thyristor unmittelbar nach dem Zünden und dem Abklingen des Zündimpulses noch im Durchlaßzustand bleibt. Der Einraststrom ist stark temperaturabhängig, er steigt mit sinkender Sperrschichttemperatur an, seine Größe bewegt sich zwischen dem oberen mA- und dem unteren A-Bereich. Die erforderliche Zündimpulsdauer ist in starkem Maße mit von der Größe des Steuerstromes abhängig, sie liegt im unteren µs-Bereich. Mit einer Zündimpulsdauer t_{gT} von einigen zig µs wird der Thyristor sicher eingeschaltet.

Während des Einschaltvorganges tritt in der Siliziumtablette eine Einschaltverlustleistung

$$p_{TT} = u_F \cdot i_F \tag{5}$$

auf, die in ihrem Maximum die Durchlaßverlustleitung

$$p_T = u_T \cdot i_T \tag{6}$$

um ein Vielfaches übertrifft. Das Maximum der Einschaltverlustleistung wird entscheidend von der Anstiegsgeschwindigkeit des Vorwärtsstromes mitbestimmt.

Bild 23 zeigt in einer prinzipiellen Darstellung den Schnitt durch einen Thyristor mit zentral angeordnetem Steueranschluß. Wird der Einschaltvorgang über einen Zündimpuls eingeleitet, so wird der PN-Übergang J2 zunächst nur in unmittelbarer Nähe der Steuerelektrode leitend, die Sperrschicht bricht dabei nur örtlich begrenzt in axialer Richtung zusammen. Der ansteigende Vorwärtsstrom fließt zunächst nur auf einer kleinen Fläche und verursacht dort hohe örtliche Verluste, die zu starker örtlicher Erwärmung und bei zu hohem di_F/dt auch zum

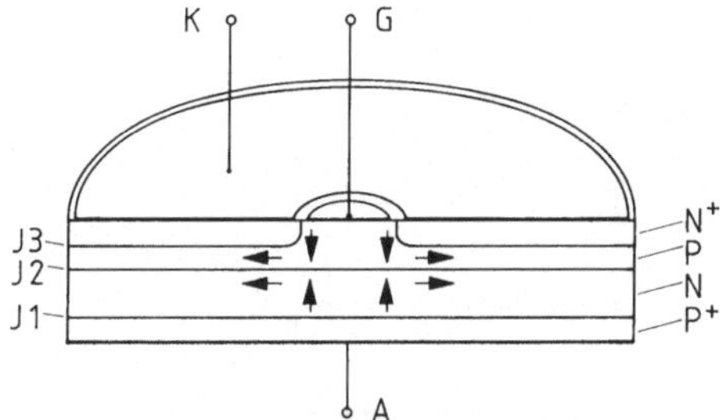

Bild 23. Zum axialen und lateralen Zusammenbruch der Sperrschicht J2 beim Einschaltvorgang des Thyristors

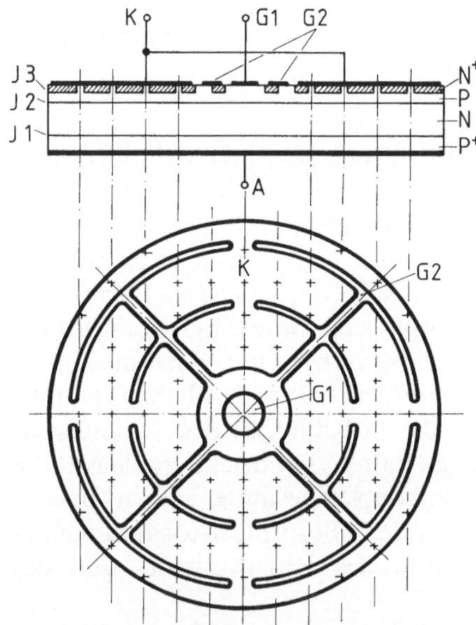

Bild 24. Grundsätzlicher Aufbau eines Thyristors mit als Streifengate ausgeführtem Amplifying-Gate und Kurzschlußlöchern zwischen P-Basis und Kathode (N-Emitter-Shorts durch + gekennzeichnet)

Ausfall des Thyristors führen können. Der Zusammenbruch der Sperrschicht breitet sich von der Steuerelektrode ausgehend mit einer Geschwindigkeit von etwa 0,05 – 0,1 mm/µs lateral aus, so daß bei großflächigen Thyristoren durchaus einige hundert µs vergehen können, bis sich die gesamte Thyristorfläche gleichmäßig an der Stromführung beteiligt. Um Ausfälle wegen zu starker örtlicher Erwärmung in der Nähe der Steuerelektrode zu vermeiden, werden von den Thyristorherstellern kritische Stromsteilheiten $(\mathrm{d}i_\mathrm{F}/\mathrm{d}t)_\mathrm{cr}$ angegeben; diese liegen bei Thyristoren für den Netzbetrieb etwa zwischen 50 und 100 A/µs, bei schnellen Thyristoren für selbstgeführte Stromrichter zwischen 100 und 200 A/µs.

Um bei großflächigen Thyristoren eine kürzere Einschaltdauer t_ge und eine höhere kritische Stromsteilheit zu erreichen, werden diese mit Steuerelektroden in Form von Finger- oder Streifengates ausgeführt (G2 in Bild 24) [14]. Bei einem hinreichend hohen Zündimpuls beginnt die Sperrwirkung des inneren PN-Übergangs J2 an dem gesamten inneren Kathodenrand gleichzeitig zusammenzubrechen. Schon während der Durchschaltzeit steht eine größere stromführende

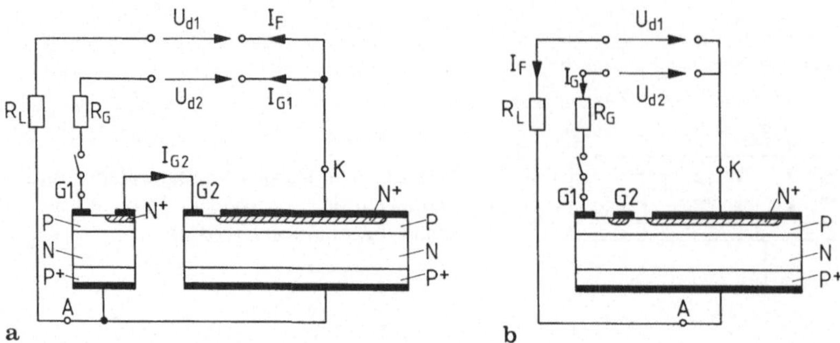

Bild 25. Entstehung eines Thyristors mit Amplifying-Gate durch Integration eines Hilfsthyristors. **a** Hauptthyristor mit getrenntem Hilfsthyristor zur Verstärkung des Gatestromes I_{G1}; **b** Thyristor mit Amplifying-Gate und N-Emitter-Randkurzschluß

Fläche zur Verfügung und der laterale Zusammenbruch der Sperrwirkung erfolgt wegen der kürzeren Wegstrecken schneller.

Um den großen, für ein gleichmäßiges Zünden des gesamten inneren Kathodenrandes erforderlichen Zündstrom nicht von außen zuführen zu müssen, werden größere Thyristoren mit innerer Zündverstärkung, meist in Form eines Amplifying-Gate [6, 10], ausgeführt. Beim Amplifying-Gate-Thyristor wird ein Hilfsthyristor mit dem Hauptthyristor gemeinsam in einer Siliziumtablette integriert. In Bild 25a sind, um das Funktionsprinzip zu verdeutlichen, Haupt- und Hilfsthyristor getrennt dargestellt. Wird durch Schließen des Schalters im Steuerkreis der Steuerstrom $i_{G1} > i_{GT1}$ eingeschaltet, so bricht zunächst die Sperrwirkung des Hilfsthyristors zusammen und dessen gesamter sich aufbauender Vorwärtsstrom fließt als Steuerstrom I_{G2} in den Hauptthyristor und zündet diesen. Bild 25b zeigt die bauliche Integration des Hilfsthyristors und des Hauptthyristors in einer Siliziumtablette.

Ist der Thyristor nach Abklingen des Einschaltvorganges in den stationären Durchlaßzustand übergegangen, so bleibt er eingeschaltet, solange der Durchlaß- strom i_T den Haltestrom I_H nicht unterschreitet. Der Haltestrom ist stark temperaturabhängig, er steigt mit fallender Sperrschichttemperatur an. Sein typischer Wert liegt bei einigen 100 mA.

4.1.3.2 Ausschaltverhalten

Das Ausschalten eines Thyristors erfolgt in den meisten Anwendungsfällen durch Kommutieren des Laststromes auf das Folgeventil (s. Teil 3). Aus Bild 26 ist zu entnehmen, daß der Abschaltvorgang eines Thyristors dem einer Diode grund- sätzlich sehr ähnlich ist. Im Zeitpunkt t_0 beginnt die Kommutierung des Laststromes I_{dL} auf das Folgeventil. Der Vorwärtsstrom i_F werde mit konstanter Steilheit abgebaut, er wird zum Zeitpunkt t_1 Null. Durch die beiderseits des PN- Übergangs J1 noch gespeicherten Minoritätsladungsträger bleibt der Thyristor noch bis zum Zeitpunkt t_2 hoch leitfähig, der Rückstrom steigt bis zu seinem Maximalwert I_{RM} an. Im Zeitpunkt t_2 sind die Minoritätsladungsträger teils durch den Rückstrom, teils durch Rekombination so weit abgebaut, daß sich eine

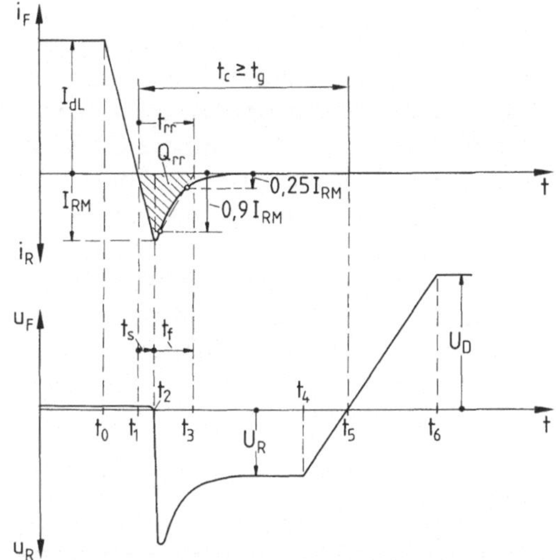

Bild 26. Abschaltvorgang einer rückwärtssperrenden Thyristortriode mit anschließendem Anstieg der Sperrspannung in Vorwärtsrichtung.
t_c Schonzeit, t_f Rückstromfallzeit, t_q Freiwerdezeit, t_s Spannungsnachlaufzeit, t_{rr} Sperrverzögerungszeit, Rückstromdauer, Q_{rr} Ausräumladung

Raumladungszone aufbauen und daß J1 Sperrspannung aufnehmen kann, gleichzeitig beginnt der Rückstrom abzuklingen.

Seine Änderungsgeschwindigkeit ruft an den Induktivitäten des Kommutierungskreises eine Spannungsspitze hervor, die sich der quasistationären Rückwärts-Sperrspannung U_R überlagert. Die sich ergebenden Sperrspannungsspitzen können, wenn sie die Durchbruchspannung überschreiten, den Thyristor gefährden. Sie werden deshalb durch eine Trägerspeichereffektbeschaltung (s. Kap. 7) verkleinert.

Der Zeitabschnitt $t_2 - t_1 = t_s$ wird, da bei fließendem Rückstrom die Vorwärtsspannung noch positiv ist, als Spannungsnachlaufzeit bezeichnet, der Zeitabschnitt $t_3 - t_2 = t_f$ als Rückstromfallzeit.

Nach dem Zeitpunkt t_2 tritt bei abfallendem Rückstrom i_R und anstehender Rückwärts-Sperrspannung u_R die Ausschaltverlustleistung

$$p_{RQ} = u_R \cdot i_R \tag{7}$$

auf, die in ihrem Maximum die Durchlaßverlustleistung um ein Vielfaches übertrifft.

Die Schaltverlustenergie je Schaltperiode ergibt sich zu

$$W_{vs} = \int^{t_{ge}} p_{TT} dt + \int^{t_{rr}} p_{RQ} dt . \tag{8}$$

Bei Einsatz der Thyristoren in netzgeführten Stromrichtern und Anschluß an das 50- oder 60-Hz-Netz kann die Schaltverlustenergie meist gegenüber der Durchlaßverlustenergie vernachlässigt werden. Bei höheren Schaltfrequenzen in selbstgeführten Stromrichtern ist die Schaltverlustenergie zu berücksichtigen; sie bestimmt bei Thyristoren die maximal zulässige Schaltfrequenz.

Im Zeitpunkt t_4 beginne die Sperrspannung des Thyristors vom Wert U_R an auf den Wert U_D anzusteigen, den sie zum Zeitpunkt t_6 erreicht. Im Zeitpunkt t_5 geht sie durch Null. Der Zeitabschnitt $t_5 - t_1 = t_c$ wird als Schonzeit des Thyristors bezeichnet. Die Schonzeit muß stets größer sein als die Freiwerdezeit t_q, da sonst der Thyristor keine Sperrspannung in Vorwärtsrichtung aufnehmen kann. Die Freiwerdezeit t_q ist definiert als die Zeitdauer zwischen dem Nulldurchgang des abkommutierenden Stroms und dem Nulldurchgang einer wiederkehrenden Vorwärts-Sperrspannung bestimmter Höhe, die der Thyristor verträgt, ohne in den Durchlaßzustand zu kippen; sie ist außerdem von der Temperatur, vom vorausgegangenen Durchlaßstrom, vom zeitlichen Verlauf der Stromänderung, von der Höhe der wiederkehrenden Vorwärts-Sperrspannung und von deren zeitlichem Verlauf abhängig.

Die Freiwerdezeit t_q beträgt bei Thyristoren für den Einsatz in netzgeführten Stromrichtern bis zu 350 µs. Bei Thyristoren für den Einsatz in selbstgeführten Stromrichtern werden unter Inkaufnahme niedrigerer periodisch zulässiger Spitzen-Sperrspannungen U_{DRM} und U_{RRM} und höheren Durchlaßspannungen kleinere Freiwerdezeiten bis zu etwa 10 µs hinab erreicht.

4.1.3.3 Kritische Spannungssteilheit $(\mathrm{d}u/\mathrm{d}t)_{cr}$

Nach Ablauf der Schonzeit t_c (s. auch Bild 26) steigt die Vorwärts-Sperrspannung mit einer bestimmten Spannungssteilheit $\mathrm{d}u_F/\mathrm{d}t$ an. Wird dabei die kritische Spannungssteilheit $(\mathrm{d}u/\mathrm{d}t)_{cr}$ überschritten, so kann der Thyristor ohne Zündim-

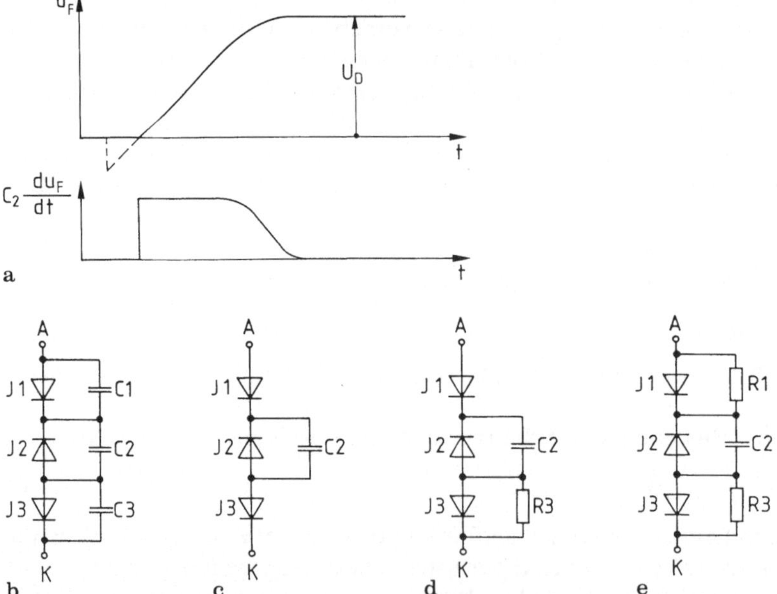

Bild 27. Zur Erläuterung der $\mathrm{d}u_F/\mathrm{d}t$-Empfindlichkeit der Thyristoren. **a** Typischer Verlauf der Vorwärts-Spannung u_F am Thyristor und deren zeitlicher Ableitung $\mathrm{d}u_F/\mathrm{d}t$ nach einem Ausschaltvorgang; **b** vereinfachter Ersatzschaltplan eines Thyristors; **c** vereinfachter Ersatzschaltplan nach **b** für $u_F > 0$; **d** vereinfachter Ersatzschaltplan nach **c** für Thyristor mit kathodenseitigen Emitterkurzschlüssen; **e** vereinfachter Ersatzschaltplan nach **c** für Thyristor mit kathoden- und anodenseitigen Emitterkurzschlüssen, J PN-Übergang, C Kapazität der Sperrschicht J, R Widerstand der Emitterkurzschlüsse

puls vom sperrenden in den leitenden Zustand umgeschaltet werden; die Spannungssteilheit du_F/dt hat dabei die gleiche Wirkung wie ein Steuerimpuls.

Für den Thyristor im Sperrzustand läßt sich ein Ersatzschaltbild nach Bild 27b angeben. Die PN-Übergänge J1−J3 sind durch Dioden mit dazu parallel geschalteten Sperrschichtkapazitäten dargestellt. Im gesperrten Zustand verfügt jeder PN-Übergang über eine Sperrschichtkapazität, die über die Breite der Raumladungszone spannungsabhängig ist. Liegt Vorwärts-Sperrspannung am Thyristor, so sind die PN-Übergänge J1 und J3 in Durchlaßrichtung beansprucht, die Kapazitäten $C1$ und $C2$ sind überbrückt und damit unwirksam (Bild 27c). Ein Spannungsanstieg hat ein du_F/dt zur Folge (Bild 27a) und löst damit über die Kapazität $C2$ einen Verschiebungsstrom der Größe

$$i_{c2} = c_2 \frac{du_F}{dt} + u_F \frac{dc_2}{dt} \tag{9}$$

aus. Dieser Strom fließt über die PN-Übergänge J1 und J3, wodurch Minoritätsladungsträger in die Basiszone injiziert werden. Der Strom i_{c2} hat damit die gleiche Wirkung wie ein Steuerstrom. Steht eine genügend große Spannungssteilheit $[du_F/dt > (du_F/dt)_{cr}]$ lange genug an, so wird der Thyristor eingeschaltet.

Um Thyristoren du_F/dt-unempfindlicher zu machen, können die die Minoritätsladungsträger emittierenden PN-Übergänge J3 und, wenn auf die Rückwärts-Sperrfähigkeit verzichtet wird, auch J1 durch Emitterkurzschlüsse überbrückt werden. Das kann bei kleineren Thyristoren in Form von Emitter-Randkurzschlüssen (s. Bild 25) oder bei größeren in Form von über die Emitterfläche verteilten Kurzschlußlöchern (s. Bild 24) erfolgen [10]. Der kathodenseitige Emitterkurzschluß (Bild 27d) kann zur Verbesserung des du_F/dt-Verhaltens eingesetzt werden, ohne daß sich die statischen Strom-Spannungskennlinien (s. Bild 20) ändern. Wird auch der anodenseitige Emitter kurzgeschlossen (Bild 27e), so büßt der Thyristor seine Rückwärts-Sperrfähigkeit ein; dieser Weg führt zu einem Thyristor mit asymmetrischen Sperrkennlinien.

4.1.4 Sonderbauformen

4.1.4.1 Thyristor mit asymmetrischen Sperrkennlinien

In selbstgeführten Stromrichtern werden Thyristoren vielfach in sogenannten sperrspannungsfreien Schaltungen mit einer antiparallel geschalteten Diode kombiniert eingesetzt (s. Kap. 10). In diesen Fällen ist eine Rückwärts-Sperrfähigkeit nicht erforderlich und der Thyristor kann auf gute Eigenschaften in Vorwärts-Richtung optimiert werden. Durch Einfügen einer hochdotierten N-Zone in die N-Basis als Grenzzone zum P-Emitter (s. Thyristorbereich in Bild 28) wird zwar einerseits die Rückwärts-Sperrfähigkeit stark reduziert, jedoch kann andererseits das Durchlaßverhalten verbessert, die Freiwerdezeit verkleinert und/oder die Nullkippspannung erhöht werden. Zur Verbesserung des du_F/dt-Verhalten können auch anodenseitige Emitterkurzschlüsse eingebaut werden.

4.1.4.2 Rückwärts leitender Thyristor

Die beim Thyristor mit asymmetrischen Sperrkennlinien sowieso erforderliche antiparallel geschaltete Diode kann, wie Bild 28 zeigt, mit in eine gemeinsame Siliziumtablette integriert werden. Im mittleren Bereich der Siliziumtablette ist ein Thyristor mit asymmetrischen Sperrkennlinien und anodenseitigen Emitterkurzschlüssen untergebracht, der von einem ringförmigen Diodenbereich umgeben ist. Bei dieser Struktur kann nur der PN-Übergang J2, an dem die Vorwärts-Sperrspannung des Thyristors und die Rückwärtssperrspannung der Diode abfällt, noch als Sperrschicht wirksam werden.

Bild 29a gibt das in DIN 40 900 Teil 5/3.88 genormte Schaltzeichen einer kathodenseitig steuerbaren rückwärts leitenden Thyristortriode wieder, in Bild 29b ist deren ideale Kennlinie, wie sie den meisten Betrachtungen der Stromrichtertheorie zugrundegelegt wird, dargestellt, und Bild 29c zeigt die statische Kennlinie. Die dynamischen Eigenschaften entsprechen weitgehend denen eines rückwärts sperrenden Thyristors mit antiparallel geschalteter Diode. Als Vorteil des rückwärts leitenden Thyristors ist zu sehen, daß die zwischen getrennten Bauelementen immer vorhandene Leitungsinduktivität entfällt, was bei Schaltvorgängen mit hohen Stromsteilheiten ein bedeutender Vorteil ist.

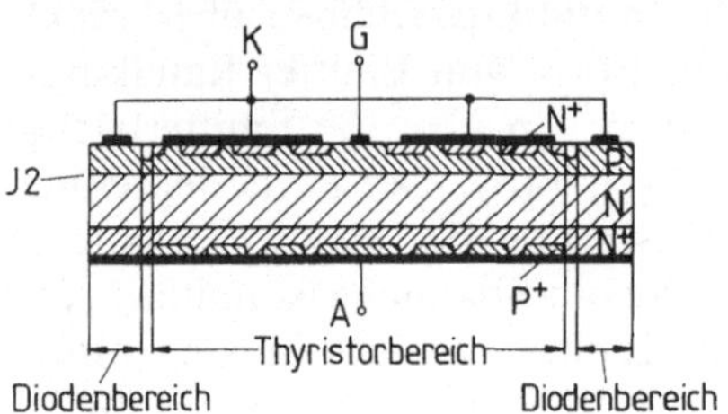

Bild 28. Aufbau eines rückwärts leitenden Thyristors

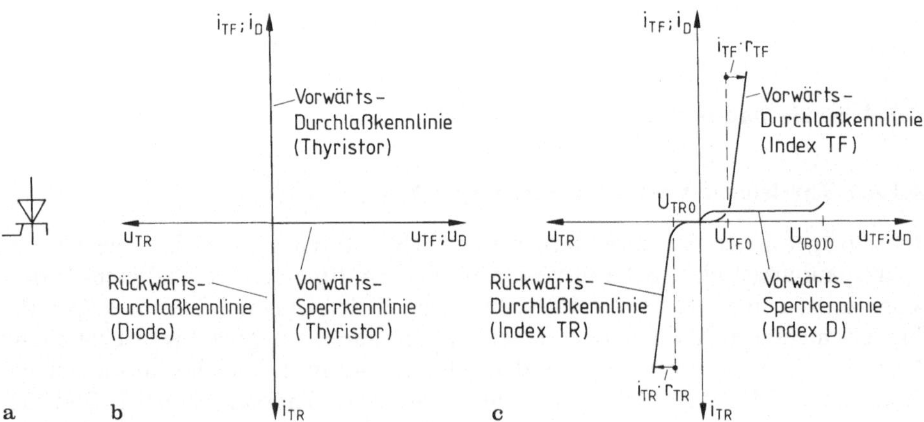

Bild 29. Rückwärtsleitende Thyristortrioden. **a** Schaltzeichen nach DIN 40 900 Teil 5/3.88; **b** ideale Kennlinien; **c** statistische Kennlinien. Anmerkung: Die Maßstäbe für u_{TR} und u_{TF} sowie für i_{TR} und i_{TF} sind gleich, die für u_D und u_{TF} sowie für i_D und i_{TF} unterscheiden sich um Zehnerpotenzen

4.1.4.3 Zweirichtungs-Thyristortriode (TRIAC)

Bei der Zweirichtungs-Thyristortriode sind zwei antiparallel geschaltete Thyristorsysteme in einer Siliziumtablette integriert (Bild 30). Diese Halbleiterstruktur kann zwischen den Hauptanschlüssen H1 und H2 sowohl positive als auch negative Sperrspannung aufnehmen (Bild 31). Durch einen Zündimpuls, bei dem es nicht auf das Vorzeichen sondern nur auf die Größe des Steuerstromes ankommt, kann die Zweirichtungs-Thyristortriode vom jeweiligen Sperrbereich auf den jeweiligen Durchlaßbereich umgeschaltet werden. Aufgrund dieser Eigenschaften ist dieses Bauelement für den Einsatz in Wechselstromstellern (s. Kap. 9) besonders geeignet. Nachteilig ist eine hohe du/dt-Empfindlichkeit beim Übergang vom Durchlaßzustand des einen Teilsystems auf den Sperrzustand des anderen [10], die seinen Einsatz auf Steueraufgaben in überwiegend ohmschen Lastkreisen beschränkt. Ein typisches Einsatzgebiet ist die Helligkeitssteuerung von Leuchten.

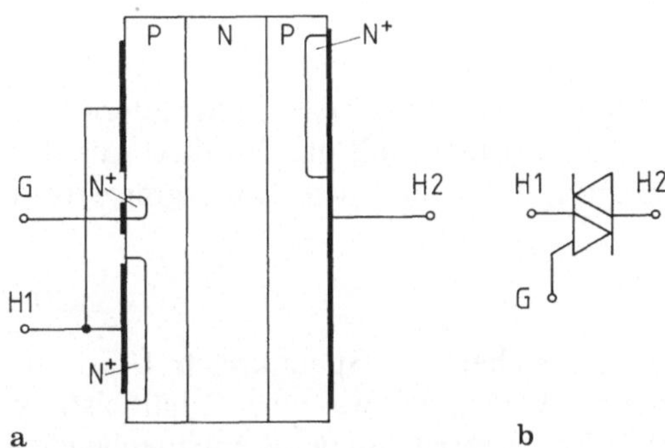

Bild 30. Struktur und Schaltzeichen der Zweirichtungs-Thyristortriode (TRIAC). **a** Schematische Darstellung der Halbleiterstruktur; **b** Schaltzeichen nach DIN 40 900 Teil 5/3.88; H1 Hauptanschluß 1, H2 Hauptanschluß 2, G Steueranschluß

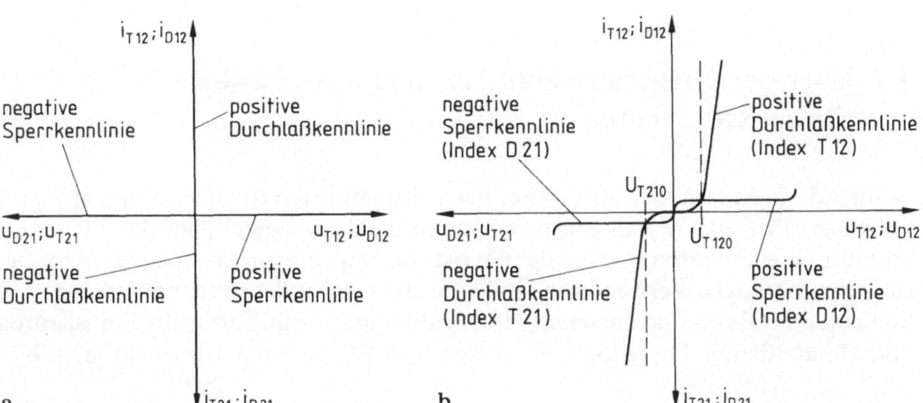

Bild 31. Kennlinie von Zweirichtungs-Thyristortrioden. **a** Ideale Kennlinien; **b** statische Kennlinien. Anmerkung: Die Maßstäbe für u_{D21} und u_{D12} sowie für i_{D21} und i_{D12} sind gleich, ebenso die für u_{T21} und u_{T12} sowie für i_{T21} und i_{T12}. Die Maßstäbe für $u_{T..}$ und $u_{D..}$ sowie für $i_{T..}$ und $i_{D..}$ unterscheiden sich um Zehnerpotenzen

4.1.4.4 Optisch ansteuerbare Thyristoren

Hochleistungsstromrichter-Anlagen, wie sie z.B. für die Hochspannungs-Gleichstromübertragung (HGÜ, s. Abschn. 8.1.4.2), für die Blindleistungskompensation (s. Abschn. 9.2.2) oder für Stromrichtermotoren großer Leistung (s. Abschn. 8.3.1.1) benötigt werden, erfordern elektrische Ventile für hohe Sperrspannungen. Da Thyristoren für die geforderte Sperrspannungshöhe nicht zur Verfügung stehen, müssen die Ventile durch die Reihenschaltung vieler Thyristoren verwirklicht werden. Die elektrische Ansteuerung der auf hohem Potential befindlichen Thyristoren bereitet erhebliche Schwierigkeiten und erfordert einen großen Aufwand. Seit längerer Zeit wird an der optischen Ansteuerung von Hochleistungsthyristoren gearbeitet, bei denen der elektrische Steuerstrom durch einen über einen fiberoptischen Lichtleiter eingeleiteten Lichtstrom ersetzt werden kann. Derartige Thyristoren laufen in einem HGÜ-Stromrichter im Versuchsbetrieb [16 a]. Mit einem baldigen Einsatz optisch ansteuerbarer Thyristoren in Hochleistungsstromrichtern kann gerechnet werden.

4.1.5 Schaltleistung von Thyristoren

Als Vergleichsmaßstab zwischen unterschiedlichen elektronischen Schaltern läßt sich u.a. die Schaltleistung S_S heranziehen. Darunter soll das Produkt aus der periodischen Vorwärts-Spitzensperrspannung U_{DRM} und dem Dauergrenzstrom $I_{TAV(l)}$ verstanden werden, also

$$S_S = U_{DRM} I_{TAV(l)}. \tag{10}$$

Thyristoren für netzgeführte Stromrichter stehen für Spannungen U_{DRM} bis 5 500 V bei Strömen $I_{TAV(1)}$ bis zu 2 000 A zur Verfügung, was einer Schaltleistung von $S_S = 11$ MVA entspricht. Bei schnellen Thyristoren lauten die entsprechenden Spitzenwerte $U_{DRM} \approx 2\,700$ V, $I_{TAV(l)} \approx 1\,000$ A, $S_S \approx 2,7$ MVA [17].

4.2 Über den Steueranschluß ein- und ausschaltbare Stromrichterventile

Während bis Anfang der 80er Jahre bei selbstgeführten Stromrichtern größerer Leistung ($P_N \geqq 10$ kW) als Stromrichterventile überwiegend über den Steueranschluß nur einschaltbare schnelle Thyristoren mit entsprechenden Kommutierungseinrichtungen Verwendung fanden, begannen seitdem zunehmend über den Steueranschluß ein- und ausschaltbare Ventilbausteine in Form von Transistoren und abschaltbaren Thyristoren (s. Tab. 1) an Boden zu gewinnen [17a, 17b].

4.2.1 Leistungstransistoren

4.2.1.1 Bipolare Leistungstransistoren

Die Leistungshalbleiter lassen sich in zwei Gruppen unterteilen, in die unipolaren und in die bipolaren. Unipolar bedeutet, daß der Ladungstransport im wesentlichen nur durch eine Trägerart, Elektronen oder Defektelektronen, bewirkt wird. In bipolaren Halbleitern fließt der Strom über PN-Übergänge, wobei sowohl Elektronen als auch Defektelektronen als Ladungsträger dienen. Die bisher beschriebenen Dioden mit PN-Übergang und die Thyristoren sind in diesem Sinne bipolare Halbleiterelemente.

Der bipolare Transistor ist ein Halbleiterbauelement mit zwei gegeneinander geschalteten PN-Übergängen. Silizium-Leistungstransistoren werden meist in der Zonenfolge NPN oder, wenn ein hohes Sperrvermögen gefordert ist, in NS_NPN (s. Bild 32a) ausgeführt [18, 19]. Der Transistor ist eine Triode mit Anschlüssen an der Basis, am Emitter und am Kollektor.

Wird an den Kollektoranschluß bei zunächst offen gedachtem Basisanschluß ($I_B = 0$) eine gegenüber dem Emitteranschluß positive Spannung U_{CE} angelegt (nur

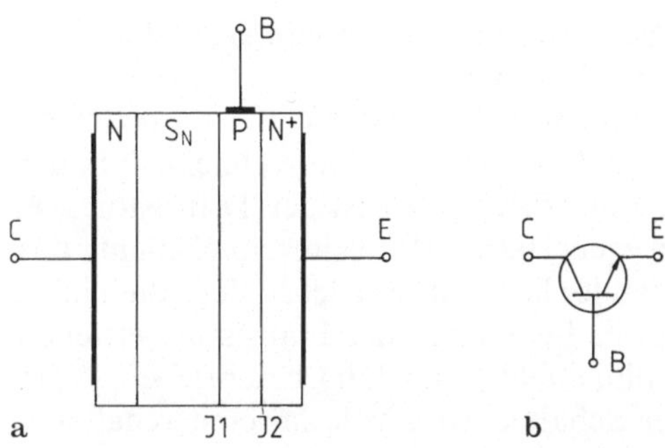

Bild 32. Grundsätzlicher Aufbau **(a)** und Schaltzeichen **(b)** eines NPN-Transistors. B Basis, C Kollektor, E Emitter

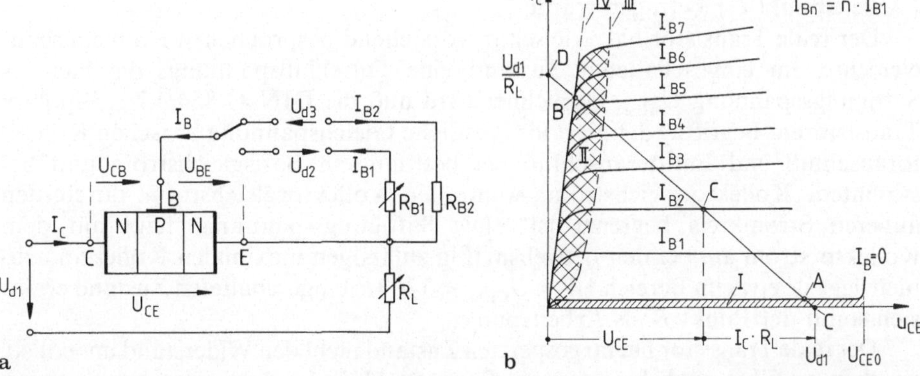

Bild 33. NPN-Transistor in Emitterschaltung **(a)** und statisches Ausgangskennlinienfeld mit dem Basisstrom als Parameter **(b)** — grundsätzliche Darstellung. I Sperrbereich, II Sättigungsbereich, III Sättigungsgrenze ($U_{CB}=0$), IV Kennlinie der kleinsten Durchlaßspannung $u_{CEsat}=f(i_C)$

mit $U_{CE} > 0$ darf der Transistor betrieben werden), so sperrt der PN-Übergang J1, während J2 in Durchlaßrichtung beansprucht wird. Mit einem in den Emitterübergang J2 eingespeisten Basisstrom I_B (s. Bild 33) kann die Sperrwirkung des Kollektorüberganges vermindert werden. Aus dem Emitterübergang werden dazu Elektronen in die Basiszone injiziert. Ist die Breite der Basiszone hinreichend klein, so gelangen diese Elektronen zum größten Teil in das Raumladungsfeld des Kollektorübergangs J1 und werden zum Kollektor hin abgesaugt; sie bilden den Kollektorstrom. Mit Hilfe eines kleinen Basisstromes I_B läßt sich so die Größe des Kollektorstromes I_C steuern. Das Verhältnis der beiden Ströme ist die statische Stromverstärkung

$$B = \frac{I_C}{I_B}, \tag{11}$$

die bei Leistungstransistoren etwa im Bereich $3 \leq B \leq 30$ liegt.

Um im Schaltbetrieb eine möglichst geringe Durchlaßspannung zu bekommen, muß der Transistor im Sättigungsbereich mit einem Basisstrom

$$I_B > \frac{I_C}{B}$$

betrieben werden. Die kleinste durch Übersteuerung erreichbare Durchlaßspannung ist die Sättigungsspannung U_{CEsat} (s. Bild 33b).

Werden Leistungstransistoren als Ventilbauelemente eingesetzt, so arbeiten sie ausschließlich im Schaltbetrieb und werden dabei wiederum ausschließlich in der Emitterschaltung (Bild 33a) betrieben. Vom Prinzip her ist der Transistor, wie vorstehend erläutert, ein kontinuierlich steuerbares Halbleiterbauelement, das den Charakter eines steuerbaren Widerstandes hat. Sein statisches Verhalten im 1. Quadranten der I_C-U_{CE}-Ebene — und nur in diesem darf der Transistor betrieben werden — wird durch das Ausgangskennlinienfeld (Bild 33b) beschrieben. Wäre der Transistor ein idealer elektronischer Schalter, so würde im eingeschalteten Zustand der Kollektorstrom $I_C = U_{d1}/R_L$ fließen (Arbeitspunkt D), während im ausgeschalteten Zustand die Kollektor-Emitterspannung $U_{CE} = U_{d1}$ (Arbeitspunkt C) betragen würde.

Der reale Transistor hat, wie schon vorstehend besprochenen Halbleiterbauelemente, im eingeschalteten Zustand eine Durchlaßspannung, die hier als Sättigungsspannung U_{CEsat} bezeichnet wird und die DIN 41 854/4.79 „Bipolare Transistoren, Begriffe" definiert als „restliche Gleichspannung zwischen Kollektoranschluß und Emitteranschluß bei bestimmtem Basisgleichstrom und bestimmtem Kollektorgleichstrom, wenn der Kollektorgleichstrom durch den äußeren Stromkreis begrenzt ist". Die Sättigungsspannung steigt mit dem Kollektorstrom an; bei den betriebsmäßig zulässigen maximalen Kollektorströmen liegt sie etwa im Bereich $1\,V < U_{CEsat} < 3\,V$. Im eingeschalteten Zustand ergibt sich somit der Punkt B als Arbeitspunkt.

Der reale Transistor hat im gesperrten Zustand nicht den Widerstand unendlich, sondern er führt auch bei offenem Basisanschluß ($I_B = 0$) oder bei einer am Emitterübergang J2 liegenden kleinen negativen Basis-Emitterspannung ($I_B \approx 0$) einem kleinen Sperrstrom, der je nach Bauelementtyp und der Sperrschichttempe-

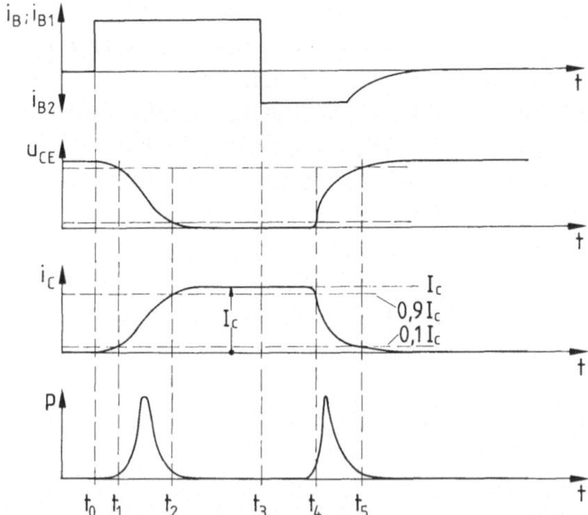

Bild 34. Schaltverhalten eines NPN-Transistors in Emitterschaltung. $t_1 - t_0 = t_d$ Verzögerungszeit, $t_2 - t_1 = t_r$ Anstiegszeit, $t_4 - t_3 = t_s$ Speicherzeit, $t_5 - t_4 = t_f$ Fallzeit, $t_d + t_r = t_{on}$ Einschaltzeit, $t_s + t_f = t_{off}$ Ausschaltzeit

ratur Werte zwischen dem oberen µA-Bereich und dem unteren mA-Bereich annimmt. Im ausgeschalteten Zustand arbeitet der Transistor somit im Punkt A des Bildes 33b.

Der Arbeitspunkt des im Schaltbetrieb arbeitenden Transistors springt zwischen den Punkten A und B hin und her, der dabei beschriebene Weg hängt von der Impedanz des Lastkreises ab. Auch beim Transistor benötigen die Schaltvorgänge Zeit, da Ladungsträgerkonzentrationen auf- bzw. abgebaut werden müssen. Beim Einschaltvorgang eines Transistors in Emitterschaltung auf eine ohmsche Last nach Bild 33a vergeht nach dem sprunghaften Ansteigen eines hinreichend großen Basisstromes I_B, der gleich dem Steuerstrom I_{B1} ist, die Verzögerungszeit t_d, ehe der Kollektorstrom 10 % seines statischen Endwertes I_C erreicht hat (Bild 34). In diesem Zeitraum des zunächst relativ langsamen Anstieges des Kollektorstromes wird der zuvor in Sperrichtung gepolte Emitterübergang J2 umgeladen und es beginnt die Aufladung der P-Basiszone mit vom Emitter her injizierten Elektronen. Während der anschließenden Anstiegszeit t_r steigt die Elektronendichte im Bereich des Kollektorüberganges stark an und mit ihr der Kollektorstrom, der am Ende dieses Zeitabschnittes 90 % seines statischen Endwertes erreicht. Als Einschaltzeit gilt

$$t_{on} = t_d + t_r. \tag{12}$$

Da nach Bild 33a der Lastkreis rein ohmsch angenommen ist, ergibt sich der Verlauf der Kollektor-Emitterspannung zu

$$u_{CE} = U_{d1} - R_L i_C. \tag{13}$$

Nach Ablauf der Anstiegszeit strebt die Spannung u_{CE} weiter auf den statischen Endwert U_{CEsat} zu. Die im Transistor auftretende Verlustleistung

$$p = u_{CE} \cdot i_C \tag{14}$$

erreicht während des Einschaltvorganges hohe Werte. Einschaltzeiten von konventionellen bipolaren Leistungstransistoren liegen im unteren µs-Bereich.

Das Ausschaltverhalten eines Transistors wird erheblich verbessert, wenn nicht nur der Steuerstrom I_{B1} abgeschaltet, sondern auch eine Sperrspannung von einigen V an den Basis Emitterübergang gelegt wird, wobei die Gleichspannung U_{d3} (Bild 33a) kleiner sein muß als die Basis-Emitter-Durchbruchspannung $U_{(BR)EBO}$ und auch kleiner als U_{d1}, da sonst der Transistor invers betrieben würde.

Mit der Umpolung der Basis-Emitterspannung zum Zeitpunkt t_3 kehrt auch der Basisstrom I_B sein Vorzeichen um und geht in den Ausräumstrom I_{B2} über ($I_{B2} = -I_B$). Die Konzentration der in Basis und Emitter gespeicherten Minoritätsladungsträger muß während der Speicherzeit t_s zunächst durch den Ausräumstrom I_{B2} und durch Rekombination abgebaut werden, ehe der Kollektorstrom auf 90 % seines Ausgangswertes abklingt. Während der anschließenden Fallzeit t_f fällt i_C meist zunächst recht steil auf etwa $0,1\ I_C$ ab. Nach dem Steilabfall folgt der sogenannte Stromschwanz, mit dem i_C gegen Null abklingt; während dieser Zeit geht auch i_{B2} gegen Null. Als Ausschaltzeit eines Transistors ist

$$t_{off} = t_s + t_f \tag{15}$$

definiert. Diese ist sowohl von der Größe des vor dem Abschalten fließenden Kollektorstromes als auch von der Sperrschichttemperatur abhängig, sie steigt mit beiden Parametern an. Typische Speicherzeiten liegen im unteren µs-Bereich, typische Fallzeiten im oberen ns-Bereich.

Auch während des Abschaltens tritt nach Gl. (14) eine hohe Verlustleistungsspitze auf. Durch eine Verkürzung der Schaltzeiten, im wesentlichen der Anstiegszeit t_r und der Fallzeit t_f, kann die Fläche unter der Funktion $p = f(t)$ (Bild 34) verkleinert und damit die Verlustenergie je Schaltperiode vermindert werden — s. auch Gl. (8). Je kleiner diese Verlustenergie gehalten werden kann, eine desto höhere Schaltfrequenz kann bei gleicher mittlerer Verlustleistung zugelassen werden.

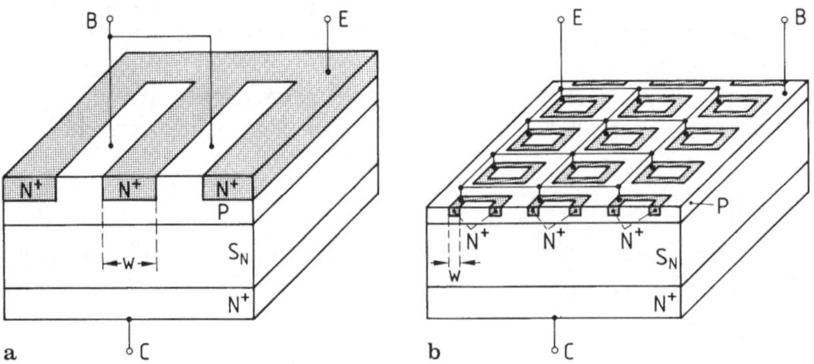

Bild 35. Halbleiterstrukturen von NPN-Leistungstransistoren. **a** Fingerstruktur von Basis- und Emitterzonen (Breite w der Emitterzone beträgt einige Hundert µm); **b** Ringemitterstruktur für schnelle Transistoren (Breite w der Ringemitter beträgt einige µm)

Der Einschaltvorgang läßt sich durch einen Basisstrom, der erheblich größer ist, als er nach dem statischen Ausgangskennlinienfeld (Bild 33b) zu sein brauchte (hoher Übersteuerungsfaktor), verkürzen. Der Ausschaltvorgang dagegen kann verkürzt werden, wenn die Speicherladung möglichst gering ist, d.h. wenn der Basisstrom gerade so groß ist, wie er aus dem Ausgangskennlinienfeld als Mindestwert für den eingeschalteten Zustand (Arbeitspunkt B) entnommen werden kann. Es gibt Ansteuerschaltungen [18, 19], die ein Einschalten mit hohem Übersteuerungsfaktor und anschließendem Betrieb mit etwas erhöhter Durchlaßspannung an der Sättigungsgrenze, in der „Quasisättigung" erlauben.

Kleinere Schaltzeiten lassen sich durch feinere Transistorstrukturen erreichen, da dann die Speicherladungen, die auf bzw. abgebaut werden müssen, kleiner sind [20 − 22]. In Bild 35 sind in einer grundsätzlichen Darstellung die Struktur eines konventionellen Leistungstransistors, bei dem einige hundert μm breite Basis- und Emitterfinger ineinander verschränkt sind (a), und die Ringemitterstruktur (b) eines 1986 eingeführten Leistungstransistortyps, bei dem die Emitterbreite im unteren μm-Bereich liegt, gegenübergestellt. Nicht nur kleinere Schaltzeiten lassen sich mittels der feineren Strukturen erreichen, sondern auch der sichere Arbeitsbereich in der I_C-U_{CE}-Ebene, der bei konventionellen Transistoren mit Rücksicht auf den Druchbruch 2. Art eingeschränkt ist, kann deutlich vergrößert werden.

Da es offenbar technologische Schwierigkeiten bereitet, mikrostrukturierte Chips größerer Abmessungen herzustellen, sind die mit Einzeltransistoren erreichbaren Kollektorströme noch recht klein, sie liegen im Bereich von etwa 10 A.

Eine Leistungserhöhung sowohl des Einzeltransistors als Endtransistor als auch einer Parallelschaltung von Transistoren in der Endstufe läßt sich bei gleichzeitiger Erhöhung der Stromverstärkung ($B = I_{C3}/I_{st}$) durch die Darlington-Schaltung (Bild 36) erreichen [18, 23].

Komplette Leistungs-Darlingtons in konventioneller Bipolartechnik, teils monolithisch integriert, teils aus Einzelbauelementen aufgebaut und in einem Modul integriert, stehen am Markt bis zu Kollektor-Emitterspannungen U_{CEmax} = 1 400 V und Nennströmen I_{Csat} bis zu einigen 100 A zur Verfügung. Schnelle Darlington-Module in Ringemittertechnik werden bis U_{CEmax} = 1 000 V und I_{Csat} = 50 A angeboten. In der Modultechnik wird die bei den meisten schaltungstechnischen Anwendungen sowieso erforderliche, zum Entstufentransistor antiparallele schnelle Diode (s. Abschn. 10.1.1) gleich mit integriert (D3 in Bild 36).

Definiert man, ähnlich wie bei den Thyristoren, eine Schaltleistung S_S als das Produkt aus der maximal zulässigen Kollektor-Emitterspannung U_{CEmax} und dem

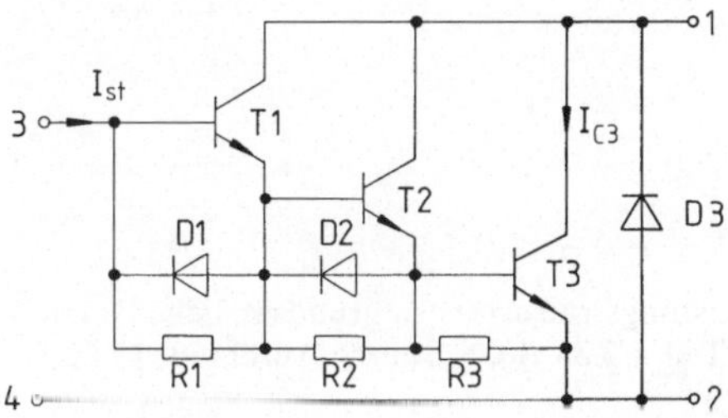

Bild 36. Schaltungstechnische Struktur einer dreistufigen Darlington-Schaltung mit antiparalleler Diode D3. 1 und 2 Hauptanschlüsse, 3 und 4 Steueranschlüsse

dauernd führbaren Kollektorgleichstrom I_C, also

$$S_S = U_{CEmax} I_C,\tag{16}$$

so ergibt sich als Schaltleistung der derzeit leistungsstärksten bipolaren Einzeltransistoren $S_S \approx 200\,\text{kVA}$ und für die leistungsstärksten Darlington-Module $S_S \approx 500\,\text{kVA}$.

4.2.1.2 MOS-Feldeffekt-Leistungstransistoren

Der MOS-Feldeffekt-Leistungstransistor, im folgenden kurz MOSFELT genannt, ist ein unipolarer Transistor. Bei dem hier zu beschreibenden N-Kanaltyp findet der Ladungstransport nur durch Elektronen statt. Die meisten heute am Markt angebotenen MOSFELTs gehören zu den Anreicherungstypen [24−27], die eine positive Gate-Source-Spannung U_{GS} von einigen Volt benötigen, um durchlässig zu werden. Daneben gibt es jedoch auch Verarmungstypen [28], die bei $U_{GS} = 0\,\text{V}$ schon einen Drain-Strom führen, und die eine negative Gate-Source-Spannung von einigen Volt benötigen, um zu sperren.

Für den Aufbau von Feldeffekttransistoren müssen Strukturen im µm-Bereich verwirklicht werden können. Die MOS-Technologie (Metall-Oxid-Silizium), die zunächst zur Herstellung von Bauelementen der Mikroelektronik entwickelt wurde, ermöglicht auch den Bau von Bauelementen der Leistungselektronik; dazu werden auf einem Siliziumchip von einigen mm Kantenlänge einige Tausend parallelgeschaltete Transistorzellen integriert.

Bild 37 zeigt in grundsätzlicher Darstellung einen kleinen Ausschnitt mit einer Kantenlänge von einigen zig µm aus einem MOSFELT-Chip. Bei dem N-Kanaltyp dient als Grundschicht die N^+-Zone mit der Drain-Metallisierung. Auf diese wird die S_N-Schicht, deren Dicke mit dem Nennwert der Drain-Source-Durchbruchspannung ansteigt, epitaxisch aufgebracht. Auf einer isolierenden SiO_2-Schicht, die eine Stärke von etwa 50 nm hat, wird aus N^+-Polysilizium die

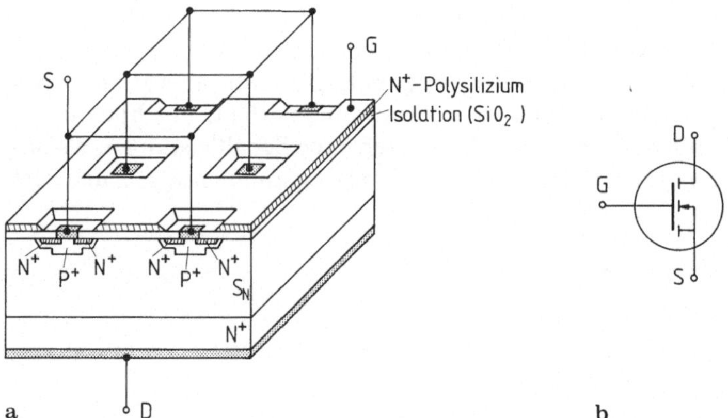

Bild 37. Aufbau eines N-Kanal-MOS-Feldeffekt-Leistungstransistors − grundsätzliche Darstellung (a) und sein Schaltzeichen nach DIN 40 900 Teil 5/3.88 (b). S Source-Anschluß, G Gate-Anschluß, D Drain-Anschluß

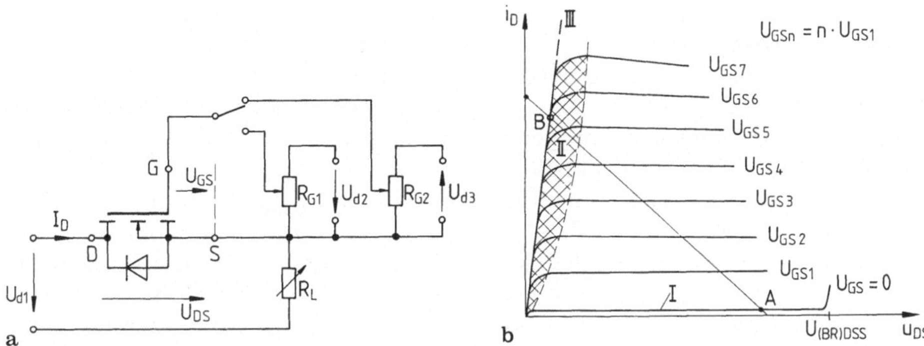

Bild 38. N-Kanal-MOSFELT in Source-Schaltung (**a**) und statisches Ausgangskennlinienfeld mit der Gate-Source-Spannung als Parameter (**b**) — grundsätzliche Darstellung. I Sperrkennlinie, II Ohmscher Bereich, III Kennlinie der kleinsten Durchlaßspannung: $u_{DS} = R_{DS(on)} \cdot i_D$

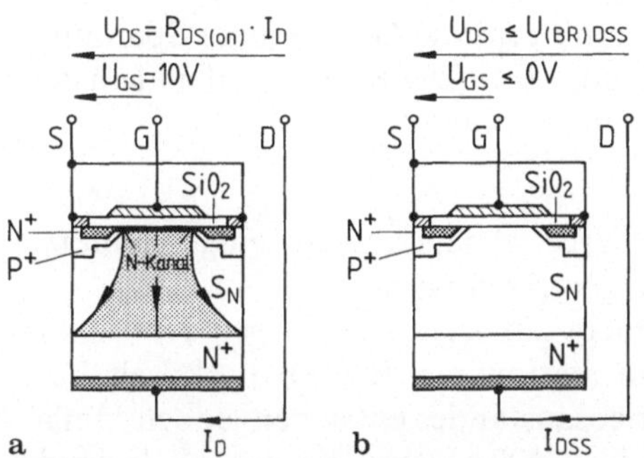

Bild 39. Statische Betriebszustände eines im Schaltbetrieb arbeitenden N-Kanal-MOSFELT. **a** Durchlaßzustand; **b** Sperrzustand; ■ Gebiet hoher Elektronenkonzentration, ▨ Elektronenstrom in der S_N-Zone

Gate-Zone aufgebaut, die Fenster für die einzelnen Transistorzellen enthält. In diese Fenster werden zunächst die P-Wannen mit einer größten Tiefe von einigen μm und dann die N^+-Source-Zonen mit einer Tiefe von einigen 100 nm implantiert. Die P^+-Schicht zwischen sourceseitiger N^+- und der S_N-Zone hat im Bereich unter der SiO_2-Schicht eine Stärke von weniger als 1 μm. Die Source-Metallisierung der einzelnen Zelle überbrückt den Übergang zwischen P^+- und N^+-Zone, die sourceseitige Metallisierung insgesamt schaltet sämtliche Transistorzellen zum Gesamttransistor parallel.

Das Schaltzeichen eines N-Kanal-MOSFET berücksichtigt nicht die integrierte, der Durchlaßrichtung des Transistors entgegengerichtete Diode, die in das Bild 38a mit aufgenommen ist. Wird die Drain-Source-Spannung negativ, so wird der P^+-S_N-Übergang in Durchlaßrichtung beansprucht und die Inversdiode wird leitend. Ein MOSFELT in der beschriebenen Ausführung ist somit ein rückwärtsleitender Transistor. Da die MOSFELTs schnell schaltende Elemente sind, sollen auch die Inversdioden schnelle Dioden mit kleinen Sperrverzögerungszeiten t_{rr} (s. auch Kap. 3) sein. In den Datenblättern wird t_{rr} heute (Anfang 1990) mit einigen 100 ns angegeben.

Liegt an dem Transistor eine positive Drain-Source-Spannung U_{DS} bei einer Gate-Source-Spannung $U_{GS}=0$ V, so fließt über den Transistor nur ein von der Temperatur des Siliziumchips und von U_{DS} abhängiger Sperrstrom (Arbeitspunkt A in Bild 38b), Drain-Reststrom I_{DSS} genannt, von einigen zig bis zu einigen 100 µA. Die am Transistor anliegende Spannung fällt am P^+S_N-Übergang als Sperrspannung ab (s. auch Bild 39b).

Wird U_{GS} über die Gate-Source-Einsatzspannung $U_{GS(th)}$, die im Bereich 0,5 V $< U_{GS(th)} < 4$ V liegt, hinaus erhöht, so beginnt der Transistor durchlässig zu werden. Bedingt durch den Feldeffekt bildet sich an der Grenze zur SiO_2-Schicht in der hier weniger als 1 µm starken P^+-Zone ein von Elektronen überschwemmter Kanal, der N-Kanal, aus. Mit steigendem U_{GS} wird dieser Effekt stärker, bis dann eine Sättigung eintritt und eine weitere Verminderung des Drain-Source-Widerstandes R_{DS} nicht mehr möglich ist. An der Grenze zur SiO_2-Schicht tritt dann in der S_N-Zone eine hohe, aus den N-Kanälen gespeiste, Elektronenkonzentration auf. Von dieser Grenzfläche aus fließt der Elektronenstrom durch die S_N- und die N^+-Zone zum Drain-Anschluß (Bild 39a).

Um den Transistor voll einzuschalten, muß also die Gate-Source-Spannung U_{GS} so weit erhöht werden, daß der Arbeitspunkt B auf der Kennlinie der kleinsten Durchlaßspannung (III in Bild 38), also auf der Geraden

$$u_{DS} = R_{DS(on)} \cdot i_D \tag{17}$$

zu liegen kommt. $R_{DS(on)}$ ist der Drain-Source-Widerstand im eingeschalteten Zustand, der üblicherweise bei $U_{GS}=10$ V gemessen wird.

Da die Gate-Fläche durch die SiO_2-Schicht gut gegen die übrigen Transistorzonen isoliert ist, tritt bei MOSFETs im stationären Betrieb praktisch kein Steuerstrom auf. Bei Änderungen des Betriebszustandes entstehen jedoch Umladeströme, bedingt durch die zwischen einigen 100 pF und einigen nF liegende Eingangskapazität, die bei großen du_{GS}/dt-Werten beachtliche Spitzenwerte erreichen können. Die Eingangskapazität C_{iss} eines MOSFELT ist während des Einschaltvorganges nicht konstant, sondern sie ändert sich spannungsabhängig [29, 30]. Bild 40 zeigt die Spannungsverläufe $u_{GS}=f(t)$ und $u_{DS}=f(t)$ während eines Ein- und eines Ausschaltvorganges bei ohmscher Belastung (s. Bild 38a). Die Funktion $i_D=f(t)$ ergibt sich zu

$$i_D = k\left(1 - \frac{u_{DS}(t)}{U_{d1}}\right), \tag{18}$$

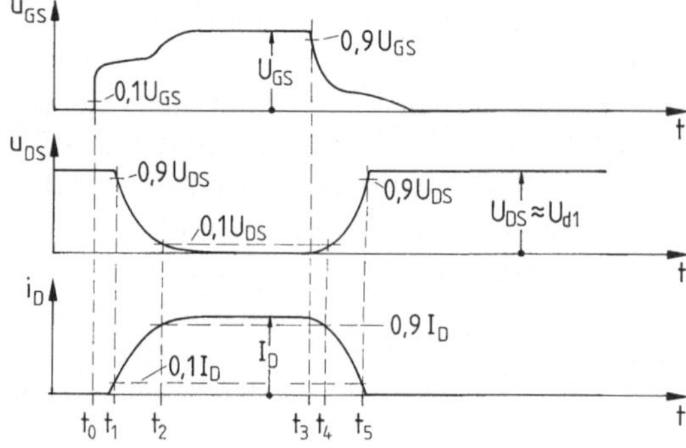

Bild 40. Schaltverhalten eines N-Kanal-MOSFELT in Source-Schaltung bei ohmscher Last. $t_1 - t_0 = t_{d(on)}$ Einschaltverzögerungszeit, $t_2 - t_1 = t_r$ Anstiegszeit (von I_D), $t_4 - t_3 = t_{d(off)}$ Ausschaltverzögerungszeit, $t_5 - t_r = t_f$ Fallzeit (von I_D), $t_{d(on)} + t_r = t_{on}$ Einschaltzeit, $t_{d(off)} + t_f = t_{off}$ Ausschaltzeit

wobei k eine Proportionalitätskonstante ist. Der stufige Verlauf der Funktion $u_{GS} = f(t)$ ist bedingt durch die Spannungsabhängigkeit der Eingangskapazität C_{iss}. Die mit MOSFELTs erreichbaren Schaltzeiten sind erheblich kürzer als die von den bipolaren Transistoren her bekannten. Typische Werte der Einschaltverzögerungszeit $t_{d(on)}$ liegen unter 100 ns, der Anstiegszeit t_r teils unter, teils um 100 ns, der Ausschaltverzögerungszeit $t_{d(off)}$ zwischen 100 und 400 ns und der Fallzeit t_f um 100 ns [30]. Insbesondere wegen der kurzen Anstiegszeiten t_r und der ebenfalls kurzen Fallzeiten t_f sind die Schaltverlustleistungsspitzen kurz. Damit wird auch die Schaltverlustenergie je Schaltperiode klein, woraus folgt, daß MOSFELTs für hohe Schaltfrequenzen geeignet sind.

Nachteilig ist der starke Anstieg des Drain-Source-Einschaltwiderstandes $R_{DS(on)}$ mit der Drain-Source-Durchbruchspannung $U_{(BR)DSS}$, der in der mit steigender Durchbruchspannung zunehmenden Breite der S_N-Zone begründet ist. Während bei einem 100 V-Transistor die Durchlaßspannung bei Belastung mit Nenngleichstrom etwa bei 1,6 V liegt, beträgt bei einem 1 000 V-Typ die Durchlaßspannung unter den gleichen Voraussetzungen etwa 10 V. Bezüglich der Durchlaßverluste ist der hochsperrende MOSFELT gegenüber bipolaren Transistoren gleicher Sperrfähigkeit klar im Nachteil.

Bildet man aus der maximal zulässigen Drain-Source-Spannung U_{DSM} und dem maximal zulässigen Drain-Gleichstrom I_{DM} die maximale Schaltleistung.

$$S_S = U_{DSM} \cdot I_{DM} , \tag{19}$$

so ergeben sich für die leistungsstärksten Einzeltransistoren Werte von etwa 5 kVA. MOSFET-Leistungsmodule, in denen mehrere Transistorchips parallelgeschaltet sind, werden für Schaltleistungen bis etwa 40 kVA angeboten. Die maximal zulässige Betriebstemperatur des Siliziumchips wird mit 150 °C angegeben.

Neben den reinen Transistorfunktionen können auf den Siliziumchips auch Schutzfunktionen wie Kurzschlußschutz, Überspannungsschutz und Übertemperaturschutz mit untergebracht werden. Dieser Weg führt zu den sogenannten PROFETs (Protected MOSFETs) oder Smartpower-Bausteinen, die sich, wenn eine Schutzfunktion anspricht, selbst abschalten und die Art der Störung nach außen melden können [31, 31a]. Weiterhin können auch Steuerfunktionen mit auf dem Chip integriert werden.

4.2.1.3 Bipolare Leistungstransistoren mit integrierter MOSFET-Ansteuerung (IGBT)

Die in Abschn. 4.2.1.1 beschriebenen, mit Fingerstruktur im Basis-Emitterbereich ausgeführten bipolaren Transistoren haben den Vorteil, daß sie für große Schaltleistungen ausgeführt werden können und daß sie bei Nennstrom eine relativ kleine Durchlaßspannung benötigen. Dem steht der Nachteil eines auch im statischen Betrieb erforderlichen Steuerstromes und damit einer nicht zu vernachlässigenden Steuerleistung sowie relativ hoher Ein- und Ausschaltzeiten entgegen. Die im vorstehenden Abschn. 4.2.1.2 beschriebenen MOSFELTs zeigen den Vorteil relativ kleiner Ein- und Ausschaltzeiten und eines im statischen Betrieb

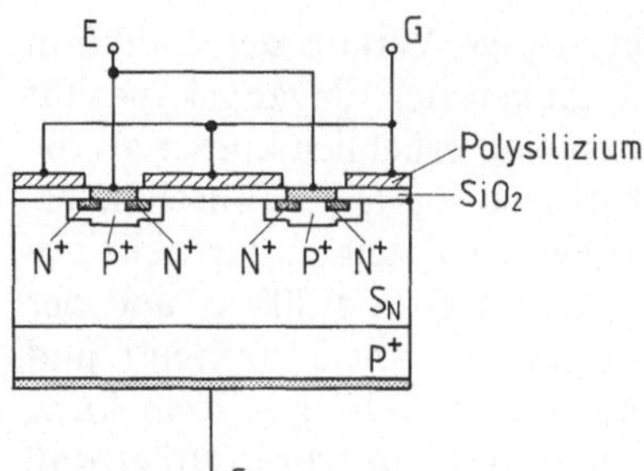

Bild 41. Struktur eines bipolaren Transistors mit integrierter MOSFET-Ansteuerung (IGBT)

sehr kleinen Steuerstromes (nur bei Änderungen des Betriebszustandes fließt ein nennenswerter Steuerstrom als Lade- oder Entladestrom der Eingangskapazität). Der Nachteil, der für hohe zulässige Drain-Source-Spannungen dimensionierten Typen, ist in der bei Nennstrom recht hohen Durchlaßspannung zu sehen.

Die bipolaren Leistungstransistoren mit integrierter MOSFET-Ansteuerung, kurz IGBTs (Insulated Gate Bipolar Transistors) oder auch Comfets genannt, versuchen die Vorteile von normalen bipolaren Transistoren mit denen von MOSFETs zu verbinden und dabei die Nachteile möglichst zu vermeiden.

Auch die IGBTs haben eine Zellenstruktur. Diese ist der der MOSFELTs sehr ähnlich [34], nur ist der Haupttransistor ein bipolarer PNP-Transistor (Bild 41). Die Grundschicht, hier Kollektor C genannt, ist ein P^+-Substrat. Darauf ist eine S_N-Schicht aufgebracht. Die weitere Struktur entspricht der eines MOSFELTs (vgl. Bild 37). Daraus ergibt sich eine PS_NPN-Struktur. Das ist auch die Struktur eines Thyristors mit kathodenseitigem Emitterkurzschluß.

Wird eine positive Kollektor-Emitterspannung U_{CE} bei mit dem Emitter kurzgeschlossenen Gate ($U_{GE}=0$) an den Transistor gelegt, so sperrt der emitterseitige P^+S_N-Übergang. Solange U_{CE} kleiner als die Kollektor-Emitter-Durchbruchspannung $U_{(BR)CES}$ ist, fließt nur ein Kollektor-Reststrom (I_{CES} <1 mA). Wird die Gate-Emitterspannung U_{GE} über die Gate-Emitter-Einsatzspannung $U_{GE(th)}$ hinaus erhöht, so bildet sich, wie beim MOSFELT, durch den Feldeffekt in dem schmalen P^+-Bereich zwischen N^+- und S_N-Zone an der Grenze zur SiO_2-Schicht ein N-Kanal aus, der einen Strom von Kollektor C zum Emitter E fließen läßt. Dieser Strom wirkt als Basisstrom des PNP-Haupttransistors (s. Ersatzschaltplan in Bild 42a). Die Funktionsweise entspricht damit der einer Darlington-Schaltung.

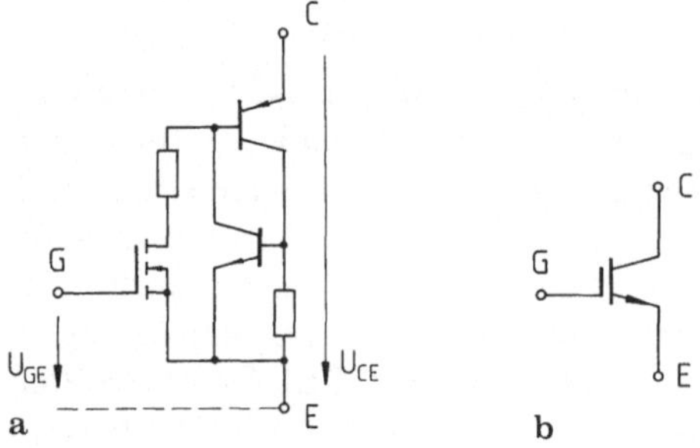

Bild 42. Bipolarer Transistor mit integrierter MOSFET-Ansteuerung (IGBT). a Ersatzschaltplan nach Bild 41; b Schaltzeichen in Anlehnung an DIN 40900 Teil 5/3.88

In der Struktur ist noch ein zweiter bipolarer Transistor, ein NPN-Transistor enthalten, der von der S_N-Zone und den emitterseitigen P^+- und N^+-Zonen gebildet wird. Dieser Teiltransistor arbeitet jedoch durch die Emittermetallisierung praktisch im Basis-Emitterkurzschluß und ist deshalb für die grundsätzliche Wirkungsweise des IGBTs praktisch nicht von Bedeutung.

Der IGBT ist genau wie der MOSFET ein spannungsgesteuerter Transistor [34a, 34b], sein statisches Ausgangskennlinienfeld entspricht daher im Grundsatz dem eines MOSFELT (s. Bild 38) nur daß i_D durch i_C, u_{DS} durch u_{CE} und U_{GS} durch U_{GE} zu ersetzen ist.

Bezüglich der Schaltzeiten entspricht der IGBT etwa den in Zellenstruktur aufgebauten bipolaren Transistoren wie z.B. den Ringemittertransistoren, er hat jedoch wie der MOSFET den Vorteil, daß der Steuerstrom nur bei dynamischen Vorgängen fließt und im statischen Betrieb praktisch Null ist.

Die Durchlaßspannung bei Nennstrom entspricht etwa der der bipolaren Leistungstransistoren. Die nach Gl. (19) definierte, derzeit erreichbare Schaltleistung eines 1 000 V-IGBT-Einzelelementes wird in [34] mit 75 kVA angegeben. IGBT-Module werden mit Schaltleistungen bis zu einigen 100 kVA angeboten. Die zulässige Kollektor-Emitterspannung der IGBT-Elemente kann, nach Angaben der Hersteller, in absehbarer Zeit auf 1 400 V angehoben werden. Mit einer weiteren Steigerung der zulässigen Kollektor-Emitterspannung kann für die Zukunft gerechnet werden [34d].

4.2.2 Abschaltbare Thyristoren

4.2.2.1 GTO-Thyristoren

Die heute am Markt erhältliche Ausführungsart eines abschaltbaren Thyristors, kurz GTO (Gate-turn-off-Thyristor) genannt, ist, wie der in Abschn. 4.1.1 beschriebene normale Thyristor, ein Vierschicht-Halbleiter mit der Zonenfolge PNPN (Bild 43b); seine Architektur unterscheidet sich jedoch wesentlich (Bild 43a). Um ein gutes Abschaltverhalten zu erreichen, ist es erforderlich, den N^+-Emitter sehr schmal auszuführen ($b < 300\,\mu\text{m}$) [10]. Bei GTOs für größere Schaltleistungen wird heute allgemein der Weg der schmalen radialverlaufenden Kathodenteilflächen gewählt [35–37]. Im Gegensatz zum über den Steueranschluß nur einschaltbaren Thyristor, bei dem die Gatefläche klein gegenüber der Kathodenfläche ist (s. Bilder 23, 24), nimmt beim abschaltbaren Thyristor auf der Kathodenseite der Halbleiterscheibe die P-Basis einen erheblich größeren Anteil der Oberfläche ein als der N-Emitter. Sollen die Anschlüsse durch Druckkontakt hergestellt werden, so müssen Kathodenmetallisierung und Gatemetallisierung in verschiedenen Ebenen liegen (Bild 43b). GTOs können auch mit einem Verstärkergate (s. Abschn. 4.1.3.1) ausgeführt werden [36].

Weiterhin wird der Abschaltvorgang durch niedrige Werte des Schichtwiderstandes in der P-Basis unterhalb der N-Emitterstreifen unterstützt, diese sind durch einen entsprechenden Dotierungsprozeß zu erreichen [38].

Die statischen Kennlinien eines rückwärts sperrenden GTO stimmen mit denen einer rückwärtssperrenden Thyristortriode nach Bild 20 überein, nur daß

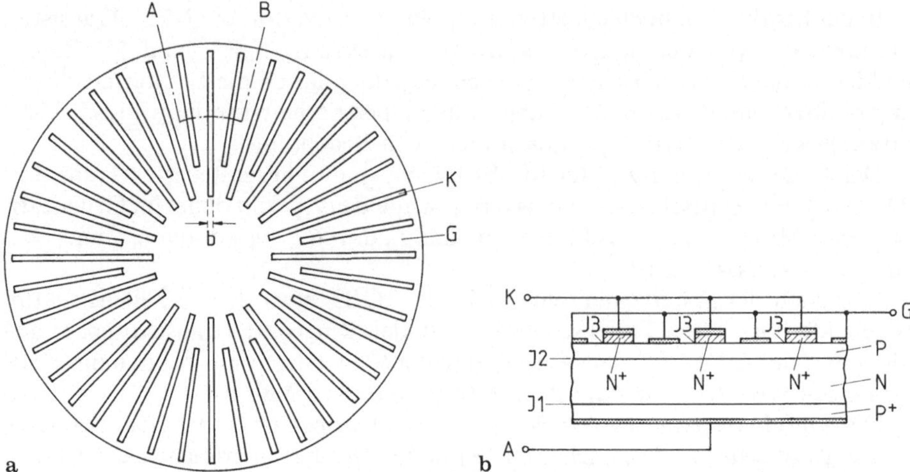

Bild 43. Aufbau eines abschaltbaren Thyristors (GTO) — grundsätzliche Darstellung.
a Draufsicht auf die Gate-Kathodenstruktur; **b** Schnitt A — B

die für ein sicheres Zünden erforderlichen Steuerströme I_{GT} (s. Bild 21) bei GTOs vergleichbarer Schaltleistung erheblich (bis zum 20fachen) höher sind [39].

Der Einschaltvorgang verläuft beim GTO ähnlich wie beim normalen nur einschaltbaren Thyristor (s. Abschn. 4.1.3 und Bild 22). Wegen der geringen Breite der N-Emitterstreifen und der großen N-Emitter-Randlänge handelt es sich hier im wesentlichen um einen axialen Zusammenbruch der Sperrschicht J2 unterhalb der Kathodenfläche, so daß GTOs prinzipiell hohe Werte für die kritische Steilheit $(di_T/dt)_{cr}$ des Durchlaßstroms haben. Da GTOs mit Rücksicht auf das Abschalteverhalten anders dimensioniert und dotiert sind, ist ihr Haltestrom erheblich größer als der normaler Thyristoren. Bei einem kleinen Durchlaßstrom besteht daher die Gefahr, daß ein Teil der Kathodenstreifen abgeschaltet und bei einem plötzlichen Stromanstieg dann auch abgeschaltet bleibt. Dieser Effekt kann zur Überlastung der stromführenden Teilkathoden und zur Zerstörung des GTO-Thyristors führen. Um das zu verhindern, empfiehlt es sich, während der gesamten Stromführungsdauer einen Steuerstrom $i_G > I_{GT}$ einzuspeisen.

Der Abschaltvorgang des GTO unterscheidet sich dagegen grundsätzlich von dem eines normalen Thyristors, er ähnelt mehr dem eines bipolaren Leistungstransistors. Vor Beginn des Abschaltvorganges fließe über den GTO der Durchlaßstrom $i_T = I_{d1} \approx U_{d1}/R_L$, der Steuerstrom $i_G \approx U_{d2}/R_G > I_{GT}$ ist positiv. Zum Zeitpunkt t_0 (Bild 45) wird der Schalter im Steuerkreis umgelegt und damit das Abschalten eingeleitet. Der Steuerstrom i_G kehrt seine Richtung um und fällt mit der Steilheit $di_G/dt \approx -U_{d3}/L_G$ ins Negative ab.

Während der Speicherzeit t_s werden durch den Rückwärts-Steuerstrom von den Rändern der N-Emitter-Teilflächen her beginnend in der P-Basis Defektelektronen zur Gatemetallisierung hin abgesaugt. Aus Gründen des Ladungsträgergleichgewichts werden die Elektronen in einem sich zur Mitte der N-Emitter hin verengenden Kanal zusammengedrängt, was zu sehr hohen örtlichen Stromdichten führt. Wenn der Einschnüreffekt den Kanaldurchmesser unter die zweifache Diffusionslänge abgesenkt hat, nimmt die Ladungsträgerdichte ab und die Elektroneninjektion vom N^+-Emitter her hört auf. Wegen des Mangels an Ladungsträgern kann der Vorwärtsstrom nicht länger aufrecht erhalten werden und die Fallzeit des Stromes beginnt.

Während der Fallzeit sinkt die Ladungsträgerdichte in der P-Basis stark ab und der Ladungsträgermangel greift auf die N-Basis über. Dadurch baut sich am PN-Übergang J2 eine Raumladungszone auf. Die Vorwärtsspannung U_F beginnt steil anzusteigen, während der Vorwärtsstrom I_F zusammenbricht und zum Zeitpunkt t_3 den Maximalwert des Schweifstromes, den Wert I_{tail} erreicht.

Zur Zeit t_3 ist die P-Basis weitgehend von Ladungsträgern geräumt, der kathodenseitige PN-Übergang J3 erlangt seine Sperrfähigkeit wieder und die Gate-Kathodenspannung U_G fällt steil ins Negative ab. Der Rückwärts-Gatestrom hat sein Maximum I_{GRM} erreicht und klingt anschließend gegen Null ab. Bei der üblichen Größe der die Steilheit des Rückwärts-Gatestromes begrenzenden Induktivität L_G ergibt sich bei den heutigen GTOs ein Verhältnis von abzuschaltendem Vorwärtsstrom I_{d1} zur Spitze des Rückwärts-Gatestromes I_{GRM} von etwa 3:1 bis 5:1.

Der Vorwärtsstrom fällt in der Schweifzeit $(t_5 - t_3)$ gegen Null ab, während gleichzeitig sich die Raumladungszone am PN-Übergang J2 ausdehnt und die Vorwärtsspannung weiter ansteigt.

Ohne die in Bild 44 eingetragenen Beschaltungsbausteine R_S, C_S und D_S würde die Vorwärtsspannung U_F zu steil ansteigen, und die Spannungssteilheit würde den Wert $(du_F/dt)_{cr}$ überschreiten. Neben der vom nur einschaltbaren Thyristor her bekannten du_F/dt-Empfindlichkeit, bei der ein kapazitiver Verschiebungsstrom über den PN-Übergang J2 eine Trägerinjektion aus den Emittern in die Basiszonen auslösen kann, ist bei den GTOs noch eine Begrenzung der Ausschaltverlustleistung erforderlich. Zu hohe Ausschaltverluste wegen eines zu steilen Spannungsanstiegs können in dem zuletzt abschaltenden N-Teilemitter zu starker örtlicher Erhitzung, zum Abfall der Nullkippspannung in diesem Gebiet, zum Wiedereinschalten nur dieses Teilemitters und damit zur Zerstörung des GTO führen. Beim Einsatz von GTOs ist somit eine Ausschaltentlastung auch bei dem in Bild 44 dargestellten rein ohmschen Lastkreis erforderlich.

Die Ausschaltverlustleistung P_{DQ} zeigt meist zwei Maxima, das eine am Ende des Steilabfalles des Vorwärtsstromes und das andere während der Schweifzeit.

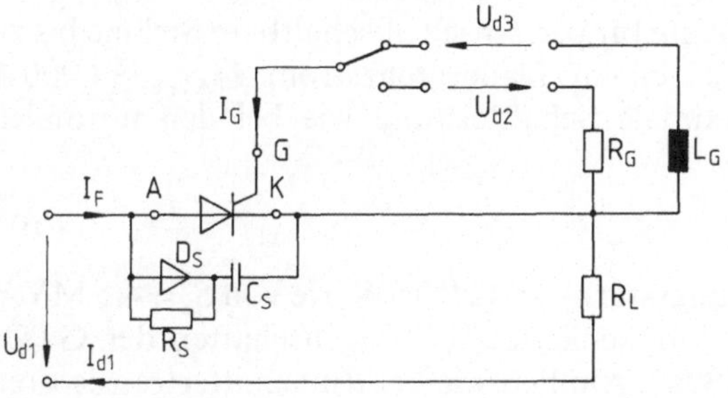

Bild 44. Schaltplan zur Erläuterung des Ausschaltvorganges

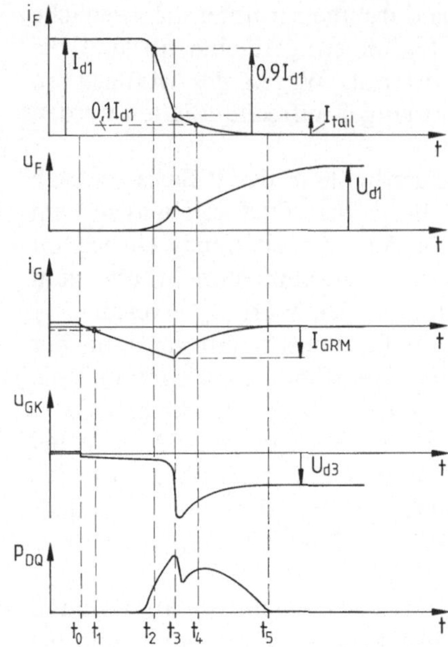

Bild 45. Ausschaltverhalten eines abschaltbaren Thyristors. $t_2 - t_1 = t_s$ Speicherzeit, $t_4 - t_2 = t_f$ Fallzeit, $t_4 - t_1 = t_{gq}$ Ausschaltzeit

Verglichen mit den in den vorstehenden Abschnitten besprochenen Leistungstransistoren ist die Ausschaltzeit beim GTO recht groß. Bei GTOs größerer Schaltleistung ist mit Speicherzeiten $t_s > 10\,\mu s$ zu rechnen, die Fallzeit beträgt etwa $t_f = 1\,\mu s$. Mit in Rechnung zu stellen ist noch die Schweifzeit, in der der eigentliche Abschaltvorgang zwar schon beendet ist, in der aber trotzdem noch eine hohe Abschaltverlustleistung auftritt. Auch die Schweifzeit liegt im Bereich von über $10\,\mu s$.

GTOs mit symmetrischen Sperrkennlinien werden heute für periodische Spitzensperrspannungen $U_{DRM} = 4,5\,kV$ und $U_{RRM} = 4,5\,kV$ gefertigt. Höhere Werte für die Spitzensperrspannung in Vorwärtsrichtung oder kleinere Durchlaßspannungen bzw. verbesserte dynamische Eigenschaften lassen sich erreichen, wenn auf asymmetrische Sperrkennlinien und damit verbunden auf anodenseitige Emitterkurzschlüsse übergegangen wird.

Ähnlich wie bei den nur einschaltbaren Thyristoren können durch die Integration einer gegenparallelen Diode innerhalb derselben Siliziumtablette auch rückwärts leitende GTOs verwirklicht werden (s. Abschn. 4.1.4.2).

Leistungsstarke GTOs stehen heute für periodisch abschaltbare Ströme bis zu $I_{TGQ} = 3\,000\,A$ zur Verfügung, was einem Dauergrenzstrom $I_{TAV(1)} \approx 1\,000\,A$ entspricht. Definiert man als maximale Schaltleistung wie bei den normalen Thyristoren

$$S_S = U_{DRM} \cdot I_{TAV(1)}, \tag{10}$$

so ergeben sich für die derzeit leistungsstärksten GTOs Werte von $S_S \approx 4,5\,MVA$.

Die Halbleiterhersteller sehen Möglichkeiten, die Eigenschaften der GTOs noch erheblich zu verbessern [37, 39a]. Ähnlich wie bei Ringemittertransistoren oder bei IGBTs werden sich durch Mikrostrukturierung der N-Emitter die heute noch recht großen Speicherzeiten erheblich reduzieren lassen. Durch Integration eines MOS-Gates ähnlich wie bei den IGBTs werden sich die heute recht großen Einschalt-, Halte- und Ausschaltsteuerströme auf die Lade- und Entladeströme der Eingangskapazität reduzieren lassen [40]. Durch Optimierung der Dotierungsprofile scheinen eine Verbesserung der du_F/dt-Festigkeit während des Abschaltvorganges und ein weicheres Abschalten, d.h. ein kleineres di_F/dt während der Fallzeit möglich zu werden; diese Verbesserungen könnten zu einer erheblichen Verkleinerung der heute erforderlichen Beschaltungskapazität C_S führen.

4.2.2.2 SI-Thyristoren und F.C. Thyristoren

Auch die SI-Thyristoren (Static InductionThyristors) sind abschaltbare Thyristoren, die sich in Konstruktion und Wirkungsweise allerdings von den im vorstehenden Abschnitt beschriebenen GTOs unterscheiden. Während die GTOs zunehmend in selbstgeführte Stromrichter eingebaut und die schnellen, nicht über den Steueranschluß abschaltbaren Thyristoren durch sie verdrängt werden, sind die SI-Thyristoren, auch SIThys genannt, dem Verfasser bisher nur aus Veröffentlichungen japanischer Autoren [41 – 42c] bekannt.

Voraussetzung für die Funktion eines SI-Thyristors ist eine Mikrostrukturierung des Gate-Kathodenbereiches (Bild 46). An die Feinheit der Strukturen werden ähnlich hohe Anforderungen gestellt wie bei den MOSFELTs, den IGBTs oder den Ringemittertransistoren. Im Gegensatz zum normalen Thyristor und zu den GTOs haben die SI-Thyristoren keine durchgehende PNPN-Struktur, sondern die P-Basis, das Gate, ist gitterförmig zwischen N-Basis und N-Emitterzone angeordnet. Der Durchmesser L der „Gitterstäbe" wird in [41] mit etwa 15 μm, der Zwischenraum zwischen den Gitterstäben, die Kanalbreite, mit $d \approx 3,5$ μm angegeben.

Bei offenem Gate-Anschluß zeigt der SI-Thyristor eine Dioden-, d.h. eine PS_NN-Struktur; der Vorwärtsstrom fließt durch die Kanäle zwischen den P^+-Gitterstäben. Wird dagegen eine negative Gate-Kathodenspannung von einigen Volt angelegt, so bildet sich am Übergang zwischen N-Basis und P^+-Gate eine Raumladungszone aus und der Thyristor sperrt in Vorwärtsrichtung. Durch die

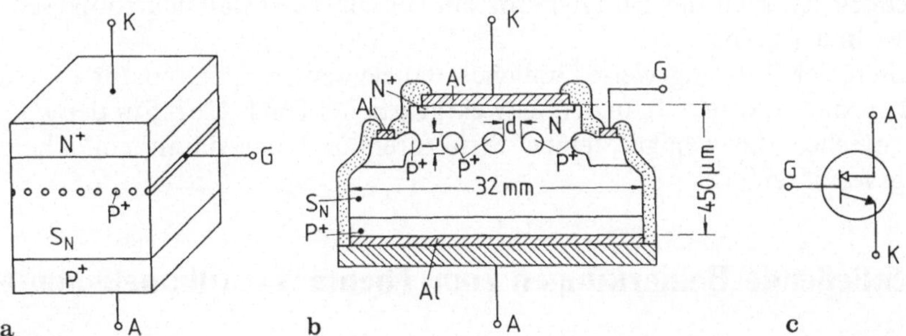

Bild 46. Static Induction Thyristor (SI Thy). **a** Grundsätzliche Halbleiterstruktur; **b** grundsätzlicher Aufbau eines SI Thy für 150 A und 2 300 V; $L \approx 15$ μm, $d \approx 3,5$ μm; c) Vorläufiges Schaltbild

geringe Breite der N-Kanäle bedingt, überlappen sich die sich um die einzelnen Gitterstäbe bildenden Raumladungszonen und das Element ist dann in der Lage, eine Vorwärts-Sperrspannung U_D in Höhe von einigen kV aufzunehmen. Der SI-Thyristor ist also ein Bauelement, das im Gegensatz zu allen anderen besprochenen Thyristoren, bei offenem Gateanschluß Diodenverhalten zeigt; soll es Vorwärts-Sperrspannung aufnehmen, so muß eine negative Gate-Kathodenspannung angelegt werden. Die Durchlaßspannung U_T wird für Elemente mit periodischen Spitzensperrspannungen $U_{DRM} = U_{RRM} = 2\,300$ V bei Nennstrom mit 1,4 V und bei dreifachem Nennstrom mit 2,2 V angegeben; sie liegt, verglichen mit anderen abschaltbaren Bauelementen sehr niedrig.

Abgesehen vom Niveau der Gatespannung verlaufen die charakteristischen Ströme und Spannungen bei den Schaltvorgängen ähnlich wie beim GTO (s. Bilder 22, 45). Vor dem Einschaltvorgang liegt am Gate eine negative Spannung. Der Einschaltvorgang wird durch einen Sprung der Gatespannung ins Positive eingeleitet. Der Gate-Emitterübergang wird durchlässig und der Gatestrom, der vorher näherungsweise Null war, steigt an, wodurch die Sperrwirkung der Gateregion zusammenbricht. Der Zündverzug t_{gd} ist viel kleiner als bei normalen Thyristoren oder bei GTOs, er liegt unterhalb einer µs. Die gesamte Zündzeit t_{gt} wird in [41] mit etwa 2 µs angegeben.

Zum Einleiten des Abschaltvorganges ist eine negative Spannung auf das Gate zu schalten (s. Bild 44). Durch den ins Negative abfallenden Gatestrom werden aus der das Gate umgebenden N-Zone die Defektelektronen zum Gate hin abgesaugt. In dem Zeitpunkt, in dem der Steuerstrom sein Maximum erreicht hat, beginnt sich um das Gate eine Raumladungszone aufzubauen, der Vorwärtsstrom klingt ab, die Vorwärts-Sperrspannung baut sich auf. Wegen der geringen Kanalbreiten ist die Speicherzeit t_s klein, sie wird zu etwa einer µs angegeben. Die gesamte Ausschaltzeit t_{gq} beträgt etwa 2 µs, die Schweifzeit liegt im Bereich einiger µs. Das Verhältnis des abzuschaltenden Vorwärtsstromes zur Spitze des Rückwärts-Gatestromes liegt im Bereich 3:1 − 10:1; 3:1 gilt beim Abschalten des zweifachen, 10:1 beim Abschalten des sechsfachen Nennstromes.

Mit den SI-Thyristoren läßt sich nach [42b] bisher eine Schaltleistung

$$S_S = U_{DRM} I_{TAV(1)}$$

von etwa $S_S = 1,6$ MVA erreichen. In Anbetracht der kleinen Durchlaßspannung, der relativ kurzen Schaltzeiten und einer gegenüber den GTOs geringeren du_F/dt-Empfindlichkeit ist auch der SI-Thyristor ein für die Leistungselektronik sehr interessantes Bauelement.

An einem in der Wirkungsweise ähnlichen Bauelement, F.C. Thyristor (Field Controlled) genannt, wird z.Zt. in der Schweiz gearbeitet [42d, 42e]. Für den F.C. Thyristor sprechen die weniger feinen Strukturen und das damit einfachere Herstellungsverfahren.

4.3 Abschließende Bemerkungen zum Thema Ventilbauelemente

Das Gebiet der Leistungshalbleiter-Bauelemente befindet sich z.Zt. in einer lebhaften Entwicklungsphase. Die in den letzten Jahren auf den Markt gekommenen leistungsstarken GTO-Thyristoren verdrängen die schnellen über den Steueranschluß nicht abschaltbaren Thyristoren aus den selbstgeführten Stromrichtern des oberen Leistungsbereiches, im unteren und mittleren Leistungsbereich werden die schnellen Thyristoren durch die Leistungstransistoren abgelöst. Es hat den Anschein, daß die Einsatzgebiete der schnellen Thyristoren in Zukunft stark schrumpfen werden.

Die ursprünglich für Bauelemente der Datenverarbeitung entwickelten Mikro-Technologien wie z.B. die MOS-Technologie wirkten und wirken auch auf die Entwicklung von Leistungshalbleitern befruchtend. Durch sie wurden Bauelemente wie MOS-Feldeffekt-Leistungstransistoren, bipolare Leistungstransistoren mit integrierter MOSFET-Ansteuerung-, SI-Thyristoren und F.C. Thyristoren überhaupt erst möglich. Die Mikrostrukturierung ermöglicht auch verbesserte Eigenschaften bei den bipolaren Transistoren, wie das Beispiel der Ringemittertransistoren zeigt und läßt auch Eigenschaftsverbesserungen bei den GTO-Thyristoren erwarten [42f]. Welche Bauelemente dem idealen Leistungsschalter

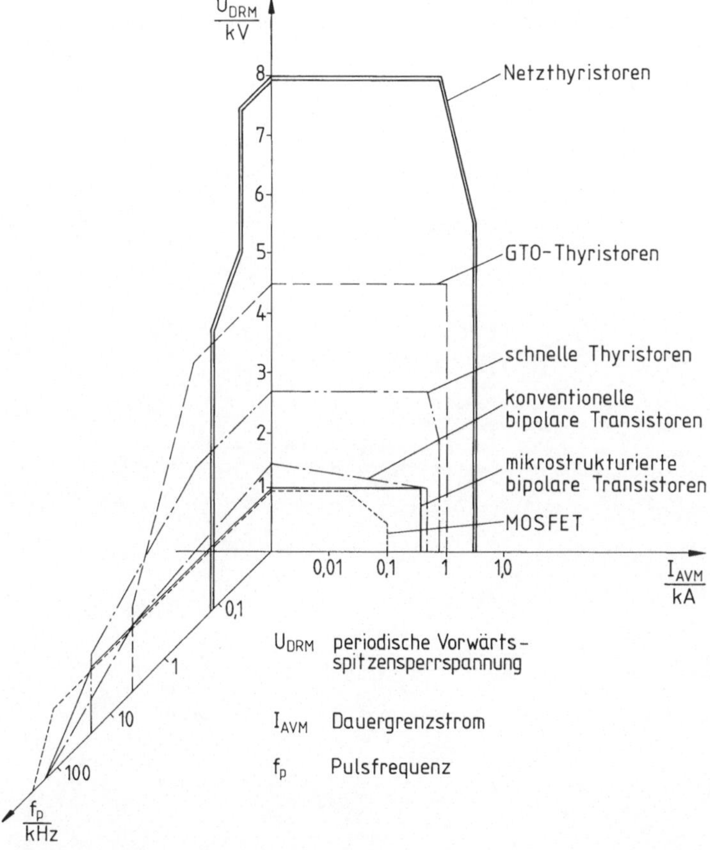

Bild 47. Grenzdaten von Strom, Spannung und Frequenz der wichtigsten Leistungshalbleiter (Stand Anfang 1990)

in technischer und preislicher Hinsicht in Zukunft am nächsten kommen werden, läßt sich heute noch nicht absehen.

Da das Bauelement, das bezüglich Schaltleistung, Schaltgeschwindigkeit, Durchlaß- und Schaltverlusten sowie Wirtschaftlichkeit alle Wünsche erfüllt, heute noch nicht zur Verfügung steht, wird für spezielle Anwendungen versucht, eine Annäherung an den wünschenswerten Zustand durch die Kombination von Bauelementen und/oder Funktionen zu erreichen. So lassen sich z.B. durch Bimos-[19] oder Kascoden-Schaltungen [43, 44, 44a], darunter ist die Reihenschaltung eines hochsperrenden, langsam schaltenden Bauelementes mit einem niedersperrenden, schnell schaltenden zu verstehen, sehr schnelle Leistungsschalter mittlerer Schaltleistung verwirklichen. Werden hohe Schaltleistungen und hohe Schaltfrequenzen gefordert, so ist es möglich, GTOs einzusetzen und diese sowohl über das Gate als auch durch Umpolung der Anoden-Kathodenspannung abzuschalten [45, 46]. Durch diese Maßnahme entfällt der Schweifstrom und die Ausschaltverlustarbeit wird erheblich reduziert.

Einen groben Überblick über den heutigen Stand der mit den am Markt angebotenen steuerbaren Leistungshalbleiter-Bauelementen erreichbaren Grenzwerte der periodischen Vorwärts-Spitzensperrspannung U_{DRM}, des Vorwärts-Dauergrenzstromes I_{AVM} und der in Stromrichterschaltungen möglichen Pulsfrequenz f_p gibt Bild 47.

5 Konstruktive und thermische Eigenschaften

5.1 Konstruktiver Aufbau

Um zu einem einsatzfähigen Bauelement zu gelangen, muß die Siliziumtablette, deren Halbleiterstrukturen und deren elektrische Eigenschaften in den Kapiteln 3 und 4 beschrieben sind, in ein Gehäuse eingebracht werden. Dieses hat eine Reihe von Funktionen zu erfüllen, es muß
— die elektrischen Kontakte zwischen den Hauptanschlüssen, den Steueranschlüssen und der Siliziumtablette herstellen,
— die in der Siliziumtablette anfallende Verlustenergie in Form eines Wärmestromes zu einer Wärmesenke leiten und
— das in der Siliziumtablette enthaltene Halbleitersystem gegen mechanische Beschädigung und gegen athmosphärische Umwelteinflüsse, die ein vorzeitiges Altern bewirken könnten, schützen.

Je höher die in der Siliziumtablette anfallende Verlustleistung wird, desto kleiner muß der Wärmewiderstand zwischen der Wärmequelle, der Siliziumtablette, und der Wärmesenke, dem Kühlmedium, gehalten werden. Das führt zu im wesentlichen von der Größe des Hauptstromes abhängigen Gehäusebauformen. Von den kleinen zu den großen Hauptströmen hin werden folgende Bauformen ausgeführt [6, 13]:
— . Kunststoffvergossene oder kunststoffumpreßte Halbleitersysteme mit oder ohne Kühlblech, wobei das Kühlblech das Potential eines der Hauptanschlüsse hat. Die elektrischen Anschlüsse werden durch Lötverbindungen hergestellt.
— Vakuumdichte Metallgehäuse mit Glasdurchführungen, die je nach Einsatzbedingungen als Schraubgehäuse mit Sechskantboden, als Einpreßgehäuse oder als TO-Flachgehäuse zur Verfügung stehen. Das Gehäuse liegt auf dem

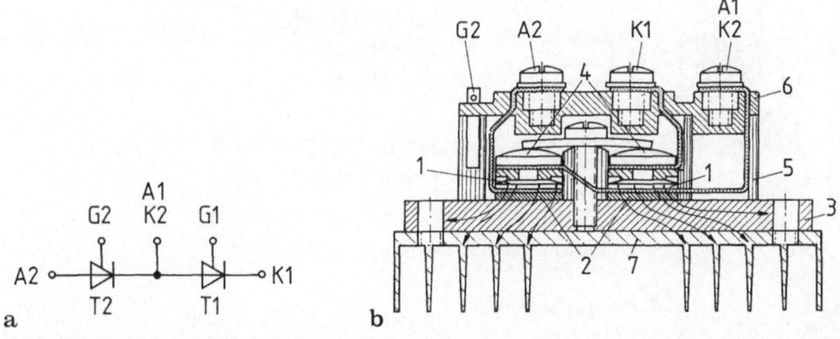

Bild 48. Grundsätzliche Darstellung eines Leistungshalbleiter-Moduls. **a** Schaltbild; **b** konstruktiver Aufbau und Wärmestrom; *1* Si-Tabletten, *2* Metalloxidscheiben, *3* potentialfreie Bodenplatte, *4* Druckkontaktelemente, *5* Kunststoffgehäuse, *6* Kunststoffdeckel mit Anschlußpunkten, *7* Kühlkörper

Potential eines der Hauptanschlüsse. Die elektrischen Anschlüsse werden durch Lötverbindungen hergestellt.

- Modulgehäuse, die aus einem Kunststoffgehäuse mit Klemmvorrichtungen für die Haupt- und Steueranschlüsse und einer metallischen Bodenplatte für die Wärmeableitung bestehen. In einem Modul werden mehrere Ventilbauelemente zu einem kompletten Stromrichter, zu einem Stromrichterzweig oder zu einem Stromrichterzweigpaar integriert. Die einzelnen Siliziumchips werden mit einer elektrisch gut isolierenden, jedoch auch gut wärmeleitenden Oxidkeramikplatte kontaktiert, die ihrerseits mit der metallischen Bodenplatte gut wärmeleitend verbunden ist (Bild 48). Leistungshalbleiter-Module stehen im Stromstärkebereich von etwa 20 A bis 400 A zur Verfügung.
- Schraub- oder Flachbodengehäuse mit Kupferboden, keramisch isolierten Durchführungen und Anschlußleitungen. Die elektrischen Anschlüsse zur Halbleiterscheibe werden durch Druckkontakt hergestellt (Bild 49), da Lötverbindungen bei größeren Tablettenabmessungen nicht die erforderliche Wärmewechselfestigkeit aufweisen. Elemente dieser Bauform werden im Stromstärkebereich von etwa 20 A bis 350 A angeboten.
- Gehäuse in Scheibenform, von denen die Verlustenergie nach beiden Seiten gleichmäßig abfließen kann. Das Gehäuse besteht aus einem Keramikring, der oben und unten durch die elektrischen Hauptanschlüsse in Form von Scheiben aus dünnem Silberblech vakuumdicht verschlossen wird (Bild 50). Die Siliziumtablette liegt zwischen den beiden Kontaktscheiben, die die

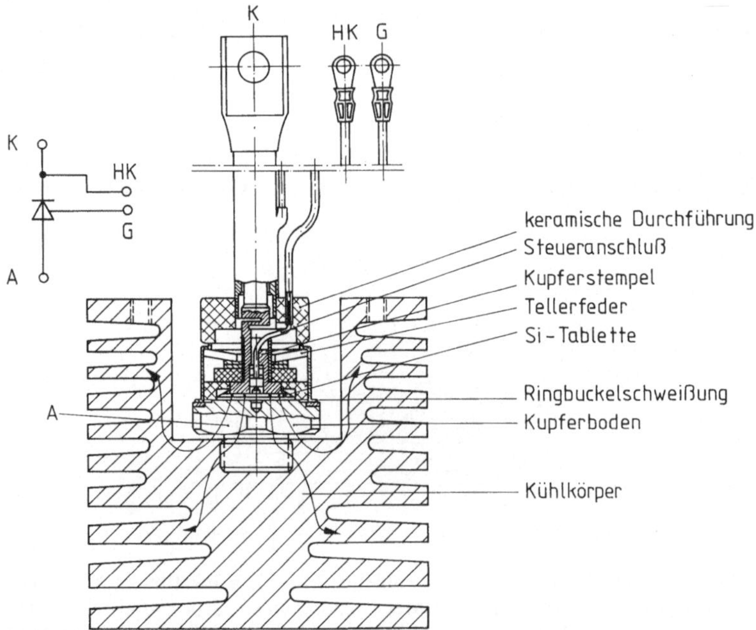

Bild 49. Grundsätzliche Darstellung eines Schraubgehäuses mit druckkontaktierter Siliziumtablette und des Wärmestromes von der Siliziumtablette in den Kühlkörper

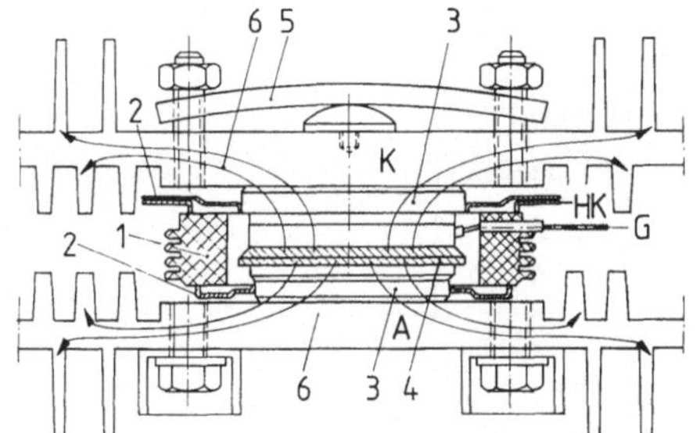

Bild 50. Grundsätzliche Darstellung eines Scheibengehäuses mit durch die Einspannvorrichtung druckkontaktierter Siliziumtablette und des Wärmestromes von der Siliziumtablette zum Kühlkörper. *1* Keramikring, *2* Silberblech, *3* Kontaktscheiben, *4* Si-Tablette, *5* Spannvorrichtung, *6* Kühlkörper

Höhendifferenz ausgleichen; mit Hilfe der oberen Kontaktscheibe wird der Gateanschluß hergestellt und die Steuerelektrode druckkontaktiert. Der Kontaktdruck für die Hauptanschlüsse muß durch eine Spannvorrichtung von außen über die Kühlkörper aufgebracht werden. Scheibenzellen werden für Stromstärken von 150 A an aufwärts eingesetzt.

5.2 Thermisches Verhalten

In einem in Betrieb befindlichen Halbleiterbauelement tritt eine zeitlich veränderliche Verlustleistung P_V auf, die sich aus mehreren Komponenten zusammensetzt. Da die Halbleitertablette der wesentliche elektrische Widerstand des Bauelementes ist, wird die Verlustleistung fast ausschließlich in dieser in Wärmeleistung umgesetzt. Die Verlustleistung muß so begrenzt werden, daß die zulässige Sperrschichttemperatur $\vartheta_{(vj)cr}$ nicht überschritten wird.

Komponenten der gesamten Verlustleistung P_V sind die Durchlaßverlustleistung P_T, die Sperrverlustleistungen P_D und P_R, die Einschaltverlustleistung P_{TT}, die Ausschaltverlustleistung P_{DQ} bzw. P_{RQ} und die Steuerverlustleistung P_G (die Kurzzeichen wurden aus DIN 41 785 Blatt 3/2.75 „Kurzzeichen zur Verwendung in Datenblättern; Kurzzeichen für Halbleiterbauelemente der Leistungselektronik" entnommen). Die gesamte in der Siliziumtablette anfallende Verlustleistung hat damit den Augenblickswert

$$p_V = p_T + p_D + p_R + p_{TT} + p_{DQ} + p_{RQ} + p_G, \tag{20}$$

wobei nicht alle Komponenten gleichzeitig auftreten.

Die in der Siliziumtablette entstehende mittlere Wärmeleistung P_V muß über den Gesamtwärmewiderstand $R_{th\,JA}$ an das Kühlmedium, im Beispiel des Bildes 51 an die Kühlluft abgeführt werden.

Ist R_{th} der Wärmewiderstand in K/W, so ergibt sich die Temperaturdifferenz, die an R_{th} durch die über ihn fließende Wärmeleistung P entsteht, zu

$$\Delta\vartheta = R_{th}P. \tag{21}$$

Für das thermische Verhalten eines Bauelements bei zeitlich nicht konstanter Verlustleistung spielt neben dem Wärmewiderstand die Wärmekapazität eine

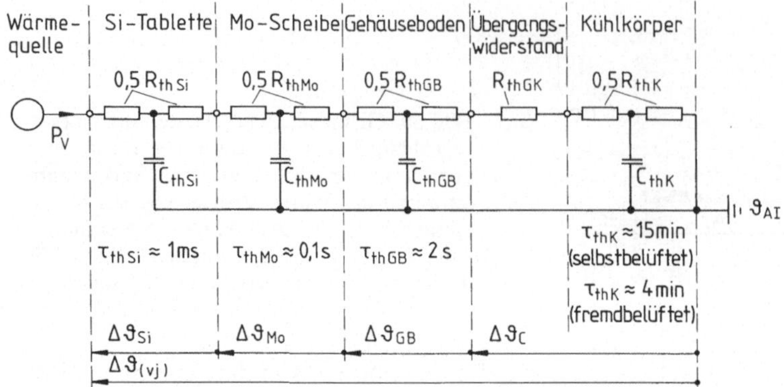

Bild 51. Thermischer Ersatzschaltplan für ein Halbleiterbauelement im Schraubgehäuse — Bauform nach Bild 49 mit luftgekühltem Kühlkörper

wesentliche Rolle. Die thermische Zeitkonstante τ_{th}, der Wärmewiderstand R_{th} und die Wärmekapazität C_{th} hängen über die Beziehung

$$\tau_{th} = R_{th} \cdot C_{th} \tag{22}$$

zusammen.

Eine grundsätzliche Übersicht über das thermische Verhalten eines in ein Gerät eingebauten Leistungshalbleiters läßt sich mit einem thermischen Ersatzschaltplan nach Bild 51 gewinnen, in dem jeder Komponente, durch die der Wärmestrom fließt, ein Wärmewiderstand und eine Wärmekapazität zugeordnet wird [6, 11].

Bild 51 gilt für ein Halbleiterbauelement in Schraubgehäuse-Bauform, das in einem luftgekühlten Kühlkörper eingeschraubt ist (s. Bild 49). Vereinfachend wird der geringe Wärmefluß über das flexible Stromband des Kathodenanschlusses vernachlässigt; es wird also vorausgesetzt, daß die gesamte Verlustwärme P_V über den Kupferboden des Gehäuses zum Kühlkörper abfließt und über diesen an die Kühlluft, deren Temperatur ϑ_{AI} beträgt, abgebeben wird.

Die Zeitkonstanten τ_{th} der einzelnen, vom Wärmestrom durchflossenen Komponenten sind sehr unterschiedlich, sie nehmen von der Wärmequelle zur Wärmesenke hin zu. Das hat zur Folge, daß bei periodischen Strombelastungen im unteren Hertz-Bereich erhebliche Schwankungen in der Tablettentemperatur $\vartheta_{(vj)}$ auftreten können, während bei Schaltfrequenzen von einigen Hundert Hertz die Wärmekapazität C_{thSi}·der Tablette schon für eine recht gute Glättung des zeitlichen Verlaufes von $\vartheta_{(vj)}$ ausreicht (Bild 52). Diese periodischen Änderungen des Wärmestromes machen sich im dargestellten Frequenzbereich zwischen 10 und 400 Hz in der Temperatur des Gehäusebodens, kaum noch, in der Kühlkörpertemperatur praktisch nicht mehr bemerkbar.

Die maximal zulässige Sperrschichttemperatur $\vartheta_{(vj)cr}$ soll im störungsfreien Betrieb zu keinem Zeitpunkt überschritten werden. Der Mittelwert des periodischen Stroms, bei dem der Verlauf von $\vartheta_{(vj)}$ den zulässigen Wert $\vartheta_{(vj)cr}$ gerade erreicht, ist der Dauergrenzstrom I_{TAVM}, der bei konstanten Kühlbedingungen von der Stromform und, wie aus Bild 52 ersichtlich, auch von der Schaltfrequenz abhängig ist.

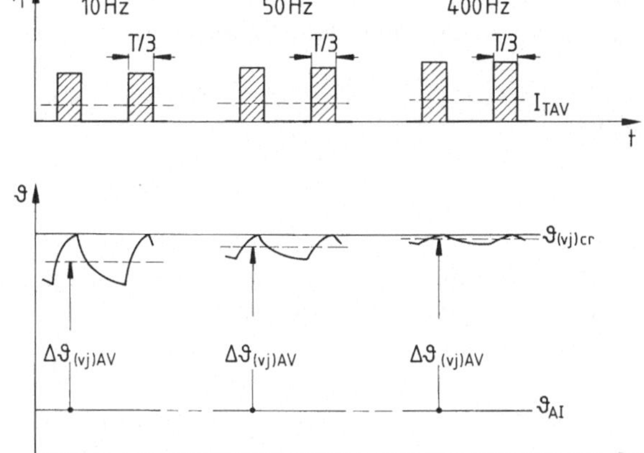

Bild 52. Schwankungen der Sperrschichttemperatur $\vartheta_{(vj)}$ eines fremdbelüfteten 280 A-Thyristors bei Belastung mit Dauergrenzstrom I_{TAV} bei den Schaltfrequenzen 10 Hz, 50 Hz und 400 Hz

Die Tablettentemperatur kann, wenn der zeitliche Verlauf $p_V(t)$ bekannt ist, über den vereinfachten thermischen Ersatzschaltplan oder besser mit dem genaueren transformierten Ersatzschaltplan [6] zu jedem Zeitpunkt ermittelt werden. Ein einfaches Hilfsmittel zur Bestimmung der Sperrschichttemperatur ist der transiente Wärmewiderstand. Der transiente Wärmewiderstand zwischen Sperrschicht und Kühlluft ist durch die Beziehung

$$Z_{thJA} = \frac{\Delta\vartheta_{(vj)}(t)}{P_V} \tag{23}$$

definiert, wobei P_V eine zeitlich konstante Größe ist, die zum Zeitpunkt $t = 0$ sprunghaft auftritt ($P_V = 0$ für $t < 0$). Der transiente Widerstand entspricht damit dem Verlauf der Sperrschichterwärmung nach einer sprungförmigen Änderung der Verlustleistung P_V. Um auch etwas über die kleinen Zeitkonstanten aussagen zu können, empfiehlt es sich, Z_{th} über einen logarithmischen Zeitmaßstab aufzutragen (Bild 53).

Wird neben der Sperrschichterwärmung $\Delta\vartheta_{(vj)}(t)$ auch die Erwärmung des Gehäusebodens $\Delta\vartheta_C(t)$ (s. Bild 51) gemessen, so kann auch der transiente Widerstand des Halbleiterbauelementes ohne Kühlkörper durch die Beziehung

$$Z_{thJC} = \frac{\Delta\vartheta_{(vj)}(t) - \Delta\vartheta_C(t)}{P_V} \tag{24}$$

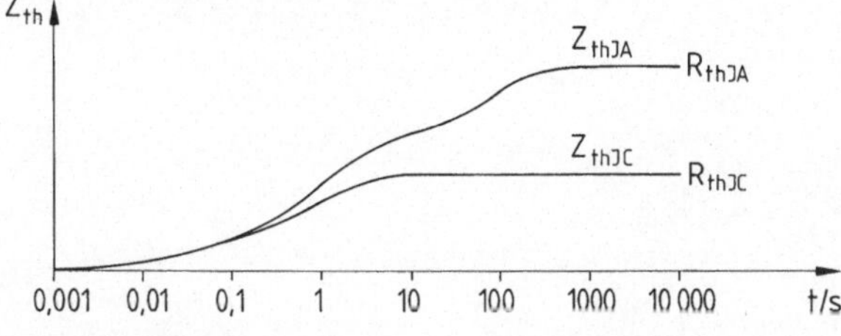

Bild 53. Transienter Wärmewiderstande Z_{thJC} zwischen Si-Tablette und Gehäuseboden sowie transienter Wärmewiderstand Z_{thJA} zwischen Si-Tablette und Kühlluft eines 280 A-Thyristors mit Kühlkörper

ermittelt werden. Mündet der Temperaturanstieg in den stationären Wert ein, so geht Z_{thJA} in R_{thJA} und Z_{thJC} in R_{thJC} über, wobei nach dem Ersatzschaltplan des Bildes 51

$$R_{thJC} = R_{thSi} + R_{thMo} + R_{thGB} \qquad (25)$$

und

$$R_{thJA} = R_{thJC} + R_{thGK} + R_{thK} \qquad (26)$$

ist. R_{thJA} wird als Gesamtwärmewiderstand und R_{thJC} als innerer Wärmewiderstand bezeichnet. Die Differenz ergibt den äußeren Wärmewiderstand

$$R_{thCA} = R_{thJA} - R_{thJC}. \qquad (27)$$

Der vorstehend beschriebene transiente Wärmewiderstand Z_{th} gilt definitionsgemäß für eine zeitlich konstante Verlustleistung, wie sie z.B. bei Belastung eines Bauelementes mit konstantem Gleichstrom auftritt. In Stromrichtern eingesetzte Leistungshalbleiter werden aber ein- und ausgeschaltet, sie arbeiten im Pulsbetrieb. Dabei überlagert sich einem Temperaturmittelwert noch eine pulsfrequente Wechseltemperatur (s. Bild 52), deren Verlauf von der Art der Stromform und damit von der Art der Stromrichterschaltung und von der Pulsfrequenz abhängig ist. Bezeichnet man die obere Hüllkurve dieses Temperaturverlaufes $\vartheta_{(vj)}(t)$ mit $\vartheta_{(vjs)}(t)$, so wird durch die Gleichung

$$Z_{(th)p}(t) = \frac{\Delta\vartheta_{(vjs)}(t)}{P_{VAV}} \qquad (28)$$

der Pulswärmewiderstand definiert [46a]. P_{VAV} ist dabei die über die Pulsperioden gemittelte Verlustleistung. Der Pulswärmewiderstand $Z_{(th)p}$ ist in Abhängigkeit von der Stromrichterschaltung und der Pulsfrequenz ebenso wie der transiente Wärmewiderstand Z_{th} den Datenblättern zu entnehmen. Mit diesen Daten kann dann über in [6] beschriebene Rechenverfahren die Sperrschichttemperatur ermittelt werden.

Vorstehend wurde das thermische Verhalten am Beispiel eines luftgekühlten Leistungshalbleiter-Bauelements beschrieben. Neben der Luft werden als Kühlmedien auch Wasser, Öl oder andere Kühlflüssigkeiten eingesetzt.

6 Überstromschutz

Unter Überströmen bei Leistungshalbleiter-Bauelementen sollen Ströme verstanden werden, die, wenn sie zeitlich nicht begrenzt sind, zu einer Überschreitung der zulässigen Tablettentemperatur $\vartheta_{(vj)cr}$ führen. Meist werden Stromrichter wegen der relativ kleinen thermischen Zeitkonstanten der Leistungshalbleiter so ausgelegt, daß ihre Nennleistung der höchsten betriebsmäßig auftretenden Leistung des gespeisten Verbrauchers entspricht. Bei geregelten Stromrichteranlagen können Überströme daher nur in Störungsfällen wie z.B. bei inneren oder äußeren Kurzschlüssen, Wechselrichterkippen (s. Abschn. 8.1.2.2), Fehlabschaltung eines abschaltbaren Stromrichterzweiges oder bei Ausfall bzw. Störung der überlagerten Steuer- und Regelkreise auftreten. Um die Halbleiterbauelemente vor Zerstörung als Folge der Stromüberlastung zu bewahren, sind geeignete Schutzeinrichtungen vorzusehen.

Ein Leistungsschalter kann mit seinem Überstrom-Zeitschutz den Schutz des Stromrichters und damit der Leistungshalbleiter gegen thermische Überlastung im Langzeitbereich vom Minutenbereich an aufwärts übernehmen.

Auf der Gleichstromseite kann bei großen Anlagen zum Schutz gegen einen äußeren Kurzschluß und gegen Wechselrichterkippen ein Gleichstrom-Schnellschalter mit elektrodynamischer Auslösung eingesetzt werden. Derartige Schalter haben Auslösezeiten im unteren µs-Bereich und können Kurzschlußströme noch im Steilanstieg abschalten.

Bei steuerbaren, jedoch nur einschaltbaren Stromrichterventilen können, nachdem der Strom einen zulässigen Grenzwert überschritten hat, die Steuerimpulse entweder gesperrt werden, oder der Stromrichter kann durch eine Schutzfunktion so ausgesteuert werden, daß der Überstrom möglichst schnell abgebaut und der Strom zu Null gemacht wird. Voraussetzung für dieses Schutzverfahren ist jedoch, daß keines der zum Stromrichter gehörenden Halbleiterventile durch die vom Überstrom herrührende Erwärmung seine Sperrfähigkeit verloren hat.

Bei ein- und ausschaltbaren Leistungshalbleitern besteht die Möglichkeit, den Kurzschlußstrom während des Anstiegs durch das gefährdete Bauelement selbst abzuschalten. Voraussetzung ist allerdings, daß der Hauptstrom des Bauelements in dem Zeitraum von der meßtechnischen Erfassung des Überstromes bis zum Einsetzen der strombegrenzenden Wirkung nach Ablauf der Speicherzeit den maximal zulässigen abschaltbaren Strom nicht überschritten hat. Hier sind Bauelemente mit kurzen Speicherzeiten günstig. Bei mikrostrukturierten schnellen Halbleiterbauelementen kann ein selbsttätiger Überstromschutz mit in den Siliziumchip integriert werden [31, 33].

In speziellen Fällen kann es auch sinnvoll sein, das durch einen ansteigenden Kurzschlußstrom gefährdete Bauelement durch Einleiten eines parallelen Kurzschlusses über einen mechanischen oder elektronischen Kurzschließer zu entlasten und so vor der Zerstörung zu schützen [6].

Der im Kurzzeitbereich (bis zu etwa 10 ms) bei Leistungshalbleitern am häufigsten eingesetzte Überstromschutz besteht aus überflinken Sicherungen, die

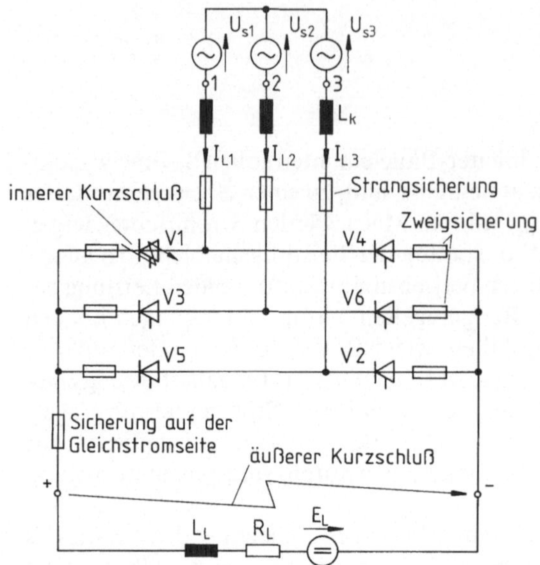

Bild 54. Anordnung von Sicherungen zum Schutz der Thyristoren einer B6-Schaltung gegen Überstrom

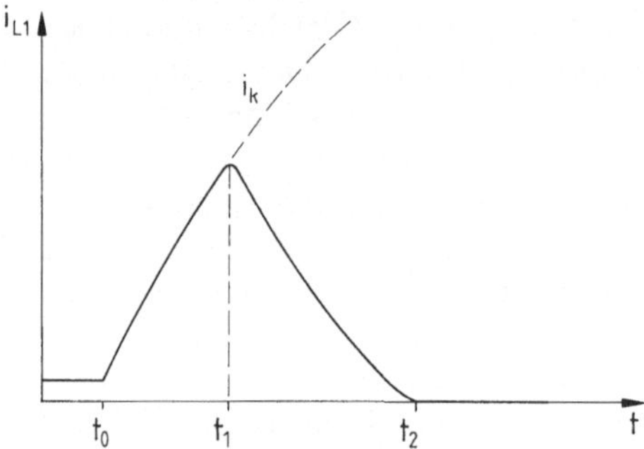

Bild 55. Zeitlicher Verlauf des Stromes in einer Sicherung nach im Zeitpunkt t_0 eingetretenem Kurzschluß. $t_1 - t_0 = t_s$ Schmelzzeit, $t_2 - t_1 = t_l$ Löschzeit, $t_2 - t_0 = t_g$ Abschaltzeit

bezüglich ihres $(i^2 t)$-Wertes an das Grenzlastintegral $\int i^2 dt$ der Leistungshalbleiter angepaßt sind; das besagt, daß die Sicherung den Hauptstrom abgeschaltet haben muß, ehe das Halbleiterbauelement durch zu starke Erwärmung zerstört wird. Tritt in einem Stromrichter eine Betriebsstörung z.B. durch einen äußeren Kurzschluß auf (Bild 54), während die Ventile V1 und V6 Strom führen, so wird der Strom $I_{L1} = -I_{L2}$ vom Kurzschlußzeitpunkt t_0 an als Kurzschlußstrom I_k (Bild 55) steil ansteigen, wobei die Stromanstiegsgeschwindigkeit hauptsächlich durch die Spannung $(u_{s1} - u_{s2})$ und die Induktivität L_k im Kommutierungskreis bestimmt wird:

$$\frac{di_{L1}}{dt} \approx \frac{u_{s1} - u_{s2}}{2L_k} . \tag{29}$$

Der Schmelzeinsatz einer im Pfade des Kurzschlußstromes liegenden Sicherung wird durch die vom Kurzschlußstrom verursachte Verlustwärme an seinen

Engstellen aufgeschmolzen. Die Schmelzzeit t_s ist desto kürzer, je steiler der Stromanstieg ist. Bei Schmelzzeiten im unteren ms-Bereich kann die von den Engstellen des Schmelzleiters abfließende Wärmemenge vernachlässigt werden. Es ist dann ein bestimmter $(i^2 t)_s$-Wert, eine bestimmte Wärmemenge erforderlich, um den Abschaltvorgang der Sicherung durch Aufschmelzen des Leiters einzuleiten.

Nachdem der Leiter unterbrochen ist, fließt der Strom zunächst über einen Lichtbogen weiter. Dabei tritt eine Lichtbogenspannung, die als Schaltspannung der Sicherung bezeichnet wird, auf. Sobald die Schaltspannung größer ist als die den Kurzschlußstrom treibende Spannung $[u_{\mathrm{Sch}} > (u_{\mathrm{S1}} - u_{\mathrm{S2}})]$, beginnt der Strom gegen Null abzusinken. Der Spitzenwert der Schaltspannung ist durch die Sicherungskonstruktion so zu bemessen, daß keine unerlaubt hohen Spannungsspitzen, die andere Bauelemente gefährden könnten, entstehen. Nach Ablauf der Löschzeit t_l ist der Abschaltvorgang beendet. Während des Löschens tritt in der Sicherung der $(i^2 t)_l$-Wert auf. Die gesamte Abschaltzeit ergibt sich zu

$$t_g = t_s + t_l, \tag{30}$$

der gesamte $(i^2 t)$-Wert zu

$$(i^2 t)_g = \int_0^{t_g} i^2 \mathrm{d}t = (i^2 t)_s + (i^2 t)_l. \tag{31}$$

Der vorstehend definierte, während des Abschaltvorganges der Sicherung auftretende $(i^2 t)$-Wert ist auch ein Maß für die in dem zu schützenden Halbleiterbauelement freiwerdende Wärmemenge. Diese muß kleiner sein als dessen Grenzlastintegral

$$\int_0^{t_g} i^2 \mathrm{d}t,$$

das in den Listen für $t_g = 5\,\mathrm{ms}$ oder $t_g = 10\,\mathrm{ms}$ angegeben wird.

Wird ein Leistungshalbleiter innerhalb der Zeit t_g mit einer Wärmemenge beaufschlagt, die seinem Grenzlastintegral entspricht, so erwärmt er sich so stark, daß er vorübergehend nicht mehr funktionsfähig ist; insbesondere die Vorwärts-Sperrfähigkeit geht weitgehend verloren.

In den Listen der Hersteller werden zu den Bauelementen jeweils die passenden Sicherungen empfohlen. Ebenfalls in den Listen angegeben wird der Stoßstromgrenzwert I_{SM}; das ist der höchstzulässige Scheitelwert eines Stromimpulses von definierter Form und Dauer, der dem Grenzlastintegral entspricht.

Sicherungen können in Stromrichterschaltungen an unterschiedlichen Stellen angeordnet werden (Bild 54). Stromrichter kleiner Leistung mit passiver Last werden oft nur durch Strangsicherungen geschützt. Das hat den Vorteil, daß nur drei Sicherungen benötigt werden, die außerhalb des Stromrichtergerätes z.B. in einem Schaltkasten untergebracht werden können.

Stromrichtergeräte und Anlagen größerer Leistung werden meist mit Zweigsicherungen ausgerüstet. Bei dieser Anordnung sind Stromrichterventil und Sicherung eines Zweiges strommäßig gleich belastet. Die Sicherungen schützen die Halbleiter auch bei einem inneren Kurzschluß, im Wechselrichterbetrieb bei aktiver Last oder bei Wechselrichterkippen, also in Schutzsituationen, denen die Strangsicherungen allein nicht gewachsen sind.

Ist ein Stromrichtergerät nur mit Strangsicherungen geschützt und speist dieses Gerät eine aktive Last, z.B. einen Gleichstrommotor, der im Wechselrichterbetrieb abgebremst werden soll, so muß zusätzlich eine Sicherung auf der Gleichstromseite vorgesehen werden. Diese hat die Aufgabe, die Einspeisung von der Gleichstromseite her zu unterbrechen, falls durch einen inneren Kurzschluß oder durch Steuer-Fehlimpulse die beiden Ventile eines Zweigpaares (z.B. V1 und V4 in Bild 54) gleichzeitig Strom führen.

7 Überspannungsschutz, Entlastungsnetzwerke

Halbleiterbauelemente können durch die über die Durchbruchspannung oder die Kippspannung hinausgehenden transienten Überspannungen entweder zu Fehlfunktionen veranlaßt oder zerstört werden. Überspannungen können sowohl nach der Art ihrer Erzeugung als auch nach dem Ort ihres Entstehens unterschieden werden. Gängig ist die grobe Unterteilung in innere und äußere Überspannungen; die inneren werden durch die Schaltvorgänge der Halbleiterbauelemente im Stromrichter verursacht, die äußeren entstehen z.B. als Schaltüberspannungen im speisenden Netz oder laufen als atmosphärisch verursachte Überspannungen über das Netz in das Stromrichtergerät ein. Innere und äußere Überspannungen müssen durch Schutzeinrichtungen und Beschaltungen so weit abgebaut sein, daß die Halbleiterbauelemente nicht gefährdet sind. Beschaltungen werden in Form von Entlastungsnetzwerken auch zur Verminderung der Schaltverluste eingesetzt.

7.1 Schutz gegen innere Überspannungen, Entlastungsnetzwerke

Wird eine Diode oder ein über den Steueranschluß nur einschaltbarer Thyristor durch die Kommutierung des Laststromes auf das Folgeventil abgeschaltet, so kehrt — bedingt durch den in Kap. 2 und Abschn. 4.1.3 beschriebenen Trägerspeichereffekt — der Hauptstrom zunächst seine Richtung um und fällt bis zur Rückstromspitze ins Negative ab (Bild 56), um dann mehr oder weniger steil abzureißen und auf den stationären Rückwärtssperrstrom abzuklingen. Der Kommutierungsvorgang kann anhand des Ersatzschaltplans von Bild 56 beschrieben werden. Zu Beginn des betrachteten Zeitabschnittes treibt die Durchlaßspannung U_T den Strom über die Induktivität L_k des Kommutierungskreises und den Thyristor T. Zum Zeitpunkt t_0 wird der Schalter S1 umgelegt und die Spannung U_k im Kommutierungskreis, die hier als Gleichspannung angenommen wird, liegt an der Reihenschaltung von L_k und T. Als Folge fällt der Strom mit der Steilheit $di_T/dt = -U_k/L_k$ ab, kehrt zum Zeitpunkt t_1 seine Richtung um und erreicht zum Zeitpunkt t_2 die Rückstromspitze I_{RRM}. Jetzt erlangt der Thyristor eine Rückwärtssperrfähigkeit und übernimmt, geöffneten Schalter S2 vorausgesetzt, die Rückwärtssperrspannung $u_R = u_k - L_k \cdot di_R/dt$ (Bild 56c). Wird der Spitzenwert U_{RCM} der Rückwärtssperrspannung größer als die Durchbruchspannung $U_{(BR)}$, so kann das zum Ausfall des Thyristors führen.

Durch ein Beschaltung — bei netzgeführten Stromrichtern wird meist eine einfache RC-Beschaltung nach Bild 56a gewählt — läßt sich die Überspannungsspitze erheblich verkleinern (Bild 56d). Die RC-Beschaltung ist so auszulegen, daß sie drei Bedingungen erfüllt:

1. Der Rückwärtssperrspannungs Spitzenwert U_{RCM} muß kleiner sein als die pérodisch zulässige Rückwärts-Spitzensperrspannung U_{RRM}.

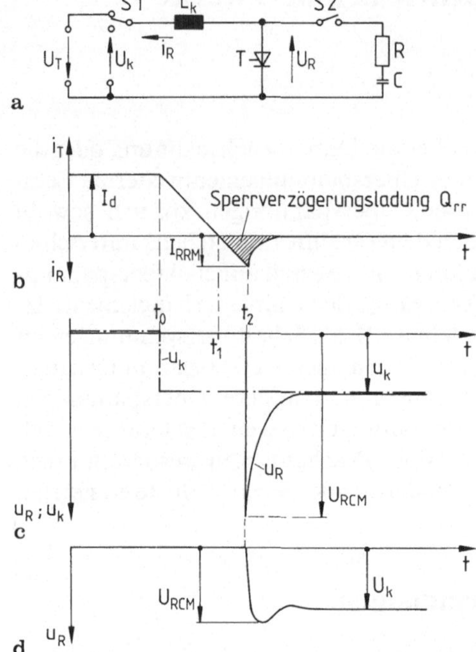

Bild 56. Auswirkung des Trägerspeicher-effektes beim Abschalten eines Thyristors. **a** Ersatzschaltplan; **b** zeitlicher Verlauf des Hauptstromes; **c** zeitlicher Verlauf der Sperrspannung am abgeschalteten Thyristor ohne und **d** mit TSE-Beschaltung

2. Vor dem Wiedereinschalten des Thyristors liegt an diesem die Vorwärtssperr-spannung U_D, auf die auch die Kapazität C aufgeladen ist. Mit Rücksicht auf die um das Gate örtlich konzentriert anfallende Einschaltverlustleistung muß der Strom

$$I_\mathrm{on} = \frac{U_\mathrm{DO}}{R}$$

kleiner sein als der den Datenblättern zu entnehmende periodisch zulässige Strom aus der RC-Beschaltung, der mit $I_\mathrm{TRM}(RC)$ bezeichnet wird. U_DO ist der Wert der Vorwärtssperrspannung im Einschaltzeitpunkt des Thyristors. Der Widerstand R ist entprechend zu wählen.

3. Der Einschwingvorgang auf die Kommutierungsspannung soll möglichst gedämpft verlaufen (Bild 56d).

In den Datenblättern der Halbleiterlieferanten werden zu den Halbleiterbauelementen passende RC-Beschaltungen vorgeschlagen.

Indem die RC-Beschaltung die Rückwärtsspitzensperrspannung U_RCM entscheidend herabsetzt, vermindert sie auch die Ausschalt-Verlustleistungsspitze und damit die je Ausschaltvorgang anfallende Ausschalt-Verlustenergie. Darüber hinaus setzt die RC-Beschaltung gemeinsam mit der Induktivität des Kommutierungskreises beim Aufschalten einer Vorwärtssperrspannung die Spannungsanstiegsgeschwindigkeit du_D/dt herab.

Zu der RC-Beschaltung (Bild 57a) gibt es eine Reihe von Varianten. Bei mehrfacher Parallelschaltung von Thyristoren kann es bei unterschiedlichen Zündverzugszeiten dazu kommen, daß sich alle parallel geschalteten Beschal-

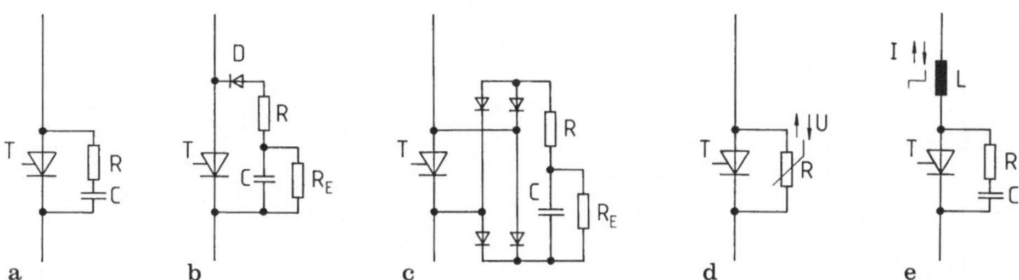

Bild 57. Trägerspeichereffekt- und Entlastungsbeschaltung. **a** RC-Beschaltung; **b** RCD-Beschaltung; **c** Brückenbeschaltung; **d** Varistorbeschaltung; **e** RC-Beschaltung und Stufendrosselspule

tungskapazitäten auf den Thyristor mit dem geringsten Zündverzug entladen und dort der Wert I_{TRM} überschritten wird. In solchen Fällen empfiehlt es sich, auf eine RCD-Beschaltung (Bild 57b) überzugehen. Die Diode verhindert eine Aufladung der Kapazität C auf die Vorwärtssperrspannung und damit auch den Entladestromstoß auf den einschaltenden Thyristor. Der Kapazität C ist ein Endladewiderstand R_E parallelzuschalten, der so zu dimensionieren ist, daß sich C innerhalb der Stromführungsdauer des Thyristors weitgehend entladen kann.

Werden parallel arbeitende Thyristoren zusätzlich in Reihe geschaltet, wie das z.B. bei Stromrichterventilen für die Hochspannungsgleichstromübertragung oder bei der Speisung von Drehstrom-Hochspannungsmaschinen der Fall sein kann, so empfiehlt sich der Einsatz einer Brückenbeschaltung nach Bild 57c. Die Widerstandsbeschaltung ($R + R_E$) hat bei Vorwärts- und Rückwärtssperrspannung für eine gleichmäßige Spannungsaufteilung auf die einzelnen in Reihe geschalteten Thyristoren zu sorgen.

Der Rückwärts-Sperrspannungsspitzenwert U_{RCM} kann auch durch spannungsabhängige Widerstände auf einen zulässigen Wert begrenzt werden (Bild 57d). In Frage kommen Varistoren, insbesondere Metalloxidvaristoren, die einen stark spannungsabhängigen Widerstand haben. Unterhalb ihrer Einsatzspannung wirken sie hochohmig und nehmen nur einen geringen Strom auf. Wird die Einsatzspannung überschritten, so werden sie niederohmig, sie können dann hohe Spitzenströme ohne wesentlichen Spannungsanstieg führen. Anstelle der Varistoren können auch gegeneinandergeschaltete Selen- oder Silizium-Avalanche-Dioden eingesetzt werden. Die Diodenfunktionen lassen sich bei Verwendung von Silizium als Halbleitermaterial in eine Tablette integrieren (Bild 58a). Die Strom-Spannungskennlinie (Bild 58c) ähnelt der guter Metalloxid-Varistoren.

Sollen Thyristoren bei hohen Schaltfrequenzen betrieben werden, so muß die bei den einzelnen Schaltvorgängen entstehende Verlustenergie vermindert werden. Das kann z.B. durch die Reihenschaltung einer Stufendrosselspule L zum Thyristor erreicht werden (Bild 57e). Wird der Thyristor eingeschaltet, so fällt die Spannung zunächst hauptsächlich an der Stufendrosselspule ab und der Thyristor wird nur mit einem kleinen Strom, dem Stufenstrom belastet. Nach Ablauf der Stufenzeit, geht die Drosselspule in die Sättigung und wird weitgehend unwirksam. Die Stufendrosselspule ist so zu dimensionieren, daß ihre Stufenzeit die Durchschaltzeit des Thyristors (s. Abschn. 4.1.3.1) überdeckt. Dadurch gelingt es, während des Einschaltvorganges Vorwärtsspannung und Vorwärtsstrom auf

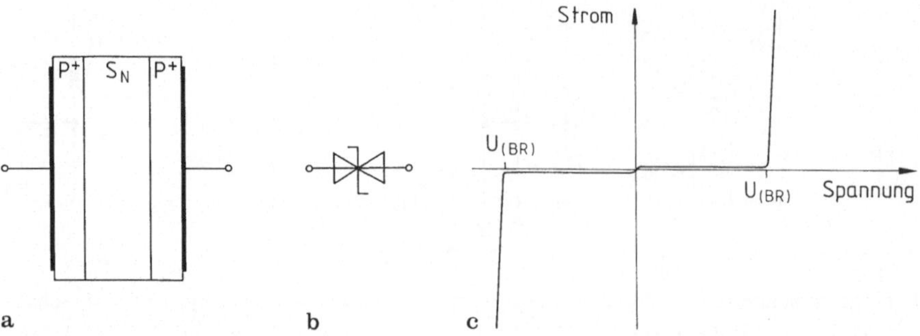

Bild 58. Überspannungsbegrenzung durch PS_NP-Avalanche-Bauelemente. **a** Halbleiterstruktur; **b** Schaltzeichen; **c** statische Strom-Spannungskennlinie

kleinen Werten zu halten, was zu einer relativ kleinen Einschaltverlustenergie führt. Auch die Ausschaltverlustenergie wird erheblich reduziert, da, wenn der Hauptstrom beim Abkommutieren so klein geworden ist, daß die Drosselspule in ihrem Arbeitsbereich wirksam wird, die Kommutierungsspannung hauptsächlich an der Induktivität abfällt. Die Steilheit des Stromnulldurchgangs und damit auch die Größe der Rückstromspitze werden wesentlich vermindert. Die reduzierte Rückstromspitze hat eine geringere Steilheit des abklingenden Rückstromes, damit einen kleineren Rückwärts-Sperrspannungsspitzenwert U_{RCM} und eine verminderte Ausschaltverlustenergie zur Folge. Die Stufendrossel läßt sich auch mit den Beschaltungsvarianten der Bilder 57b – d kombinieren.

Auch bei Leistungstransistoren wird die Schaltfrequenz durch die bei den Schaltvorgängen entstehende Schaltverlustenergie und die damit zusammenhängende Erwärmung des Siliziumchips begrenzt. Um zu höheren Schaltfrequenzen zu gelangen, ist die Verlustenergie je Schaltperiode zu verkleinern. Durch Einschaltentlastungsnetzwerke ist dafür zu sorgen, daß beim Übergang des Transistors vom gesperrten in den leitfähigen Zustand die Vorwärtsspannung und die Stromanstiegsgeschwindigkeit klein gehalten werden. Das kann durch eine Induktivität, z.B. auch in Form einer Stufendrosselspule, erreicht werden. Beim Ausschaltvorgang soll der Strom möglichst schnell abgebaut werden, während die Spannung, um die Ausschaltverluste klein zu halten, langsam ansteigen soll. Um den Strom, ohne Spannungsspitzen zu induzieren, schnell abbauen zu können, muß der Schaltkreis möglichst induktivitätsarm sein; die für den Einschaltvorgang wichtige Induktivität muß also, z.B. durch eine schnelle Freilaufdiode, unwirksam gemacht werden. Andererseits muß die Induktivität bis zum nächsten Einschaltvorgang wieder rückmagnetisiert sein, was sich durch Entladung über einen Widerstand oder gegen eine Spannungsquelle erreichen läßt. Der langsame Spannungsanstieg beim Ausschalten läßt sich durch einen zum Transistor parallel geschalteten Kondensator erreichen, der jedoch bis zum nächsten Ausschaltvorgang wieder entladen sein muß. Die vorstehend angesprochenen Probleme lassen sich durch Einschalt- und Ausschaltentlastungsnetzwerke lösen [18], die auch verlustarm ausgeführt werden können [47–49]. Durch Schaltentlastungsnetzwerke kann der sichere Arbeitsbereich eines Schalttransistors in der I_C-U_{CE}- bzw. der I_D-U_{DS}-Ebene erweitert werden.

Beim GTO-Thyristor ist zunächst dafür zu sorgen, daß beim Ausschaltvorgang die Spannungsanstiegsgeschwindigkeit du_F/dt unterhalb des zulässigen Wertes $(du/dt)_{cr}$ bleibt. Dazu wird i. allg. eine RCD-Beschaltung nach Bild 44 eingesetzt. Die Kapazität C_S muß dabei so bemessen sein, daß sie die vor dem Abschaltvorgang in den Induktivitäten des Kommutierungskreises gespeicherte Energie ohne unzulässige Überhöhung der Vorwärtssperrspannung aufnehmen kann. Bei der Beschaltung nach Bild 44 wird die in C_S während des Abschaltvorganges gespeicherte Energie beim nächsten Einschaltvorgang zum größten Teil im Widerstand R_S, aber zum Teil auch im GTO in Verlustwärme überführt. Ähnlich wie bei den Transistoren gibt es auch für GTO-Thyristoren verlustarme Ausschalt-Entlastungsnetzwerke [50 − 54]. Durch die Kombination von Einschalt- und Ausschaltentlastungsnetzwerken kann die Schaltverlustenergie je Schaltperiode auch bei den GTOs erheblich gesenkt werden, was höhere Schaltfrequenzen ermöglicht.

7.2 Schutz gegen äußere Überspannungen

Die in Stromrichtern eingebauten Leistungshalbleiter-Bauelemente müssen auch gegen von außen, von der Netz- oder der Lastseite her, einlaufende transiente Überspannungen geschützt werden. Hauptsächlich handelt es sich bei den äußeren Überspannungen um Stoßspannungswellen, die entweder atmosphärischen Ursprungs sind (Blitzschlag), oder die durch eine Reihe unterschiedlicher Schalthandlungen verursacht werden können. Die Scheitelhöhe und die Zeitdauer der aus verschiedenen Ursachen auftretenden Überspannung unterliegen einer statischen Verteilung. Aufgrund theoretischer Betrachtungen und einer großen Anzahl von Meßergebnissen [55] wurden in DIN VDE 0160 A1/4.89 „Ausrüstung von Starkstromanlagen mit elektronischen Betriebsmitteln" zwei Grenzkurven W1 und W2 für bezogene nichtperiodische Überspannungen und deren Halbwertdauer festgelegt (Bild 59), die nach DIN VDE 0558 Teil 1/7.87 „Halbleiter-

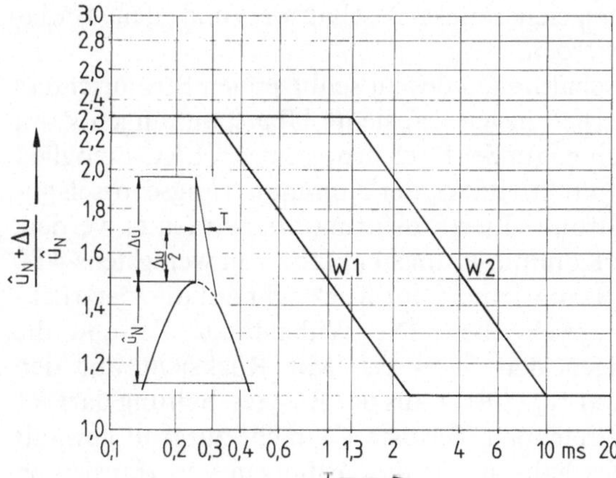

Bild 59. Für Stromrichter zulässige Überspannungsfaktoren $\dfrac{\hat{u}_N + \Delta u}{\hat{u}_N}$ in Abhängigkeit von der Halbwertdauer T (nach DIN VDE 0160 A1/4.89). W1 Überspannungsfestigkeitsklasse 1, W2 Überspannungsfestigkeitsklasse 2

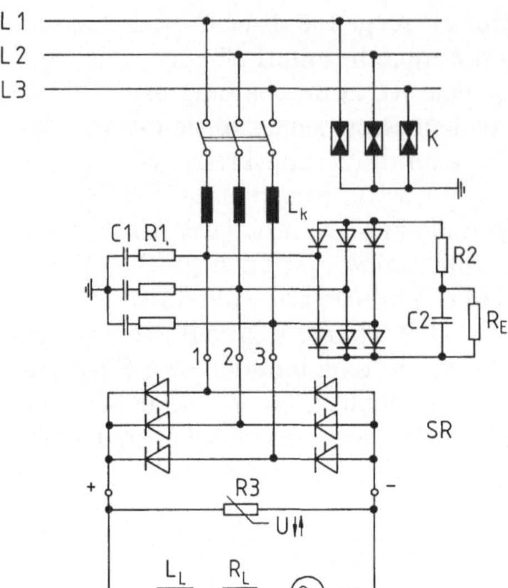

Bild 60. Überspannungs-Schutzbeschaltungen eines Stromrichters

Stromrichter; Allgemeine Bestimmungen und besondere Bestimmungen für netzgeführte Stromrichter" von Stromrichtergeräten ohne Unterbrechung des Betriebes ausgehalten werden müssen. Für welche der Überspannungsfestigkeitsklasse der Stromrichter auszulegen ist, hängt von den in DIN VDE 0160 A1/4.89 näher beschriebenen Netzverhältnissen an der Anschlußstelle ab.

Um einen Stromrichter spannungsfest auszuführen, ist zunächst ein hinreichend großer Spannungssicherheitsfaktor zu wählen. Darunter wird das Verhältnis der höchstzulässigen periodischen Spitzensperrspannung zum Scheitelwert der Einsatzspannung verstanden, das ist der höchste Spannungswert, der nach der idealisierten Stromrichtertheorie (s. Teil 3) an einem Stromrichterventil auftritt. Je nach Netzverhältnissen und Sicherheitsanforderungen an einen ungestörten Betrieb wird der Spannungssicherheitsfaktor üblicherweise zu Werten zwischen 1,5 und 2,5 gewählt.

Transiente Überspannungen geringen Energieinhalts können von der in Abschn. 7.1 beschriebenen Trägerspeichereffekt-Beschaltung und den Entlastungsnetzwerken aufgenommen werden.

In Bild 60 sind die inneren Beschaltungen des zu schützenden Stromrichters SR nicht mit dargestellt. Die Sicherheit gegen transiente Überspannungen kann erhöht werden, wenn dem Stromrichter auf der Drehstromseite ein LRC-Siebglied vorgeschaltet wird. Als L kann die Induktivität L_k der Kommutierungsdrosselspule bzw. die Streuinduktivität des Stromrichtertransformators betrachtet werden; nach DIN VDE 0160/1.86 ist eine Kommutierungsreaktanz von wenigstens 4 % bezogen auf die Nennleistung des Stromrichters mit Rücksicht auf die Netzrückwirkungen (s. Abschn. 8.1.5) vorgeschrieben. Die Widerstände $R1$ und die Kondensatoren $C1$ vervollständigen den Siebkreis. Mit Rücksicht auf den periodisch zulässigen Einschaltstrom $I_{TRM}(RC)$ aus der RC-Beschaltung darf $R1$ nicht zu klein und wegen der auftretenden Verluste $C1$ nicht zu groß gewählt werden. Insgesamt ist die LRC-Beschaltung für das Abfangen von transienten

Überspannungen mit kurzen Halbwertdauern bei geringem Energieinhalt gut geeignet.

Sind größere Energiemengen ohne schädlichen Spannungsanstieg zu schlukken, dieser Fall tritt z.B. beim Abschalten eines stromrichterseitig leerlaufenden Transformators vom Netz auf, so empfiehlt sich der Einsatz eines RC-Gliedes, das über eine mit schnellen Dioden bestückte Sechspuls-Brückenschaltung parallel zum Stromrichter SR an das Drehstromnetz angeschlossen ist. Diese Beschaltung wird nur beim Einlaufen von transienten Überspannungen wirksam. Der Kondensator $C2$ kann in seiner Kapazität der aufzunehmenden Energiemenge angepaßt werden.

Auch von der Gleichstromseite her kommende transiente Überspannungen können die Ventilbausteine des Stromrichters gefährden. Hier kann ein Schutz entweder auch durch eine RC-Beschaltung oder wie in Bild 60 dargestellt, durch einen spannungsabhängigen Widerstand in Form eines Metalloxid-Varistors verwirklicht werden.

Sind aus dem Drehstromnetz sehr energiereiche transiente Überspannungen zu erwarten, so können auch Kathodenfallableiter K eingesetzt werden. Da diese jedoch erst mit einem gewissen zeitlichen Verzug nach Erreichen der Ansprechspannung wirksam werden, sind sie nur in Verbindung mit anderen vorstehend beschriebenen Schutzeinrichtungen gegen Überspannungen zu verwenden.

Teil 3

Stromrichtertheorie

Die Stromrichtertheorie ist heute so umfangreich geworden, daß sie im Rahmen dieses Buches nicht geschlossen dargestellt werden kann. Es kann deshalb im folgenden nur auf die für die Anwendung wichtigsten Teilgebiete eingegangen werden. Die wesentliche Rolle sowohl bei den fremdgeführten als auch bei den selbstgeführten Stromrichtern spielen die Drehstrombrückenschaltungen, denen das Hauptaugenmerk geschenkt wird. Vom Umsatzvolumen her betrachtet liegen die fremdgeführten Stromrichter, insbesondere die netzgeführten heute noch vor den selbstgeführten. Die selbstgeführten Stromrichter sind jedoch stark im Kommen, und es ist durchaus anzunehmen, daß sie auch wegen ihrer netzfreundlicheren Eigenschaften in Zukunft die netzgeführten überflügeln und vielleicht auch verdrängen werden.

8 Fremdgeführte Stromrichter

Wie in Abschn. 2.2 dargelegt, können die fremdgeführten Stromrichter in netzgeführte, lastgeführte und maschinengeführte Stromrichter unterteilt werden. Der Umsatzschwerpunkt liegt hier eindeutig bei den netzgeführten Stromrichtern.

8.1 Netzgeführte und netzgetaktete Stromrichter mit induktiver Glättung des Gleichstromes

Zur Theorie der netzgeführten Stromrichter gibt es eine umfangreiche Literatur, auf die der Leser, der sich weitergehend vertiefen will, verwiesen sei. In [56−59] werden überwiegend netzgeführte Stromrichter behandelt, in [60−65] wird im Rahmen der Leistungselektronik auch auf die Theorie der netzgeführten Stromrichter eingegangen.

Hier wird im folgenden beispielhaft für alle anderen Stromrichterschaltungen intensiv die Theorie der Sechspuls-Brückenschaltung behandelt. Als Einstieg dient die Theorie der Dreipuls-Mittelpunktschaltung, die als halbe Sechspuls-Brückenschaltung aufgefaßt werden kann. Die in der Schaltungsbezeichnung auftauchende Pulszahl p ist die Gesamtzahl der nicht gleichzeitigen, jedoch in gleichen Zeitabständen erfolgenden Stromübernahmen zwischen den Hauptzweigen einer Stromrichterschaltung während einer Periode (DIN 41 750 Teil 2/2.85).

Die Stromrichtertheorie kann man sich als ein Gebäude mit vielen Etagen vorstellen. Das Fundament, auf dem alles ruht, sind die theoretischen Grundlagen der Elektrotechnik. Das Erdgeschoß ist die von stark vereinfachten Voraussetzungen ausgehende idealisierte Stromrichtertheorie, die schon einen grundsätzlichen Einblick in die Arbeitsweise von Stromrichtern gibt. Als erstes Obergeschoß kann man sich die konventionelle Theorie vorstellen, die zwar immer noch von vereinfachenden Annahmen ausgeht, deren Aussagen aber das Verhalten der Stromrichterschaltungen schon recht gut beschreiben. In weiteren Stufen kann die Theorie dann zunehmend verfeinert werden.

8.1.1 Idealisierte Theorie

8.1.1.1 Idealisierte Theorie der Dreipuls-Mittelpunktschaltung

Voraussetzungen

Die idealisierte Theorie der Dreipuls-Mittelpunktschaltung geht von folgenden Voraussetzungen aus:

1. Der Stromrichter ist an eine starre Drehspannungsquelle mit symmetrischem Spannungsverlauf angeschlossen. Die Sternspannungen folgen den Funktionen

$$u_{\mathrm{UN}} = \sqrt{2}\,U_{\mathrm{UN}} \cos\left(\omega t + \frac{2\pi}{3}\right) \tag{32.1}$$

$$u_{\mathrm{VN}} = \sqrt{2}\,U_{\mathrm{VN}} \cos \omega t \tag{32.2}$$

und

$$u_{\mathrm{WN}} = \sqrt{2}\,U_{\mathrm{WN}} \cos\left(\omega t - \frac{2\pi}{3}\right). \tag{32.3}$$

Die Effektivwerte der drei Sternspannungen sind gleich, es gilt

$$U_{\mathrm{UN}} = U_{\mathrm{VN}} = U_{\mathrm{WN}} = U_{\mathrm{s}}. \tag{33}$$

2. Netzseitige Widerstände, Induktivitäten und Kapazitäten werden nicht berücksichtigt. Der Magnetisierungsstrom des Stromrichtertransformators wird vernachlässigt.
3. Der Stromrichter ist mit idealen Thyristoren ausgerüstet, die über die idealen Kennlinien des Bildes 20a verfügen, die ohne Verzögerung eingeschaltet werden können und deren Sperrverzögerungszeit Null ist.

Unter vorstehenden Voraussetzungen ergibt sich der Ersatzschaltplan nach Bild 61, der als Grundlage für die folgenden Betrachtungen dienen soll.

Für die nun folgenden Überlegungen wird vorausgesetzt, daß die Zeitkonstante τ_{L} des Gleichstromkreises groß gegenüber der Periodendauer T_{n} der Netzspannung ist, daß also

$$\tau_{\mathrm{L}} = \frac{L_{\mathrm{L}}}{R_{\mathrm{L}}} \gg T_{\mathrm{n}} \tag{34}$$

gilt. Der Gleichstrom I_{d} kann dann vereinfachend als zeitlich konstant angenommen werden $[i_{\mathrm{d}}(\omega t) = I_{\mathrm{d}}]$ obgleich die vom Stromrichter abgegebene Gleichspannung U_{d} zeitlich nicht konstant, sondern mit einer gewissen Welligkeit behaftet ist (Bild 63).

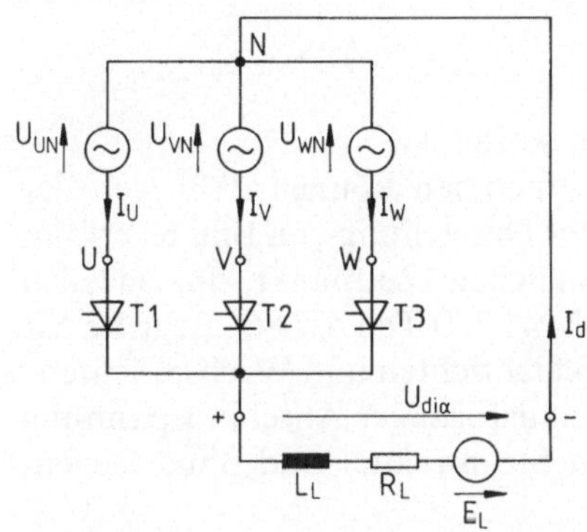

Bild 61. Ersatzschaltplan eines dreipulsigen Stromrichters nach der idealisierten Stromrichtertheorie

Die ideelle Gleichspannung

In Bild 63 ist der zeitliche Verlauf der charakteristischen Spannungen und Ströme des Stromrichters nach Bild 61 für den Steuerwinkel $\alpha = 0$ dargestellt. Bei $\alpha = 0$ führt jeweils der Thyristor mit dem auf den Sternpunkt N bezogenen höchsten positiven Anodenpotential den Gleichstrom I_d; der Stromrichter verhält sich so, als wäre er anstelle der Thyristoren mit Dioden bestückt.

Unter den vorstehenden Voraussetzungen führt der Thyristor T1 den Gleichstrom I_d im Zeitbereich $-\pi < \omega t < -\pi/3$, der Thyristor T2 im Zeitbereich $-\pi/3 < \omega t < +\pi/3$ und der Thyristor T3 im Zeitbereich $\pi/3 < \omega t < \pi$. Die Kommutierung des Gleichstromes I_d von einem Thyristor auf den Folgethyristor erfolgt unter den Voraussetzungen der idealisierten Stromrichtertheorie sprunghaft ohne Verzögerung. Der Stromflußwinkel der einzelnen Thyristoren ist $\omega t_F = 2\pi/3 = 120°$.

Die über die Thyristoren fließenden pulsförmigen Ströme I_U, I_V und I_W fließen gleichzeitig auch über die zugehörigen Spannungsquellen. Diese Ströme sind keine reinen Wechselströme; sie haben einen Gleichanteil in Höhe von $1/3\,I_d$, dem ein Wechselanteil überlagert ist. Da Wechsel- und Drehstromnetze nicht mit Gleichströmen belastet werden dürfen, ist bei Stromrichtern in Mittelpunktschaltung zwischen Netz und Stromrichtergerät ein Stromrichtertransformator zu schalten (Bild 62), in dessen netzseitigen Wicklungen dann Wechselströme fließen, die allerdings oberschwingungshaltig sind.

Der zeitliche Verlauf $u_{di}(\omega t)$ der Gleichspannung setzt sich aus 120°-Abschnitten der drei Sternspannungen zusammen. Die ideelle Gleichspannung U_{di} ist der Mittelwert der Stromrichterausgangsspannung bei Vollaussteuerung ($\alpha = 0$), sie ergibt sich zu

$$U_{di} = \frac{1}{2\pi} \int_{-\pi}^{+\pi} u_{di}(\omega t)\,d\omega t$$

$$= \sqrt{2}U_s \cdot \frac{3}{2\pi} \int_{-\frac{\pi}{3}}^{+\frac{\pi}{3}} \cos\omega t\,d\omega t$$

$$= \sqrt{2}U_s \frac{\sin\frac{\pi}{3}}{\frac{\pi}{3}} = \sqrt{\frac{3}{2}} \cdot \frac{3}{\pi} U_s = 1{,}17\,U_s, \tag{35}$$

wobei nach Gl. (33) $U_s = U_{UN} = U_{VN} = U_{WN}$ zu setzen ist.

Da Thyristoren Vorwärtssperrspannung aufnehmen können, läßt sich der Zeitpunkt der Stromübernahme verzögern. In der Darstellung von Bild 63 erfolgt die Stromübernahme jeweils zum frühestmöglichen Zeitpunkt, im ideellen natürlichen Zündzeitpunkt. Dieser ist nach DIN 41 750 Teil 4/7.86 „Begriffe für Stromrichter; Netzgeführte Stromrichter zum Gleichrichten und Wechselrichten" definiert als der natürliche Zündzeitpunkt bei sinusförmiger Anschlußspannung unter Vernachlässigung der Spannungsfälle im Stromrichter und ohne Gegenspannung im Gleichstromkreis.

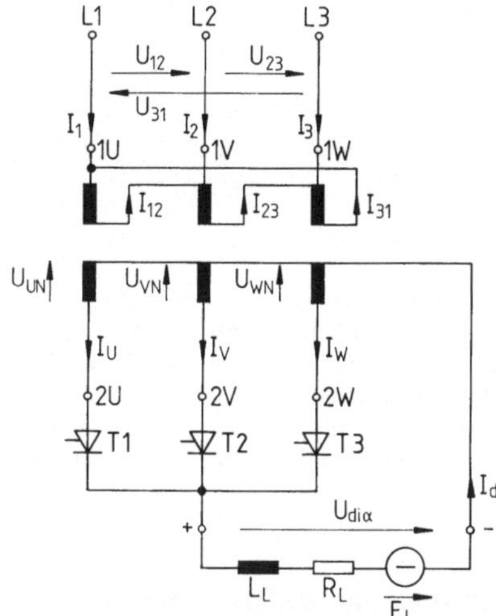

Bild 62. Schaltplan eines Stromrichters in Dreipuls-Mittelpunktschaltung mit Stromrichtertransformator in Schaltgruppe M 3/30

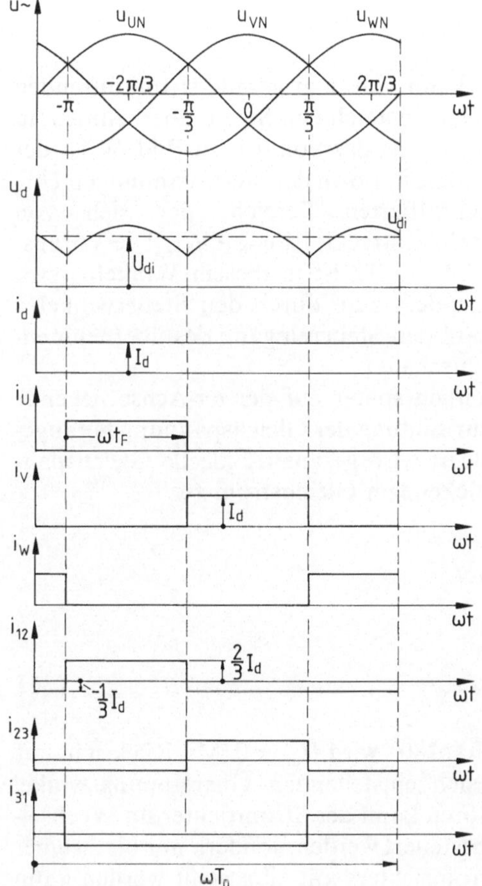

Bild 63. Zeitlicher Verlauf der charakteristischen Spannungen und Ströme beim Stromrichter nach den Bildern 61 und 62 für $\alpha = 0$. Beim Stromrichtertransformator nach Bild 62 sind für die netzseitigen u. die stromrichterseitigen Wicklungen gleiche Windungszahlen vorausgesetzt; der Magnetisierungsstrom wird vernachlässigt; $L_1/R_1 \gg T_n$

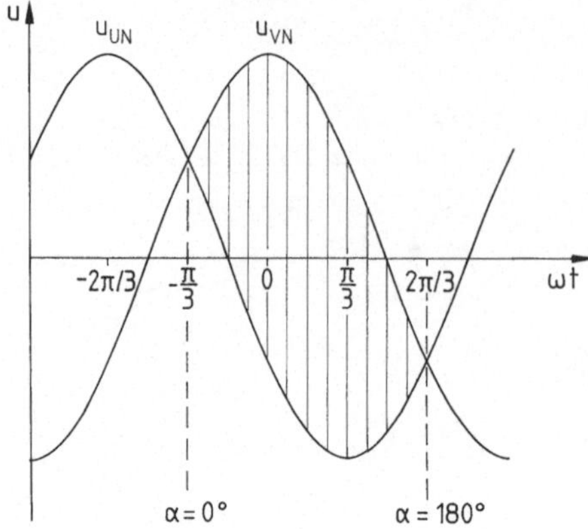

Bild 64. Steuerbereich für den Stromübergang von Ventil T1 auf Ventil T2 bei der Schaltung nach Bild 61. Unter den Voraussetzungen der idealisierten Stromrichtertheorie und bei Verwendung eines exakt arbeitenden Steuergerätes ist Steuerung im Bereich $0 \leqq \alpha < 180°$ möglich

Bei Zündung im ideellen natürlichen Zeitpunkt liegt Vollaussteuerung im Gleichrichterbetrieb vor. Der Steuerwinkel α wird auf diesen ideellen natürlichen Zeitpunkt bezogen, in der Darstellung von Bild 63 ist somit $\alpha = 0$.

Gesteuerter Gleich- und Wechselrichterbetrieb

Das Folgeventil, z.B. der Thyristor T2, kann von dem gerade stromführenden Ventil, z.B. dem Thyristor T1, in dem Winkelbereich den Strom übernehmen, in dem das Anodenpotential von T2 höher ist als das von T1. In Bild 64 ist der zeitliche Verlauf der bei der Anodenpotentiale in Form der Sternspannungen U_{UN} und U_{VN} aufgetragen. In dem schraffierten Bereich, der sich von $\alpha = 0°\,(\omega t = -\pi/3)$ bis $\alpha = 180°\,(\omega t = 2\pi/3)$ erstreckt, ist $u_{VN} \geqq u_{UN}$. Die Voraussetzung für eine Stromübernahme von T1 auf T2 ist in diesem Winkelbereich gegeben. Die Stromübernahme erfolgt, indem zum durch den Steuerwinkel α festgelegten Zeitpunkt ein Zündimpuls auf den Steuereingang des übernehmenden Thyristors, im Beispiel T2, diesen einschaltet.

Mit steigenden α-Werten werden zeitlich später auf der ωt-Achse liegende $120°$-Abschnitte der Sternspannungen zur Bildung der Gleichspannung herangezogen (Bild 65). Der Spannungsmittelwert wird gesteuerte ideelle Gleichspannung genannt, er ergibt sich bei nicht lückendem Gleichstrom zu

$$U_{di\alpha} = \sqrt{2}\,U_s \cdot \frac{3}{2\pi} \int\limits_{-\frac{\pi}{3}+\alpha}^{+\frac{\pi}{3}+\alpha} \cos\omega t \, d\omega t$$

$$= \sqrt{\frac{3}{2}} \cdot \frac{3}{\pi}\, U_s \cos\alpha = U_{di} \cdot \cos\alpha . \tag{36}$$

Bei $\alpha = 90°$ ist $U_{di\alpha} = 0$, im Bereich $90° < \alpha < 180°$ wird $U_{di\alpha} < 0$. Mit Rücksicht auf den bei einer realen Kommutierung sich einstellenden Überlappungswinkel und auf die Freiwerdezeit realer Thyristoren kann der Stromrichter im Wechselrichterbereich nicht bis auf $\alpha = 180°$ ausgesteuert werden, sondern nur bis zu einer Wechselrichtertrittgrenze α_w, die am Stromrichtergerät eingestellt werden kann

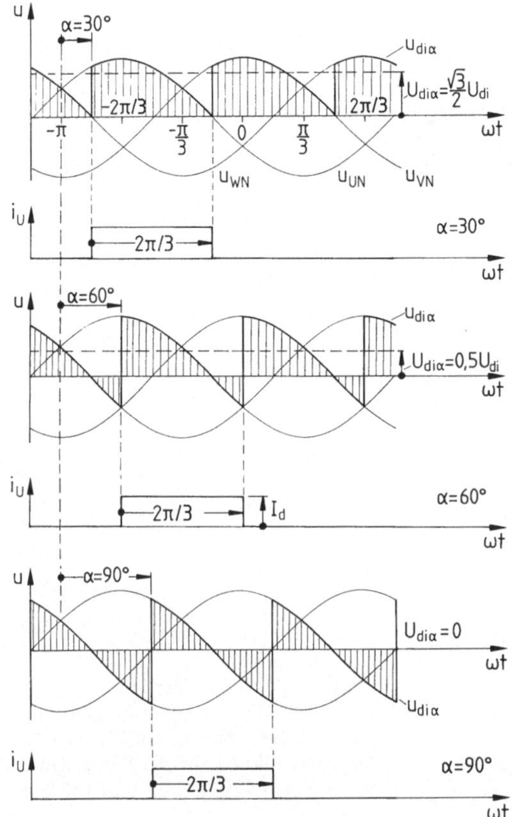

Bild 65. Zeitlicher Verlauf der charakteristischen Spannungen und des Zweigstromes I_U am Stromrichter nach Bild 61 für die Steuerwinkel α gleich 30°, 60° und 90°

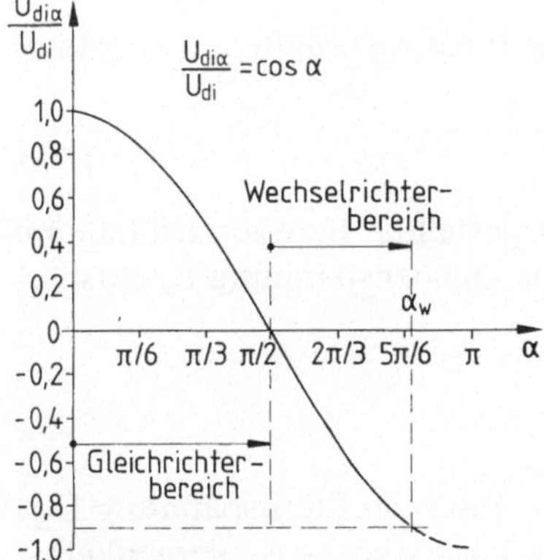

Bild 66. Steuerkennlinie eines vollgesteuerten Stromrichters bei nichtlückendem Gleichstrom.
$\alpha_w =$ Wechselrichtertrittgrenze

(Bild 66). Wenn die Gleichspannung ihr Vorzeichen umkehrt, so heißt das, daß der Stromrichter aus dem Gleichrichterbetrieb in den Wechselrichterbetrieb übergeht und damit Gleichstromenergie in Drehstromenergie umformt. Dazu muß eine Energiequelle auf der Gleichstromseite vorhanden sein. Das kann z.B. eine im Bremsbetrieb arbeitende Gleichstrom-Kommutatormaschine sein, deren innere Spannung dann der Quellenspannung E_L der Bilder 61 und 62 entspricht.

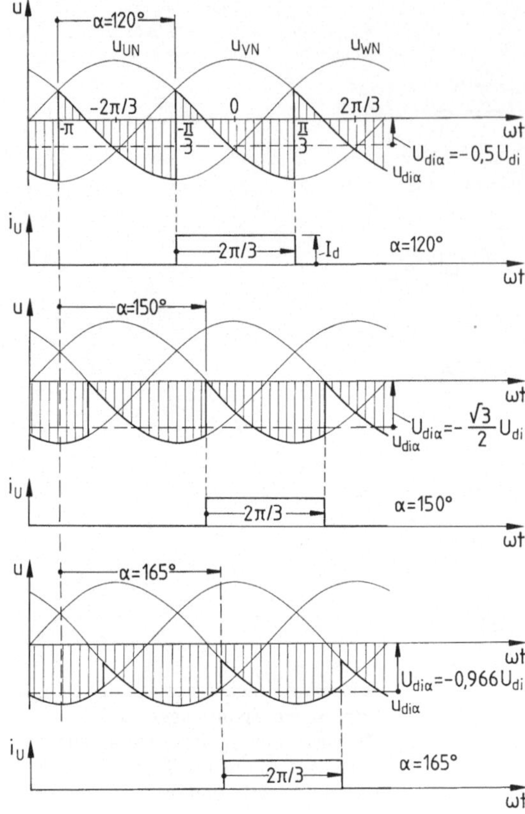

Bild 67. Zeitlicher Verlauf der charakteristischen Spannungen und des Zweigstromes I_U am Stromrichter nach Bild 61 für die Steuerwinkel α gleich 120°, 150° und 165°

Um den Strom I_d auch im Wechselrichterbetrieb aufrecht zu erhalten, muß immer die aus Bild 61 abzulesende Bedingung

$$U_{di\alpha} = E_L + R_L I_d \tag{37}$$

eingehalten werden. Sollen also die in Bild 67 dargestellten Betriebszustände im Wechselrichterbereich eingestellt werden, so ist die Quellenspannung E_L entsprechend der Beziehung

$$E_{L\alpha} = U_{di} \cdot \cos\alpha - I_d \cdot R_L$$

zu führen (Bild 68).

In den Bildern 63, 65 und 67 ist der zeitliche Verlauf der Sternspannung U_{UN} und der des zugehörigen Zweigstromes I_U bei unterschiedlichen Steuerwinkeln α zu sehen. Die Grundschwingung des Stromes I_U hat ihr Maximum in der Mitte des Strombalkens, in den o.a. Bildern also bei $\omega t = -2\pi/3 + \alpha$, während das Maximum der Spannung U_{UN} bei $\omega t = -2\pi/3$ liegt. Der Grundschwingungsverschiebungswinkel φ_1 zwischen Spannung und Strom entspricht damit dem Steuerwinkel, daraus folgt für den Grundschwingungs-Leistungsfaktor

$$\cos\varphi_1 = \cos\alpha. \tag{38}$$

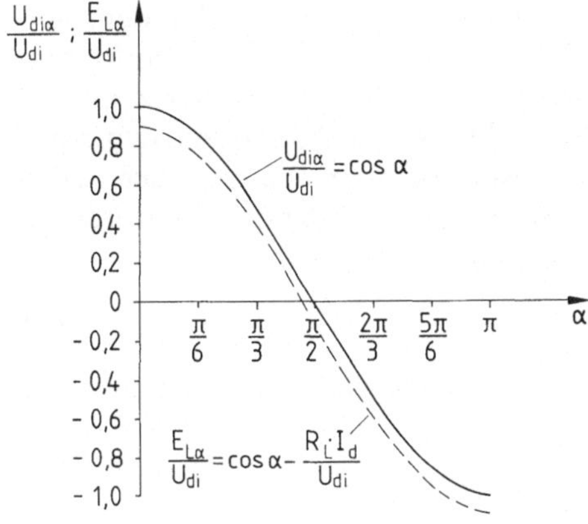

Bild 68. Steuerkennlinie $\dfrac{U_{di\alpha}}{U_{di}}$ eines vollgesteuerten Stromrichters und zugehörige Steuerkennlinie $\dfrac{E_{L\alpha}}{U_{di}}$ der Gleichspannungsquelle für $\dfrac{R_L \cdot I_d}{U_{di}} = 0{,}1$

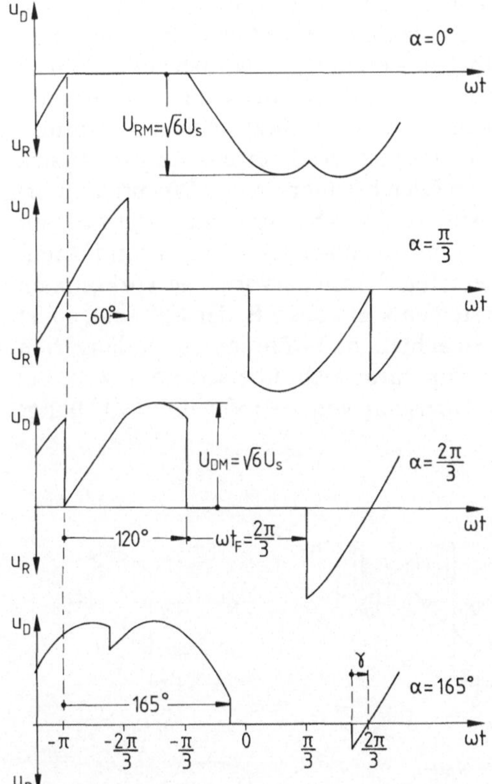

Bild 69. Zeitlicher Verlauf der Spannung am Thyristor T1 des Stromrichters nach Bild 61 für die Steuerwinkel α gleich 0°, 60°, 120° und 165°

Während des Stromflußwinkels ωt_F ist die Spannung an einem Stromrichterventil Null. Im Anschluß daran steht am Ventil Rückwärtssperrspannung U_R an. Bei $\alpha = 0$ übernimmt das Ventil den Strom wieder, sobald die Spannung U_R zu Null wird. Bei allen anderen Steuerwinkeln geht während der Sperrperiode die Rückwärtssperrspannung U_R in die Vorwärtssperrspannung U_D über (Bild 69).

Der zeitliche Verlauf der Sperrspannung ist durch die Differenz der Anodenspannung am betrachteten Ventil und der Anodenspannung des gerade stromführenden Ventils gegeben. Bei hoher Wechselrichteraussteuerung ist die Sperrspannung fast während der gesamten Sperrperiode positiv. Der Winkel γ, während dem noch negative Sperrspannung anliegt, wird als Löschwinkel bezeichnet. Bei realen Ventilen muß γ größer sein als der Mindestlöschwinkel γ_{min}, der der Freiwerdezeit entspricht. Die Maximalwerte der Sperrspannung ergeben sich zu

$$U_{RM} = U_{DM} = \sqrt{6} \cdot U_s = \sqrt{2} U_v , \tag{39}$$

wobei U_v die Außenleiterspannung oder Dreieckspannung am Eingang des Stromrichtergerätes ist.

Stromflußwinkel und Totzeit

Durch eine Änderung der digital oder analog vorgegebenen Steuergröße (s. Bild 10) kann der Steuerwinkel α verändert und über diesen die Gleichspannung $U_{di\alpha}$ gesteuert werden. Bild 70a zeigt den zeitlichen Verlauf $u_{di\alpha}(\omega t)$ bei einer stetigen Änderung des Steuerwinkels α von 150° auf 0°. Während des Umsteuervorgangs aus dem Wechselrichter- in den Gleichrichterbetrieb verkürzt sich der Stromflußwinkel, im Beispiel des Bildes 70 von 120° auf 90°. Andererseits vergrößert sich der Stromflußwinkel beim Umsteuern vom Gleichrichter- in den Wechselrichterbetrieb. Ein extremer Fall, die plötzliche Änderung des Steuerwinkels von $\alpha = 0$ auf $\alpha = 150°$ ist in Bild 70b dargestellt; der Stromflußwinkel des gerade stromführenden Ventils beträgt hier 270°. Wenn derartige Umsteuervorgänge vorkommen können, bei der Speisung von Magnetsystemen kann das z.B. der Fall sein, so ist bei der Auswahl der Thyristoren darauf zu achten, daß während der verlängerten Stromflußzeit die zulässige Sperrschichttemperatur nicht überschritten wird. Bei dem im Bild 70b folgenden sprunghaften Übergang von $\alpha = 150°$ auf $\alpha = 0°$ hängt

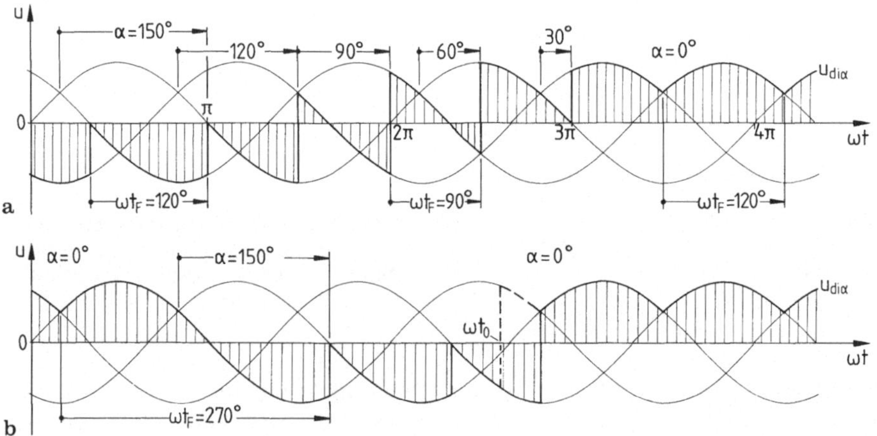

Bild 70. Zeitlicher Verlauf der ungeglätteten Gleichspannung $u_{di\alpha}(\omega t)$. **a** bei stetiger Änderung des Steuerwinkels α von 150° auf 0°; **b** bei sprunghafter Änderung des Steuerwinkels α von 0° auf 150° und zurück auf 0°

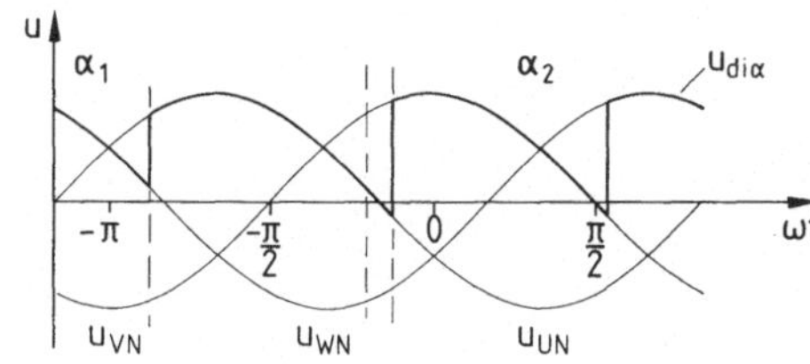

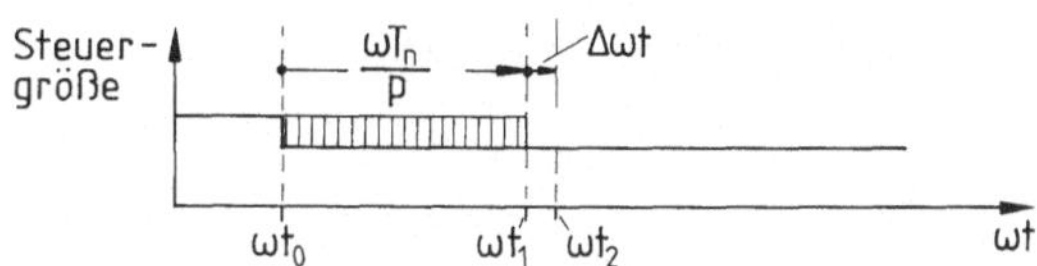

Bild 71. Zur Ermittlung der mittleren

Totzeit $t_\mathrm{T} = \dfrac{T_\mathrm{n}}{2p}$

es von der Art des Steuersatzes ab, ob sofort im Zeitpunkt der Änderung der Steuergröße (t_0 in Bild 70b) das Ventil mit dem höchsten Anodenpotential eingeschaltet (gestrichelter Verlauf) oder ob erst das darauf folgende Ventil bei $\alpha = 0$ gezündet wird (ausgezogener Verlauf).

Wird der Stromrichter als Leistungsverstärker in Regelkreisen betrachtet, so zeigt sich, daß die Gleichspannung einer Änderung der Steuergröße nicht sofort folgen kann. Der Steuereingriff kann erst nach Zündung des Folgeventils Auswirkungen auf der Gleichstromseite des Stromrichters haben.

Der Stromrichter nach Bild 61 arbeite im Zeitraum $t \leqq t_0$ mit einem Steuerwinkel α_1 (Bild 71). Während der Stromflußzeit des Thyristors T1 wird die Steuergröße sprunghaft in dem Sinne geändert, daß das Folgeventil T2 bei einem größeren Steuerwinkel α_2 eingeschaltet wird; das muß vor dem Zeitpunkt t_1 geschehen. Die Zündung von T2 erfolgt zur Zeit t_2. Erst jetzt stellt sich auf der Gleichstromseite der dem Steuerwinkel α_2 entsprechende Spannungsverlauf $u_\mathrm{di\alpha}(\omega t)$ ein. Es vergeht somit eine Totzeit t_T, ehe nach der Änderung der Steuergröße eine Änderung der Gleichspannung festzustellen ist. Wird die Steuergröße unmittelbar nach t_0 geändert, so ist die Totzeit mit

$$t_\mathrm{Tmax} = \frac{T_\mathrm{n}}{p} + \Delta t$$

am größten. Erfolgt der Steuervorgang dagegen unmittelbar vor dem Zeitpunkt t_1, so ergibt sich die kleinste Totzeit mit

$$t_\mathrm{Tmin} = \Delta t.$$

Ändert sich die Steuergröße oft, so werden sich die zugehörigen Zeitpunkte statistisch auf den Zeitraum $t_0 < t < t_1$ verteilen und es ergibt sich der Mittelwert

$$t_\mathrm{T} = \frac{1}{2}\left(t_\mathrm{Tmax} + t_\mathrm{Tmin}\right).$$

Wird nun noch der Mittelwert zwischen Auf- und Abwärtssprüngen im Steuerwinkel bei kleinen Änderungen des Steuerwinkels gebildet ($\Delta\alpha = \alpha_1 - \alpha_2 \to 0$), so

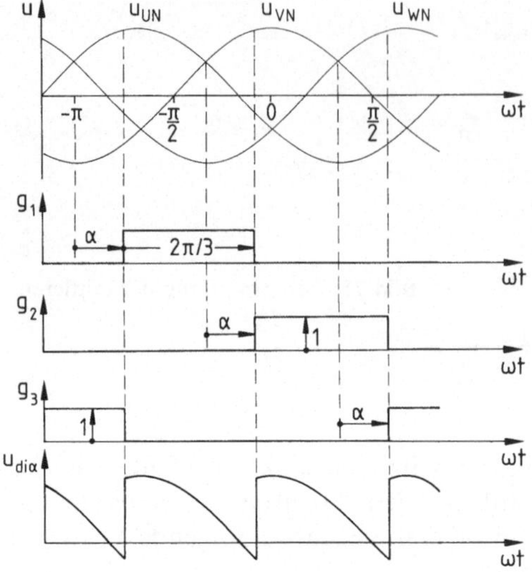

Bild 72. Zum Spannungsübertragungsverhalten der Dreipuls-Mittelpunktschaltung

ergibt sich die mittlere oder statistische Totzeit des Stromrichters zu

$$t_{\mathrm{T}} = \frac{T_{\mathrm{n}}}{2p},\qquad(40)$$

wobei p die Pulszahl des Stromrichters ist.

Spannungs- und Strom-Übertragungsverhalten

Dem Stromrichter, der aus Abschnitten der Drehspannung eine Gleichspannung bildet, kann ein Spannungsübertragungsverhalten zugeordnet werden. Der Verlauf der ungeglätteten Gleichspannung läßt sich durch

$$u_{\mathrm{di}\alpha} = u_{\mathrm{UN}} \cdot g_1 + u_{\mathrm{VN}} \cdot g_2 + u_{\mathrm{WN}} \cdot g_3 \qquad(41)$$

beschreiben. g_1, g_2 und g_3 sind Schaltfunktionen, die für die Dreipuls-Mittelpunktschaltung die Werte 0 oder 1 annehmen können; sie sind 0, wenn das entsprechende Ventil ausgeschaltet, 1, wenn es eingeschaltet ist (Bild 72).

Der aufgrund der Gleichspannung $U_{\mathrm{di}\alpha}$ fließende Gleichstrom I_{d} kann mittels der Stromschaltfunktionen s_1, s_2 und s_3 auf die Quellen der zugehörigen Spannungen U_{UN}, U_{VN} und U_{WN} aufgeteilt werden. Die Ströme ergeben sich zu

$$i_{\mathrm{U}} = i_{\mathrm{d}} \cdot s_1,\qquad(42.1)$$

$$i_{\mathrm{V}} = i_{\mathrm{d}} \cdot s_2 \qquad(42.2)$$

und

$$i_{\mathrm{W}} = i_{\mathrm{d}} \cdot s_3.\qquad(42.3)$$

Bei der Dreipuls-Mittelpunktschaltung ist

$$s_1 = g_1,\ s_2 = g_2 \quad \text{und} \quad s_3 = g_3.$$

Wie sich am Beispiel der Sechspuls-Brückenschaltung zeigen wird, ist diese Übereinstimmung eine Ausnahme. Sie kann nicht verallgemeinert werden.

8.1.1.2 Idealisierte Theorie der Sechspuls-Brückenschaltung

Die ideelle Gleichspannung

Der Stromrichter in Sechspuls-Brückenschaltung (Bild 73) kann als Reihenschaltung von zwei Dreipuls-Mittelpunktschaltungen aufgefaßt werden, wobei die Ventile der einen (T1, T3, T5), wie in Abschn. 8.1.1.1 beschrieben, ein gemeinsames Kathodenpotential haben, während bei der anderen die Anodenanschlüsse der Ventile (T2, T4, T6) verbunden sind. Bei voller Gleichrichteraussteuerung des Stromrichters $\alpha = 0$ hat das Spannungspotential der Plusklemme des Stromrichters gegenüber dem Sternpunkt N den von der Dreipuls-Mittelpunktschaltung her bekannten Verlauf, der in Bild 74 mit $u_{\mathrm{di1}}(\omega t)$ bezeichnet ist. Das Potential der Minusklemme folgt der negativen Hüllkurve um die Spannungen $u_{\mathrm{UN}}(\omega t)$, $u_{\mathrm{VN}}(\omega t)$ und $u_{\mathrm{WN}}(\omega t)$, es entspricht $u_{\mathrm{di2}}(\omega t)$. Die Gesamtgleichspannung $u_{\mathrm{di}}(\omega t)$ ergibt sich als Potentialdifferenz zwischen der Plusklemme und der Minusklemme oder, bei der in Bild 73 eingetragenen Zählpfeilrichtung, als

$$u_{\mathrm{di}}(\omega t) = u_{\mathrm{di1}}(\omega t) + u_{\mathrm{di2}}(\omega t). \tag{43}$$

Der Mittelwert U_{di} der ideellen Gleichspannung ergibt sich zu

$$U_{\mathrm{di}} = 2\,\frac{1}{2\pi} \int_{-\pi}^{+\pi} u_{\mathrm{di1}}(\omega t)\,\mathrm{d}\omega t$$

$$= \sqrt{2}\,U_{\mathrm{s}}\,\frac{3}{\pi} \int_{-\frac{\pi}{3}}^{+\frac{\pi}{3}} \cos\omega t\,\mathrm{d}\omega t = \sqrt{6}\,\frac{3}{\pi}\,U_{\mathrm{s}} = 2{,}339\,U_{\mathrm{s}}. \tag{44}$$

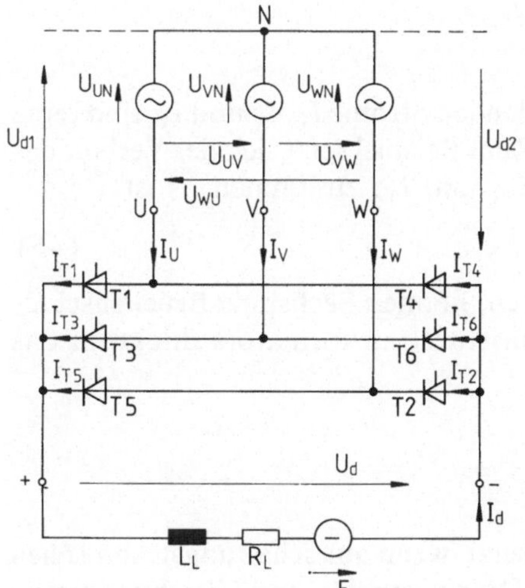

Bild 73. Grundschaltplan eines Stromrichters in Sechspuls-Brückenschaltung nach der idealisierten Stromrichtertheorie

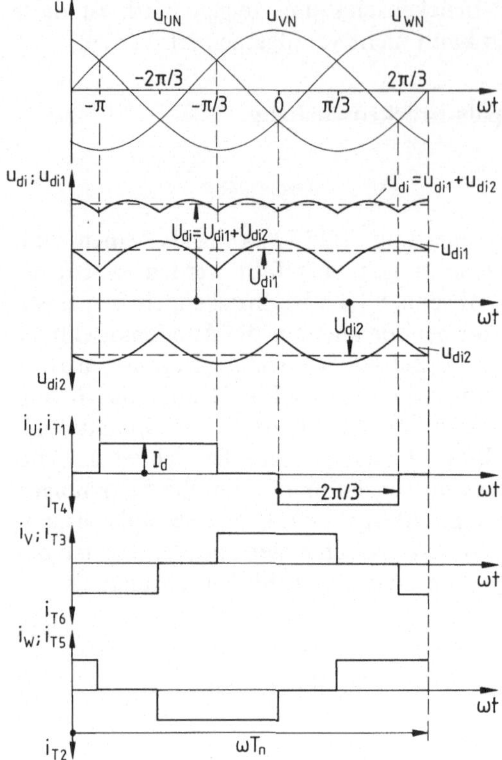

Bild 74. Zeitlicher Verlauf der charakteristischen Spannungen und Ströme eines Stromrichters in B6-Schaltung nach Bild 73 für $\alpha = 0$, $L_L/R_L \gg T_n$

Da als Spannung eines Drehstromnetzes die Außenleiter- oder Dreiecksspannung U_v angegeben wird, ist die Beziehung

$$U_{di} = \frac{\sqrt{18}}{\pi} U_v = 1{,}35\, U_v \qquad (45)$$

üblich, wobei $U_v = \sqrt{3}\,U_s$ ist.

Die über die Drehspannungsquellen fließenden Ströme I_U, I_V und I_W sind reine Wechselströme, wie aus Bild 74 ersichtlich. Zum Beispiel setzt sich der Verlauf des Stromes I_U aus den beiden Ventilströmen I_{T1} und I_{T4} zusammen, es ist

$$i_U(\omega t) = i_{T1}(\omega t) - i_{T4}(\omega t). \qquad (46)$$

Da I_U, I_V und I_W keine Gleichanteile erhalten, können Sechspuls-Brückenschaltungen ohne Zwischenschalten eines Stromrichtertransformators direkt an das Drehstromnetz angeschlossen werden.

Stromrichtertransformatoren

Stromrichtertransformatoren werden eingesetzt, wenn aus schaltungstechnischen Gründen eine Potentialtrennung zwischen Drehstromnetz und Gleichstromseite

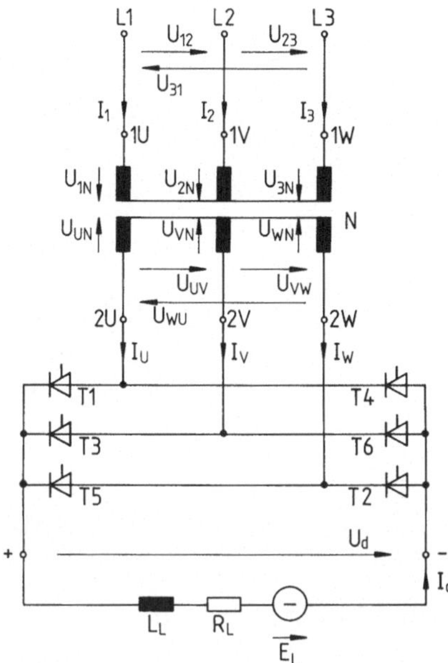

Bild 75. Schaltplan eines Stromrichters in Sechspuls-Brückenschaltung mit Stromrichtertransformator in Schaltgruppe B6/30

erforderlich ist, wenn die Drehspannung an die von dem zu speisenden Verbraucher geforderte ideelle Gleichspannung angepaßt werden muß oder wenn mit Rücksicht auf die Netzrückwirkungen (s. Abschn. 8.1.5) höherpulsige Stromrichterschaltungen verwirklicht werden müssen. Stromrichtertransformatoren für die Sechspuls-Brückenschaltung können sowohl netzseitig als auch stromrichterseitig in Dreieck oder in Stern geschaltet werden, so daß sich die in Tab. 2 aufgeführten vier möglichen Schaltungsvarianten ergeben.

Wird ein Stromrichtertransformator in Stern/Stern-Schaltung (Yy0) verwendet (Bild 75) und wird ein Spannungsübersetzungsverhältnis

$$\ddot{u}_{\mathrm{u}} = \frac{U_{1\mathrm{N}}}{U_{\mathrm{UN}}} = \frac{U_{2\mathrm{N}}}{U_{\mathrm{VN}}} = \frac{U_{3\mathrm{N}}}{U_{\mathrm{WN}}} = 1$$

vorausgesetzt, so sind, wenn der Magnetisierungsstrom vernachlässigt wird, die netzseitigen und die stromrichterseitigen Strangströme gleich. Mit den Bezeichnungen von Bild 75 ist

$$i_1(\omega t) = i_{\mathrm{U}}(\omega t),$$

$$i_2(\omega t) = i_{\mathrm{V}}(\omega t)$$

und

$$i_3(\omega t) = i_{\mathrm{W}}(\omega t).$$

Die Bauleistung S_{Bt} eines Stromrichtertransformators ist die halbierte Summe der netzseitigen Scheinleistung

$$S_{\mathrm{Bn}} = \sqrt{3}\,U_{\mathrm{L}} \cdot I_{\mathrm{L}} \tag{47}$$

$$(U_{\mathrm{L}} = U_{12} = U_{23} = U_{31}; \; I_{\mathrm{L}} = I_1 = I_2 = I_3)$$

und der stromrichterseitigen Scheinleistung

$$S_{Bs} = 3 U_s \cdot I_s \tag{48}$$

$$(U_s = U_{UN} = U_{VN} = U_{WN};\ I_s = I_U = I_V = I_W),$$

also

$$S_{Bt} = \frac{1}{2} (S_{Bn} + S_{Bs}). \tag{49}$$

Bei der Sechspuls-Brückenschaltung ist

$$S_{Bn} = S_{Bs} = S_{Bt}. \tag{50}$$

Aus Gl. (44) folgt

$$U_s = \frac{\pi}{3\sqrt{6}} U_{di}. \tag{51}$$

Der Effektivwert I_s eines Strangstromes nach Bild 74 ergibt sich zu

$$I_s = \sqrt{\frac{1}{2\pi} \int_0^{2\pi} i_s^2 (\omega t)\, d\omega t}$$

$$\sqrt{\frac{1}{2\pi} I_d^2 \frac{4\pi}{3}} = \sqrt{\frac{2}{3}} I_d. \tag{52}$$

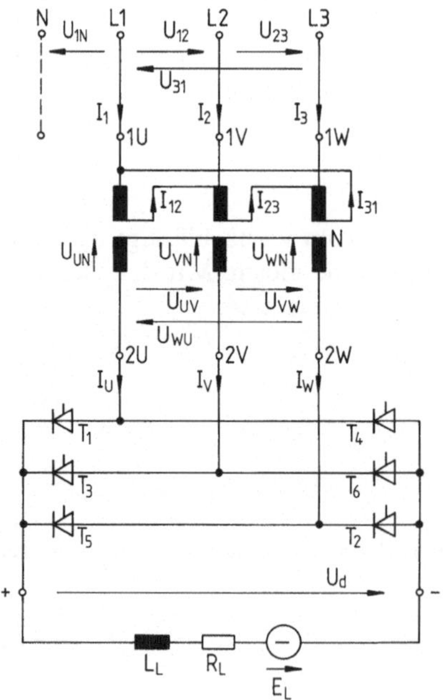

Bild 76. Schaltplan eines Stromrichters in Sechspuls-Brückenschaltung mit Stromrichtertransformator in Schaltgruppe B6/0

Werden Gl. (51) und Gl. (52) in Gl. (48) eingesetzt, so folgt unter Beachtung von Gl. (50)

$$S_{\mathrm{Bt}} = \frac{\pi}{3} P_{\mathrm{di}} = 1.05\, P_{\mathrm{di}}\,, \tag{53}$$

wobei

$$P_{\mathrm{di}} = U_{\mathrm{di}} \cdot I_{\mathrm{d}} \tag{54}$$

die ideelle Gleichleistung ist.

Wird eine der beiden Transformatorwicklungen in Stern und die andere in Dreieck geschaltet, so gehört der Stromrichter einer anderen Schaltgruppe (s. Tab. 2) an. Im Schaltplan des Bildes 76 ist der Stromrichtertransformator netzseitig im Dreieck und stromrichterseitig im Stern geschaltet.

In Bild 77 sind die Zeitzeigerdarstellungen der Spannungen bei den Stromrichterschaltungen nach den Bildern 75 und 76 mit den Transformatorschaltungen Yy0 und Dy5 gegenübergestellt. Die netzseitigen Leiterspannungen (Bild 77 oben) sind gleich, die stromrichterseitigen Spannungen sind bei einem Span-

Tabelle 2. Sechspuls-Brückenschaltungen mit Stromrichtertransformator

Schaltgruppe der Stromrichterschaltung nach DIN 41 761	Transformatorschaltung		Bezeichnung nach DIN VDE 0532 Teil 3
	Zeigerbild der Spannungen		
	Netzseite	Stromrichterseite	
B6/30	△	△	Dd 0
B6/30	⋏	⋏	Yy 0
B6/ 0	⋏	▷	Yd 5
B6/ 0	△	≺	Dy 5

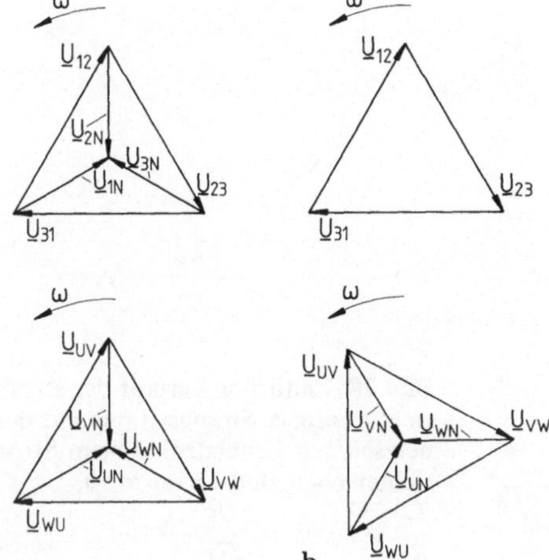

Bild 77. Zeitzeigerdarstellung der Dreieck- und der Sternspannungen für die Stromrichterschaltpläne nach den Bildern 75 und 76 bei einem Spannungsübersetzungsverhältnis von 1:1 . **a** Transformatorschaltgruppe Yy0; **b** Transformatorschaltgruppe Dy5

nungsübersetzungsverhältnis von 1:1 in beiden Fällen gleich groß (Bild 77 unten), die Spannungszeiger bei der Transformatorschaltung Dy5 (Bild 77b) eilen denen bei der Transformatorschaltung Yy0 (Bild 77a) jedoch um $\pi/6$ vor.

In Bild 78 ist vorausgesetzt, daß die netzseitige Sternspannung U_{1N} des Stromrichters nach Bild 76 die gleiche Phasenlage hat wie beim Stromrichter nach Bild 75 bzw. wie die Sternspannung U_{UN} nach Bild 73. Die Spannung U_{UN} von Bild 78 eilt damit der von Bild 74 um $\pi/6$ vor. Die Kurvenform der stromrichterseitigen Strangströme I_U, I_V und I_W ist in den Bildern 74 und 78 gleich, für den Stromrichter nach Bild 76 ergibt sich jedoch eine andere Kurvenform des netzseitigen Leiterstromes. Bei einem Spannungs-Übersetzungsverhältnis von 1:1, wie es der Darstellung von Bild 78 zugrundeliegt, beträgt das Windungszahlverhältnis

$$\frac{w_n}{w_s} = \sqrt{3}\,.$$

Für den zeitlichen Verlauf der netzseitigen Leiterströme folgt damit

$$i_1(\omega t) = \frac{1}{\sqrt{3}}\left(i_U(\omega t) - i_W(\omega t)\right), \qquad (55.1)$$

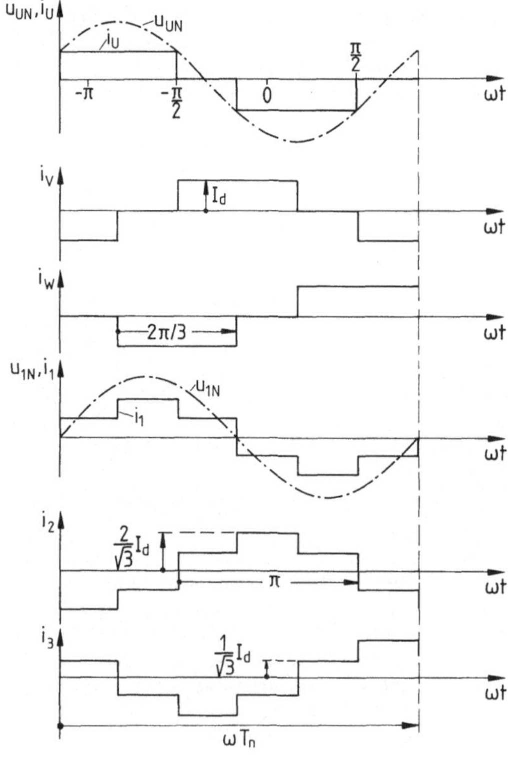

Bild 78. Zeitlicher Verlauf der stromrichterseitigen Strangströme und der netzseitigen Leiterströme beim Stromrichter nach Bild 76 für $\alpha = 0$,

$$\frac{L_L}{R_L} \gg T_n, \quad \ddot{u}_u = \frac{U_L}{\sqrt{3}\,U_s} = 1$$

$$i_2(\omega t) = \frac{1}{\sqrt{3}}\left(i_V(\omega t) - i_U(\omega t)\right) \tag{55.2}$$

und

$$i_3(\omega t) = \frac{1}{\sqrt{3}}\left(i_W(\omega t) - i_V(\omega t)\right). \tag{55.3}$$

Wie aus Bild 78 zu ersehen ist, weicht die Kurvenform der netzseitigen Leiterströme von der der stromrichterseitigen Strangströme ab. Die Grundschwingung der netzseitigen Leiterströme liegt bei Vollaussteuerung mit den zugehörigen Sternspannungen in Phase.

Der Effektivwert I_L der netzseitigen Leiterströme ergibt sich auch hier zu

$$I_L = \frac{1}{\ddot{u}_u} I_s = \frac{1}{\ddot{u}_u}\sqrt{\frac{2}{3}}\, I_d\,, \tag{56}$$

d.h. daß die Bauleistung des Stromrichtertransformators für alle vier Schaltungsvarianten nach Tabelle 2 gleich groß und damit unabhängig von der gewählten Schaltgruppe des Transformators ist.

Gesteuerter Gleich- und Wechselrichterbetrieb

Da sich die Sechspuls-Brückenschaltung als Reihenschaltung zweier Dreipuls-Mittelpunktschaltungen auffassen läßt, gelten auch hier die gleichen Steuergesetze. Auch bei der Sechspuls-Brückenschaltung wird die Abhängigkeit des Gleichspannungsmittelwertes $U_{di\alpha}$ vom Steuerwinkel α bei nicht lückendem Gleichstrom durch die Funktion

$$U_{di\alpha} = U_{di} \cdot \cos\alpha$$

beschrieben. In Bild 79 ist für die Steuerwinkel α gleich $\pi/4$, $\pi/2$, und $3\pi/4$ der zeitliche Verlauf der Teilgleichspannungen $u_{di1\alpha}(\omega t)$ und $u_{di2\alpha}(\omega t)$ sowie der Gesamtgleichspannung

$$u_{di\alpha}(\omega t) = u_{di1\alpha}(\omega t) + u_{di2\alpha}(\omega t)$$

aufgetragen. Während sich die Teilspannungen $u_{di1\alpha}(\omega t)$ und $u_{di2\alpha}(\omega t)$ aus $120°$-Abschnitten der Sternspannungen $u_{UN}(\omega t)$, $u_{VN}(\omega t)$ und $u_{WN}(\omega t)$ zusammensetzen, folgt der Verlauf von $u_{di\alpha}(\omega t)$ $60°$-Abschnitten der Dreieckspannungen $u_{UV}(\omega t)$, $u_{VU}(\omega t)$, $u_{VW}(\omega t)$, $u_{WV}(\omega t)$, $u_{WU}(\omega t)$ und $u_{UW}(\omega t)$, wobei

$$u_{UV}(\omega t) = -u_{VU}(\omega t),$$

$$u_{VW}(\omega t) = -u_{WV}(\omega t)$$

und

$$u_{WU}(\omega t) = -u_{UW}(\omega t)$$

ist.

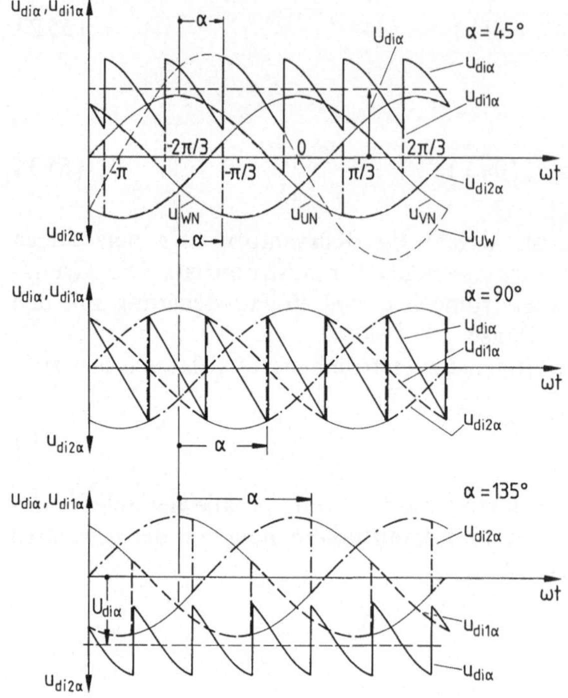

Bild 79. Zeitlicher Verlauf der ungeglätteten Gleichspannung $U_{di\alpha}$ und der Teilspannungen $U_{di1\alpha}$ und $U_{di2\alpha}$ für die Steuerwinkel α gleich $45°$, $90°$ und $135°$. $---u_{di1\alpha}(\omega t)$; $-\cdot-\cdot-u_{di2\alpha}(\omega t)$; $\underline{\qquad}u_{di\alpha}(\omega t)$

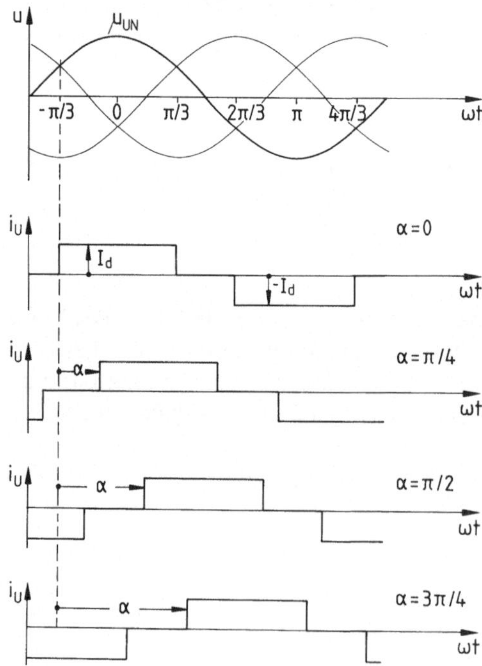

Bild 80. Zeitlicher Verlauf des Stromes I_U in Zuordnung zu dem der Spannung U_{UN} für die Steuerwinkel α gleich 0, $\pi/4$, $\pi/2$ und $3\pi/4$

Aus Bild 80 geht hervor, wie sich die Grundschwingung des Stromes I_U gegenüber der Schwingung der Sternspannung U_{UN} mit steigendem Steuerwinkel α in Richtungen der ωt-Achse verschiebt. Auch hier gilt für den Grundschwingungs-Leistungsfaktor Gl. (38), nach der

$$\cos\varphi_1 = \cos\alpha$$

ist.

Auch das Spannungs- und das Strom-Übertragungsverhalten der Sechspuls-Brückenschaltung kann mit Hilfe von Schaltfunktionen beschrieben werden. Der Verlauf $u_{di\alpha}(\omega t)$ der Gleichspannung setzt sich, wie schon bei der Diskussion von Bild 79 erwähnt, aus 60°-Abschnitten des Verlaufs der Dreieckspannungen zusammen. Aus jeder der drei Dreieckspannungen U_{UV}, U_{VW} und U_{WU} (s. Bild 81 oben) werden zwei um 180° versetzte 60°-Abschnitte zur Gleichspannungsbildung herangezogen, wovon der eine jedoch noch in seiner Polarität umgekehrt werden muß, was sich formal durch die Multiplikation mit -1 erreichen läßt. Über den Steuerwinkel α wird die Lage der Ausschnitte aus den Sinusschwingungen festgelegt und damit der Mittelwert $U_{di\alpha}$ der Gleichspannung bestimmt. Systemtechnisch kann das Spannungs-Übertragungsverhalten der Sechspuls-Brückenschaltung mittels der Schaltfunktionen $g_1(\omega t)$, $g_2(\omega t)$ und $g_3(\omega t)$, die den Dreieckspannungen U_{UV}, U_{VW} und U_{WU} zugeordnet sind, beschrieben werden. Die Schaltfunktionen können die Werte $+1$, 0 und -1 annehmen (Bild 81 Mitte). Der zeitliche Verlauf der Gleichspannung $U_{di\alpha}$ ergibt sich damit zu

$$u_{di\alpha} = u_{UV} \cdot g_1 + u_{VW} \cdot g_2 + u_{WU} \cdot g_3 . \tag{57}$$

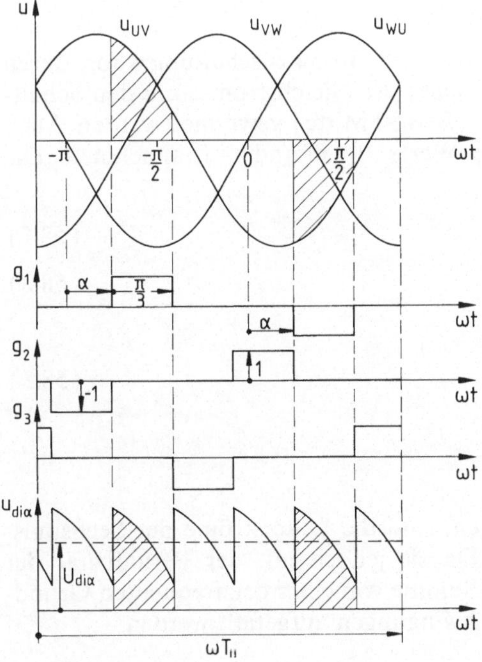

Bild 81. Zum Spannungs-Übertragungsverhalten der Sechspuls-Brückenschaltung ($\alpha = 45°$)

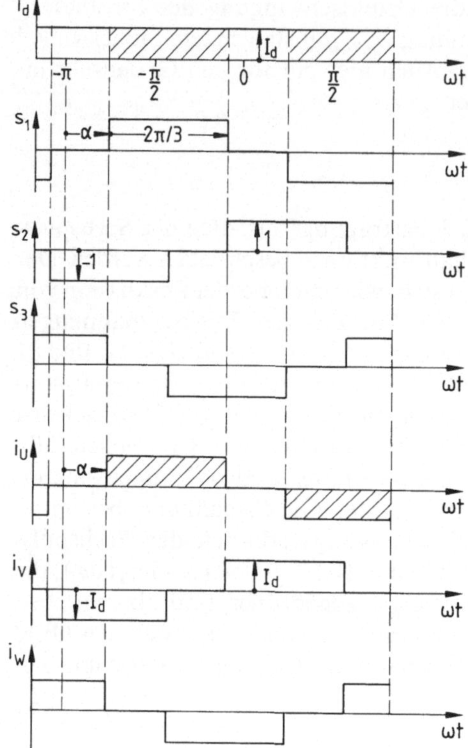

Bild 82. Zum Strom-Übertragungsverhalten der Sechspuls-Brückenschaltung

Das Stromübertragungsverhalten der Sechspuls-Brückenschaltung kann durch Multiplikation des zeitlichen Verlaufs $i_d(\omega t)$ des Gleichstromes mit den Schaltfunktionen $s_1(\omega t)$, $s_2(\omega t)$ und $s_3(\omega t)$ (Bild 82 Mitte) gewonnen werden. Auch hier können die Schaltfunktionen die Werte $+1,0$ und -1 annehmen. Die Strangströme ergeben sich zu

$$i_U = i_d \cdot s_1, \tag{58.1}$$

$$i_V = i_d \cdot s_2 \tag{58.2}$$

und

$$i_W = i_d \cdot s_3 . \tag{58.3}$$

Der netzseitige Leiterstrom

Wie die Bilder 74, 78, 80 und 82 zeigen, sind die Leiterströme der Sechspuls-Brückenschaltung nicht sinusförmig. Da sie jedoch mit der Periodizität der Netzfrequenz auftreten, können sie als Summe von einer netzfrequenten Grundschwingung mit dazugehörigen Oberschwingungen aufgefaßt werden.

Nach den Regeln der harmonischen Analyse kann der zeitliche Verlauf eines periodischen Leiterstromes I_L durch die Funktion

$$i_L(\omega t) = A_0 + \sum_{v=1}^{\infty} A_v \cos v\omega t + \sum_{v=1}^{\infty} B_v \sin v\omega t \tag{59}$$

beschrieben werden, wobei v den Wert aller positiven ganzen Zahlen annehmen kann ($v = 1, 2, 3, \ldots$). Da der Leiterstrom ein reiner Wechselstrom ist, kann das Gleichglied $A_0 = 0$ gesetzt werden. Die Koeffizienten A_v und B_v können zu

$$A_v = \frac{1}{\pi} \int_0^{2\pi} i_L(\omega t) \cos v\omega t \, d\omega t \tag{60.1}$$

und

$$B_v = \frac{1}{\pi} \int_0^{2\pi} i_L(\omega t) \sin v\omega t \, d\omega t \tag{60.2}$$

errechnet werden. Die Amplitude der v-ten Oberschwingung ergibt sich zu

$$C_v = \sqrt{A_v^2 + B_v^2} \,, \tag{61}$$

ihr Effektivwert ist

$$I_{vL} = \frac{C_v}{\sqrt{2}} \,. \tag{62}$$

Weil sich die Kurvenform des Leiterstromes in Abhängigkeit vom Steuerwinkel α voraussetzungsgemäß nicht ändert, bleibt das Verhältnis I_{vL}/I_{1L} unabhängig von der Aussteuerung des Stromrichters erhalten.

Die Auswertung der Gleichungen (60.1) und (60.2) zeigt, daß die Koeffizienten A_v und B_v für alle geradzahligen und alle durch drei teilbaren Zahlen zu Null werden, daß somit nur Oberschwingungen der Ordnungszahlen

$$v = n \cdot 6 \pm 1$$

mit $n = 1, 2, 3, \ldots$ auftreten können. Diese Aussage läßt sich verallgemeinern zu der Regel: Im stationären Betrieb treten in einem netzgeführten Stromrichter mit der Pulszahl p nach der idealisierten Stromrichtertheorie nur Oberschwingungen mit den Ordnungszahlen

$$v = n \cdot p \pm 1 \tag{63}$$

auf, wobei sich der Effektivwert der Oberschwingung bezogen auf den Effektivwert der Grundschwingung zu

$$I_{vL} = \frac{1}{v} I_{1L} \tag{64}$$

ergibt (Bild 83). Bei der Sechspuls-Brückenschaltung ist

$$I_{1L} = \frac{\sqrt{6}}{\pi} I_d = 0{,}78 \, I_d \,. \tag{65}$$

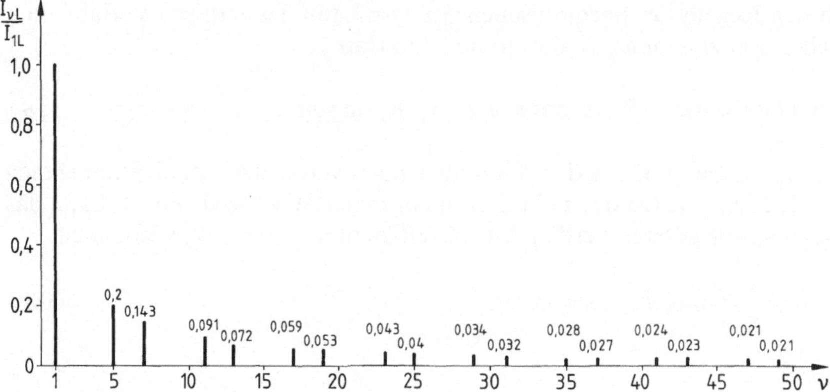

Bild 83. Oberschwingungsspektrum des Netzstromes eines sechspulsigen Stromrichters nach der idealisierten Stromrichtertheorie $(L_\mathrm{L}/R_\mathrm{L} \gg T_\mathrm{n})$

Der Grundschwingungsgehalt des Leiterstromes ist definiert als

$$g_\mathrm{i} = \frac{I_{1\mathrm{L}}}{I_\mathrm{L}} \,. \tag{66}$$

Mit den Gleichungen (52) und (66) folgt für die Sechspuls-Brückenschaltung

$$g_\mathrm{i} = \frac{3}{\pi} = 0{,}95 \,.$$

Der Klirrfaktor des Leiterstromes, ein Maß für den Oberschwingungsgehalt, ist definitionsgemäß (s. DIN 40 110/10.75 „Wechselstromgrößen")

$$k_\mathrm{i} = \frac{\sqrt{\sum\limits_{\nu=2}^{\infty} I_{\nu\mathrm{L}}^2}}{I_\mathrm{L}} \,, \tag{67}$$

woraus

$$g_\mathrm{i}^2 + k_\mathrm{i}^2 = 1 \tag{68}$$

folgt.

In den Bildern 84a – d wird gezeigt, wie die Funktion $i_\mathrm{L}(\omega t)$ durch die Summe der Teilströme $\sum\limits_{\nu=1}^{n} i_{\nu\mathrm{L}}$ angenähert werden kann und daß die Annäherung mit steigendem n besser wird. Für $n \to \infty$ werden die Funktionen identisch:

$$i_\mathrm{L}(\omega t) = \sum\limits_{\nu=1}^{\infty} i_{\nu\mathrm{L}}(\omega t) \,. \tag{69}$$

Die ungeglättete Gleichspannung

Aus den Blildern 74, 79, und 81 ist zu ersehen, daß in der ungeglätteten Gleichspannung dem Spannungsmittelwert $U_{\mathrm{di}\alpha}$ eine Wechselspannung überla-

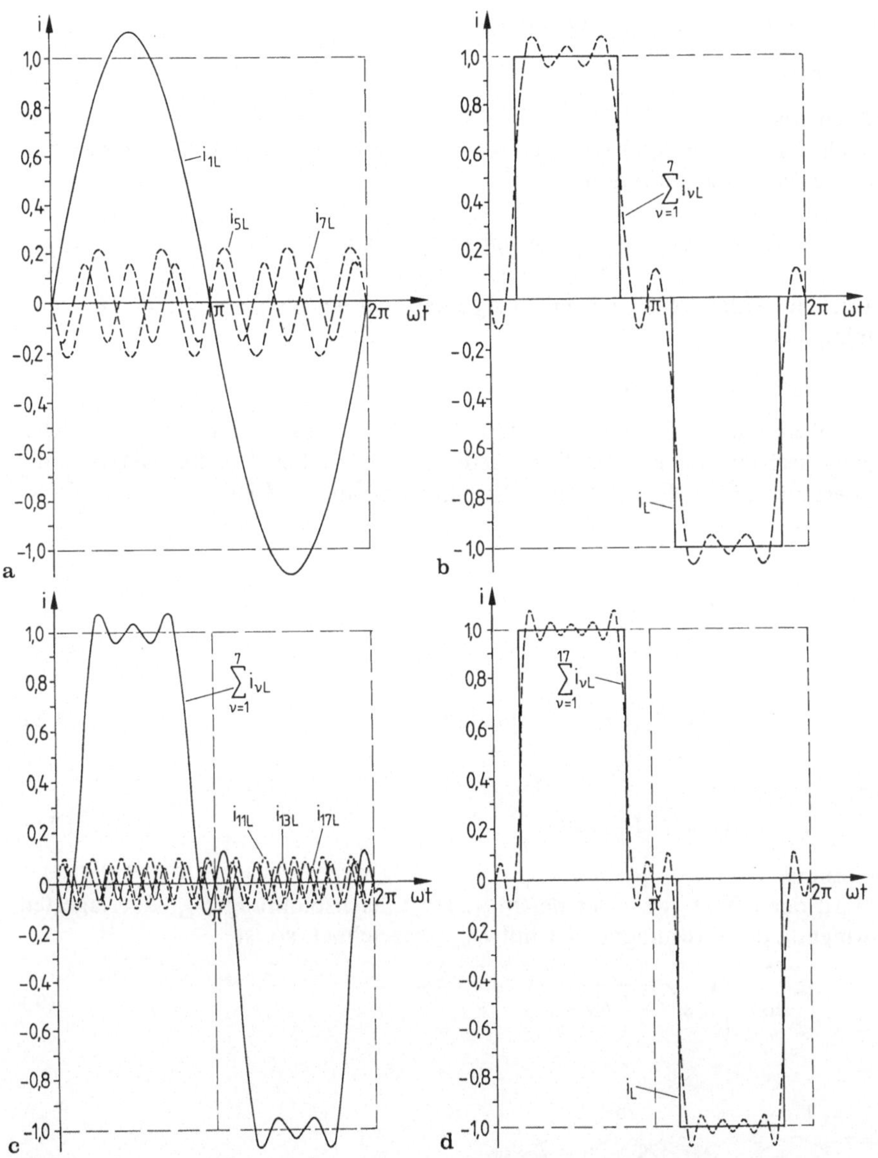

Bild 84. Der Leiterstrom I_L und seine Teilschwingungen I_{vL} im Bereich $1 \leqq v \leqq 17$

gert ist, die sich in ihrem zeitlichen Verlauf während einer Schwingung der Netzspannung sechsmal wiederholt. Die Grundschwingung dieser überlagerten Wechselspannung hat also die sechsfache Frequenz der Netzspannung. Allgemein läßt sich formulieren, daß dem Gleichspannungsmittelwert $U_{di\alpha}$ eines p-pulsigen Stromrichters Wechselspannungen mit $n \cdot p$-facher Netzfrequenz überlagert sind ($n = 1, 2, 3, \dots$). Es ist üblich, die Frequenzen der überlagerten Wechselspannungen auf die Netzfrequenz zu beziehen und zu schreiben, daß in der Gleichspannung Wechselanteile mit den Ordnungszahlen

$$v = n \cdot p \tag{70}$$

enthalten sind.

Nach den Regeln der harmonischen Analyse kann die ungeglättete Gleichspannung durch die Funktion

$$u_{\mathrm{di}\alpha}(\omega t) = A_0 + \sum_{v=1}^{\infty} A_v \cos v\omega t + \sum_{v=1}^{\infty} B_v \sin v\omega t \tag{71}$$

beschrieben werden. Das Gleichglied A_0 entspricht der mittleren ideellen Gleichspannung also

$$A_0 = U_{\mathrm{di}\alpha} = U_{\mathrm{di}} \cdot \cos \alpha. \tag{72}$$

Bei der Bestimmung der Koeffizienten A_v und B_v braucht, da sich der gleiche Vorgang sechsmal je Netzperiode wiederholt, nur über 1/6 der Netzperiode integriert zu werden. Es folgt unter Bezugnahme auf Bild 85

$$A_v = \frac{6}{\pi} \int_{-\frac{\pi}{6}+\alpha}^{+\frac{\pi}{6}+\alpha} u_{\mathrm{di}\alpha}(\omega t) \cdot \cos v\omega t \, \mathrm{d}\omega t \tag{73.1}$$

und

$$B_v = \frac{6}{\pi} \int_{-\frac{\pi}{6}+\alpha}^{+\frac{\pi}{6}+\alpha} u_{\mathrm{di}\alpha}(\omega t) \cdot \sin v\omega t \, \mathrm{d}\omega t, \tag{73.2}$$

wobei

$$u_{\mathrm{di}\alpha}(\omega t) = \sqrt{2} \cdot U_v \cos \omega t \tag{74}$$

zu setzen ist.

Wird der Effektivwert der der mittleren Gleichspannung $U_{\mathrm{di}\alpha}$ überlagerten Schwingung der Ordnungszahl v mit $U_{v\mathrm{di}\alpha}$ bezeichnet, so ist

$$U_{v\mathrm{di}\alpha} = \frac{1}{\sqrt{2}} \sqrt{A_v^2 + B_v^2}. \tag{75}$$

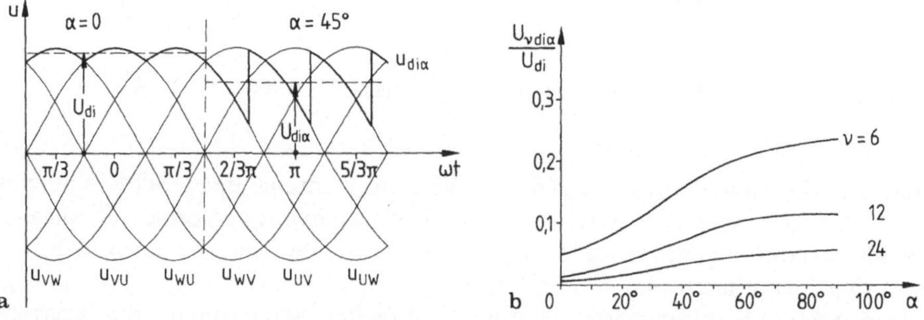

Bild 85. Ermittlung der Effektivwerte der Wechselspannungen $U_{v\mathrm{di}\alpha}$ in der ungeglätteten Gleichspannung. **a** Zeitlicher Verlauf von $U_{\mathrm{di}\alpha}$; **b** $U_{v\mathrm{di}\alpha}$ als Funktion des Steuerwinkels α

Aus den Gl. (72), (73), (74) und (75) ergibt sich

$$\frac{U_{\mathrm{vdi\alpha}}}{U_{\mathrm{di}}} = \frac{\sqrt{2}}{v^2-1}\sqrt{v^2-(v^2-1)\cos^2\alpha}. \tag{76}$$

Aus Gl. 76 geht hervor, daß die Funktionen $U_{\mathrm{vdi\alpha}}$ alle bei $\alpha=90°$ ihr Maximum haben, während die Minima bei $\alpha=0$ und $\alpha=180°$ liegen. Setzt man die Funktionswerte (s. auch Bild 85b) für $\alpha=0$ und $\alpha=90°$ zueinander ins Verhältnis, so ist

$$\frac{U_{\mathrm{vdi0}}}{U_{\mathrm{vdi90°}}} = \frac{1}{v}. \tag{77}$$

Der Wechselspannungsgehalt einer Gleichspannung kann durch die Welligkeit

$$w_{\mathrm{u\alpha}} = \frac{\sqrt{\sum_{v=1}^{\infty} U_{\mathrm{vdi\alpha}}^2}}{U_{\mathrm{di\alpha}}} \tag{78}$$

ausgedrückt werden, wobei die Frequenz der Wechselspannungen allerdings nicht bewertet wird. Die Welligkeit der Spannung $U_{\mathrm{di\alpha}}$ eines p-pulsigen Stromrichters wird in guter Näherung durch die Wechselspannung der Ordnungszahl $v=p$ bestimmt, während die Spannungen höherer Frequenz nur einen unbedeutenden Anteil liefern:

$$w_{\mathrm{u\alpha}} \approx \frac{U_{\mathrm{pdi\alpha}}}{U_{\mathrm{di\alpha}}}.$$

Für $\alpha=0$ und $p=6$ ist z.B.

$$\frac{U_{\mathrm{6di0}}}{U_{\mathrm{di}}} = 0{,}0404,$$

während die korrekte Welligkeit, bei der alle höherfrequenten Anteile mit berücksichtigt sind, mit

$$w_{\mathrm{u\alpha}} = 0{,}042$$

nur unwesentlich (um ca. 4 %) größer ist.

Der Lückbetrieb

Bisher wurde die Arbeitsweise der Sechspuls-Brückenschaltung nach Bild 73 unter der Voraussetzung eines sehr gut geglätteten Gleichstromes untersucht. Diese Voraussetzung ist eine Idealisierung, die in der Praxis meist nicht erfüllt ist. Bei einer Glättungsinduktivität L_{L} endlicher Größe wird sich aufgrund der vorstehend erörterten Welligkeit der Gleichspannung auch ein dem Gleichstrommittelwert I_{d} überlagerter Wechselstrom einstellen. Wird der Stromrichter als Stellglied in Regelkreisen eingesetzt, so ist eine sehr große Glättungsinduktivität, die die Regeldynamik herabsetzen würde, nicht erwünscht. Die Welligkeit des Gleichstromes kann bei kleinen Werten von I_{d} zum Lückbetrieb führen. Im Lückbetrieb

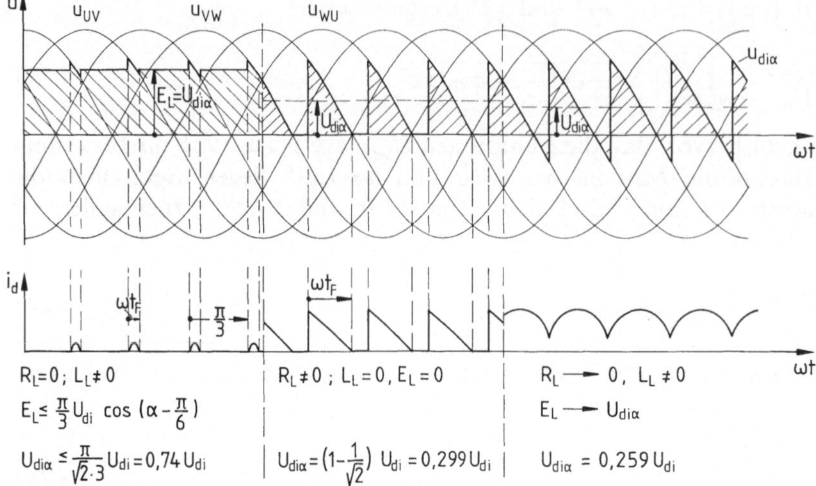

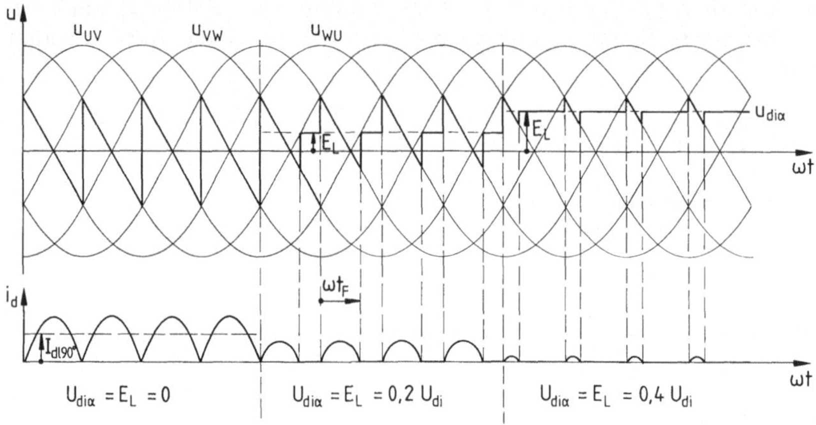

Bild 86. Arbeitsweise der Sechspuls-Brückenschaltung bei dem Steuerwinkel $\alpha=75°$ und unterschiedlichen Daten des Lastkreises

Bild 87. Arbeitsweise der Sechspuls-Brückenschaltung bei dem Steuerwinkel $\alpha=90°$ und unterschiedlichen Gegenspannungen. $R_{\mathrm{L}}=0$; $L_{\mathrm{L}}\neq0$

fließt der Gleichstrom I_{d} nicht kontinuierlich, sondern er besteht aus periodischen Stromimpulsen, zwischen denen $i_{\mathrm{d}}=0$ ist (Bilder 86,87).

Aus Bild 86 kann entnommen werden, daß der Mittelwert $U_{\mathrm{di\alpha}}$ der Gleichspannung bei einem konstanten Steuerwinkel $\alpha=75°$ je nach Belastungsart des Stromrichters Werte im Bereich

$$\cos\alpha=0{,}259\leqq\frac{U_{\mathrm{di\alpha}}}{U_{\mathrm{di}}}\leqq\cos\left(\alpha-\frac{\pi}{6}\right)=0{,}74$$

annehmen kann. Bild 86 links zeigt einen Fall, wie er sich ähnlich bei einer leerlaufenden Gleichstrom-Kommutatormaschine mit vernachlässigbarem An-

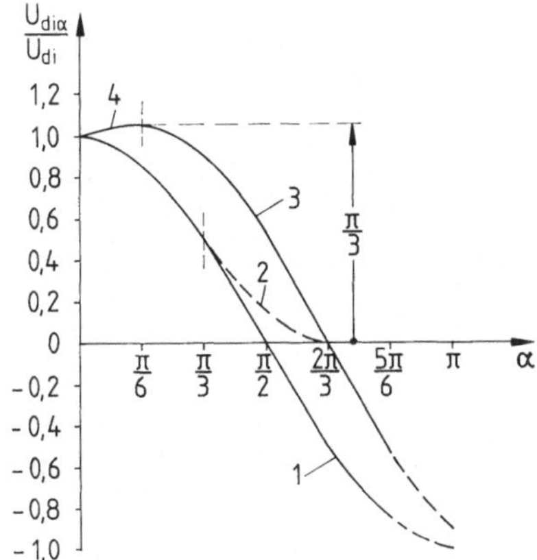

Bild 88. Steuerkennlinien der Sechspuls-Brückenschaltung für unterschiedliche Daten des Lastkreises. 1) Nichtlückender Betrieb bei $L_L \neq 0$, $E_L \neq 0$: $\dfrac{U_{di\alpha}}{U_{di}} = \cos \alpha$. 2) Lückbetrieb bei $R_L \neq 0$,

$L_L = 0$, $E_L = 0$: $\dfrac{U_{di\alpha}}{U_{di}} = 1 + \dfrac{1}{2}\cos\alpha - \dfrac{\sqrt{3}}{2}\sin\alpha$; 3) Lückbetrieb bei $R_L = 0$, $L_L \neq 0$, $E_L \neq 0$, $I_d \to 0$:

$\dfrac{U_{di\alpha}}{U_{di}} = \dfrac{\pi}{3}\cos\left(\alpha - \dfrac{\pi}{6}\right)$; 4) Lückbetrieb bei $R_L \neq 0$, $L_L = 0$, $E_L = \dfrac{\pi}{3} U_{di}\cos\left(\dfrac{\pi}{6} - \alpha\right)$:

$$\dfrac{U_{di\alpha}}{U_{di}} = (\sqrt{3}\,\alpha + 1)\cos\alpha - (\sqrt{3} - \alpha)\sin\alpha$$

kerkreiswiderstand einstellen kann. Wird $R_L = 0$ gesetzt, so ist $U_{di\alpha} = E_L$, wobei E_L als die innere Spannung einer Gleichstrommaschine aufgefaßt werden kann. Strom fließt nur während der Stromflußzeit t_F. Die abgegebene Gleichleistung

$$P_d = U_{di\alpha} \cdot I_d = U_{di\alpha} \cdot \dfrac{3}{\pi} \int_0^{\frac{\pi}{3}} i_d(\omega t)\, d\omega t$$

dient zur Deckung der Leerlaufverluste der Maschine. Eine verlustfreie Maschine würde sich so lange beschleunigen, bis $I_d \to 0$ geht. Unter dieser Voraussetzung gilt

$$U_{di\alpha} \to \dfrac{\pi}{3} U_{di}\cos\left(\alpha - \dfrac{\pi}{6}\right).$$

$$U_{di\alpha} = \dfrac{\pi}{3} U_{di}\cos\left(\alpha - \dfrac{\pi}{6}\right) \tag{79}$$

ist die obere Grenz-Steuerkennlinie im Bereich $\dfrac{\pi}{6} \leq \alpha < \pi$ (Kurve 3 in Bild 88).

In Bild 86 Mitte ist der Fall der rein ohmschen Belastung bei $E_L = 0$ dargestellt. Da im Gleichstromkreis keine energiespeichernde Induktivität vorhanden ist, kann der Zeitwert $u_{di\alpha}(\omega t)$ der Gleichspannung keinen negativen Wert annehmen. Gleichstrom $i_d(\omega t)$ und Gleichspannung $u_{di}(\omega t)$ sind in Phase. Für diesen

Belastungsfall folgt die Steuerkennlinie im Bereich $\dfrac{3}{\pi} \leqq \alpha \leqq \dfrac{2\pi}{3}$ der Funktion

$$U_{\mathrm{di}\alpha} = \left(1 + \frac{1}{2}\cos\alpha - \frac{\sqrt{3}}{2}\sin\alpha\right) U_{\mathrm{di}} \tag{80}$$

(Kurve 2 in Bild 88), der Gleichstrommittelwert ist hier

$$I_{\mathrm{d}} = \frac{U_{\mathrm{di}\alpha}}{R_{\mathrm{L}}}. \tag{81}$$

Bei Steuerwinkeln $\alpha < \dfrac{\pi}{3}$ fließt auch bei rein ohmscher Belastung und $E_{\mathrm{L}} = 0$ ein nicht lückender Gleichstrom; für $\alpha \geqq 2\pi/3$ ist $U_{\mathrm{di}\alpha} = 0$.

Die kleinste Gleichspannung stellt sich bei nicht lückendem Gleichstrom entsprechend der Steuerkennlinie

$$U_{\mathrm{di}\alpha} = U_{\mathrm{di}} \cdot \cos\alpha$$

(Kurve 1 in Bild 88) ein, die im gesamten Steuerbereich ($0 < \alpha < \pi$) die untere Grenz-Steuerkennlinie ist. Bei der Konstruktion des zeitlichen Verlaufs $i_{\mathrm{d}}(\omega t)$ des Gleichstromes in Bild 86 rechts wurde der Widerstand R_{L} im Gleichstromkreis vernachlässigt ($R_{\mathrm{L}} \to 0$).

Die obere Grenz-Steuerkennlinie im Bereich $0 \leqq \alpha \leqq \dfrac{\pi}{6}$ ergibt sich für ohmsche

Belastung ($L_{\mathrm{L}} = 0$), wenn die Gegenspannung entsprechend der Funktion

$$E_{\mathrm{L}} = \frac{\pi}{3} U_{\mathrm{di}} \cdot \cos\left(\frac{\pi}{6} - \alpha\right) \tag{82}$$

geführt wird, sie folgt der Beziehung

$$U_{\mathrm{di}\alpha} = [(\sqrt{3}\alpha + 1)\cos\alpha - (\sqrt{3} - \alpha)\sin\alpha] U_{\mathrm{di}} \tag{83}$$

(Kurve 4 in Bild 88).

Im Lückbetrieb des Stromrichters gibt es somit keine feste Zuordnung zwischen dem Steuerwinkel α und dem Mittelwert $U_{\mathrm{di}\alpha}$ der Gleichspannung. In Abhängigkeit von den Daten des Lastkreises kann sich bei konstantem Steuerwinkel α der Mittelwert $U_{\mathrm{di}\alpha}$ der Gleichspannung zwischen der oberen und der unteren Grenz-Steuerkennlinie bewegen.

Wenn der ohmsche Widerstand im Gleichstromkreis vernachlässigt werden kann — bei der Speisung größerer Gleichstrom-Kommutatormaschinen ist das fast immer der Fall —, so ergeben sich Verläufe von $u_{\mathrm{di}\alpha}(\omega t)$ und $i_{\mathrm{d}}(\omega t)$, wie sie in Bild 87 für $\alpha = 90°$ und drei unterschiedliche Gegenspannungen gezeigt werden. Links im Bild arbeitet der Stromrichter gerade an der Lückgrenze. Da bei $\alpha = 90°$ die in der ungeglätteten Gleichspannung auftretende Wechselspannung ihr Maximum hat, hat auch der Gleichstrommittelwert an der Lückgrenze hier seinen maximalen Wert $I_{\mathrm{d}l90°}$. Nach [58] ergibt sich

$$I_{\mathrm{d}l\alpha} = \left[1 - \frac{\sqrt{3}\pi}{6}\right] \frac{U_{\mathrm{di}}}{\omega_{\mathrm{n}} \cdot L_{\mathrm{L}}} \cdot \sin\alpha = 0.0931 \frac{U_{\mathrm{di}}}{\omega_{\mathrm{n}} \cdot L_{\mathrm{L}}} \cdot \sin\alpha, \tag{84}$$

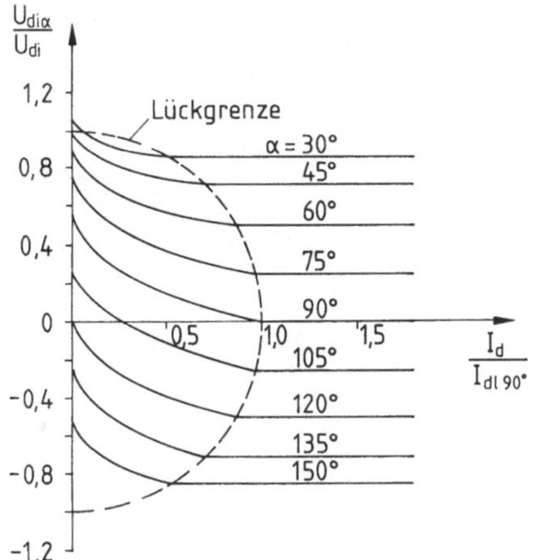

Bild 89. Strom-Spannungskennlinien der Sechs-puls-Brückenschaltung im Lückbetrieb bei Belastung auf Gegenspannung und Induktivität. $R_L = 0$; $L_L \neq 0$; $E_L \neq 0$

wobei $\omega_n = 2\pi f_n$ die Kreisfrequenz der Netzspannung ist. Damit kann bei gegebenen Lastkreisdaten der Strom an der Lückgrenze in Abhängigkeit von α bestimmt werden, oder aber es kann die für einen bestimmten Strom an der Lückgrenze erforderliche Lastkreisinduktivität errechnet werden.

Aus den Gleichungen (36) und (84) geht hervor, daß die Lückgrenze in der $U_{di\alpha}$-I_d-Ebene durch eine Ellipse oder, bei geschickter Wahl der Maßstäbe, durch einen Kreis beschrieben wird (Bild 89). Außerhalb des Lückbereichs sind die Stromspannungskennlinien für konstanten Steuerwinkel waagerechte Geraden, ihr Spannungswert $U_{di\alpha}$ kann aus der Kurve 1 von Bild 88 abgelesen werden. Innerhalb des Lückbetriebes steigt die Gleichspannung $U_{di\alpha}$ bei abnehmendem Gleichstrom I_d bis auf den durch die Kurve 3 vom Bild 88 bestimmten Wert an, der bei $I_d = 0$ erreicht wird.

Wird der Stromrichter als Stellglied eines Regelkreises eingesetzt — bei steuerbaren Stromrichter ist das meist der Fall —, so ist bei der Optimierung des Regelverhaltens darauf zu achten, daß im Lückbereich die Spannungsverstärkung des Stromrichters zurückgeht [66].

Leistung, Blindleistung und Leistungsfaktor

Die bisherigen Überlegungen zeigen, daß ein an ein Drehstromnetz mit symmetrischen sinusförmigen Spannungen angeschlossener Stromrichter periodische nicht sinusförmige Ströme aufnimmt (s. z.B. Bild 80). Der Stromrichter stellt somit für das Netz eine nichtlineare Belastung dar. Weiterhin tritt durch die Spannungssteuerung eine Grundschwingungsblindleistung, die sogenannte Steuerblindleistung auf, da sich die Grundschwingung des netzseitigen Leiterstromes gegenüber der zugehörigen Sternspannung verschiebt (s. Bild 80).

Der Augenblickswert der vom Stromrichter nach Bild 73 aufgenommenen Leistung ist

$$p(\omega t) = u_{UN} \cdot i_U + u_{VN} \cdot i_V + u_{WN} \cdot i_W. \tag{85}$$

Als Wirkleistung ist der Mittelwert des zeitlichen Verlaufs von $p(\omega t)$ definiert. Der Durchschnittswert, gemittelt über eine Periode, ist

$$P = \frac{1}{2\pi} \int\limits_{-\pi}^{+\pi} p(\omega t)\, d\omega t$$

$$= \frac{1}{2\pi}\left[\int\limits_{-\pi}^{+\pi} u_{\mathrm{UN}} \cdot i_{\mathrm{U}}\, d\omega t + \int\limits_{-\pi}^{+\pi} u_{\mathrm{VN}}\, i_{\mathrm{V}}\, d\omega t + \int\limits_{-\pi}^{+\pi} u_{\mathrm{WN}} \cdot i_{\mathrm{W}}\, d\omega t \right].\qquad(86)$$

Die Beiträge der drei Stränge zur Gesamtleistung sind aus Symmetriegründen gleich, so daß sich schreiben läßt

$$P = \frac{3}{2\pi} \int\limits_{-\pi}^{+\pi} u_{\mathrm{VN}} \cdot i_{\mathrm{V}}\, d\omega t = \frac{3\sqrt{2}\,U_{\mathrm{s}}}{2\pi} \int\limits_{-\pi}^{+\pi} \cos \omega t \sum_{v=1}^{\infty} \sqrt{2}\,I_{v\mathrm{L}} \cos(v\omega t + \varphi_v)\, d\omega t.$$
$$(87)$$

Da für $v \neq 1$ alle Integrale

$$\int\limits_{-\pi}^{+\pi} \cos \omega t \cdot \cos v\omega t\, d\omega t = 0 \qquad(88)$$

sind, wird Wirkleistung nur von der Grundschwingung $I_{1\mathrm{L}}$ des Leiterstromes übertragen. Somit folgt für die Wirkleistung

$$P = 3 U_{\mathrm{s}} \cdot I_{1\mathrm{L}} \cdot \cos \varphi_1 , \qquad(89)$$

wobei φ_1 der Phasenverschiebungswinkel zwischen der Sternspannung und der Grundschwingung des zugehörigen Leiterstroms ist. Weiterhin ist im Rahmen der idealisierten Stromrichtertheorie nach Gl. (38) der Grundschwingungs-Leistungsfaktor

$$\cos \varphi_1 = \cos \alpha .$$

Aus dem Produkt der gemessenen Effektivwerte U_{s} und I_{L} ergibt sich die Scheinleistung zu

$$S = 3 U_{\mathrm{s}} \cdot I_{\mathrm{L}} = 3\sqrt{ U_{\mathrm{s}}^2 \cdot I_{1\mathrm{L}}^2 + U_{\mathrm{s}}^2 \sum_{v=2}^{\infty} I_{v\mathrm{L}}^2 } = \sqrt{S_1^2 + D^2} , \qquad(90)$$

mit der Grundschwingungsscheinleistung

$$S_1 = 3 \cdot U_{\mathrm{s}} \cdot I_{1\mathrm{L}} \qquad(91)$$

und der Verzerrungsleistung

$$D = 3 \cdot U_{\mathrm{s}} \sqrt{ \sum_{v=2}^{\infty} I_{v\mathrm{L}}^2 } , \qquad(92.1)$$

die sich mit Gl. (67) in

$$D = S \cdot k_{\mathrm{i}} \qquad(92.2)$$

umformen läßt.

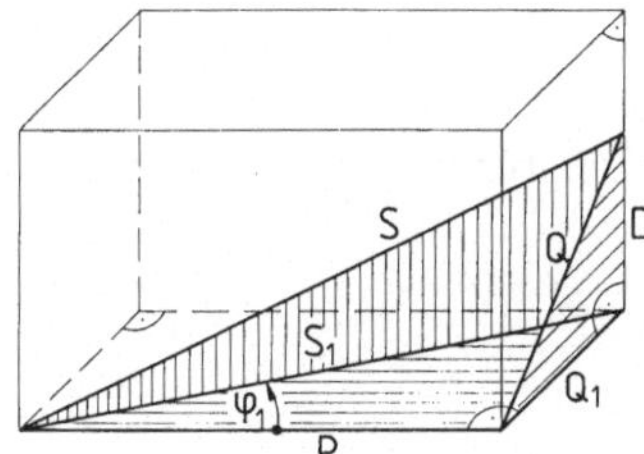

$$S^2 = P^2 + Q^2 \qquad D = S \cdot k_i$$
$$S^2 = S_1^2 + D^2 \qquad Q_1 = S \cdot g_i \cdot \sin \varphi_1$$
$$S_1^2 = P^2 + Q_1^2 \qquad P = S \cdot g_i \cdot \cos \varphi_1$$
$$Q^2 = Q_1^2 + D^2$$

Bild 90. Zur Definition der Leistungsgrößen

Die Blindleistung ist definitionsgemäß

$$Q = \sqrt{S^2 - P^2} \,. \tag{93}$$

Die in der Scheinleistung S enthaltene, durch die Oberschwingungen des Stromes bestimmte Verzerrungsleistung tritt somit auch in der Blindleistung auf, die sich auch

$$Q = 3\sqrt{U_s^2 I_{1L}^2 \sin^2 \varphi_1 + U_s^2 \sum_{v=2}^{\infty} I_{vL}^2} = \sqrt{Q_1^2 + D^2} \tag{94}$$

schreiben läßt, wobei

$$Q_1 = 3 U_s \cdot I_{1L} \cdot \sin \varphi_1 \tag{95.1}$$

die Grundschwingungsblindleistung ist, die sich mit Gl. (66) auch als

$$Q_1 = S \cdot g_i \cdot \sin \varphi_1 \tag{95.2}$$

angeben läßt. Der Leistungsfaktor ist definiert als

$$\lambda = \frac{P}{S} = g_i \cdot \cos \varphi_1 \,. \tag{96}$$

Der Zusammenhang zwischen den vorstehend genannten Leistungsgrößen läßt sich durch drei zusammenhängende rechtwinklige Dreiecke, wie sie in Bild 90 dargestellt sind, veranschaulichen.

In der idealisierten Stromrichtertheorie entspricht die Grundschwingungs-blindleistung voll der sogenannten Steuerblindleistung, die sich durch die Verschiebung der Grundschwingung des Stromes gegenüber der Spannungs-schwingung um den Winkel α ergibt (s. Bild 80). Steuerwinkel α und Grundschwingungs-Verschiebungswinkel φ_1 stimmen also überein:

$$\alpha = \varphi_1 \,,$$

und damit ist auch

$$\cos \alpha = \cos \varphi_1 \,.$$

Der Aussteuerungsgrad

$$\frac{U_{di\alpha}}{U_{di}} = \cos \alpha$$

des Stromrichters stimmt also mit dem Grundschwingungs-Leistungsfaktor $\cos \varphi_1$ überein.

Für $\alpha = 0$ ist somit die vom Netz aufgenommene Leistung

$$P_n = 3 \cdot U_s \cdot I_{1L} = S_1 \,.$$

Die abgegebene Gleichleistung ergibt sich zu

$$P_d = U_{di} \cdot I_d \,.$$

Da der Stromrichter verlustfrei angenommen wird, ist

$$P_n = P_d$$

und damit

$$S_1 = U_{di} \cdot I_d \,. \tag{97}$$

Für $0 < \alpha < 180°$ kann die Grundschwingungs-Scheinleistung S_1 aufgeteilt werden in die Wirkleistung

$$P_\alpha = S_1 \cos \alpha \tag{98}$$

und in die Grundschwingungsblindleistung

$$Q_{1\alpha} = S_1 \sin \alpha \,, \tag{99}$$

wobei

$$P_\alpha^2 + Q_{1\alpha}^2 = S_1^2 \tag{100}$$

ist. Aus Gl. (98) folgt

$$\cos \alpha = \frac{P_\alpha}{S_1} = \frac{U_{di\alpha}}{U_{di}} \tag{101}$$

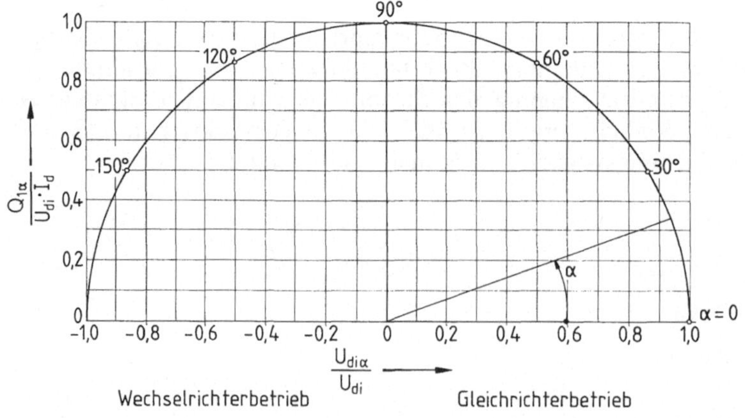

Bild 91. Abhängigkeit der Steuerblindleistung $Q_{1\alpha}$ vom Aussteuerungsgrad $U_{di\alpha}/U_{di}$

und aus Gl. (99)

$$\sin \alpha = \frac{Q_{1\alpha}}{U_{di} \cdot I_d} \, .$$ (102)

Wird nun die bezogene Grundschwingungs-Blindleistung nach Gl. (102) über dem Aussteuerungsgrad nach Gl. (101) aufgetragen, so ergibt sich wegen $\cos^2\alpha + \sin^2\alpha = 1$ ein Halbkreis (Bild 91). Diese auch Ortskurve der Steuerblindleistung genannte Funktion macht deutlich, daß ein netzgeführter Stromrichter dem Drehstromnetz bei kleinen Aussteuerungsgraden fast nur Blindleistung entnimmt.

8.1.1.3 Zwölf- und höherpulsige Schaltungen

Nach Gl. (64) treten im netzseitigen Leiterstrom I_L des p-pulsigen Stromrichters Oberschwingungen mit den Ordnungszahlen

$$\nu = p \cdot n \pm 1$$

auf, deren Effektivwert nach Gl. (65)

$$I_{\nu L} = \frac{1}{\nu} I_{1L}$$

ist. Der Grundschwingungsgehalt

$$g_i = \frac{I_{1L}}{I_L}$$

[nach Gl. (67)] kann beim Übergang zu höherpulsigen Schaltungen also vergrößert bzw. der in Gl. (68) definierte Klirrfaktor

$$k_i = \frac{\sqrt{\sum_{\nu=2}^{\infty} I_{\nu L}^2}}{I_L}$$

kann verkleinert werden.

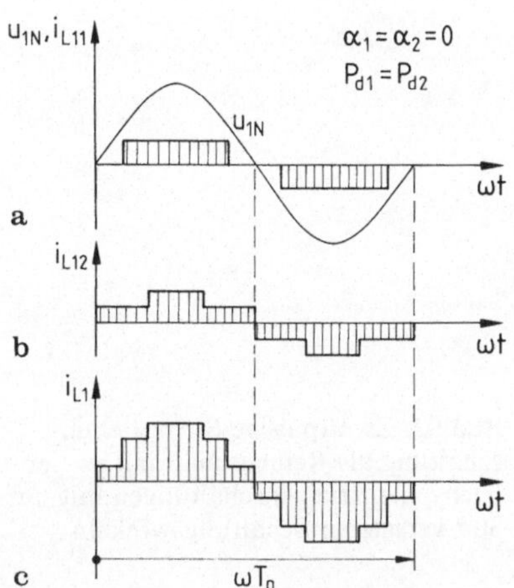

Bild 92. Zusammensetzung des Netzstroms eines zwölfpulsigen Stromrichters (c) aus den Netzströmen zweier sechspulsiger, gleich belasteter und gleich ausgesteuerter Stromrichter mit um 30° unterschiedlichen Schaltungswinkeln (a und b)

Am leichtesten lassen sich zwölfpulsige Stromrichterschaltungen durch das Zusammenschalten zweier sechspulsiger Stromrichter mit um 30° versetzten Schaltungswinkeln verwirklichen. Die Stromrichter nach den Bildern 75 und 76 haben z.B. einen um 30° versetzten Schaltungswinkel. Sind nun beide Stromrichter an eine gemeinsame Sammelschiene angeschlossen und geben beide bei demselben Steuerwinkel α die gleiche Leistung $P_d = U_{di\alpha} \cdot I_d$ ab, so überlagern sich z.B. im Leiter 1 des Netzes die beiden aus den Bildern 74 und 78 für $\alpha = 0$ zu entnehmenden sechspulsigen Teilströme, in Bild 92 mit I_{L11} und I_{L12} bezeichnet, zum zwölfpulsigen Leiterstrom I_{L1}. Es gilt

$$i_{L1}(\omega t) = i_{L11}(\omega t) + i_{L12}(\omega t). \tag{103}$$

Im Leiterstrom I_{L1} sind nur noch Oberschwingungen der Ordnungszahl

$$\nu = 12 \cdot n \pm 1$$

enthalten und der Grundschwingungsgehalt steigt dadurch auf

$$g_i = 0{,}988$$

an. Das gleiche gilt auch für die Leiterströme I_{L2} und I_{L3}.

In der Praxis werden zwölfpulsige Stromrichter meist mit einem Dreiwicklungstransformator ausgeführt, bei dem die eine der stromrichterseitigen Wicklungen in Stern und die andere in Dreieck geschaltet ist (Bilder 93 und 94). Die netzseitige Wicklung kann dabei in Stern oder Dreieck geschaltet sein. Wie aus Bild 95 zu ersehen ist, sind die Dreieckspannungen der beiden stromrichterseitigen Transformatorwicklungen um 30° gegeneinander versetzt, d.h. der Schaltungswinkel der beiden Teilstromrichter A und B differiert um 30°. Werden die beiden

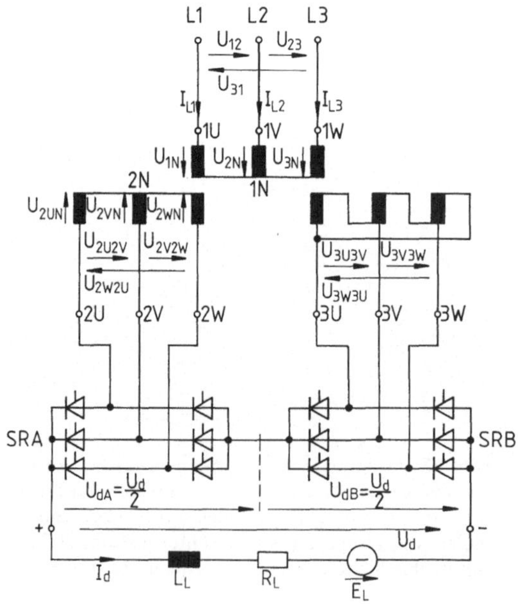

Bild 93. Zwölfpulsige Stromrichterschaltung als Reihenschaltung zweier Sechspuls-Brückenschaltungen mit um 30° versetzten Schaltungswinkeln

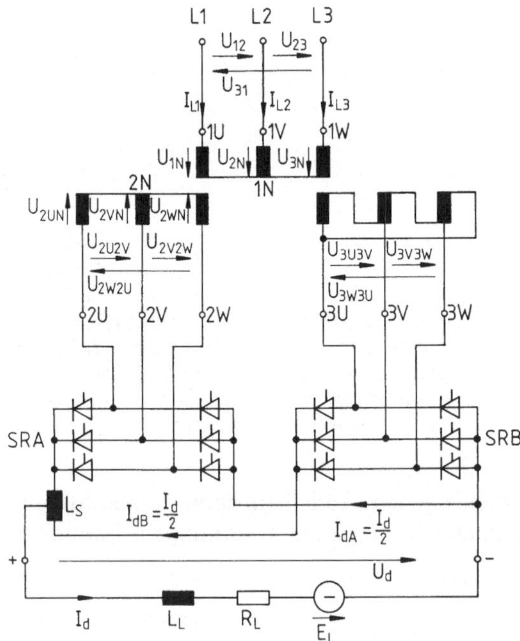

Bild 94. Zwölfpulsige Stromrichterschaltung als Parallelschaltung zweier Sechspuls-Brückenschaltungen mit um 30° versetzten Schaltungswinkeln. Die Saugdrossel L_S wirkt als induktiver Spannungsteiler für die Wechselanteile unterschiedlicher Phasenlage in den Gleichspannungen der Teilstromrichter

Teilstromrichter gleich belastet ($P_{dA} = P_{dB}$) und gleich ausgesteuert ($\alpha_A = \alpha_B$), so haben die netzseitigen Leiterströme einen zwölfpulsigen Verlauf nach Bild 92c.

Der Stromrichtertransformator ist so auszulegen, daß die Dreieckspannungen der beiden stromrichterseitigen Wicklungen gleich groß sind, daß also

$$U_{diA} = U_{diB}$$

ist. Werden die beiden Teilstromrichter in Reihe geschaltet (Bild 93), so werden sie vom selben Strom I_d durchflossen. Bei $\alpha_A = \alpha_B$ sind die Bedingungen für die zwölfpulsige Arbeitsweise des Stromrichters erfüllt. Die Reihenschaltung zweier Teilstromrichter wird gewählt, wenn hohe Gleichspannungen verlangt werden; ein extremes Beispiel sind Stromrichter für die Hochspannungs-Gleichstromübertragung (HGÜ, s. Abschn. 8.1.4.2) oder für Kurzkupplungen.

Werden dagegen bei Gleichspannungen, die sich ohne Reihenschaltung von Teilstromrichtern mit einem Thyristor je Stromrichterzweig erreichen lassen, große Ströme verlangt, so sind die beiden Teilstromrichter parallel zu schalten (Bild 94). Da kleine Abweichungen in den Steuerwinkeln der beiden Teilstromrichter, also kleine Unterschiede in den $U_{di\alpha}$-Werten, schon zu großen Unterschieden in den Teilströmen führen können, ist durch eine Stromregelung

$$I_{dA} = I_{dB} = \frac{I_d}{2}$$

zu erzwingen. Wegen der um 30° versetzten Schaltungswinkel der beiden Teilstromrichter sind die Augenblickswerte der Gleichspannungen nicht gleich, die Funktionen $u_{di\alpha A}(\omega t)$ und $u_{di\alpha B}(\omega t)$ sind bei gleichem Mittelwert um $\pi/6$

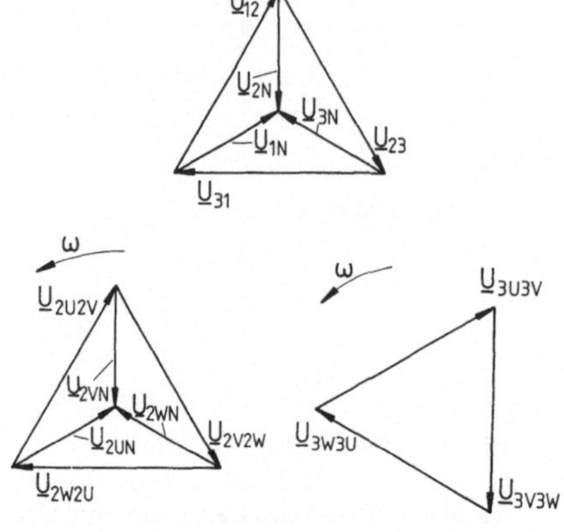

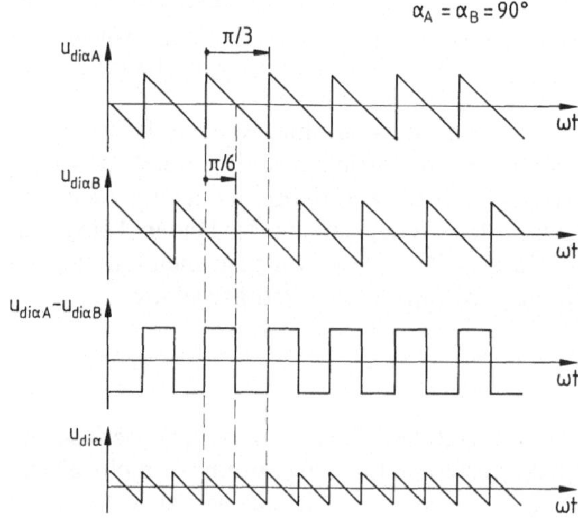

Bild 95. Zeitzeigerdarstellung der Dreieck- und Sternspannungen für die Stromrichterschaltungen nach den Bildern 93 und 94 bei einem Spannungsübersetzungsverhältnis von 1:1. Transformatorschaltgruppe Y, d5, y0

gegeneinander verschoben. Um dennoch in jedem Teilstromrichter einen Stromführungswinkel von $\omega t_F = 2\pi/3$ sicherzustellen, muß die Spannungsdifferenz

$$\Delta u_{di\alpha}(\omega t) = u_{di\alpha A}(\omega t) - u_{di\alpha B}(\omega t)$$

von einer Saugdrossel aufgenommen werden, die als Spannungsteiler zwischen den beiden Teilstromrichtern wirkt (Bild 96):

$$u_{di\alpha}(\omega t) = \frac{1}{2}\left(u_{di\alpha A}(\omega t) + u_{di\alpha B}(\omega t)\right).$$

Der Wechselanteil in der Gleichspannung wird bei der zwölfpulsigen Schaltung hauptsächlich durch die Spannung 12facher Netzfrequenz bestimmt, deren Größe nach Gl. (76) ermittelt werden kann. Die Welligkeit bei voller Aussteuerung ($\alpha = 0$) hat bei der zwölfpulsigen Stromrichterschaltung den Wert

$$w_u = 0{,}0103.$$

Bild 96. Zeitlicher Verlauf der Spannungen bei gleichstromseitiger Parallelschaltung zweier Sechspuls-Brückenschaltungen mit um 30° versetzten Schaltungswinkeln über Saugdrossel nach Bild 94.

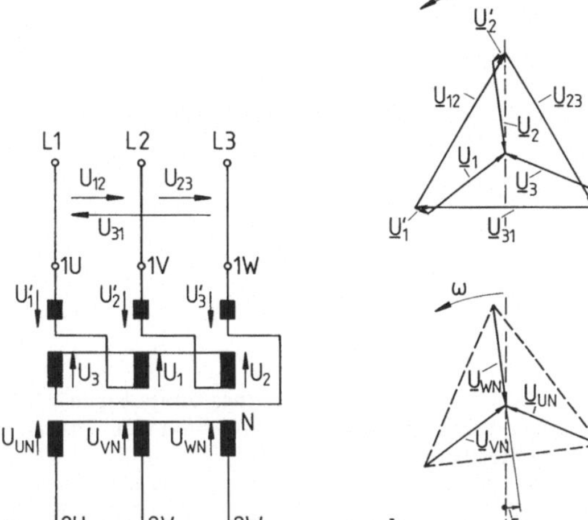

Bild 97. Transformator mit netzseitigen Schwenkzipfeln. **a** Schaltplan; **b** Zeitzeigerdarstellung der Spannungen für $\delta = 7{,}5°$

Schaltungen mit Pulszahlen $p > 12$ kommen bei Stromrichteranlagen sehr großer Leistung, wie sie z.B. für Elektrolysezwecke benötigt werden [67], zum Einsatz. Der erforderliche Versatz der Schaltungswinkel, z.B. 15° für $p = 24$, 7,5° für $p = 48$ oder 3,75° für $p = 96$ läßt sich durch Transformatorwicklungen mit Schwenkzipfeln, die meist netzseitig angeordnet werden, erreichen [58, 68]. In Bild 97a ist der Schaltplan eines Schwenkzipfeltransformators dargestellt. Wie Bild 97b zeigt, kann durch geeignete Wahl der Windungszahlen der netzseitigen Teilwicklungen der Spannungsstern um einen Winkel δ gegenüber der Lage bei einer Stern-Stern-Schaltung gedreht werden. Bei dem in Bild 97b gewählten Beispiel ist $\delta = 7{,}5°$.

8.1.1.4 Abschließende Bemerkung zum Thema idealisierte Theorie des netzgeführten Stromrichters

Die bisher behandelte idealisierte Theorie des netzgeführten Stromrichters hat den Vorteil der Übersichtlichkeit und der relativ leichten Verständlichkeit. Mit ihr läßt sich ein guter Überblick über die grundsätzliche Wirkungsweise der netzgeführten Stromrichter gewinnen. Für die Projektierung und Dimensionierung einer Stromrichteranlage reicht sie jedoch nicht aus. Um genauere Aussagen über die Wirkungsweise des netzgeführten Stromrichters machen zu können, ist es erforderlich, die Theorie der Wirklichkeit besser anzupassen, was im folgenden im Rahmen der konventionellen Theorie erfolgen soll.

8.1.2 Konventionelle Theorie

8.1.2.1 Konventionelle Theorie der Dreipuls-Mittelpunktschaltung

Voraussetzungen

Auch die konventionelle Theorie der netzgeführten Stromrichter geht davon aus, daß eine starre Drehspannungsquelle symmetrische sinusförmige Spannungen zur

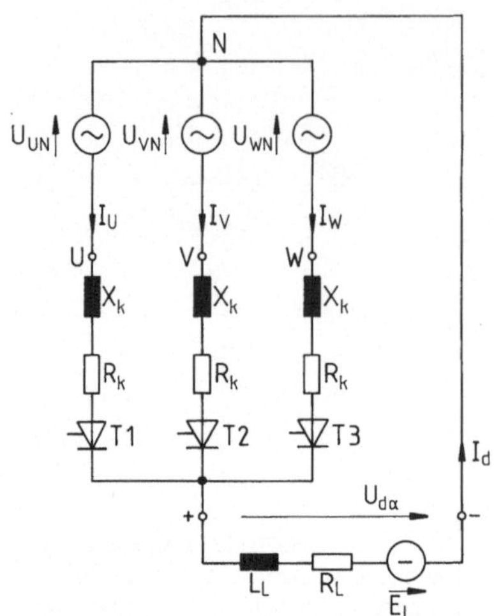

Bild 98. Ersatzschaltplan eines dreipulsigen Stromrichters nach der konventionellen Stromrichtertheorie

Verfügung stellt, die dem in den Gl. (32.1), (32.2) und (32.3) beschriebenen zeitlichen Verlauf folgen. Der wichtigste Unterschied zur idealisierten Theorie ist die Berücksichtigung einer Impedanz zwischen Spannungsquelle und Stromrichter (vgl. die Bilder 62 und 98). Die Reaktanzen X_k berücksichtigen die Streureaktanzen des Stromrichtertransformators oder die Reaktanzen der Kommutierungsdrosseln und die im Vergleich dazu meist viel kleineren Reaktanzen des speisenden Netzes. In den Widerständen R_k treten konzentriert alle Verluste zwischen Spannungsquelle und Stromrichter auf, also die Transformatorverluste, die Drosselverluste und die Leitungsverluste.

Während sich nach der idealisierten Theorie außerhalb des Lückbereichs eine starre, von der Größe des Gleichstromes I_d unabhängige Gleichspannung $U_{di\alpha}$ ergibt (s. Bild 89), treten nach der konventionellen Theorie vom Gleichstrom I_d unabhängige Gleichspannungsänderungen auf. Die Gleichspannungsänderung läßt sich angeben zu

$$U_{d0\alpha} - U_{d\alpha} = U_{dxk} + U_{dr} + n(U_{dv} - U_{dv0}).\qquad(104)$$

Darin bedeuten

$U_{d0\alpha} = U_{di\alpha} - n \cdot U_{dv0}$	$U_{di\alpha}$ ergibt sich nach Gl. (36), $n \cdot U_{dv0}$ ist die Summe der Schleusenspannungen der in Reihe vom Gleichstrom durchflossenen Ventile,
$U_{d\alpha}$	die Gleichspannung an den Ausgangsklemmen des Stromrichters beim Strom I_d,
U_{dxk}	die induktive Gleichspannungsänderung, deren Größe anschließend berechnet wird,
U_{dr}	die ohmsche Spannungsänderung,
U_{dv}	die Durchlaßspannung eines Ventilbauelements,
U_{dv0}	die Schleusenspannung eines Ventilbauelementes und
n	die Anzahl der in Reihe vom Strom druchflossenen Ventilbauelemente, im vorliegenden Falle (nach Bild 98) ist $n = 1$.

Bei der Berechnung der Kommutierungsvorgänge können die ohmschen Widerstände meist — eine Ausnahme bilden Stromrichtertransformatoren sehr kleiner Leistung — vernachlässigt werden, da im allgemeinen $R_k \ll X_k = \omega_n \cdot L_k$ (mit $\omega_n = 2\pi f_n$) ist. Die ohmsche Spannungsänderung wird dann über die Beziehung

$$U_{dr} = \frac{P_v}{I_d} \tag{105}$$

berücksichtigt, wobei P_v sämtliche auf der Drehstromseite des Stromrichters und im Stromrichter auftretenden Stromwärmeverluste außer den Schleusenspannungsverlusten in den Ventilen berücksichtigt. Für die folgende Berechnung der Kommutierungsvorgänge und der induktiven Gleichspannungsänderung U_{dxk} wird vom Ersatzschaltplan des Bildes 99 ausgegangen, d.h. der in der Regel sehr kleine Einfluß der ohmschen Widerstände R_k — zu denen auch die Ersatzwiderstände r_T der Thyristoren (s. Abschn. 4.1.2) gehören — auf den Kommutierungsvorgang sowie die Absenkung der die Kommutierung treibenden Spannung durch die Schleusenspannungen der Ventilbauelemente, werden vernachlässigt.

Der Kommutierungsvorgang

Den vorstehenden Voraussetzungen entsprechend werden für die Berechnung des Kommutierungsvorganges

$$U_{dr} = 0; \ U_{dv} = 0 \quad \text{und} \quad U_{dv0} = 0$$

gesetzt, die Gl. (104) geht damit über in

$$U_{di\alpha} - U_{d\alpha} = U_{dxk}. \tag{106}$$

$U_{di\alpha}$ ist durch Gl. (36) bekannt, $U_{d\alpha}$ und U_{dxk} sind zu berechnen.

Betrachtet wird im folgenden der Übergang des Gleichstromes I_d vom Thyristor T3 auf den Thyristor T1 (Bild 99). In Bild 100 ist der zeitliche Verlauf

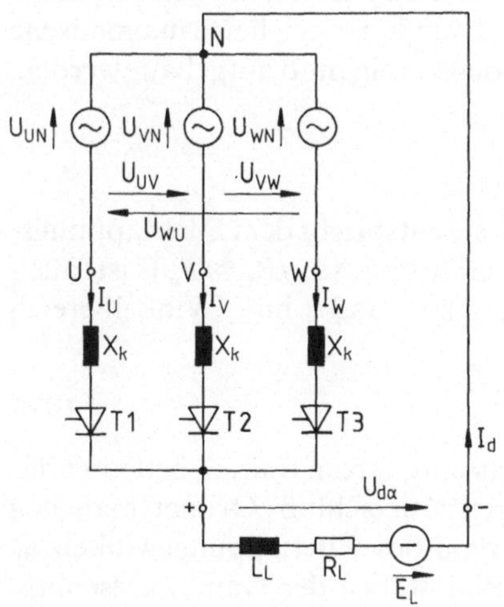

Bild 99. Ersatzschaltplan eines dreipulsigen Stromrichters zur Ermittlung der Kommutierungsvorgänge und der induktiven Spannungsänderung

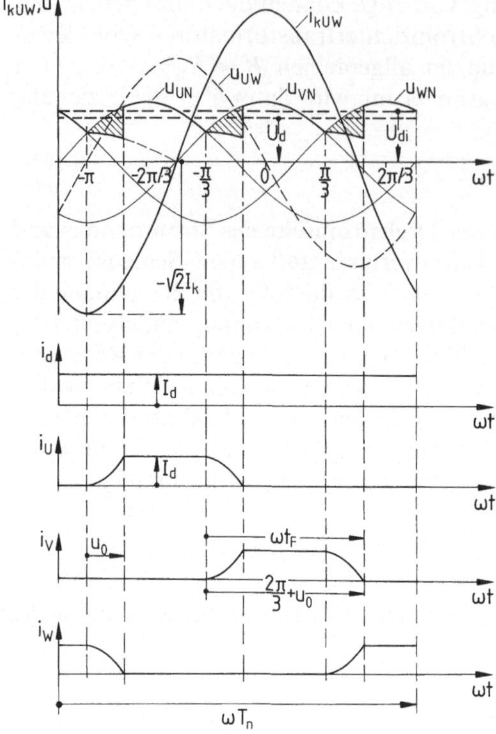

Bild 100. Zeitlicher Verlauf der für die Kommutierung des Gleichstromes I_d vom Ventil T3 auf das Ventil T1 wichtigen Ströme und Spannungen.

$$\alpha = 0; \; u_0 = 37°; \; \frac{U_d}{U_{di}} = 0,9; \; \frac{L_L}{R_L} \gg T_n$$

der beteiligten elektrischen Größen bei voller Aussteuerung ($\alpha = 0$) wiedergegeben, wobei ein gut geglätteter Gleichstrom $[i_d(\omega t) = I_d]$ vorausgesetzt ist. Die Kommutierung beginnt, sobald für $\omega t > -\pi$ das Kathodenpotential des Ventils T1 größer als das des Ventils T3, oder anders ausgedrückt, sobald $u_{UN}(\omega t) > u_{WN}(\omega t)$ ist. Wegen der im Kommutierungskreis vorhandenen Induktivität geht der Gleichstrom I_d nicht sprunghaft vom Thyristor 3 auf den Thyristor 1 über. Die in der Induktivität des abgebenden Zweiges gespeicherte magnetische Energie muß abgebaut und die im übernehmenden Zweig muß aufgebaut werden. Dafür wird, da nur die endliche Spannung

$$u_{UW}(\omega t) = u_{UN}(\omega t) - u_{WN}(\omega t)$$

zur Verfügung steht, eine endliche Zeit benötigt; sie entspricht dem Überlappungswinkel u_0. Dank der angenommenen guten Glättung ($L_L/R_L \gg T_n$) ist auch während der Kommutierung $i_d(\omega t) = I_d$, so daß im Winkelbereich $-\pi < \omega t < -\pi + u_0$

$$i_U + i_W = I_d \tag{107}$$

gilt. Solange die beiden Ventile T1 und T3 gleichzeitig Strom führen, bedeutet das für die Drehspannungsquelle einen zweipoligen Kurzschluß. Ordnet man den Ventilen ideale Eigenschaften zu, so sind während des Überlappungswinkels u_0 die Klemmen U und W kurzgeschlossen. Im Bild 100 ist der Dauerkurzschlußstrom $i_{kUW}(\omega t)$ eingetragen, der sich bei einem andauernden Kurzschluß der Klemmen U und W einstellen würde, dieser eilt der ihn über den Blindwiderstand $2X_k$ treibenden Dreieckspannung $u_{UW}(\omega t)$ um $\frac{\pi}{2}$ nach. Er hat den Effektivwert

$$I_k = \frac{\sqrt{3}U_s}{2X_k}\,.$$

Während der Kommutierung steigt der Strom i_U nach der Funktion

$$i_U(\omega t) = i_{kUW}(\omega t) + \sqrt{2}I_k \tag{108}$$

an bis der Wert $i_U(\omega t) = I_d$ erreicht ist, während der Strom $i_W(\omega t)$ nach der Funktion

$$i_W(\omega t) = I_d - i_{kUW}(\omega t) - \sqrt{2}I_k \tag{109}$$

auf Null abfällt. Ist $i_W(\omega t) = 0$, so sperrt das Ventil T3, der Kurzschluß der Spannungsquelle ist beendet, der Gleichstrom I_d fließt voll über T1.

Während der Kommutierung wirken die beiden im Kommutierungskreis liegenden Reaktanzen X_k als induktiver Spannungsteiler zwischen den beiden als starr angenommenen Spannungen $u_{UN}(\omega t)$ und $u_{WN}(\omega t)$. Die Gleichspannung $u_d(\omega t)$ hat im Winkelbereich

$$-\pi < \omega t < -\pi + u_0$$

den Verlauf

$$u_d(\omega t) = \frac{1}{2}\left[u_{UN}(\omega t) + u_{WN}(\omega t)\right]. \tag{110}$$

Gegenüber dem von der idealisierten Theorie her bekannten Verlauf $u_{di}(\omega t)$ (s. Bild 63) mit dem Mittelwert U_{di} liefert der Verlauf $u_d(\omega t)$ nach Bild 100 einen kleineren Mittelwert U_d, da die für die Kommutierung benötigten Spannungszeitflächen (in Bild 100 schraffiert eingetragen) für die Mittelwertbildung verloren gehen.

Im Kommutierungszeitraum gilt unter den beschriebenen Bedingungen die Beziehung

$$u_{UN} - X_k \frac{di_U}{d\omega t} + X_k \frac{di_W}{d\omega t} - u_{WN} = 0\,. \tag{111}$$

Aus Gl. (107) folgt

$$\frac{di_U}{d\omega t} = -\frac{di_W}{d\omega t}\,. \tag{112}$$

Durch Einsetzen der Gl. (32.1), (32.3) und (112) in Gl. (111) ergibt sich

$$\frac{di_U}{d\omega t} = -\frac{\sqrt{6}U_s}{2 \cdot X_k} \cdot \sin \omega t\,. \tag{113}$$

Daraus folgt durch Integration

$$i_{\mathrm{U}}(\omega t) = \frac{\sqrt{6}U_{\mathrm{s}}}{2X_{\mathrm{k}}} \cdot \cos \omega t + C_0 . \tag{114}$$

Aus $i_{\mathrm{U}}=0$ für $\omega t = -\pi$ bestimmt sich die Integrationskonstante zu

$$C_0 = \frac{\sqrt{6}U_{\mathrm{s}}}{2X_{\mathrm{k}}} = \sqrt{2}I_{\mathrm{k}} . \tag{115}$$

Der Strom in T1 folgt damit während der Kommutierung der Funktion

$$i_{\mathrm{U}} = \sqrt{2}I_{\mathrm{k}}(1+\cos \omega t) . \tag{116}$$

Beim Winkel $\omega t = -\pi + u_0$ wird der Stromwert $i_{\mathrm{U}} = I_{\mathrm{d}}$ erreicht. Daraus ergibt sich für den Überlappungswinkel

$$\cos u_0 = 1 - \frac{2X_{\mathrm{k}}}{\sqrt{6}U_s}I_{\mathrm{d}} = 1 - \frac{I_{\mathrm{d}}}{\sqrt{2}I_{\mathrm{k}}} \tag{117}$$

und

$$u_0 = \mathrm{arc}\,\cos\left(1 - \frac{I_{\mathrm{d}}}{\sqrt{2}I_{\mathrm{k}}}\right) . \tag{118}$$

Damit ist $u_0 = f(I_{\mathrm{d}})$ bekannt und $U_{\mathrm{d}} = f(I_{\mathrm{d}})$ kann berechnet werden. Werden die Gl. (32.1) und (32.3) in Gl. (110) eingesetzt, so ergibt sich für den Bereich $-\pi < \omega t < -\pi + u_0$

$$u_{\mathrm{d}}(\omega t) = -\frac{\sqrt{2}U_{\mathrm{s}}}{2} \cdot \cos \omega t . \tag{119}$$

Zur Ermittlung des Gleichspannungsmittelwertes wird über den Winkelbereich $-\pi \leqq \omega t \leqq -\frac{\pi}{3}$ der Mittelwert aus $u_{\mathrm{d}}(\omega t)$ gebildet:

$$
\begin{aligned}
U_{\mathrm{d}} &= \frac{3}{2\pi} \int_{-\pi}^{-\frac{\pi}{3}} u_{\mathrm{d}}(\omega t)\,\mathrm{d}\omega t \\[2mm]
&= \frac{3 \cdot \sqrt{2}U_{\mathrm{s}}}{2\pi} \left[-\frac{1}{2} \int_{-\pi}^{-\pi+u_0} \cos \omega t\,\mathrm{d}\omega t \right. \\[2mm]
&\qquad\left. + \int_{-\pi+u_0}^{-\frac{\pi}{3}} \cos\left(\omega t + \frac{2\pi}{3}\right)\mathrm{d}\omega t \right] \\[2mm]
&= \frac{1}{2}\sqrt{\frac{3}{2}} \cdot \frac{3}{\pi} U_{\mathrm{s}}(1+\cos u_0) \\[2mm]
&= \frac{1}{2} U_{\mathrm{di}}(1+\cos u_0) .
\end{aligned} \tag{120}
$$

Damit ist die induktive Gleichspannungsänderung nach Gl. (106)

$$U_{dxk} = U_{di} - U_d = \frac{1}{2}(1 - \cos u_0) U_{di} .$$ (121)

Sie kann auch als auf U_{di} bezogene Größe

$$d_{xk} = \frac{U_{dxk}}{U_{di}} = \frac{1}{2}(1 - \cos u_0)$$ (122)

ausgedrückt werden, oder mit Gl. (117) zu

$$d_{xk} = \frac{1}{2} \cdot \frac{I_d}{\sqrt{2} I_k} .$$ (123)

Daraus geht hervor, daß die induktive Gleichspannungsänderung linear vom Gleichstrom I_d abhängig ist. Dieser Zusammenhang gilt nur im Bereich der Einfachkommutierung, also bis zu einem Überlappungswinkel $u_0 = 2\pi/3$. Wird der Strom noch weiter gesteigert, so arbeitet der Stromrichter im Bereich der Mehrfachkommutierung, d.h. es führen zeitweise alle drei Ventile Strom und die Spannungsquelle ist in diesen Zeitabschnitten dreipolig kurzgeschlossen [59, 63]. Auf diese Zusammenhänge, die bei der Dreipulsmittelpunktschaltung ohne praktische Bedeutung sind, wird hier nicht näher eingegangen. Für $u_0 = 2\pi/3$ wird nach Gl. (117) $I_d/(\sqrt{2} \cdot I_k) = 1{,}5$ und nach Gl. (120) $U_d/U_{di} = 0{,}25$ bzw. nach Gl. (123) $d_{xk} = 0{,}75$. Daraus ergibt sich die Strom-Spannungskennlinie nach Bild 101. Anzumerken ist hier, daß sich bei normal ausgelegtem Stromrichtertransformator für den Nenngleichstrom ein Verhältnis $I_{dN}/(\sqrt{2} I_k) \approx 0{,}5$ ergibt.

Ein Blick auf den zeitlichen Verlauf der über die Drehspannungsquelle fließenden Ventilströme I_U, I_V und I_W (Bild 100) zeigt im Vergleich zur idealisierten Theorie (Bild 63):

1. Der Stromführungswinkel ωt_F ist bei gleichbleibender Strom-Winkelfläche

$$\int_0^{\omega t_F} i_L(\omega t) \, d\omega t$$ auf $\omega t_F = u_0 + 2\pi/3$ angestiegen, woraus folgt, daß der Effektivwert von I_L kleiner geworden ist.

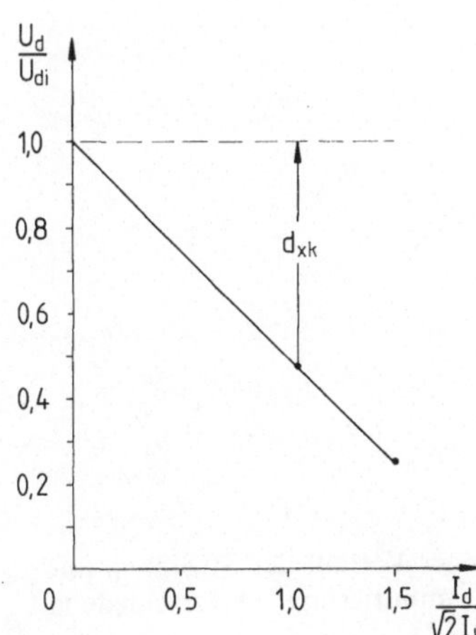

Bild 101. Strom-Spannungskennlinie der Dreipuls-Mittelpunktschaltung für $\alpha = 0$

2. Der Schwerpunkt des Strombalkens hat sich in positiver Richtung längs der ωt-Achse verschoben, der Stromrichter nimmt damit auch bei $\alpha = 0$ Grundschwingungs-Blindleistung, sogenannte Kommutierungs-Blindleistung, aus dem Netz auf.

Gesteuerter Gleich- und Wechselrichterbetrieb

Im gesteuerten Betrieb (Bild 102) entspricht der zeitliche Verlauf der Thyristorströme jeweils einem anderen vom Steuerwinkel α und der Größe des Gleichstromes I_d abhängigen Abschnitt des Kurzschlußstromes $i_k(\omega t)$ (Bild 103).

Für $\alpha \neq 0$ geht Gl. (114) über in

$$i_U(\omega t) = \frac{\sqrt{6}\,U_s}{2 X_k} \cos \omega t + C_\alpha. \tag{124}$$

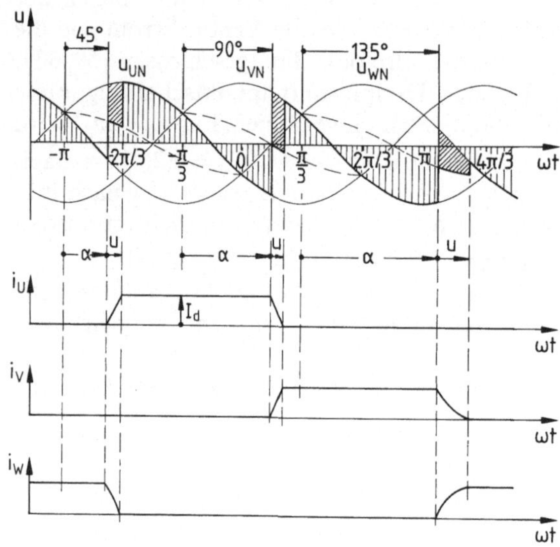

Bild 102. Zeitlicher Verlauf der charakteristischen Spannungen und Ströme für die Steuerwinkel α gleich 45°, 90° und 135°

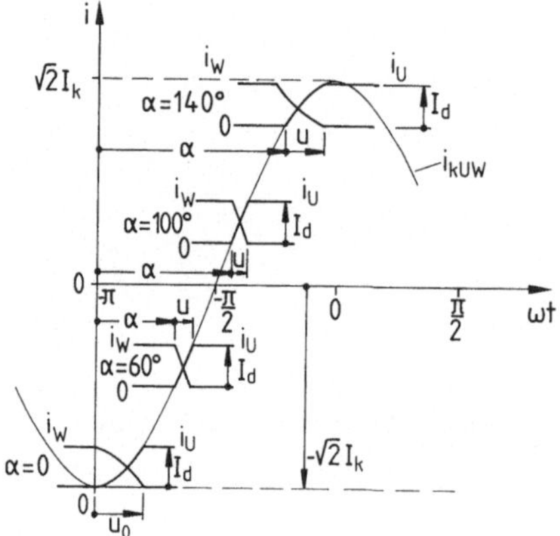

Bild 103. Zeitlicher Verlauf der Ströme i_U und i_w während der Kommutierung für verschiedene Steuerwinkel α

Mit $i_U = 0$ für $\omega t = -\pi + \alpha$ wird

$$C_\alpha = \sqrt{2} I_k \cdot \cos \alpha \tag{125}$$

und

$$i_U(\omega t) = \sqrt{2} I_k (\cos \alpha + \cos \omega t). \tag{126}$$

Beim Winkel $\omega t = -\pi + \alpha + u$ erreicht $i_U(\omega t)$ den Wert $i_U = I_d$, woraus sich für den Überlappungswinkel u die Bestimmungsgleichung

$$\cos(\alpha + u) = \cos \alpha - \frac{I_d}{\sqrt{2} I_k} \tag{127}$$

ergibt, die sich mit Gl. (117) umschreiben läßt in

$$1 - \cos u_0 = \cos \alpha - \cos(\alpha + u) \tag{128}$$

Der Gleichspannungsmittelwert beim Steuerwinkel α ergibt sich zu

$$\begin{aligned}
U_{d\alpha} &= \frac{3}{2\pi} \int_{-\pi+\alpha}^{-\frac{\pi}{3}+\alpha} u_{d\alpha}(\omega t)\, d\omega t \\[2ex]
&= \frac{3 \cdot \sqrt{2}}{2\pi} U_s \left[- \int_{-\pi+\alpha}^{-\pi+\alpha+u} \cos \omega t \, d\omega t \right. \\[2ex]
&\qquad \left. + \int_{-\pi+\alpha+u}^{-\frac{\pi}{3}+\alpha} \cos\left(\omega t + \frac{2\pi}{3}\right) d\omega t \right] \\[2ex]
&= \frac{1}{2} U_{di}[\cos\alpha + \cos(\alpha + u)].
\end{aligned} \tag{129}$$

Für die induktive Gleichspannungsänderung folgt

$$U_{dxk} = U_{di\alpha} - U_{d\alpha} = \frac{1}{2} U_{di}[\cos \alpha - \cos(\alpha + u)]. \tag{130}$$

Die auf U_{di} bezogene relative induktive Gleichspannungsänderung läßt sich schreiben

$$d_{xk} = \frac{U_{dxk}}{U_{di}} = \frac{1}{2}[\cos \alpha - \cos(\alpha + u)] \tag{131}$$

oder mit Gl. (127)

$$d_{xk} = \frac{1}{2} \cdot \frac{I_d}{\sqrt{2} I_k} \; .$$

Der Vergleich mit Gl. (123) zeigt, daß die induktive Gleichspannungsänderung nicht vom Steuerwinkel α, sondern nur von der Größe des Gleichstromes I_d abhängig ist. Trägt man $U_{d\alpha}/U_{di} = f(I_d/\sqrt{2} I_k)$ mit α als Parameter auf, so ergibt sich eine Schar paralleler Geraden (Bild 104). Der dargestellte Betriebsbereich bis

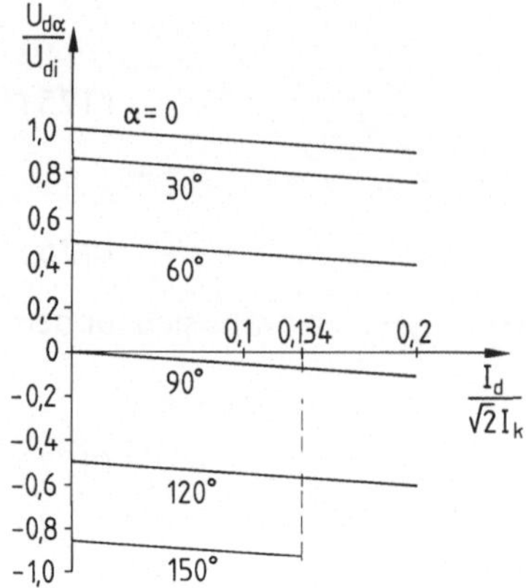

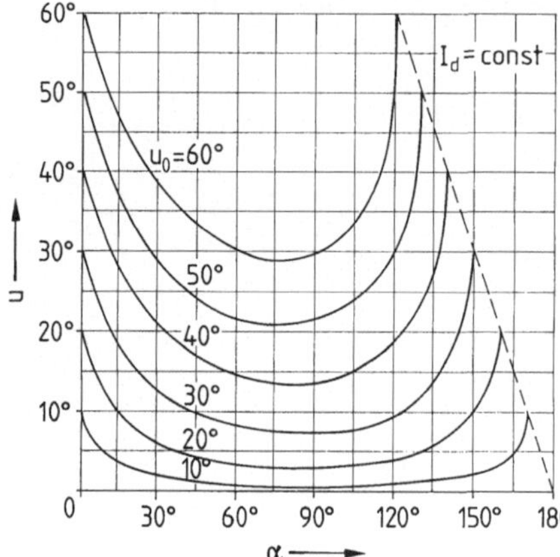

Bild 104. Strom-Spannungskennlinien für unterschiedliche Steuerwinkel

Bild 105. Überlappungswinkel u als Funktion des Steuerwinkels α bei verschiedenen Werten u_0

$I_d = 0{,}2 \cdot \sqrt{2}\,I_k$ entspricht im allgemeinen dem Betriebsbereich eines Stromrichters einschließlich eines Bereiches für stoßweise Überlastung.

Jeder Gleichstrom I_d entspricht nach Gl. (118) einem bestimmten Anfangsüberlappungswinkel u_0. Wie aus Bild 103 ersichtlich, ändert sich bei konstant gehaltenem Gleichstrom I_d in Abhängigkeit vom Steuerwinkel α der Überlappungswinkel u. Diese Abhängigkeit, die die Gl. (128) beschreibt, ist in Bild 105 dargestellt. Um eine ordnungsgemäße Kommutierung auf das Folgeventil zu ermöglichen, muß $\alpha + u < \pi$ sein, darauf ist bei hoher Wechselrichteraussteuerung zu achten. Bei einem Steuerwinkel von $\alpha = 150°$ z.B. muß nach Gl. (127) die Bedingung

$$\frac{I_d}{\sqrt{2}\,I_k} < 1 - \frac{\sqrt{3}}{2} = 0{,}134$$

eingehalten werden (s. Bild 104). Die Grenzlinie für $\alpha + u = \pi$ ist in Bild 105 gestrichelt eingetragen.

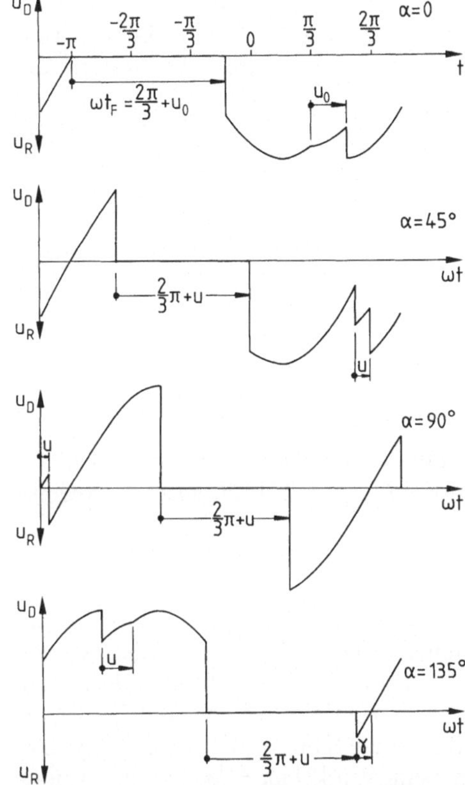

Bild 106. Zeitlicher Verlauf der Spannung am Thyristor T1 des Stromrichters nach Bild 99 für die Steuerwinkel α gleich $0°$, $45°$, $90°$ und $135°$. $\dfrac{I_d}{\sqrt{2}\,I_k}=0{,}2$; $u_0=36{,}9°$; $U_{dv}=0$

In Bild 106 ist der zeitliche Verlauf der Spannung am Thyristor T1 für mehrere Steuerwinkel α dargestellt. Vorausgesetzt ist in allen Teilbildern ein Gleichstrom der Größe $I_d=0{,}2\cdot\sqrt{2}\cdot I_k$, der Anfangsüberlappungswinkel beträgt damit nach Gl. (118) $u_0=36{,}9°$. Der Vergleich mit der idealisierten Stromrichtertheorie (s. Bild 69) zeigt zwei wesentliche Unterschiede:
1. Durch die Vergrößerung des Stromführungswinkels ωt_F um den Überlappungswinkel u wird bei gleichem Steuerwinkel α der Löschwinkel γ kleiner.
2. Die Kommutierung des Gleichstromes I_d vom Ventil T2 auf das Ventil T3 macht sich im zeitlichen Verlauf der Sperrspannung des Ventils T1 bemerkbar.

Wechselrichtertrittgrenze und Wechselrichterkippen

Reale Thyristoren erfordern nach dem Abschalten eine Schonzeit t_c, die größer oder mindestens gleich der Freiwerdezeit t_q sein muß, ehe Vorwärtssperrspannung aufgenommen werden kann. Bei realen Steuersätzen können Winkelfehler $\Delta\alpha$ zwischen den Steuerimpulsen für die einzelnen Stromrichterventile auftreten. Der minimale Löschwinkel, den ein Stromrichter zum einwandfreien Wechselrichterbetrieb benötigt, ist somit

$$\gamma_{\min}=\omega t_q+\Delta\alpha\,. \tag{132}$$

Um diesen Löschwinkel γ_{min} nicht zu unterschreiten, darf bei dem höchsten betriebsmäßig auftretenden Strom I_{dmax} ein Steuerwinkel α_w nicht überschritten werden. α_w wird dabei die Wechselrichtertrittgrenze genannt. Es besteht die Winkelbeziehung

$$\alpha_w + u = \pi - \gamma_{min} \, . \tag{133}$$

Mit Gl. (127) folgt

$$\cos \alpha_w = \frac{I_{dmax}}{\sqrt{2}I_k} + \cos(\pi - \gamma_{min}) \tag{134}$$

und

$$\alpha_w = \arccos\left[\frac{I_{dmax}}{\sqrt{2}I_k} + \cos(\pi - \gamma_{min})\right]. \tag{135}$$

Bei einem am 50-Hz-Netz arbeitenden Stromrichter ist ein minimaler Löschwinkel $\gamma_{min} = 5°$ ein typischer Wert. Wird weiterhin $I_{dmax} = 0{,}2 \cdot \sqrt{2}I_k$ gesetzt, so ergibt sich

$$\alpha_w = 142{,}7° \, .$$

Bei dem in Bild 107 dargestellten Vorgang arbeitet der Stromrichter zunächst mit maximalem Gleichstrom I_{dmax} bei einem Steuerwinkel $\alpha = 140°$. Der Löschwinkel γ ist größer als γ_{min}. Im Bereich $0 < \omega t < \pi/3$ wird die Steuergröße geändert. Zum Zeitpunkt t_1 wird das Ventil T2 bei $\alpha = 143°$ gezündet, und der Gleichstrom I_d kommutiert von T1 auf T2. Zum Zeitpunkt t_2 ist die Kommutierung beendet. Der Löschwinkel ist jedoch kleiner als γ_{min}, d.h. beim Winkel $\omega t = 2\pi/3$ kann T1 noch keine Vorwärtsspannung übernehmen und der Gleichstrom kommutiert, da für $2\pi/3 < \omega t < 5\pi/3$ die Spannung

$$u_{UN}(\omega t) > u_{VN}(\omega t)$$

ist, auf T1 zurück. In diesem Winkelbereich ist auch

$$u_{UN}(\omega t) > E_L,$$

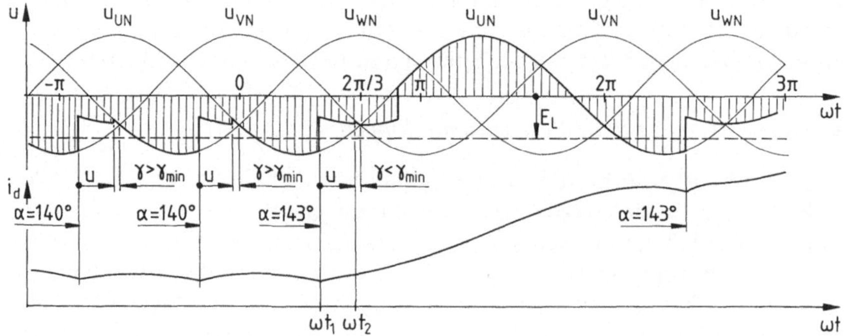

Bild 107. Zeitlicher Verlauf der charakteristischen Spannungen und Ströme beim Wechselrichterkippen. $L \neq 0$. $R \to 0$

was den Gleichstrom I_d so stark ansteigen läßt, daß der Überstromschutz (s. Kap. 6) anspricht und es zu einer Abschaltung des Stromrichters und damit zu 'ner Betriebsstörung kommt. Würde der Stromrichter nicht abgeschaltet werden, so würde wegen des stark angestiegenen Gleichstromes auch der nächste Kommutierungsversuch scheitern (Bild 107). Aus vorstehendem folgt, daß insbesondere im Wechselrichterbetrieb die Bedingungen

$$I_d \leqq I_{max}$$

und

$$\alpha \leqq \alpha_w$$

unbedingt eingehalten werden müssen. Bei der Auslegung des Stromrichters ist weiterhin darauf zu achten, daß auch bei der kleinsten betriebsmäßig zulässigen Netzspannung immer die Bedingung

$$|U_{di} \cos \alpha_w| > |E_{Lmax}|$$

erfüllt ist, da es sonst wegen eines unkontrolliert ansteigenden Gleichstroms zum Wechselrichterkippen kommen kann.

8.1.2.2 Konventionelle Theorie der Sechspuls-Brückenschaltung

Gleichspannung und induktive Gleichspannungsänderung

Wie bei der Dreipuls-Mittelpunktschaltung, gilt auch hier Gl. (104), die lastabhängige Gleichspannungsänderung kann zu

$$U_{d0\alpha} - U_{d\alpha} = U_{dxk} + U_{dr} + n(U_{dv} - U_{dv0})$$

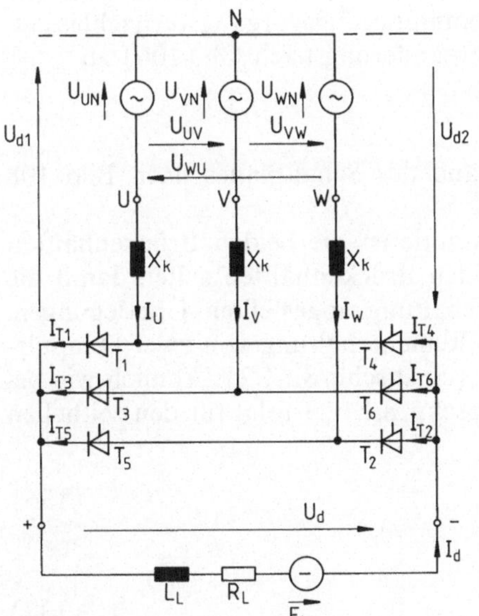

Bild 108. Grundschaltplan eines Stromrichters in Sechspuls-Brückenschaltung nach der konventionellen Stromrichtertheorie

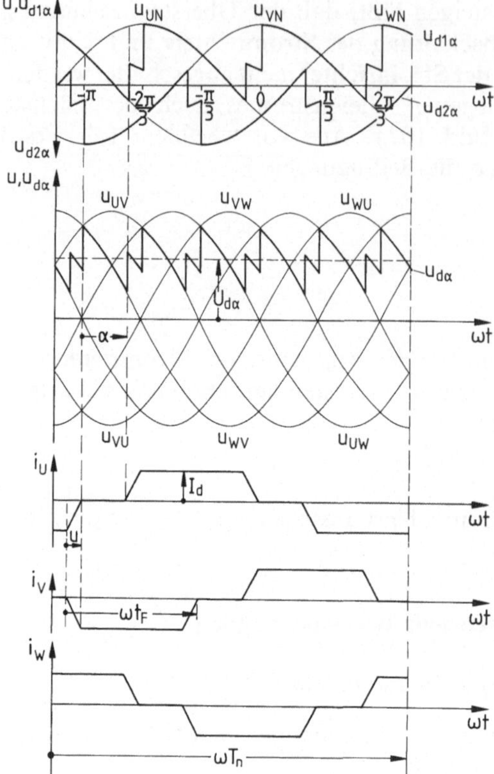

Bild 109. Zeitlicher Verlauf der charakteristischen Spannungen und Ströme beim Stromrichter nach Bild 108. $\alpha = 45°$; $I_{\mathrm d} = 0{,}2\sqrt{2}\,I_{\mathrm k}$; $\dfrac{U_{\mathrm{d\alpha}}}{U_{\mathrm{di}}} = 0{,}607$; $\dfrac{L_{\mathrm L}}{R_{\mathrm L}} \gg T_{\mathrm n}$

berechnet werden. Wird der Einfluß der ohmschen Widerstände und der Durchlaßspannung der Ventile auf den Kommutierungsvorgang vernachlässigt, so ergibt sich die induktive Gleichspannungsänderung nach Gl. (106) zu

$$U_{\mathrm{dxk}} = U_{\mathrm{di\alpha}} - U_{\mathrm{d\alpha}},$$

und die Berechnung von U_{dxk} kann anhand des Schaltplanes nach Bild 108 erfolgen.

Für Überlappungswinkel $u < 60°$ kommutieren die beiden Brückenhälften unabhängig voneinander. Für jede der beiden Brückenhälften gelten damit die vorstehend für die Dreipuls-Mittelpunktschaltung angestellten Überlegungen. Die Sechspuls-Brückenschaltung kann als Reihenschaltung von zwei Dreipuls-Mittelpunktschaltungen aufgefaßt werden (s. Abschn. 8.1.1.2). Ähnlich wie bei der idealisierten Stromrichtertheorie (s. Abschn. 8.1.1.2) folgt für den zeitlichen Verlauf der Gleichspannung (Bild 109)

$$u_{\mathrm{d\alpha}}(\omega t) = u_{\mathrm{d1\alpha}}(\omega t) + u_{\mathrm{d2\alpha}}(\omega t) \tag{136}$$

und für den Gleichspannungsmittelwert

$$U_{\mathrm{d\alpha}} = U_{\mathrm{di}} \cos \alpha - U_{\mathrm{dxk}}. \tag{137}$$

Die ideelle Gleichspannung ist nach Gl. (45)

$$U_{\mathrm{di}} = \frac{\sqrt{18}}{\pi} U_{\mathrm{v}} = 1{,}35 U_{\mathrm{v}} .$$

Solange beide Brückenhälften unabhängig voneinander kommutieren, entspricht die relative induktive Gleichspannungsänderung der Sechspuls-Brückenschaltung der der Dreipuls-Mittelpunktschaltung, es gilt somit nach Gl. (122) und (123)

$$d_{\mathrm{xk}} = \frac{1}{2}\left(1 - \cos u_0\right) = \frac{1}{2}\frac{I_{\mathrm{d}}}{\sqrt{2}I_{\mathrm{k}}} ,$$

wobei der Effektivwert des zweipoligen Kurzschlußstromes

$$I_{\mathrm{k}} = \frac{\sqrt{3}U_{\mathrm{s}}}{2X_{\mathrm{k}}}$$

ist. Die Strom-Spannungskennlinien von Bild 104 gelten somit auch für die Sechspuls-Brückenschaltung.

In den meisten Anwendungsfällen ist die Reaktanz des Stromrichtertransformators X_{kt} bzw. die der mit Rücksicht auf die Netzrückwirkungen (s. Abschn. 8.1.5) nach VDE 0160 dem Stromrichter vorzuschaltenden Kommutierungsdrosseln X_{kk} groß gegenüber der Netzreaktanz, es kann dann in guter Näherung

$$X_{\mathrm{k}} \approx X_{\mathrm{kt}} \quad \text{oder} \quad X_{\mathrm{k}} \approx X_{\mathrm{kk}}$$

gesetzt werden. Zwischen den induktiven Kurzschlußspannungen u_{xt} bzw. u_{xk} und den dazugehörigen Reaktanzen besteht die Beziehung

$$X_{\mathrm{kt}} = u_{\mathrm{xt}} \cdot \frac{U_{\mathrm{s}}}{I_{\mathrm{L}}} \tag{138.1}$$

bzw.

$$X_{\mathrm{kk}} = u_{\mathrm{xk}} \cdot \frac{U_{\mathrm{s}}}{I_{\mathrm{L}}} . \tag{138.2}$$

Für die idealisierte Stromrichtertheorie besteht nach Gl. (52) der Zusammenhang

$$I_{\mathrm{L}} = \sqrt{\frac{2}{3}}\,I_{\mathrm{d}} ,$$

der auch hier näherungsweise gilt. Damit kann für die Reaktanz X_{k} von Bild 108

$$X_{\mathrm{k}} \approx u_{\mathrm{x}}\frac{\sqrt{3}U_{\mathrm{s}}}{\sqrt{2}I_{\mathrm{d}}} \tag{139}$$

geschrieben werden. Daraus folgt

$$I_{\mathrm{k}} \approx \frac{I_{\mathrm{d}}}{\sqrt{2}u_{\mathrm{x}}}$$

und

$$d_{xk} \approx \frac{1}{2} u_x .$$ (140)

Für die Dimensionierung von Stromrichtern ist vorstehende Näherungsbetrachtung meist vollständig ausreichend. Soll der Zusammenhang zwischen Leiterstrom I_L und Gleichstrom I_d im Rahmen der konventionellen Stromrichtertheorie genauer ermittelt werden, so kann mit den Überlappungsfunktionen der Stromrichtertheorie [58, 59] gerechnet werden.

Die Belastung des vollausgesteuerten Stromrichters vom Leerlauf bis zum Kurzschluß

Bei der Großzahl der in Betrieb befindlichen Stromrichteranlagen tritt ein gleichstromseitiger Kurzschluß nur im Störfall auf, und der Kurzschlußstrom wird, wenn der Überstromschutz (s. Kap. 6) richtig funktioniert, schon während des Anstiegs abgeschaltet. Es gibt jedoch auch Fälle, bei denen betriebsmäßig Kurzschlüsse auftreten können. Als Beispiele seien Schweißstromrichter und Stromrichter für Gleichstrom-Lichtbogenöfen genannt. Der Stromrichter muß dann so ausgelegt sein, daß er den Kurzschlußstrom führen kann. Ein Überblick über die bei derartigen Anwendungen auftretende Ventilbeanspruchung und der Verlauf der Strom-Spannungskennlinie lassen sich ermitteln, wenn beim Stromrichter nach Bild 110 der Widerstand R_L bis auf den Wert Null verkleinert wird. Der in einer realen Stromrichteranlage auftretende Kurzschlußstrom ist geringer als der sich für den Stromrichter nach Bild 110, bei dem die ohmschen Leistungswiderstände zu Null gesetzt wurden, errechnende.

In Bild 111 und den folgenden Bildern 113 – 117 ist oben der zeitliche Verlauf der Sternspannungen und der sich daraus unter Berücksichtigung der Kommutie-

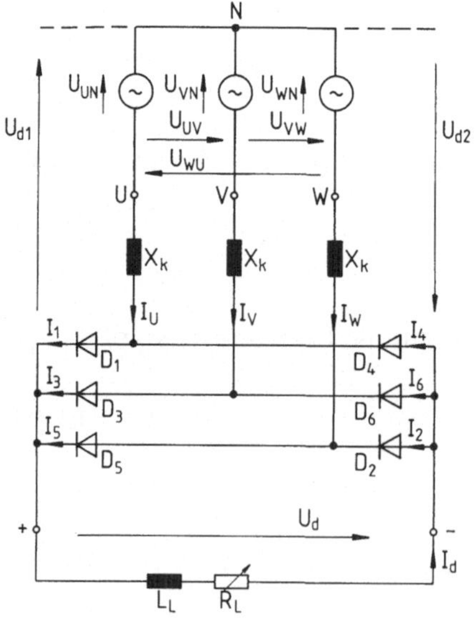

Bild 110. Schaltplan eines ungesteuerten Stromrichters in Sechspuls-Brückenschaltung zur Untersuchung des Betriebsverhaltens zwischen Leerlauf und Kurzschluß

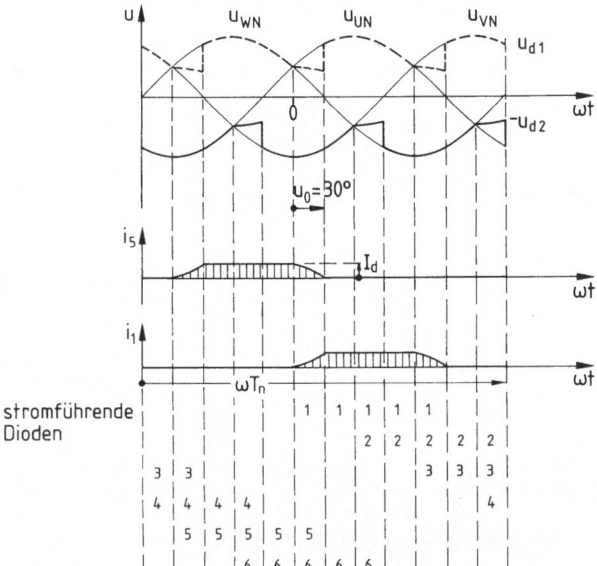

Bild 111. Zeitlicher Verlauf der Teilgleichspannungen U_{d1} und U_{d2} sowie der Ventilströme I_1 und I_5 beim Stromrichter nach Bild 110 für $I_d = \left(1 - \dfrac{\sqrt{3}}{2}\right)\sqrt{2}I_k$. $u_0 = 30°$

rung ergebenden Teilgleichspannungen $u_{d1}(\omega t)$ und $-u_{d2}(\omega t)$ dargestellt. Darunter sind die Ventilströme $i_1(\omega t)$ und $i_5(\omega t)$ eingezeichnet; anhand ihres zeitlichen Verlaufs soll beispielhaft die Kommutierung des Gleichstromes von der Diode D5 auf die Diode D1 diskutiert werden. Unten ist dann tabellarisch dargestellt, welche Dioden in den einzelnen Zeitabschnitten Strom führen.

Bild 111 ist für $u_0 = 30°$ gezeichnet. Das ist ein Überlappungswinkel, wie er sich bei einer Kurzschlußspannung von $u_x = 0,05$ und einem Verhältnis Stoßgleichstrom zu Nenngleichstrom von 2,6 ergibt. $u_0 = 30°$ ist damit etwa der obere Grenzwert, der im normalen Stromrichterbetrieb in den üblichen Stromrichtergeräten und -anlagen auftritt. In diesem normalen Betriebsbereich des Stromrichters führen, wie die Tabelle zeigt, abwechselnd 2 oder 3 Dioden Strom. Da der Kommutierungsvorgang in der einen Brückenhälfte abgeschlossen ist, ehe der der anderen Brückenhälfte beginnt, beeinflussen sich die Kommutierungsvorgänge nicht. Jede Brückenhälfte arbeitet wie eine Dreipuls-Mittelpunktschaltung. Die Strom-Spannungskennlinie folgt im Bereich $0 < u_0 \leq \dfrac{\pi}{3}$ der Funktion

$$\frac{U_d}{U_{di}} = 1 - \frac{1}{2} \cdot \frac{I_d}{\sqrt{2}I_k} \tag{141}$$

(Bild 112), wie sich aus den Gl. (121) – (123) ergibt.

Der zeitliche Verlauf der Spannungen und Ströme an der Bereichsgrenze für $u_0 = \pi/3$ ist in Bild 113 wiedergegeben. Jetzt führen stets drei Dioden Strom, d.h. die Spannungsquelle ist laufend zweipolig kurzgeschlossen, wobei der Kurzschluß

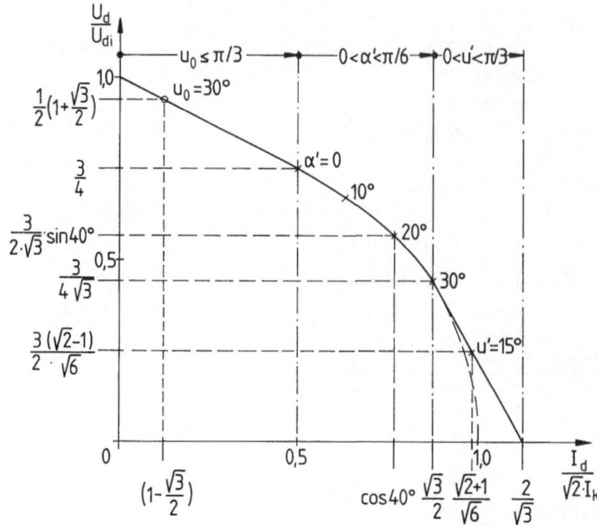

Bild 112. Strom-Spannungskennlinie des Stromrichters nach Bild 110 bis zum ideellen Kurzschluß

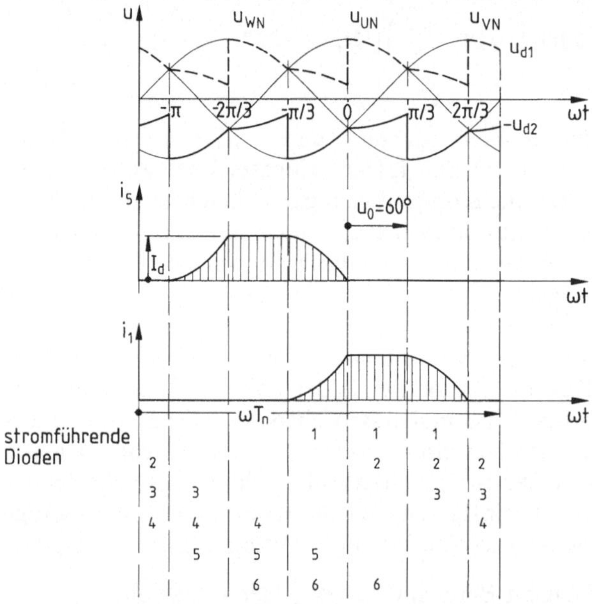

Bild 113. Zeitlicher Verlauf der Teilgleichspannungen U_{d1} und U_{d2} sowie der Ventilströme I_1 und I_5 beim Stromrichter nach Bild 110 für $I_d = 0{,}5 \cdot \sqrt{2} I_k$. $u_0 = 60°$

durch die zeitliche Abfolge der Kommutierungsvorgänge zyklisch weitergeschaltet wird. Ist der Kommutierungsvorgang in einer Brückenhälfte gerade beendet, kommutierte z.B. in der linken Brückenhälfte (Bild 110) der Gleichstrom von D5 auf D1, so erfolgt unmittelbar darauf in der rechten Brückenhälfte die Kommutierung von D6 auf D2. Wird der Strom durch Verkleinern des Widerstandswerts

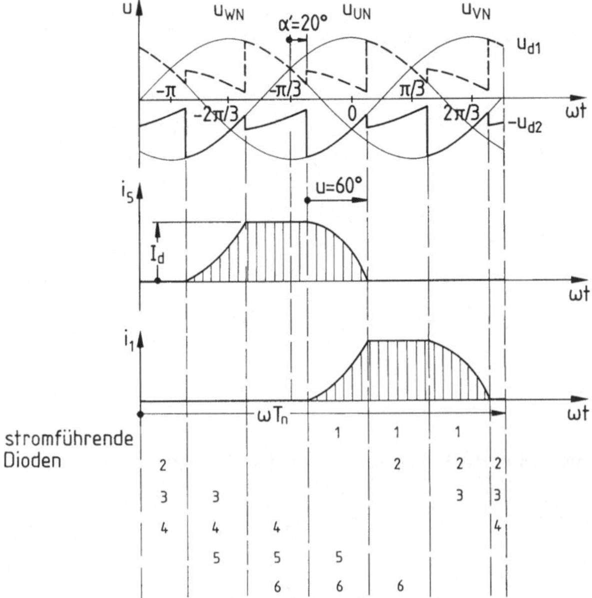

Bild 114. Zeitlicher Verlauf der Teilgleichspannungen U_{d1} und U_{d2} sowie der Ventilströme I_1 und I_5 beim Stromrichter nach Bild 110 für $I_d = \sqrt{2} \cdot I_k \cdot \cos 40°$. $u = 60°$; $\alpha' = 20°$

R_L weiter gesteigert, so laufen die Kommutierungsvorgänge in den beiden Brückenhälften nicht mehr unabhängig voneinander ab.

Das ist in Bild 114 dargestellt. Der Gleichstrom ist dabei auf einen Wert im Bereich $0,5 < I_d/\sqrt{2}I_k < \sqrt{3}/2$ angestiegen. Die Kommutierung des Gleichstromes in der linken Brückenhälfte vom Ventil D5 auf das Ventil D1 kann im Zeitpunkt $\omega t = -\pi/3$ noch nicht beginnen, weil in der rechten Brückenhälfte die Kommutierung von D4 auf D6 noch nicht abgeschlossen ist. Es tritt eine spontane Zündverzögerung um den Winkel α' auf, wodurch der Stromverlauf während der Kommutierung einem anderen Abschnitt aus dem Kurzschlußstromverlauf folgt (s. Bild 103). Durch die größere Steilheit des Stromanstiegs kann der Ventilstrom innerhalb des Überlappungswinkels $u = 60°$ auf einen höheren Gleichstromwert ansteigen. Die Gleichspannung errechnet sich für den Bereich $0 \leqq \alpha' \leqq \pi/6$ zu

$$U_{d\alpha'} = \frac{3}{\pi}\sqrt{2}U_s \left[\frac{1}{2} \int_{-\frac{\pi}{3}+\alpha'}^{\alpha'} \cos\left(\omega t + \frac{\pi}{3}\right) d\omega t \right.$$

$$\left. + \int_{\alpha'}^{\alpha'+\frac{\pi}{3}} \cos\omega t \, d\omega t \right]$$

$$= \frac{\sqrt{3}}{2} U_{di} \sin\left(\frac{\pi}{3} - \alpha'\right). \tag{142}$$

Wird in Gl. (127) $\alpha = \alpha'$ und $u = \pi/3$ gesetzt, so ergibt sich die Abhängigkeit des Gleichstromes vom Zündverzögerungswinkel α' zu

$$\frac{I_{\mathrm{d}}}{\sqrt{2}\,I_{\mathrm{k}}} = \cos\left(\frac{\pi}{3} - \alpha'\right). \tag{143}$$

Über die Beziehung

$$\sin^2\left(\frac{\pi}{3} - \alpha'\right) + \cos^2\left(\frac{\pi}{3} - \alpha'\right) = 1$$

wird

$$\sin\left(\frac{\pi}{3} - \alpha'\right) = \sqrt{1 - \left(\frac{I_{\mathrm{d}}}{\sqrt{2}\,I_{\mathrm{k}}}\right)^2}\,, \tag{144}$$

und die Strom-Spannungskennlinie ergibt sich über Gl. (142) zu

$$\frac{U_{\mathrm{d}\alpha'}}{U_{\mathrm{di}}} = \frac{\sqrt{3}}{2}\sqrt{1 - \left(\frac{I_{\mathrm{d}}}{\sqrt{2}\,I_{\mathrm{k}}}\right)^2}\,, \tag{145}$$

d.h. sie hat einen elliptischen Verlauf (s. Bild 112).

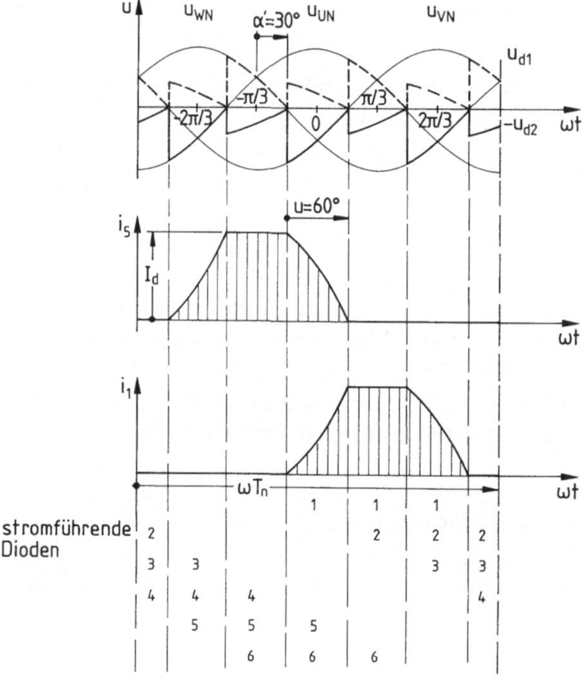

Bild 115. Zeitlicher Verlauf der Teilgleichspannungen $U_{\mathrm{d}1}$ und $U_{\mathrm{d}2}$ sowie der Ventilströme I_1 und I_S beim Stromrichter nach Bild 110 für $\dfrac{\sqrt{3}}{2}\sqrt{2}\,I_{\mathrm{k}}$. $u = 60°$; $\alpha' = 30°$

Bei $\alpha' = 30°$ (Bild 115) ist der Gleichstrom auf den Wert

$$I_{d} = \frac{\sqrt{3}}{2} \cdot \sqrt{2} I_{k}$$

angestiegen und das Gleichspannungsverhältnis ist auf

$$\frac{U_{d\alpha'}}{U_{di}} = \frac{3}{4 \cdot \sqrt{3}} = \frac{\sqrt{3}}{4}$$

zurückgegangen. Wird der Strom noch weiter gesteigert, so ergeben sich neue Zusammenhänge. Die spontane Zündverzögerung kann nicht über den Wert $\alpha' = 30°$ hinaus ansteigen. Der Übergang des Stromes von der Diode D4 auf die Diode D6 findet im Winkelbereich

$$-\frac{\pi}{2} < \omega t < -\frac{\pi}{6} + u'$$

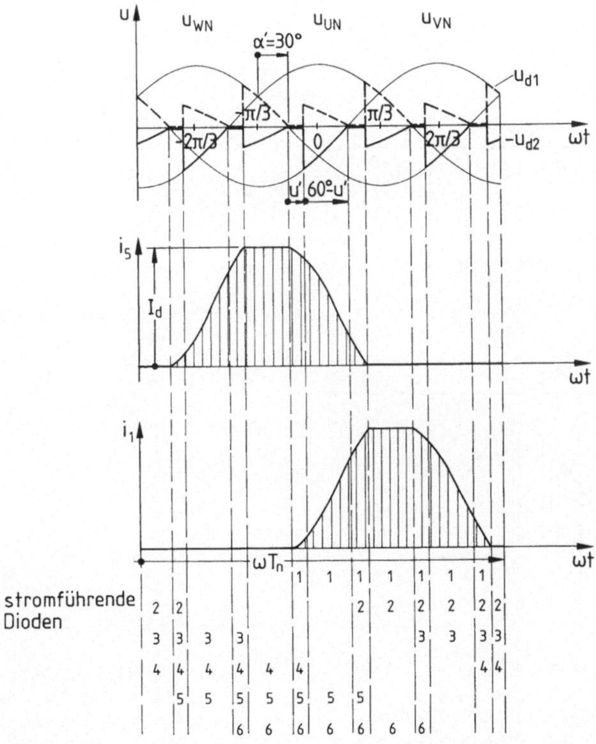

Bild 116. Zeitlicher Verlauf der Teilgleichspannungen U_{d1} und U_{d2} sowie der Ventilströme I_1 und I_5 beim Stromrichter nach Bild 110 für $I_{d} = \frac{\sqrt{2}+1}{\sqrt{6}} \sqrt{2} I_{k}$. $\alpha' = 30°$; $u' = 15°$

statt (Bild 116). Von $\omega t = -\dfrac{\pi}{2} + u'$ an liegt an der Anode der Diode D1 die Spannung

$$-u_{d2}(\omega t) = \frac{1}{2}\left[u_{UN}(\omega t) + u_{VN}(\omega t)\right].$$

Vom Winkel $\omega t = -\pi/6$ an ist die Anodenspannung der Diode D1 größer als die der Diode D5, damit kann die Kommutierung von D5 auf D1 beginnen, ohne daß die Kommutierung von D4 auf D6 schon abgeschlossen ist. Im Winkelbereich $-\pi/6 < \omega t < -(\pi/6) + u'$ führen die Dioden D1, D4, D5 und D6 gleichzeitig Strom, die Spannungsquelle ist dreipolig kurzgeschlossen und $u_{d1}(\omega t)$ und $u_{d2}(\omega t)$ haben den Wert Null. Im anschließenden Winkelbereich $-(\pi/6) + u' < \omega t < \pi/6$ wird in der linken Brückenhälfte die Kommutierung von D5 auf D1 fortgesetzt, während in der rechten Brückenhälfte nur D6 den Gleichstrom führt. Ehe der Gleichstrom voll von D5 auf D1 kommutiert ist, beginnt bei $\omega t = \pi/6$ in der rechten Brückenhälfte die Kommutierung von D6 auf D2, im Bereich $\pi/6 < \omega t < (\pi/6) + u'$ führen wieder vier Dioden den Gleichstrom usw. Während der Doppelkommutierungen, die die Länge u' haben, führen jeweils vier Dioden Strom, die Spannungsquelle ist dreipolig kurzgeschlossen. Während

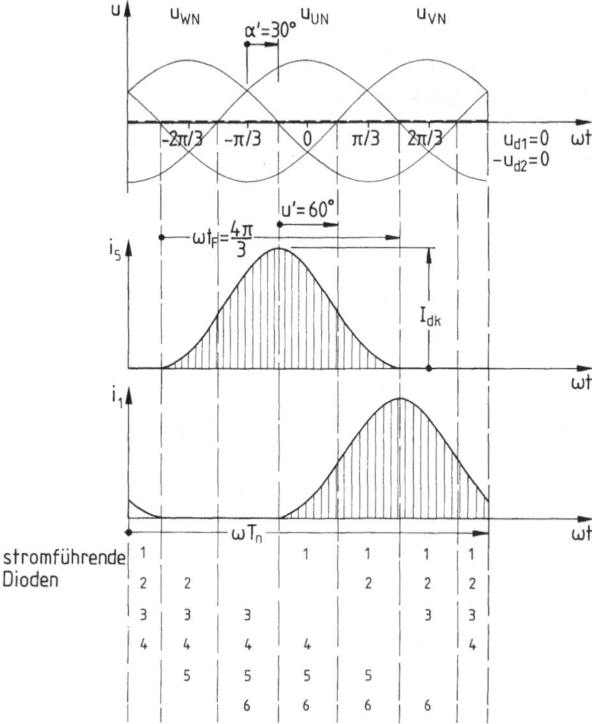

Bild 117. Zeitlicher Verlauf der Teilgleichspannungen U_{d1} und U_{d2} sowie der Ventilströme I_1 und I_5 beim Stromrichter nach Bild 110 für $I_d = \dfrac{2\cdot\sqrt{3}}{3}\sqrt{2}I_k.\ \alpha' = 30°;\ u' = 60°$

der verbleibenden Winkelbereiche der Länge $\pi/3 - u'$ führen stets drei Dioden Strom, die Spannungsquelle ist dann nur zweipolig kurzgeschlossen.

Für $R_L = 0$ wird $u' = \pi/3$, der Kurzschluß ist eingetreten (Bild 117), der Stromführungswinkel erreicht mit $\omega t_F = 4\pi/3$ seinen Maximalwert. In dem Bereich $0 < u' < \pi/3$ folgt die Strom-Spannungskennlinie wieder einer Geraden [58], in die die Ellipse im Punkt ($U_d/U_{di} = 3/4\sqrt{3}$; $I_d/\sqrt{2}I_k = \sqrt{3}/2$) stetig übergeht (s. Bild 112). Daraus folgt

$$\frac{U_{du'}}{U_{di}} = \sqrt{3} - \frac{3}{2} \cdot \frac{I_d}{\sqrt{2}I_k} \, . \tag{146}$$

Für den Kurzschlußpunkt ergibt sich

$$I_{dk} = \frac{2}{\sqrt{3}} \sqrt{2} I_k \, . \tag{147}$$

Damit ist die Strom-Spannungskennlinie vom Leerlauf bis zum Kurzschluß vollständig bekannt (Bild 112). Im Kurzschlußbetrieb (Bild 117) sind die Leiterströme I_L sinusförmige Blindströme. So ist z. B.

$$i_U(\omega t) = i_1(\omega t) - i_4(\omega t) = I_{dk} \cdot \sin \omega t \, .$$

Der Leiterstrom I_U eilt damit der Leiterspannung U_{UN} um $\varphi_1 = 90°$ nach.

Oberschwingungen im Netzstrom unter Berücksichtigung des Kommutierungsvorganges und der Welligkeit des Gleichstromes

In Abschn. 8.1.1.2 findet sich die unter den Bedingungen der idealisierten Stromrichtertheorie und der Voraussetzung eines gut geglätteten Gleichstromes gewonnene Oberschwingungsanalyse des Netzstromes. Wird der Kommutierungsvorgang berücksichtigt, so wird sich, wie z.B. der Vergleich des Stromverlaufes $i_U(\omega t)$ der Bilder 82 und 109 zeigt, das Oberschwingungsspektrum ändern. Ein weiterer Einfluß ist durch die Welligkeit des Gleichstromes zu erwarten.

In einer Reihe von Veröffentlichungen [69 − 72] wird gezeigt, wie unter Einsatz der elektronischen Datenverarbeitung das Oberschwingungsspektrum der Netzströme unter Berücksichtigung der Kommutierungsreaktanzen X_k und einer endlichen Induktivität der Glättungsdrosselspule L_L (s. Bild 108) recht genau berechnet werden kann. Hier soll im folgenden nach einer anschaulichen Methode [58] der Einfluß einer endlichen Kommutierungsreaktanz ($X_k > 0$) und einer unvollkommenen Glättung des Gleichstromes ($L_L < \infty$) auf das Oberschwingungsspektrum abgeschätzt werden. Dabei wird in zwei Schritten vorgegangen.

Im ersten Schritt wird nur die Auswirkung der endlichen Kommutierungsreaktanz berücksichtigt, während weiterhin von einem gut geglätteten Gleichstrom I_d ausgegangen wird. In Bild 118 sind die Funktionen $u_{UN}(\omega t)$ und $i_U(\omega t)$ für einen Steuerwinkel $\alpha = 45°$ dargestellt. Bei Steuerwinkeln im Bereich $45° \leqq \alpha \leqq 125°$ kann bei den üblichen Werten des Anfangsüberlappungswinkels ($u_0 \leqq 30°$) mit einem nahezu linearen Verlauf des Leiterstromes während des Kommutierungsvorgangs gerechnet werden (s. auch Bild 103).

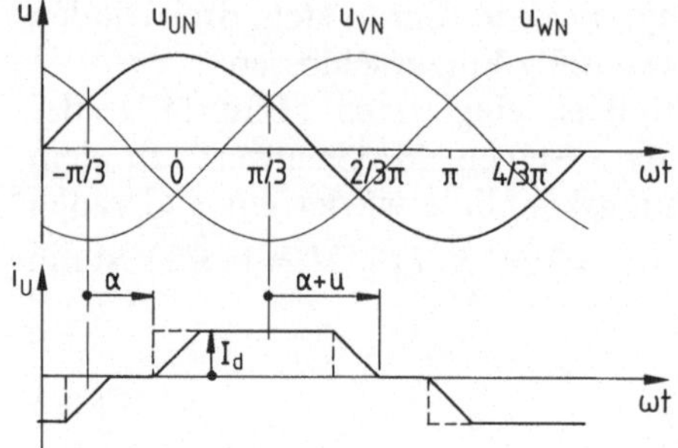

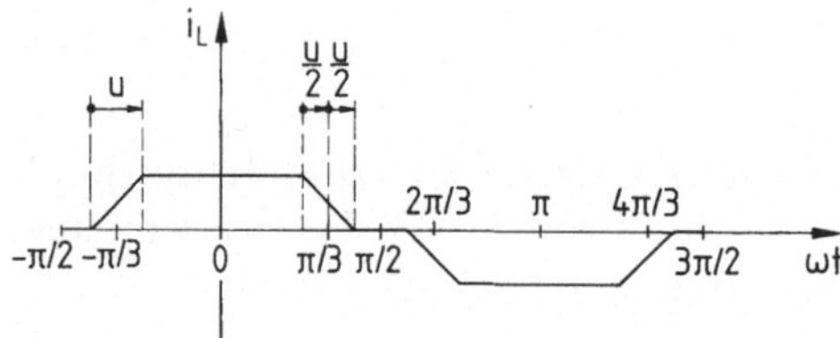

Bild 118. Zeitlicher Verlauf der Spannung u_{UN} und des Stromes i_U bei endlicher Kommutierungsdauer. $X_k > 0$; $\alpha = 45°$; $\dfrac{L_L}{R_L} \gg T_n$

Bild 119. Näherungsweiser Verlauf des netzseitigen Stromes für die Berechnung des Oberschwingungsspektrums

Bei den folgenden Überlegungen wird daher vereinfachend ein linearer Verlauf angenommen. Wird der Abszissennullpunkt in die Symmetrieachse des trapezförmigen Verlaufes der positiven Stromhalbschwingung gelegt (Bild 119), so werden bei einem Ansatz nach Gl. (59) alle B_v-Koeffizienten zu Null. Die in Gl. (60.1) einzusetzende Funktion $i_L(\omega t)$ kann für die positive Halbschwingung abschnittsweise beschrieben werden zu

$$i_L(\omega t) = 0 \quad \text{für} \quad -\frac{\pi}{2} < \omega t < -\frac{\pi}{3} - \frac{u}{2},$$

$$i_L(\omega t) = \frac{1}{u} I_d \left(\omega t + \frac{\pi}{3} + \frac{u}{2} \right) \quad \text{für} \quad -\frac{\pi}{3} - \frac{u}{2} < \omega t < -\frac{\pi}{3} + \frac{u}{2},$$

$$i_L(\omega t) = I_d \quad \text{für} \quad -\frac{\pi}{3} + \frac{u}{2} < \omega t < \frac{\pi}{3} - \frac{u}{2},$$

$$i_L(\omega t) = -\frac{1}{u} I_d \left(\omega t - \frac{\pi}{3} - \frac{u}{2} \right) \quad \text{für} \quad \frac{\pi}{3} - \frac{u}{2} < \omega t < \frac{\pi}{3} + \frac{u}{2}$$

und

$$i_L(\omega t) = 0 \quad \text{für} \quad \frac{\pi}{3} + \frac{u}{2} < \omega t < \frac{\pi}{2},$$

Unter Berücksichtigung der Gl. (60.1), (61) und (62) sowie der vorliegenden Symmetriebedingungen, es herrscht Abszissensymmetrie der positiven Halbschwingung, ergibt sich der Effektivwert der v. Oberschwingung zu

$$I'_{vL} = \frac{4}{\sqrt{2\pi}} \left| \int_0^{\frac{\pi}{2}} i_L(\omega t) \cos v\omega t \, d\omega t \right|$$

$$= \frac{\sqrt{6}}{v\pi} \cdot \left| \frac{\sin v \cdot \dfrac{u}{2}}{v \cdot \dfrac{u}{2}} \right| I_d \tag{148}$$

($v = 6 \cdot n \pm 1$ mit $n = 1, 2, 3, \ldots$).

Für die Grundschwingung folgt

$$I'_{1L} = \frac{\sqrt{6}}{\pi} I_d \cdot \left| \frac{\sin \dfrac{u}{2}}{\dfrac{u}{2}} \right|$$

bzw. mit Gl. (66)

$$I'_{1L} = I_{1L} \cdot \left| \frac{\sin \dfrac{u}{2}}{\dfrac{u}{2}} \right|. \tag{149}$$

Zur Unterscheidung werden die sich nach der idealisierten Stromrichtertheorie ergebenden Effektivwerte der Harmonischen weiterhin mit I_{vL} und die nach vorstehendem, die Kommutierung vereinfacht berücksichtigenden Ansatz errechneten mit I'_{vL} bezeichnet. Mit Gl. (66) und (149) läßt sich Gl. (148) umschreiben in

$$\frac{I'_{vL}}{I_{1L}} = \frac{1}{v} \cdot \left| \frac{\sin v \cdot \dfrac{u}{2}}{v \cdot \dfrac{u}{2}} \right| = \frac{1}{v} f(v, u). \tag{150}$$

Die Effektivwerte I'_{vL} unterscheiden sich von den sich nach der idealisierten Stromrichtertheorie aus Gl. (65) ergebenden um die Korrekturfunktionen

$$f(v, u) = \left| \frac{\sin v \cdot \dfrac{u}{2}}{v \cdot \dfrac{u}{2}} \right|,$$

die für die Ordnungszahlen $v = 1, 5, 7, 11, 13, 17, 19$ in Bild 120 aufgetragen sind. Es zeigt sich, daß mit steigendem Überlappungswinkel u die Effektivwerte aller Harmonischen einschließlich der Grundschwingung gegenüber dem Ausgangswert ($u = 0$) abnehmen. Während die Grundschwingung sich im üblichen Überlappungsbereich nur geringfügig verkleinert, verringern sich die Ober-

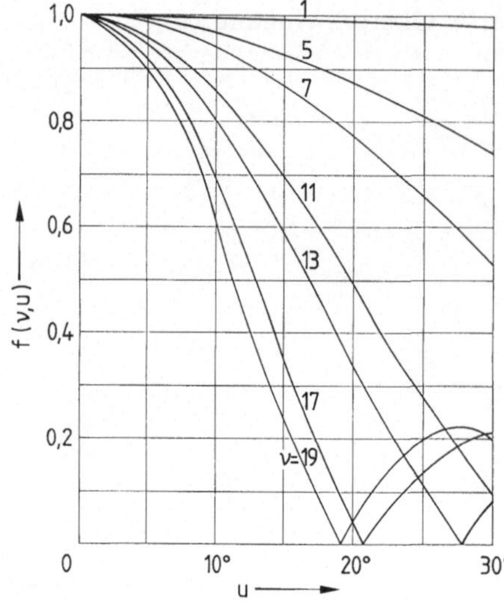

Bild 120. Korrekturfunktionen

$$f(v,u) = \left| \frac{\sin\left(v\dfrac{u}{2}\right)}{v\dfrac{u}{2}} \right|$$

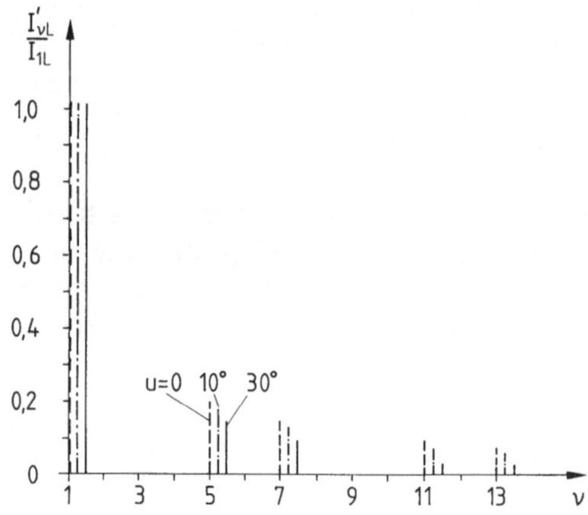

Bild 121. Oberschwingungsspektren des Netzstromes sechspulsiger Stromrichter bei $u=0$, $u=10°$ und $u=30°$

schwingungen mit steigender Ordnungszahl zunehmend, woraus folgt, daß der Grundschwingungsgehalt mit steigendem Überlappungswinkel u ansteigt und der Klirrfaktor abnimmt. Die entsprechende Aussage läßt sich auch aus den Oberschwingungsspektren (Bild 121) ableiten, die zeigen, daß mit steigendem Überlappungswinkel u die Effektivwerte der Oberschwingungen in Abhängigkeit von den Ordnungszahlen v stärker abnehmen, als es dem $1/v$-Gesetz (Gl. 65) entspricht.

In einem zweiten Schritt werden die Kommutierungsreaktanzen $X_k = 0$ gesetzt (s. Bild 99), es wird jedoch die Welligkeit des Gleichstroms berücksichtigt. Um die Rechnung möglichst einfach und übersichtlich zu gestalten, wird der Lastkreiswiderstand zu $R_L = 0$ angenommen, und es wird der Fall des größten dem

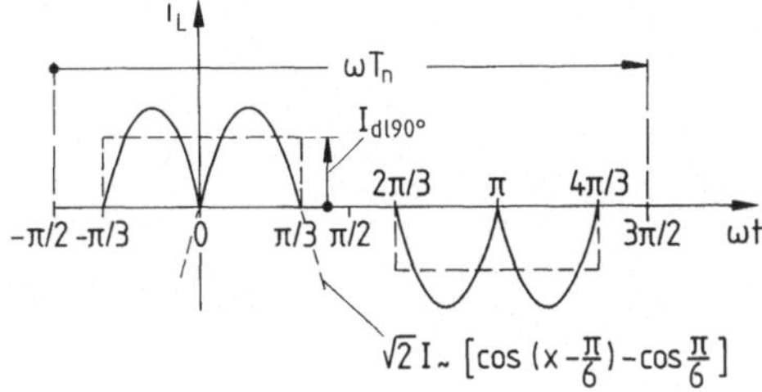

Bild 122. Zeitlicher Verlauf des Netzstromes eines Stromrichters in Sechspuls-Brückenschaltung bei Betrieb an der Lückgrenze und $\alpha = 90°$. $R_L = 0$

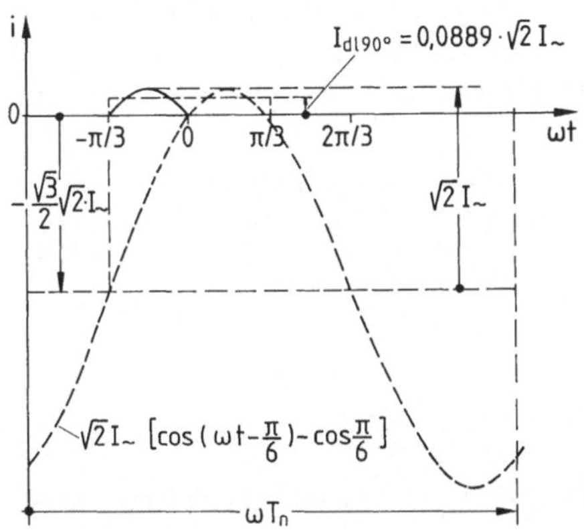

Bild 123. Zur Erläuterung des zeitlichen Verlaufs der Stromkuppen bei Betrieb an der Lückgrenze. ($R_L = 0$; $\alpha = 90°$)

Gleichstrom überlagerten Wechselstromes untersucht, der sich bei $\alpha = 90°$ einstellt. Die Voraussetzungen entsprechen damit etwa denen, die für das Anfahren einer größeren Gleichstrommaschine gelten.

Untersucht wird zunächst der Betriebszustand mit der größten Stromwelligkeit im nicht lückenden Betrieb; das ist der Betrieb an der Lückgrenze (s. Bild 87 links). Der zugehörige Leiterstrom I_L zeigt bei diesem Betriebszustand den in Bild 122 dargestellten Verlauf. Aus Bild 87 ist zu entnehmen, daß die Stromkuppen den Kuppen von cos-Funktionen im Bereich $-\dfrac{\pi}{6} < \omega t < \dfrac{\pi}{6}$ entsprechen, die durch sinusförmige Abschnitte der Dreieckspannungen im Bereich $5\pi/6 < \omega t < 7\pi/6$ hervorgerufen werden.

Die sich in Bild 122 im Bereich $0 < \omega t < \dfrac{\pi}{3}$ erstreckende Stromkuppe ist ein Ausschnitt aus der Funktion

$$i_\sim = \sqrt{2}I_\sim\left[\cos\left(\omega t - \frac{\pi}{6}\right) - \cos\frac{\pi}{6}\right] \tag{151}$$

(Bild 123), wobei

$$I_\sim = \frac{U_v}{\omega L_L} \tag{152}$$

ist. Der Gleichstrommittelwert ergibt sich damit zu

$$I_{d190^\circ} = \frac{3 \cdot \sqrt{2}}{\pi} I_\sim \left[\int_0^{\frac{\pi}{3}} \cos\left(\omega t - \frac{\pi}{6}\right) d\omega t \right.$$

$$\left. - \cos\frac{\pi}{6} \cdot \int_0^{\frac{\pi}{3}} d\omega t \right]$$

$$= 0{,}0889\sqrt{2} I_\sim \,. \tag{153}$$

Wird mit dem Ansatz nach Gl. (59) die harmonische Analyse durchgeführt, so zeigt sich, daß für den gewählten Abszissennullpunkt die B_v-Glieder zu Null werden. Wegen der vorliegenden Symmetriebedingungen braucht nur über eine Viertelperiode integriert zu werden, es folgt

$$I''_{vL} = \frac{4}{\sqrt{2}\pi} \left| \int_0^{\frac{\pi}{2}} i_L(\omega t) \cos(v\omega t)\, d\omega t \right|, \tag{154}$$

wobei für den Bereich $0 < \omega t < \dfrac{\pi}{3}$ nach Bild 122

$$i_L(\omega t) = i_\sim(\omega t)$$

nach Gl. (151) zu setzen ist. Die Auswertung von Gl. (154) liefert die Ergebnisse

$$I''_{1L} = \left[\frac{1}{\sqrt{3}} - \frac{3}{2\pi} \right] I_\sim = 0{,}7945 I_{d190^\circ}\,, \tag{155}$$

$$I''_{vL} = \frac{3}{\pi} \cdot I_\sim \frac{1}{v(v-1)} \quad \text{für} \quad v = n \cdot 6 - 1 \tag{156.1}$$

und

$$I''_{vL} = \frac{3}{\pi} \cdot I_\sim \frac{1}{v(v+1)} \quad \text{für} \quad v = n \cdot 6 + 1\,, \tag{156.2}$$

$(n = 1, 2, 3, \ldots)$. Diese sind in Bild 124 in Form eines Oberschwingungsspektrums graphisch dargestellt, wobei als Bezugswert der Effektivwert der Grundschwingung nach der idealisierten Stromrichtertheorie [s. Gl. (66)]

$$I_{1L} = \frac{\sqrt{6}}{\pi} I_d = 0{,}7797 I_d$$

gewählt ist. Es zeigt sich daß für die Grundschwingung

$$\frac{I''_{1L}}{I_{1L}} = 1{,}019$$

eine geringe Erhöhung, für die 5. Oberschwingung

$$\frac{I''_{5L}}{I_{1L}} = 0{,}49$$

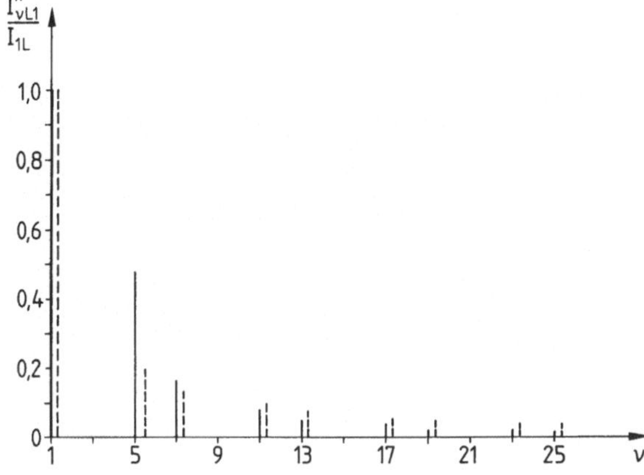

Bild 124. Oberschwingungsspektren des Netzstromes sechspulsiger Stromrichter bei $\alpha = 90°$ und Betrieb an der Lückgrenze (———) sowie bei vollkommen geglättetem Gleichstrom und $X_k = 0$ (— — —)

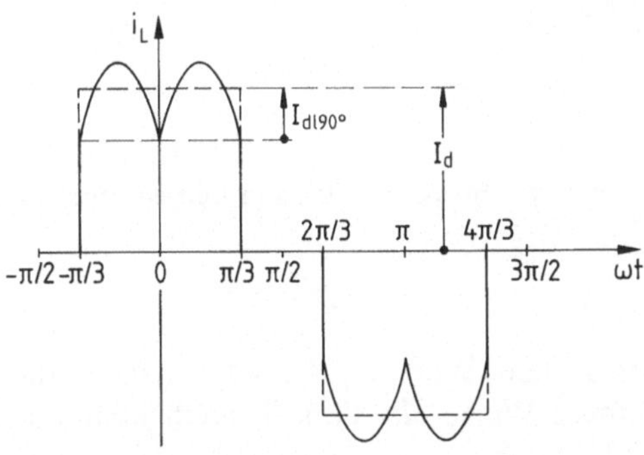

Bild 125. Zeitlicher Verlauf des Netzstromes eines Stromrichters in Sechspuls-Brückenschaltung nach der idealisierten Stromrichtertheorie bei $\alpha = 90°$ und endlicher Glättungsinduktivität dargestellt für $I_d/I_{d190} = 3$

eine erhebliche Erhöhung und für die 7. Oberschwingung

$$\frac{I''_{7L}}{I_{1L}} = 0,174$$

eine geringe Erhöhung gegenüber dem $1/v$-Gesetz der Gl. (65) eintritt. Für alle anderen Oberschwingungen ergibt sich verglichen mit dem $1/v$-Gesetz ein geringerer Wert.

Bei Gleichströmen oberhalb der Lückgrenze kann man sich die Halbschwingungen des netzseitigen Leiterstromes I_L zusammengesetzt denken aus einem blockförmigen Anteil nach Bild 74, dem der Verlauf an der Lückgrenze nach Bild 122 aufgesetzt wird, so daß sich der zeitliche Verlauf nach Bild 125 ergibt. Werden die Oberschwingungsanteile beider Ströme phasenrichtig addiert, so läßt sich der Effektivwert der Oberschwingungen über dem Stromverhältnis $I_d/I_{d190°}$ darstellen (Bild 126). Die I''_{vL}-Kurven gehen von den Werten der Gl. (156) für $I_d/I_{d190°} = 1$ aus und gehen für $I_d/I_{d190°} \to \infty$ in die Werte $I''_{vL}/I_{1L} = 1/v$ über.

Im realen Stromrichterbetrieb ist mit von Null verschiedenen Kommutierungsreaktanzen und mit welligem Gleichstrom zu rechnen. Die beiden vorstehend beschriebenen Einflüsse überlagern sich. Bei Verhältnissen, wie sie sich z.B. bei der Speisung von Gleichstrom-Kommutatormaschinen ergeben, wird der

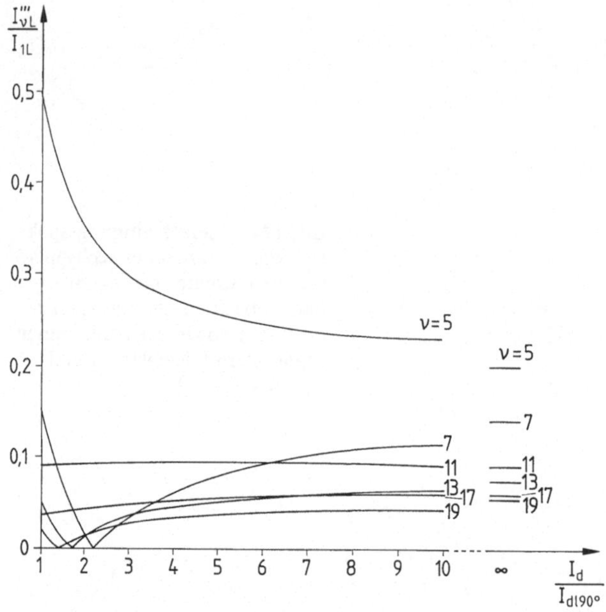

Bild 126. Zusammensetzung des Oberschwingungsspektrums bei $\alpha = 90°$ und Betrieb oberhalb der Lückgrenze

Effektivwert der 5. Oberschwingung über dem Wert $I_{5L}/I_{1L} = 1/5$ liegen, die anderen Oberschwingungen werden kleinere Werte als die sich nach dem $1/\nu$-Gesetz ergebenden annehmen [69, 70, 72].

Kommutierungsblindleistung

Während der Kommutierung ist die Spannungsquelle über die Reaktanzen des Kommutierungskreises kurzgeschlossen, d.h. sie ist induktiv belastet. Daraus läßt sich folgern, daß der Stromrichter der Spannungsquelle nicht nur Steuerblindleistung, sondern auch Kommutierungsblindleistung entnimmt.

Die exakte Berechnung der Kommutierungsblindleistung [58] ist recht aufwendig, der Rechengang kann deshalb hier nur angedeutet werden. Er führt über die Ermittlung der Blindkomponente I_{1B} des Grundschwingungsstromes mit einem Ansatz nach Gl. (59). Wird der Abszissennullpunkt in das Maximum der Sternspannung gelegt (s. Bild 118), so wird

$$I_{1B} = \frac{|B_1|}{\sqrt{2}},$$

wobei B_1 nach Gl. (60.2) zu bestimmen ist. Die bezogene Grundschwingungsblindleistung ergibt sich dann zu

$$\frac{Q_{1\alpha}}{U_{di}I_d} = \frac{2u + \sin 2\alpha - \sin 2(\alpha + u)}{4[\cos\alpha - \cos(\alpha + u)]}.$$

(157)

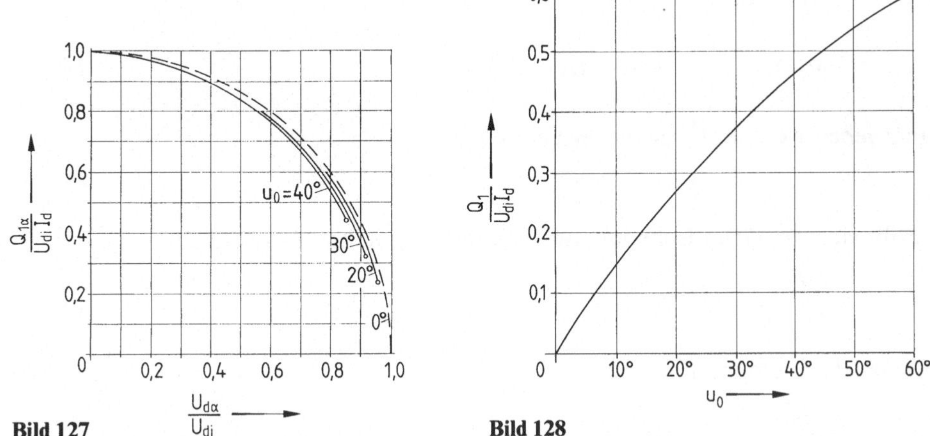

Bild 127

Bild 128

Bild 127. Grundschwingungsblindleistung (Summe aus Kommutierungs- und Steuerblindleistung) in Abhängigkeit von der bezogenen Gleichspannung

Bild 128. Kommutierungsblindleistung bei voller Aussteuerung ($\alpha=0$) in Abhängigkeit vom Anfangsüberlappungswinkel u_0

Die Auswertung (Bild 127), in der $Q_{1\alpha}/(U_{di} \cdot I_d)$ über $U_{d\alpha}/U_{di} = \cos\alpha - d_{xk}$ aufgetragen ist, zeigt, daß die Blindlastkurven für $\alpha=0$ (durch einen kleinen Kreis bezeichnete Anfangspunkte der Kurven) schon einen von Null verschiedenen Ordinatenwert liefern. Jede der Kurven gilt für einen Anfangsüberlappungswinkel u_0 und damit für einen bestimmten Wert des Gleichstroms I_d. Die Kurvenschar, die nur für den Gleichrichterbereich dargestellt ist, verläuft im Wechselrichterbereich spiegelbildlich zur Ordinate. Wird $\alpha=0$ in Gl. (157) eingesetzt, so ergibt sich mit

$$\frac{Q_1}{U_{di} \cdot I_d} = \frac{2u_0 - \sin 2u_0}{4[1 - \cos u_0]} \tag{158}$$

die Kommutierungsblindleistung bei voller Aussteuerung, die in Bild 128 in Abhängigkeit vom Anfangsüberlappungswinkel u_0 aufgetragen ist.

Einfacher zu handhaben und abzuleiten ist eine Näherungslösung, die von der Voraussetzung ausgeht, daß bei konstant gehaltenem Gleichstrom I_d sich der Effektivwert der Grundschwingung in Abhängigkeit vom Überlappungswinkel u nur unwesentlich ändert. Wie aus Bild 120 entnommen werden kann, ist diese Annahme im dargestellten Bereich durchaus zulässig. Die Gleichstromleistung des Stromrichters ist

$$P_d = U_{d\alpha} \cdot I_d . \tag{159}$$

Aus den Gl. (130) und (131) ergibt sich

$$U_{d\alpha} = U_{di}(\cos\alpha - d_{xk}). \tag{160}$$

Die Gl. (97) gilt hier wegen der genannten Vereinfachung nur näherungsweise:

$$S_1 \approx U_{di} \cdot I_d .$$

Damit kann nach Gl. (89) der Grundschwingungsverschiebungsfaktor

$$\cos \varphi_1 = \frac{P}{S_1} \approx \cos \alpha - d_{xk} \tag{161}$$

angegeben werden. Über die Beziehung

$$Q_1 = \sqrt{S_1^2 - P^2}$$

ergibt sich die Grundschwingungsblindleistung näherungsweise zu

$$\frac{Q_1}{U_{di} \cdot I_d} \approx \sqrt{1 - (\cos \alpha - d_{xk})^2} \, . \tag{162}$$

Im Wechselrichterbereich ist

$$|\cos \alpha| < |\cos \alpha - d_{xk}| \, ,$$

woraus folgt, daß sich im Wechselrichterbetrieb die Grundschwingungs-Blindleistungsaufnahme des Stromrichters gegenüber der nach der idealisierten Theorie ermittelten vermindert.

Abschließende Bemerkung zum Thema konventionelle Theorie des netzgeführten Stromrichters

Während die idealisierte Stromrichtertheorie einen guten Überblick über die grundsätzliche Arbeitsweise des Stromrichters ermöglicht, lassen sich mit der konventionellen Theorie tiefere Einblicke in die Stromrichterfunktion gewinnen. Wenn die konventionelle Theorie mit gewissen Vereinfachungen arbeiten kann, insbesondere wenn der Einfluß der ohmschen Widerstände im Kommutierungskreis auf den Kommutierungsvorgang vernachlässigt werden kann, stellt sie keine allzu hohen Anforderungen an das mathematische Können, und sie bleibt noch gut überschaubar. Mit ihrer Hilfe können Stromrichterschaltungen dimensioniert und es kann die elektrische Beanspruchung der einzelnen Anlagenteile nachgerechnet werden. Die Aussagen der konventionellen Stromrichtertheorie erklären die im Stromrichter zu beobachtenden Vorgänge in recht guter Näherung.

8.1.3 Stromrichter zum Betrieb in mehreren Quadranten der Gleichstrom-Gleichspannungsebene

Um die möglichen Arbeitsbereiche von Stromrichtern kennzeichnen zu können, ist es üblich, die Gleichstrom-Gleichspannungsebene in vier Quadranten einzuteilen (Bild 129). Haben Gleichstrom und Gleichspannung gleiche Vorzeichen, wie das in den Quadranten I und III der Fall ist, so wird Leistung an das Gleichstromsystem abgegeben, der Stromrichter arbeitet als Gleichrichter. Haben Gleichstrom und Gleichspannung bei Betrieb im Quadranten II oder IV entgegengesetzte Vorzeichen, so wird dem Gleichstromsystem Leistung entnommen, der Stromrichter arbeitet dann als Wechselrichter.

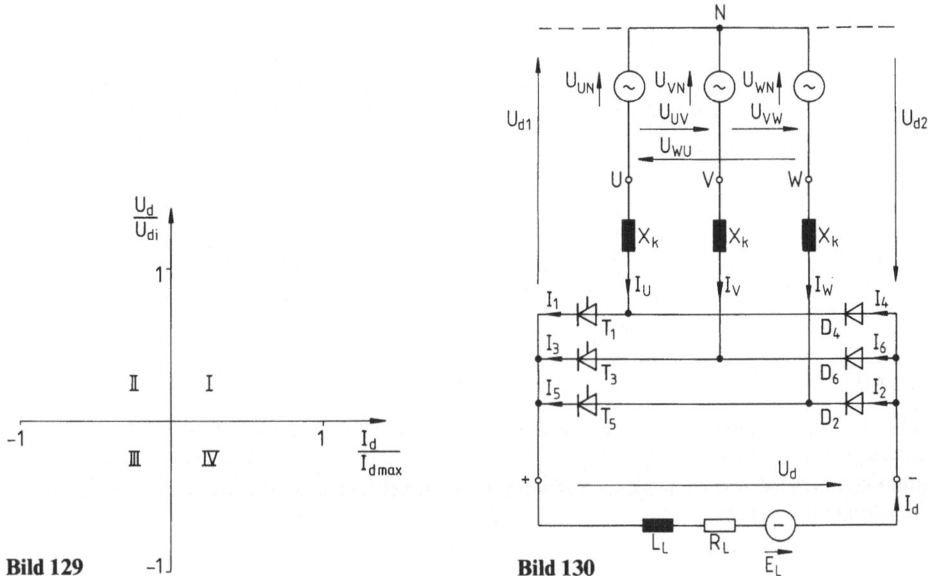

Bild 129   **Bild 130**

Bild 129. Die vier Quadranten der Gleichstrom-Gleichspannungsebene

Bild 130. Grundsätzlicher Schaltplan eines Stromrichters in halbgesteuerter Drehstrombrücken-schaltung

8.1.3.1 Einquadrant-Stromrichter

Einquadrant-Stromrichter können Gleichstrom nur einer Richtung und Gleich-spannung nur einer Polarität zur Verfügung stellen, d.h. netzgeführte Einqua-drant-Stromrichter können nur als Gleichrichter arbeiten. Ein Beispiel für einen Einquadrant-Stromrichter ist die halbgesteuerte Drehstrom-Brückenschaltung (Bild 130). Diese Schaltung kann als Reihenschaltung einer mit Dioden bestückten ungesteuerten Dreipuls-Mittelpunktschaltung und einer mit Thyristo-ren ausgerüsteten steuerbaren aufgefaßt werden. Diese Schaltung hat keine große Bedeutung mehr, deshalb wird hier auf ihre Theorie nicht eingegangen. Der interessierte Leser sei auf die Literaturstellen [58, 59 und 62] verwiesen. Wegen der bei der steuerbaren Halbbrücke zu beachtenden Wechselrichtertrittgrenze kann die Gleichspannung nicht ganz bis auf Null gesteuert werden, was den Betriebsbereich einengt (Bild 131). Unter I_{dmax} ist der maximal zulässige betriebsmäßige Strom zu verstehen, auf den bei einer geregelten Anlage die Strombegrenzung eingestellt ist.

8.1.3.2 Zweiquadranten-Stromrichter

Der bisher schwerpunktmäßig behandelte Stromrichter in Sechspuls-Brücken-schaltung nach Bild 108 ist ein Zweiquadrant-Stromrichter mit Spannungsum-kehr, der in den Quadranten I und IV der Gleichstrom-Gleichspannungsebene betrieben werden kann (Bild 132). Er kann nach DIN 41 750 Teil 1/2.85 „Begriffe

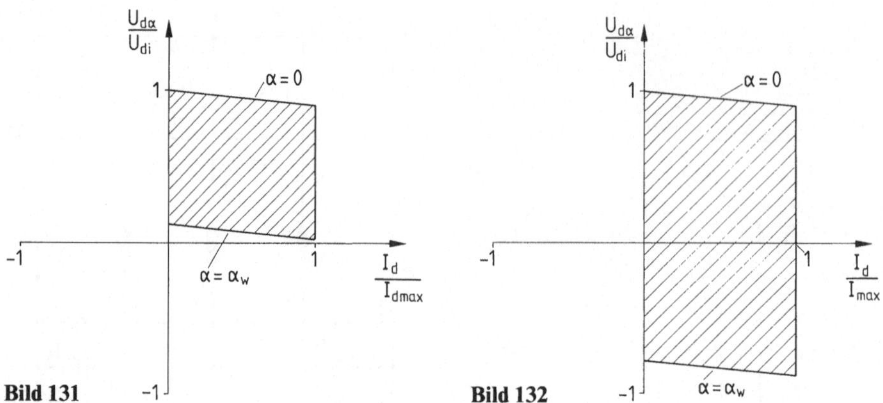

Bild 131

Bild 132

Bild 131. Betriebsbereich eines Einquadrant-Stromrichters nach Bild 130 in der Gleichstrom-Gleichspannungsebene

Bild 132. Betriebsbereich eines Zweiquadranten-Stromrichters nach Bild 108 in der Gleichstrom-Gleichspannungsebene

für Stromrichter; Aufbau und Funktionsarten" auch als Einzel-Stromrichter bezeichnet werden.

8.1.3.3 Vierquadranten-Stromrichter

In der elektrischen Antriebstechnik z.B. reicht der Zweiquadranten-Stromrichter in vielen Fällen nicht aus. Oft wird, um das Drehmoment einer Gleichstrom-Kommutatormaschine schnell umkehren zu können, ein schneller Richtungswechsel des Ankerstromes verlangt. Das läßt sich mit Hilfe eines Vierquadranten-Stromrichters nach Bild 133 oder 134 erreichen. Netzgeführte Vierquadranten-Stromrichter können kreisstromfrei oder kreisstrombehaftet ausgeführt werden. In den letzten Jahren geht, auch bei hohen dynamischen Anforderungen, die Tendenz ganz eindeutig zum kreisstromfreien Vierquadranten-Stromrichter. Diese wird unterstützt durch Fortschritte in der Regelungs- und Steuerungstechnik, die durch den Übergang von der analogen zur digitalen Signalverarbeitung möglich geworden sind. Beim heutigen Stand ergeben sich mit der kreisstromfreien Schaltung bezüglich der erreichbaren Regeldynamik kaum noch Nachteile, bezüglich des erforderlichen Aufwandes hat sie jedoch erhebliche Vorteile, wie der Vergleich der Bilder 133 und 134 zeigt. Während die kreisstromfreie Schaltung über relativ kleine Kommutierungsdrosselspulen direkt an das Drehstromnetz geschaltet werden kann, muß die kreisstrombehaftete Ausführung entweder in Kreuzschaltung mit Dreiwicklungstransformator und zwei Kreisstromdrosselspulen mit den Induktivitäten L_{kr} oder in Gegenparallelschaltung mit vier sehr großen Kreisstromdrosselspulen ausgeführt werden. Wenn überhaupt die kreisstrombehaftete Variante gewählt wird, dann wird sie meist in Kreuzschaltung ausgeführt. Da die kreisstrombehaftete Schaltung nur noch eine sehr geringe Bedeutung hat, wird auf die Kreisstromtheorie nicht eingegangen. Der interessierte Leser sei auf die Literaturstellen [58, 59] verwiesen, in denen die einschlägige Theorie ausführlich behandelt wird.

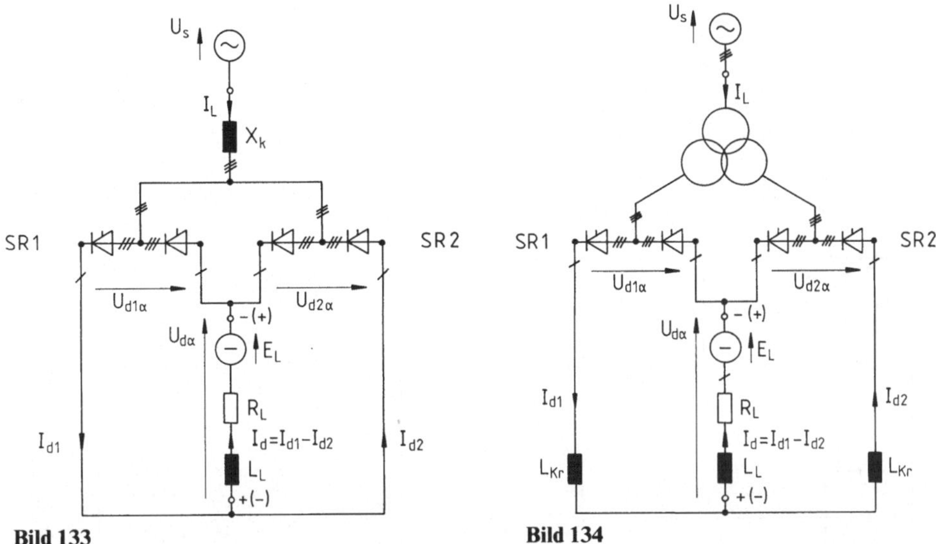

Bild 133   **Bild 134**

Bild 133. Vierquadranten-Stromrichter in Form von zwei kreisstromfrei gegenparallel geschalteten Sechspuls-Brückenschaltungen — grundsätzlicher Schaltplan in einpoliger Darstellung

Bild 134. Vierquadranten-Stromrichter in Form einer kreisstrombehafteten, aus zwei Sechspulsbrückenschaltungen gebildete Kreuzschaltung — grundsätzlicher Schaltplan in einploiger Darstellung

Die kreisstromfreie Schaltung nach Bild 133 bietet darüber hinaus den Vorteil, daß durch Ineinanderschachtelung der Teilstromrichter SR1 und SR2 der Stromrichtersatz sehr raumsparend aufgebaut werden kann, da die Beschaltungs- und die Sicherungselemente für beide Teilstromrichter gemeinsam genutzt werden können (Bild 135). Die Ventile T2 − T6 sind dann dem Teilstromrichter SR1, und die Ventile T1' − T6' dem Teilstromrichter SR2 zuzurechnen. Bei der kreisstromfreien Ausführung ist unter allen Umständen dafür zu sorgen, daß nur die Ventile des einen Teilstromrichters Steuerimpulse bekommen. Führt z.B. der Teilstromrichter SR1 den Gleichstrom $I_{d1}=I_d$ und soll I_d seine Richtung wechseln, so dürfen die Steuerimpulse für den Teilstromrichter SR2 erst dann freigegeben werden, wenn I_{d1} zu Null geworden ist. Erst dann darf sich der Strom $I_{d2}=-I_d$ aufbauen. Wird diese Bedingung nicht eingehalten, führen also Ventile beider Teilstromrichter gleichzeitig Strom, so wird die Spannungsquelle über die Kommutierungsreaktanzen und die stromführenden Ventile kurzgeschlossen. Das führt zum Abschalten der Sicherungen und zum Ausfall des Stromrichters. Durch entsprechende Meß- und Verriegelungsschaltungen ist die schnelle und sichere Stromumkehr zu erreichen [5].

Den Betriebsbereich eines Vierquadranten-Stromrichters in der Gleichstrom-Gleichspannungsebene zeigt Bild 136. Die bei Wechselrichterbetrieb im Quadranten II erreichbare maximale Gleichspannung $U_{dα}$ ist, bedingt durch den mit Rücksicht auf ein Wechselrichterkippen maximal zulässigen Wechselrichtersteuerwinkel $α_w$, dem Betrag nach niedriger als die ideelle Leerlaufgleichspannung U_{di}, die sich bei Betrieb im Quadranten I für $α=0$ und $I_d{\to}0$ einstellt.

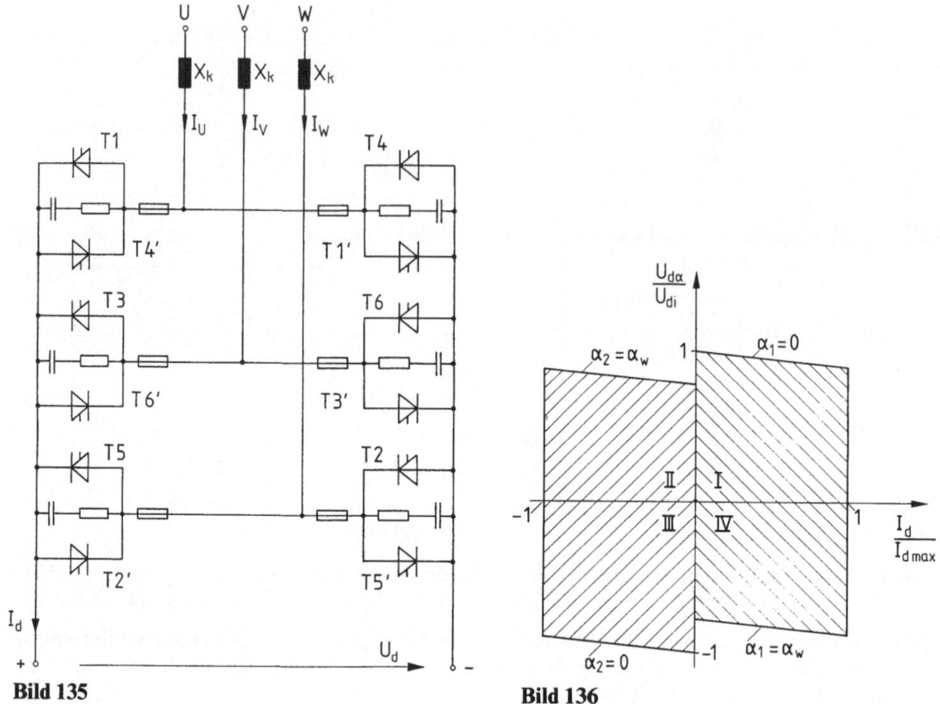

Bild 135   **Bild 136**

Bild 135. Schaltplan des Stromrichtersatzes eines Vierquadranten-Stromrichters in kreisstromfreier Gegenparallelschaltung

Bild 136. Betriebsbereich eines Vierquadranten-Stromrichters nach Bild 133 in der Gleichstrom-Gleichspannungsebene

Besteht der Lastkreis im wesentlichen aus Gegenspannung E_L und Induktivität L_L, wie das bei der Speisung größerer Gleichstrom-Kommutatormaschinen der Fall ist, so ist darauf zu achten, daß die der Spannung E_L entsprechende innere Maschinenspannung nicht größer wird als der Betrag der maximalen Wechselrichterleerlaufspannung, d.h.

$$|U_{di} \cdot \cos \alpha_w| \geqq |E_L| \tag{163}$$

muß immer gegeben sein, da sonst ein Abbremsen mit kleinen Gleichströmen nicht möglich ist. Die Bedingung der Gl. (163) kann durch eine Begrenzung der Gleichrichteraussteuerung oder durch eine Begrenzung der Führungsgröße der Drehzahl eingehalten werden [5].

Nach DIN 41 750 Teil 1/2.85 können Vierquadranten-Stromrichter auch als Doppel-Stromrichter oder Umkehr-Stromrichter bezeichnet werden. In der Literatur ist Umkehrstromrichter ein häufig verwendeter Begriff.

8.1.4 Wechsel- und Drehstromumrichter

Definitionsgemäß sind Wechselstromumrichter Stromrichter, die Wechselstrom einer gegebenen Spannung, Frequenz und Anzahl der Phasen in Drehstrom einer anderen Spannung und/oder Frequenz und/oder Anzahl der Phasen umwandeln. Um zu einem Wechselstromumrichter zu gelangen, gibt es zwei mögliche Wege, die Gegenparallelschaltung und die Reihenschaltung von Teilstromrichtern. Werden zwei vollsteuerbare Teilstromrichter gegenparallel geschaltet, so bilden sie einen Direktumrichter.

8.1.4.1 Direktumrichter

Im Grunde genommen kann jeder Vierquadranten-Stromrichter (s. Abschn. 8.1.3.3) als Direktumrichter eingesetzt werden. Der Begriff Direktumrichter besagt, daß Wechselstrom- oder Drehstromenergie direkt, ohne den Umweg über Gleichstromenergie und ohne Energiespeicher in Wechselstrom- oder Drehstromenergie anderer Beschaffenheit umgesetzt wird.

Bild 137 zeigt den grundsätzlichen Schaltplan eines Direktumrichters, der in der Lage ist, elektrische Energie zwischen einem Drehstromnetz mit der Sternspannung U_s und einem Wechselstromnetz, dessen Spannung U'_U und dessen Frequenz f_L bis zu bestimmten Maximalwerten frei einstellbar sind, auszutauschen. Der Stromrichtersatz, der die Leistungsteile der beiden Teilstromrichter SR1 und SR2 enthält, kann dabei im Detail dem Schaltplan von Bild 135 entsprechen; in Bild 137 ist er der Übersichtlichkeit halber einpolig dargestellt.

Zum Umrichter sind neben dem Stromrichtersatz noch die in Bild 137 eingezeichneten Steuer- und Regelfunktionen zu rechnen, die analog oder digital verwirklicht werden können. Grundsätzlich sind zwei Wege möglich, um zu dem gewünschten Wechselstrom I'_U oder der gewünschten Wechselspannung U'_U zu gelangen, entweder kann von einer überlagerten Regelung her die Führungsgröße i'_{Uw} des Stromes I'_U vorgegeben werden, oder eine dem zeitlichen Verlauf der Wechselspannung U'_U enstprechende Steuergröße u_{st} [5]. In Bild 137 wird dem Umrichter die Führungsgröße i'_{Uw} vorgegeben, d..h. dieser wird als Wechselstromquelle benutzt; dies ist die Art, in der industriell gefertigte Direktumrichter heute i. allg. ausgerüstet werden.

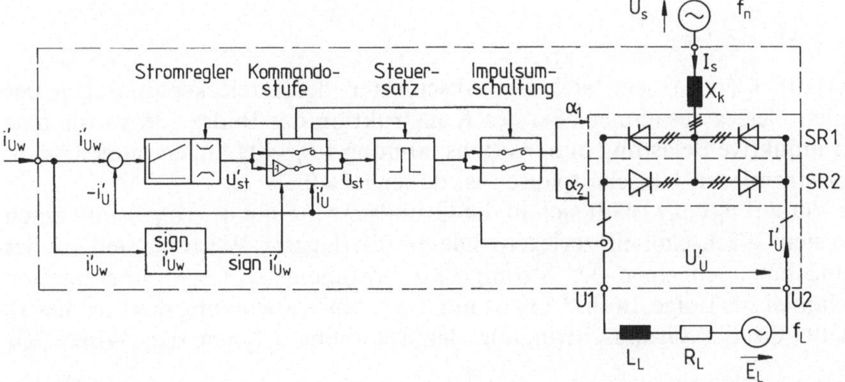

Bild 137. Grundsätzlicher Schaltplan eines Direktumrichters mit Drehstromanschluß auf der Oberfrequenzseite und Wechselstromanschluß auf der Unterfrequenzseite

Da der Drehstrom-Wechselstrom-Direktumrichter aus einem Vierquadranten-Stromrichter besteht, kann sich die unterfrequenzseitige Phasenlage zwischen der Spannung U'_{U} am Lastkreis und dem Strom I'_{U} im Lastkreis je nach den Anforderungen frei einstellen. Der Grundschwingungs-Verschiebungswinkel φ'_1 kann positiv (nacheilend) oder negativ (voreilend) sein, und der Lastkreis kann als Energiesenke Leistung aufnehmen oder als Energiequelle Leistung über den Umrichter in das Drehstromnetz einspeisen.

Wird dem Stromrichter nach Bild 137 z.B. eine sinusförmige Führungsgröße

$$i'_{\mathrm{Uw}} = \hat{i}'_{\mathrm{Uw}} \sin(\omega_{\mathrm{L}} t - \varphi'_1)$$

vorgegeben, so wird der Umrichter mit Hilfe seines Stromreglers auf der Unterfrequenzseite einen Strom mit der Grundschwingung

$$i'_{1\mathrm{U}} \approx \sqrt{2} I'_{1\mathrm{U}} \sin(\omega_{\mathrm{L}} t - \varphi'_1)$$

erzwingen. Hier sei angemerkt, daß die auf der Unterfrequenzseite des Umrichters auftretenden Spannungen, Ströme und Verschiebungswinkel durch einen Strich gekennzeichnet, also mit U'_{U}, I'_{U} und φ'_1 bezeichnet werden.

Der den Umrichter bildende Doppelstromrichter ist kreisstromfrei ausgeführt. Die Kommandostufe hat die Aufgabe, in Abhängigkeit vom Vorzeichen der Führungsgröße i'_{Uw} den Umschaltvorgang zwischen den beiden Teilstromrichtern SR1 und SR2 zu steuern und zu überwachen. Die Umschaltung darf nur bei $i'_{\mathrm{U}} = 0$ erfolgen; sign i'_{Uw} gibt vor, welcher der beiden Teilstromrichter nach einer stromlosen Pause von etwa 1 ms über die Funktion Impulsschaltung für die Stromführung freizugeben ist.

Der in Bild 138 dargestellte zeitliche Verlauf einiger charakteristischer Größen gibt einen Überblick über die Arbeitsweise des Direktumrichters bei Betrieb mit sinusförmigen Steuer- bzw. Führungsgrößen bei maximaler Spannungsaussteuerung, d.h. vereinfachend nach der idealisierten Stromrichtertheorie betrachtet

$$\hat{u}'_{\mathrm{U}} = \frac{\pi}{3} U_{\mathrm{di}}$$

und

$$\sqrt{2} U'_{1\mathrm{U}} \approx U_{\mathrm{di}}.$$

Der Verlauf $u'_{\mathrm{U}}(\omega_{\mathrm{L}} t)$ setzt sich aus Abschnitten der Dreieckspannungen des speisenden Netzes zusammen. Bei der Konstruktion des Bildes 138 wurde eine ohmsch-induktive Belastung ohne Gegenspannung ($E_{\mathrm{L}} = 0$) angenommen, während der stromlosen Umschaltpausen ist daher $u'_{\mathrm{U}} = 0$.

Der Verlauf $u'_{\mathrm{U}}(\omega_{\mathrm{L}} t)$ läßt sich in die Grundschwingung $u'_{1\mathrm{U}}(\omega_{\mathrm{L}} t)$ und einen überlagerten Wechselanteil zerlegen. Dieser überlagerte Wechselanteil in der Spannung hat auch einen der Stromgrundschwingung $i'_{1\mathrm{U}}(\omega_{\mathrm{L}} t)$ überlagerten Wechselanteil zur Folge. In Bild 138 ist nur die Grundschwingung des Stromes I'_{U} dargestellt, die der Grundschwingung der Spannung U'_{U} um den Winkel φ'_1 nacheilt.

Werden nur die Grundschwingungen betrachtet, so läßt sich bzgl. der Unterfrequenzseite der Umrichter als Strom- oder Spannungsquelle mit sinusför-

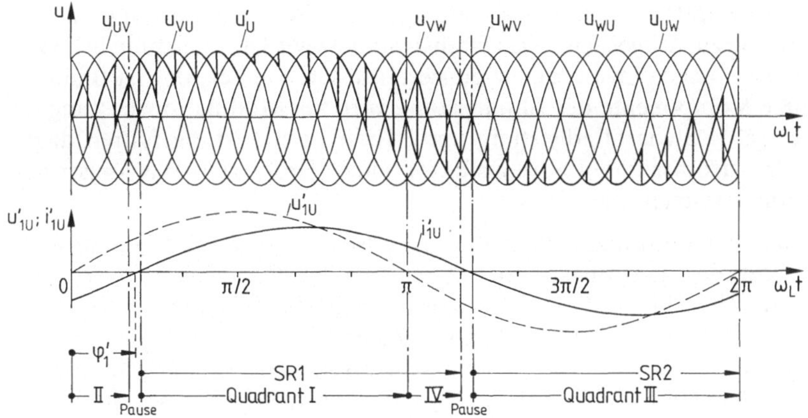

Bild 138. Zeitlicher Verlauf der charakteristischen Spannungen und der Grundschwingung des Stromes auf der Unterfrequenzseite des Direktumrichters bei einem Frequenzverhältnis $f_\mathrm{L} : f_\mathrm{n} = 1 : 5$

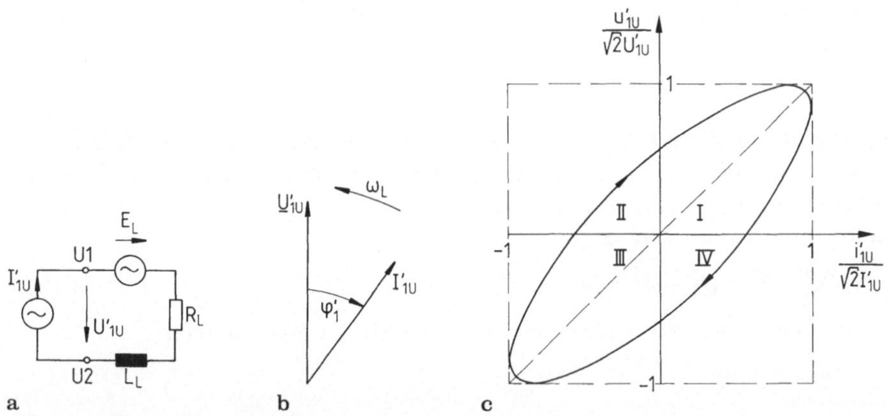

Bild 139. Zur Erläuterung der Funktionsweise eines Drehstrom-Wechselstrom-Direktumrichters nach Bild 137. **a** Ersatzschaltplan für die Strom- und die Spannungsgrundschwingung der Unterfrequenzseite; **b** Zeitzeigerdarstellung der Grundschwingungen nach Bild 138; **c** Darstellung der Funktion $u'_{1\mathrm{U}}(\omega_\mathrm{L}t) = f(i'_{1\mathrm{U}}(\omega_\mathrm{L}t))$

miger Ausgangsgröße ansehen, an die der Lastkreis angeschlossen ist (Bild 139a). Die Spannungs- und Stromgrundschwingungen nach Bild 138 lassen sich in das Zeitzeigerdiagramm des Bildes 139b übertragen, die zugehörige Ortskurve des Arbeitspunktes in der lastseitigen Strom-Spannungsebene zeigt Bild 139c. Letzerem und Bild 138 sind zwei für einen derartigen Direktumrichter typische Tatsachen zu entnehmen:

1. Beim Direktumrichter nach Bild 137 tangiert bei maximaler Ausgangsspannung U'_U innerhalb einer Periodendauer der Lastfrequenz ω_L der Arbeitspunkt der Teilstromrichter nur je einmal die maximale Aussteuerung ($\alpha = 0$). Das bedingt Steuerblindleistung.

2. Der Umrichter nimmt bei dem in den Bildern 138 und 139 dargestellten Belastungsfall beim Durchlaufen der Quadranten I und III Leistung aus dem

Drehstromnetz auf, in den Quadranten II und IV wird Leistung in das Drehstromnetz zurückgespeist. Das Drehstromnetz wird mit Leistung belastet, die mit der zweifachen Lastfrequenz pulsiert. Pulsierende Leistung ist Blindleistung. Diese Komponente der Blindleistung wird als Modulationsleistung M bezeichnet [63]. Steuerblindleistung und Modulationsleistung führen dazu, daß der drehstromseitige Leistungsfaktor eines Drehstrom-Wechselstrom-Direktumrichters recht niedrig ist.

Die Berechnung der Leistungsgrößen, des Grundschwingungsverschiebungsfaktors $\cos\varphi_1$ und des Leistungsfaktors λ ist für die Periodendauer T_L der Lastfrequenz durchzuführen. Wie Näherungsbetrachtungen, deren recht rechenaufwendiger Gang in den Literaturstellen [58, 63 und 73] beschrieben ist, zeigen, ergibt sich der größte auf der Oberfrequenzseite erreichbare Leistungsfaktor bei rein ohmscher Belastung ($R_L \neq 0$, $L=0$; $E_L=0$) und maximaler Wechselspannungsamplitude ($\sqrt{2}U'_{1U}=U_{di}$) zu

$$\lambda = 0{,}675\,.$$

Das ist, verglichen mit dem unter gleichen Bedingungen zu ermittelnden Grundschwingungsverschiebungsfaktor

$$\cos\varphi_1 = 0{,}844\,,$$

ein recht geringer Wert. Es zeigt sich, daß für den Fall des Direktumrichters die in der Legende des Bildes 90 angegebenen Beziehungen um die Modulationsleistung M erweitert werden müssen. Die gesamte Scheinleistung setzt sich hier aus vier Komponenten zusammen, es gilt

$$S^2 = P^2 + Q_1^2 + D^2 + M^2\,. \tag{164}$$

Unter den vorstehenden Annahmen ergeben sich die Beziehungen

$$D = 0{,}249S$$

und

$$M = 0{,}546S\,,$$

woraus folgt, daß die Modulationsleistung fast in die Größe der Wirkleistung

$$P = \lambda \cdot S = 0{,}675S$$

kommt.

Beim Betrieb eines Direktumrichters ist noch auf eine weitere, vom bisher Besprochenen abweichende Besonderheit zu achten. Bild 140 gibt für den Fall rein ohmscher Belastung auf der Niederfrequenzseite oben den zeitlichen Verlauf der Sternspannung U_{UN} des Drehstromnetzes wieder, darunter die Grundschwingung des Laststromes I'_{1U} und darunter wiederum den zur Spannung U_{UN} gehörenden Leiterstrom I_U. Es zeigt sich beim Vergleich der Stromführungswinkel $\omega_n t_F$ der schon in Abschn. 8.1.1.1 beschriebene Effekt einer Verkürzung des Stromführungswinkels auf $\omega_n t_F < 120°$ bei Verkleinerung des Steuerwinkels und eine Verlängerung auf $\omega_n t_F > 120°$ bei Vergrößerung des Steuerwinkels. Dazu kommt, daß der Strom auf der Oberfrequenzseite auch bei idealisierter Betrachtung keinen

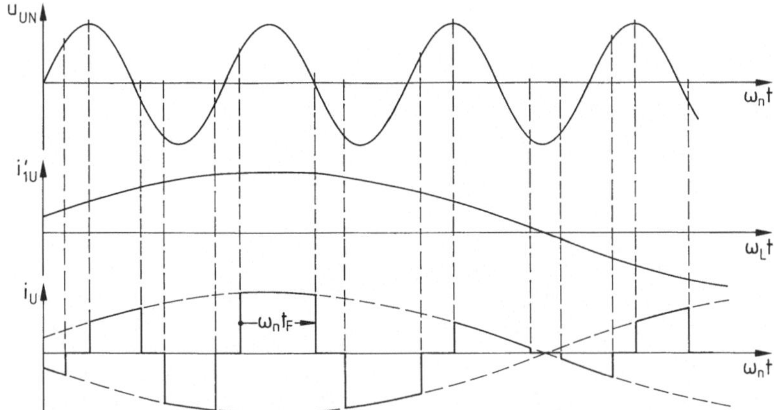

Bild 140. Zeitlicher Verlauf der netzseitigen Sternspannung $U_{UN'}$ des zugehörigen netzseitigen Leiterstromes I_U und der Grundschwingung des lastseitigen Wechselstromes I'_{1U} beim Direktumrichter nach Bild 137. $f_L/f_n = 1{:}6$; $R_L \neq 0$; $L_L = 0$; $E_L = 0$

rechteckförmigen Verlauf mehr hat, sondern Ausschnitten aus einer mit Lastfrequenz schwingenden Funktion entspricht. Wird der Verlauf des I_U mit dem Ansatz der Gl. (59) einer harmonischen Analyse unterzogen, so müssen die Integrale der Gl. (60) wenigstens über eine Periode der Unterfrequenz f_L genommen werden. Eine längere Rechnung führt zu dem Ergebnis, daß im Netzstrom neben der Grundschwingung die nach Gl. (64) bekannten Oberschwingungen mit den Ordnungszahlen

$$v = n \cdot p \pm 1$$

($n = 1, 2, 3 \ldots$) und Zwischenschwingungen (Interharmonics) mit den Ordnungszahlen

$$\varrho = |v \pm 2m \frac{f_L}{f_n}| \tag{165}$$

($m = 1, 2, 3 \ldots$) auftreten [63, 73, 74]. Ein Teil der sich so ergebenden Nebenbänder ($m = 1, 2, 3$) der Grundschwingung und der 5. und der 7. Oberschwingung sind in Bild 141 über der Lastfrequenz f_L dargestellt. Das Diagramm sagt nur etwas über die Frequenzen der im oberfrequenzseitigen Netzstrom auftretenden Schwingungen aus, jedoch nicht über ihre Größe. In [63] wird gezeigt, daß die Oberschwingungen gegenüber dem $1/v$-Gesetz stark zurückgehen. Die einer Oberschwingung zugeordneten Zwischenschwingungen niederer Ordnungszahlen [kleine Werte von m in Gl. (165)] können den mehrfachen Effektivwert der Oberschwingung erreichen, bleiben jedoch unter dem durch ein $1/\varrho$-Gesetz vorgegebenen Wert; es gilt somit

$$I_{\varrho L} < \frac{1}{\varrho} I_{1L} \, .$$

Die Kurvenform des Laststromes I'_U kann der Sinusform um so besser angepaßt werden, je größer das Frequenzverhältnis f_n/f_L ist. Je kleiner andererseits das

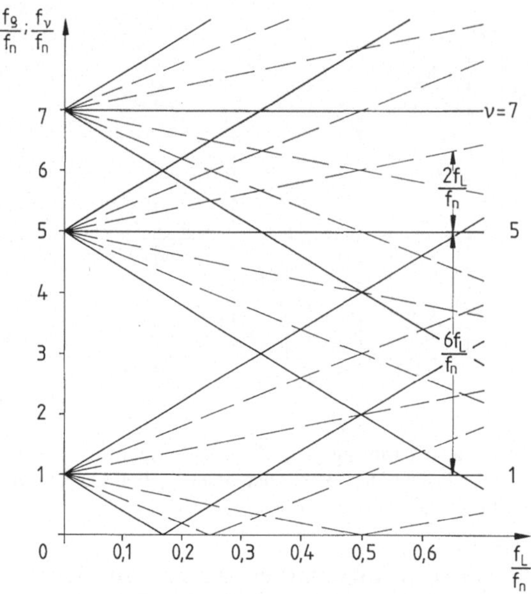

Bild 141. Frequenzen f_v und f_ϱ der im Netzstrom der Oberfrequenzseite des Direktumrichters enthaltenen Teilschwingungsströme in Abhängigkeit von der Ausgangsfrequenz f_L beim Umrichter mit einphasiger Unterfrequenzseite (= = = =) und beim Umrichter mit dreiphasiger Unterfrequenzseite (⎯⎯⎯)

Frequenzverhältnis wird, desto mehr weicht I'_U von der Sinusform ab. Das führt zu einer zulässigen Obergrenze der Lastfrequenz, die bei als Wechselstromquelle nach Bild 137 betriebenen Umrichtern bei etwa $f_L = 0,4 f_n$ und bei als Wechselspannungsquelle arbeitenden [5] bei etwa $f_L = 0,7 f_n$ liegt. Wird f_L über diese Werte hinaus gesteigert, so ist wegen zu starker Abweichungen des Stromes I'_U von der Sinusform kein regulärer Betrieb mehr möglich.

Der Leistungsfaktor eines Drehstrom-Wechselstrom-Direktumrichters läßt sich verbessern, wenn die Forderung nach einem möglichst sinusförmigen Strom im Lastkreis fallengelassen wird; die Steuerwinkel der Teilstromrichter können dann zwischen $\alpha = 0$ und $\alpha = \alpha_w$ hin und hergeschaltet werden. Die Spannung am Lastkreis bekommt damit einen trapezförmigen Verlauf, weshalb ein Umrichter mit dieser Steuerung auch als Trapezumrichter im Gegensatz zum zunächst beschriebenen Steuerumrichter bezeichnet wird.

Drehstrom-Wechselstrom-Direktumrichter werden z.B. als Steuerumrichter zur Umformung von 50-Hz-Drehstrom in 16 2/3-Hz-Bahn-Wechselstrom bis zu Anlagenleistungen von 15 MVA eingesetzt [75], Trapezumrichter finden in der Elektro-Metallurgie und auf Diesellokomotiven zur Versorgung der Reisezugwagen mit 16 2/3 Hz-Heizstrom Verwendung; in letzterem Fall stellen sich an den vom Dieselmotor angetriebenen Heizgenerator im Hinblick auf die Umrichterbelastung ganz besondere Anforderungen.

Das Haupteinsatzgebiet netzgeführter Direktumrichter wurde in den letzten Jahren die Speisung großer langsamlaufender Drehstrommaschinen [76–81]. Ein Drehstrom-Drehstrom-Direktumrichter kann dabei aus zwei oder drei Drehstrom-Wechselstromumrichtern nach Bild 137 aufgebaut sein. In der industriellen Anwendung wird bisher der Lösung mit drei Teilumrichtern nach Bild 142b der Vorzug gegeben. Jedes der in Bild 142 dargestellten Symbole mit zwei antiparallel geschalteten Thyristoren steht dabei für einen Vierquadranten-

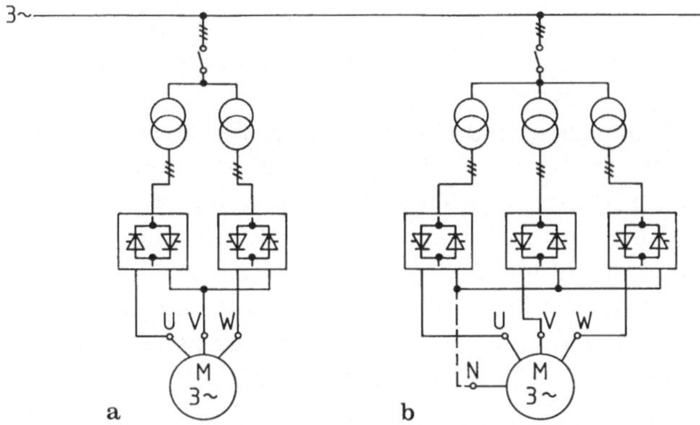

Bild 142. Über Direktumrichter gespeiste Drehstrommaschine — grundsätzlicher Schaltplan (auf der Oberfrequenzseite in einpoliger Darstellung). **a** Mit zwei Drehstrom-Wechselstrom-Umrichtern; **b** mit drei Drehstrom-Wechselstrom-Umrichtern

Stromrichter nach Bild 137 mit einem Stromrichtersatz nach Bild 135. Um auf der Maschinenseite ein symmetrisches Drehstromsystem aufzubauen, sind den Teilumrichtern, bezogen auf die Grundschwingung der Maschinenfrequenz, um 120° gegeneinander versetzte Führungsgrößen für die Statorströme oder Steuergrößen für die Statorspannungen vorzugeben.

Eine galvanische Verbindung der Teilsysteme auf der Maschinenseite erfordert, da sich sonst Kurzschlußwege über die Teilumrichter zwischen den Netzklemmen ausbilden würden, eine galvanische Trennung durch Transformatoren auf der Netzseite. Die in Bild 142 eingezeichneten einzelnen Zweiwicklungs-Drehstromtransformatoren können material- und raumsparend auch als Doppelstock- oder Dreistock-Transformatoren ausgeführt werden [82].

Gegenüber dem Drehstrom-Wechselstrom-Umrichter werden beim Drehstrom-Drehstrom-Umrichter mit symmetrischer Last auf der Unterfrequenzseite die Leistungsverhältnisse erheblich günstiger. Im stationären Betrieb ist die insgesamt aus dem Netz aufgenommene Wirkleistung P zeitlich konstant und die Modulationsleistung geht auf einen unkritisch kleinen Wert zurück. Das führt zu einer erheblichen Verbesserung des Leistungsfaktors λ. Die Anzahl der im Netzstrom auftretenden Zwischenschwingungen geht zurück, es sind nur noch die der Ordnungszahlen

$$\varrho = \left| v \pm 6m\frac{f_\mathrm{L}}{f_\mathrm{n}} \right| \tag{166}$$

($m = 1, 2, 3 \ldots$) enthalten. Die entsprechenden Frequenzen für $m = 1$ können an den ausgezogenen Geraden des Bildes 141 abgelesen werden.

Durch ein modifiziertes Steuerverfahren können den von den Teilumrichtern generierten lastseitigen Sternspannungen Oberschwingungen mit durch drei teilbaren Ordnungszahlen, insbesondere die 3. und die 9., so überlagert werden, daß bei gleichbleibender ideeller Spannung U_di die Grundschwingung ansteigt. In den an der Maschine liegenden Dreieckspannungen treten diese durch drei teilbaren Oberschwingungen aus Symmetriegründen nicht in Erscheinung. Mit dieser Maßnahme kann der Leistungsfaktor weiter verbessert werden [63, 73].

Neben der bisher beschriebenen Anwendung bei Antrieben mit einem großen Drehzahlstellbereich werden Drehstrom-Drehstrom-Direktumrichter auch für die Drehzahlsteuerung von doppeltgespeisten Drehstrommaschinen mit kleinem Drehzahlstellbereich eingesetzt. Beispiele sind Umformersätze für die asynchrone Kupplung des 50-Hz-Drehstromnetzes mit dem 16 2/3-Hz-Bahnnetz [83], Schwungradumformersätze zum Speisen von Magnetsystemen in physikalischen Forschungsanlagen [84] und Generatoren in großen Windkraftanlagen [85]. Entwickelt aber großtechnisch noch nicht eingesetzt wurde ein Drehstrom-Wechselstrom-Direktumrichter für die Umformung von 50-Hz-Drehstrom auf 16 2/3-Hz-Bahnstrom, der unter Zuhilfenahme der Steinmetz-Schaltung das Drehstromnetz symmetrisch belastet und keine Leistungspulsation zeigt [86].

8.1.4.2 Zwischenkreisumrichter: HGÜ und Kurzkupplung

Beim Zwischenkreisumrichter werden zwei Teilstromrichter über einen Zwischenkreis in Reihe geschaltet, von denen der eine als Gleichrichter und der andere als Wechselrichter arbeitet. Wenn es sich bei den beiden Teilstromrichtern um netzgeführte Stromrichter handelt und die Stromrichter dem Energietransport und der Leistungssteuerung dienen sollen, so hat ein derartiger Zwischenkreisumrichter nur Sinn, wenn er zwei asynchron laufende Drehstromnetze verbindet (Bild 143).

Der Zwischenkreis kann dabei räumlich sehr weit ausgedehnt sein, es handelt sich dann um eine Hochspannungs-Gleichstrom-Übertragung (HGÜ). Soll elektrische Energie über große Entfernungen wirtschaftlich übertragen werden, so bietet sich bei Freileitungsstrecken ab etwa 1 000 km die HGÜ an. Bei Kabelstrecken, wie sie für die Einleitung elektrischer Energie in Ballungszentren

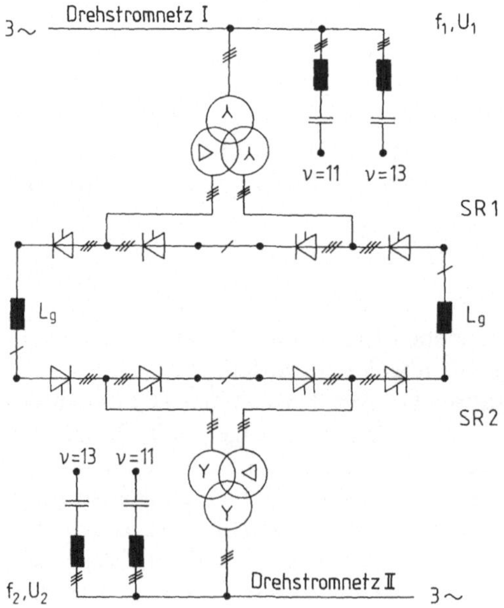

Bild 143. Grundsätzlicher Schaltplan einer Hochspannungs-Gleichstrom-Übertragungsanlage (HÜG)

benötigt werden, liegt die HGÜ ab etwa 40 km wirtschaftlicher als die Drehstromübertragung, und bei dem Energietransport mit Seekabeln über Wasserstrecken kommt nur die HGÜ in Frage [87].

Von einer Kurzkupplung wird gesprochen, wenn die beiden zu koppelnden Netze unmittelbar beieinander liegen und sowohl die beiden Teilstromrichter als auch der Zwischenkreis auf demselben Gelände aufgebaut werden. Eine Kurzkupplung kann sinnvoll sein, um den Energieaustausch zwischen zwei Landesnetzen unterschiedlicher Frequenz zu ermöglichen. In Japan wurde das 50-Hz-Netz mit dem 60-Hz-Netz durch eine Kurzkupplung verbunden.

In Europa bestehen z.Zt. vier große Verbundnetze, das westeuropäische UCPTE-Netz das osteuropäische RGW-Netz, das skandinavische NORDEL-Netz und das britische Netz. Das UCPTE-Netz ist sowohl mit dem britischen als auch mit dem NORDEL-Netz durch HGÜ-Strecken verbunden. Das UCPTE-Netz und das RGW-Netz sind über eine Kurzkupplung verknüpft. Beide Netze sind zwar 50-Hz-Netze, werden jedoch nach unterschiedlichen Kriterien gefahren, so daß die Abweichungen von der Sollfrequenz unterschiedlich sind. Um dennoch einen Energieaustausch zu ermöglichen, wurde die Kurzkupplung Dürnrohr installiert [88, 89]. Weitere Kurzkupplungen zwischen dem UCPTE-Netz und dem RGW-Netz sind geplant [89a, 89b].

Um die Übertragungsverluste klein zu halten, werden die Übertragungsspannungen hoch gewählt; die höchste derzeit bekannte liegt bei $U_d = \pm 750$ kV. Die Ventile, die in Bild 142 jeweils durch das Schaltzeichen eines Thyristors symbolisiert sind, bestehen in Wirklichkeit aus der Reihenschaltung von bis zu mehreren hundert einzelnen Thyristoren [90]. HGÜ-Anlagen sind die derzeit leistungsstärksten Stromrichteranlagen. Die größte z.Zt. in Betrieb befindliche Anlage kann 6 300 MW übertragen, geplant sind Übertragungsleistungen von 8 000 MW.

Im Schaltplan von Bild 142 sind auf der Drehstromseite beider Teilstromrichter Saugkreise eingezeichnet, die die Aufgabe haben, die 11. und die 13. Oberschwingung kurzzuschließen und damit die Netzrückwirkung der 12pulsig ausgelegten Stromrichter zu verkleinern (s. Abschn. 8.1.1.3 und Abschn. 8.1.5) [91].

Sowohl HGÜ-Anlagen als auch Kurzkupplungen gestatten den Energietransport in beiden Richtungen. Um die Richtung des Energieflusses umzukehren, muß die Zwischenkreisspannung ihr Vorzeichen ändern. Dazu müssen die beiden Teilstromrichter ihre Funktionen tauschen; arbeitete SR1 zunächst als Gleichrichter, so muß er beim Energierichtungswechsel in den Wechselrichterbetrieb gesteuert werden, das umgekehrte gilt für SR2. Soll im Fall einer Betriebsstörung der Energieaustausch unterbrochen werden, so werden beide Teilstromrichter an der Wechselrichtertrittgrenze betrieben bis der Zwischenkreisstrom zu Null geworden ist. Auf diese Weise kann die Kupplung der Netze sehr schnell unterbrochen werden [91a].

8.1.5 Netzrückwirkungen

Die im Rahmen der konventionellen Stromrichtertheorie (Abschn. 8.1.2) eingeführte Kommutierungsreaktanz X_k ist keine nur örtlich in einer Drosselspule oder

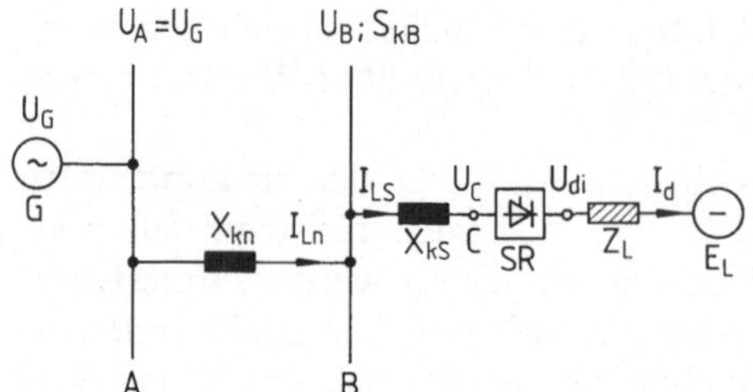

Bild 144. Einpoliger Ersatzschaltplan eines Stromrichters am Drehstromnetz

in einem Stromrichtertransformator konzentriert zu denkende Reaktanz, sondern sie stellt die Gesamtreaktanz zwischen den das Netz speisenden Spannungsquellen, den Generatoren, und dem Stromrichtersatz dar. In den folgenden Überlegungen wird die Vielzahl der das Netz speisenden Generatoren zu einer fiktiven Spannungsquelle zusammengefaßt. Dieser werden weiterhin ideale Eigenschaften zugeschrieben, sie soll also eine starre, symmetrische und sinusförmige Drehspannung abgeben, die im Ersatzschaltplan von Bild 144 an der Sammelschiene A anliegt. Der Stromrichter, dessen Netzrückwirkungen im folgenden diskutiert werden sollen, sei an die Sammelschiene B angeschlossen. zwischen den Sammelschienen A und B liegt die Netzreaktanz X_{kn}, in der alle Leitungs-, Drossel- und Transformatorreaktanzen des Netzes zusammengefaßt sind. Die Reaktanz X_{kn} ist keine konstante Größe, sondern ihr Wert ändert sich in Abhängigkeit vom Schaltzustand und vom Belastungszustand des Netzes.

Aus dem Ersatzschaltplan des Bildes 144 ist zu entnehmen, daß der vom Stromrichter der Sammelschiene B entnommene Strom I_{LS}, der als Komponente im aus dem Netz in die Sammelschiene B eingespeisten Strom I_{Ln} enthalten ist, an der Netzreaktanz einen Spannungsabfall hervorrufen wird. Zeitlicher Verlauf und Größe der Spannungen U_A und U_B werden unterschiedlich sein. Der Anteil, den der Stromrichter zur Abweichung zwischen U_A und U_B beiträgt, wird die Netzrückwirkung des Stromrichters genannt. Sie kann sich in Form von

Spannungsänderungen,
Spannungsunsymmetrien,
Oberschwingungsspannungen und
Zwischenschwingungsspannungen

in der Spannung U_B bemerkbar machen. Die vom Stromrichter an der Sammelschiene B hervorgerufenen Netzrückwirkungen können andere dort angeschlossene Verbraucher stören.

8.1.5.1 Spannungsänderungen

Schnelle Spannungsänderungen, die, wenn sie sich kurzzeitig wiederholen, zu Spannungsschwankungen führen, können bei Beleuchtungseinrichtungen bemerkbare Änderungen des Lichtstromes und damit störende Helligkeitsschwankungen, als Flicker bezeichnet, verursachen [92, 93]

Stromrichter sind schnelle Stellglieder in Regelkreisen. Netzgeführte Stromrichter können von Null ausgehend ihren maximalen Strom in etwa 10 ms aufbauen. Beim Anfahren einer stromrichtergespeisten Gleichstrom-Kommuta-

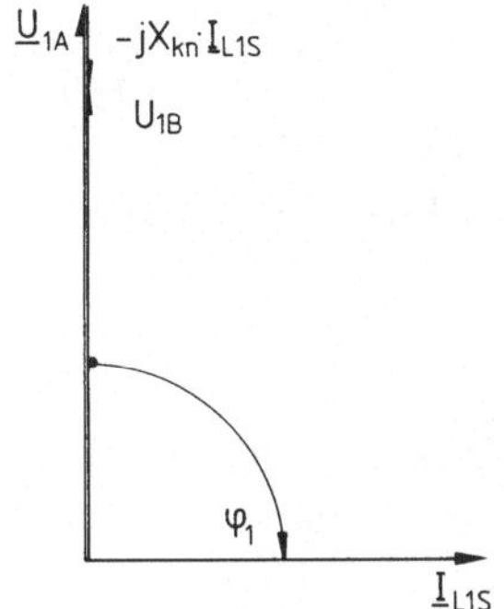

Bild 145. Zeitzeigerdarstellung der Grundschwingungen der in Bild 144 angegebenen Wechselspannungen und -ströme zur Erläuterung des Begriffs Spannungsänderung, $\alpha = 90°$; $\varphi_1 = 90°$

tormaschine arbeitet der Stromrichter zunächst mit einem Steuerwinkel $\alpha \approx 90°$, da bei noch stillstehendem Antrieb zunächst nur der bei Maschinen großer Leistung recht kleine ohmsche Spannungsabfall gedeckt werden muß. Ein Steuerwinkel $\alpha \approx 90°$ hat einen Grundschwingungsverschiebungswinkel $\varphi_1 \approx 90°$ zur Folge (Bild 145).

Um etwas über die Spannungsänderung an der Sammelschiene B infolge einer schnellen Scheinleistungsänderung des Stromrichters SR aussagen zu können, muß die dortige Kurzschlußleistung S_{kB} bekannt sein. Diese kann, wenn die Parameter des Netzes vorliegen, für beliebige Netzzustände errechnet werden. Die größte Spannungsänderung tritt bei einer gegebenen Änderung des Gleichstromes I_d dann auf, wenn die Zeitzeiger der Spannungen U_A und U_{1B} in dieselbe Richtung zeigen und das ist bei $\varphi_1 = 90°$ der Fall (Bild 145).

Eine Näherungslösung für die durch eine schnelle Gleichstromänderung bei $\alpha \approx 90°$ zu erwartende Spannungsänderung ergibt sich, wenn nur die Grundschwingungen betrachtet werden. Zwischen der Kurzschlußleistung S_{kB} und der Netzreaktanz X_{kn} besteht die Beziehung

$$X_{kn} = \frac{3U_A^2}{S_{kB}} \,. \tag{167}$$

Für die weiteren Überlegungen wird zunächst vorausgesetzt, daß die Sammelschiene B nur durch den Stromrichter SR belastet ist, es gilt dann

$$\underline{I}_{1Ln} = \underline{I}_{1LS} \,.$$

Die Sammelschiene A wird vom Stromrichter SR nach der idealisierten Stromrichtertheorie mit der Grundschwingungsscheinleistung

$$S_{1A} = P_{di} = U_{di} \cdot I_d \tag{168.1}$$

[siehe Gl. (97)] belastet. Nach Gl. (91) gilt auch

$$S_{1A} = 3 \cdot U_A \cdot I_{1Ln} \,. \tag{168.2}$$

Unter der Voraussetzung, daß $\varphi_1 = 90°$ gesetzt wird, läßt sich die bezogene Spannungsänderung d_{xkn} angeben zu

$$d_{xkn} = \frac{U_A - U_{1B}}{U_A} = \frac{X_{kn} \cdot I_{1Ln}}{U_A} = \frac{2U_A^2}{S_{kB}} \cdot \frac{I_{1Ln}}{U_A} \,.$$

Unter Berücksichtigung der Gl. (168) läßt sich weiterhin schreiben

$$d_{xkn} = \frac{U_{di} \cdot I_d}{S_{kB}} = \frac{P_{di}}{S_{kB}} = K_Q \,. \tag{169}$$

Unter den genannten Voraussetzungen ergibt sich somit als Folge einer sprunghaften Änderung der Grundschwingungsblindleistung um

$$Q_{1A} = S_{1A} = U_{di} \cdot I_d$$

eine Spannungsänderung d_{xkn} an der Sammelschiene B, die dem Verhältnis K_Q, also der Änderung der ideellen Stromrichterleistung P_{di} zur Kurzschlußleistung S_{kB} an der Sammelschiene B, proportional ist.

Für Leuchtdichteschwankungen von Glühbirnen ist nicht die Änderung der Spannungsgrundschwingung, sondern die Änderung des gesamten Effektivwertes der Anschlußspannung verantwortlich. Eine von Möltgen in den Literaturstellen [58] und [63] näher beschriebene recht rechenaufwendigen Überlegung zeigt, daß die relative Änderung des Spannungseffektivwertes an der Sammelschiene B kleiner ist als die nach Gl. (169) näherungsweise für die Grundschwingung ermittelte.

Von den Elektrizitätsversorgungsunternehmen werden am Verknüpfungspunkt mit dem öffentlichen Netz während eines Lastspieles des stromrichtergespeisten Verbrauchers maximale Spannungsänderungen von $d_{xkn} = 3\,\%$ beim Anschluß an das Niederspannungsnetz und von 2 % bei Anschluß an das Mittel- oder Hochspannungsnetz zugelassen [94]. Daraus folgt nach Gl. (169), daß die Änderung der ideellen Stromrichterleistung P_{di} innerhalb eines Lastspieles bei Anschluß an ein Mittel- oder Hochspannungsnetz nur etwa 2 % der Kurzschlußleistung am Verknüpfungspunkt betragen darf. Stellt sich heraus, daß die Kurzschlußleistung des Netzes für den vorgesehenen Stromrichter zu klein ist, so sind entweder netzgeführte Stromrichter in blindleistungsarmen Schaltungen [58, 59, 62, 63] oder selbstgeführte Stromrichter mit einem Leistungsfaktor $\lambda \approx 1$ (s. Abschn. 10.2.1) einzusetzen. Ist die Blindleistung mehrerer Stromrichter und gegebenenfalls auch anderer Verbraucher zu kompensieren, so kann das mit Hilfe statischer Blindleistungskompensatoren geschehen (s. Abschn. 9.2.2 und 10.2.2).

8.1.5.2 Spannungsunsymmetrien

Wird ein Zweipuls-Stromrichter in Form einer Zweipuls-Mittelpunktschaltung oder einer Zweipuls-Brückenschaltung an ein Drehstromnetz zwischen Außenleiter und Neutralleiter angeschlossen, so stellt er eine Einphasenlast dar. Die Grundschwingung des Stromes kann in ihre symmetrischen Komponenten zerlegt werden. Die Ströme des Gegensystems und des Nullsystems rufen an der Netzreaktanz X_{kn} (s. Bild 144) Spannungsfälle hervor, die an der Sammelschiene B zu einer unsymmetrischen Drehspannung führen. Um die Spannungsunsymmetrien in den zulässigen Grenzen zu halten, muß die Anschlußleistung von Einphasenlasten

$$S_E \leqq \frac{1}{150} S_{kB}$$

sein. Auch mit Rücksicht auf diese Grenze werden zweipulsige netzgeführte Stromrichter nur im unteren Leistungsbereich bis zu etwa 10 kW listenmäßig angeboten. Bei größeren Leistungen empfiehlt sich der Übergang auf die auch in anderen Belangen vorteilhaftere Sechspuls-Brückenschaltung.

8.1.5.3 Spannungsoberschwingungen

Die Sammelschiene B von Bild 144 sei für die folgenden Überlegungen nur durch den Stromrichter SR, der in Sechspuls-Brückenschaltung ausgeführt ist, belastet. Es gilt somit

$$I_{Ln} = I_{LS}.$$

Jeweils während der Kommutierungsvorgänge wird die fiktive Spannungsquelle G über die in Reihe geschalteten Reaktanzen X_{kn} und X_{kS} innerhalb des Stromrichtersatzes SR zweipolig kurzgeschlossen (s. auch Abschn. 8.1.2). Am Eingang des Stromrichtersatzes (Punkt C in Bild 144) stellt sich während des Kurzschlusses der mittlere Wert der beiden kurzgeschlossenen Quellenspannungen ein, wobei die Reaktanzen X_{kn} und X_{kS} als induktive Spannungsteiler wirken.

In Bild 146 ist unten der netzseitige Leiterstrom I_{LS} des Stromrichters für volle Aussteuerung ($\alpha = 0$) und Teilaussteuerung ($\alpha = 40°$) aufgetragen. Der Verlauf des Stromes während der Kommutierung wird durch die Spannung U_A, die Reaktanzen im Kommutierungskreis ($X_{kn} + X_{kS}$), den Steuerwinkel α und die Größe des Gleichstromes I_d bestimmt. Darüber sind die zugehörigen Sternspannungen an den Punkten A, B und C aufgetragen. Die Spannung U_A hat voraussetzungsgemäß einen sinusförmigen Verlauf. Da die ohmschen Widerstände vernachlässigt werden tritt ein Spannungsfall zwischen den Punkten A und C nur dann auf, wenn der Leiterstrom sich ändert, also während der Kommutierung. In dieser Zeit liegt im Punkt C der mittlere Wert der beiden die Kommutierung bewirkenden Sternspannungen an. Die Spannung im Punkt B verläuft im Kommutierungszeitraum zwischen den Spannungen $u_A(\omega t)$ und $u_C(\omega t)$, wobei

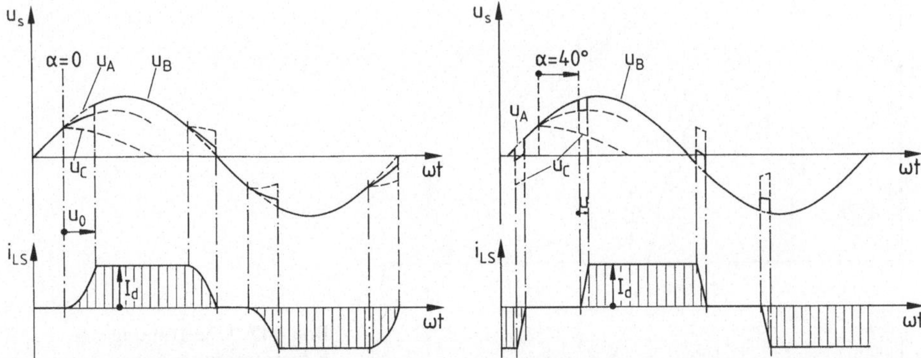

Bild 146. Netzseitiger Leiterstrom I_{LS} (unten) eines Stromrichters in Sechspuls-Brückenschaltung und zugehörige Sternspannung U_s (oben) in den Punkten A, B und C der Schaltung nach Bild 144 bei voller Aussteuerung (links) und Teilaussteuerung (rechts)

sich die Spannungsdifferenz $u_A - u_C$ im Verhältnis der Reaktanzen aufteilt. Es gilt

$$u_B = u_A - (u_A - u_C)\,\frac{X_{kn}}{X_{kn} + X_{kS}}\,, \tag{170}$$

wobei

$$K_u = \frac{X_{kn}}{X_{kn} + X_{kS}} \tag{171}$$

als Spannungsteilerverhältnis aufgefaßt werden kann, um das verkleinert die Spannungseinbrüche im Punkt C auf die Sammelschiene B übertragen werden.

Um in Bild 146 die Auswirkung des Kommutierungsvorganges auf den Verlauf der Spannung U_B deutlich darstellen zu können, wurde mit $X_{kn} = 0,5 X_{kS}$, also mit einer außerordentlich großen Netzreaktanz X_{kn} gerechnet.

Aus dem Verlauf $u_B(\omega t)$ erkennt man zweierlei,

1. die Spannung an der Sammelschiene B ist nicht mehr sinusförmig, sondern sie enthält Oberschwingungen, und
2. der Effektivwert der Spannung U_B wird durch die Kommutierung kleiner und zwar umso stärker, je kleiner der Aussteuerungsgrad des Stromrichters wird. Mit dem Effektivwert der Gesamtspannung geht auch der Effektivwert der Grundschwingung zurück, wie in Abschn. 8.1.5.1 bereits gezeigt wurde.

Bisher wurde die Auswirkung der Kommutierung auf die Sternspannung U_{sB} untersucht und es zeigte sich, daß durch die Kommutierung vier Spannungseinbrüche je Netzperiode verursacht werden. Die Außenleitungspannung U_{LB} ergibt

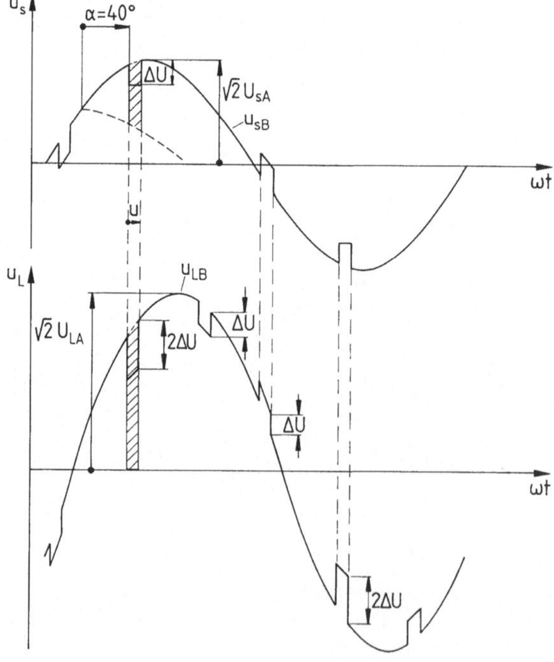

Bild 147. Übertragung der Kommutierungseinbrüche in der netzseitigen Sternspannung U_{sB} auf die Außenleiterspannung U_{LB}

sich aus der Differenz zweier Sternspannungen, sie zeigt sechs Spannungseinbrüche je Netzperiode (Bild 147). Haben die Einbrüche in der Sternspannung U_{sB} die Tiefe ΔU, so treten in der Außenleiterspannung U_{LB} vier Einbrüche mit der Tiefe ΔU und zwei mit der Tiefe $2\Delta U$ auf. Die tieferen entstehen, wenn beide betroffenen Sternspannungen an der Kommutierung beteiligt sind.

Die tiefsten Spannungseinbrüche treten dann auf, wenn die Gleichspannung $U_d = 0$ ist, also bei

$$\alpha \approx \frac{\pi}{2} - \frac{u}{2}\,.$$

Hier ist auch der größte Klirrfaktor

$$k_u = \frac{\sqrt{\sum_{v=2}^{\infty} U_{vs}^2}}{U_s} \tag{172}$$

in der Spannung an der Sammelschiene B zu erwarten. Für den Fall $U_d = 0$ läßt sich die Größe der Oberschwingungen relativ einfach abschätzen. Dazu ist es zweckmäßig, die Spannung an der Sammelschiene B bzw. am Punkt C in die sinusförmige Spannung U_A und den davon abweichenden Verlauf $\sum_{v=1}^{\infty} u_{vs}(\omega t)$ zu zerlegen (Bild 148). Die Funktion $\sum_{v=1}^{\infty} u_{vsB}(\omega t)$ läßt sich gut durch den in Bild 148 unten dargestellten balkenförmigen Verlauf annähern, wobei die Höhe der Balken gleich $K_u \cdot U_A \cdot \sqrt{3/2}$ und die Breite gleich u zu setzen ist. Die harmonische Analyse kann mit einem Ansatz ähnlich dem der Gl. (71) und (73) durchgeführt werden. Aus Symmetriegründen ist es ausreichend, das Integral nur über eine Viertelperiode zu nehmen. Mit dem Abszissenmaßstab nach Bild 148 ergibt sich

$$\frac{U_{vB}}{U_A} = \frac{2 \cdot \sqrt{3}}{\pi} K_u \left| \int_{\frac{\pi}{6} - \frac{u}{2}}^{\frac{\pi}{6} + \frac{u}{2}} \cos(v\omega t)\,d\omega t \right|$$

$$= \frac{4 \cdot \sqrt{3}}{v \cdot \pi} K_u \left| \cos v\frac{\pi}{6} \cdot \sin v\frac{u}{2} \right|\,. \tag{173}$$

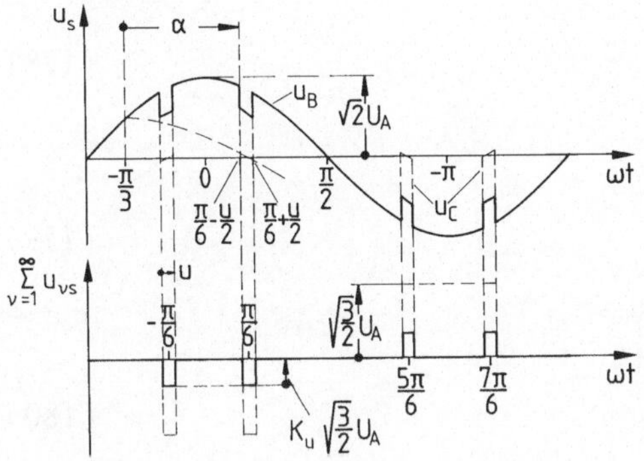

Bild 148. Verlauf $u_s(\omega t)$ der gesamten Sternspannung und der Spannungseinbrüche $\sum_{v=1}^{\infty} u_{vs}(\omega t)$ gegenüber $u_{sA}(\omega t)$ an den Punkten B und C beim Steuerwinkel $\alpha = \dfrac{\pi - u}{2}$ für $U_d = 0$

Aus Gl. (173) ergibt sich für $v=1$

$$\frac{\Delta U_{1B}}{U_A} = \frac{U_A - U_{1B}}{U_A}.$$

Aufgrund der Symmetrieverhältnisse folgt, daß Oberschwingungen mit geraden und mit durch drei teilbaren Ordnungszahlen im Spektrum nicht enthalten sein können. Neben der Grundschwingung mit $v=1$ treten Oberschwingungen mit den Ordnungszahlen $v = n \cdot 6 \pm 1$ mit $n = 1, 2, 3 \ldots$ auf. Der bezogene Grundschwingungsanteil

$$d_{U1} = \frac{U_A - U_{1B}}{U_A} = \frac{\Delta U_{1B}}{U_A} \tag{174}$$

ergibt sich aus Gl. (173) zu

$$d_{U1} = \frac{6}{\pi} K_u \cdot \sin\frac{u}{2}. \tag{175}$$

Wird in Gl. (128) $\alpha = \frac{\pi}{2} - \frac{u}{2}$ eingesetzt, so ist

$$1 - \cos u_0 = 2 \sin \frac{u}{2}.$$

Damit geht Gl. (175) über in

$$d_{U1} = \frac{3}{\pi} K_u (1 - \cos u_0). \tag{176}$$

Das in Gl. (169) definierte Leistungsverhältnis K_Q ist gleich dem bezogenen Spannungsfall an der Netzreaktanz X_{kn} und kann damit als Kurzschlußspannung des Netzes verstanden werden. Die für die Kommutierung des Stromrichters wirksame Kurzschlußspannung ergibt sich damit als Summe aus u_{xS} und K_Q. Mit den Gl. (122) und (140) läßt sich schreiben

$$1 - \cos u_0 = u_{xS} + K_Q. \tag{177}$$

Das Spannungsteilerverhältnis K_u (s. Gl. (171) läßt sich auch als das Verhältnis der Kurzschlußspannung ausdrücken zu

$$K_u = \frac{K_Q}{u_{xS} + K_Q} \tag{178}$$

oder mit Gl. (177) als

$$K_u = \frac{K_Q}{1 - \cos u_0}. \tag{179}$$

Mit Gl. (179) geht Gl. (176) über in

$$d_{U1} = \frac{3}{\pi} K_Q. \tag{180}$$

Hier sei angemerkt, daß die Spannungsänderung in der Grundschwingung, die sich nach Gl. (180) für die Sechspuls-Brückenschaltung ergibt, um den Faktor $3/\pi = 0.95$ kleiner ist, als die in Abschn. 8.1.5.1 nur für die Grundschwingungsblindleistung ermittelte, s. Gl. (169). Weiterhin sei darauf hingewiesen, daß Gl. (177) nur für sechspulsige Schaltungen gilt, für andere Pulszahlen ergeben sich andere Verhältnisse [63].

Mit den Gl. (174) und (180) ergibt sich der bezogene Effektivwert der Grundschwingung der Sternspannung an der Sammelschiene zu

$$\frac{U_{1B}}{U_A} = 1 - d_{U1} = 1 - \frac{3}{\pi} K_Q \,. \tag{181}$$

Der gesamte bezogene Effektivwert der Spannungseinbrüche (Bild 148 unten) läßt sich zu

$$\frac{\sqrt{\sum_{v=1}^{\infty} U_{vB}^2}}{U_A} = \sqrt{\frac{2}{\pi}\left(\sqrt{\frac{3}{2}}K_u\right)^2 \int_0^u d\omega t} = K_u \sqrt{\frac{3u}{\pi}} \tag{182}$$

angeben. Für den Effektivwert der Oberschwingungen folgt

$$\frac{\sqrt{\sum_{v>1}^{\infty} U_{vB}^2}}{U_A} = \sqrt{\frac{\sum_{v=1}^{\infty} U_{vB}^2}{U_A^2} - d_{U1}^2} \,. \tag{183}$$

Der gesamte Effektivwert der Spannung an der Sammelschiene B ist die geometrische Summe aus den Effektivwerten der Grundschwingung, Gl. (181), und der Oberschwingungen, Gl. (183), es gilt

$$\frac{U_B}{U_A} = \sqrt{\frac{U_{1B}^2}{U_{1A}^2} + \frac{\sum_{v>1}^{\infty} U_{vB}^2}{U_A^2}} = \sqrt{1 - \frac{6}{\pi} K_Q + \frac{3u}{\pi} K_u^2} \,. \tag{184}$$

Wird in Gl. (128) $\alpha = \dfrac{\pi - u}{2}$ eingesetzt, so läßt sich

$$u = 2 \arcsin\left(\frac{1}{2} \cdot \frac{K_Q}{K_u}\right) \tag{185}$$

herleiten. Das in Gl. (184) eingesetzt, führt zu dem Ergebnis

$$\frac{U_B}{U_A} = \sqrt{1 + \frac{6}{\pi}\left[K_u^2 \arcsin\left(\frac{1}{2} \cdot \frac{K_Q}{K_u}\right) - K_Q \right]} \,. \tag{186}$$

Damit sind die durch die Stromrichterbelastung bestimmten Spannungsverhältnisse an der Sammelschiene B für den Fall der Aussteuerung Null $\left(U_d = 0; \; \alpha \approx \dfrac{\pi - u}{2} \right)$ unter der Voraussetzung eines rein induktiven Netzes bekannt.

Ein rein induktives Netz gibt es jedoch nicht. Neben den recht kleinen Erdkapazitäten von Freileitungen, Transformatoren und an das Netz angeschlos-

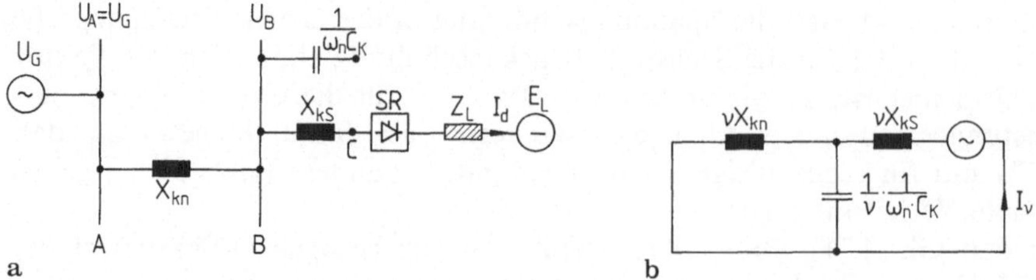

Bild 149. Einpoliger Ersatzschaltplan eines Drehstromnetzes mit Stromrichterlast und Kompensations-Kondensatoren **(a)** sowie Ersatzschaltplan zur Erläuterung von durch Stromoberschwingungen angeregten Resonanzschwingungen **(b)**

senen Verbrauchern, spielen Kabelkapazitäten und die Kapazitäten von Kompensationskondensatoren die wesentliche Rolle. Die Sammelschiene B von Bild 149 sei beispielsweise die Sammelschine eines Werksnetzes. zur Blindleistungskompensation der an das Werksnetz angeschlossenen Verbraucher, u.a. des Stromrichters SR, ist an die Sammelschiene B eine Kondensatorbatterie angeschlossen. Für die nun folgenden Überlegungen empfiehlt es sich, den Stromrichter als einen Generator für Oberschwingungsströme aufzufassen. Für jede der auftretenden Oberschwingungen kann dann anhand des Ersatzschaltplanes nach Bild 149b geprüft werden, ob ihre Frequenz in der Nähe der Resonanzfrequenz des aus Netzinduktivität L_{kn} und Kompensationskapazität C_K gebildeten Parallelresonanzkreises liegt. Durch Stromoberschwingungen angeregte Resonanzen können zu erheblichen Spannungsüberhöhungen, hervorgerufen durch eine große Amplitude der betroffenen Spannungsoberschwingung, führen. Diese Spannungsüberhöhungen können ihrerseits wieder zur Ausfallursache von Geräten und Anlagen werden. Nicht zu vernachlässigen sind auch die zusätzlichen Verluste, die der durch die Resonanz erhöhte Strom im Schwingkreis hervorruft [58]. Leider treten derartige Störungen immer wieder auf, insbesondere dann, wenn in ein bestehendes Werksnetz zusätzlich Stromrichteranlagen installiert werden.

Da sich Resonanzfrequenz und Dämpfung des Parallelschwingkreises in Abhängigkeit vom Schaltzustand und Belastungszustand des Netzes ändern, sollten Kondensatoren nicht direkt, nicht unverdrosselt an ein von Stromrichtern mit Oberschwingungen belastetes Netz geschaltet werden. Um auch bei im Verhältnis zur Kurzschlußleistung des Netzes am Verknüpfungspunkt relativ großen Stromrichterlasten, also bei einem großen Leistungsverhältnis

$$K_Q = \frac{P_{di}}{S_{kB}} ,$$

noch einen störungsfreien Betrieb der parallel zum Stromrichter SR an der Sammelschiene B arbeitenden Geräten und Anlagen zu gewährleisten, ist es sinnvoll, die Oberschwingungen mit den niedrigsten Ordnungszahlen, beim sechspulsigen Stromrichter also die 5. und die 7., evtl. noch die 11. und die 13., durch Saugkreise kurzzuschließen [95−97] (Bild 150).

Bei der Dimensionierung der Saugkreise ist darauf zu achten, daß neben dem Stromrichter SR1, dessen Oberschwingungsströme von den Saugkreisen aufge-

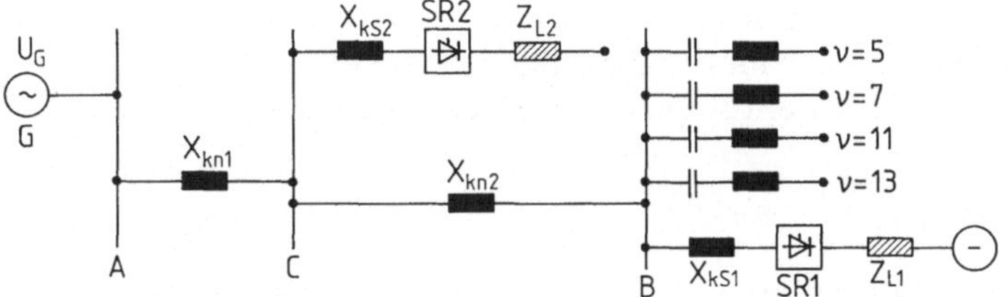

Bild 150. Anordnung von Saugkreisen an der Anschlußstelle des Stromrichters SR1 zur Verminderung der Netzrückwirkungen durch Oberschwingungen

nommen werden sollen, noch weitere Generatoren von Oberschwingungsströmen im Netz vorhanden sind, z.B. der Stromrichter SR2 an der Sammelschiene C des Bildes 150. Da für die Oberschwingungen mit den Ordnungszahlen 5, 7, 11 und 13 der Scheinwiderstand sowohl an der Sammelschiene A als auch an der Sammelschiene B gleich Null ist, teilen sich die von SR2 generierten Oberschwingungsströme der angegebenen Ordnungszahlen im Verhältnis der Netz-Teilreaktanzen auf. Vom in die Sammelschiene C insgesamt eingespeisten Oberschwingungsstrom I_νc ($\nu = 5$, 7, 11, 13) fließt somit der Anteil

$$I_{\nu 2} = \frac{X_{kn1}}{X_{kn1} + X_{kn2}} I_\nu c$$

zur Sammelschiene B und belastet dort zusätzlich die Saugkreise.

Für Frequenzen unterhalb ihrer Resonanzfrequenz, also auch für die Grundschwingungsfrequenz, stellen die Saugkreise einen kapazitiven Blindwiderstand dar, sie kompensieren also induktive Grundschwingungsblindleistung.

Spannungsoberschwingungen mit niedrigen Ordnungszahlen können auch mit Hilfe von bei hoher Schaltfrequenz arbeitenden selbstgeführten Stromrichtern weitgehend unterdrückt werden (s. Abschn. 10.2.2).

8.1.5.4 Spannungszwischenschwingungen (Interharmonics)

In Abschn. 8.1.4.1 wurde gezeigt, daß beim Drehstrom-Drehstrom-Direktumrichter im Netzstrom neben den Oberschwingungen mit den Ordnungszahlen

$$\nu = n \cdot p \pm 1 \quad (n = 1, 2, 3, \dots),$$

Gleichung (64), noch Zwischenschwingungen mit den Ordnungszahlen

$$\varrho = |\nu \pm 6m\frac{f_L}{f_n}| \quad (m = 1, 2, 3, \dots),$$

((Gleichung (166)), auftreten. Diese Aussage gilt auch für Drehstrom-DrehstromZwischenkreisumrichter mit unvollständiger Entkoppelung der beiden Teilstromrichter [98]. Wie aus Bild 141 zu entnehmen ist, wird bei einer in einem weiten Bereich variablen Lastkreisfrequenz f_L von den Zwischenschwingungsfrequenzen f_ϱ der gesamte Frequenzbereich einschließlich $f_\varrho = 0$ überstrichen.

Neben den bereits für die Oberschwingungen diskutierten Resonanzproblemen können durch die Zwischenschwingungen noch Störungen durch Flickererscheinungen und Störungen an Tonfrequenz-Rundsteuerempfängern auftreten [94]. Flickerstörungen spielen sich im Frequenzbereich von $0\,Hz < f_f < 25\,Hz$ ab, wobei die Flickerfrequenz gleich der Frequenz der Effektivwertschwankungen der Spannung ist, es gilt

$$f_f = (\nu \pm 1)f_n \pm 6f_L\,. \tag{187}$$

Tonfrequenz-Rundsteueranlagen arbeiten mit festen Frequenzen, die außerhalb der Oberschwingungsfrequenzen, z.B. bei 183 Hz oder 217 Hz, liegen. Fällt eine der Zwischenschwingungsfrequenzen gerade auf die Arbeitsfrequenz des Rundsteuerempfängers oder in deren unmittelbare Nähe, so kann dessen Empfang bei einem zu hohen Wert der Zwischenschwingungsspannung gestört werden.

8.1.5.5 Verträglichkeitspegel

Wie in den vorstehenden Teilen von Abschn. 8.1.5 „Netzrückwirkungen" gezeigt wurde, können Stromrichter am Drehstromnetz

> Spannungsschwankungen,
> Spannungsunsymmetrien,
> Spannungsoberschwingungen und
> Spannungszwischenschwingungen

verursachen. Diese Rückwirkungen auf das Netz werden von den Stromrichtern durch die aus dem Netz aufgenommenen Ströme verursacht,
— die in ihrer Größe sehr schnell verstellt werden können
— deren Grundschwingungsverschiebungswinkel φ_1 sich in einem weiten Bereich $(0 < \varphi_1 < \pi)$ schnell ändern kann und
— die neben der Grundschwingung Oberschwingungen und Zwischenschwingungen enthalten können.

An den vom Schaltzustand und vom Belastungszustand abhängigen Impedanzen des Netzes [99] werden die Störgrößen Stromänderungen, Oberschwingungsströme und Zwischenschwingungsströme in die entsprechenden Spannungsstörgrößen umgewandelt, die ihrerseits Funktionsstörungen an den am Netz angeschlossenen Verbrauchern hervorrufen können [99a]. Zwischen den an ein Netz angeschlossenen Störquellen, also z.B. Stromrichtern, und den Störsenken, d.h. allen anderen an das Netz angeschlossenen Verbrauchern, die ihrerseits auch wieder Störquellen sein können, muß elektromagnetische Verträglichkeit herrschen. Diese ist nach DIN VDE 0870 Teil 1/7.84 „Elektromagnetische Beeinflussung (EMB)" definiert als „Fähigkeit einer elektrischen Einrichtung, in ihrer elektromagnetischen Umgebung zufriedenstellend zu funktionieren, ohne diese Umgebung zu der auch andere Einrichtungen gehören, unzulässig zu beeinflussen".

Um eine unzulässige Beeinflussung über das Drehstromnetz möglichst auszuschließen, wurden in DIN VDE 0839 Teil 1 „Elektromagnetische Verträglichkeit; Verträglichkeitspegel der Spannung in Wechselstromnetzen bis 1 000 V", die z.Zt. als Entwurf vom November 1986 vorliegt, Verträglichkeitspegel definiert. Der Verträglichkeitspegel ist danach „der festgelegte Wert einer Störgröße, der ... nur mit einer so geringen Wahrscheinlichkeit überschritten werden kann, daß die elektromagnetische Verträglichkeit für alle Einrichtungen des jeweils gegebenen Systems erhalten bleibt. Der Verträglichkeitspegel ist die Ausgangsgröße für die Festlegung von Grenzwerten der Störfestigkeit und der Störaussendung der in diesem System betriebenen oder zu betreibenden Einrichtungen".

Für einen Großteil der Geräte für den Hausgebrauch und ähnliche Zwecke sind die zulässigen Störgrößen in DIN VDE 0838/6.87 (Teil 1 — 3) „Rückwirkungen in Stromversorgungsnetzen, die durch Haushaltsgeräte und ähnliche Einrichtungen verursacht werden" genormt, an der Erweiterung der Norm auf alle Geräte des genannten Bereichs wird gearbeitet. Bei Betriebsmitteln größerer Leistung, deren Anschluß vom zuständigen Energieversorgungsunternehmen genehmigt werden muß, werden der Ermittlung der zulässigen Störgrößen die Verhältnisse des betroffenen Netzes zugrunde gelegt [100].

8.1.6 Ermittlung dynamischer Vorgänge

Bisher wurde ausschließlich der stationäre Stromrichterbetrieb betrachtet. Für die Ermittlung von Übergangs- oder Ausgleichsvorgängen, wie sie z.B. durch Änderung des Steuerwinkels oder durch Spannungsänderungen auftreten können, empfiehlt sich die Simulation der Stromrichterschaltungen auf dem Digitalrechner [101 — 106]. Sollen nur die äußere Arbeitsweise und die Grundfunktion einer Stromrichterschaltung untersucht werden, so kann mit den in den Kap. 3 und 4 beschriebenen idealen Ventilkennlinien gerechnet werden. Ist es dagegen erforderlich, die innere Arbeitsweise des Stromrichters zu analysieren, also z.B. den zeitlichen Verlauf der Tablettentemperatur unter Berücksichtigung der Schalt- und Durchlaßverluste zu ermitteln, so muß mit einem komplizierteren Modell der Ventilbauelemente gearbeitet werden [107]. Schließlich kann auch der Stromrichter in seiner Funktion als Stellglied in Regelkreisen simuliert werden [108, 108a, 108b]. Ein näheres Eingehen auf die Simulationstechnik würden den Rahmen dieses Buches sprengen. Vorstehender Hinweis möge deshalb hier genügen.

8.2 Netzgeführte Gleichrichter mit kapazitiver Glättung der Gleichspannung

In zunehmendem Maße werden netzgeführte Gleichrichter mit kapazitiver Glättung an das Drehstromnetz angeschlossen. Beispiele sind elektrische Vorschaltgeräte für oder von Leuchtstofflampen, die Gleichspannungsversorgung von elektrischen Hausgeräten wie z.B. den Fernsehern, Stromversorgungsteile von gewerblich genutzten elektrischen Geräten wie z.B. Datenverarbeitungsanlagen, Ladegeräte von Batterien und die netzseitigen Gleichrichter von Umrichtern mit Gleichspannungszwischenkreis (s. auch Abschn. 11.1). In dem Bestreben, derartige Gleichrichter möglichst kostengünstig zu fertigen und preisgünstig anzubieten, wird oftmals auf die Belange der elektromagnetischen Verträglichkeit (s. auch Abschn. 8.1.5.3 und Kap. 12) wenig Rücksicht genommen, die Stromrichter werden ohne drehstromseitige Vordrosseln direkt an das Netz gelegt und ohne

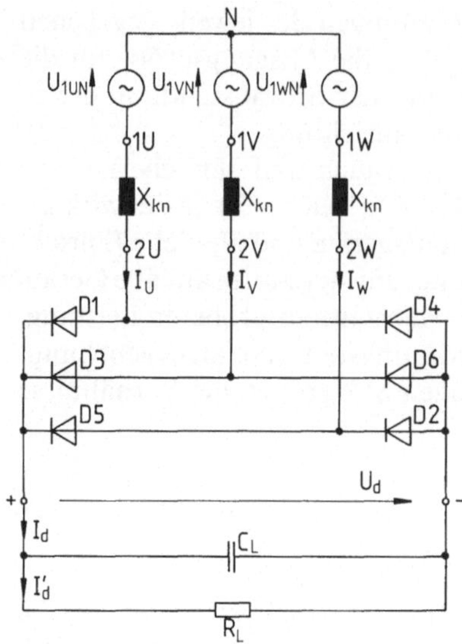

Bild 151. Grundsätzlicher Schaltplan einer ohne Vordrossel an das Drehstromnetz geschalteten Sechspuls-Brückenschaltung mit rein kapazitiver Glättung der Gleichspannung

gleichstromseitige Glättungsdrossel betrieben. Unter den in Abschn. 8.1.5 beschriebenen vereinfachenden Annahmen kann davon ausgegangen werden, daß zwischen den Ausgangsklemmen 1U, 1V, 1W der als starr angenommenen Spannungsquelle und den Eingangsklemmen 2U, 2V, 2W des Gleichrichters nur die induktive Netzreaktanz X_{kn} liegt.

Die erforderliche Größe des Glättungskondensators C_L ist aus dem vom Gleichstromverbraucher (R_L in Bild 151) maximal aufgenommenen Gleichstrom I'_d und der zulässigen Welligkeit

$$w_u = \frac{\sqrt{\sum_{v=1}^{\infty} U_{vd}^2}}{U_d}$$

der Gleichspannung U_d zu bestimmen. Sobald eine der Dreieckspannungen der Spannungsquelle größer als die Gleichspannung U_d wird — in der Darstellung von Bild 152 wird z.B. im Bereich $\omega t_1 < \omega t < \omega t_2$ die Spannung $u_{1UV} > u_d$ — baut sich ein Stromimpuls auf, der über die Dioden D1 und D6 fließt und den Kondensator auflädt. Für $\omega t = \omega t_2$ ist $u_{1UV} = u_d$ und im anschließenden Bereich $\omega t_2 < \omega t < \omega t_3$ gilt $u_{1UV} < u_d$; hier wird der Strom wieder abgebaut, und er erreicht für $\omega t = \omega t_3$ den Wert $i_d = 0$. Da der Stromflußwinkel ωt_F der einzelnen Stromimpulse kleiner als $\pi/3$ ist, arbeitet der Stromrichter im Lückbetrieb. Während der impulsförmige Strom fließt, tritt an der Netzreaktanz ein Spannungsfall auf, der die Klemmenspannung des Stromrichters und damit auch die Klemmenspannung aller am selben Verknüpfungspunkt angeschlossenen Geräte und Anlagen verzerrt. In Bild 152 oben ist die Auswirkung auf die Sternspannungen dargestellt.

Der Konstruktion von Bild 152 liegt ein in der Literaturstelle [109] behandelter Fall mit den Daten $K_Q = P_{di}/S_k = 0,0036$ und $u_u = 0,02$ zugrunde. Die

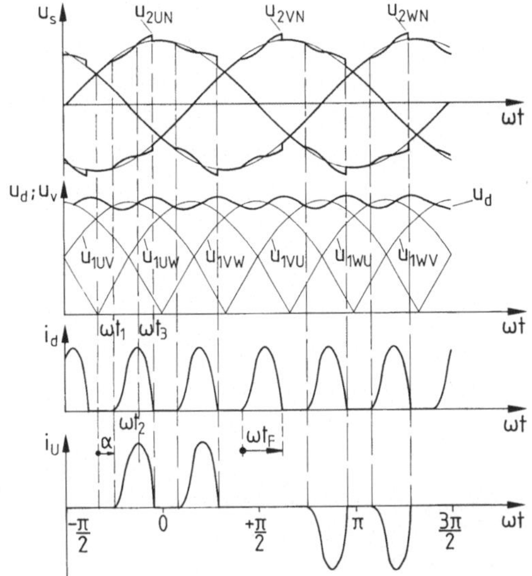

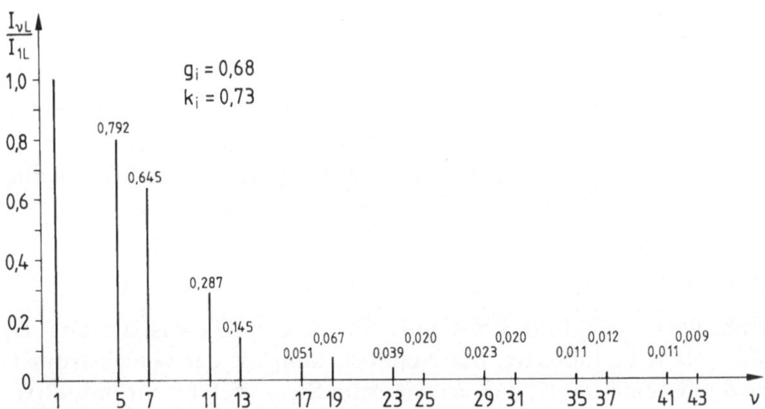

Bild 152. Zeitlicher Verlauf der charakteristischen Spannungen und Ströme beim Stromrichter nach Bild 151.

Voraussetzungen: $K_Q = \dfrac{P_{di}}{S_k} = 0{,}0036$; $w_u = 0{,}02$

Bild 153. Oberschwingungsspektrum des Netzstromes einer Sechspuls-Brückenschaltung mit kapazitiver Glättung der Gleichspannung nach Bild 151 und Belastungsverhältnissen nach Bild 152

Rechnung ergibt $\alpha = 15{,}3\,°$ und $\omega t_F = 38{,}5\,°$. Der Leistungsfaktor liegt wegen des hohen Anteils an Verzerrungsleistung bei $\lambda = 0{,}67$. Die Spannungsverzerrung ist etwas übertrieben dargestellt, um die Auswirkungen besser verdeutlichen zu können. Die harmonische Analyse des in Bild 152 dargestellten Leiterstromverlaufes $i_U(\omega t)$ zeigt Bild 153. Auffällig ist die im Vergleich zum Stromrichter mit induktiver Glättung des Gleichstromes deutliche Vergrößerung der Oberschwingungen mit den Ordnungszahlen 5, 7, 11 und 13 (vgl. mit den Bildern 83, 121, 124).

Um die erhöhte Netzrückwirkung der Schaltung nach Bild 151 zu vermeiden, empfiehlt es sich, für den Gleichstromkreis eine LC-Glättung vorzusehen (Bild

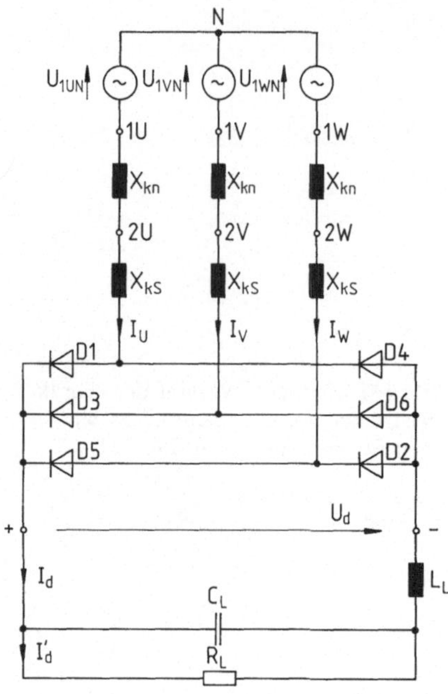

Bild 154. Grundsätzlicher Schaltplan eines Stromrichters in Sechspuls-Brückenschaltung mit LC-Glättung der Gleichspannung und Kommutierungsdrosseln

154), wobei die Induktivität L_L der Glättungsdrossel so zu dimensionieren ist, daß die Resonanzfrequenz f_r des Filters deutlich unterhalb der Grundfrequenz $p \cdot f_n$ der der Gleichspannung überlagerten Wechselspannung liegt. Wenn die Bedingung

$$f_r = \frac{1}{2\pi\sqrt{L_L \cdot C_L}} \ll p \cdot f_n$$

eingehalten wird, wirkt der Filterkreis auf alle in der Gleichspannung U_d enthaltenen Wechselanteile induktiv. Bei Nennbelastung ist der Gleichstrom I_d dann hinreichend gut geglättet, so daß er, wie beim Stromrichter mit induktiver Glättung des Gleichstromes (Abschn. 8.1) beschrieben, kontinuierlich und nicht impulsweise fließt. Da der Gleichstrom im Stromrichter jetzt wieder vom stromführenden Ventil auf das Folgeventil kommutiert, sind nach DIN VDE 0160/1.86 „Ausrüstungen von Starkstromanlagen mit elektronischen Betriebsmitteln" auf der Netzseite noch Kommutierungsreaktanzen X_{ks} mit einer Kurzschlußspannung $u_{kx} \geqq 4\,\%$ zu installieren.

Der so mit *LC*-Glättung und Kommutierungsdrosseln ausgerüstete Stromrichter nach Bild 154 ist zwar material- und damit auch kostenaufwendiger als der nach Bild 151, dafür sind seine Netzrückwirkungen jedoch erheblich geringer. Mit derart „netzfreundlicheren" Stromrichtern lassen die in DIN VDE 0838 Teil 2/6.87 „Rückwirkungen in Stromversorgungsnetzen, die durch Haushaltsgeräte und ähnliche Einrichtungen verursacht werden; Oberschwingungen" vorgegebenen Grenzwert für Stromoberschwingungen, die in der nächsten Zeit noch teils auf weitere Gerätegruppen ausgedehnt und teils verschärft werden sollen, gut einhalten.

Netzgeführte Stromrichter mit rein kapazitiver Glättung nach Bild 151 sollten mit Rücksicht auf die Netzrückwirkungen weder in zweipulsiger noch in sechspulsiger Ausführung eingesetzt werden.

8.3 Lastgeführte und lastgetaktete Stromrichter

Nach DIN 41 750 Teil 6/7.86 „Begriffe für Stromrichter; Lastgeführte Stromrichter" muß bei einem lastgeführten Stromrichter die Last die Spannung für die Stromübernahme (Kommutierung) zur Verfügung stellen. Die Last wird entweder durch einen Schwingkreis gebildet, der sich im allgemeinen aus einem Verbraucher mit Wirk- und induktivem Blindwiderstand und einem zusätzlichen Kondensator zusammensetzt (Schwingkreiswechselrichter), oder sie ist eine Synchronmaschine (maschinengeführter Stromrichter).

Die Begriffe lastgeführt und lastgetaktet wurden bereits in der Einführung (Abschn. 2.2) anhand der Bilder 13 und 14 erläutert.

8.3.1 Lastgeführte und lastgetaktete Stromrichter mit induktiver Glättung des Gleichstroms

8.3.1.1 Maschinengeführte Stromrichter

Maschinengeführte Stromrichter, denen die Kommutierungsblindleistung und die Kommutierungsspannung von einer übererregt arbeitenden Synchronmaschine zur Verfügung gestellt wird, sind ein Sonderfall der lastgeführten Stromrichter. Sie sind in Reihenschaltung mit einem steuerbaren netzgeführten Stromrichter (s. Bild 13) meist Teil eines drehzahlgeregelten elektrischen Antriebs [5, 80]. Auf mögliche Steuer- und Regelverfahren soll hier nicht eingegangen werden, der interessierte Leser sei auf die Literaturstellen [5] und [110] verwiesen. Im folgenden wird davon ausgegangen, daß die Synchronmaschine eine symmetrische sinusförmige innere Drehspannung zur Verfügung stellt, an der der maschinengeführte Stromrichter im stationären Betrieb beim Steuerwinkel α arbeitet.

In Bild 155 ist die Synchronmaschine durch die Reihenschaltung von Spannungsquellen, die die innere Spannung symbolisieren, und Kommutierungsinduktivitäten L_k, die im wesentlichen die Streuinduktivität repräsentieren, dargestellt. Der Gleichstrom I_d wird als durch eine hinreichend große Zwischenkreisdrossel eingeprägt angenommen, er sei frei von Wechselanteilen. Arbeitet die Synchronmaschine motorisch, so wird der Stromrichter mit Rücksicht auf einen guten Maschinenwirkungsgrad mit einer möglichst großen Wechselrichteraussteuerung betrieben. Mit Rücksicht auf den Kommutierungswinkel und den Löschwinkel (s. Abschn. 8.1.2) darf andererseits die Wechselrichtertrittgrenze ($\alpha = \alpha_w$) nicht überschritten werden. Den Verlauf der charakteristischen Spannungen und Ströme nach der idealisierten Stromrichtertheorie ($L_k = 0$) ist in Bild 156 für $\alpha = \alpha_w - 150°$ dargestellt.

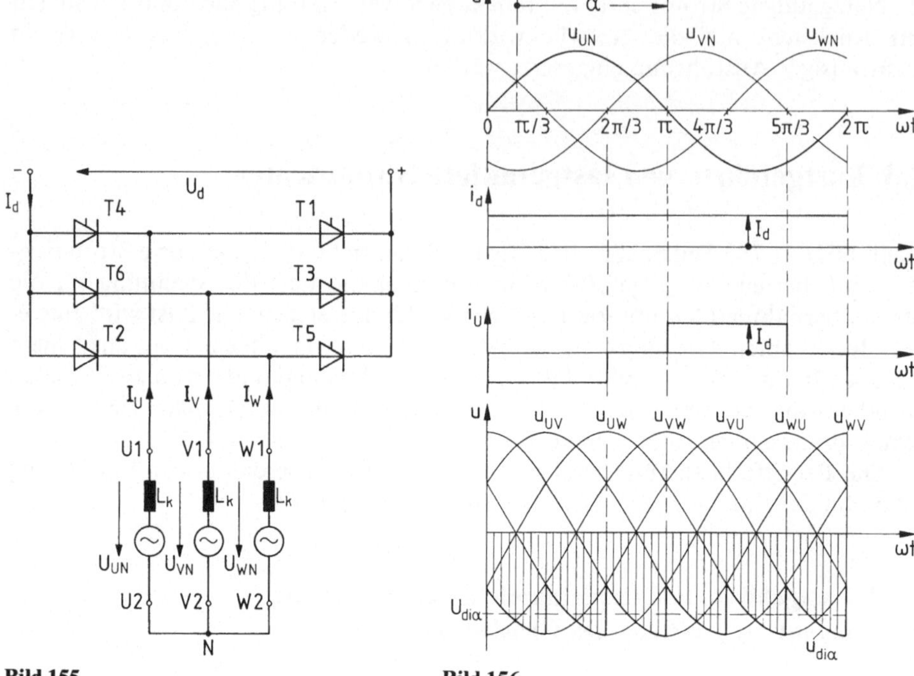

Bild 155   **Bild 156**

Bild 155. Maschienengeführter Stromrichter − grundsätzliche Darstellung

Bild 156. Verlauf der charakteristischen Ströme und Spannungen an einem maschinengeführten Stromrichter nach Bild 155. $\alpha = \alpha_w = 150°$

Arbeitet die Synchronmaschine generatorisch, so wird der Steuerwinkel, ebenfalls wieder mit Rücksicht auf einen guten Maschinenwirkungsgrad, möglichst zu $\alpha = 0$ gewählt. Bei einem drehzahlsteuerbaren Antrieb tritt der Gleichrichterbetrieb i. allg. nur kurzzeitig, nur während des Bremsens, auf.

Neben den Antriebsanwendungen gibt es auch noch andere Einsatzfälle für den maschinengeführten Stromrichter. So kann die Synchronmaschine Teil eines Stromerzeugungsaggregates sein, das ausschließlich einen Stromrichter speist. Arbeitet der Stromrichter als Gleichrichter, so läßt sich auf diese Weise eine netzunabhängige Gleichspannungsquelle realisieren [109]. Es ist andererseits auch möglich, mittels eines Direktumrichters aus einer Drehspannung variabler Größe und variabler Frequenz eine Wechselspannung oder Drehspannung konstanter Grundschwingungsfrequenz und konstanten Effektivwertes zu erzeugen [111]. Aufgaben dieser Art sind in Fahrzeug- und Flugzeug-Bordnetzen zu lösen.

Sind die Synchronmaschinen so beschaffen, da sie eine sinusförmige innere Spannung aufweisen, so können die Vorgänge im Stromrichter mit dem für den netzgeführten Stromrichter abgeleiteten Rechenverfahren ermittelt werden. Hinzuweisen ist darauf, daß sich wegen des relativ großen Leistungsverhältnisses

$$K_Q = \frac{P_{di}}{S_k}$$

die Spannungsoberschwingungen an den maschinenseitigen Stromrichterklemmen sehr viel stärker bemerkbar machen als bei Speisung aus dem Drehstromnetz. Bei Betrieb mit Nennlast sieht die Drehspannung am Stromrichtereingang stark verzerrt aus.

8.3.1.2 Parallelschwingkreis-Wechselrichter

Für die induktive Erwärmung und das Schmelzen von Werkstoffen sind Umrichter erforderlich, die Energie aus dem Wechselstromnetz entnehmen und mit der vom Prozeß geforderten Frequenz an einen Mittelfrequenz-Verbraucher abgeben können [112, 113]. Die Senke elektrischer Energie ist das aufzuheizende Medium. Die mittelfrequente Energieübertragung erfolgt durch ein magnetisches Wechselfeld, das von einer das zu erwärmende Material umgebenden Induktionsspule, auch Induktorspule genannt, ausgeht. Spule und Energiesenke stellen gemeinsam einen gemischt ohmsch-induktiven Verbraucher dar (L_L und R_L in Bild 157). Dieser wird durch die Kapazität C_L zu einem Parallelschwingkreis ergänzt.

Der Lastkreis insgesamt wird aus dem Gleichstromzwischenkreis des Umrichters über den lastgeführten Teilstromrichter SR3 mit Energie versorgt. Zum Umrichter gehören weiterhin ein netzgeführter Stromrichter SR1, der den mittels der Drosselspulen L_g geglätteten Gleichstrom I_d in den Zwischenkreis einprägt und ein Anschwingstromrichter SR2, mit dessen Hilfe, wie weiter unten gezeigt wird, der Schwingkreiswechselrichter selbstgeführt angefahren werden kann.

Im eingeschwungenen Zustand wird der als gut geglättet angenommene Gleichstrom I_d vom lastgeführten Stromrichter in einen lastseitigen Wechselstrom I_L mit nahezu blockförmigem Verlauf umgeformt (s. Bild 159). Zur Einführung

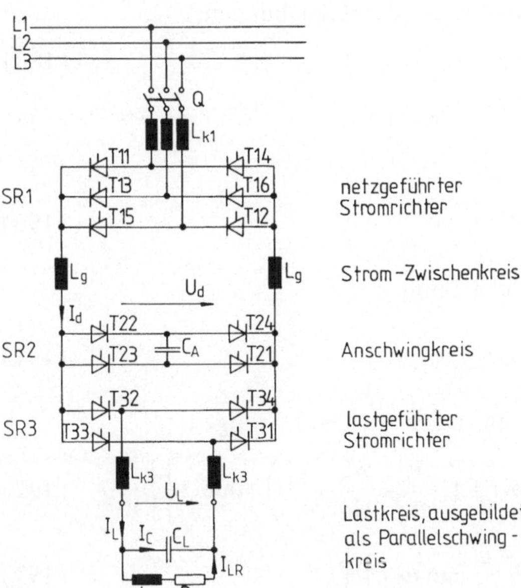

Bild 157. Grundsätzliche Schaltung eines Umrichters zur Speisung eines Parallelschwingkreises; der lastseitige Stromrichter SR3 arbeitet lastgeführt

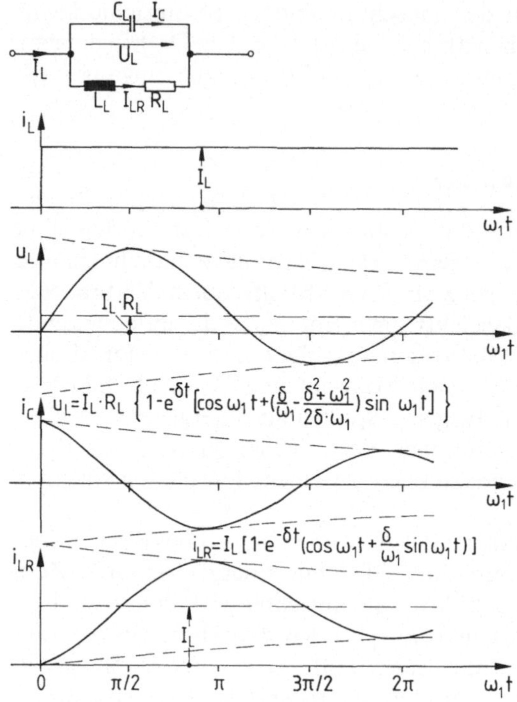

Bild 158. Einschwingvorgang beim Schalten eines Stromsprungs auf einen gedämpften Parallelschwingkreis; dargestellt für $\omega_1 = 10\delta$

in das Verhalten eines Parallelschwingkreis-Wechselrichters wird deshalb zunächst die Reaktion eines Parallelschwingkreises auf einen Stromstoß der Höhe I_L untersucht (Bild 158).

Die den Parallelschwingkreis beschreibenden Gleichungen

$$i_L = i_C + i_{LR}, \tag{188}$$

$$i_C = C_L \frac{du_L}{dt} \tag{189}$$

und

$$u_L = R_L \cdot i_{LR} + L_L \frac{di_{LR}}{dt} \tag{190}$$

führen für $t > 0$ auf die Differentialgleichung

$$\frac{d^2 i_{LR}}{dt^2} + 2\delta \frac{di_{LR}}{dt} + \omega_0^2 i_{LR} = \omega_0^2 I_L, \tag{191}$$

wobei $\delta = R_L/2L_L$ und $\omega_0^2 = 1/L_L C_L$ zu setzen ist. Die Lösungen

$$u_L = I_L \cdot R_L \left\{ 1 - e^{-\delta t} \left[\cos \omega_1 t + \left(\frac{\delta}{\omega_1} - \frac{\delta^2 + \omega_1^2}{2\delta \cdot \omega_1} \right) \sin\omega_1 t \right] \right\}, \tag{192}$$

$$i_{LR} = I_L \left[1 - e^{-\delta t} \left(\cos \omega_1 t + \frac{\delta}{\omega_1} \sin \omega_1 t \right) \right] \tag{193}$$

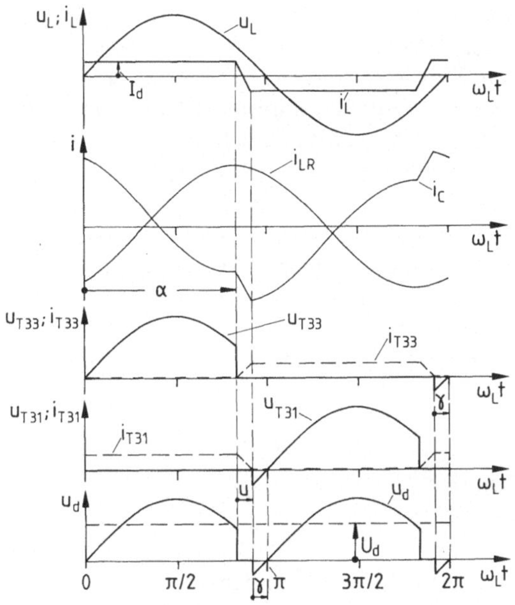

Bild 159. Idealisierter zeitlicher Verlauf der charakteristischen Ströme und Spannungen bei der Speisung eines Parallelschwingkreises nach Bild 157.
$u_{T31} = u_{T32}$; $i_{T31} = i_{T32}$; $u_{T33} = u_{T34}$; $i_{T33} = i_{T34}$

und

$$i_C = i_L - i_{LR}$$

sind für $\omega_1 = 10\delta$ in Bild 158 dargestellt. $\omega_1 = \sqrt{\omega_0^2 - \delta^2}$ ist die Eigenkreisfrequenz des gedämpften Schwingkreises.

Der zum Zeitpunkt t_0 sprungförmig eingeprägte Strom I_L fließt zunächst voll in den Kondensator C_L. Erst mit ansteigender Spannung U_L übernimmt auch der L_L-R_L Zweig Strom. Die durch den Stromstoß angeregte gedämpfte Schwingung klingt mit der Zeitkonstanten $\tau = 1/\delta = 2L_L/R_L$ ab. Für $\omega_1 t \to \infty$ geht $u_L \to I_L \cdot R_L$, $i_C \to 0$ und $i_{LR} \to I_L$. Um einen stationären Betriebszustand im Lastkreis zu erreichen, muß die Schwingung in jeder Halbperiode neu angeregt werden. In der Schaltung nach Bild 157 wird das durch die Kommutierung des zeitlich konstant angenommenen Gleichstromes auf die andere Halbbrücke des Teilstromrichters SR3 erreicht. Bei positivem Laststrom ($i_L = +I_d$) sind die Thyristoren T31 und T32 stromführend (s. auch Bild 159). Der positive Laststrom läßt zunächst die Spannung U_L bis zu ihrem Maximum ansteigen und dann im Rahmen des Schwingvorganges wieder abfallen. Das Umschalten auf negativen Laststrom ($i_L = -I_d$), also die Kommutierung des Gleichstromes auf die Ventile T33 und T34 muß abgeschlossen sein, ehe $u_L \leq 0$ wird. Der nach Abschluß der Kommutierung verbleibende Löschwinkel γ muß größer sein als der Freiwerdewinkel $\omega_L t_q$.

Die Lastkreisspannung U_L hat einen nur angenähert sinusförmigen Verlauf. Zwischen den Kommutierungen entspricht sie jeweils einer nicht ganz vollständigen gedämpften Sinushalbschwingung. Die Grundschwingungsfrequenz $f_L = \omega_L/(2\pi)$ des Lastkreises kann in einem gewissen Umfang über den Steuerwinkel α beeinflußt werden. Eine Verkleinerung von α hat eine Vergrößerung von f_L zur Folge. Mit Rücksicht auf die vom Lastkreis zu stellende

Kommutierungsspannung bzw. Kommutierungsblindleistung muß ω_L immer größer als die Eigenkreisfrequenz ω_1 sein [114].

Die Kommutierungsdrosseln (L_{k3} in Bild 157) sind so zu dimensionieren, daß die Stromänderungsgeschwindigkeit während der Kommutierung in den für die elektrischen Ventile vorgeschriebenen Grenzen gehalten wird.

Die schnelle Änderung des Lastkreisstromes I_L während der Kommutierung zeichnet sich fast vollständig im Kondensatorstrom I_C ab. Der Strom I_{LR} über den Induktor entspricht zwischen den Kommutierungen jeweils einer nicht ganz vollständigen gedämpften Kosinushalbschwingung. Der Lastkreisstrom I_L entspricht der zeitlichen Differenz der Schwingkreisströme I_C und I_{LR} Gl. (188), bei einem schwach gedämpften Schwingkreis ist $I_L \ll I_{LR}$.

Dem lastgeführten Stromrichter SR3 wird aus dem Gleichstromkreis die Leistung

$$P_d = U_d \cdot I_d$$

zugeführt. Im Lastkreis wird die Leistung

$$P_L = I_{LR}^2 \cdot R_L$$

in Wärme umgesetzt. Werden Stromrichter SR3 und Kondensator C_L idealisierend verlustfrei angenommen, so kann im eingeschwungenen Zustand

$$P_d = P_L$$

gesetzt werden. Die Wärmeleistung kann somit über die Aussteuerung des netzseitigen Stromrichters SR1 gesteuert oder geregelt werden.

Um beim Anfahren des Stromrichters in den eingeschwungenen Zustand zu kommen und einen lastgeführten Betrieb zu ermöglichen, muß dem Schwingkreis zunächst Energie zugeführt werden. Dazu ist eine Starthilfe über den Anschwingstromrichter SR2 in Bild 157 erforderlich. Während des Startvorgangs bilden die

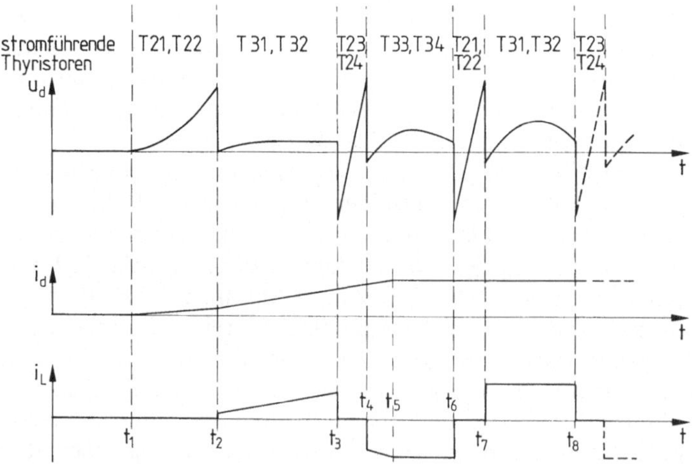

Bild 160. Idealisierter zeitlicher Verlauf der charakteristischen Ströme und Spannungen des Umrichters nach Bild 157 während des Startvorgangs

Teilstromrichter SR2 und SR3 einen selbstgeführten Stromrichter. Da am Lastkreis beim Start noch keine Führungsspannung vorhanden ist, muß der lastseitige Stromrichter zunächst eigengetaktet betrieben werden.

Im Zeitpunkt t_1 von Bild 160 wird dem Stromrichter SR1 ein bestimmter Aussteuerungsgrad vorgegeben, während gleichzeitig die Thyristoren T21 und T22 eingeschaltet werden.

Als Folge beginnt der Gleichstrom I_d anzusteigen und lädt den Kondensator C_A auf. Hat die Gleichspannung $U_d = U_{CA}$ einen vorgegebenen Wert erreicht, so werden im Zeitpunkt t_2 die Thyristoren T31 und T32 eingeschaltet, wodurch I_d aus dem Anschwingkreis in den Lastkreis kommutiert und weiter ansteigt. Nach einer durch die Anlaufsteuerung vorgegebenen Zeitspanne werden im Zeitpunkt t_3 die Thyristoren T23 und T24 eingeschaltet. U_d springt dadurch auf $-U_{CA}$ und I_d kommutiert in den Anschwingkreis. Nach erfolgter Umladung der Kapazität C_A werden zum Zeitpunkt t_4 die Thyristoren T33 und T34 gezündet, I_d kommutiert in den Lastkreis und bildet dort die erste negative Halbschwingung des Laststromes aus ($i_L = -i_d$). Zum Zeitpunkt t_5 hat der Gleichstrom seinen vorgegebenen Wert erreicht und wird dann durch eine Stromregelung über das Stellglied SR1 konstant gehalten.

Die Kommutierung des Stromes I_d von der einen Halbbrücke zur anderen erfolgt während der folgenden Halbschwingungen mit Hilfe des Anschwingkreises. Die in den Lastkreis eingespeiste Energie wird teils in Wärme umgesetzt, teils dient sie zum Aufladen des Schwingkreises. Ist der eingeschwungene Zustand nach einigen Perioden näherungsweise erreicht, so werden die Thyristoren des Anschwingkreises nicht mehr gezündet und der Stromrichter SR3 arbeitet dann lastgeführt und lastgetaktet weiter.

Parallelschwingkreis-Wechselrichter für die induktive Erwärmung werden im Lastbereich von einigen zig kW bis zu über 10 MW und in einen Frequenzbereich von einigen 100 Hz bis etwa 10 kHz eingesetzt, wobei Anlagen und Geräte mit hohen Leistungen bei den kleineren Frequenzen arbeiten [115].

8.3.2 Lastgeführte und lastgetaktete Stromrichter mit kapazitiver Glättung der Gleichspannung: Reihenschwingkreis-Wechselrichter

Wie im vorstehenden Abschn. 8.3.1.2 beschrieben, kann die für die induktive Erwärmung benötigte Induktionsspule samt dem aufzuheizenden Material als eine gemischt ohmsch-induktive Last aufgefaßt werden (R_L und L_L in Bild 161). Diese kann durch die Reihenschaltung mit einem Kondensator C_L zu einem Reihenschwingkreis ergänzt und dann über einen lastgeführten Stromrichter mit kapazitiv geglätteter Gleichspannung U_d mit Energie versorgt werden.

Im eingeschwungenen Zustand entspricht der Verlauf des Laststromes I_L zwischen den Kommutierungen jeweils einer gedämpften Sinushalbschwingung, die durch den Polaritätswechsel der nahezu rechteckförmigen Lastspannung U_L jeweils wieder neu angefacht wird (s. Bild 162). Betrachtet werden im folgenden der Übergang des Laststromes von der positiven auf die negative Halbschwingung und die dabei erforderlichen Steueroperationen am Umrichter. Im Winkelbereich $\gamma + u < \omega_L \cdot t < \pi$ führen die Thyristoren T21 und T22 den Laststrom I_L. I_L und U_L

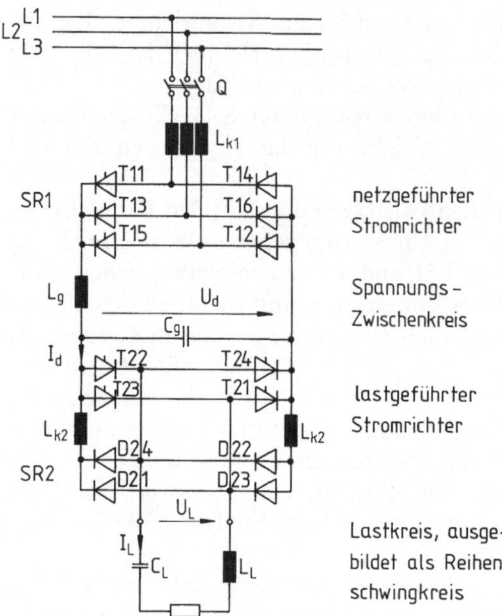

Bild 161. Grundsätzliche Schaltung eines Umrichters zur Speisung eines Reihenschwingkreises; der lastseitige Stromrichter SR2 arbeitet lastgeführt

haben dasselbe Vorzeichen, der Lastkreis nimmt Leistung auf. Für $\omega_L t = \pi$ geht I_L durch Null, im Bereich $\pi < \omega_L \cdot t < \pi + \gamma$ fließt I_L mit negativem Vorzeichen über die Dioden D23 und D24. Die Folgethyristoren T23 und T24 dürfen frühestens nach einem Löschwinkel γ, der gleich oder größer den Freiwerdewinkel $\omega_L t_q$ der Thyristoren ist, eingeschaltet werden ($\gamma \geqq \omega_L t_q$). Während des Löschwinkels steht an den stromlos gewordenen Thyristoren eine kleine negative Spannung

$$u_T = -\left|\left(L_k \frac{di_L}{dt} \right)\right|$$

an. Werden bei $\omega_L \cdot t = \pi + \gamma$ die Thyristoren T23 und T24 gezündet, so übernehmen diese im Winkelbereich $\pi + \gamma < \omega_L t < \pi + \gamma + u$ den Laststrom von den Dioden D23 und D24. Mit Hilfe des Löschwinkels γ lassen sich in einem gewissen Bereich die Frequenz $f_L = \omega_L/(2\pi)$ des Lastkreises und auch die übertragene Leistung steuern. Ein steigender Löschwinkel γ verkleinert die Frequenz f_L und senkt die Leistung P_L. Wirkungsvoller kann die in den Lastkreis eingesetzte Heizleistung über die Höhe der Zwischenkreisspannung U_d beeinflußt werden. Die Lastkreisfrequenz ω_L ist bei Speisung über den Reihenschwingkreiswechselrichter stets kleiner als die Eigenkreisfrequenz des gedämpften Reihenschwingkreises, die sich auch hier zu

$$\omega_1 = \sqrt{\omega_0^2 - \delta^2}$$

ergibt, wobei

$$\omega_0^2 = \frac{1}{L_L \cdot C}$$

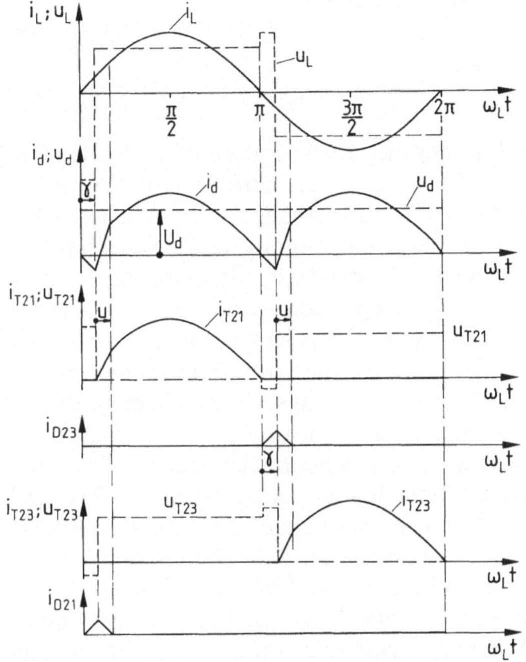

Bild 162. Idealisierter zeitlicher Verlauf der charakteristischen Ströme und Spannungen bei der Speisung eines Reihenschwingkreises nach Bild 161

und

$$\delta = \frac{R_L}{2L_L}$$

ist.

Reihenschwingkreis-Wechselrichter werden vereinzelt für Geräte und Anlagen kleinerer Leistung und hoher Frequenzen eingesetzt [116]. Für die anderen Anwendungen wird der Parallelschwingkreis-Wechselrichter bevorzugt [63].

9 Wechselstrom- und Drehstromsteller

Wechselstromsteller (Bild 163) sind laut der in DIN 41 750 Teil 1/2.85 „Begriffe für Stromrichter; Aufbau und Funktionsarten" nachzulesenden Definition „Wechselstromumrichter, die für eine Verstellung der abgegebenen Wechselspannung bei Anschluß an eine vorgegebene Wechselspannung bestimmt sind. Die (Grundschwingung der) Ausgangsfrequenz ist (bei Anschnittsteuerung) gleich der Eingangsfrequenz. Werden jedoch Schwingungen periodisch vollständig unterdrückt, so wird die (Grundschwingung der) Ausgangsfrequenz kleiner als die Eingangsfrequenz". Eine Kommutierung, also „eine Stromübernahme, bei der zwei Stromrichterzweige während der Kommutierungszeit gleichzeitig Strom führen", findet beim Wechselstromsteller nicht statt, weshalb diese Schaltungen auch als nichtkommutierende Stromrichter [62] bezeichnet werden.

Der in Bild 163 dargestellte Wechselstromsteller wird nach DIN V 41 761/1.87 „Stromrichterschaltungen; Benennungen und Kennzeichen" auch als Einphasen-Wechselwegschaltung, bestehend aus zwei antiparallel geschalteten Zweigen, bezeichnet. Nach DIN 41 750 Teil 2/2.85 „Begriffe für Stromrichter Innere Wirkungsweise, Aussteuerung, elektrische Größen" ist die Führungsspannung diejenige Spannung, durch deren Wirkung der Strom von einem Stromrichterzweig auf den nächsten übergeht. In diesem Sinne ist die Führungsspannung des Wechselstromstellers also die Netzspannung. Obgleich bei Wechselstrom- und Drehstromstellern keine Kommutierung auftritt, benötigen sie also die Netzspannung als Führungsspannung und sind somit als netzgeführte Stromrichter zu betrachten. In der Fachliteratur werden sie jedoch neben den fremdgeführten und den selbstgeführten Stromrichtern meist als besondere Gruppe, als „Stromrichter ohne Kommutierung", behandelt [6, 62, 64]. Da die Steuerimpulse auf die Netzspannung synchronisiert sind, sind Wechselstrom- und Drehstromsteller zu den netzgetakteten Stromrichtern zu zählen.

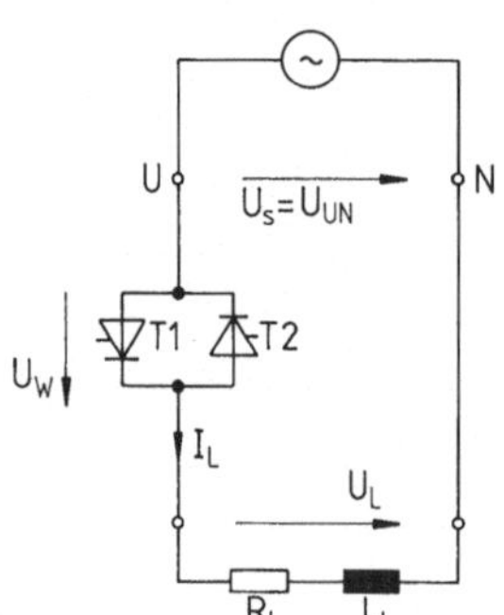

Bild 163. Wechselstromsteller mit gemischt ohmsch-induktiver Belastung — grundsätzlicher Schaltplan. $-u_s(\text{wt}) = u_w(\text{wt}) + u_L(\text{wt})$

9.1 Wechselstromsteller

Die Steuerkennlinien des Wechselstromstellers nach Bild 163 werden im folgenden unter den nachstehenden idealisierten Bedingungen abgeleitet:
1. Wechselstromsteller und Lastkreis sind an eine starre Wechselspannungsquelle mit sinusförmigem Spannungsverlauf, der sich durch die Beziehung

$$u_{UN} = \sqrt{2}u_{UN} \sin \omega t \tag{194}$$

beschreiben läßt, angeschlossen. Netzseitige Impedanzen werden nicht berücksichtigt.
2. Der Wechselstromsteller ist mit idealen Thyristoren ausgerüstet, die sowohl ideale Kennlinien nach Bild 20a haben als auch über ideale Schalteigenschaften verfügen.

Die Einphasen-Wechselwegschaltung mit den Thyristoren T1 und T2 kann auf verschiedene Arten gesteuert werden.

Sie kann einmal als Schalter betrieben werden. Wenn keine Steuerimpulse auf die Thyristoren gegeben werden, so liegt die Spannung U_{UN} voll an den Thyristoren, der Schalter ist geöffnet. Bei eingeschaltetem Schalter dagegen ist, sobald sich an einem der Thyristoren Sperrspannung in Vorwärtsrichtung aufbaut, dieser durch einen Steuerimpuls zu zünden. Ideale Thyristoren vorausgesetzt, liegt dann die Netzspannung voll am Lastkreis.

Zum anderen kann die Einphasen-Wechselwegschaltung entweder durch Zündverzögerung um den Steuerwinkel α gegenüber dem Nulldurchgang der Netzspannung kontinuierlich ausgesteuert werden (Anschnittsteuerung) oder aber es kann die Schwingungspaketsteuerung, auch Vielperiodensteuerung genannt, eingesetzt werden.

9.1.1 Anschnittsteuerung

Mit Hilfe der Anschnittsteuerung kann die Spannung U_L am Lastkreis kontinuierlich im Bereich $U_{UN} \geqq U_L \geqq 0$ verstellt werden. Der Steuerwinkel α wird für den Thyristor T1 vom Nulldurchgang der Netzspannung mit positivem Gradienten angemessen; der Thyristor T2 wird im stationären Betrieb um 180° später als T1 eingeschaltet (s. auch Bilder 164, 166 und 167).

Ohmsche Belastung

Im Bild 164 ist der zeitliche Verlauf des Laststromes I_L, der Spannung U_W an der Wechselwegschaltung und der Spannung U_L am Lastkreis für drei unterschiedliche Aussteuerungsgrade U_L/U_{UN} bei rein ohmschem Lastkreis ($R_L \neq 0$, $L_L = 0$) dargestellt. Der zeitliche Verlauf der Netzspannung U_{UN} entspricht der Funktion

$$u_{UN}(\omega t) = u_W(\omega t) + u_L(\omega t).$$

Während der ersten Periode ($0 \leqq \omega t \leqq 2\pi$) ist das Verhältnis der Effektivwerte $U_L/U_{UN} = 0{,}3$, während der zweiten ($2\pi \leqq \omega t \leqq 4\pi$) gleich 0,6 und während der

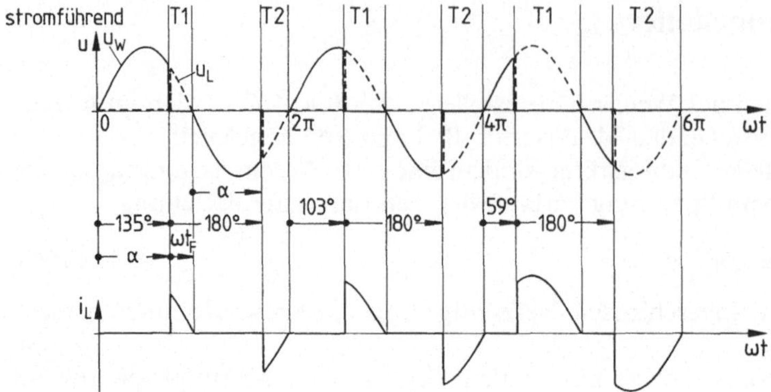

Bild 164. Zeitlicher Verlauf des Stromes und der charakteristischen Spannungen am Wechselstromsteller nach Bild 163 bei ohmscher Belastung und den Steuerwinkeln α gleich 135°, 103°
und 59°, entsprechend den Aussteuerungsgraden U_L/U_{UN} gleich 0,3 , 0,6 und 0,9 . $R_L \neq 0$; $L_L = 0$

dritten gleich 0,9. Die zugehörigen Steuerwinkel 135°, 103° und 59° sind im Bild
eingetragen. Da im Falle ohmscher Belastung Spannung U_L und Strom I_L in
Phase sind, endet der Stromfluß jeweils im Spannungsnulldurchgang. Der
Stromflußwinkel beträgt

$$\omega t_F = \pi - \alpha \, .$$

Der Effektivwert der Spannung am Lastkreis ist definitionsgemäß

$$U_L = \sqrt{\frac{1}{2\pi} \int\limits_0^{2\pi} u_L^2(\omega t)\, d\omega t} \, . \tag{195}$$

Mit

$$u_L(\omega t) = \sqrt{2}U_{UN} \cdot \sin \omega t$$

in den Bereichen $\alpha < \omega t < \pi$ und $\pi + \alpha < \omega t < 2\pi$ und

$$u_L(\omega t) = 0$$

in den Bereichen $0 < \omega t < \alpha$ und $\pi < \omega t < \pi + \alpha$ folgt

$$U_L = \sqrt{\frac{2}{\pi} \int\limits_\alpha^\pi \sin^2 \omega t\, d\omega t}\; U_{UN} \, . \tag{196}$$

Der Aussteuerungsgrad ergibt sich damit zu

$$\frac{U_L}{U_{UN}} = \sqrt{1 - \frac{\alpha}{\pi} + \frac{1}{2\pi} \cdot \sin 2\alpha} \, . \tag{197}$$

Diese Funktion ist in Bild 165 dargestellt. Sie zeigt, daß innerhalb des Steuerwin-
kelbereiches $0 \leq \alpha \leq \pi$ der Aussteuerungsgrad im Bereich $1 \geq U_L/U_{UN} \geq 0$ kontinuierlich verstellt werden kann.

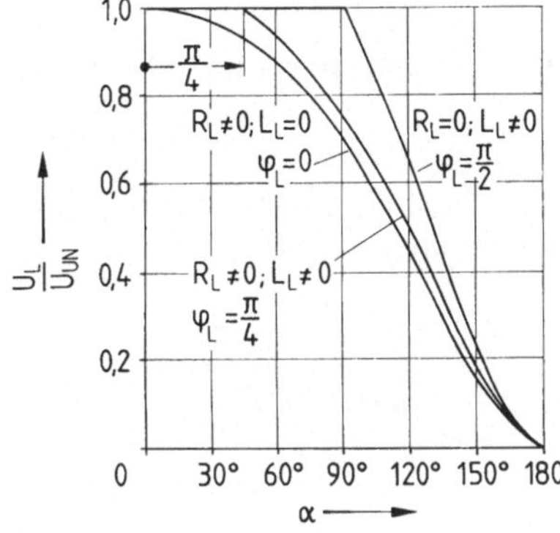

Bild 165. Steuerkennlinien des Wechselstromstellers nach Bild 161 bei ohmscher ($\varphi_L=0$), induktiver ($\varphi_L=\dfrac{\pi}{2}$) bzw. gemischt ohmsch-induktiver ($\varphi_L=\dfrac{\pi}{4}$) Belastung

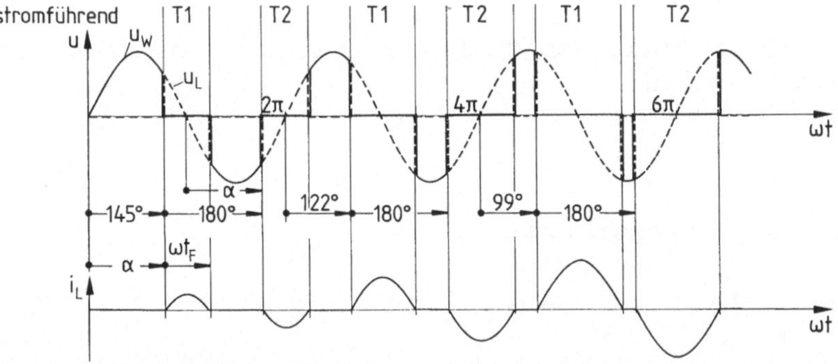

Bild 166. Zeitlicher Verlauf des Stromes und der charakteristischen Spannungen am Wechselstromsteller nach Bild 161 bei induktiver Belastung und den Steuerwinkeln α gleich 145°, 122° und 99°, entsprechend den Aussteuerungsgraden U_L/U_{UN} gleich 0,3, 0,6 und 0,9

Induktive Belastung

Bei induktivem Lastkreis ($R_L=0$, $L_L\neq0$), (s. Bild 166), liegen die Verhältnisse anders, während der Stromflußdauer gilt die Beziehung

$$u_L(t)=L_L\frac{di_L(t)}{dt}\,, \tag{198}$$

woraus sich

$$i_L(\omega t)=\frac{1}{\omega L_L}\int\limits_{\alpha}^{\omega t}u_L(\omega t)\,d\omega t+C \tag{199}$$

ergibt, wobei C eine Integrationskonstante ist.

Mit der Anfangsbedingung

$$i_L(\omega t=\alpha)=0$$

und mit Gl. (194) geht Gl. (199) über in

$$i_L(\omega t)=\sqrt{2}\frac{U_{UN}}{\omega L_L}(\cos\alpha-\cos\omega t)\,. \tag{200}$$

Diese Beziehung gilt in den Winkelbereichen, in denen der Steller Strom führt, also für $\alpha < \omega t < 2\pi - \alpha$ bzw. $\pi + \alpha < \omega t < 3\pi - \alpha$. Der Stromflußwinkel ist mit

$$\omega t_F = 2(\pi - \alpha)$$

bei gleichem Steuerwinkel α doppelt so groß wie im Falle ohmscher Belastung. Der zeitliche Verlauf der Spannung am Lastkreis wird damit

$$u_L(\omega t) = \sqrt{2}\, U_{UN} \cdot \sin \omega t$$

in den Bereichen $\alpha < \omega t < 2\pi - \alpha$ und $\pi + \alpha < \omega t < 3\pi - \alpha$ und

$$u_L(\omega t) = 0$$

in den Bereichen

$$\pi - \alpha < \omega t < \alpha \quad \text{und} \quad 2\pi - \alpha < \omega t < \pi + \alpha \,.$$

Damit ergibt sich der Effektivwert der Spannung U_L am Lastkreis für den Steuerbereich $\pi/2 < \alpha < \pi$ zu

$$U_L = \sqrt{\frac{2}{\pi} \int\limits_{\alpha}^{2\pi - \alpha} \sin^2 \omega t \; d\omega t} \; U_{Un} \tag{201}$$

und damit der Aussteuerungsgrad zu

$$\frac{U_L}{U_{UN}} = \sqrt{2\left(1 - \frac{\alpha}{\pi} + \frac{1}{2\pi}\sin 2\alpha\right)} \,. \tag{202}$$

Werden die Thyristoren, wie es bei Wechselstromstellern mit induktiver Belastung üblich ist, mit Zündimpulsen der Länge

$$\omega t_{gT} = \pi - \alpha$$

angesteuert, so ist beim Impedanzwinkel des Lastkreises $\varphi_L = \pi/2$ im Steuerbereich $0 \leq \alpha \leq \pi/2$ der Aussteuerungsgrad (vgl. Bild 165)

$$\frac{U_L}{U_{UN}} = 1 \,.$$

Gemischt ohmsch-induktive Belastung

Die vorstehend untersuchten Fälle rein ohmscher und rein induktiver Belastung treten praktisch nicht auf, da jeder Widerstand induktivitätsbehaftet und auch jede Wechselstromdrosselspule widerstandsbehaftet ist. Der allgemeine Fall ist deshalb der Fall der gemischt ohmsch-induktiven Belastung (Bild 167). Hier gilt für den Lastkreis die Beziehung

$$u_L(t) = R_L \cdot i_L(t) + L_L \cdot \frac{di_L(t)}{dt} \,. \tag{203}$$

Der Betrag der Impedanz des Lastkreises ist

$$Z = \sqrt{R_L^2 + (\omega L_L)^2} \,, \tag{204}$$

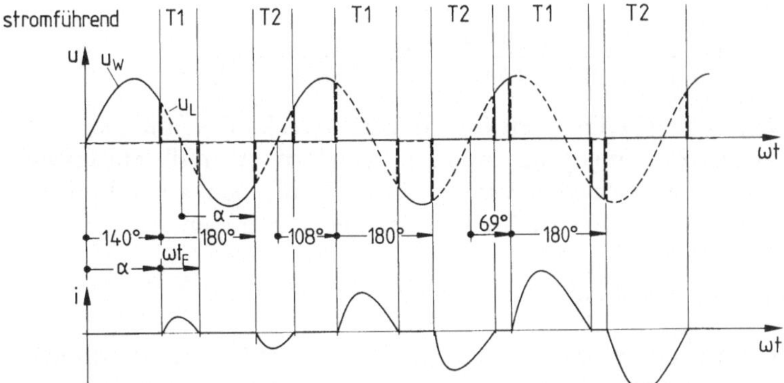

Bild 167. Zeitlicher Verlauf des Stromes und der charakteristischen Spannungen am Wechselstromsteller nach Bild 161 bei gemischt ohmsch-induktiver Belastung und Steuerwinkeln α von 140°, 108° und 69°, entsprechend den Aussteuerungsgraden U_L/U_{UN} gleich 0,3, 0,6 und 0,9.

$$\varphi_L = \frac{\pi}{4}$$

die Lastkreiszeitkonstante

$$\tau_L = \frac{L_L}{R_L} \tag{205}$$

und der Impedanzwinkel

$$\varphi_L = \text{arc tan}\, \frac{\omega L_L}{R_L}. \tag{206}$$

Mit den vorstehenden Größen, der Anfangsbedingung

$$i_L(\omega t = \alpha) = 0$$

und unter Berücksichtigung von Gl. (194) ergibt sich der Verlauf des Laststromes zu

$$i_L(\omega t) = \sqrt{2}\,\frac{U_{UN}}{Z}\left[\sin(\omega t - \varphi_L) - e^{-(\omega t - \alpha)/\omega\tau_L} \cdot \sin(\alpha - \varphi_L)\right]. \tag{207}$$

Diese Beziehung gilt in den Winkelbereichen, in denen der Steller Strom führt, also für $\alpha < \omega t < \alpha + \omega t_F$ und für $\pi + \alpha < \omega t < \pi + \alpha + \omega t_F$, wobei sich der Steuerwinkel im Bereich $\varphi_L < \alpha < \pi$ bewegen kann. Für $\alpha \leq \varphi_L$ arbeitet der Steller mit dem Aussteuerungsgrad $U_L/U_{UN} = 1$.

Wie aus Gl. (207) zu entnehmen ist, setzt sich der Strom aus zwei Komponenten, einer sinusförmigen und einer mit der Zeitkonstanten τ_L abklingenden, zusammen. Der Stromführungswinkel ωt_F läßt sich in diesem Belastungsfall nur implizit darstellen. Für $\omega t = \alpha + \omega t_F$ wird $i_L = 0$. Eingesetzt in Gl. (207) folgt

$$\frac{\omega t_F}{e^{\omega\tau_L}} = \frac{\sin(\alpha - \varphi_L)}{\sin(\alpha - \varphi_L)\cos\omega t_F + \cos(\alpha - \varphi_L)\sin\omega t_F} \tag{208}$$

oder

$$\omega t_{\mathrm{F}} = \omega \tau_{\mathrm{L}} \cdot \ln \frac{\sin(\alpha - \varphi_{\mathrm{L}})}{\sin(\alpha - \varphi_{\mathrm{L}}) \cos \omega t_{\mathrm{F}} + \cos(\alpha - \varphi_{\mathrm{L}}) \sin \omega t_{\mathrm{F}}} . \tag{209}$$

Der Aussteuerungsgrad in Abhängigkeit vom Steuerwinkel kann somit auch nicht als geschlossene Funktion angegeben werden, sondern er muß punktweise ermittelt werden. Für den Impedanzwinkel $\varphi_{\mathrm{L}} = \pi/4$, für den auch Bild 167 konstruiert wurde, ist in Bild 165 die Steuerkennlinie eingetragen.

Leistungsfaktor und Oberschwingungen

Der vorstehend beschriebene Wechselstromsteller verursacht Netzrückwirkungen in Form von Steuerblindleistung und Oberschwingungen. Auch bei einer rein ohmschen Belastung ($R_{\mathrm{L}} \neq 0$, $L_{\mathrm{L}} = 0$, $\varphi_{\mathrm{L}} = 0$) tritt, wie aus Bild 168 zu ersehen ist, Grundschwingungsblindleistung ($\varphi_1 > 0$) und Verzerrungsleistung ($I_{\mathrm{L}} > I_{1\mathrm{L}}$) auf.

Mit dem Ansatz nach Gl. (59) und (60) liefert die harmonische Analyse für die Grundschwingung die Koeffizienten

$$A_1 = \frac{\sqrt{2}U_{\mathrm{UN}}}{\pi \cdot R_{\mathrm{L}}} \sin^2 \alpha \tag{210}$$

und

$$B_1 = \frac{\sqrt{2}U_{\mathrm{UN}}}{\pi \cdot R_{\mathrm{L}}} \left[\pi - \alpha + \frac{1}{2} \sin 2\alpha \right]. \tag{211}$$

Die Amplitude der Grundschwingung ergibt sich nach Gl. (61) zu

$$C_1 = \sqrt{A_1^2 + B_1^2}, \tag{212}$$

und der Grundschwingungs-Verschiebungswinkel ist

$$\varphi_1 = \arctan \frac{A_1}{B_1} . \tag{213}$$

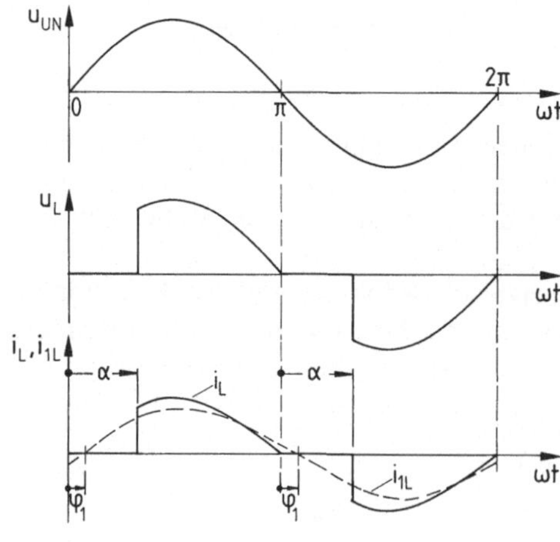

Bild 168. Beim Wechselstromsteller mit ohmscher Belastung ($R_{\mathrm{L}} \neq 0$; $L_{\mathrm{L}} = 0$) tritt bei Aussteuerung ($0 < \alpha < \pi$) Steuerblindleistung ($\varphi_1 \neq 0$) und Verzerrungsleistung ($I_{\mathrm{L}} > I_{1\mathrm{L}}$) auf. $\alpha = 60°$

Für den in Bild 168 dargestellten Fall mit $\alpha = 60°$ ist die Amplitude der Grundschwingung

$$C_1 = 0{,}84 \frac{\sqrt{2}\,U_{UN}}{R_L}\,.$$

Ihr Effektivwert beträgt damit

$$I_{1L} = 0{,}840 \frac{U_{UN}}{R_L}\,,$$

der Grundschwingungs-Verschiebungswinkel ist

$$\varphi_1 = 16{,}5°$$

und der Grundschwingungs-Verschiebungsfaktor

$$\cos\varphi_1 = 0{,}959\,.$$

Der Effektivwert des gesamten Laststromes ist

$$I_L = \sqrt{1 - \frac{\alpha}{\pi} + \frac{1}{2\pi}\,\sin 2\alpha} \cdot \frac{U_{UN}}{R_L}\,, \qquad (214)$$

woraus für $\alpha = 60°$

$$I_L = 0{,}897 \frac{U_{UN}}{R_L}$$

folgt. Der Grundschwingungsgehalt ist dabei

$$g_i = \frac{I_{1L}}{I_L} = 0{,}936\,.$$

Der Leistungsfaktor λ wurde in Abschn. 8.1.1.2 ganz allgemein abgeleitet, so daß Gl. (96) auch hier gilt. Es ist

$$\lambda = \frac{P_\alpha}{S_\alpha} = g_i \cos\varphi_1\,. \qquad (215)$$

Für $\alpha = 60°$ ergibt sich

$$\lambda = 0{,}936 \cdot 0{,}959 = 0{,}897\,.$$

Die maximale Leistung, die bei $\alpha = 0$ im Widerstand R_L in Wärme umgesetzt wird, ist

$$P_0 = \frac{U_{UN}^2}{R_L}\,. \qquad (216)$$

Bei Aussteuerung um den Steuerwinkel α im Bereich $0 \leq \alpha \leq 2\pi$ fällt im Lastkreis die Leistung

$$P_\alpha = I_L^2 R_L \qquad (217)$$

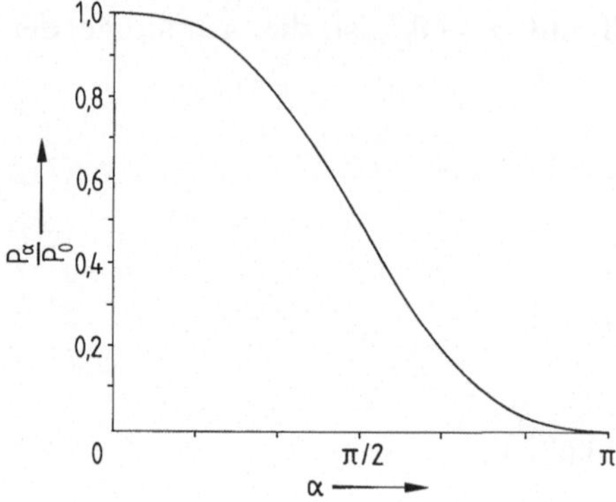

Bild 169. Im Lastkreis des Wechselstromstellers bei ohmscher Belastung ($R_\mathrm{L}\neq0$, $L_\mathrm{L}=0$) umgesetzte Leistung P_α als Funktion des Steuerwinkels α

an. Mit Gl. (214) geht Gl. (217) über in

$$P_\alpha=\left(1-\frac{\alpha}{\pi}+\frac{1}{2\pi}\sin2\alpha\right)\frac{U_{\mathrm{UN}}^2}{R_\mathrm{L}}\,.\tag{218}$$

Die auf den Maximalwert bezogene Leistung folgt damit der Funktion

$$\frac{P_\alpha}{P_0}=1-\frac{\alpha}{\pi}+\frac{1}{2\pi}\sin2\alpha\,,\tag{219}$$

die in Bild 169 dargestellt ist. Für $\alpha=60°$ ergibt sich

$$\frac{P_\alpha}{P_0}=0{,}8044\,.$$

Für die Leistungssteuerung in Elektro-Wärmeanlagen ist der Leistungsfaktor λ als Funktion der Leistung P_α von Interesse. Definitionsgemäß ist

$$\lambda=\frac{P_\alpha}{S}\,,$$

wobei die Scheinleistung

$$S=I_\mathrm{L}\cdot U_{\mathrm{UN}}\tag{220}$$

ist. Mit

$$P_\alpha=I_\mathrm{L}^2\cdot R_\mathrm{L}\tag{221}$$

wird

$$\lambda=\frac{I_\mathrm{L}\cdot R_\mathrm{L}}{U_{\mathrm{UN}}}\,,\tag{222}$$

und mit Gl. (214) läßt sich schreiben

$$\lambda=\sqrt{1-\frac{\alpha}{\pi}+\frac{1}{2\pi}\sin2\alpha}\,.\tag{223}$$

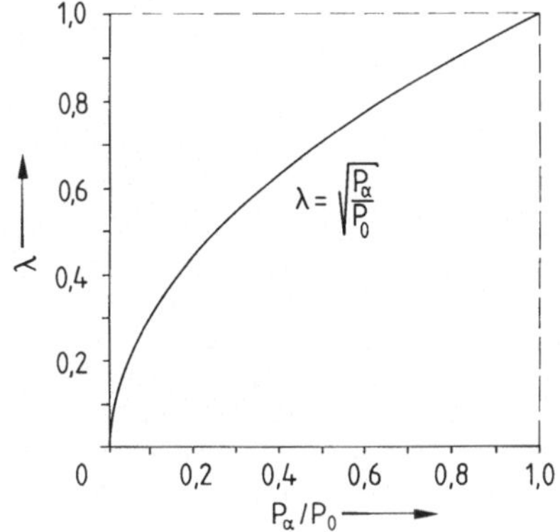

Bild 170. Leistungsfaktor λ als Funktion der im Lastkreis bei ohmscher Belastung ($R_\mathrm{L} \neq 0; L_\mathrm{L} = 0$) umgesetzten Leistung P_α

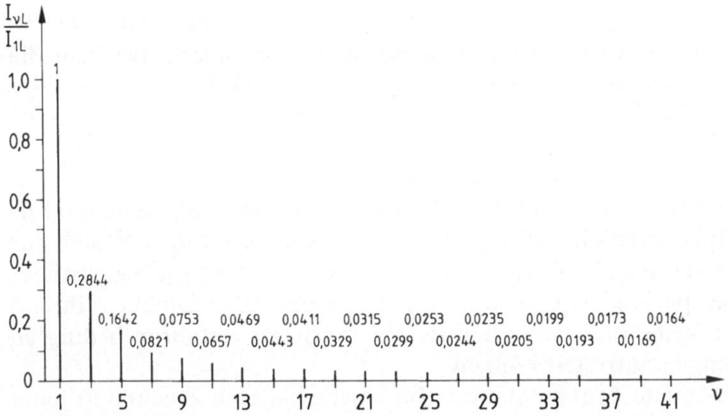

Bild 171. Schwingungsspektrum des Netzstromes eines Wechselstromstellers bei Anschnittsteuerung nach Bild 166 mit $\alpha = 60°$

Unter Berücksichtigung der Gl. (219) ergibt sich die Abhängigkeit

$$\lambda = \sqrt{\frac{P_\alpha}{P_0}}, \tag{224}$$

die in Bild 170 dargestellt ist.

Im Schwingungsspektrum des Stromes I_L (Bild 171) sind alle ungeraden Ordnungszahlen vertreten. Die Amplitude der Oberschwingungen nimmt mit steigender Ordnungszahl ν stetig ab.

9.1.2 Schwingungspaketsteuerung (Vielperiodensteuerung)

Bei mit Widerstandsheizung arbeitenden Elektrowärmegeräten und -anlagen lassen sich die für die Anschnittsteuerung vorstehend geschilderten Netzrückwirkungen mittels einer Schwingungspaketsteuerung scheinbar beseitigen. Die

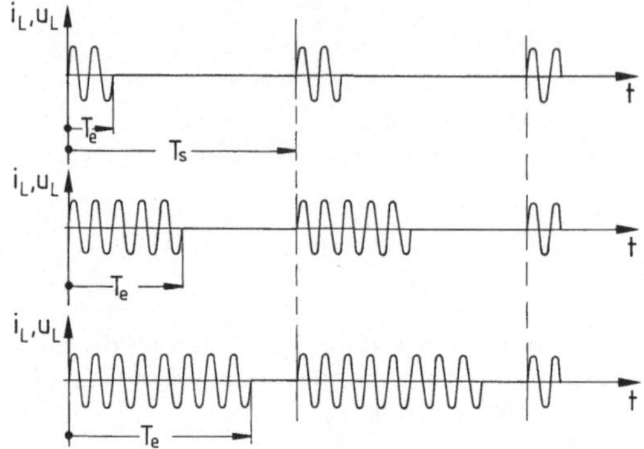

Bild 172. Schwingungspaketsteuerung des Wechselstromstellers nach Bild 163 bei ohmscher Belastung; Zeitlicher Verlauf der Spannung U_L am Lastkreis bzw. des Leiterstromes I_L bei einer Schaltspieldauer von 10 Netzperioden und Einschaltzeiten von 2, 5 und 8 Netzperioden

Schwingungspaketsteuerung oder Vielperiodensteuerung ist nach DIN 41 750 Teil 2 ein Verfahren zur Aussteuerung von Wechselstromstellern, bei dem die Anzahl der Perioden, in denen Stromleitung stattfindet und/oder die Anzahl der Perioden, in denen keine Stromleitung stattfindet, verändert wird. Diese Aussage verdeutlicht Bild 172, in dem beispielhaft die Dauer T_s der Schaltperiode zu 10 Netzperioden angesetzt ist. Der Steller wird jeweils für eine Anzahl voller Netzperioden, im Bild dargestellt für 2, 5 oder 8 Netzperioden, eingeschaltet. Für den Rest der Schaltperiode bleibt er gesperrt. Dieses Steuerverfahren läßt sich nur einsetzen, wenn die thermische Zeitkonstante des Verbrauchers groß gegenüber der Dauer der Schaltperiode ist und somit im zu erwärmenden Objekt während einer Schaltperiode keine nennenswerten durch das Steuerverfahren bedingten Temperaturänderungen auftreten können.

Die häufig verwendete Argumentation „Im eingeschalteten Zustand arbeitet der Steller bei ohmscher Belastung mit Leistungsfaktor $\lambda = 1$, und im gesperrten Zustand nimmt er keine Leistung auf. Der Steller verursacht also keine Netzrückwirkungen!" ist falsch. Bei der Schwingungspaketsteuerung dürfen die die Belastung des Netzes beschreibenden Leistungsgrößen nicht nur für eine Periode der Netzspannung sondern sie müssen über die Periodendauer der Schaltperiode betrachtet werden.

Bei rein ohmscher Belastung sind Strom I_L und Spannung U_L in Phase (Bild 172). Als Einschaltzeitverhältnis wird

$$a = \frac{T_e}{T_s} \tag{225}$$

in die Rechnung eingeführt. Bei voll eingeschaltetem Steller ($a = 1$) fließt der maximale Strom

$$I_{La} = I_{L1} = \frac{U_{UN}}{R_L}, \tag{226}$$

am Lastwiderstand steht die maximale Spannung

$$U_{La} = U_{L1} = U_{UN} \tag{227}$$

an, und im Widerstand R_L wird die maximale Leistung

$$P_a = P_1 = U_{UN} \cdot I_{L1} = \frac{U_{UN}^2}{R_L} \qquad (228)$$

in Wärme umgesetzt.

Bei Teilaussteuerung des Stellers ($a < 1$) ergibt sich

$$I_{La} = \sqrt{a}\, I_{L1} = \sqrt{a}\, \frac{U_{UN}}{R_L}, \qquad (229)$$

$$U_{La} = \sqrt{a}\, U_{UN} \qquad (230)$$

und

$$P_a = a P_1 = a\, \frac{U_{UN}^2}{R_L}. \qquad (231)$$

Die aus dem Netz aufgenommene Scheinleistung ist definitionsgemäß

$$S_a = U_{UN} \cdot I_{La} = \sqrt{a}\, U_{UN} \cdot I_{L1} = \sqrt{a}\, P_1 \qquad (232)$$

und der Leistungsfaktor ergibt sich zu

$$\lambda = \frac{P_a}{S_a} = \sqrt{a} \qquad (233)$$

(Bild 173). Wird Gl. (231) in Gl. (233) eingesetzt, so geht

$$\lambda = \sqrt{\frac{P_a}{P_1}}. \qquad (234)$$

Der Vergleich mit Gl. (224) zeigt, daß sich für Schwingungspaketsteuerung und Anschnittsteuerung bei gleicher Reduzierung der Heizleistung gegenüber der maximal möglichen auch gleiche Leistungsfaktoren ergeben. Wie das für $T_s = 10\, T_n$ und $a = 0{,}8$ gerechnete Schwingungsspektrum (Bild 174) zeigt, wird bei der Schwingungspaketsteuerung die Verzerrungsleistung allerdings hauptsächlich

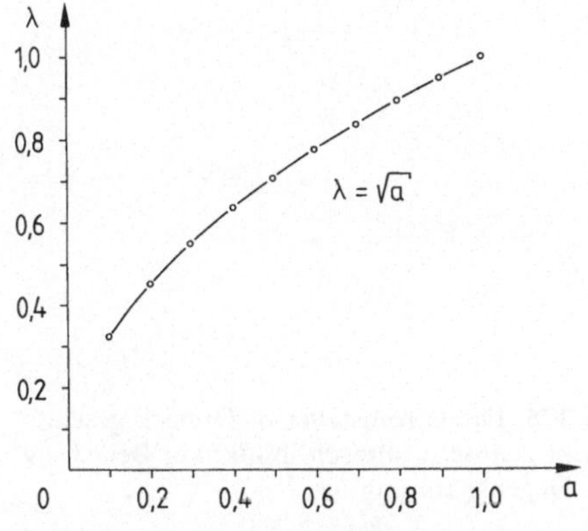

Bild 173. Leistungsfaktor λ als Funktion des Einschaltverhältnisses a bei Schwingungspaketsteuerung. $\lambda = \dfrac{P_a}{S_a}$; $a = \dfrac{T_e}{T_s} = \dfrac{P_a}{P_1}$; T_s Periodendauer der Schwingungspaketsteuerung

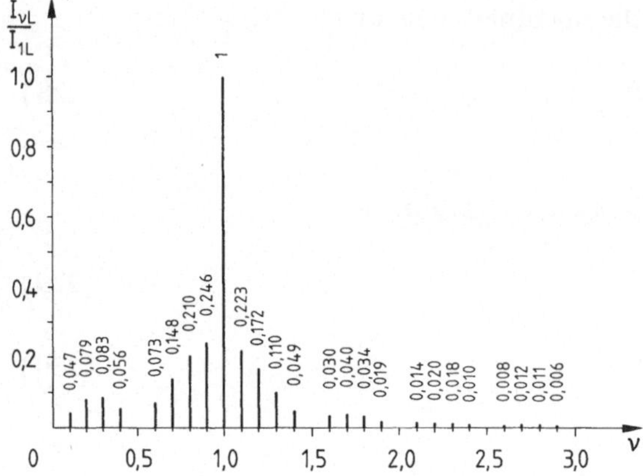

Bild 174. Schwingungsspektrum des Netzstromes eines Wechselstromstellers bei Schwingungspaketsteuerung nach Bild 172 für das Periodendauerverhältnis $T_s/T_n = 10$ und das Einschaltzeitverhältnis $T_e/T_s = 0,8$

durch niederfrequente Zwischenschwingungen (Interharmonics) verursacht. Die Frequenz der Zwischenschwingungen entspricht der Schaltfrequenz $f_s = 1/T_s$ und deren ganzzahligen Vielfachen, ihre Amplitude klingt für $v > 3$ unter 1 % der Grundschwingungsamplitude ab.

9.2 Drehstromsteller

9.2.1 Schaltungsvarianten und Steuerkennlinien

Soll die Spannung an symmetrischen Drehstromverbrauchern in ihrer Größe gesteuert werden, so sind mehrere Schaltungsvarianten des Drehstromstellers möglich. Für eine Drehstrom-Asynchronmaschine, deren Statorwicklung zum Anschluß in Dreieckschaltung an das Netz geeignet ist und deren Drehzahl mittels Spannungssteuerung gestellt werden soll, kann, wenn die Enden der drei

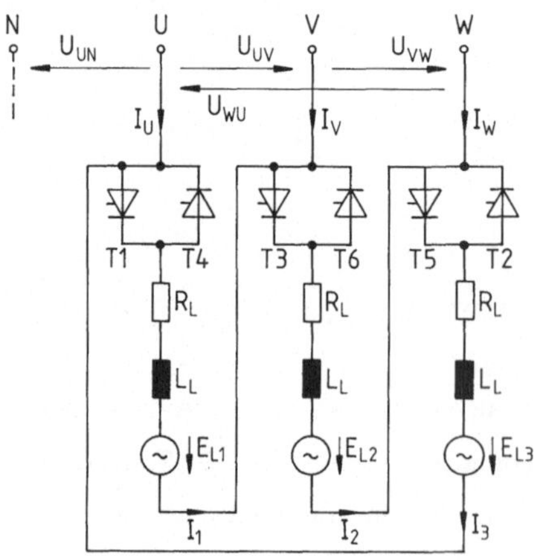

Bild 175. Drehstromsteller in Dreieck geschaltet mit gemischt ohmsch-induktiver Belastung und Gegenspannung

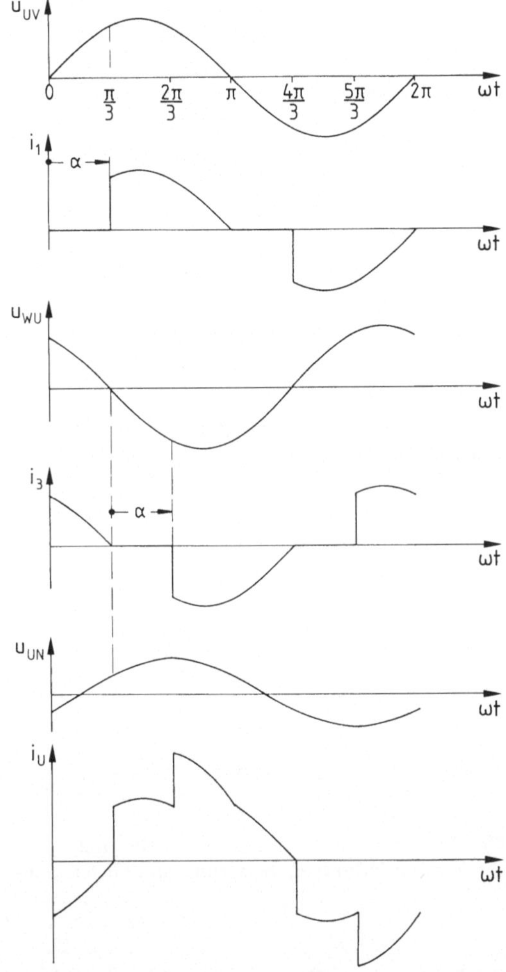

Bild 176. Zeitlicher Verlauf der Außenleiterspannungen U_{UV} und U_{WU} sowie der zugehörigen Strangströme I_1 und I_3 des symmetrisch mit ohmschen Widerständen belasteten Drehstromstellers nach Bild 175 ($L_L = 0$; $E_L = 0$) für $\alpha = 60°$. Der Verlauf des netzseitigen Leiterstromes I_U ergibt sich zu
$$i_U(\omega t) = i_1(\omega t) - i_3(\omega t)$$

Wicklungsstränge im Klemmenkasten zugänglich sind, die Schaltung nach Bild 175 gewählt werden. Der Drehstromsteller setzt sich dann aus drei Wechselstromstellern zusammen, die, da jeder mit seinem Lastkreis an einer Außenleiterspannung liegt, unbeeinflußt voneinander arbeiten können. Es gelten hier für die einzelnen Steller die in Abschn. 9.1.1 beschriebenen Steuerkennlinien. Die ins Netz fließenden Leiterströme I_U, I_V und I_W ergeben sich jeweils als Differenz zweier Strangströme. In Bild 176 ist der zeitliche Verlauf $i_U(\omega t) = i_1(\omega t) - i_3(\omega t)$ für symmetrische ohmsche Belastung bei $\alpha = 60°$ dargestellt. Wie die harmonische Analyse dieser Funktion zeigt (Bild 177), sind im Leiterstrom keine Oberschwingungen mit durch drei teilbaren Ordnungszahlen mehr enthalten, so daß nur noch Oberschwingungen mit den Ordnungszahlen

$$v = 6 \cdot n \pm 1$$

mit $n = 1, 2, 3, \ldots$ auftreten.

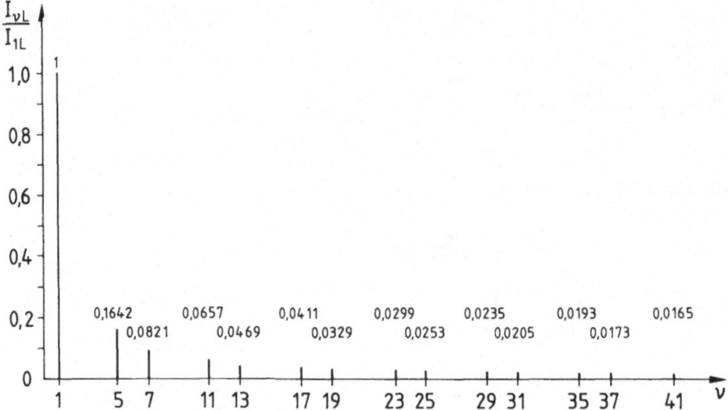

Bild 177. Schwingungsspektrum des Netzstromes eines symmetrisch belasteten Drehstromstellers nach Bild 175 bei Anschnittsteuerung nach Bild 176 mit $\alpha = 60\,^\circ$

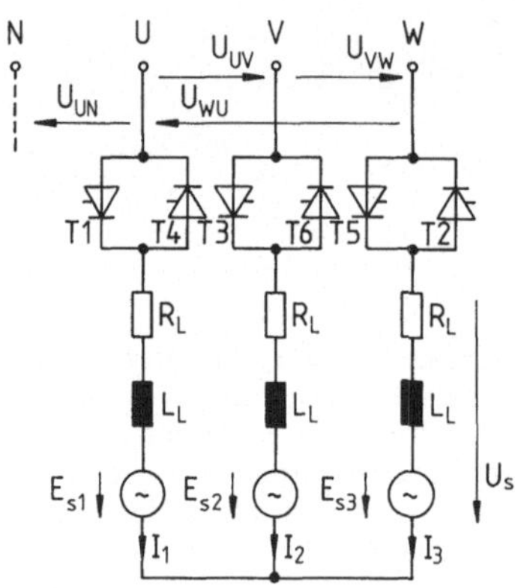

Bild 178. Drehstromsteller in Stern geschaltet mit gemischt ohmsch-induktiver Belastung und Gegenspannung

Steuerkennlinien, die denen des Wechselstromstellers entsprechen, ergeben sich auch bei in Stern geschalteter Last, wenn der Sternpunkt des Lastkreises mit dem Sternpunkt des Netzes über einen belastbaren Nulleiter verbunden ist. Derartige Schaltungen lassen sich bei Kompensationsanlagen in Mittel- und Hochspannungsnetzen verwirklichen, bei denen zur Spannungsanpassung ein Stromrichtertransformator erforderlich ist (s. Bild 183)

Ist bei einem in Stern geschalteten Lastkreis der Sternpunkt nicht herausgeführt oder ist der Neutralleiter N nicht belastbar, so ist der Drehstromsteller in der Schaltung nach Bild 178 zu betreiben. Die einzelnen Wechselwegschaltungen können jetzt, da schaltungsbedingt

$$i_1(\omega t) + i_2(\omega t) + i_3(\omega t) = 0 \tag{235}$$

erfüllt sein muß, nicht unabhängig voneinander arbeiten. Es sind drei mögliche Betriebsfälle zu unterscheiden:

— Keine Wechselwegschaltung führt Strom. Die Ströme in allen drei Laststrängen sind Null.

— Zwei Wechselwegschaltungen führen Strom. An den beiden stromführenden Laststrängen liegt jeweils der halbe Wert der entsprechenden Außenleiterspannung (Dreieckspannung). Der Strom im dritten Strang ist Null.

— Alle drei Wechselwegschaltungen führen Strom. An den drei Laststrängen liegt, symmetrische Belastung vorausgesetzt, jeweils die entsprechende Sternspannung des speisenden Drehstromnetzes.

Anhand der Darstellungen von Bild 179, das für den Fall symmetrischer ohmscher Belastung gezeichnet ist, soll vorstehendes näher erläutert werden. Der Steuerwinkel α wird vom Nulldurchgang der Sternspannung U_{UN} an gezählt, so daß bei $\alpha = 0$ der Aussteuerungsgrad $U_s/U_{UN} = 1$ erreicht wird. U_s ist der Effektivwert der an einem Laststrang auftretenden Sternspannung.

Im Steuerwinkelbereich $150° < \alpha < 180°$ wird jeweils nur eine Wechselwegschaltung eingeschaltet, es kann kein Strom fließen, die Strangspannungen sind Null.

Im Steuerwinkelbereich $90° < \alpha < 150°$ bestehen die Halbschwingungen der Strangströme aus zwei durch eine stromlose Pause der Länge $\alpha - \pi/2$ von einander getrennten Abschnitten, die je $5\pi/6 - \alpha$ lang sind. Der Strom fließt stets nur über zwei Ventile. Während der Stromführung entspricht die Strangspannung daher der halben zugehörigen Außenleiterspannung. Die Strangspannung U_{s1} läßt sich abschnittsweise durch folgende Funktionen beschreiben (s. auch Bild 179):

$$\frac{\pi}{6} < \omega t < \alpha \qquad u_{s1}(\omega t) = 0,$$

$$\alpha < \omega t < \frac{5\pi}{6} \qquad u_{s1}(\omega t) = \frac{1}{2}u_{UV}(\omega t),$$

$$\frac{5\pi}{6} < \omega t < \frac{\pi}{3} + \alpha \qquad u_{s1}(\omega t) = 0,$$

$$\frac{\pi}{3} + \alpha < \omega t < \frac{7}{6}\pi \qquad u_{s1}(\omega t) = -\frac{1}{2}u_{WU}(\omega t),$$

$$\frac{7\pi}{6} < \omega t < \pi + \alpha \qquad u_{s1}(\omega t) = 0,$$

$$\pi + \alpha < \omega t < \frac{11\pi}{6} \qquad u_{s1}(\omega t) = \frac{1}{2}u_{UV}(\omega t),$$

$$\frac{11\pi}{6} < \omega t < \frac{4\pi}{3} + \alpha \qquad u_{s1}(\omega t) = 0,$$

$$\frac{4\pi}{3} + \alpha < \omega t < \frac{13\pi}{6} \qquad u_{s1}(\omega t) = -\frac{1}{2}u_{WU}(\omega t).$$

Damit ergibt sich als Steuerkennlinie für $90° < \alpha < 150°$ die Funktion

$$\frac{U_s}{U_{UN}} = \sqrt{\frac{5}{4} - \frac{3\alpha}{2\pi} + \frac{3}{4\pi}\sin\left(2\alpha + \frac{\pi}{3}\right)}. \tag{236}$$

Im Steuerwinkelbereich $60° < \alpha < 90°$ führen immer zwei Ventile des Drehstromstellers Strom, der Stromführungswinkel jedes Ventiles beträgt $\omega t_F = 2\pi/3$. Die

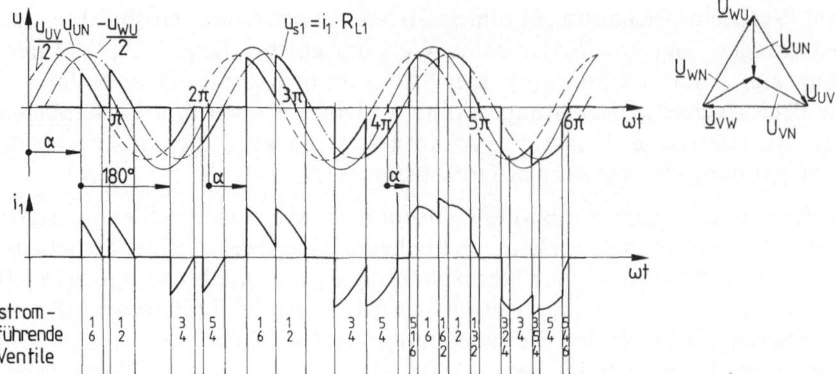

Bild 179. Zeitlicher Verlauf des Strangstromes I_1, der Strangspannung U_{s1}, der Außenleiterspannungen U_{UV} und U_{WU} sowie der Sternspannung U_{UN} am Drehstromsteller nach Bild 178 bei ohmscher Belastung und den Steuerwinkeln α gleich 111°, 85° und 51°, entsprechend den Aussteuerungsgraden 0,3 , 0,6 und 0,9 . $E_L = 0$, $L_L = 0$, $R_L \neq 0$

Strangspannung U_{s1} kann abschnittsweise wie folgt beschrieben werden:

$$\frac{\pi}{6} < \omega t < \alpha \qquad\qquad u_{s1}(\omega t) = 0,$$

$$\alpha < \omega t < \frac{\pi}{3} + \alpha \qquad\qquad u_{s1}(\omega t) = \frac{1}{2} u_{UV}(\omega t),$$

$$\frac{\pi}{3} + \alpha < \omega t < \frac{2\pi}{3} + \alpha \qquad u_{s1}(\omega t) = -\frac{1}{2} u_{WU}(\omega t),$$

$$\frac{2\pi}{3} + \alpha < \omega t < \pi + \alpha \qquad u_{s1}(\omega t) = 0,$$

$$\pi + \alpha < \omega t < \frac{4\pi}{3} + \alpha \qquad u_{s1}(\omega t) = \frac{1}{2} u_{UV}(\omega t),$$

$$\frac{4\pi}{3} + \alpha < \omega t < \frac{5\pi}{3} + \alpha \qquad u_{s1}(\omega t) = -\frac{1}{2} u_{WU}(\omega t),$$

$$\frac{5\pi}{3} + \alpha < \omega t < 2\pi + \alpha \qquad u_{s1}(\omega t) = 0.$$

Die Steuerkennlinie im Bereich $60° < \alpha < 90°$ errechnet sich damit zu

$$\frac{U_s}{U_{UN}} = \sqrt{\frac{1}{2} + \frac{3 \cdot \sqrt{3}}{4\pi} \sin\left(2\alpha + \frac{\pi}{6}\right)}. \tag{237}$$

Im Steuerwinkelbereich $0 < \alpha < 60°$ führen abwechselnd zwei oder drei Ventile des Drehstromstellers Strom. Der Stromführungswinkel jedes Ventils beträgt $\omega t_F = \pi - \alpha$. Die Strangspannung U_{s1} läßt sich abschnittsweise wie folgt beschreiben:

$$0 < \omega t < \alpha \qquad\qquad u_{s1}(\omega t) = 0,$$

$$\alpha < \omega t < \frac{\pi}{3} \qquad\qquad u_{s1}(\omega t) = u_{UN}(\omega t),$$

$$\frac{\pi}{3} < \omega t < \frac{\pi}{3} + \alpha \qquad u_{s1}(\omega t) = \frac{1}{2} u_{UV}(\omega t),$$

$$\frac{\pi}{3} + \alpha < \omega t < \frac{2\pi}{3} \qquad u_{s1}(\omega t) = u_{UN}(\omega t),$$

$$\frac{2\pi}{3} < \omega t < \frac{2\pi}{3} + \alpha \qquad u_{s1}(\omega t) = -\frac{1}{2} u_{WU}(\omega t),$$

$$\frac{2\pi}{3} + \alpha < \omega t < \pi \qquad u_{s1}(\omega t) = u_{UN}(\omega t)$$

$$\pi < \omega t < \pi + \alpha \qquad u_{s1}(\omega t) = 0,$$

$$\pi + \alpha < \omega t < \frac{4\pi}{3} \qquad u_{s1}(\omega t) = u_{UN}(\omega t),$$

$$\frac{4\pi}{3} < \omega t < \frac{4\pi}{3} + \alpha \qquad u_{s1}(\omega t) = \frac{1}{2} u_{UV}(\omega t),$$

$$\frac{4\pi}{3} + \alpha < \omega t < \frac{5\pi}{3} \qquad u_{s1}(\omega t) = u_{UN}(\omega t),$$

$$\frac{5\pi}{3} < \omega t < \frac{5\pi}{3} + \alpha \qquad u_{s1}(\omega t) = -\frac{1}{2} u_{WU}(\omega t),$$

$$\frac{5\pi}{3} + \alpha < \omega t < 2\pi \qquad u_{s1}(\omega t) = u_{UN}(\omega t).$$

Für die Steuerkennlinie im Bereich $0 < \alpha < 60°$ folgt damit

$$\frac{U_s}{U_{UN}} = \sqrt{1 - \frac{3\alpha}{2\pi} + \frac{3}{4\pi} \sin 2\alpha} \, . \tag{238}$$

Den Verlauf der gesamten Steuerkennlinie des Drehstromstellers nach Bild 178 zeigt Bild 180.

Ähnlich, wie vorstehend für den Fall der ohmschen Belastung gezeigt, läßt sich auch die Steuerkennlinie für den Fall induktiver Belastung gewinnen. Der Steuerbereich ist auf den Winkelbereich $90° < \alpha < 150°$ eingeschränkt, da, wie

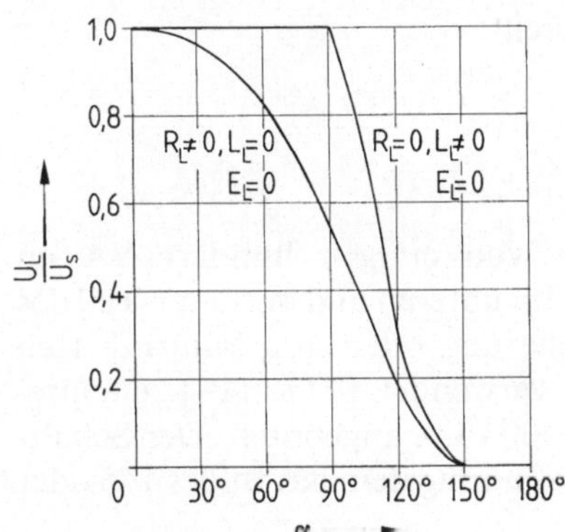

Bild 180. Steuerkennlinien des Drehstromstellers in Sternschaltung ohne Mittelpunkt-Anschluß bei ohmscher und induktiver Belastung ($\alpha = 0$ beim Nulldurchgang der Sternspannung)

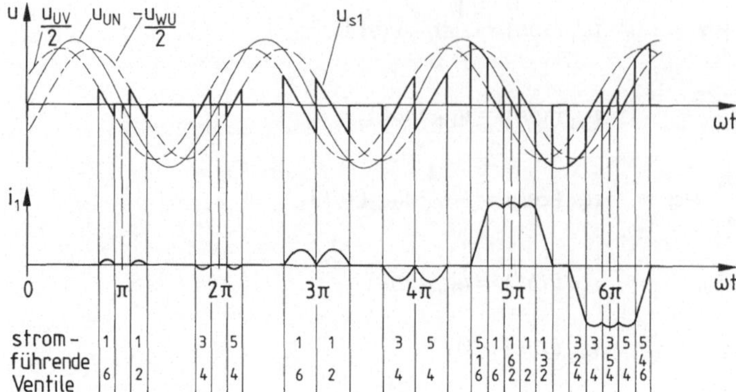

Bild 181. Zeitlicher Verlauf des Strangstromes I_1, der Strangspannung U_{s1}, der Außenleiterspannungen U_{UV} und U_{WU} sowie der Sternspannung U_{UN} am Drehstromsteller nach Bild 178 bei induktiver Belastung und den Steuerwinkeln α gleich 135°, 120° und 105°, entsprechend den Aussteuerungsgraden 0,1 , 0,3 und 0,71 . $E_L = 0$, $L_L \neq 0$, $R_L = 0$

auch beim Wechselstromsteller, die volle Aussteuerung schon bei $\alpha = 90°$ erreicht wird. Bild 181 zeigt den zwischen den Spannungen Null, $u_{UN}(\omega t)$, $\frac{1}{2} u_{UV}(\omega t)$ und $-\frac{1}{2} u_{WU}(\omega t)$ wechselnden Verlauf der Spannung $u_{s1}(\omega t)$ am Strang 1 für die Steuerwinkel 135°, 120° und 105° sowie den zugehörigen Strangstrom $i_1(\omega t)$. Der Stromführungswinkel der Ventile ergibt sich zu $\omega t_F = 2(\pi - \alpha)$, er erreicht somit für $\alpha = 90°$ eine volle Halbschwingung. Die Steuerkennlinie läßt sich durch zwei Funktionen beschreiben.

Im Steuerwinkelbereich $120° < \alpha < 150°$ folgt die Steuerkennlinie der Gleichung

$$\frac{U_s}{U_{UN}} = \sqrt{\frac{5}{2} - \frac{3\alpha}{\pi} + \frac{3}{2\pi} \sin\left(2\alpha + \frac{\pi}{3}\right)}, \tag{239}$$

im Winkelbereich $90° < \alpha < 120°$ wird sie durch die Beziehung

$$\frac{U_s}{U_{UN}} = \sqrt{\frac{5}{2} - \frac{3\alpha}{\pi} + \frac{3}{2\pi} \sin 2\alpha} \tag{240}$$

beschrieben. Sie ist ebenfalls in Bild 180 dargestellt.

9.2.2 Anwendungen

Drehstromsteller werden im Leistungsbereich von einigen hundert VA an aufwärts bis zu einigen hundert MVA eingesetzt. Im unteren und mittleren Teil des Leistungsbereiches werden sie zur Drehzahlsteuerung oder zum kontrollierten Anfahren von Drehstromasynchronmaschinen verwendet [117, 118], entsprechende Geräte werden listenmäßig bis zu etwa 300 kVA angeboten. Der Schaltplan des Leistungsteiles entspricht bei dieser Anwendung dem des Bildes 175 oder des Bildes 178.

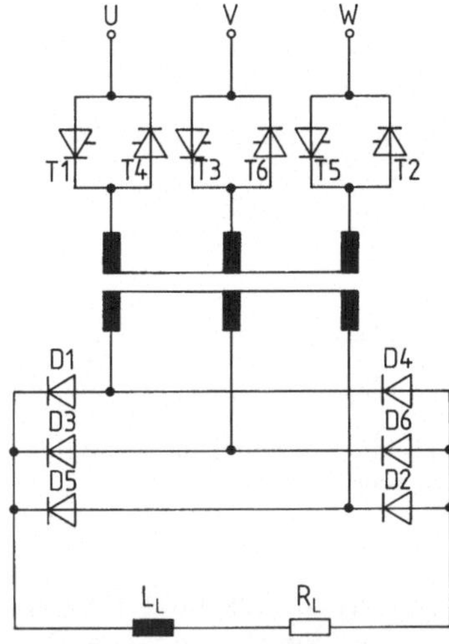

Bild 182. Steuerung der Gleichspannung durch Hintereinanderschalten von Drehstromsteller und ungesteuertem Gleichrichter

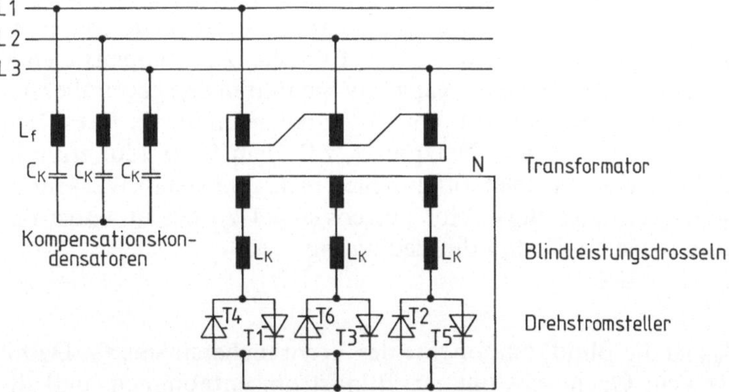

Bild 183. Blindleistungskompensations- und Symmetrier-Schaltung, bestehend aus einer verdrosselten Kondensatorbatterie und über Drehstromsteller in ihrer Wirkung steuerbaren Drosselspulen

Soll ein Gleichstromverbraucher mit sehr hoher Spannung bei kleinerem Strom (z.B. Senderstromversorgung oder elektrostatische Sprüh- bzw. Reinigungsverfahren) oder mit hohem Strom bei kleineren Spannungen (z.B. Widerstandserwärmung, stabilisierte Lichtbögen, elektrochemische Verfahren) versorgt werden, so empfiehlt sich die Reihenschaltung eines steuerbaren Stromrichters, des Drehstromstellers, auf der Netzseite und eines ungesteuerten Stromrichters auf der Verbraucherseite. Zwischen beiden wird zur Spannungsanpassung ein Transformator geschaltet (Bild 182).

Der obere Teil des Leistungsbereiches ist den in Kompensationsanlagen eingesetzten Drehstromstellern vorbehalten [119]. Den Schaltplan des Leistungsteiles einer derartigen Anlage, die sowohl Grundschwingungsblindleistung als auch Unsymmetrien in den Grundschwingungen der Leiterströme kompensieren kann, zeigt Bild 183. Die Kompensationskondensatoren C_K werden, um durch

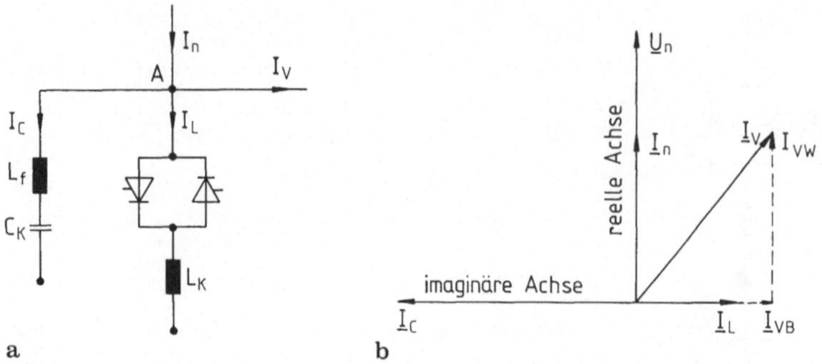

Bild 184. Zur Wirkungsweise des statischen Kompensators nach Bild 183. **a** einpoliger Schaltplan; **b** Zeitzeigerdarstellung der Netzspannung und der in **a** eingetragenen Ströme

Stromoberschwingungen angeregte Netzresonanzen (s. auch Abschn. 8.1.5) zu vermeiden, mit einer Filterdrosselspule der Induktivität L_f in Reihe geschaltet. Der so entstehende Saugkreis wird auf die Oberschwingung mit der niedrigsten Ordnungszahl, meist auf $v = 5$, abgestimmt. Größere Kondensatorbatterien können auch unterteilt und die Filterkreise können auf mehrere niederfrequente Oberschwingungen abgestimmt werden [120]. Für die zu kompensierende Grundschwingung wirken die Filterkreise kapazitiv, sie führen den gegenüber der Netzspannung $\underline{U}_n$ im Zeitzeigerdiagramm um 90° voreilenden Strom $\underline{I}_C$ (s. Bild 184b). Besteht die Aufgabe, in einem Netzpunkt, z.B. dem Verbindungspunkt (Punkt A in Bild 184a) zwischen einem öffentlichen Netz und einem Werksnetz, den Grundschwingungsverschiebungsfaktor auf $\cos \varphi_1 = 1$ zu regeln, so ist der Drehstromsteller so auszusteuern, daß die Bedingung

$$\underline{I}_C + \underline{I}_L + \underline{I}_{VB} = 0$$

immer erfüllt ist. I_{VB} ist die Blindkomponente des Verbraucherstroms I_V. Damit wird aus dem Netz kein Grundschwingungs-Blindstrom entnommen, und die Grundschwingungen des Netzstromes ist ein reiner Wirkstrom. Werden die Verluste der Kompensationsanlage vernachlässigt, so ist

$$\underline{I}_n = \underline{I}_{VW} .$$

Da der Drehstromsteller nach Bild 183 aus drei unabhängig voneinander aussteuerbaren Wechselstromstellern aufgebaut ist, kann in die Kommutierungsdrosselspulen L_K ein unsymmetrischer Drehstrom eingeprägt werden. Damit ist es möglich, Unsymmetrien im Verbraucherstrom I_V zu kompensieren.

10 Selbstgeführte Stromrichter

Während netzgeführte Stromrichter seit der Einführung der Quecksilberdampf-Ventile, also seit Anfang der zwanziger Jahre dieses Jahrhunderts im industriellen Einsatz sind, wurde der wirtschaftliche Bau von selbstgeführten Stromrichtern erst durch die Siliziumtechnologie möglich. Erst nachdem mit Anfang der sechziger Jahre Thyristoren mit kleinen Freiwerdezeiten für den Leistungsteil selbstgeführter Stromrichter zur Verfügung standen und zunächst Transistoren und später integrierte Schaltkreise zur Lösung der komplexen Steueraufgaben verwendet werden konnten, wurde der industrielle Einsatz selbstgeführter Stromrichter möglich. Der Umsatz an selbstgeführten Stromrichtern verzeichnet in den letzten Jahren große Zuwachsraten. Mit einem weiteren starken Wachstum dieses Gebietes ist zu rechnen, zumal die Einführung schnell über den Steueranschluß ein- und ausschaltbarer elektrischer Ventile (s. Abschn. 4.2) eine vereinfachte Schaltungstechnik ermöglicht und es gestattet, die negativen Rückwirkungen des Stromrichters sowohl auf den Verbraucher als auch auf das Netz zu vermindern.

Selbstgeführte Stromrichter lassen sich nach mehreren Kriterien unterscheiden, so z.B. nach der äußeren Arbeitsweise, der inneren Arbeitsweise und, wenn auf der Eingangs- oder der Ausgangsseite Gleichgrößen anstehen, nach der Art der Glättung.

Von der äußeren Arbeitsweise her gesehen kann ein selbstgeführter Stromrichter als Gleichrichter, als Wechselrichter oder als Direktumrichter arbeiten. Selbstgeführte Stromrichter, die für den Wechselrichterbetrieb konzipiert sind, können meist auch als Gleichrichter betrieben werden. Der selbstgeführte Direktumrichter erfordert dagegen eine andere Schaltungstechnik.

Bei der Taktung sind die Eigentaktung und die Fremdtaktung zu unterscheiden, wobei die Synchronisierimpulse für letztere vom Netz oder von der Last abgeleitet werden können (s. Bild 9). Die Gleichspannung kann kapazitiv, der Gleichstrom induktiv geglättet sein.

Im folgenden soll versucht werden, in die Theorie der selbstgeführten Stromrichter eine systematische Einführung zu geben.

10.1 Selbstgeführte und eigengetaktete Stromrichter mit kapazitiver Glättung der Gleichspannung

Die heute eingesetzten selbstgeführten Stromrichter arbeiten zum großen Teil an einer kapazitiv geglätteten Gleichspannung und werden eigengetaktet betrieben. Die grundsätzliche Arbeitsweise dieser Stromrichter wird im folgenden anhand der idealisierten Stromrichtertheorie beschrieben.

10.1.1 Idealisierte Theorie

10.1.1.1 Idealisierte Theorie des Einquadrant-Gleichstromstellers

Voraussetzungen

Die idealisierte Theorie der im folgenden beschriebenen selbstgeführten Stromrichter geht von nachstehenden Voraussetzungen aus:

1. Der Gleichstromsteller, der als Gleichstrom-Direktumrichter zwei Gleichstromseiten hat (s. Bild 185a) ist auf der einen Seite an eine starre Gleichspannung angeschlossen:

$$u_{d1}(t) = U_{d1} = \text{const.} \tag{241}$$

(Da technische Spannungsquellen immer eine gewisse Eigeninduktivität L_n haben, wird in der Praxis eine näherungsweise starre Gleichspannung durch Beschalten der Eingangsklemmen $1+$ und $1-$ mit einer großen Glättungskapazität C_g erreicht).

2. Der Gleichstromsteller ist mit idealen elektrischen Ventilen bestückt, einem idealen elektronischen Schalter, der über Steuerimpulse trägheitslos ein- und ausgeschaltet werden kann und über ideale Kennlinien nach Bild 20 verfügt sowie einer idealen trägheitsfreien Diode D_f mit Kennlinien nach Bild 17a.

3. Die zum Steller gehörenden Leitungen sind widerstandslos und induktivitätsfrei.

4. Die Einschaltdauer T_e des elektronischen Schalters kann kontinuierlich in den Grenzen $0 \leq T_e/T \leq 1$ verändert werden, wobei T die Periodendauer einer Schaltperiode ist (s. Bild 185b).

5. Die Zeitkonstante $\tau = L_L/R_L$ des Lastkreises ist so groß, daß ein nichtlückender Gleichstrom I_{d2} im Lastkreis fließen kann.

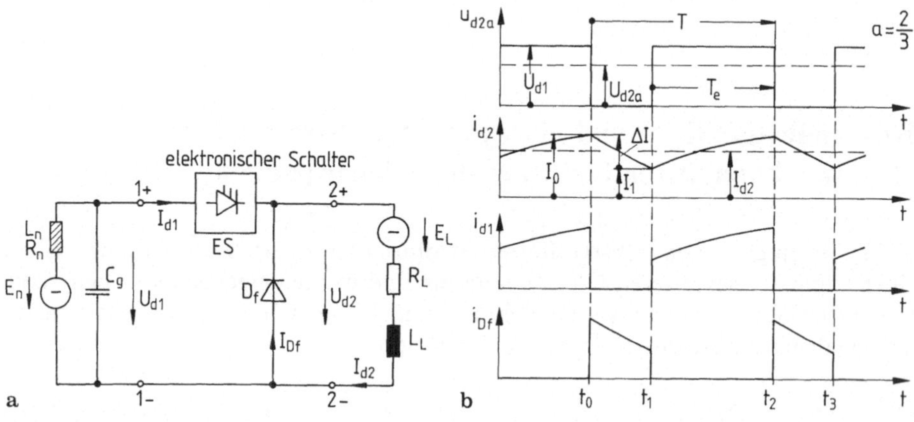

Bild 185. Grundsätzliche Schaltung eines Gleichstromstellers (**a**) und zeitlicher Verlauf von Strömen und Spannungen bei nicht lückendem Laststrom (**b**)

Ströme und Spannungen

Der Gleichstromsteller nach Bild 185a wird als Tiefsetzsteller bezeichnet, da innerhalb des Steuerbereichs die Ausgangsspannung U_{d2} bei dieser Schaltung immer kleiner als die als starr angenommene Eigenspannung U_{d1} ist.

In Bild 185b sind die charakteristischen Spannungen und Ströme für den eingeschwungenen Zustand unter den Voraussetzungen $T = \text{const}$ und $T_e = \text{const}$ dargestellt. T ist die Dauer einer Schaltperiode, T_e die Einschaltdauer je Periode. Die relative Einschaltdauer wird mit

$$a = \frac{T_e}{T} \tag{242}$$

bezeichnet.

Zu Beginn des in Bild 185b betrachteten Zeitabschnitts ist der elektronische Schalter ES eingeschaltet, es gilt $u_{d2} = U_{d1}$. Der Gleichstrom I_{d2} steigt nach Maßgabe der Zeitkonstanten des Lastkreises

$$\tau = \frac{L_L}{R_L} \tag{243}$$

an. Im Zeitpunkt t_0, in dem der Laststrom den Wert $i_{d2} = I_0$ erreicht hat, wird ES geöffnet. Unter den vorausgesetzten idealisierten Bedingungen kommutiert I_{d2} augenblicklich vom Eingangskreis in den Freilaufkreis mit der Freilaufdiode D_f und U_{d2} springt auf Null. Im Zeitabschnitt $t_0 < t < t_1$ hat der Strom I_{d2} den zeitlichen Verlauf

$$i_{d2}(t) = \left(I_0 + \frac{E_L}{R_L} \right) e^{-(t-t_0)/\tau} - \frac{E_L}{R_L} . \tag{244}$$

Im Zeitpunkt t_1, ist es jetzt $i_{d2} = I_1$, wird ES wieder geschlossen und I_{d2} steigt im Bereich $t_1 < t < t_2$ nach der Funktion

$$i_{d2}(t) = \frac{U_{d1} - E_L}{R_L} + \left(I_1 - \frac{U_{d1} - E_L}{R_L} \right) e^{-(t-t_1)/\tau} \tag{245}$$

an. Im Zeitpunkt t_2, bei $i_{d2} = I_2 = I_0$ wird ES wieder abgeschaltet usw.

Wird in Gl. (244) $t - t_0 = T - T_e = (1 - a)T$ gesetzt, so folgt

$$I_1 = \left(I_0 + \frac{E_L}{R_L} \right) e^{-(1-a)T/\tau} - \frac{E_L}{R_L} . \tag{246}$$

Aus Gl. (245) ergibt sich für $t - t_1 = T_e = aT$

$$I_0 = \frac{U_{d1} - E_L}{R_L} + \left(I_1 - \frac{U_{d1} - E_L}{R_L} \right) e^{-aT/\tau} . \tag{247}$$

Damit können die Konstanten zu

$$I_0 = \frac{U_{d1}}{R_L} \cdot \frac{1 - e^{-aT/\tau}}{1 - e^{-T/\tau}} - \frac{E_L}{R_L} \tag{248}$$

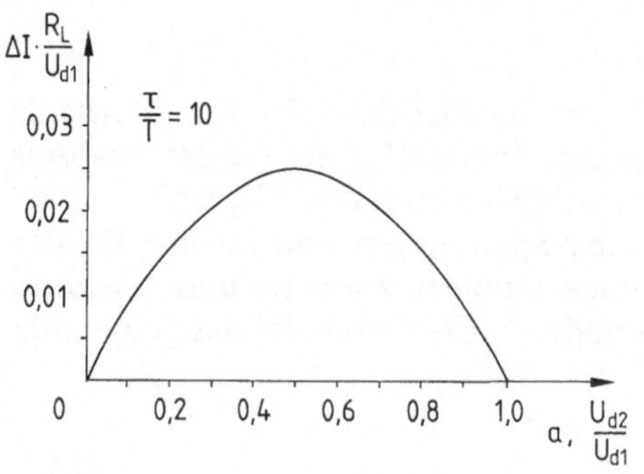

Bild 186. $\Delta I = I_0 - I_1$ als Funktion des Einschaltzeitverhältnisses a dargestellt für $\tau/T = 10$ bei nicht lückendem Laststrom I_{d2}

und

$$I_1 = \frac{U_{d1}}{R_L} \cdot \frac{e^{-(1-a)T/\tau} - e^{-T/\tau}}{1 - e^{-T/\tau}} - \frac{E_L}{R_L} \qquad (249)$$

bestimmt werden.

Wird $I_0 - I_1 = \Delta I$ gesetzt, so folgt aus den Gl. (248) und (249) für die Schwankungsbreite des Laststromes I_{d2}

$$\Delta I = \frac{U_{d1}}{R_L} \cdot \frac{1 - e^{-aT/\tau} - e^{-(1-a)T/\tau} + e^{-T/\tau}}{1 - e^{-T/\tau}} . \qquad (250)$$

ΔI, ein Maß für die Welligkeit des nichtlückenden Laststromes I_{d2}, ist in Bild 186 als Funktion des Einschaltzeitverhältnisses a dargestellt, wobei ein Verhältnis

$$\frac{\tau}{T} = \frac{L_L}{R_L \cdot T} = 10$$

vorausgesetzt ist.

Der Mittelwert der Ausgangsspannung ergibt sich bei nichtlückendem Betrieb zu

$$U_{d2a} = \frac{1}{T} \int_{t_0}^{t_2} u_{d2} dt = \frac{T_e}{T} U_{d1} = a U_{d1} . \qquad (251)$$

Der Mittelwert des Laststromes ist

$$I_{d2} = \frac{U_{d2} - E_L}{R_L} \qquad (252)$$

oder auch

$$I_{d2} = \frac{1}{T} \int_{t_0}^{t_2} i_{d2}(t) dt . \qquad (253)$$

Für die folgenden Überlegungen werden die Lastkreisparameter R_L und L_L als konstant angenommen. Dem Mittelwert U_{d2} der Ausgangsspannung ist ein Wechselanteil überlagert. Bei konstantem Einschaltverhältnis a ist, nichtlückender Strom vorausgesetzt, auch die überlagerte Wechselspannung konstant. Diese treibt einen Wechselstrom konstanter Größe durch den Lastkreis, der dem

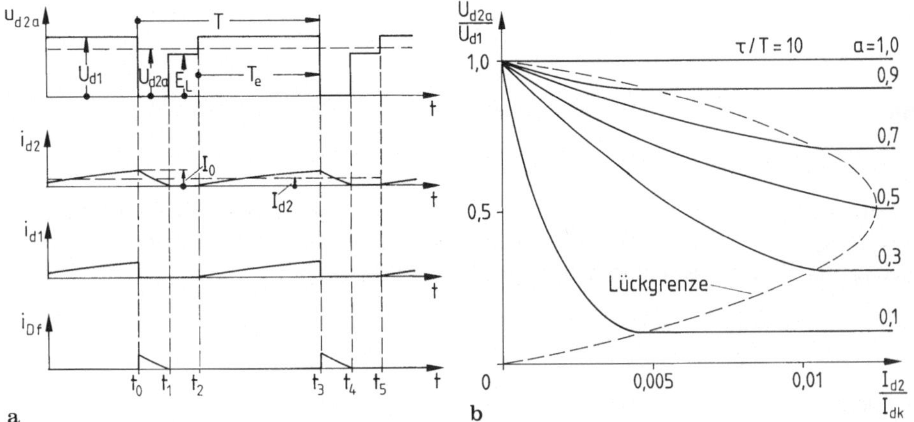

Bild 187. Lückbetrieb des Gleichstromstellers nach Bild 185a. **a** Zeitlicher Verlauf von Strömen und Spannungen bei lückendem Laststrom I_{d2}; $a = 2/3$; $2/3 < U_{d2a}/U_{d1} < 1$. **b** Strom-Spannungskenninien im Lückbetrieb dargestellt für $\tau/T = 10$

Gleichstrommittelwert I_{d2} überlagert ist. Die Schwankungsbreite ΔI ist, solange $I_1 > 0$ ist, von der Größe des Mittelwertes I_{d2} unabhängig (s. auch Gl. (250)). I_{d2} kann nach Gl. (252) über die Größe der Gegenspannung E_L des Lastkreises verstellt werden.

Wird E_L soweit gesteigert, daß $i_{d2}(t)$ in den Zeitpunkten t_1, t_3 usw. gerade die Nullinie berührt, so ist die Lückgrenze erreicht. Sie läßt sich errechnen, indem in Gl. (249) $I_1 = 0$ gesetzt wird. Eine weitere Steigerung der Gegenspannung E_L führt zur weiteren Verkleinerung und zum Lücken des Laststromes I_{d2} sowie zum Anstieg der Spannung U_{d2} (s. Bild 187).

Ist der Laststrom im Zeitpunkt t_0 auf den Wert $i_{d2} = I_0$ angestiegen, so fällt er im Zeitabschnitt $t_0 < t < t_1$ nach der Funktion

$$i_{d2}(t) = \left[I_0 + \frac{E_L}{R_L} \right] e^{-(t-t_0)/\tau} - \frac{E_L}{R_L} \qquad (254)$$

ab, bis er im Zeitpunkt t_1 Null wird. Wegen der Freilaufdiode D_f bleibt er Null bis im Zeitpunkt t_2 ES wieder eingeschaltet wird. Anschließend steigt der Laststrom im Zeitabschnitt $t_2 < t < t_3$ nach der Funktion

$$i_{d2}(t) = \frac{U_{d1} - E_L}{R_L} \left(1 - e^{-(t-t_2)/\tau} \right) \qquad (255)$$

an und erreicht zum Zeitpunkt t_3 den Wert

$$I_3 = I_0 = \frac{U_{d1} - E_L}{R_L} \left(1 - e^{-aT/\tau} \right). \qquad (256)$$

Im Zeitabschnitt $t_1 < t < t_2$, in dem $i_{d2}(t) = 0$ ist, ist $u_{d2} = E_L$. Mit steigender Gegenspannung E_L wird I_0 kleiner und damit auch der Zeitabschnitt $t_1 - t_0$ kürzer. Für

$$E_L \rightarrow U_{d1}$$

geht

$$I_{d2} \to 0$$

und

$$U_{d2} \to U_{d1} \, .$$

Die Strom-Spannungskennlinien mit dem Einsatzschaltzeitverhältnis a als Parameter zeigt Bild 187b, das für ein Verhältnis $\tau/T = 10$ gilt. Der Laststrommittelwert I_{d2} ist in der Darstellung auf den Kurzschlußstrom

$$I_{dk} = \frac{U_{d1}}{R_L} \tag{257}$$

bezogen.

Wechselanteile in Eingangsstrom und Ausgangsspannung; Welligkeit

Für die folgenden Überlegungen wird die Arbeitsweise des Gleichstromstellers weiter idealisiert, indem ein gut geglätteter und nichtlückender Gleichstrom angenommen wird. Es wird

$$i_{d2}(t) = I_{d2}$$

gesetzt. Die sich unter dieser Voraussetzung ergebenden charakteristischen Spannungen und Ströme sind in Bild 188 dargestellt.

Mit den Ansätzen der Gl. (59) und (60) bzw. (71) und (73) können auch hier der Eingangsstrom $i_{d1}(t)$ und die Ausgangsspannung $u_{d2}(t)$ harmonisch analysiert werden.

Die Grundschwingung des den Gleichgrößen überlagerten Wechselanteils tritt mit der Frequenz

$$f_1 = \frac{1}{T}$$

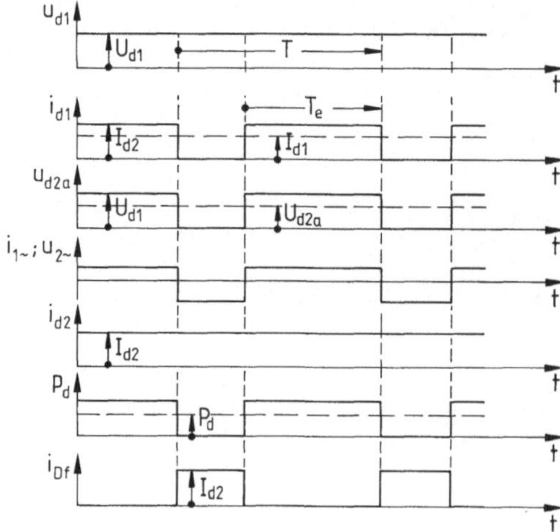

Bild 188. Zeitlicher Verlauf der charakteristischen Spannungen und Ströme sowie der Leistung beim Einquadrant-Gleichstromsteller nach Bild 183a unter der Voraussetzung eines gut geglätteten Gleichstroms I_{d2}. $\tau \gg T$;

$$a = \frac{2}{3}; \quad \frac{U_{d2a}}{U_{d1}} = \frac{2}{3}$$

auf. Die Oberschwingungen oszillieren mit der Frequenz

$$f_v = v \cdot f_1 \, .$$

Wird der Effektivwert der der mittleren Gleichspannung U_{d2a} überlagerten Schwingung mit der Ordnungszahl v mit U_{vd2a} bezeichnet, so liefert die harmonische Analyse

$$\frac{U_{vd2a}}{U_{d1}} = \frac{\sqrt{2}}{v \cdot \pi} \, |\sin av\pi| \, . \tag{258}$$

Ebenso folgt für die im Eingangsstrom I_{d1} erhaltenen Schwingungen

$$\frac{I_{vd1a}}{I_{d2}} = \frac{\sqrt{2}}{v \cdot \pi} \, |\sin av\pi| \, . \tag{259}$$

Die Funktion

$$\frac{\sqrt{2}}{v \cdot \pi} \, |\sin av\pi| = f(a, v)$$

ist in Bild 189 für die Parameterwerte $v = 1, 2, 3, 4, 5$ in Abhängigkeit vom Einschaltverhältnis a dargestellt.

Wird unter $U_{2\sim}$ der Effektivwert der gesamten dem Gleichspannungsmittelwert U_{d2} überlagerten Wechselspannung verstanden, so kann

$$U_{2\sim a} = \sqrt{\sum_{v=1}^{\infty} U_{vd2a}^2} \tag{260}$$

gesetzt werden. Andererseits ist

$$U_{2\sim a} = \sqrt{\frac{1}{T} \int_0^T u_{2\sim}^2(t)\,dt} = \sqrt{\frac{U_{d1}^2}{T}\left[(1-a)^2 \int_0^{aT} dt + a^2 \int_0^{(1-a)T} dt\right]}$$

$$= \sqrt{a - a^2}\, U_{d1} \, . \tag{261}$$

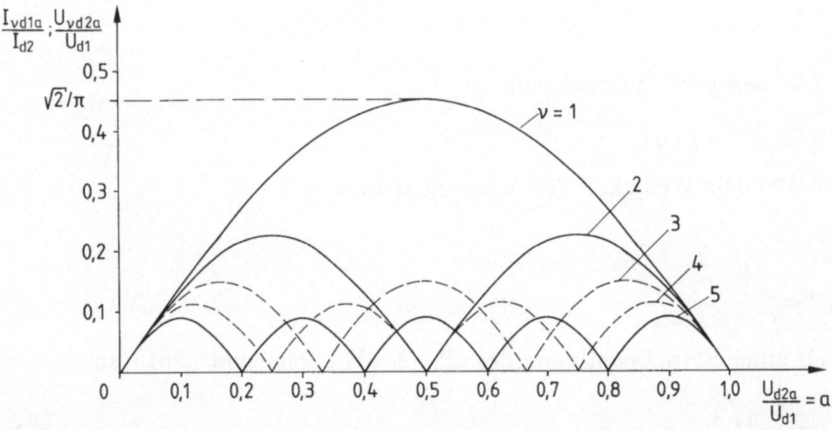

Bild 189. Wechselanteile der Ordnungszahlen v gleich 1, 2, 3, 4 und 5 im Eingangsstrom I_{d1} und in der Ausgangsspannung U_{d2} beim Steller nach Bild 185 aufgetragen über dem Aussteuerungsgrad U_{d2a}/U_{d1}

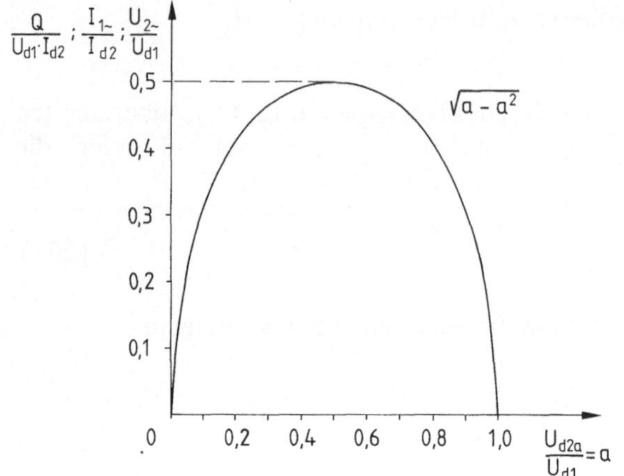

Bild 190. Bezogener Effektivwert des dem Eingangsstrom I_{d1} überlagerten Wechselstroms $I_{1\sim}$ bzw. der der Ausgangsspannung U_{d2} überlagerten Wechselspannung $U_{2\sim}$ und Blindleistungsfunktion als Funktion des Aussteuerungsgrads U_{d2a}/U_{d1}

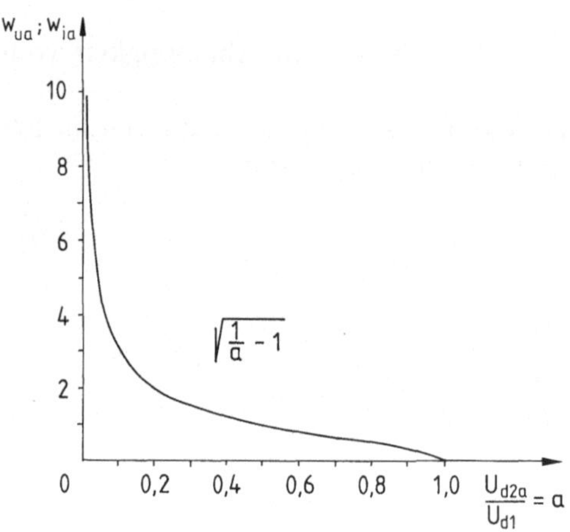

Bild 191. Welligkeit des Eingangsstroms I_{d1} und der Ausgangsspannung U_{d2} beim Steller nach Bild 185 als Funktion des Aussteuerungsgrads U_{d2a}/U_{d1}

Die auf U_{d1} bezogene Wechselspannung $U_{2\sim a}$

$$\sqrt{a-a^2}=f(a)$$

zeigt Bild 190. Die Welligkeit der Ausgangsspannung

$$w_{ua}=\frac{\sqrt{\sum_{v=1}^{\infty} U_{vd2a}^2}}{U_{d2a}}$$

ergibt sich unter Berücksichtigung der Gl. (251), (260) und (261) zu

$$w_{ua}=\sqrt{\frac{1}{a}-1}\,. \tag{262}$$

Sie ist in Bild 191 als Funktion des Einschaltzeitverhältnisses a dargestellt.

Für den Eingangsstrom I_{d1} gelten die entsprechenden Überlegungen, es ist

$$\frac{I_{1\sim a}}{I_{d2}} = \sqrt{a - a^2} \tag{263}$$

und

$$w_{ia} = \sqrt{\frac{1}{a} - 1}\,. \tag{264}$$

Dargestellt sind diese Funktionen in den Bildern 190 und 191.

Der Gleichstromsteller als steuerbarer elektrischer Energiewandler

Der Gleichstromsteller nach Bild 185 ist im Sinne von DIN 41 785 Teil 1 eine Einrichtung zum Umwandeln und Steuern einer oder mehrerer elektrischen Größen eines Stromsystems. Da der idealisierte Gleichstromsteller nach Bild 185a verlustfrei ist und keine Speicherglieder enthält, müssen sowohl die Zeitwerte der aufgenommenen und der abgegebenen Leistung als auch deren über eine Periodendauer genommenen Mittelwerte gleich sein, es gilt also:

$$p_d(t) = u_{d1}(t) \cdot i_{d1}(t) = u_{d2}(t) \cdot i_{d2}(t) \tag{265}$$

und

$$P_d = \frac{1}{T} \int_0^T u_{d1}(t) \cdot i_{d1}(t)\,dt = \frac{1}{T} \int_0^T u_{d2}(t) \cdot i_{d2}(t)\,dt\,. \tag{266}$$

Für den in Bild 188 dargestellten idealisierten Verlauf von Spannungen und Strömen sind

$$u_{d1}(t) = U_{d1}$$

und

$$i_{d2}(t) = I_{d2}$$

zu setzen. Damit geht Gl. (266) über in

$$P_d = \frac{U_{d1}}{T} \int_0^T i_{d1}(t)\,dt = \frac{I_{d2}}{T} \int_0^T u_{d2}(t)\,dt\,. \tag{267}$$

Nach Gl. (251) ist

$$\frac{1}{T} \int_0^T u_{d2}(t)\,dt = a \cdot U_{d1}$$

ebenso ergibt sich

$$\frac{1}{T} \int_0^T i_{d1}(t)\,dt = a I_{d2}\,. \tag{268}$$

Die Durchgangsleistung des Energiewandlers Gleichstromsteller ist somit

$$P_d = a \cdot U_{d1} \cdot I_{d2}\,. \tag{269}$$

P_d ist der arithmetische Mittelwert des zeitlichen Verlaufs $p_d(t)$ (s. Bild 188). Aus der Gleichspannungsquelle wird somit die mittlere Leistung P_d entnommen, der eine hin- und herpendelnde Leistung, also eine Blindleistung, überlagert ist. Die Gleichspannungsquelle wird mit der Scheinleistung

$$S = (U_{d1})_{eff} \cdot (I_{d1})_{eff}$$

belastet. Voraussetzungsgemäß ist

$$u_{d1}(t) = U_{d1}$$

und damit

$$(U_{d1})_{eff} = U_{d1}.$$

Der Effektivwert des Eingangsstromes I_{d1} ergibt sich zu

$$(I_{d1})_{eff} = \sqrt{\frac{1}{T} \int_0^T i_{d1}^2(t)\,dt} = \sqrt{a}\, I_{d2}. \tag{270}$$

Für die Scheinleistung folgt

$$S = \sqrt{a}\, U_{d1} \cdot I_{d2}. \tag{271}$$

Die Blindleistung, mit der die Spannungsquelle belastet wird, ist definitionsgemäß

$$Q = \sqrt{S^2 - P_d^2} = \sqrt{a - a^2}\, U_{d1} \cdot I_{d2}. \tag{272}$$

Die in Bild 190 dargestellte Funktion

$$\sqrt{a - a^2} = f(a)$$

kann, entsprechend der Blindleistungsfunktion des netzgeführten Stromrichters (s. Bild 91), auch als Blindleistungsfunktion

$$\frac{Q_a}{U_{d1} \cdot I_{d2}} = f(a) \tag{273}$$

des Einquadranten-Gleichstromstellers aufgefaßt werden.

Verfahren zur Steuerung der Ausgangsspannung bzw. zur Regelung des Ausgangsstroms

Wie Gl. (251) zeigt, kann die Ausgangsgleichspannung U_{d2} über das Einschaltzeitverhältnis $a = T_e/T$ in ihrem Mittelwert in den Grenzen $0 \leq U_{d2} \leq U_{d1}$ verstellt werden. Als Verfahren zur Spannungssteuerung hat die Pulsbreitensteuerung, die mit einer konstanten Periodendauer T und damit auch mit einer konstanten Pulsfrequenz $f = 1/T$ arbeitet, große Bedeutung gewonnen. Die konstante Periodendauer bzw. die konstante Pulsfrequenz bieten gegenüber anderen Verfahren eine Reihe von Vorteilen:

— Die konstante Periodendauer hat eine konstante mittlere Totzeit des Stromrichters zur Folge, was bei überlagerten Regelkreisen einfache Optimierungsverfahren zuläßt.

— Ein konstantes Verhältnis von Lastkreiszeitkonstante τ zur Periodendauer T gestattet eine optimale Ausnutzung der netzseitigen Glättungsmittel.
— Eine konstante Pulsfrequenz beschränkt die Störaussendung auf ein festes Frequenzspektrum, was besonders bei Gleichstrombahnen von Bedeutung ist.

Die Pulsfolgesteuerung, bei der die Einschaltdauer T_e konstant gehalten und das Einschaltverhältnis a über eine variable Periodendauer T verstellt wird, hat keine große Bedeutung gewonnen.

Nach beiden vorstehend erwähnten Steuerverfahren kann der Gleichstromsteller einschließlich des zugehörigen Steuersatzes als Spannungsstellglied eingesetzt werden. Soll ein bestimmter Strom in den Lastkreis eingeprägt werden, so ist dem Steller ein Stromregelkreis zu überlagern.

Beim Gleichstromsteller lassen sich die Funktionen Steuersatz und Stromregler zum Zweipunkt-Stromregler zusammenfassen (Bild 192). Diesem wird ein die Führungsgröße i_{d2w} symmetrisch umgebendes Toleranzband der Breite Δi vorgegeben, innerhalb dessen die Regelgröße i_{d2} zu halten ist. Läuft i_{d2} zum Zeitpunkt t_1 gegen die untere Toleranzgrenze, so ist der elektrische Schalter ES einzuschalten und der Laststrom steigt an. Wird im Zeitpunkt t_2 die obere Toleranzgrenze erreicht, so wird ES ausgeschaltet, i_{d2} kommutiert in den Freilaufkreis und fällt ab, usw. Beim Gleichstromsteller mit Zweipunktregler stellt sich die Schaltfrequenz des elektronischen Schalters in Abhängigkeit der Parameter Lastkreiszeitkonstante τ, Gegenspannung E_L, Führungsgröße Laststrom i_{d2w} und Toleranzbandbreite Δi selbsttätig in einem weiten Bereich ein.

Für die Darstellung von Bild 193 wurde die Gegenspannung $E_L = 0$ gesetzt. Da τ und Δi als konstant vorausgesetzt werden, zeigt sich die Abhängigkeit der Schaltfrequenz $f = 1/T$ von der Führungsgröße i_{d2w}. Wird mit i_{d2w1} nur ein kleiner Stromsollwert vorgegeben, so steigt im eingeschwungenen Zustand der Strom bei eingeschaltetem elektrischen Schalter zwar mit großer Steilheit innerhalb des Toleranzbandes mit der Breite Δi an. Der Abfall bei ausgeschaltetem ES benötigt jedoch ein Vielfaches der Anstiegszeit, so daß sich insgesamt eine große Periodendauer T_1 und damit eine kleine Schaltfrequenz f_1 ergibt.

Wird die Führungsgröße i_{d2w2} vorgegeben, die etwa dem halben maximal möglichen Lastkreistrom $I_{d2max} = U_{d1}/R_L$ entspricht, so ist zwar der Stromanstieg

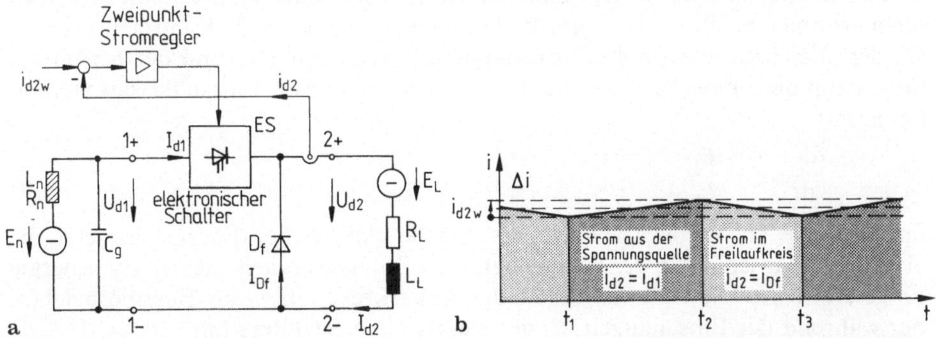

Bild 192. Idealisierter Gleichstromsteller mit Zweipunktregelung. **a** Grundsätzliche Schaltung; **b** zeitlicher Verlauf des Laststromes

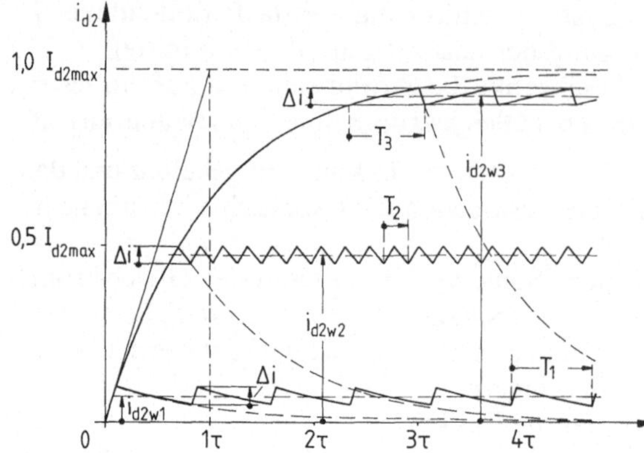

Bild 193. Zeitlicher Verlauf des Laststromes für drei unterschiedliche Stromsollwerte. Der Strom wird nach dem Zeitpunktverfahren geregelt, das Toleranzband umfaßt 5 % des größtmöglichen Laststromes; Voraussetzungen: $E_L = 0$; $R_L \neq 0$, $L_L \neq 0$,

$$I_{d2max} = \frac{U_{d1}}{R_L}$$

innerhalb des Toleranzbandes etwas weniger steil als im Fall 1, dagegen ist der Abfall jedoch steiler, so daß insgesamt $T_2 < T_1$ und $f_2 > f_1$ ist. Im Fall 3 bewegt sich der Stromanstieg mit relativ geringer Steilheit im obersten Teil der Zeitkonstantenfunktion, während der Abfall steil erfolgt. Insgesamt ist $T_3 > T_2$ und damit $f_3 < f_2$. Im betrachteten Fall ist die Schaltfrequenz bei einem mittleren Einschaltzeitverhältnis am größten und fällt zu hohen ($a \rightarrow 1$) und kleinen Werten ($a \rightarrow 0$) hin ab.

Tiefsetzsteller und Hochsetzsteller

Vorstehend wurde der Gleichstromsteller als Tiefsetzsteller behandelt, d.h. bei den bisherigen Betrachtungen war die Spannung der Energiequelle, z.B. die Spannung eines Gleichstromnetzes, immer höher als die Gegenspannung der Energiesenke, z.B. die Gegenspannung eines Gleichstrommotors. Bei der Schaltung nach Bild 194a ist ein Transport elektrischer Energie nur von Batterie zur Gleichstrommaschine möglich und nur unter der Voraussetzung, daß die innere Spannung der Maschine kleiner ist als die Batteriespannung.

Soll die Maschine abgebremst werden, so muß, um ein Bremsdrehmoment bei in gleicher Richtung weiterfließendem Erregerstrom aufbringen zu können, die Flußrichtung des Ankerstromes umgekehrt werden. Der elektrische Schalter ES und die Diode, die jetzt zur Rückspeisediode D_r wird, sind entsprechend Bild 194b umzugruppieren. Wird ES eingeschaltet, so werden damit die Klemmen D2 und C2 der Gleichstrom-Kommutatormaschine kurzgeschlossen und der Strom I_{d2} fällt, wenn der ohmsche Widerstand R_L des Ankerkreises vernachlässigt werden kann, mit

$$\frac{di_{d2}}{dt} = -\frac{E_L}{L_L}$$

ins Negative ab, wobei $i_{ES} = -i_{d2}$ ist. Quelle elektrischer Energie ist jetzt die elektrische Maschine, in der die mechanische Bremsenergie in elektrische Energie umgesetzt wird. Die Induktivität L_L des Ankerkreises dient als Energiespeicher, der während der Einschaltzeit T_e des elektrischen Schalters um

$$\Delta W = \frac{1}{2} L_L (i_{d2}^2)_{t2} - (i_{d2}^2)_{t1} \tag{274}$$

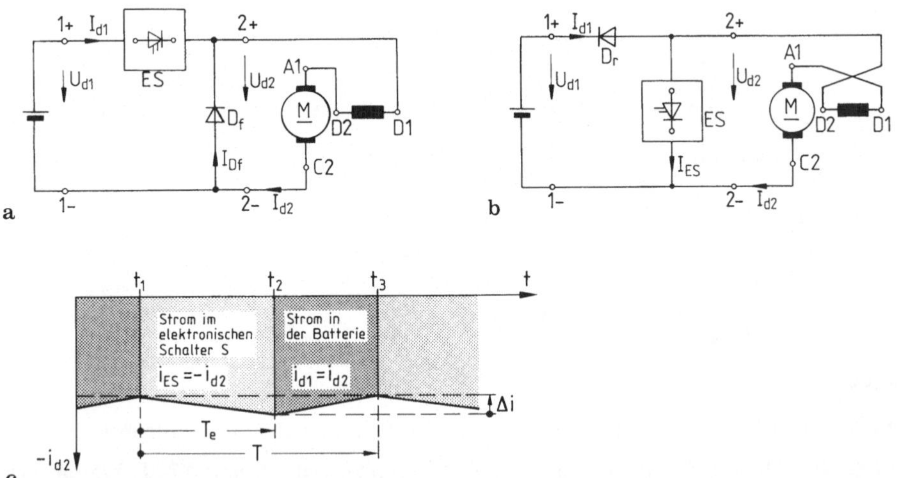

Bild 194. Gleichstromsteller für den Treib- und Bremsbetrieb einer Gleichstrommaschine. **a** Speisen einer Gleichstrommaschine; **b** Abbremsen einer Gleichstrommaschine; **c** Zeitlicher Verlauf des Laststroms bei **b**

aufgeladen wird, wobei (s. Bild 194c)

$$(i_{d2})_{t1} - (i_{d2})_{t2} = \Delta i \tag{275}$$

ist. Wird zum Zeitpunkt t_2 der elektronische Schalter ausgeschaltet, so kommutiert der Strom auf die Rückspeisediode D_r und der Energiespeicher wird bei mit der Steigung

$$\frac{di_{d2}}{dt} = \frac{U_{d1} - E_L}{L_L}$$

ansteigendem (dem Betrage nach abfallenden) Strom $i_{d1} = i_{d2}$ bis zum Zeitpunkt t_3 gegen die Batteriespannung um den Betrag ΔW entladen. Die Bremsenergie wird in die Batterie, die in diesem Fall die Energiesenke ist, überführt.

Beim Hochsetzstellerbetrieb muß somit die Energiequelle eine kleinere Spannung haben als die Energiesenke ($E_L < U_{d1}$).

10.1.1.2 Idealisierte Theorie des Zweiquadranten-Gleichstromstellers

Beim Zweiquadranten-Gleichstromsteller nach Bild 195 kann der Strom I_{d2} im Lastkreis, bedingt durch die Durchlaßrichtung der elektrischen Ventile, nur in positiver Richtung fließen. Bei fließendem Strom kann die Spannung U_{d2} jedoch ihre Polarität ändern; es ist somit Betrieb in zwei Quadranten der I_{d2}-U_{d2}-Ebene möglich (Bild 196). Die Taktung des Stromrichters, die grundsätzlich eine Eigentaktung ist, kann auf zwei unterschiedliche Weisen erfolgen, als gleichzeitige Taktung, bei der die elektronischen Schalter stets gleichzeitig ein- bzw. ausgeschaltet werden, oder als alternierende Taktung, bei der während der Dauer einer Schaltperiode nur ein elektronischer Schalter ein- und ausgeschaltet wird, während der andere entweder ein- oder ausgeschaltet bleibt.

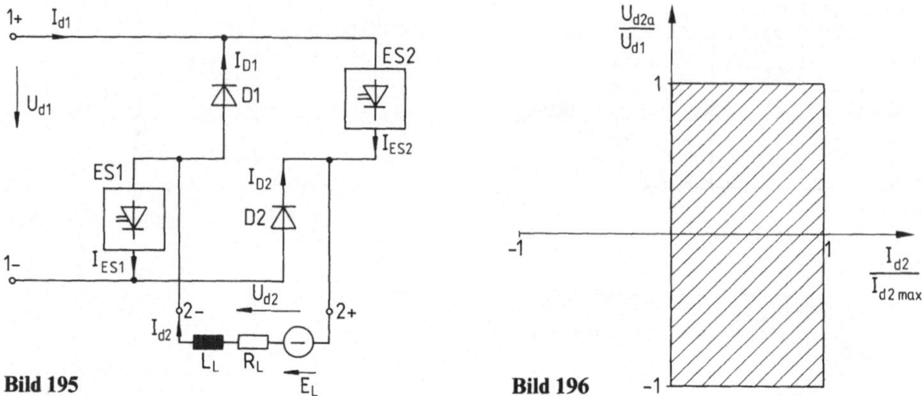

Bild 195   **Bild 196**

Bild 195. Grundsätzliche Schaltung eines Gleichstromstellers für Zweiquadrantenbetrieb

Bild 196. Betriebsbereich des Zweiquadranten-Gleichstromstellers nach Bild 195 in der $I_{d2} - U_{d2a}$-Ebene

Gleichzeitige Taktung

Bei der gleichzeitigen Taktung werden die elektronischen Schalter ES1 und ES2 des Zweiquadranten-Gleichstromstellers nach Bild 195 stets gleichzeitig ein- bzw. ausgeschaltet.

Zu Beginn des in Bild 197 betrachteten Zeitraums sind die beiden elektronischen Schalter eingeschaltet, es gilt $U_{d2} = U_{d1}$. Der Gleichstrom I_{d2} steigt mit der Zeitkonstanten

$$\tau = \frac{L_L}{R_L}$$

an. Zum Zeitpunkt t_0, in dem der Laststrom $i_{d2} = I_0$ ist, werden die elektronischen Schalter ES1 und ES2 geöffnet und der Laststrom kommutiert unter den vorausgesetzten idealisierten Bedingungen augenblicklich auf die Dioden D1 und D2. Der Strom I_{d1} der Spannungsquelle springt dadurch auf den Wert $i_{d1} = - I_0$ und die Spannung am Lastkreis auf $u_{d2} = - U_{d1}$. Der Strom im Lastkreis klingt im Zeitbereich $t_0 < t < t_1$ nach der Funktion

$$i_{d2}(t) = I_0 + \frac{U_{d1} + E_L}{R_L} e^{-(t - t_0)/\tau} - \frac{U_{d1} + E_L}{R_L} \tag{276}$$

ab. Während der Stromführungszeit der Dioden wird Leistung aus dem Lastkreis in die Spannungsquelle zurückgespeist (s. auch Bilder 203 und 204).

Im Zeitpunkt t_1, es ist jetzt $i_{d2} = I_1$, werden die beiden elektronischen Schalter wieder eingeschaltet. Im Zeitbereich $t_1 < t < t_2$ steigt der Strom im Lastkreis nach der Funktion

$$i_{d2}(t) = \frac{U_{d1} - E_L}{R_L} + \left(I_1 - \frac{U_{d1} - E_L}{R_L} \right) e^{-(t - t_1)/\tau} \tag{277}$$

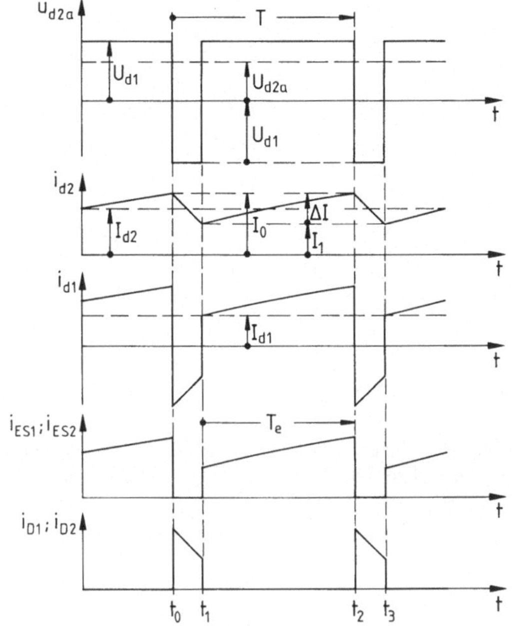

Bild 197. Zeitlicher Verlauf der Spannung U_{d2a} am Lastkreis und der charakteristischen Ströme am Zweiquadranten-Gleichstromsteller nach Bild 195 bei gleichzeitiger Taktung.

$$a = \frac{5}{6}; \quad \frac{U_{d2a}}{U_{d1}} = \frac{2}{3}$$

an. Im eingeschwungenen Zustand gilt für den Zeitpunkt $t = t_2$

$$i_{d2} = I_2 = I_0 .$$

Die Schwankungsbreite des Laststromes I_{d2} ist

$$\Delta I = I_0 - I_1 .$$

Für $t - t_0 = T - T_e$ geht Gl. (276) über in

$$I_1 = \left(I_0 + \frac{U_{d1} + E_L}{R_L} \right) e^{-(1-a)T/\tau} - \frac{U_{d1} + E_L}{R_L} , \tag{278a}$$

und aus Gl. (277 folgt für $t - t_1 = T_e = aT$

$$I_0 = \frac{U_{d1} - E_L}{R_L} + \left(I_1 - \frac{U_{d1} - E_L}{R_L} \right) e^{-aT/\tau} . \tag{278b}$$

Aus den Gl. (278a) und (278b) lassen sich die Konstanten errechnen zu

$$I_0 = \frac{U_{d1}}{R_L} \cdot \frac{1 + e^{-T/\tau} - 2e^{-aT/\tau}}{1 - e^{-T/\tau}} - \frac{E_L}{R_L} \tag{279}$$

und

$$I_1 = \frac{U_{d1}}{R_L} \cdot \frac{2e^{-(1-a)T/\tau} - e^{-T/\tau} - 1}{1 - e^{-T/\tau}} - \frac{E_L}{R_L} . \tag{280}$$

Daraus ergibt sich die Schwankungsbreite ΔI zu

$$\Delta I = \frac{2U_{d1}}{R_L} \cdot \frac{1 - e^{-(1-a)T/\tau} - e^{-aT/\tau} + e^{-T/\tau}}{1 - e^{-T/\tau}} , \tag{281}$$

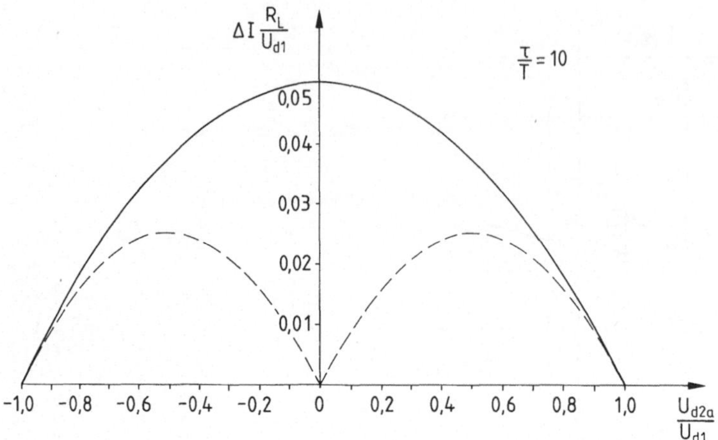

Bild 198. $\Delta I = I_0 - I_1$ als Funktion des Aussteuerungsgrads U_{d2a}/U_{d1}; dargestellt für $\tau/T = 10$ beim Zweiquadranten-Gleichstromsteller. ——————gleichzeitige Taktung; — — — —alternierende Taktung

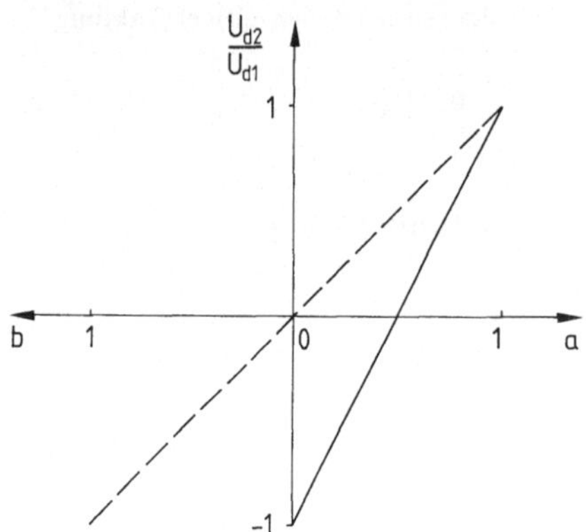

Bild 199. Steuerkennlinien des Zweiquadranten-Gleichstromstellers bei nicht lückendem Betrieb. ——————gleichzeitige Taktung; — — — — —alternierende Taktung

sie ist in Bild 198 als Funktion der Spannung U_{d2} für den nichtlückenden Betrieb dargestellt.

Der Mittelwert U_{d2} der Spannung am Lastkreis ergibt sich bei nichtlückendem Strom I_{d2} zu

$$U_{d2a} = \frac{1}{T} \int_{t_0}^{t_2} u_{d2}\,\mathrm{d}t = (2a-1)\,U_{d1}\,. \tag{282}$$

Die Steuerkennlinie

$$\frac{U_{d2a}}{U_{d1}} = 2a - 1$$

gibt Bild 199 wieder.

Im eingeschwungenen Zustand ist auch hier der Mittelwert des Laststromes

$$I_{d2} = \frac{U_{d2} - E_L}{R_L}\,,$$

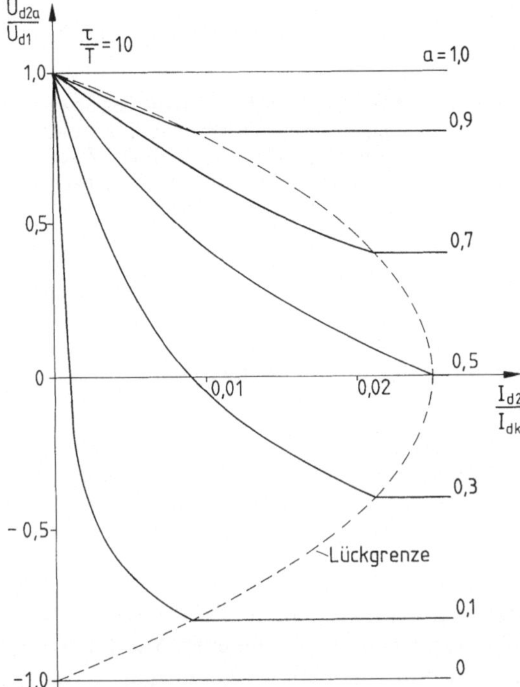

Bild 200. Strom- Spannungskennlinien des Zweiquadranten-Gleichstromstellers nach Bild 195 unter Berücksichtigung des Lückbetriebs bei gleichzeitiger Taktung

andererseits gilt auch

$$I_{d2} = \frac{1}{T} \int_{t_0}^{t_2} i_{d2}(t)\,\mathrm{d}t,$$

vergleiche Gl. (252) und (253).

Ähnlich wie für den Einquadrant-Gleichstromsteller beschrieben, ergibt sich im Bereich kleiner Lastströme I_{d2} auch beim Zweiquadranten-Gleichstromsteller ein Lückbereich in der U_{d2}-I_{d2}-Ebene (Bild 200). Die Lückgrenze erhält man, wenn in Gl. (280) $I_1 = 0$ gesetzt wird. Bei Betrieb im Lückbereich fällt der Laststrom I_{d2} im Zeitbereich $t_0 < t < t_1$ nach der Funktion

$$i_{d2}(t) = \left(I_0 + \frac{U_{d1} + E_L}{R_L}\right) e^{-(t-t_0)/\tau} - \frac{U_{d1} + E_L}{R_L}$$

ab und wird für $t = t_1$ zu Null (Bild 201). Nach Einschalten der beiden elektronischen Schalter im Zeitpunkt t_2 steigt I_{d2} im Zeitbereich $t_2 < t < t_3$ mit

$$i_{d2}(t) = \frac{U_{d1} - E_L}{R_L} \left(1 - e^{-(t-t_2)/\tau}\right) \tag{283}$$

an und erreicht bei $t = t_3$ den Wert

$$I_3 = I_0 = \frac{U_{d1} - E_L}{R_L} \left(1 - e^{-aT/\tau}\right). \tag{284}$$

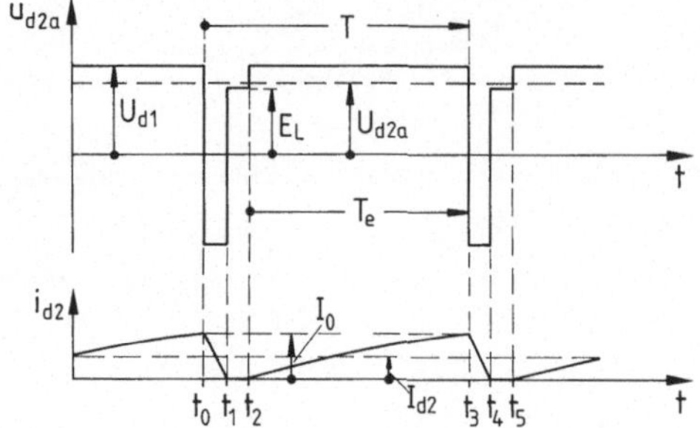

Bild 201. Zeitlicher Verlauf der Spannung U_{d2a} am Lastkreis und des Laststroms I_{d2} bei Lückbetrieb des Zweiquadranten-Gleichstromstellers nach Bild 195 bei gleichzeitiger Taktung.

$$a = \frac{5}{6}; \frac{2}{3} < \frac{U_{d2a}}{U_{d1}} < 1$$

Auch bei Lückbetrieb des Zweiquadranten-Gleichstromstellers gehen für

$$E_L \rightarrow U_{d1}$$

$$I_{d2} \rightarrow 0$$

und

$$U_{d2} \rightarrow U_{d1}.$$

Beim Zweiquadranten-Gleichstromsteller mit gleichzeitiger Taktung wird, wie der Vergleich der Bilder 185 und 197 erkennen läßt, bei gleicher Aussteuerung U_{d2}/U_{d1} die Welligkeit der Spannung U_{d2} und des Stromes I_{d1} größer als beim Einquadrant-Gleichstromsteller. Die harmonische Analyse zeigt, daß in Abhängigkeit vom Einschaltzeitverhältnis a die Wechselanteile in der Spannung U_{d2} doppelt so hohe Werte annehmen. Es ergibt sich

$$\frac{U_{vd2a}}{U_{d1}} = \frac{2 \cdot \sqrt{2}}{v \cdot \pi} |\sin av\pi|. \tag{285}$$

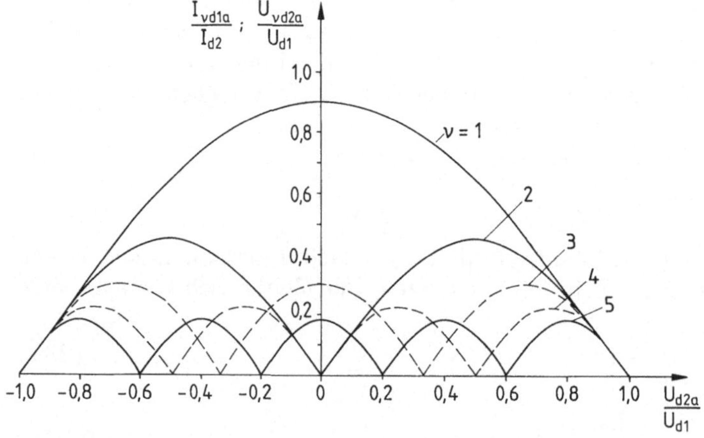

Bild 202. Wechselanteile der Ordnungszahlen v gleich 1, 2, 3, 4 und 5 im Eingangsstrom I_{d1} und in der Ausgangsspannung U_{d2} beim Zweiquadranten-Gleichstromsteller nach Bild 195 bei gleichzeitiger Taktung aufgetragen über dem Aussteuerungsgrad U_{d2a}/U_{d1}

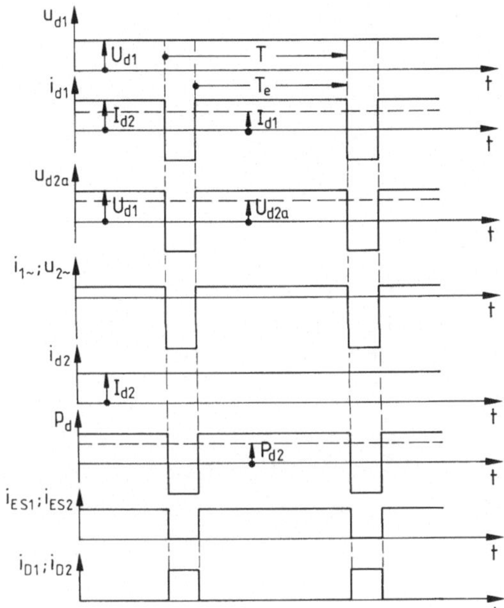

Bild 203. Zeitlicher Verlauf der charakteristischen Spannungen und Ströme sowie der Leistung beim Zweiquadranten-Gleichstromsteller nach Bild 195 mit gleichzeitiger Taktung. $\tau \gg T$;

$$a = \frac{5}{6}; \quad \frac{U_{d2a}}{U_{d1}} = \frac{2}{3}$$

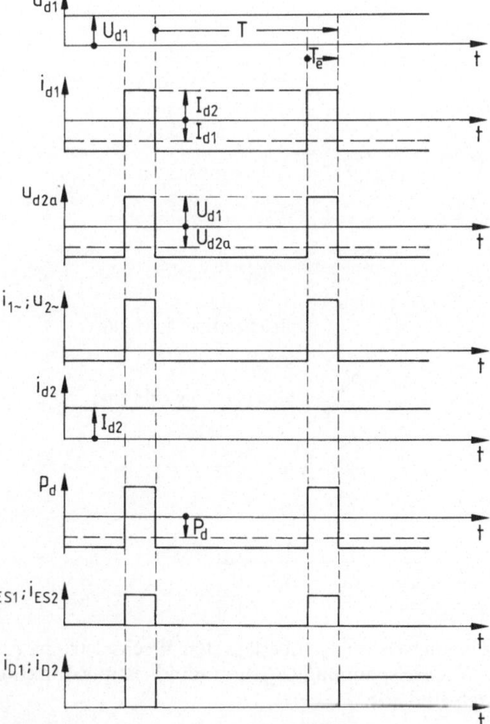

Bild 204. Zeitlicher Verlauf der charakteristischen Spannungen und Ströme sowie der Leistung beim Zweiquadranten-Gleichstromsteller nach Bild 195 mit gleichzeitiger Taktung. $\tau \gg T$;

$$a = \frac{1}{6}; \quad \frac{U_{d2a}}{U_{d1}} = -\frac{2}{3}$$

Wird ein gut geglätteter Laststrom $[i_{d2}(t)=I_{d2}]$ vorausgesetzt, so gilt

$$\frac{I_{vd1a}}{I_{d2}} = \frac{2\cdot\sqrt{2}}{v\cdot\pi}\,|\sin av\pi|\,. \tag{286}$$

Mit Gl. (282) läßt sich

$$\frac{2\cdot\sqrt{2}}{v\cdot\pi}\,|\sin av\pi| = f\left(\frac{U_{d2}}{U_{d1}};v\right)$$

darstellen (s. Bild 202).

Der Effektivwert $U_{2\sim a}$ des der mittleren Gleichspannung U_{d2} überlagerten Wechselspannungsverlaufs $u_{2\sim}$ (s. Bilder 203 und 204) ergibt sich zu

$$U_{2\sim a}=\sqrt{\frac{1}{T}\int_0^T u_{2\sim}^2(t)\,\mathrm{d}t}=2\sqrt{a-a^2}\,U_{d1}\,.$$

Die Funktion

$$\frac{U_{2\sim a}}{U_{d1}}=2\sqrt{a-a^2}=f\left(\frac{U_{d2a}}{U_{d1}}\right) \tag{287}$$

ist in Bild 205 dargestellt.

Die Welligkeit der Lastspannung U_{d2} ergibt sich zu

$$w_{ua}=|\frac{U_{2\sim a}}{U_{d2a}}|=|\frac{\sqrt{a-a^2}}{a-0,5}|\,, \tag{288}$$

$$w_{ua}=f(U_{d2a}/U_{d1})$$

zeigt Bild 206.

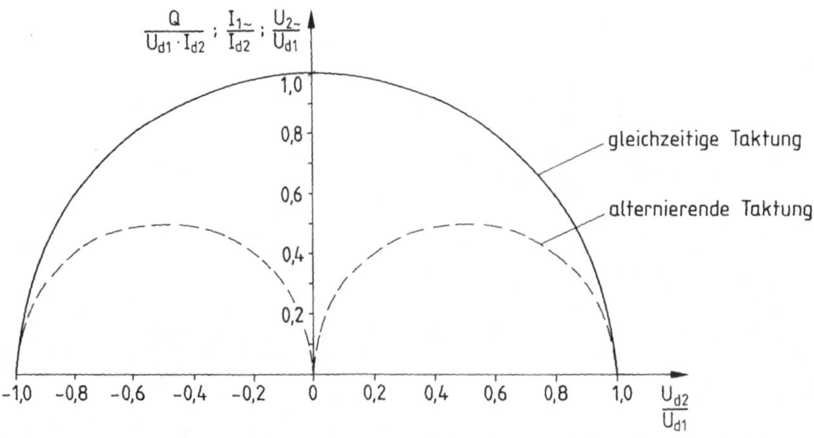

Bild 205. Bezogener Effektivwert des dem Eingangsstrom I_{d1} überlagerten Wechselstroms $I_{1\sim}$ bzw. der der Lastspannung U_{d2} überlagerten Wechselspannung $U_{2\sim}$ und Blindleistungsfunktion beim Zweiquadranten-Gleichstromsteller nach Bild 195

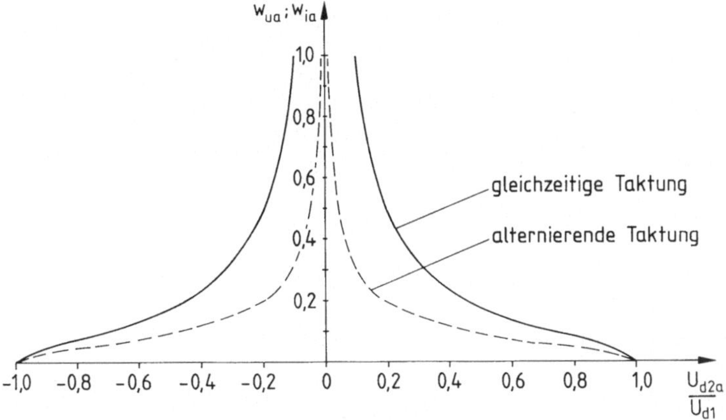

Bild 206. Welligkeit des Eingangsstroms I_{d1} und der Lastspannung U_{d2} beim Zweiquadranten-Gleichstromsteller nach Bild 195 als Funktion des Aussteuerungsgrads U_{d2}/U_{d1}

Wird, wie in Bild 203 für positive Lastspannung ($U_{d2}=2U_{d1}/3$) und in Bild 204 für negative Lastspannung ($U_{d2}=-2U_{d1}/3$) dargestellt, ein gut geglätteter Laststrom I_{d2} vorausgesetzt, so gilt für den Eingangsstrom I_{d1} entsprechend

$$\frac{I_{1\sim a}}{I_{d2}}=2\sqrt{a-a^2} \tag{289}$$

und

$$w_{ia}=\left|\frac{\sqrt{a-a^2}}{a-0,5}\right|. \tag{290}$$

Auch für den Zweiquadranten-Gleichstromsteller gilt für den Zeitwert der Leistung Gl. (265)

$$p_d(t)=u_{d1}\cdot i_{d1}=u_{d2}\cdot i_{d2}$$

und für den Mittelwert Gl. (266)

$$P_d=\frac{1}{T}\int_0^T u_{d1}\cdot i_{d1}\,dt=\frac{1}{T}\int_0^T u_{d2}\cdot i_{d2}\,dt.$$

Für den in den Bildern 203 und 204 dargestellten idealisierten Verlauf von Spannungen und Strömen gelten die Beziehungen

$$u_{d1}(t)=U_{d1}$$

und

$$i_{d2}(t)=I_{d2}.$$

Damit ergibt sich die Leistung zu

$$P_d=(2a-1)\,U_{d1}\cdot I_{d2}. \tag{291}$$

Die Gleichspannungsquelle wird mit der Scheinleistung

$$S = (U_{d1})_{eff} \cdot (I_{d1})_{eff}$$

belastet, wobei

$$(U_{d1})_{eff} = U_{d1}$$

und

$$(I_{d1})_{eff} = I_{d2}$$

ist.

Für die Scheinleistung folgt

$$S = U_{d1} \cdot I_{d2} . \tag{292}$$

Damit läßt sich die Blindleistung zu

$$Q_a = \sqrt{S^2 - P_d^2} = 2\sqrt{a - a^2}\, U_{d1} \cdot I_{d2}$$

angeben. Die Blindleistungsfunktion

$$\frac{Q_a}{U_{d1} \cdot I_{d2}} = 2\sqrt{a - a^2} = f\left(\frac{U_{d2a}}{U_{d1}}\right) \tag{293}$$

ist Bild 205 zu entnehmen.

Zusammenfassend kann festgestellt werden, daß beim Zweiquadranten-Gleichstromsteller mit gleichzeitiger Taktung die Welligkeit vom Eingangsstrom I_{d1} und Lastspannung U_{d2} größer und die Blindleistungsbelastung von Spannungsquelle und Last höher ist als beim Einquadrant-Gleichstromsteller.

Alternierende Taktung

Mit der alternierenden Taktung lassen sich die Welligkeit in der Spannung U_{d2} und im Strom I_{d1} sowie auch die Blindleistungsbelastung auf das vom Einquadrant-Gleichstromsteller her bekannte Maß zurückführen.

Bei positiver Lastspannung ($U_{d2} > 0$) ist bei nichtlückendem Laststrom immer einer der beiden elektrischen Schalter stromführend, während der andere während einer Periodendauer T für die Zeit T_e eingeschaltet wird. Zu Beginn des in Bild 207 dargestellten Zeitraumes führen ES1 und ES2 den Strom I_{d2}, und am Lastkreis liegt die Spannung $u_{d2} = U_{d1}$. Im Zeitpunkt $t = t_0$ wird ES1 abgeschaltet, und I_{d2} fließt im aus den Elementen D1 und ES2 bestehenden Freilaufkreis weiter. Unter den vorausgesetzten idealen Bedingungen ist im Zeitbereich $t_0 < t < t_1$ die Spannung $u_{d2} = 0$. Im Zeitpunkt $t = t_1$ wird ES1 wieder eingeschaltet, und für $t_1 < t < t_2$ wird $u_{d2} = U_{d1}$. Bei $t = t_2$ wird, um eine gleichmäßige Strombelastung der Schalter und Dioden zu erreichen, ES2 ausgeschaltet und der Strom I_{d2} kommutiert in den aus ES1 und D2 bestehenden Freilaufkreis, wodurch im Zeitbereich $t_2 < t < t_3$ $u_{d2} = 0$ wird usw. Durch die alternierende Taktung arbeitet der Zweiquadrantensteller im Spannungsbereich $0 < U_{d2} < U_{d1}$ wie ein Einquadrant-Tiefsetzsteller. Alle anhand des Einquadrant-Gleichstromstellers angestellten Überlegungen bezüglich Strömen und Spannungen, Lückgrenze, Wechselan-

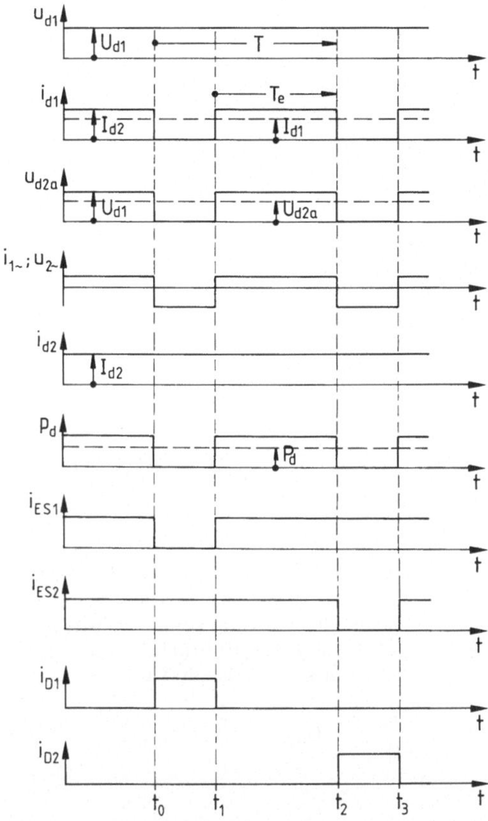

Bild 207. Zeitlicher Verlauf der charakteristischen Spannungen und Ströme sowie der Leistung beim Zweiquadranten-Gleichstromsteller nach Bild 195 mit alternierender Taktung. $\tau \gg T$;
$$a = \frac{2}{3}; \quad \frac{U_{d2a}}{U_{d1}} = \frac{2}{3}$$

teilen im Strom und Spannung, Welligkeit sowie Leistung und Blindleistung lassen sich bei positiver Lastspannung ($U_{d2a} > 0$) für den Zweiquadrantensteller mit alternierender Taktung voll übernehmen. Als Einschaltzeit T_e ist die Zeit zu betrachten, in der beide elektrischen Schalter eingeschaltet sind. Als Einschaltzeitverhältnis gilt weiterhin $a = T_e/T$. Die Steuerkennlinie entspricht der eines Einquadrant-Gleichstromstellers (Bild 199).

Bei negativer Lastspannung ($U_{d2} < 0$) ist, nichtlückender Laststrom I_{d2} vorausgesetzt, immer eine der beiden Dioden des Zweiquadranten-Gleichstromstellers nach Bild 195 stromführend, während die andere während einer Periodendauer T nur für die Ausschaltdauer T_a vom Laststrom durchflossen wird. Während der Ausschaltdauer T_a sind beide elektronischen Schalter ausgeschaltet. Unter dem Ausschaltzeitverhältnis werde

$$b = \frac{T_a}{T} \tag{294}$$

verstanden. Zu Beginn des in Bild 208 dargestellten Zeitraums führen D1 und D2 den Laststrom I_{d2}, und am Lastkreis liegt die Spannung $u_{d2} = -U_{d1}$; es wird Leistung aus dem Lastkreis in die Spannungsquelle transportiert. Im Zeitpunkt $t = t_0$ wird der elektronische Schalter ES1 eingeschaltet, wodurch I_{d2} in den

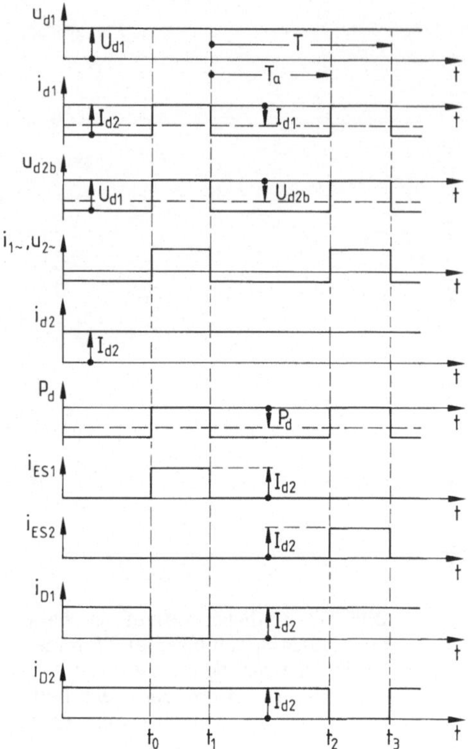

Bild 208. Zeitlicher Verlauf der charakteristischen Spannungen und Ströme sowie der Leistung beim Zweiquadranten-Gleichstromsteller nach Bild 195 mit alternierender Taktung. $\tau \gg T$;

$$b = \frac{2}{3}; \quad \frac{U_{d2b}}{U_{d1}} = -\frac{2}{3}$$

Freilaufkreis mit den Elementen ES1 und D2 kommutiert wird. Im Zeitbereich $t_0 < t < t_1$ ist $u_{d2} = 0$. Zum Zeitpunkt $t = t_1$ wird ES1 ausgeschaltet, und der Laststrom kommutiert in den Rückspeisekreis mit den Dioden D1 und D2, die Lastspannung wird dadurch im Zeitraum $t_1 < t < t_2$ zu $u_{d2} = -U_{d1}$. Bei $t = t_2$ wird, um eine gleichmäßige Belastung der Schalter und Dioden zu erreichen, der Schalter ES2 eingeschaltet, es wird ein Freilaufkreis über D1 und ES2 geöffnet und die Lastspannung springt auf $u_{d2} = 0$ usw. Der Zweiquadranten-Gleichstromsteller arbeitet unter den vorstehenden Bedingungen als Hochsetzsteller; Leistung wird vom Lastkreis an die Spannungsquelle abgegeben.

Für den Aussteuerungsbereich $-U_{d1} < U_{d2} < 0$ gilt bei nichtlückendem Laststrom I_{d2} die Beziehung

$$U_{d2b} = -bU_{d1}, \tag{295}$$

die in Bild 199 als Steuerkennlinie gestrichelt eingetragen ist.

Wird die Voraussetzung eines sehr gut geglätteten Laststroms I_{d2} aufgegeben, so geht mit abnehmenden Werten von I_{d2} der Steller in den Lückbetrieb über. Zu Beginn des in Bild 209a betrachteten Zeitabschnittes ist der Schalter ES1 eingeschaltet, der Lastkreis ist über den Freilaufkreis kurzgeschlossen und die negative Lastkreisspannung $E_L < 0$) läßt I_{d2} mit der Zeitkonstanten $\tau = L_L/R_L$ ansteigen. Im Zeitpunkt $t = t_0$, hier ist $i_{d2} = I_0$, wird ES1 abgeschaltet.

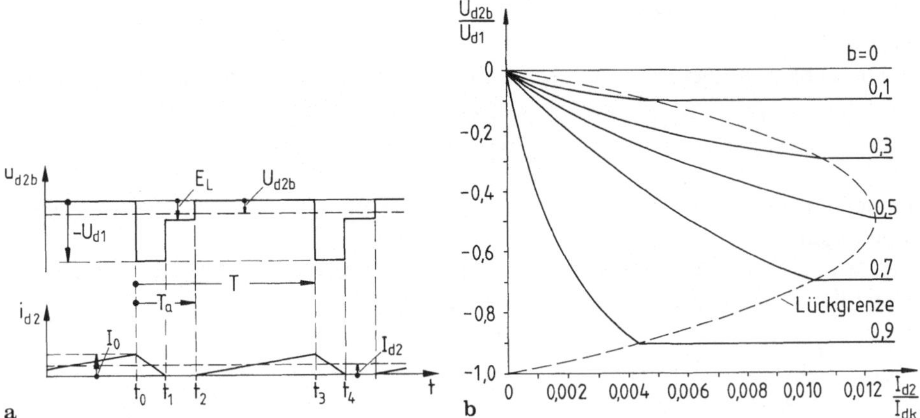

Bild 209. a Zeitlicher Verlauf der Spannung U_{d2b} am Lastkreis und des Laststroms I_{d2} bei Lückbetrieb und alternierende Taktung ($b=\frac{1}{3}$; $-\frac{1}{3}<\frac{U_{d2b}}{U_{d1}}<0$); **b** Strom-Spannungskennlinien im Lückbetrieb für $U_{d2b}/U_{d1}<0$ und $\tau/T=10$

Im Zeitraum $t_0<t<t_1$ klingt der Laststrom nach der Funktion

$$i_{d2}(t) = \left(I_0 + \frac{U_{d1}+E_L}{R_L}\right) e^{-(t-t_0)/\tau} - \frac{U_{d1}+E_L}{R_L} \qquad (296)$$

ab und erreicht für $t=t_1$ den Wert Null. Im Zeitbereich $t_1<t<t_2$, in dem $i_{d2}(t)=0$ ist, gilt $u_{d2}(t)=E_L$, wobei $E_L<0$ ist. Zur Zeit $t=t_2$ wird ES2 eingeschaltet und der Laststrom steigt im Zeitraum $t_1<t<t_2$ bei $u_{d2}(t)=0$ nach der Funktion

$$i_{d2}(t) = -\frac{E_L}{R_L}(1-e^{-(t-t_2)/\tau}) \qquad (297)$$

an und erreicht für $t=t_3$ den Wert

$$I_3 = I_0 = -\frac{E}{R_L}(1-e^{-(1-b)T/\tau}). \qquad (298)$$

Mit gegen Null ansteigender Lastspannung E_L wird I_0 kleiner, der Zeitabschnitt t_1-t_0 kürzer und damit auch U_{d2} größer. Für

$$E_L\to 0$$

geht

$$I_{d2}\to 0$$

und auch

$$U_{d2b}\to 0.$$

Die Strom-Spannungskennlinien im Lückbereich für $\tau/T = 10$ sind in Bild 209b dargestellt.

Die Schwankungsbreite ΔI ergibt sich bei nichtlückendem Laststrom I_{d2} zu

$$\Delta I = \frac{U_{d1}}{R_L} \cdot \frac{1 - e^{-bT/\tau} - e^{-(1-b)T/\tau} + e^{-T/\tau}}{1 - e^{-T/\tau}}, \tag{299}$$

Sie ist in Bild 198 als Funktion der Aussteuerung für $U_{d2}/U_{d1} < 0$ gestrichelt eingetragen.

Die harmonische Analyse der in der Lastspannung enthaltenen Wechselanteile liefert bei nichtlückendem Laststrom I_{d2}

$$\frac{U_{vd2b}}{U_{d1}} = \frac{\sqrt{2}}{v \cdot \pi} |\sin bv\pi| . \tag{300}$$

Wird ein gut geglätteter Laststrom I_{d2} vorausgesetzt, so läßt sich auch

$$\frac{I_{vd1b}}{I_{d2}} = \frac{\sqrt{2}}{v \cdot \pi} |\sin bv\pi| \tag{301}$$

schreiben. Bild 189 gilt somit auch für den Zweiquadranten-Gleichstromsteller mit alternierender Taktung für $U_{d2b} < 0$, wenn die Abszissenbezeichnung $U_{d2a}/U_{d1} = a$ durch $-U_{d2a}/U_{d1} = b$ ersetzt wird.

Der gesamte Wechselanteil in der Lastspannung U_{d2} wird durch die Funktion

$$\frac{U_{2\sim b}}{U_{d1}} = \sqrt{b - b^2} \tag{302}$$

beschrieben, die in Bild 205 für $U_{d2}/U_{d1} < 0$ gestrichelt eingetragen ist. Die Welligkeit der Lastkreisspannung U_{d2}

$$w_{ub} = \sqrt{\frac{1}{b} - 1} \tag{303}$$

entspricht dem in Bild 206 für $U_{d2}/U_{d1} < 0$ gestrichelt dargestellten Funktionsverlauf.

Kann ein gut geglätteter Strom I_{d2} vorausgesetzt werden, so gilt auch

$$\frac{I_{1\sim b}}{I_{d2}} = \sqrt{b - b^2} \tag{304}$$

und

$$w_{ib} = \sqrt{\frac{1}{b} - 1} . \tag{305}$$

Die Blindleistungsfunktion

$$\frac{Q_b}{U_{d1} \cdot I_{d2}} = f\left(\frac{U_{d2}}{U_{d1}}\right)$$

ist in Bild 205 gestrichelt wiedergegeben.

10.1.1.3 Idealisierte Theorie des Vierquadranten-Gleichstromstellers

Der Vierquadranten-Gleichstromsteller (Bild 210) ergibt sich aus der Antiparallelschaltung zweier Zweiquadranten-Gleichstromsteller. Mit ihm ist Betrieb in allen vier Quadranten des I_{d2}-U_{d2}-Ebene möglich (Bild 211). Der aus den Elementen ES1, ES2, D1 und D2 bestehende Zweiquadranten-Gleichstromsteller ermöglicht, wie im vorstehenden Abschnitt beschrieben, den Betrieb in den Quadranten I und IV, der antiparallel geschaltete, aus den Elementen ES3, ES4, D3 und D4 bestehende, gestattet die Umkehr des Laststromes und damit den Betrieb in den Quadranten II und III.

Die grundsätzliche Schaltung (Bild 210) des so entstandenen Umkehr-Gleichstromstellers zeigt die Struktur von zwei antiparallel geschalteten Wechselstrom-Brückenschaltungen, von denen die eine aus den elektronischen Schaltern ES1 bis ES4 und die andere aus den Dioden D1 bis D4 besteht. Um einen Kurzschluß der Gleichspannungsquelle zu verhindern, dürfen zwei zu einem Brückenzweigpaar gehörende elektronische Schalter (ES1 und ES3 oder ES2 und ES4) nie gleichzeitig eingeschaltet sein.

Das läßt sich z. B. dadurch erreichen, daß, solange von der überlagerten Regelung der Laststrom I_{d2} in positiver Richtung angefordert ist und I_{d2} in positiver Richtung fließt, die Spannung U_{d2} nur mit Hilfe der elektronischen Schalter ES1 und ES2 gepulst wird, während ES3 und ES4 abgeschaltet bleiben. Es ist dann, solange der Laststrom nur in einer Richtung fließt, nur einer der beiden Teilsteller in Betrieb, und das in Abschnitt 10.1.1.2 über das Betriebsverhalten des Zweiquadranten-Gleichstromstellers Ausgeführte kann voll für den Vierquadranten-Gleichstromsteller übernommen werden. Die Taktung des Vierquadranten-Gleichstromstellers kann dabei auch wieder entweder gleichzeitig oder alternierend erfolgen.

Bild 212 zeigt den zeitlichen Verlauf der charakteristischen Größen bei einem Umsteuervorgang von einem Arbeitspunkt im Quadranten I ($U_{d2}=2U_{d1}/3$) zu

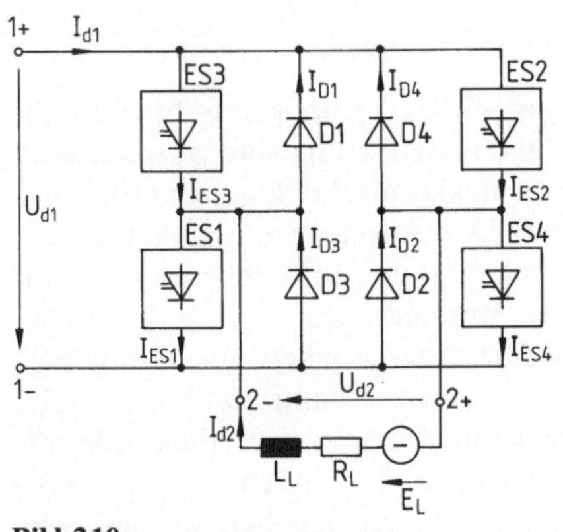

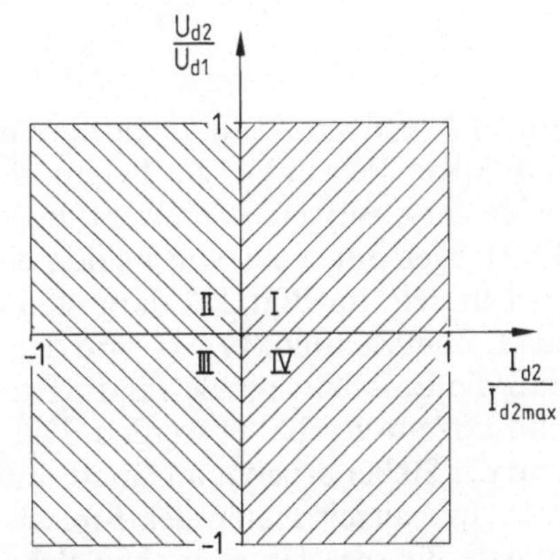

Bild 210   **Bild 211**

Bild 210. Grundsätzlicher Schaltplan eines Umkehr-Gleichstromstellers für den Vierquadranten-Betrieb (Vierquadranten-Gleichstromsteller)

Bild 211. Betriebsbereich des Vierquadranten-Gleichstromstellers nach Bild 210 in der I_{d2}-U_{d2}-Ebene

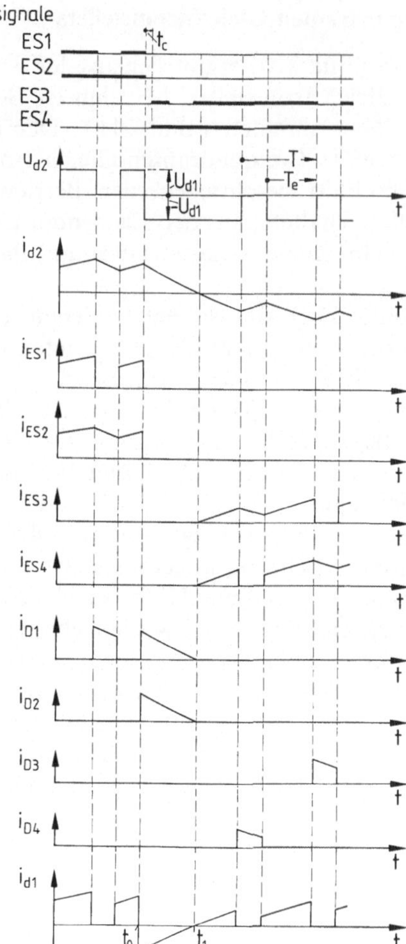

Bild 212. Zeitlicher Verlauf der Einschaltsignale sowie der charakteristischen Spannungen und Ströme am alternierend getakteten Vierquadranten-Gleichstromsteller nach Bild 210 beim Umsteuern des Arbeitspunktes aus dem Quadranten I in den Quadranten III der I_{d2}-U_{d2}-Ebene bei gemischt ohmsch-induktiver Belastung ($E_L = 0$)

einem Arbeitspunkt im Quadranten III ($U_{d2} = -2U_{d1}/3$) bei gemischt ohmsch-induktiver Belastung. Zu Beginn des betrachteten Zeitraums sind abwechselnd beide der positiven Stromrichtung zugeordnete elektronische Schalter (ES1 und ES2) oder nur einer von beiden eingeschaltet. Der Aussteuerungszustand entspricht dem im Bild 207 dargestellten, der Umkehrsteller arbeitet im Quadranten I. Zum Zeitpunkt $t = t_0$ wird das Umsteuerkommando gegeben mit der Folge, daß die Einschaltsignale für ES1 und ES2 sofort unterbrochen und damit ES1 und ES2 ausgeschaltet werden. Die Lastspannung springt damit auf $u_{d2} = -U_{d1}$ und der Steller arbeitet im Quadranten IV. Nach einer Schonzeit t_c, die größer als die Abschaltzeit realer elektronischer Schalter sein muß, können die Einschaltsignale für die elektronischen Schalter ES3 und ES4 freigegeben werden. Die Schonzeit t_c ist in Bild 210 übertrieben groß dargestellt; wird der Steller mit schnellschaltenden elektrischen Ventilen aufgebaut, so ist t_c mehrere Zehnerpotenzen kleiner als T. Im Zeitbereich $t_0 < t < t_1$ wird die in der Induktivität L_L gespeicherte Energie über die Dioden D1 und D2 teilweise in die Spannungs-

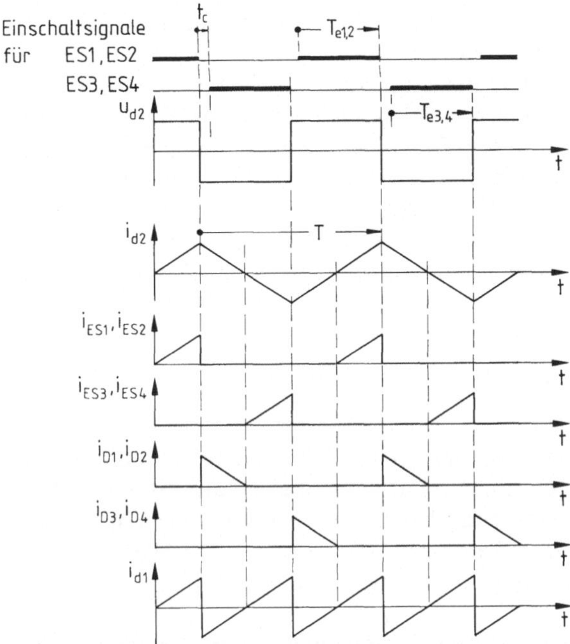

Bild 213. Zeitlicher Verlauf der Einschaltsignale sowie der charakteristischen Spannungen und Ströme am Vierquadranten-Gleichstromsteller bei abwechselnd getakteten Teilstellern, deren elektronische Schalter gleichzeitig geschaltet werden. $U_{d2}=0$; $I_{d2}=0$; $E_L=0$; $R_L=0$; $L_L \neq 0$

quelle zurückgespeist ($i_{d1}<0$). Im Zeitpunkt $t=t_1$ geht der Laststrom durch Null und fällt in der Folgezeit ins Negative ab. Für $t>t_1$ sind Laststrom und Lastspannung negativ, der Steller arbeitet jetzt im Quadranten III. Aus der Spannungsquelle wird Leistung aufgenommen ($i_{d1}>0$). Die spannungsmäßige Aussteuerung entspricht mit umgekehrten Vorzeichen wieder der von Bild 207, während der Laststrom I_{d2} sich mit der Lastkreiszeitkonstanten τ an seinen stationären Verlauf annähert.

Bei alternierender Taktung der elektronischen Schalter eines Teilstellers und Sperrung der Einschaltsignale des anderen tritt bei kleineren Lastströmen Lückbetrieb nach Bild 187 oder Bild 209 auf. Wird der Steller als Stellglied in Regelkreisen eingesetzt, so ist bei der Regleroptimierung zu beachten, daß die Spannungsverstärkung im Lückbereich zurückgeht. Das Lücken des Laststroms kann unterdrückt werden, wenn die beiden Teilsteller des Vierquadranten-Gleichstromstellers innerhalb einer Periodendauer T abwechselnd geschaltet werden, wobei die elektronischen Schalter der Teilsteller gleichzeitig getaktet werden. Bild 213 zeigt die Arbeitsweise des Umkehrstellers bei Aussteuerung Null ($U_{d2}=0$) und induktivem Lastkreis ($R_L=0$; $L_L \neq 0$; $E_L=0$). Der Laststrom pendelt um den Mittelwert $I_{d2}=0$, ein Lücken tritt nicht auf.

Auch hier ist anzumerken, daß die erforderliche Schonzeit t_c zwischen dem Abschaltsignal für den einen zu einem Zweigpaar gehörenden Schalter (z. B. ES1) und dem Einschaltsignal für den anderen (z. B. ES3) im allgemeinen sehr klein gegenüber der Periodendauer T ist. Deshalb tritt auch bei gemischt ohmsch-induktiver Belastung und einer Gegenspannung im Lastkreis ($E_L \neq 0$) im allgemeinen kein Lücken des Laststroms I_{d2} auf, der Umkehrsteller ist dann immer im Eingriff. Im Vergleich zum Betrieb mit alternierender Taktung der

Einzelsteller wird dieser Vorteil durch eine höhere Blindleistungsbelastung der Spannungsquelle und des Lastkreises erkauft.

Bei dem in Bild 213 dargestellten Belastungsfall ist die Lastspannung U_{d2} eine reine Wechselspannung und der Laststrom I_{d2} ein reiner Wechselstrom. Daraus folgt, daß der Vierquadranten-Gleichstromsteller ein selbstgeführter Stromrichter ist, der, je nach Flußrichtung der Energie, auch als Wechselrichter oder als Gleichrichter arbeiten kann. Der Vierquadranten-Gleichstromsteller ist damit ein Prototyp eines selbstgeführten Stromrichters zur Umformung von Gleichstromenergie in Wechselstromenergie und umgekehrt auch von Wechselstromenergie in Gleichstromenergie.

10.1.1.4 Idealisierte Theorie eines Brückenzweigpaares

Im folgenden werden selbstgeführte Stromrichter beschrieben, die im Sinne von DIN 41 750 Teil 1/2.85 sowohl wechselrichten als auch gleichrichten können. Wegen ihrer besseren technischen Eigenschaften in bezug auf Steuerbarkeit, Grundschwingungsgehalt und Verzerrungsleistung wird in den meisten Anwendungsfällen den Brückenschaltungen, also der Wechselstrom-Brückenschaltung und der Drehstrom-Brückenschaltung, gegenüber den Mittelpunktschaltungen der Vorzug gegeben.

m-strängige Brückenschaltungen setzen sich aus m Zweigpaaren zusammen. Eins dieser Zweigpaare, das n-te, zeigt Bild 214. Zum besseren Verständnis der Arbeitsweise der selbstgeführten Stromrichter in Brückenschaltung empfiehlt es sich, auf der Gleichspannungsseite ein Nullpotential einzuführen und der Plusklemme das Potential $+ U_d/2$ sowie der Minusklemme das Potential $- U_d/2$ zuzuordnen.

Um die Größe der zwischen den Klemmen $n_\sim$ und 0 zu messenden Wechselspannung auch bei Teilaussteuerung von der Art der Wechselstromlast unabhängig zu haben, ist es erforderlich, daß immer einer der beiden zu einem Zweigpaar gehörenden elektronischen Schalter eingeschaltet ist; der andere muß selbstverständlich, um einen Kurzschluß der Gleichspannungsquelle zu vermeiden, ausgeschaltet sein. Idealisierend werden die Schaltzeiten der elektronischen Schalter zu Null gesetzt, so daß gleichzeitig mit dem Ausschalten von ESn+ das Einschalten von ESn− erfolgt und umgekehrt.

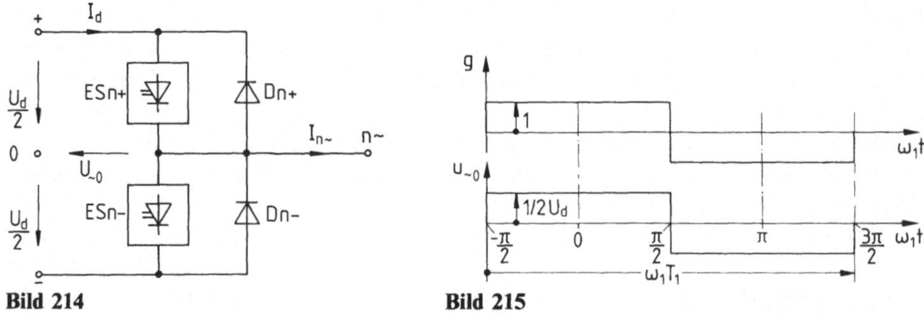

Bild 214   **Bild 215**

Bild 214. n-tes Zweigpaar einer Brückenschaltung
Bild 215. Zeitlicher Verlauf der Schaltfunktion G und der Spannung $U_{\sim 0}$ bei Blocksteuerung

Blocksteuerung

Diese Schalthandlungen können durch eine Schaltfunktion $g(\omega_1 t)$, wie sie in Bild 215 für eine Blocksteuerung dargestellt ist, beschrieben werden.

$$\omega_1 = 2\pi f_1 = \frac{2\pi}{T_1} \tag{306}$$

ist dabei die Kreisfrequenz der Grundschwingung. Ist $g(\omega_1 t)$ positiv, so ist $ESn+$ ein- und $ESn-$ ausgeschaltet, die Klemme $n_\sim$ hat das Potential $+U_d/2$. Ist dagegen $g(\omega_1 t)$ negativ, so ist $ESn+$ aus- und $ESn-$ eingeschaltet, die Klemme $n_\sim$ liegt auf dem Potential $-U_d/2$. Die Schaltfunktion $g(\omega_1 t)$ bedingt damit den ihr gleichartigen Spannungsverlauf

$$u_{\sim 0}(\omega_1 t) = \frac{1}{2} U_d \cdot g(\omega_1 t). \tag{307}$$

Die harmonische Analyse zeigt, daß sich der Spannungsverlauf auch durch die Funktion

$$u_{\sim 0}(\omega_1 t) = \frac{2}{\pi} U_d \sum_{v=1,3,5,\ldots}^{\infty} \frac{1}{v} \cos v\omega_1 t \tag{308}$$

darstellen läßt. In der Wechselspannung, deren Effektivwert

$$U_{\sim 0} = \frac{1}{2} U_d \tag{309}$$

ist, sind somit Teilschwingungen aller ungeraden Ordnungszahlen ($v = 1, 3, 5, \ldots$) enthalten. Der Effektivwert der Spannungsschwingungen ergibt sich aus Gl. (308) zu

$$U_{v\sim 0} = \frac{\sqrt{2}}{v\pi} U_d, \tag{310}$$

woraus für den Grundschwingungsgehalt

$$g_u = \frac{U_{1\sim 0}}{U_{\sim 0}} = \frac{2 \cdot \sqrt{2}}{\pi} = 0{,}9 \tag{311}$$

folgt.

Unter den genannten Voraussetzungen entspricht bei der Blocksteuerung einer konstanten Gleichspannung eine Wechselspannung mit konstantem Effektivwert bei konstantem Grundschwingungsgehalt.

Pulssteuerung

Da voraussetzungsgemäß immer eine der beiden elektronischen Schalter von Bild 214 eingeschaltet ist, läßt sich der Effektivwert der Spannung $U_{\sim 0}$ durch Pulsen zwar nicht ändern, es ist jedoch möglich, die Effektivwerte der Teilschwingungen in ihrer Wertigkeit zueinander zu verstellen.

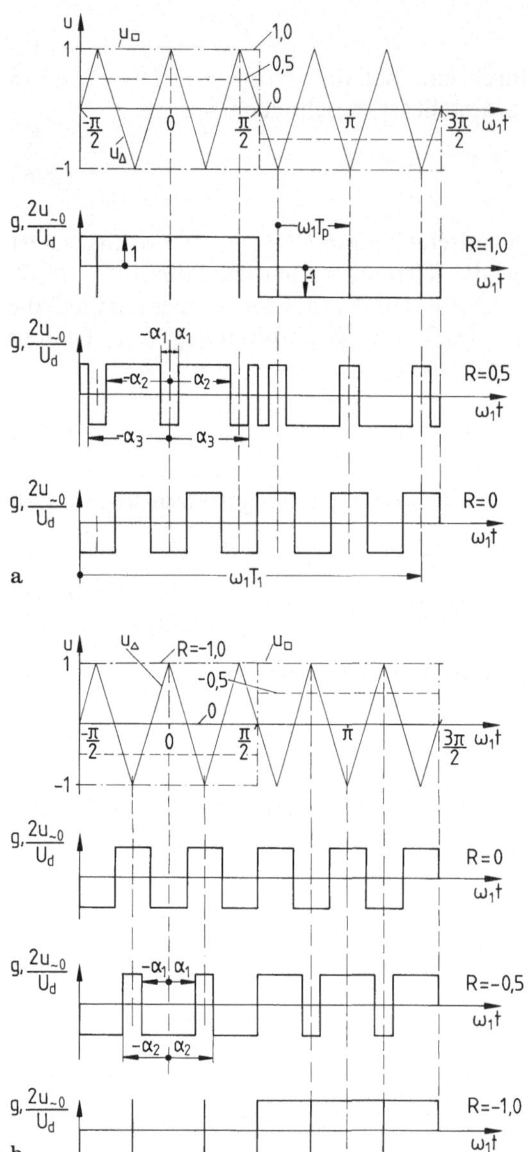

Bild 216. Dreieck-Rechteck-Modulation der Wechselspannung $U_{\sim 0}$ beim Zweigpaar nach Bild 214.
a für die Amplitudenverhältnisse R gleich 1, 0,5 und 0; b für die Amplitudenverhältnisse R gleich 0, $-0,5$ und -1. $f_\mathrm{p}/f_1 = 5$

Beim Pulsen der Wechselspannung wird die Vollschwingung von Bild 215 in Teilschwingungen (Bild 216) aufgelöst. Wenn die Pulsfrequenz f_p nicht sehr groß gegenüber der Grundschwingungsfrequenz f_1 ist, so empfiehlt es sich, um Zwischenschwingungen (Interharmonics) zu vermeiden, ein ganzzahliges Verhältnis f_p/f_1 zu wählen, also synchron zu pulsen. Soll Viertelschwingungssymmetrie der Funktion $u_{\sim 0}(\omega_1 t)$ erreicht werden, sollen also keine geradzahligen Oberschwingungen in der Wechselspannung enthalten sein, so muß das Verhältnis f_p/f_1 eine ungerade ganze Zahl ergeben.

Durch das Pulsen soll der Effektivwert der Grundschwingung der Wechselspannung $U_{\sim 0}$ zwischen seinem Maximalwert und dem Wert Null kontinuierlich verstellt werden können. Dieser Effekt läßt sich mit verschiedenen Steuerverfahren erreichen, von denen die Pulsbreitenmodulation und die Elimination der Oberschwingungen mit niederen Ordnungszahlen durch optimierte Pulsmuster die bekanntesten sind. An dieser Stelle sollen zunächst zwei Verfahren der Pulsbreitenmodulation vorgestellt werden.

Dreieck-Rechteck-Modulation

Das einfachste, bei kleinen Frequenzverhältnissen ($f_p/f_1 \leqq 9$) häufig praktizierte Verfahren ist die Dreieck-Rechteck-Modulation, wie sie in Bild 216a und b für fünf Aussteuerungszustände R dargestellt ist. Der Aussteuerungszustand R entspricht hier dem Verhältnis des Amplitudenwertes der Rechteckschwingung zum Amplitudenwert der Dreieckschwingung:

$$R = \frac{\hat{u}_\square}{\hat{u}_\triangle} .$$

Die Dreieckschwingung oszilliert mit der Pulsfrequenz f_p, die Rechteckschwingung mit der Grundschwingungsfrequenz f_1. Für Bild 216 und die folgenden Darstellungen wurde $f_p/f_1 = 5$ gewählt. Die Dreieckschwingung hat die Amplitude 1. Hat auch die Rechteckschwingung die Amplitude 1, so ist der Aussteuerungszustand $R = 1$ und der Aussteuerungsgrad A, der das Verhältnis des Grundschwingungseffektivwertes $U_{1\sim 0}$ beim Aussteuerungszustand $R \leqq 1$ zu dem beim Aussteuerungszustand $R = 1$ beschreibt, ebenfalls $A = 1$. Die Amplitude der Rechteckschwingung sei zwischen den Werten $+1$ und -1 kontinuierlich veränderbar, so daß sich der Aussteuerungszustand im Bereich $-1 \leqq R \leqq 1$ bewegen kann, was für den Aussteuerungsgrad $A \leqq 1$ zur Folge hat.

Die Schaltfunktion $g(\omega_1 t)$ ändert an den Schnittpunkten der Dreieckfunktion ihr Vorzeichen. Für

$$u_\triangle(\omega_1 t) < u_\square(\omega_1 t)$$

ist

$$g(\omega_1 t) = 1$$

und für

$$u_\triangle(\omega_1 t) > u_\square(\omega_1 t)$$

ist

$$g(\omega_1 t) = -1 .$$

Die Winkel, bei denen die Schaltfunktion $g(\omega_1 t)$ ihr Vorzeichen ändert, sind die Schaltwinkel. Neben den festen Umschaltwinkeln $-\dfrac{\pi}{2}, \dfrac{\pi}{2}, \dfrac{3\pi}{2}, \dfrac{5\pi}{2}$ usw. gibt es bewegliche, die im vorliegenden Beispiel für die Viertelschwingung $0 < \omega_1 t < \dfrac{\pi}{2}$

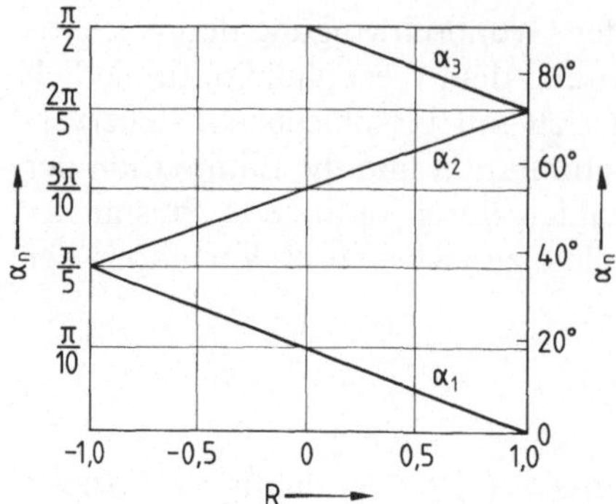

Bild 217. Schaltwinkel α_n als Funktion des Amplitudenverhältnisses R bei Dreieck-Rechteck-Modulation der Spannung $U_{\sim 0}$ beim Zweigpaar nach Bild 214. $f_p/f_1 = 5$

mit α_1, α_2 und α_3 bezeichnet werden. Die Werte $\alpha_n = f(R)$ können Bild 217 entnommen werden.

Wird mit dem Ansatz nach den Gl. (59) und (60) eine harmonische Analyse durchgeführt, so ergeben sich im Aussteuerungsbereich $-1 \leqq R \leqq 1$ die Fourier-Koeffizienten zu

$$A_0 = 0; \quad B_v = 0$$

und für $v > 0$ zu

$$A_v = \frac{2U_d}{v\pi}\left[2\cos\left(\frac{v\pi}{10}R\right)\left(-\sin\frac{v\pi}{10}+\sin\frac{3v\pi}{10}-\sin\frac{5v\pi}{10}\right)\right.$$
$$\left.+2\sin\left(\frac{v\pi}{10}R\right)\left(\cos\frac{v\pi}{10}+\cos\frac{3v\pi}{10}+\cos\frac{5v\pi}{10}\right)+\sin v\frac{\pi}{2}\right]. \tag{312}$$

Der Effektivwert der v. Oberschwingung ist entsprechend

$$U_{v\sim 0} = \frac{|A_v|}{\sqrt{2}}. \tag{313}$$

Für $R \to 1$ geht

$$U_{v\sim 0} \to \frac{\sqrt{2}}{v\pi}U_d$$

[s. Gl. (310)], wobei v die Werte aller ganzen ungeraden Zahlen ($v = 1, 3, 5, \ldots$) annehmen kann.

Für $R = 0$ sind nur Schwingungen der Ordnungszahlen

$$v = \frac{f_p}{f_1} \cdot \varrho \tag{314}$$

Bild 218. Auf den sich für $R = 1$ ergebenden Effektivwert der Grundschwingungsspannung $U_{1\sim 0} = \dfrac{\sqrt{2}}{\pi} \cdot U_d$ bezogene Spannungswerte $v \cdot U_{v\sim 0}$ in Abhängigkeit vom Aussteuerungszustand R bei Dreieck-Rechteck-Modulation nach Bild 216. **a** für v gleich 1, 3 und 7; **b** für v gleich 5, 15 und 25; **c** für v gleich 9, 11, 13 und 17; **d** für v gleich 19, 21 und 23

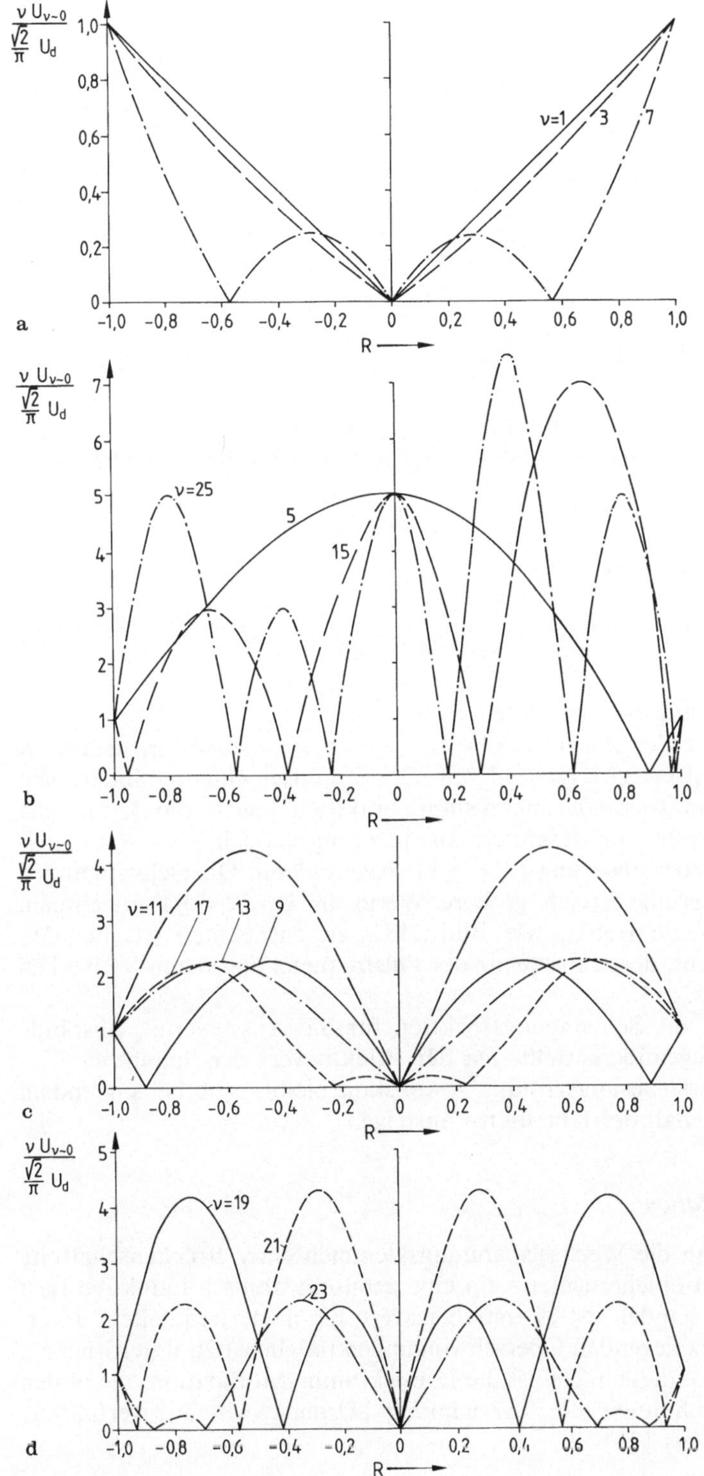

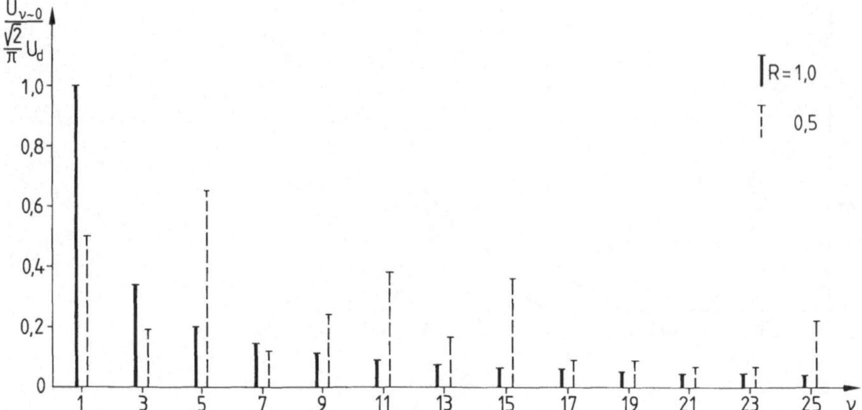

Bild 219. Schwingungsspektren der Wechselspannung $U_{\sim0}$ des Zweigpaares nach Bild 214 für die Aussteuerungszustände $R=1$ und $R=0{,}5$ bei Dreieck-Rechteck-Modulation nach Bild 216

($\varrho=1, 3, 5, \dots$) mit dem Effektivwert

$$U_{v\sim0}=\frac{\sqrt{2}}{\varrho\cdot\pi}\,U_\mathrm{d} \tag{315}$$

in der Wechselspannung $U_{\sim0}$ enthalten.

Die Abhängigkeit des Ausdrucks $v\cdot U_{v\sim0}$ vom Aussteuerungszustand R bis zur Ordnungszahl $v=25$ zeigt Bild 218. Die Grundschwingung ändert sich in Abhängigkeit vom Aussteuerungszustand praktisch linear, die 3. und die 7. Oberschwingung haben im gesamten Aussteuerungsbereich $-1<R<1$ kleinere Werte als bei Blocksteuerung ($R=\pm1$). Alle anderen Oberschwingungen können im Aussteuerungsbereich größere Werte als bei $R=\pm1$ annehmen. Besonders große Werte treten, wie Bild 218 b zu entnehmen ist, bei den Oberschwingungen auf, deren Frequenz der Pulsfrequenz und deren Vielfachen entspricht ($\varrho=1, 3, 5, \dots$).

In Bild 219 sind die Schwingungsspektren für die Aussteuerungszustände $R=1$ und $R=0{,}5$ gegenübergestellt. Da der Effektivwert der Spannung $U_{\sim0}$ unabhängig vom Aussteuerungszustand R konstant bleibt, muß bei sinkendem Grundschwingungsgehalt der Klirrfaktor ansteigen.

Dreieck-Sinus-Modulation

Da es sich bei den an die Wechselspannungsklemmen einer Brückenschaltung angeschlossenen Verbrauchern meist um eine gemischt ohmsch-induktive Last mit Gegenspannung handelt, ist es erstrebenswert, die niederfrequenten, unterhalb der Pulsfrequenz liegenden Oberschwingungen möglichst zu unterdrücken. Ein möglicher Weg zu diesem Ziel ist die Dreieck-Sinus-Modulation, die in den sechziger Jahren auch unter der Bezeichnung „Unterschwingungsverfahren" bekannt wurde [121 bis 123].

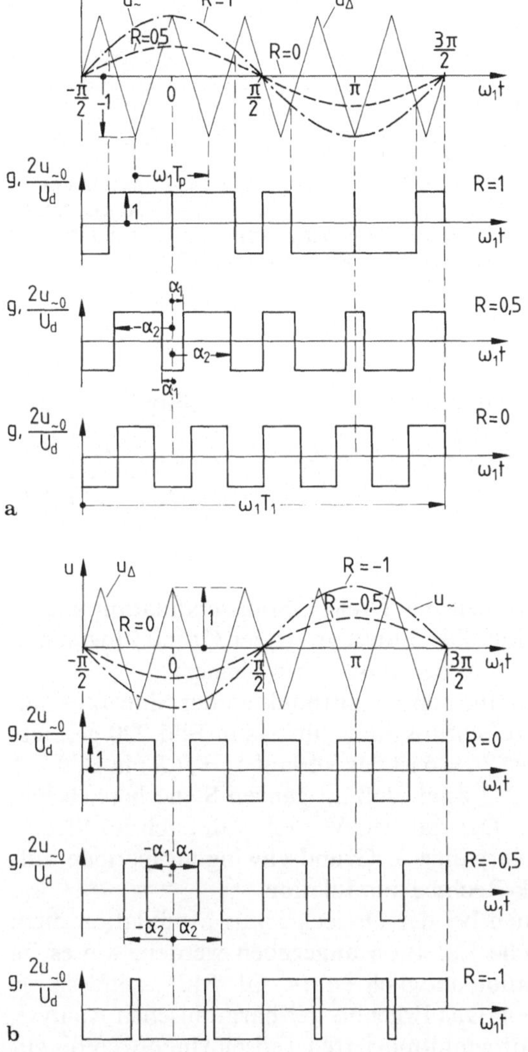

Bild 220. Dreieck-Sinus-Modulation der Wechselspannung $U_{\sim 0}$ beim Zweigpaar nach Bild 214. **a** für die Aussteuerungszustände R gleich 1, 0,5 und 0; **b** für die Aussteuerungszustände R gleich 0, $-0{,}5$ und -1
$f_{\mathrm{p}}/f_1 = 5$

Unter dem Aussteuerungszustand R sei hier das Amplitudenverhältnis von Sinus- und Dreieckschwingung verstanden, wobei der Aussteuerungszustand im Bereich $-1 < R < 1$ verändert werden kann. Die Schaltfunktion $g(\omega_1 t)$ und die dieser folgenden Spannung $u_{\sim 0}(\omega_1 t)$ sind in Bild 220 für fünf Aussteuerungszustände dargestellt. Es zeigt sich, daß bei der Dreieck-Sinusmodulation die Amplitude der Grundschwingung für $R = \pm 1$ nur den Wert $\hat{u}_{\sim 0} = U_{\mathrm{d}}/2$ erreichen kann, was dem Effektivwert

$$U_{1\sim 0} = \frac{1}{2 \cdot \sqrt{2}}\, U_{\mathrm{d}} = 0{,}354\, U_{\mathrm{d}} \tag{316}$$

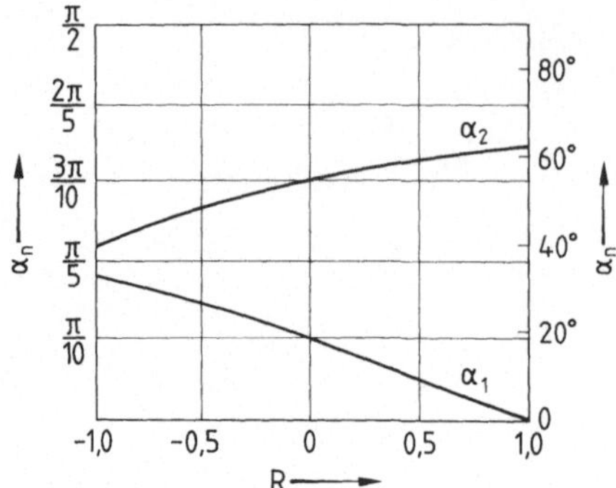

Bild 221. Schaltwinkel α_n als Funktion des Amplitudenverhältnisses R bei Dreieck-Sinus-Modulation der Spannung $U_{\sim 0}$ beim Zweigpaar nach Bild 214. $f/f_1 = 5$

oder, bezogen auf den Grundschwingungseffektivwert bei Blocksteuerung [s. Gl. (312)], dem Wert

$$\frac{U_{1\sim 0}}{\frac{\sqrt{2}}{\pi} \cdot U_d} = \frac{\pi}{4} = 0{,}785 \tag{317}$$

entspricht. Damit zeigt sich ein Nachteil der Dreieck-Sinusmodulation gegenüber der Dreieck-Rechteckmodulation: Der Effektivwert der Grundschwingung ist beim Aussteuerungszustand $R=1$ um den Faktor $\pi/4$ kleiner.

Die Schaltwinkel α_n ergeben sich aus den Schnittpunkten der Sinusfunktion mit den Geradenabschnitten der Dreieckfunktion. Für das in Bild 220 gezeigte Beispiel mit dem Frequenzverhältnis $f_p/f_1 = 5$ ist der Verlauf $\alpha_n = f(R)$ in Bild 221 dargestellt. Der Vergleich mit Bild 217 zeigt, daß im ganzen Steuerbereich hier nur zwei Umschaltwinkel auftreten. Das hat den Vorteil, daß auch im Steuerbereich $0 < R < 1$ nur 10 Umschaltvorgänge je Grundschwingungsperiode auftreten gegenüber 14 bei der Dreieck-Rechteckmodulation.

Die Fourier-Koeffizienten können bei der Dreieck-Sinus-Modulation nicht mehr als geschlossene mathematische Funktion angegeben werden, wie es im Falle der Dreieck-Rechteckmodulation möglich ist (s. Gl. 312), sondern sie müssen schrittweise errechnet werden. Das Ergebnis der harmonischen Analyse, die Effektivwerte der mit dem Faktor v multiplizierten Teilschwingungen bis zur Ordnungszahl $v=25$ in Abhängigkeit von R, ist in Bild 222 aufgetragen. Der Vergleich mit Bild 218 zeigt außer einer deutlichen Absenkung der Oberschwingungen mit den Ordnungszahlen $v=3$, $v=3 \cdot 5$ und $v=5 \cdot 5$ keine gravierenden Vorteile der Dreieck-Sinusmodulation. Diese werden sich erst im nächsten Abschnitt, wenn die Ausgangsspannung einer Brückenschaltung analysiert wird, zeigen.

Bild 222. Auf den sich für die Blocksteuerung ergebenden Effektivwert der Grundschwingungsspannung $U_{1\sim 0} = \dfrac{\sqrt{2}}{\pi} U_d$ bezogene Spannungswerte $v \cdot U_{v\sim 0}$ in Abhängigkeit vom Aussteuerungszustand R bei Dreieck-Sinus-Modulation nach Bild 220. **a** für v gleich 1 und 3; **b** für v gleich 5, 15 und 25; **c** für v gleich 7, 9, 11 und 13; **d** für v gleich 17, 19, 21 und 23

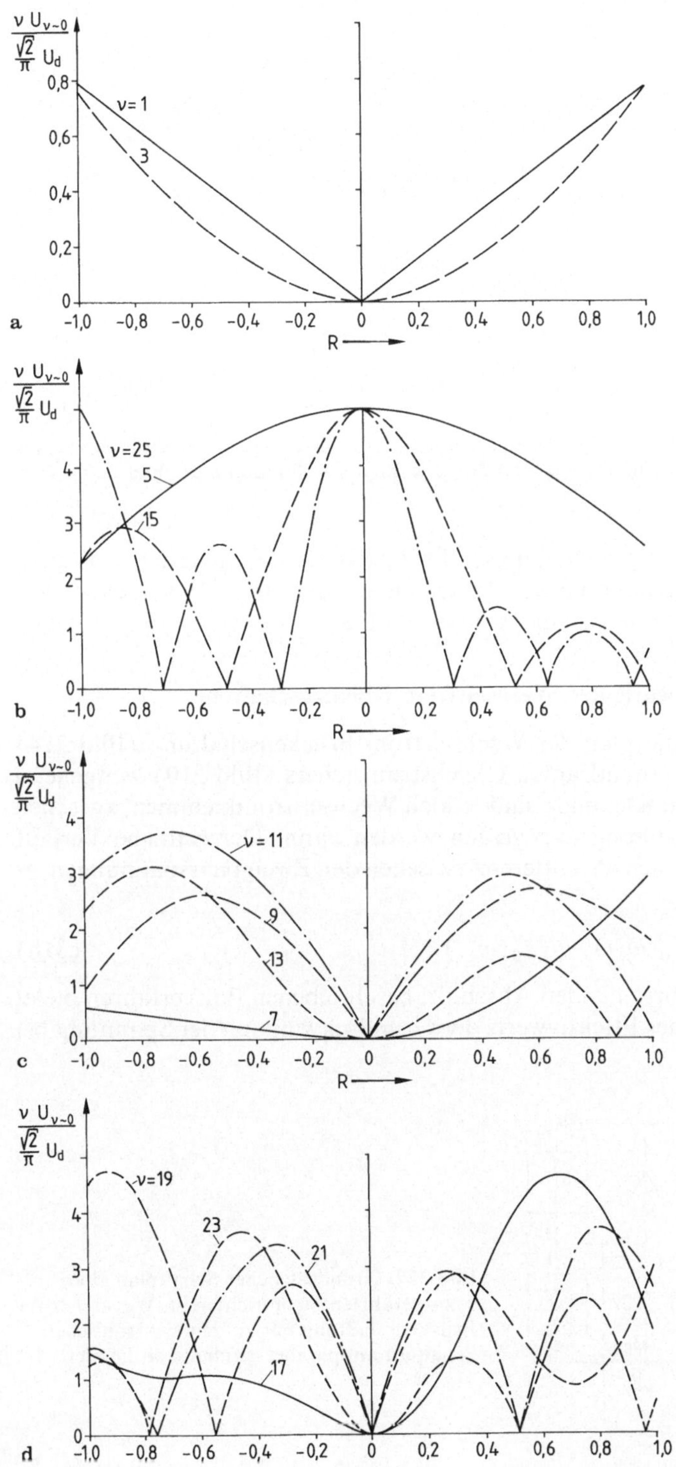

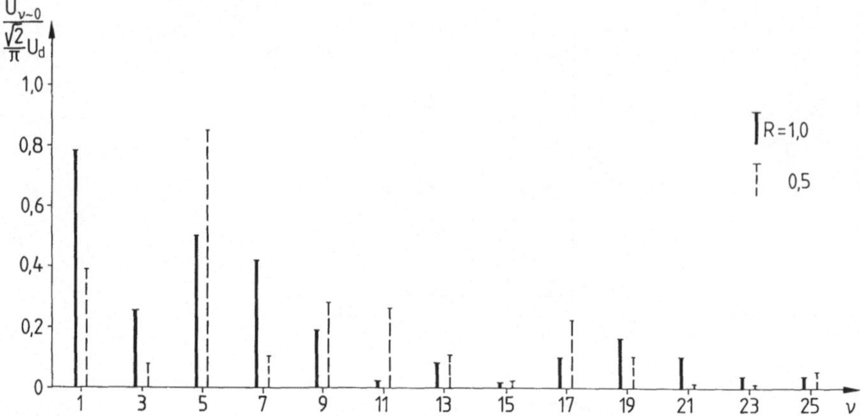

Bild 223. Schwingungsspektren der Wechselspannung $U_{\sim 0}$ des Zweigpaares nach Bild 214 für die Aussteuerungszustände $R = 1$ und $R = 0,5$ bei Dreieck-Sinus-Modulation nach Bild 220

Im Bild 223 sind die Schwingungsspektren für die Aussteuerungszustände $R = 1$ und $R = 0,5$ gegenübergestellt, auffällig ist der hohe Wert der Oberschwingung mit der Ordnungszahl $v = 5$ bei $R = 0,5$.

10.1.1.5 Idealisierte Theorie der Wechselstrom-Brückenschaltung

Der grundsätzliche Schaltplan der Wechselstrom-Brückenschaltung (Bild 224) stimmt mit dem des Vierquadranten-Gleichstromstellers (Bild 210) weitgehend überein. Die lastseitigen Klemmen sind jedoch Wechselstromklemmen, zwischen denen eine Wechselspannung abgegriffen werden kann. Der zeitliche Verlauf dieser Spannung ergibt sich als Differenz zwischen den Zweigpaarspannungen, es gilt

$$u_L(\omega_1 t) = u_{2\sim 0}(\omega_1 t) - u_{1\sim 0}(\omega_1 t). \tag{318}$$

Zusätzlich zu den im vorstehenden Abschnitt beschriebenen Pulsverfahren bietet sich für die Steuerung des Effektivwerts der Grundschwingung der Spannung bei

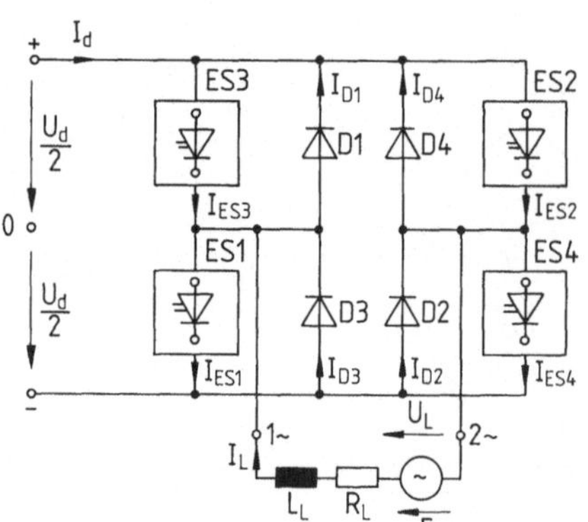

Bild 224. Grundsätzlicher Schaltplan eines selbstgeführten Stromrichters in Wechselstrom-Brückenschaltung mit zu den elektronischen Schaltern antiparallel geschalteten Dioden

der Brückenschaltung noch ein weiteres Verfahren an, das Verfahren der Schwenksteuerung.

Schwenksteuerung

Bei diesem Steuerverfahren entspricht der zeitliche Verlauf der Zweigpaarspannungen $u_{1\sim0}(\omega_1 t)$ und $u_{2\sim0}(\omega_1 t)$ dem in Abschnitt 10.1.1.4 „Blocksteuerung" beschriebenen (Bild 225). Der Verlauf $u_{1\sim0}(\omega_1 t)$ kann dabei mittels der Schwenksteuerung gegenüber dem Verlauf $u_{2\sim0}(\omega_1 t)$ in seiner Phasenlage um den Winkel β verschoben werden. Für $\beta=0$ sind die Spannungen $u_{1\sim0}(\omega_1 t)$ und $u_{2\sim0}(\omega_1 t)$ in Phase, und $u_L(\omega_1 t)$ ist dauernd Null. Beim Winkel $\beta=\pi$ sind die Teilspannungen gegenphasig, und die Lastspannung U_L hat ihren Maximalwert erreicht. Im Steuerbereich $0<\beta<\pi$ hat der am Lastkreis liegende Spannungsbalken die Länge β, anschließend folgt eine spannungsfreie Pause der Länge $\pi-\beta$. Die Höhe des Spannungsbalkens entspricht der Gleichspannung U_d.

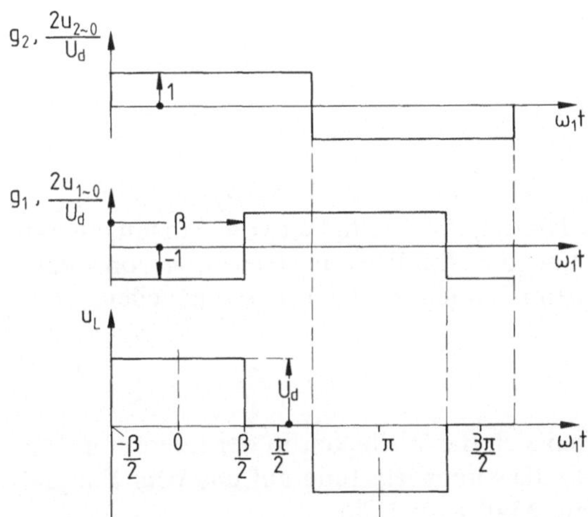

Bild 225. Steuerung der Größe der Spannung U_L nach dem Schwenkverfahren. Zeitlicher Verlauf der Schaltfunktionen G_n, der Zweigpaarspannungen $U_{n\sim0}$ und der Lastkreisspannung U_L

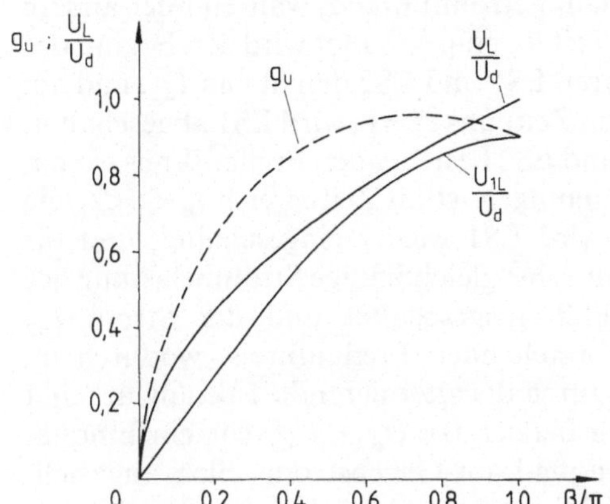

Bild 226. Abhängigkeit der auf die Gleichspannung U_d bezogenen Effektivwerte der Spannungen U_L und U_{1L} sowie des Grundschwingungsgehaltes g_u vom Schwenkwinkel β bei der Wechselstrom-Brückenschaltung nach Bild 224 und Schwenksteuerung nach Bild 225

Die Gleichspannungsquelle wird mit der Scheinleistung

$$S = (U_{d1})_{eff} \cdot (I_{d1})_{eff}$$

belastet, wobei

$$(U_{d1})_{eff} = U_{d1}$$

und

$$(I_{d1})_{eff} = I_{d2}$$

ist.

Für die Scheinleistung folgt

$$S = U_{d1} \cdot I_{d2}. \tag{292}$$

Damit läßt sich die Blindleistung zu

$$Q_a = \sqrt{S^2 - P_d^2} = 2\sqrt{a - a^2}\, U_{d1} \cdot I_{d2}$$

angeben. Die Blindleistungsfunktion

$$\frac{Q_a}{U_{d1} \cdot I_{d2}} = 2\sqrt{a - a^2} = f\left(\frac{U_{d2a}}{U_{d1}}\right) \tag{293}$$

ist Bild 205 zu entnehmen.

Zusammenfassend kann festgestellt werden, daß beim Zweiquadranten-Gleichstromsteller mit gleichzeitiger Taktung die Welligkeit vom Eingangsstrom I_{d1} und Lastspannung U_{d2} größer und die Blindleistungsbelastung von Spannungsquelle und Last höher ist als beim Einquadrant-Gleichstromsteller.

Alternierende Taktung

Mit der alternierenden Taktung lassen sich die Welligkeit in der Spannung U_{d2} und im Strom I_{d1} sowie auch die Blindleistungsbelastung auf das vom Einquadrant-Gleichstromsteller her bekannte Maß zurückführen.

Bei positiver Lastspannung ($U_{d2} > 0$) ist bei nichtlückendem Laststrom immer einer der beiden elektrischen Schalter stromführend, während der andere während einer Periodendauer T für die Zeit T_e eingeschaltet wird. Zu Beginn des in Bild 207 dargestellten Zeitraumes führen ES1 und ES2 den Strom I_{d2}, und am Lastkreis liegt die Spannung $u_{d2} = U_{d1}$. Im Zeitpunkt $t = t_0$ wird ES1 abgeschaltet, und I_{d2} fließt im aus den Elementen D1 und ES2 bestehenden Freilaufkreis weiter. Unter den vorausgesetzten idealen Bedingungen ist im Zeitbereich $t_0 < t < t_1$ die Spannung $u_{d2} = 0$. Im Zeitpunkt $t = t_1$ wird ES1 wieder eingeschaltet, und für $t_1 < t < t_2$ wird $u_{d2} = U_{d1}$. Bei $t = t_2$ wird, um eine gleichmäßige Strombelastung der Schalter und Dioden zu erreichen, ES2 ausgeschaltet und der Strom I_{d2} kommutiert in den aus ES1 und D2 bestehenden Freilaufkreis, wodurch im Zeitbereich $t_2 < t < t_3$ $u_{d2} = 0$ wird usw. Durch die alternierende Taktung arbeitet der Zweiquadrantensteller im Spannungsbereich $0 < U_{d2} < U_{d1}$ wie ein Einquadrant-Tiefsetzsteller. Alle anhand des Einquadrant-Gleichstromstellers angestellten Überlegungen bezüglich Strömen und Spannungen, Lückgrenze, Wechselan-

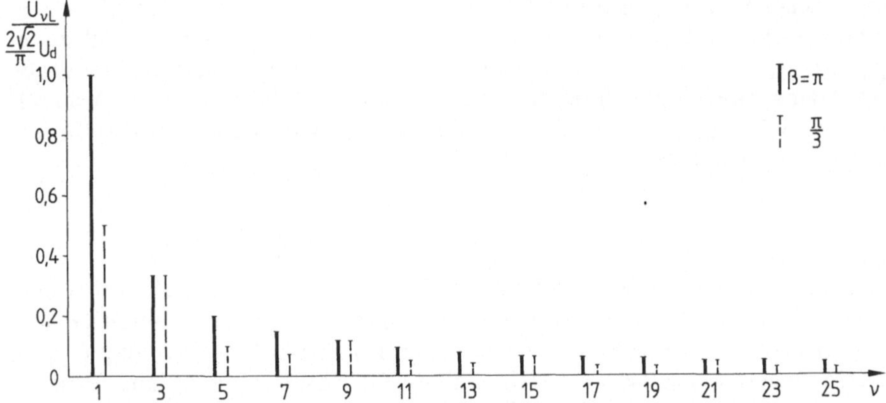

Bild 228. Schwingungsspektren der Wechselspannung U_L des Stromrichters nach Bild 224 bei Schwenksteuerung nach Bild 225 für die Schwenkwinkel $\beta = \pi$, $A = 1$ und $\beta = \pi/3$, $A = 0,5$

$\beta = \pi$ wird $g_u = 2 \cdot \sqrt{2}/\pi = 0,9$. Für $\beta = 2\pi/3$ werden alle Teilschwingungen mit durch 3 teilbaren Ordnungszahlen zu Null.

Im Winkelbereich $\pi/2 \leqq \beta \leqq \pi$ ist der Grundschwingungsfaktor der Wechselspannung $g_u > 0,9$; hier kann die Schwenksteuerung gut eingesetzt werden. Bei kleinen β-Werten dagegen ist auch g_u klein, und es macht sich insbesondere der hohe Anteil niederfrequenter Oberschwingungen störend bemerkbar, der im Strom einer gemischt ohmsch-induktiven Belastung (Bild 224) einen großen Klirrfaktor k_i (s. Gl. (68)), verursacht. In Bild 228 sind die sich bei den Aussteuerungsgraden $A = 1\,(\beta = \pi)$ und $A = 0,5\,(\beta = \pi/3)$ ergebenden Schwingungsspektren für die Ordnungszahlen $1 \leqq v \leqq 25$ gegenübergestellt.

Symmetrische und unsymmetrische Pulssteuerng

Die in Abschn. 10.1.1.4 für ein Zweigpaar einer Brückenschaltung beschriebene Pulssteuerung läßt sich auch auf die Wechselstrom-Brückenschaltung nach Bild 224 anwenden. Im Rahmen der Pulssteuerung sind zwei Steuerverfahren zu unterscheiden, die symmetrische und die unsymmetrische Steuerung. Bei der symmetrischen Steuerung, die der gleichzeitigen Taktung des Zweiquadranten-Gleichstromstellers entspricht, werden die in einer Brückendiagonale angeordneten elektronischen Schalter stets gleichzeitig ein- und gleichzeitig ausgeschaltet, also ES1 stets gleichzeitig mit ES2 bzw. ES3 stets gleichzeitig mit ES4. Die zu einem Zweigpaar gehörenden elektronischen Schalter werden dagegen gegensinnig geschaltet, z.B. ES1 ein und ES3 aus bzw. umgekehrt. Daraus folgt

$$u_{2\sim0}(\omega_1 t) = -u_{1\sim0}(\omega_1 t). \tag{324}$$

Die am Lastkreis liegende Wechselspannung ist unter vorstehender Voraussetzung

$$u_L(\omega_1 t) = 2u_{2\sim0}. \tag{325}$$

Werden die Spannungswerte in den zu Abschn. 10.1.1.4 gehörenden Bildern 216 223 verdoppelt, so gelten sie auch für die symmetrisch gesteuerte Wechselstrom-Brückenschaltung. Ein Vergleich der Schwingungsspektren der Bilder 219, 223 und 228 zeigt, daß bzgl. des Gehalts an Oberschwingungen die Schwenksteuerung günstigere Ergebnisse liefert als die symmetrische Pulssteuerung. Der große Nachteil der symmetrischen Pulssteuerung ist, daß der Effektivwert der Wechselspannung unabhängig vom Aussteuerungsgrad konstant bleibt, daß also für alle Aussteuerungsverhältnisse $-1 \leqq R \leqq 1$

$$U_L = U_d$$

gilt.

Eine erhebliche Verbesserung läßt sich durch die unsymmetrische Pulssteuerung erreichen, die der alternierenden Steuerung des Zweiquadranten-Gleichstromstellers entspricht. Mit ihr wird der Effektivwert der Lastspannung U_{LR} im gesamten Steuerbereich $0 < R < 1$ kleiner als die Gleichspannung U_d und für $R \to 0$ geht auch $U_{LR} \to 0$ (s. z.B. Bild 232). Die elektronischen Schalter der beiden Brückenzweigpaare werden dabei nicht gleichzeitig symmetrisch umgeschaltet, sondern versetzt zueinander. Im Sinne von Abschn. 10.1.1.4 wird ein Zweigpaar bei positivem und das andere bei dem Betrage nach gleichem negativem Aussteuerungszustand betrieben, beispielsweise das aus ES2, ES4, D2 und D4 bestehende Zweigpaar bei $+R$ und das aus ES1, ES3, D1 und D3 bestehende entsprechend bei $-R$.

Während die Wechselspannung U_L im Falle der symmetrischen Steuerung nur die Zeitwerte $+U_d$ und $-U_d$ annehmen kann, sind bei der unsymmetrischen Steuerung drei Spannungsniveaus möglich, $+U_d$, 0 und $-U_d$.

Unsymmetrische Dreieck-Rechteck-Modulation

Bei der unsymmetrischen Dreieck-Rechteck-Modulation der Wechselspannung U_L werden die elektronischen Schalter ES2 und ES4 so ausgesteuert, daß die Klemme $2_\sim$ gegenüber der Klemme 0 (s. Bild 224) den in Bild 216a für $R \geqq 0$ angegebenen Potentialverlauf $u_{2\sim0}$ hat. Entsprechend folgt das Potential der Klemme $1_\sim$ gegenüber der Klemme 0 dem in Bild 216b für $R \leqq 0$ angegebenen Verlauf $u_{1\sim0}$.

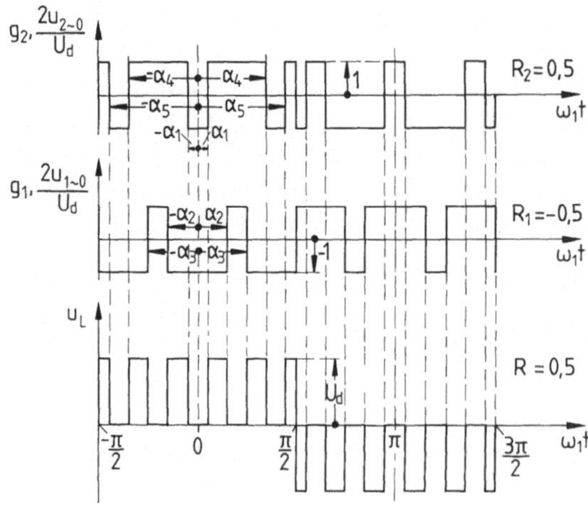

Bild 229. Steuerung der Größe des Spannungseffektivwertes U_L mittels unsymmetrischer Dreieck-Rechteck-Modulation. Zeitlicher Verlauf der charakteristischen Schaltfunktionen und Spannungen. $f_p/f_1 = 5$

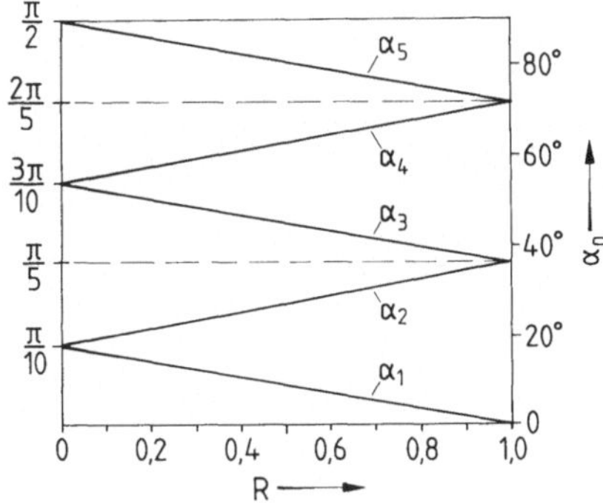

Bild 230. Schaltwinkel α_n als Funktion des Aussteuerungszustandes R bei unsymmetrischer Dreieck-Rechteck-Modulation der Lastspannung U_L nach Bild 229

Dem Aussteuerungsbereich $0 \leq R \leq 1$ der Gesamtschaltung entspricht somit ein Steuerbereich $0 \leq R_2 \leq 1$ des an die Klemme $2_\sim$ angeschlossenen Zweigpaares und ein Steuerbereich $0 \geq R_1 \geq -1$ des an die Klemme $1_\sim$ angeschlossenen. In Bild 229 ist $u_{2\sim 0}$ für $R_2 = +0,5$ und $u_{1\sim 0}$ für $R_1 = -0,5$ dargestellt. Der zeitliche Verlauf der Lastspannung U_L ergibt sich aus der Differenz der beiden Klemmenpotentiale zu

$$u_L(\omega_1 t) = u_{2\sim 0}(\omega_1 t) - u_{1\sim 0}(\omega_1 t). \tag{326}$$

Neben den für beide Teilfunktionen geltenden festen Umschaltwinkeln bei $\omega_1 t$ gleich $-\pi_2$, $+\pi_2$, $+3\pi/2$ usw. treten jetzt je Halbschwingung $2f_p/f_1$ von der Aussteuerung abhängige Schaltwinkel auf, die in Bild 229 mit $\pm\alpha_n$ ($n = 1, 2, 3, 4, 5$) bezeichnet sind. Den linearen Verlauf der Schaltwinkelfunktionen $\alpha_n = f(R)$ zeigt Bild 230.

Als Ergebnis der harmonischen Analyse für das Frequenzverhältnis $f_p/f_1 = 5$ ist in Bild 231 die Abhängigkeit der mit v multiplizierten Effektivwerte der v. Spannungsschwingungen bezogen auf den Effektivwert der Grundschwingung bei $R = 1$

$$U_{1L1} = \frac{2 \cdot \sqrt{2}}{\pi} \cdot U_d \tag{327}$$

in Abhängigkeit vom Aussteuerungszustand R dargestellt. Es zeigt sich zunächst, daß der Verlauf der Funktion

$$U_{1LR} = f(R)$$

fast linear ist und sich somit der Aussteuerungsgrad mit guter Näherung

$$A = \frac{U_{1LR}}{U_{1L1}} \approx R \tag{328}$$

schreiben läßt.

Der Effektivwert der Gesamtspannung U_{LR} ergibt sich zu

$$U_{LR} = \sqrt{R}\, U_d. \tag{329}$$

Für den Grundschwingungsgehalt folgt

$$g_u = \frac{U_{1LR}}{U_{LR}} \approx \frac{2 \cdot \sqrt{2}}{\pi} \cdot \sqrt{R} \tag{330}$$

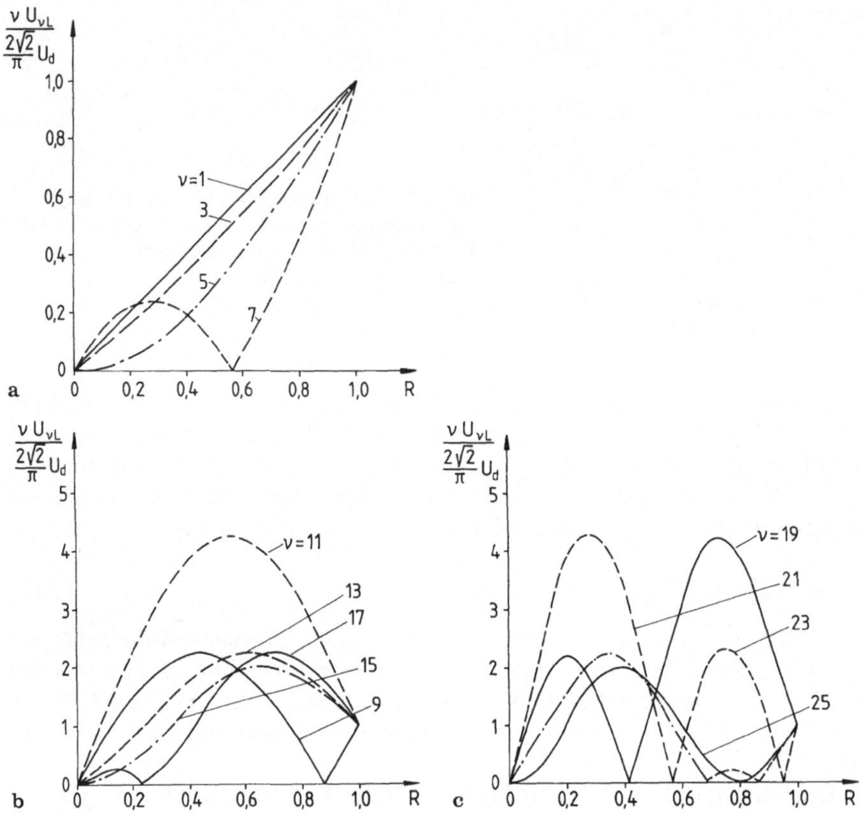

Bild 231. Abhängigkeit des auf den Effektivwert der Grundschwingung für $R = 1$ bezogenen Effektivwertes der Spannungen $v \cdot U_{vL}$ vom Aussteuerungszustand R bei der Wechselstrom-Brückenschaltung nach Bild 224 und Dreieck-Rechteck-Modulation nach den Bildern 216 und 229. **a** für v gleich 1, 3, 5 und 7; **b** für v gleich 9, 11, 13, 15 und 17; **c** für v gleich 19, 21, 23, 25

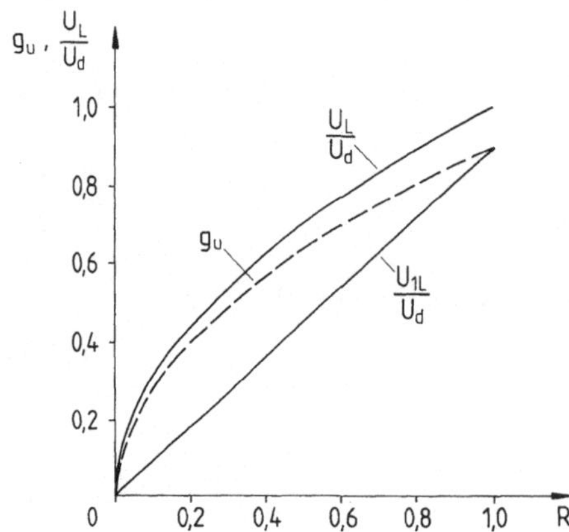

Bild 232. Abhängigkeit der auf die Gleichspannung U_d bezogenen Effektivwerte der Spannungen U_L und U_{1L} sowie des Grundschwingungsgehaltes g_u vom Aussteuerungszustand R bei der Wechselstrom-Brückenschaltung nach Bild 224 und Dreieck-Rechteck-Modulation nach Bild 229

(Bild 232). Ein Vergleich mit Bild 226 zeigt, daß der Grundschwingungsgehalt bei der Pulssteuerung mit Dreick-Rechteck-Modulation im gesamten Steuerbereich kleiner ist als bei der Schwenksteuerung. Vorteilhaft bei der Pulssteuerung eines gemischt ohmsch-induktiven Lastkreises ist jedoch, daß die Spannungsoberschwingungen mit den Ordnungszahlen $v \leq 7$ im gesamten Steuerbereich $0 < R < 1$

$$\frac{U_{vLR}}{U_{1L1}} < \frac{1}{v}$$

sind (Bild 231a). Die in den Bildern 231b und c für die Ordnungszahlen $9-25$ wiedergegebenen Funktionen zeigen Maximalwerte, die weit über 1 liegen, es ist

$$\left(\frac{U_{vLR}}{U_{1L1}}\right)_{max} > \frac{1}{v}.$$

Die in der Lastkreisspannung U_L wirksam werdende Schaltfrequenz f_s ist wegen der zeitlich versetzten Umschaltzeitpunkte der beiden Brückenzweigpaare

$$f_s = 2f_p. \tag{331}$$

Das hat zur Folge, daß die Maxima der Funktionen

$$\frac{v \cdot U_{vLR}}{\dfrac{2 \cdot \sqrt{2}}{\pi} \cdot U_d} = f(R)$$

in den Bildern 231b und c für die Ordnungszahlen

$$v = 2n\frac{f_p}{f_1} \pm 1 = 10n \pm 1 \tag{332}$$

($n = 1, 2, 3, \ldots$) besonders hohe Werte annehmen; es handelt sich um die den Vielfachen der Schaltfrequenz benachbarten Oberschwingungsfrequenzen.

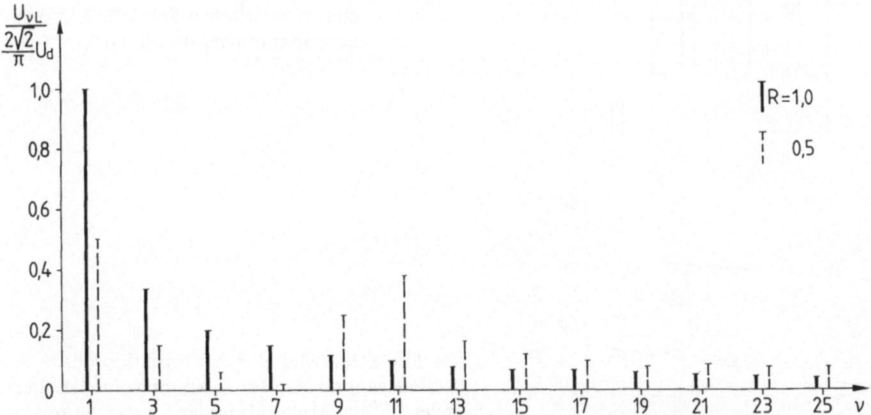

Bild 233. Schwingungsspektren der Wechselspannung U_L des Stromrichters nach Bild 224 bei Pulssteuerung mittels Dreieck-Rechteck-Modulation nach Bild 229 bei $f_p/f_1 = 5$ für die Aussteuerungszustände $R = 1$ und $R = 0,5$

Auch der Vergleich der Schwingungsspektren der Bilder 228 und 233 zeigt, daß der Beitrag der Oberschwingungen zur Gesamtspannung bei der unsymmetrischen Pulssteuerung mit Dreieck-Rechteck-Modulation für den Aussteuerungsgrad $A = 0,5$ ($R \approx 0,5$) gegenüber der Schwenksteuerung ($\beta = \pi/3$) deutlich zu den Oberschwingungen höherer Ordnungszahlen (im Beispiel $v \geq 9$) hin verschoben ist.

Unsymmetrische Dreieck-Sinus-Modulation

Bei der unsymmetrischen Dreieck-Sinus-Modulation werden die elektronischen Schalter ES2 und ES4 (s. Bild 224) so ausgesteuert, daß die Klemme $2_\sim$ gegenüber der Klemme 0 den in Bild 220 für den Aussteuerungszustand $1 \geq R \geq 0$ angegebenen Potentialverlauf $u_{2\sim0}$ hat, während das Potential der Klemme $1_\sim$ bezogen auf Klemme 0 dem für $-1 \leq R \leq 0$ angegebenen Verlauf $u_{1\sim0}$ folgt. In Bild 234 sind die Funktionen $u_{2\sim0}(\omega_1 t)$ und $u_{1\sim0}(\omega_1 t)$ für den Aussteuerungszustand $R = R_2 = -R_1 = 0,5$, die auch den Schaltfunktionen $g_1(\omega_1 t)$ und $g_2(\omega_1 t)$ der entsprechenden Brückenzweigpaare entsprechen, dargestellt. Der Verlauf der Lastspannung U_L ergibt sich nach Gl. (326).

Aus Bild 234 ist zu entnehmen, daß bei der Dreieck-Sinus-Modulation bei einem Frequenzverhältnis $f_\mathrm{p}/f_1 = 5$ nur 4 aussteuerungsabhängige Schaltwinkel

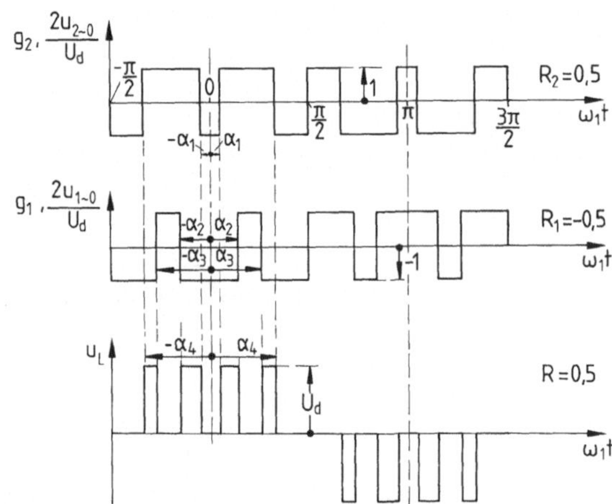

Bild 234. Steuerung der Größe des Spannungseffektivwertes U_L mittels unsymmetrischer Dreieck-Sinus-Modulation. Zeitlicher Verlauf der charakteristischen Schaltfunktionen und Spannungen für $R = 0,5$. $f_\mathrm{p}/f_1 = 5$

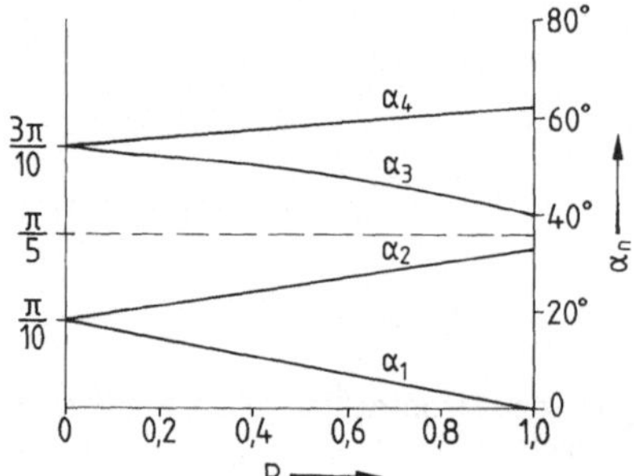

Bild 235. Schaltwinkel α_n als Funktion des Aussteuerungszustandes R bei unsymmetrischer Dreieck-Sinus-Modulation der Lastspannung U_L nach Bild 234

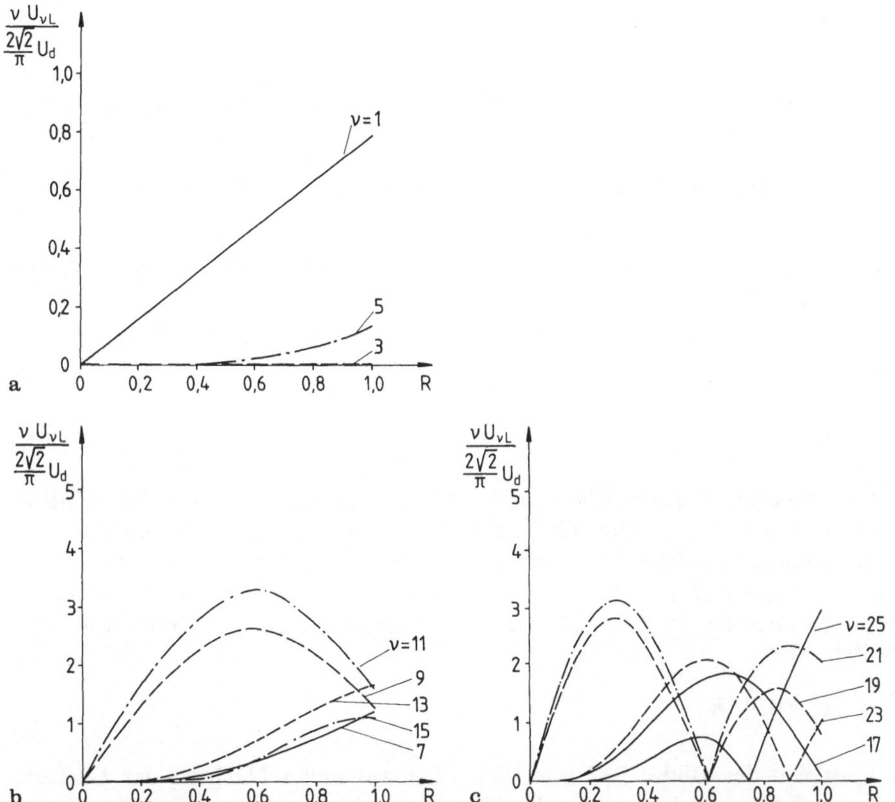

Bild 236. Abhängigkeit des auf den Effektivwert der sich für die Schwenksteuerung mit $\beta = \pi$

ergebenden Grundschwingung $U_{1L} = \dfrac{2\sqrt{2}}{\pi} U_d$ bezogenen Effektivwertes der Spannungswerte

$v \cdot U_{vL}$ vom Aussteuerungszustand R bei der Wechselstrom-Brückenschaltung nach Bild 224 und Dreieck-Sinus-Modulation nach den Bildern 220 und 234. **a** für v gleich 1, 3, und 5; **b** für v gleich 7, 9, 11, 13 und 15; **c** für v gleich 17, 19, 21, 23 und 25

α_n je Viertelschwingung auftreten, im Gegensatz zur Dreieck-Rechteckmodulation (s. Bild 229) mit 5 Schaltwinkeln. Den Verlauf der Schaltwinkelfunktion $\alpha_n = f(R)$ gibt Bild 235 wieder.

In Bild 236 sind als Ergebnis der harmonischen Analyse die Funktionen

$$\frac{v \cdot U_{vLR}}{\dfrac{2 \cdot \sqrt{2}}{\pi} \cdot U_d} = f(R)$$

für $1 \leqq v \leqq 25$ aufgetragen, wobei auch hier als Bezugswert der Effektivwert der Grundschwingung bei Blocksteuerung entsprechend Gl. (327) gewählt wurde. Die Auswertung zeigt, daß der Verlauf der Funktion

$$U_{1LR} = f(R)$$

fast linear ist und sich mit guter Näherung als

$$\frac{U_{1LR}}{\frac{2\cdot\sqrt{2}}{\pi}\cdot U_d} \approx \frac{\pi}{4}\cdot R = 0{,}785R$$

angeben läßt. Der Effektivwert der Spannung U_L ergibt sich zu

$$U_{LR} = \sqrt{\frac{\alpha_2 - \alpha_1 + \alpha_4 - \alpha_3}{\pi/2}}\cdot U_d\ . \tag{333}$$

Für $R = 1$ wird damit $U_{L1} = 0{,}785 U_d$ und der Grundschwingungsgehalt entsprechend

$$g_u = \frac{U_{1L1}}{U_{L1}} = 0{,}9\ , \tag{334}$$

d.h. der Grundschwingungsgehalt für $R = 1$ ist bei der Dreieck-Sinus-Modulation ebenso groß wie bei der Dreieck-Rechteck-Modulation. Die Abhängigkeit des Grundschwingungsgehaltes g_u vom Aussteuerungszustand R entspricht, da die Funktionen $\alpha_n = f(R)$ recht gut durch Geraden angenähert werden können, näherungsweise der in Bild 232 für die Dreieck-Rechteck-Modulation dargestellten, also

$$g_u \approx 0{,}9\sqrt{R}\ .$$

Ein Vergleich der Bilder 237 und 232 weist auf einen Nachteil der Dreieck-Sinusmodulation hin: Die maximal bei $R = 1$ erreichbaren Spannungseffektivwerte U_{L1} und U_{1L1} sind um den Faktor 0,785 kleiner als bei der Dreieck-Rechteck-Modulation. Vorteilhaft ist, das zeigt der Vergleich der Bilder 236 und 231, die Absenkung der Effektivwerte der Oberschwingungen mit kleinen Ordnungszahlen. Die 3. Oberschwingung ist im ganzen Steuerbereich Null, die 5. steigt mit R auf einen geringen Endwert an und die 7. ist im Bereich $R < 0{,}5$ kleiner, im Bereich $R > 0{,}5$ etwas größer als bei der Dreieck-Rechteck-Modulation. In der

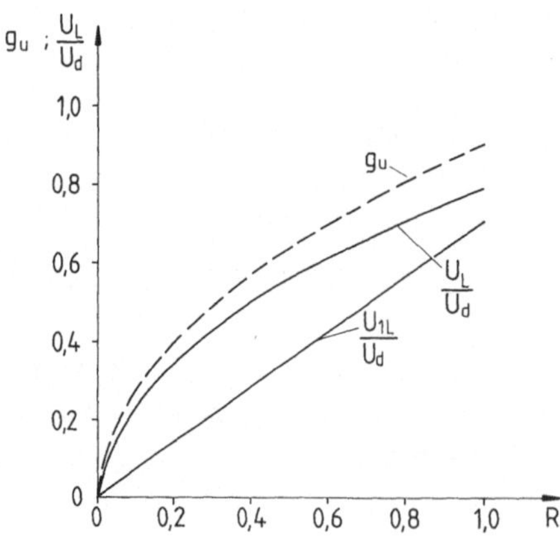

Bild 237. Abhängigkeit der auf die Gleichspannung U_d bezogenen Effektivwerte der Spannungen U_L und U_{1L} sowie des Grundschwingungsgehaltes g_u vom Aussteuerungszustand R bei der Wechselstrom-Brückenschaltung nach Bild 224 und Dreieck-Sinus-Modulation nach Bild 234

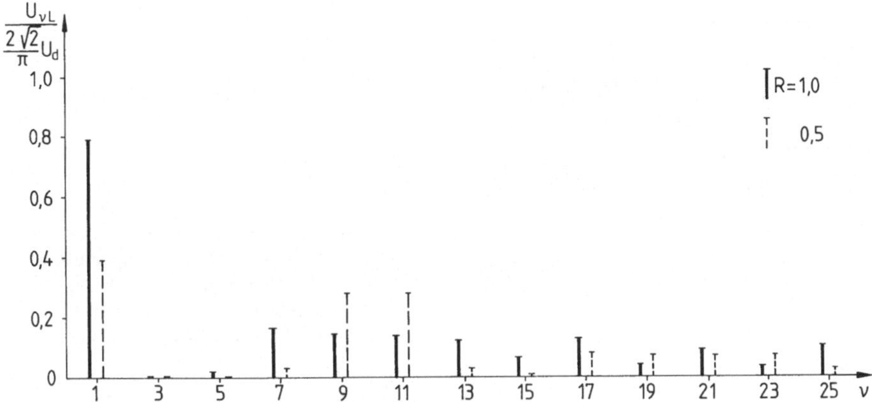

Bild 238. Schwingungsspektren der Wechselspannung U_L des Stromrichters nach Bild 224 bei Pulssteuerung mittels Dreieck-Sinus-Modulation nach Bild 234 bei $f_p/f_1 = 5$ für die Aussteuerungszustände $R = 1$ und $R = 0{,}5$

Darstellung des Bildes 237 zeigen die Oberschwingungen mit den Ordnungszahlen

$$v = 2n\frac{f_p}{f_1} \pm 1$$

$(n = 1, 2, 3, \ldots)$,

deren Frequenzen somit dem Vielfachen der Schaltfrequenz $f_s = 2f_p$ benachbart sind, besonders hohe Werte.

Auch der Vergleich der Schwingungsspektren der Bilder 238 und 233 zeigt die deutliche Überlegenheit der Dreieck-Sinus-Modulation bzgl. der Unterdrückung der Oberschwingungen niederer Ordnundszahlen.

Ermöglichen die zur Verfügung stehenden elektronischen Bauelemente eine Pulsfrequenz, die sehr groß ist gegenüber der Grundschwingungsfrequenz, so werden die niederfrequenten Oberschwingungen durch die Dreieck-Sinus-Modulation weitgehend unterdrückt. Höherfrequente Oberschwingungen treten nur paketweise um die Ordnungszahlen $v = f_s/f_1$ herum auf [63]. In einem ohmschinduktiven Lastkreis bildet sich, bedingt durch die Glättungswirkung der Induktivität, ein angenähert sinusförmiger Strom mit kleinem Klirrfaktor aus. Ist f_p sehr groß gegenüber f_1, so kann mit einer festen Pulsfrequenz f_p bei variabler Grundschwingungsfrequenz f_1 gearbeitet werden. Da die Pulsfrequenz f_p dann kein ganzzahliges Vielfaches der Grundschwingungsfrequenz mehr ist und sich das Verhältis f_p/f_1 ändern kann, spricht man in diesem Fall vom asynchronen Pulsen. Das asynchrone Pulsen in Verbindung mit der Dreieck-Sinus-Modulation ist ein Steuerverfahren, das heute schon vielfach eingesetzt wird, wenn das Frequenzverhältnis $f_p/f_1 > 21$ ist, und das in Verbindung mit der Einführung schnell schaltender Ventilbauelemente in Zukunft sicherlich noch an Bedeutung gewinnen wird.

10.1.1.6 Idealisierte Theorie der Drehstrom-Brückenschaltung

Die Drehstrom-Brückenschaltung (Bild 239) setzt sich aus drei Brückenzweigpaaren nach Bild 214 zusammen. Soll ein an die Klemmen 1~, 2~ und 3~

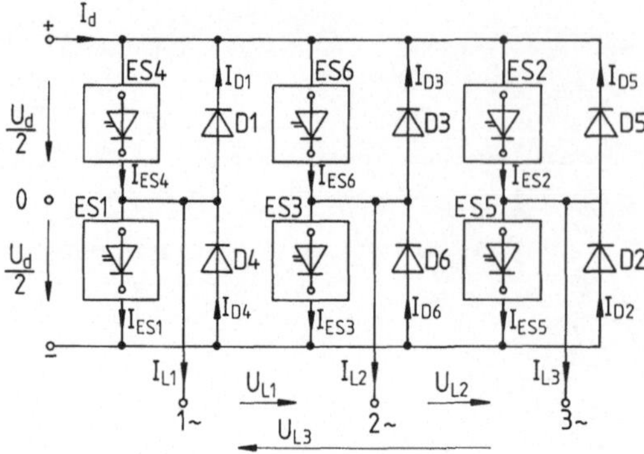

Bild 239. Grundsätzlicher Schaltplan eines selbstgeführten Stromrichters in Drehstrom-Brückenschaltung mit zu den elektronischen Schaltern antiparallel geschalteten Dioden

angeschlossener symmetrischer Lastkreis mit symmetrischen Strömen gespeist werden, so müssen die Leiterspannungen nachstehender Bedingung genügen:

$$u_{L1}(\omega_1 t) = u_{L2}\left(\omega_1 t - \frac{2\pi}{3}\right) = u_{L3}\left(\omega_1 t + \frac{2\pi}{3}\right). \tag{335}$$

Um das zu erreichen, müssen auch die Schaltfunktionen für die drei Brückenzweigpaare um jeweils eine Drittelperiode gegeneinander verschoben sein, also der Bedingung

$$g_1(\omega_1 t) = g_2\left(\omega_1 t - \frac{2\pi}{3}\right) = g_3\left(\omega_1 t + \frac{2\pi}{3}\right) \tag{336}$$

genügen.

Blocksteuerung

In Bild 240 sind für den Fall der Blocksteuerung die Schaltfunktionen $g_n(\omega_1 t)$, die Zweigpaarspannungen $u_{n\sim 0}(\omega_1 t)$ gegen die Klemme 0 und die Leiterspannungen $u_{Ln}(\omega_1 t)$ dargestellt. Die Leiterspannungen ergeben sich aus den Zweigpaarspannungen über die Beziehungen

$$u_{L1}(\omega_1 t) = u_{1\sim 0}(\omega_1 t) - u_{2\sim 0}(\omega_1 t), \tag{337.1}$$

$$u_{L2}(\omega_1 t) = u_{2\sim 0}(\omega_1 t) - u_{3\sim 0}(\omega_1 t) \tag{337.2}$$

und

$$u_{L3}(\omega_1 t) = u_{3\sim 0}(\omega_1 t) - u_{1\sim 0}(\omega_1 t). \tag{337.3}$$

Der Spannungsverlauf $u_{L1}(\omega_1 t)$ von Bild 240 stimmt mit dem in Bild 225 für die Schwenksteuerung mit $\beta = 2\pi/3$ angegebenen überein.

Die Analyse der Spannungsschwingung $u_{L1}(\omega_1 t)$ liefert folgende Ergebnisse: Gesamteffektivwert

$$U_L = \sqrt{\frac{2}{3}}\, U_d = 0{,}816 U_d, \tag{338}$$

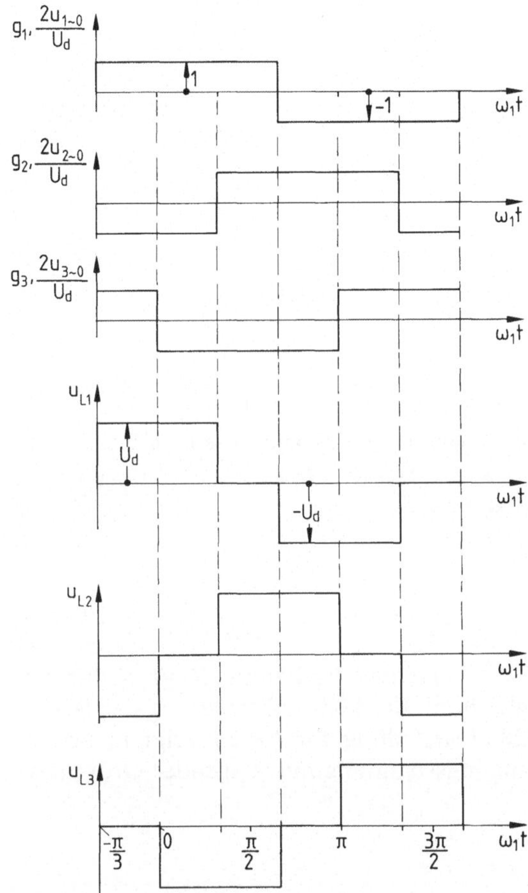

Bild 240. Zeitlicher Verlauf der Schaltfunktionen G_n, der Zweigpaarspannungen $U_{n\sim0}$ und der Leiterspannungen U_{Ln} bei Blocksteuerung der Drehstrom-Brückenschaltung nach Bild 239

Spannungsverlauf

$$u_{L1}(\omega_1 t) = \frac{2\cdot\sqrt{3}}{\pi} U_d \sum_{v=1,5,7\ldots}^{\infty} \frac{1}{v} \cos(v\omega_1 t), \tag{339}$$

wobei nur Oberschwingungen mit den Ordnungszahlen

$$v = 6n \pm 1$$

mit $n = 1, 2, 3, \ldots$ auftreten können,
Effektivwert der Grundschwingung

$$U_{1L} = \frac{\sqrt{6}}{\pi} U_d = 0{,}78 U_d, \tag{340}$$

Effektivwert der v. Oberschwingung

$$U_{vL} = \frac{\sqrt{6}}{v\pi} U_d \tag{341}$$

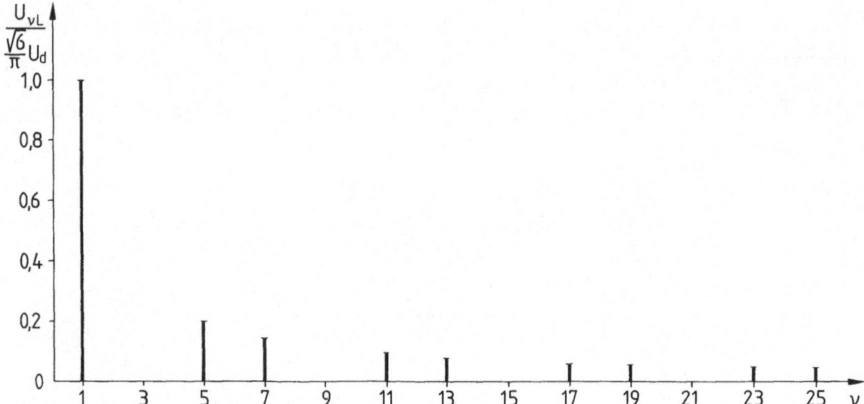

Bild 241. Schwingungsspektrum der Leiterspannung U_L des Stromrichters nach Bild 239 bei Blocksteuerung nach Bild 240

und Grundschwingungsgehalt

$$g_u = \frac{U_{1L}}{U_L} = \frac{3}{\pi} = 0{,}955 . \tag{342}$$

Das Schwingungsspektrum (Bild 241) zeigt das Verhältnis U_{vL}/U_{1L} für die Ordnungszahlen $1 \leq v \leq 25$. Der Vergleich mit der Schwenksteuerung der Wechselstrom-Brückenschaltung (Bild 228, Darstellung für $\beta = \pi$) zeigt in beiden Fällen eine Abnahme der Oberschwingungsspannung mit steigender Ordnungszahl nach der Funktion

$$\frac{U_{vL}}{U_{1L}} = \frac{1}{v} .$$

Während jedoch bei der Wechselstrom-Brückenschaltung Oberschwingungen mit allen ungeraden Ordnungszahlen auftreten, treten bei der Drehstrom-Brückenschaltung nur Oberschwingungen mit ungeraden und nicht durch drei teilbaren Ordnungszahlen auf.

Pulssteuerung

Soll die Größe der Wechselspannung U_L oder der Spannungsgrundschwingung U_{1L} bei konstanter Gleichspannung U_d gestellt werden können, so empfiehlt sich der Einsatz der Pulssteuerung. Um die in den Gl. (335) und (336) genannten Symmetriebedingungen einzuhalten, muß beim synchronen Pulsen, wenn die Dreieck-Rechteck- oder die Dreieck-Sinusmodulation angewendet werden soll, das Verhältnis von Pulsfrequenz f_p zur Grundschwingungsfrequenz f_1 durch drei teilbar sein:

$$f_p/f_1 = n \cdot 3 \tag{343}$$

mit $n = 1, 2, 3, \ldots$. Vorteilhaft ist es weiterhin, wenn f_p/f_1 eine ungerade Zahl ergibt, da sonst in den Spannungen $U_{n\sim 0}$ geradzahlige Oberschwingungen enthalten sind. Ermöglichen die eingesetzten Ventilbauelemente ein großes Frequenzverhältnis f_p/f_1, so wird überwiegend unter Zuhilfenahme der Dreieck-Sinus-Modulation asynchron gepulst.

Beim synchronen Pulsen kann auch das Verfahren der optimierten Pulsmuster, auch als „Verfahren zur Elimination der Harmonischen" bekannt, verwendet werden. Bei diesem Verfahren ist man nicht an das in Gl. (343) angegebene Frequenzverhältnis gebunden, f_p/f_1 soll jedoch eine ungerade Zahl ergeben.

Dreieck-Rechteck-Modulation

Die bisherigen Untersuchungen wurden für ein Frequenzverhältnis $f_p/f_1 = 5$ durchgeführt. Um die Bedingung der Gl. (335) zu erfüllen, muß bei der Drehstrom-Brückenschaltung ein anderes Frequenzverhältnis gewählt werden. Falls es die zulässige Schaltfrequenz der Bauelemente erlaubt, sollte auf das nächsthöhere ungerade und durch drei teilbare Frequenzverhältnis, also auf $f_p/f_1 = 9$, übergegangen werden. Muß mit Rücksicht auf die Schaltverluste ein kleineres Frequenzverhältnis gewählt werden, so ist auch $f_p/f_1 = 6$ zulässig. Für dieses Frequenzverhältnis gelten die folgenden Betrachtungen.

Bild 242 zeigt oben die Rechteckspannung $u_\square$ mit der Frequenz f_1 und die Dreieckspannung u_Δ, die mit der Pulsfrequenz $f_p = 6f_1$ auftritt. Das Amplituden-

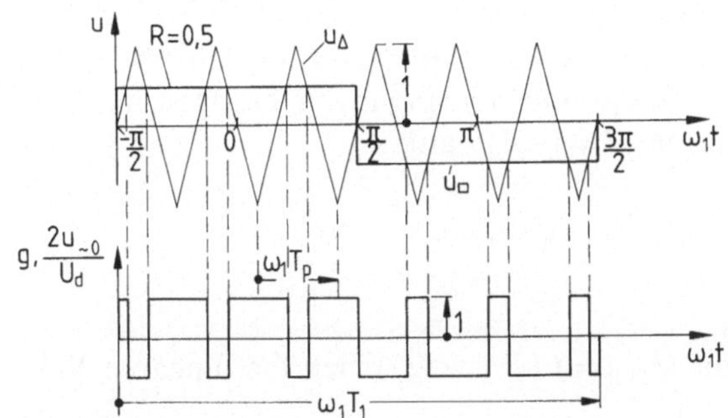

Bild 242. Dreieck-Rechteck-Modulation der Wechselspannung $U_{\sim 0}$ beim Zweigpaar nach Bild 212 für den Aussteuerungszustand $R = 0,5$. $f_p/f_1 = 6$

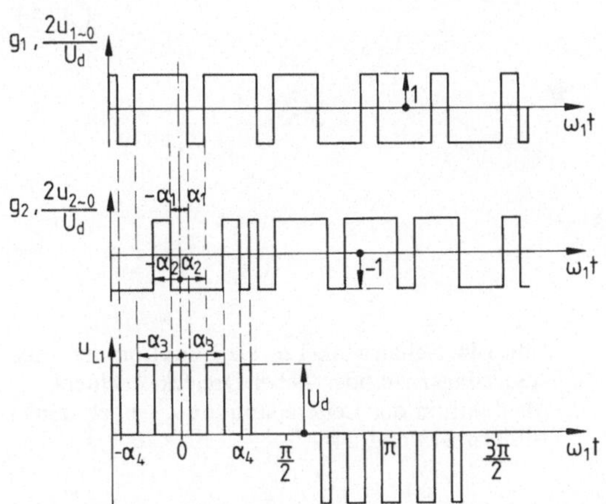

Bild 243. Steuerung der Größe der Leiterspannung U_{L1} mittels Dreieck-Rechteck-Modulation. Zeitlicher Verlauf der charakteristischen Schaltfunktionen und Spannungen für den Aussteuerungszustand $R = 0,5$. $f_p/f_1 = 6$

verhältnis der beiden Spannungen entspricht dem Aussteuerungszustand $R = 0,5$. Die Schnittpunkte der Funktionen $u_\square(\omega_1 t)$ und $u_\triangle(\omega_1 t)$ liefern die Umschaltzeitpunkte für ein Brückenzweigpaar und damit die Schaltfunktion $g(\omega_1 t)$ bzw. das Potential der Wechselspannungsklemme $n_\sim$ gegenüber der Klemme 0, also die Spannung $u_{\sim 0}$. Wie aus Bild 242 zu ersehen ist, sind die Funktionen $g(\omega_1 t)$ und $u_{\sim 0}(\omega_1 t)$ nicht viertelschwingungssymmetrisch, d.h. sie enthalten geradzahlige Oberschwingungen.

Aus der mit Gl. (336) beschriebenen Symmetriebedingung folgt der in Bild 243 dargestellte Verlauf der Funktionen $u_{1\sim 0}(\omega_1 t)$ und $u_{2\sim 0}(\omega_1 t)$. Aus Bild 239 kann der zeitliche Verlauf der Außenleiterspannung

$$u_{L1}(\omega_1 t) = u_{1\sim 0}(\omega_1 t) - u_{2\sim 0}(\omega_1 t)$$

entnommen werden (s. auch Gl. 337.1). Die Funktion $u_{L1}(\omega_1 t)$ ist viertelschwingungssymmetrisch, sie enthält somit keine geradzahligen Oberschwingungen. Die in den Funktionen $u_{1\sim 0}(\omega_1 t)$ und $u_{2\sim 0}(\omega_1 t)$ enthaltenen geradzahligen Oberschwingungen sind gleichphasig und heben sich heraus. Das gleiche gilt für alle durch drei teilbaren Oberschwingungen.

Der zeitliche Verlauf von $u_{L1}(\omega_1 t)$ zeigt neben den festen Schaltwinkeln, die bei der gewählten Abszissenteilung bei den Winkeln $-\pi/3$, $+\pi/3$, $+2\pi_3$ und $+4\pi/3$ liegen, je Viertelschwingung 4 aussteuerungsabhängige Schaltwinkel, die für die positive Halbschwingung mit $\pm\alpha_n$ bezeichnet sind. In Bild 244 sind die Funktionen $\alpha_n = f(R)$ wiedergegeben.

Das Ergebnis der harmonischen Analyse zeigt Bild 245, in dem die mit v multiplizierten Effektivwerte der v. Spannungsschwingungen bezogen auf den Effektivwert der Grundschwingung bei $R = 1$, also auf

$$U_{1L1} = \frac{\sqrt{6}}{\pi} U_d$$

(s. auch Gl. 340), dargestellt sind.

Die Grundschwingungsfunktion $U_{1LR} = f(R)$ zeigt einen fast linearen Verlauf und kann durch

$$U_{1LR} \approx R \cdot U_{1L1} = \frac{\sqrt{6}}{\pi} R U_d \tag{344}$$

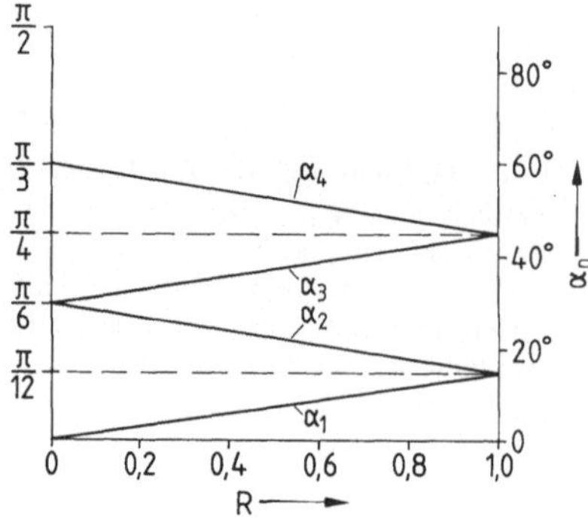

Bild 244. Schaltwinkel α_n als Funktion des Aussteuerungszustandes R bei Dreieck-Rechteck-Modulation der Leiterspannung U_L nach den Bildern 242 und 243

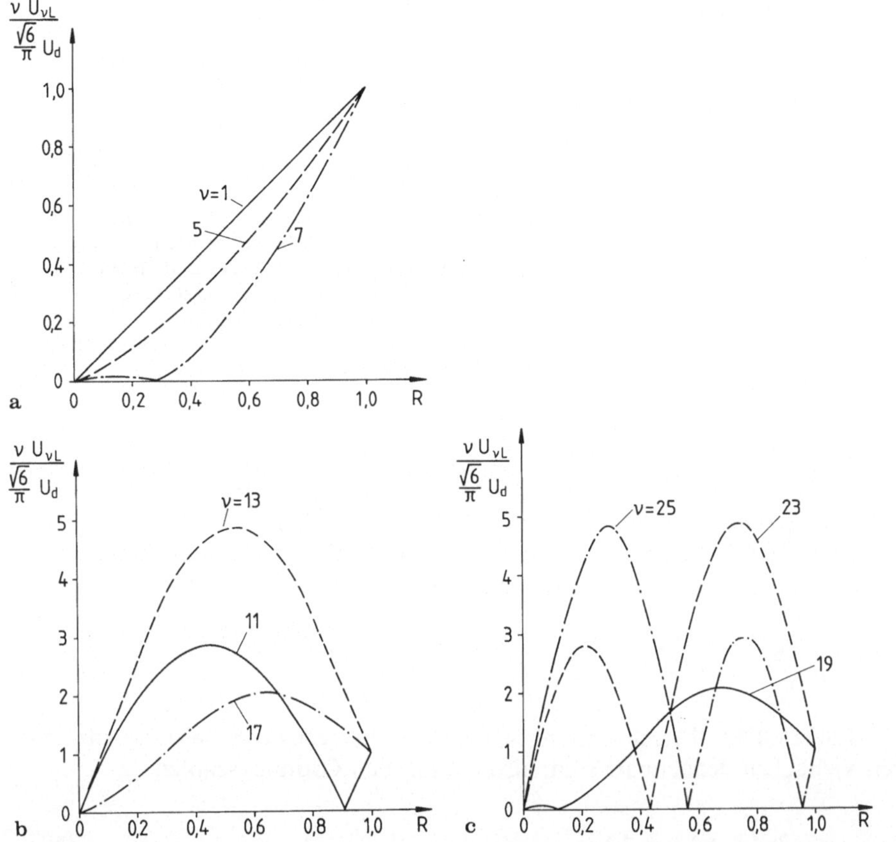

Bild 245. Abhängigkeit des auf den Effektivwert der Grundschwingung für $R=1$ bezogenen Effektivwertes der Spannungen $v \cdot U_{vL}$ vom Aussteuerungszustand R bei der Drehstrom-Brückenschaltung nach Bild 239 und Dreieck-Rechteck-Modulation nach den Bildern 242 und 243. **a** für v gleich 1, 5 und 7; **b** für v gleich 11, 13 und 17; **c** für v gleich 19, 23 und 25

gut angenähert werden. Der Effektivwert der Gesamtspannung ergibt sich zu

$$U_{LR} = \sqrt{\frac{2 \cdot R}{3}}\, U_d. \tag{345}$$

Für den Grundschwingungsgehalt folgt

(Bild 246).

In den Leiterspannungen sind keine geradzahligen und keine durch drei teilbaren Oberschwingungen enthalten, es treten somit auch bei der Pulssteuerung mit Dreieck-Rechteckmodulation nur Oberschwingungen mit den Ordnungszahlen

$$v = n \cdot 6 \pm 1 \tag{347}$$

mit $n = 1, 2, 3, \ldots$ auf.

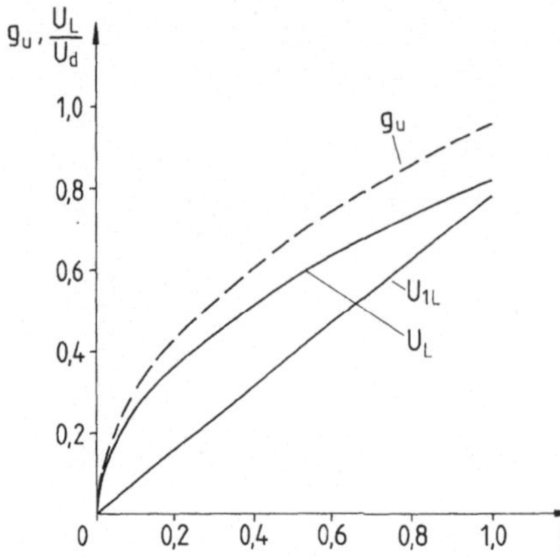

Bild 246. Abhängigkeit der auf die Gleichspannung U_d bezogenen Effektivwerte der Spannungen U_L und U_{1L} sowie des Grundschwingungsgehaltes g_u vom Aussteuerungszustand R bei der Drehstrom-Brückenschaltung nach Bild 239 und Dreieck-Rechteck-Modulation nach den Bildern 242 und 243

Die im Spannungsverlauf $u_L(\omega_1 t)$ (Bild 243) zu erkennende Schaltfrequenz f_s entspricht der doppelten Pulsfrequenz f_p. Für die Oberschwingungen niederer Ordnungszahl ($v = 5, 7$) gilt im gesamten Steuerbereich $0 < R < 1$

$$\frac{U_{vLR}}{U_{1LR}} < \frac{1}{v}$$

(s. Bild 245a). Die Oberschwingungen, deren Frequenzen der Schaltfrequenz und deren Vielfachen benachbart sind, also die mit den Ordnungszahlen

$$v = 2n\frac{f_p}{f_1} \pm 1 = n \cdot 12 \pm 1 \tag{348}$$

($n = 1, 2, 3, \ldots$), zeichnen sich durch besonders hohe Maxima der Funktionen

$$\frac{v \cdot U_{vLR}}{\frac{\sqrt{6}}{\pi} \cdot U_d} = f(R)$$

aus (Bilder 245b und c).

Das Schwingungsspektrum für $R = 0,5$ (Bild 247) zeigt hohe Werte für die Oberschwingungen mit den Ordnungszahlen 11 und 13.

Dreieck-Sinus-Modulation

Bei einem Frequenzverhältnis $f_p/f_1 = 6$ führt die Dreieck-Sinus-Modulation bei der Drehstrom-Brückenschaltung zu keinem brauchbaren Ergebnis. Der Verlauf der Leiterspannung entspricht zwar der Gl. (335), es herrscht jedoch keine Viertelschwingungssymmetrie. Als Folge bilden sich neben den ungeradzahligen auch geradzahlige Oberschwingungen mit recht hohen Effektivwerten auch bei

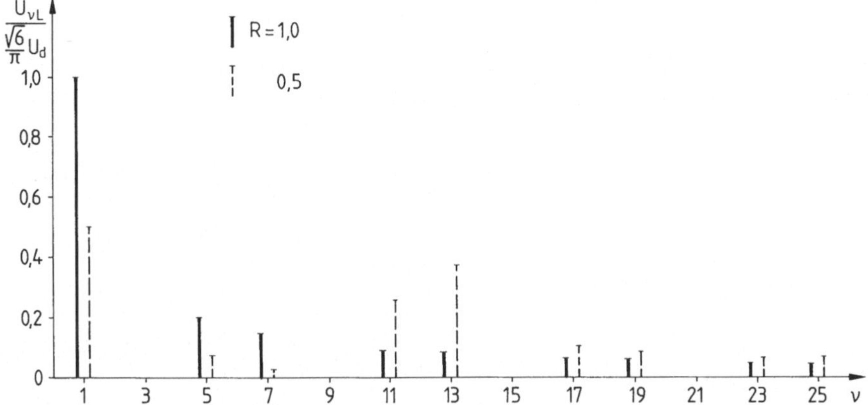

Bild 247. Schwingungsspektren der Leiterspannung U_L des Stromrichters nach Bild 239 bei Pulssteuerung mittels Dreieck-Rechteck-Modulation nach den Bildern 242 und 243 bei $f_p/f_1 = 6$ für die Aussteuerungszustände $R = 1$ und $R = 0{,}5$

niederen Ordnungszahlen aus. Für $R = 1$ z.B. ergibt sich

$$\frac{U_{4L1}}{\frac{\sqrt{6}}{\pi}U_d} = 0{,}25, \qquad \frac{U_{8L1}}{\frac{\sqrt{6}}{\pi}U_d} = 0{,}25,$$

$$\frac{U_{14L1}}{\frac{\sqrt{6}}{\pi}U_d} = 0{,}12, \qquad \frac{U_{22L1}}{\frac{\sqrt{6}}{\pi}U_d} = 0{,}16.$$

Sehr gute Ergebnisse liefert die Dreieck-Sinusmodulation jedoch, wenn das Verhältnis f_p/f_1 groß gewählt werden kann. Das kann im ganzen Grundschwingungs-Frequenzbereich der Fall sein, wenn $f_p/f_{1\,max}$ hinreichend groß ist oder, falls diese Voraussetzung nicht gegeben ist, nur im unteren Teil des Stellbereiches der Grundschwingungsfrequenz. Viele der für Frequenzsteuerung ausgerüsteten Stromrichter gehen, je nach den speziellen Anforderungen, bei Frequenzverhältnissen f_p/f_1 größer als 9, 15 oder 21 zur asynchronen Taktung mit Dreieck-Sinusmodulation über. Bei der asynchronen Taktung werden bei konstanter Pulsfrequenz f_p und bei kontinuierlicher Verstellung der Grundschwingungsfrequenz f_1 alle Frequenzverhältnisse durchlaufen, also auch nicht ganzzahlige.

In den Bildern 248 und 249 sind die Ergebnisse der harmonischen Analyse für $f_p/f_1 = 41$ dargestellt. Es zeigt sich, daß im Bereich $1 < v \leqq 60$ Oberschwingungen nur mit den Ordnungszahlen 37, 41 und 43 auftreten, von denen die Oberschwingung für $v = 41$ stark ausgebildet ist. Für $R = 0$ entspricht der Verlauf der Spannungen dem in Bild 240 dargestellten, nur daß $\omega_1 t$ durch $\omega_{41} t$ ersetzt gedacht werden muß. Für $R = 0$ stellen sich daher neben der 41. Oberschwingung noch Oberschwingungen mit den Ordnungszahlen

$$v = (n \cdot 6 \pm 1)\,41$$

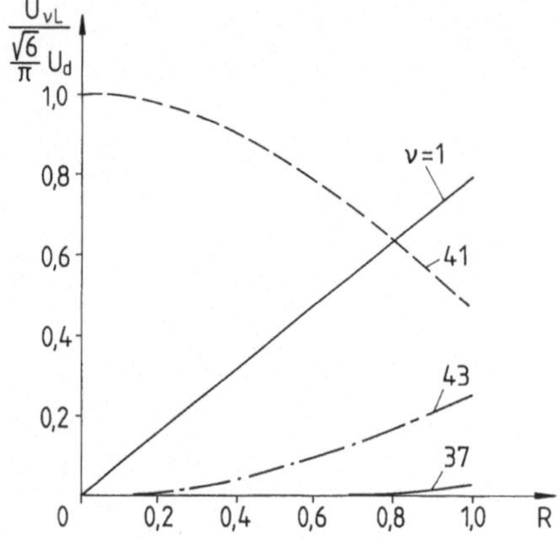

Bild 248. Abhängigkeit des auf den Effektivwert der sich bei Blocksteuerung ergebenden Grundschwingung $U_{1L} = \dfrac{\sqrt{6}}{\pi} \cdot U_d$ bezogenen Effektivwertes der Spannungen U_{vL} vom Aussteuerungszustand R bei der Drehstrom-Brückenschaltung nach Bild 239 und Dreieck-Sinus-Modulation. $f_p/f_1 = 41$

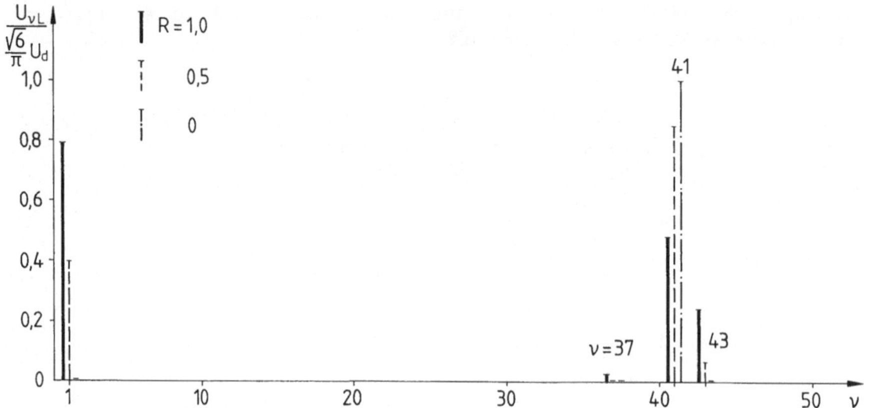

Bild 249. Schwingungsspektren der Leiterspannung U_L des Stromrichters nach Bild 239 bei Pulssteuerung mittels Dreieck-Sinus-Modulation. $f_p/f_1 = 41$

ein. Daraus folgt, daß sich das nächste Oberschwingungspaket erst um die Oberschwingung mit der Ordnungszahl $v = 5 \cdot 41 = 205$ herum aufbauen kann.

Aus vorstehendem folgt, daß sich mit der Dreieck-Sinus-Modulation bei großen Werten des Frequenzverhältnisses f_p/f_1 niederfrequente Oberschwingungen gut unterdrücken lassen und Oberschwingungen nennenswerter Größe erst mit Ordnungszahlen v nahe f_p/f_1 auftreten. Bei gemischt ohmsch-induktiven Lastkreisen läßt sich damit, wenn die Periodendauer $1/f_p$ der Pulsfrequenz klein gegenüber der Zeitkonstanten L_L/R_L des Lastkreises ist, ein nahezu sinusförmiger Leiterstrom I_L erzielen.

Nachteilig gegenüber der Dreieck-Rechteck-Modulation ist die geringere Spannungsausnutzbarkeit des Stromrichters. Für $R = 1$ steht einem Grundschwingungsspannungseffektivwert von $U_{1L1} = \sqrt{6} \cdot U_d/\pi = 0,780 U_d$ bei der Dreieck-Rechteck-Modulation hier nur ein Wert

$$U_{1L1} = \frac{1}{2} \sqrt{\frac{3}{2}} U_d = 0,612 U_d,$$

d.h. ein um den Faktor $\pi/4 = 0,785$ kleinerer gegenüber.

Die Spannungsausnutzbarkeit läßt sich steigern, wenn bei der Dreieck-Sinus-Modulation der Aussteuerungszustand R, der ja dem Amplitudenverhältnis zwischen Sinus- und Dreieckschwingung entspricht, über den Wert eins hinaus vergrößert wird. Der Grundschwingungsgehalt der Leiterspannung steigt mit R an und die Grundschwingung würde für $R \to \infty$ den Wert $U_{1L\infty} = \sqrt{6}\,U_d/\pi = 0{,}78\,U_d$ annehmen. Für $R = 1{,}5$ wird $U_{1L1,5} = 0{,}718\,U_d$, und es werden somit 92 % der Spannungsausnutzung bei Blocksteuerung erreicht. Nachteilig ist, daß für Werte $R > 1$ niederfrequente Oberschwingungen in Erscheinung treten [63, 124].

Elimination der Oberschwingungen, optimierte Pulsmuster

Mathematische Überlegungen, die auf Jackson [125], Daum [126] sowie Patel und Hoft [127] zurückgehen, zeigen, daß es bei richtiger Wahl der Schaltwinkel möglich ist, eine oder mehrere Oberschwingungen völlig zu unterdrücken, sie zu eliminieren. Bei der Drehstrom-Brückenschaltung setzt die Elimination der Oberschwingungen bei den Schaltfunktionen G und damit bei den Spannungen der Wechselspannungsklemmen gegen die Klemme 0 an, also bei den Spannungen $U_{1\sim0}$, $U_{2\sim0}$ und $U_{3\sim0}$. Die Funktionen $u_{1\sim0}(\omega_1 t)$, $u_{2\sim0}(\omega_1 t)$ und $u_{3\sim0}(\omega_1 t)$ müssen zunächst der Gl. (335) genügen. Das Frequenzverhältnis f_p/f_1 wird zu einer ungeraden ganzen Zahl gewählt, damit in den Spannungen $U_{n\sim0}$ keine geradzahligen Oberschwingungen auftreten.

In Bild 250 ist der Verlauf einer Schaltfunktion G bzw. einer Spannung $U_{\sim0}$ für ein Frequenzverhältnis $f_p/f_1 = 5$ dargestellt. Neben den festen Schaltwinkeln bei $-\pi/2$, $\pi/2$, $3\pi/2$ usw. treten je Viertelschwingung zwei bewegliche Schaltwinkel α_1 und α_2 auf. Allgemein betrachtet ergibt sich die Anzahl N der beweglichen Schaltwinkel je Viertelschwingung zu

$$N = \frac{(f_p/f_1) - 1}{2}\,. \tag{349}$$

Es läßt sich nun zeigen [125, 127], daß es möglich ist, aus dem Oberschwingungsspektrum, das alle ungeradlinigen Oberschwingungen enthalten kann, $N-1$ Oberschwingungen zu eliminieren.

Um dieses Ziel zu erreichen, sind die Schaltwinkel α_n aus nachstehenden, nichtlinearen transzendenten Gleichungen zu bestimmen:

$$U_{v\sim0} = \left(1 + 2 \sum_{n=1}^{N} (-1)^n \cos v\alpha_n\right) \frac{\sqrt{2}}{v\pi}\, U_d\,. \tag{350}$$

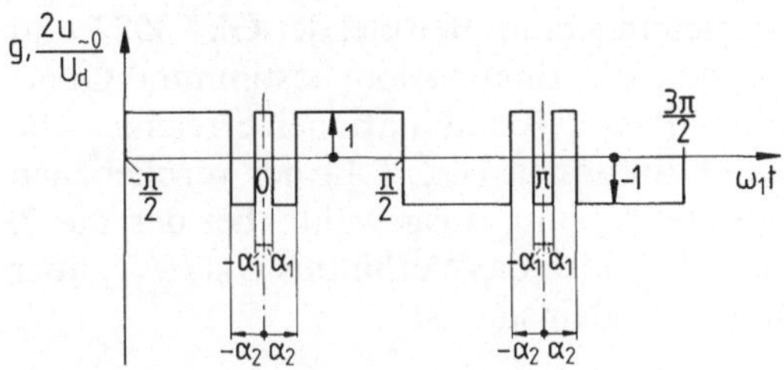

Bild 250. Zeitlicher Verlauf einer Spannung $U_{\sim0}$ bei Elimination der 5. Oberschwingung und Aussteuerungsgrad $A = 0{,}39$. $f_p/f_1 = 5$

Die Grundschwingung mit dem Effektivwert

$$U_{1\sim0} = \left(1 + 2\sum_{n=1}^{N} (-1)^n \cos\alpha_n\right) \frac{\sqrt{2}}{\pi} U_d \tag{351}$$

soll im Steuerbereich kontinuierlich verstellt werden können. Für die zu eliminierenden Oberschwingungen ist $U_{v\sim0} = 0$ zu setzen. Werden $N-1$ Spannungsoberschwingungen zu Null gesetzt, so stehen zusammen mit der Gleichung für die Grundschwingung, Gl. (351), N Gleichungen zur Verfügung, aus denen N Schaltwinkel in Abhängigkeit von dem Aussteuerungsgrad

$$A = \frac{U_{1\sim0}}{\dfrac{\sqrt{2}}{\pi} U_d}$$

bestimmt werden können.

Genügen die Funktionen $u_{1\sim0}(\omega_1 t)$, $u_{2\sim0}(\omega_1 t)$ und $u_{3\sim0}(\omega_1 t)$ der Gl. (335), so treten die Oberschwingungen mit durch 3 teilbare Ordnungszahlen gleichphasig auf, d.h. in den Außenleiterspannungen U_L sind keine Oberschwingungen mit durch 3 teilbaren Ordnungszahlen vorhanden. Es ist somit sinnvoll, in den Spannungen $U_{\sim0}$ nur die Oberschwingungen mit ungeraden, nicht durch 3 teilbaren Ordnungszahlen zu eliminieren, also Oberschwingungen mit den Ordnungszahlen $v = 5, 7, 11, 13, 17, 19, \dots$. Bei gemischt ohmsch-induktivem Lastkreis ist es weiterhin sinnvoll, die Oberschwingungen mit den niedrigsten Ordnungszahlen zu eliminieren.

Bei dem hier behandelten Beispiel mit dem Frequenzverhältnis $f_p/f_1 = 5$ ergibt sich nach Gl. (349) $N = 2$. Damit ist $N-1 = 1$, es kann also eine Oberschwingung eliminiert werden. Nach der oben beschriebenen Strategie wird

$$U_{5\sim0} = \left(1 + 2\sum_{n=1}^{2} (-1)^n \cos 5\alpha_n\right) \frac{\sqrt{2}}{\pi} U_d = 0 \tag{352}$$

gesetzt. Die Gl. (351) läßt sich umschreiben in

$$\frac{U_{1\sim0}}{\dfrac{\sqrt{2}}{\pi} U_d} = \left(1 + 2\sum_{n=1}^{2} (-1)^n \cos\alpha_n\right) = A \tag{353}$$

Damit stehen für die Bestimmung von α_1 und α_2 zwei Gleichungen zur Verfügung, und die Schaltwinkel $\alpha_1(A)$ und $\alpha_2(A)$ können als Funktion vom Aussteuergrad A ermittelt werden.

Die Auswertung der Bestimmungsgleichungen, im Beispiel der Gl. (352) und (353), führt zu mehreren Lösungen, d.h. die Elimination bestimmter Oberschwingungen läßt sich mit mehreren Schaltwinkelkombinationen erreichen. Die Lösungen unterscheiden sich bezgl. der Funktionen $U_{v\sim0}(A)$ der verbliebenen Oberschwingungen. Im Beispiel wurde die Lösung ausgewählt, bei der die 7. Oberschwingung den günstigsten Verlauf hat, also das Verhältnis U_{7L}/U_{1L}, über den Aussteuerbereich hinweg betrachtet, am kleinsten ist.

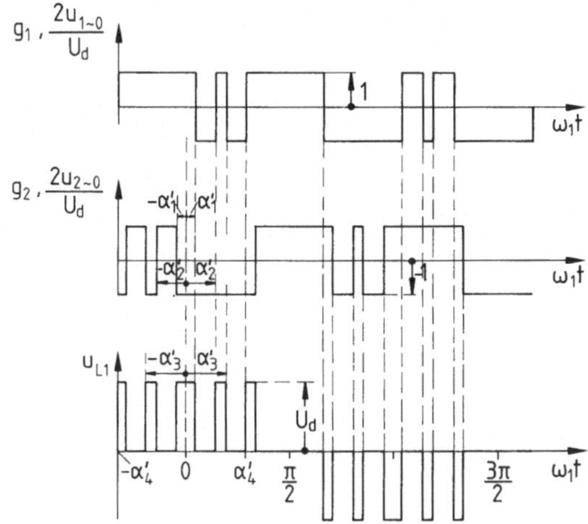

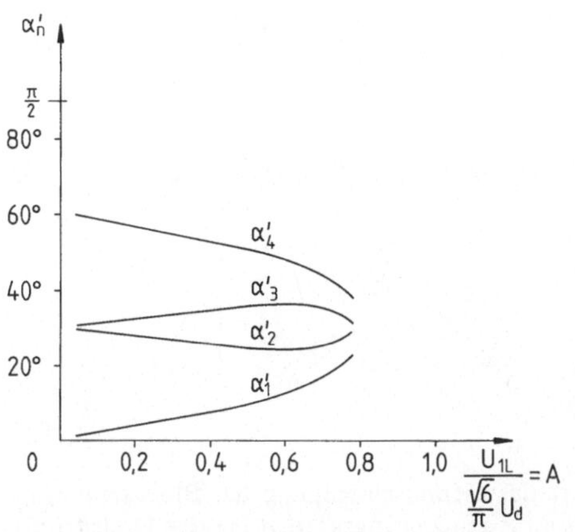

Bild 251. Steuerung der Größe der Leiterspannung U_{L1} mittels optimierter Pulsmuster. Zeitlicher Verlauf der charakteristischen Schaltfunktionen und Spannungen für den Aussteuerungsgrad $A = 0,39$. $f_p/f_1 = 5$

Bild 252. Schaltwinkel α'_n als Funktion des Aussteuerungsgrades A bei eliminierter 5. Oberschwingung

In Bild 251 sind oben die Spannungsverläufe $u_{1\sim0}(\omega_1 t)$ und $u_{2\sim0}(\omega_1 t)$ dargestellt, darunter die Leiterspannung

$$u_{L1}(\omega_1 t) = u_{1\sim0}(\omega_1 t) - u_{2\sim0}(\omega_1 t).$$

Im Spannungsverlauf $u_{L1}(\omega_1 t)$ ergeben sich vier bewegliche Schaltwinkel, die, da sie auf der $\omega_1 t$-Achse einen anderen Bezugspunkt als die Schaltwinkel α_1 und α_2 von Bild 250 haben, mit α'_n bezeichnet werden $(n = 1, 2, 3, 4)$.

Der Steuerbereich der sich ergebenden Lösungen ist eingeschränkt. Die Funktionen $\alpha'_n(A)$ zeigen, daß es Aussteuerungsgrade A gibt, bei denen α'_2 und α'_3 denselben Wert annehmen (Bild 252). Nach der idealisierten Theorie liegt der mögliche Aussteuerungsbereich zwischen den A-Werten, bei denen $\alpha'_2 = \alpha'_3$ ist. Beim Einsatz realer elektronischer Schalter müssen Mindesteinschalt- und Mindestausschaltzeiten berücksichtigt werden, wodurch sich der Steuerbereich gegenüber der idealisierten Theorie einschränkt. Bei der gewählten Lösung entspricht der maximale Aussteuerungsgrad etwa dem der Dreieck-Sinus-Modulation erreichbaren, wie ein Vergleich der Bilder 248 und 253 zeigt.

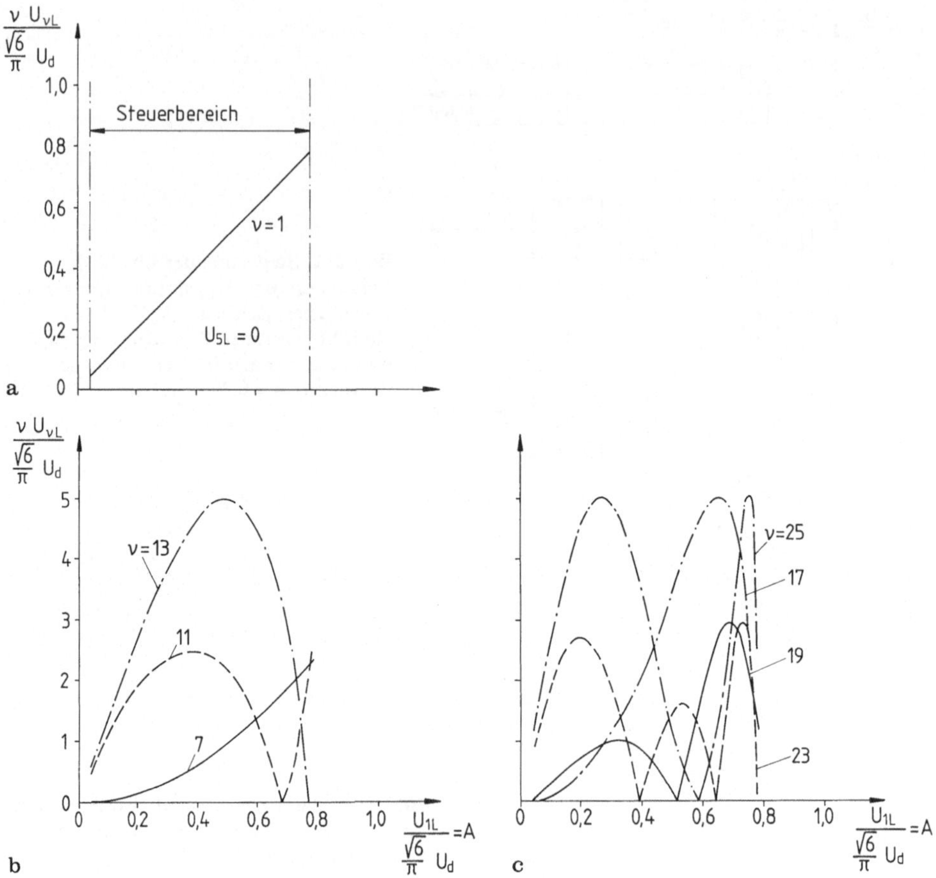

Bild 253. Abhängigkeit des auf den Effektivwert der Grundschwingung bei Blocksteuerung bezogenen Effektivwertes der Spannung $v \cdot U_{vL}$ vom Aussteuerungsgrad A bei der Drehstrom-Brückenschaltung nach Bild 239 und Elimination der 5. Oberschwingung. **a** für $v = 1$; **b** für v gleich 7, 11 und 13; **c** für v gleich 17, 19, 23 und 25

Aus Bild 253a, in dem $U_{1L}(A)$ eine Gerade ergibt, kann nochmals der sich für die gewählte Lösung ergebende Steuerbereich entnommen werden. Die Oberschwingung mit der Ordnungszahl $v = 5$ ist eliminiert, für die Ordnungszahlen $v = 7, 11, 13, 17, 19, 23, 25$ können die Funktionen $U_{vL}(A)$ den Bildern 253b und c entnommen werden.

Bei den auf die Elimination der Oberschwingungen abzielenden Steuerverfahren werden heute üblicherweise die α_n-Werte als Funktionen des Frequenzverhältnisses f_p/f_1 und des Aussteuerungsgrades A ausgerechnet und gespeichert. Im Stromrichterbetrieb werden sie dann entsprechend der geforderten Grundschwingungsfrequenz, die bei begrenzter Pulsfrequenz das Verhältnis f_p/f_1 bestimmt, und des benötigten Aussteuerungsgrades A aus dem Speicher abgerufen und in Schaltbefehle umgesetzt.

Über optimierte Verfahren der Pulsmusterbildung sind in den letzten Jahren viele Veröffentlichungen erschienen. Auf einige von ihnen wird im Literaturverzeichnis hingewiesen [128 – 136b].

10.1.1.7 Idealisierte Theorie einer erweiterten Drehstrom-Brückenschaltung (Dreipunktwechselrichter)

Sollen mit selbstgeführten Stromrichtern Drehstromverbraucher größerer Leistung, z.B. Drehstrommmaschinen im MW-Bereich gespeist werden, so besteht die Forderung nach Leiterspannungen im Hochspannungsbereich. Um diese zu erfüllen, müssen beim heutigen Stand der Halbleitertechnik gegebenenfalls Halbleiterbauelemente in Reihe geschaltet werden. Eine günstige Möglichkeit der Reihenschaltung von zwei Bauelementen je Brückenzweig bietet die erweiterte Drehstrom-Brückenschaltung (Bild 254). Bei ihr kann die Spannung der Wechselstromklemmen gegenüber der Klemme 0 die drei Werte $+U_d/2$, 0 und $-U_d/2$ annehmen (Bild 255). Sie wird daher auch selbstgeführter Dreipunktstromrichter oder, im Fachjargon, Dreipunktwechselrichter genannt [137–139].

In Bild 256 ist der Schaltplan eines Zweigpaares der erweiterten Drehstrom-Brückenschaltung dargestellt. Hat die Schaltfunktion den Wert $g_1 = 0$, so sind die elektronischen Schalter ES12 und ES42 ein- und ES41 und ES11 ausgeschaltet. Die Klemme 1~ wird dadurch mit Klemme 0 verbunden, es folgt $u_{1\sim 0} = 0$. Hat die Schaltfunktion den Wert $g_1 = +1$, so sind ES41 und ES42 ein- und ES11 und ES12 auszuschalten, wodurch die Klemme 1~ das Potential $u_{1\sim} = U_d/2$ annimmt. Bei $g_1 = -1$ schließlich sind die Schalter ES11 und ES12 ein- und ES41 und ES42

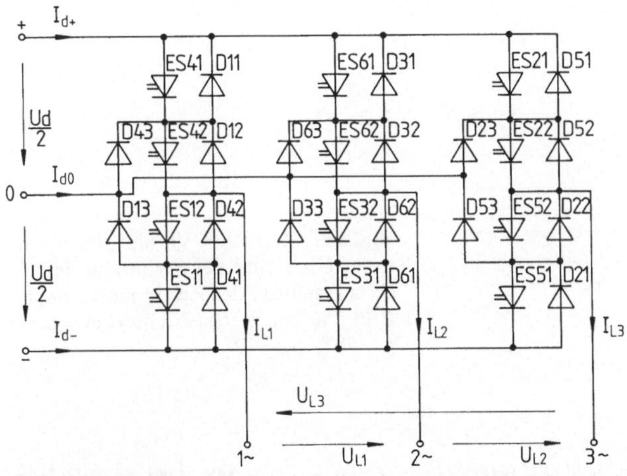

Bild 254. Selbstgeführter Stromrichter in erweiterter Drehstrom-Brückenschaltung mit fünf möglichen Spannungsniveaus ($+Ud$, $+Ud/2$, 0, $-Ud/2$ *und* $-Ud$) in den Leiterspannungen U_{L1}, U_{L2} und U_{L3}

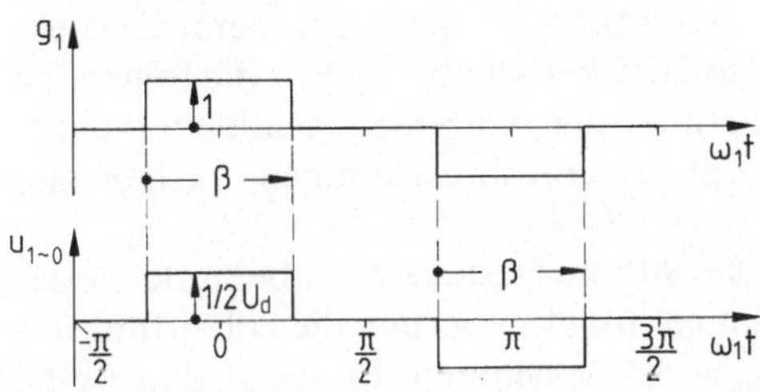

Bild 255. Zeitlicher Verlauf der Schaltfunktion G_1 und der Spannung $U_{1\sim 2}$ bei Blocksteuerung. $\beta = 90°$

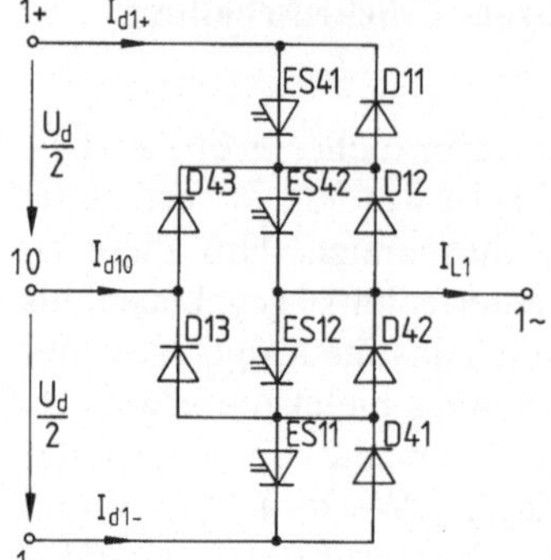

Bild 256. Linkes Zweigpaar einer erweiterten Drehstrom-Brückenschaltung nach Bild 254

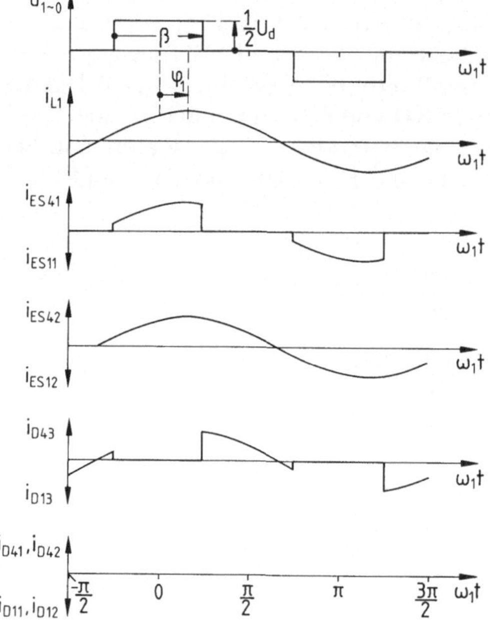

Bild 257. Zeitlicher Verlauf der Spannung $U_{1\sim0}$ und der Ströme in den Bauelementen des Zweigpaares nach Bild 256 bei Wechselrichterbetrieb. $\beta = 90°$; $\varphi_1 = 30°$

auszuschalten, womit $u_{1\sim0} = -U_d/2$ wird. Die Zuordnung der drei möglichen Werte der Schaltfunktion und der Schaltzustände der elektrischen Schalter ist in Tab. 3 zusammengestellt.

Wie später gezeigt wird, ist der Grundschwingungsgehalt der Leiterspannung U_L bei der erweiteren Drehstrom-Brückenschaltung im Spannungsbereich erheblich größer als bei der einfachen Drehstrom-Brückenschaltung. Für die folgenden Betrachtungen, die auf die Strombelastung der einzelnen Halbleiterventile eingehen, wird deshalb vereinfachend von einem sinusförmigen Verlauf des Leiterstromes I_{L1} ausgegangen.

In Bild 257 ist der Stromrichter mit $\beta = 90°$ ausgesteuert, wobei unter β der Winkel verstanden werde, während dessen bei Blocksteuerung die Schaltfunktionen den Wert $g_n = +1$ oder den Wert $g_n = -1$ annehmen. Er speist dabei eine

Tabelle 3. Zuordnung der Werte der Schaltfunktion G und der Schaltzustände der elektronischen Schalter beim erweiterten Zweigpaar nach Bild 256

Wert der Schaltfunktion g	Schaltzustand der elektron. Schalter			
	ES41	ES42	ES12	ES11
$+1$	ein	ein	aus	aus
0	aus	ein	ein	aus
-1	aus	aus	ein	ein

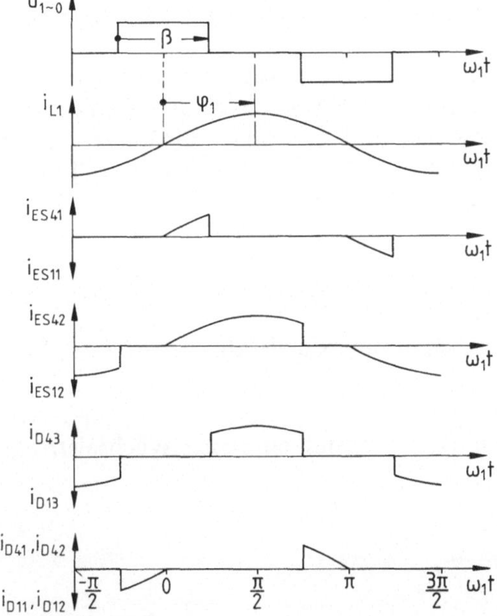

Bild 258. Zeitlicher Verlauf der Spannung $U_{1\sim0}$ und der Ströme in den Bauelementen des Zweigpaares nach Bild 256 bei Belastung mit Blindstrom. $\beta = 90°$; $\varphi_1 = 90°$

gemischt ohmsch-induktive Belastung, z.B. eine motorisch arbeitende Drehstrom-Asynchronmaschine. Der Grundschwingungs-Verschiebungswinkel zwischen Spannung und Strom beträgt $\varphi_1 = 30°$. Der Stromrichter formt somit Gleichstromleistung in Drehstromleistung um; er arbeitet als Wechselrichter.

Ist $u_{1\sim0} = +U_d/2$, so fließt, entsprechend dem Schaltzustand nach Tabelle 3, der Laststrom I_{L1} über die Ventile ES41 und ES42, es ist $i_{L1} = i_{d1+}$. Wird anschließend auf $u_{1\sim0} = 0$ umgeschaltet, so fließt I_{L1} über D43 und ES42, es ist $i_{L1} = i_{d10}$. Wechselt I_{L1} das Vorzeichen, so fließt er über ES12 und D13 weiter, die Beziehung $i_{L1} = i_{d10}$ bleibt bestehen. Wird schließlich $u_{1\sim} = -U_d/2$, so fließt I_{L1} über ES12 und ES11, es gilt $i_{L1} = i_{d1-}$, bis die Spannung schließlich wieder auf $u_{1\sim0} = 0$ springt und $i_{L1} = i_{d10}$ wird.

Ist, wie es in Bild 257 der Fall ist, $i_{L1} > 0$, solange $u_{1\sim0} > 0$ bzw. $i_{L1} < 0$, solange $u_{1\sim0} < 0$ ist, so fließt über die Dioden D11, D12, D41 und D42 kein Strom. Die Ströme $I_{d1+} = I_{ES41}$ und $I_{d1-} = -I_{ES11}$ sind dem Betrage nach gleich große Gleichströme, der Strom $I_{d10} = I_{D43} = I_{D13}$ ist ein reiner Wechselstrom.

Die zeitlichen Verläufe von Bild 258 gelten für eine Belastung des Stromrichters mit reinem Blindstrom ($\varphi_1 = 90°$). Das ist ein Belastungsfall, der der Speisung einer leerlaufenden Drehstrom-Asynchronmaschine entspricht. Im Verlauf einer Periode der Grundschwingung sind alle elektrischen Ventile an der Stromführung beteiligt. Es gelten die Beziehungen

$$I_{d1+} = I_{ES41} - I_{D11} \, ,$$

$$I_{d10} = I_{D43} - I_{D13} \, ,$$

$$I_{d1-} = I_{D41} - I_{ES11} \, .$$

Wie aus Bild 258 zu ersehen ist, fließen über alle drei Gleichspannungsklemmen reine Wechselströme, die Gleichspannungsquelle wird somit nur mit Blindleistung belastet.

Arbeitet die an den Stromrichter angeschlossene Drehstrommaschine generatorisch, so muß der Stromrichter als Gleichrichter betrieben werden. Den diesem Betrieb zugeordneten zeitlichen Verlauf der charakteristischen Größe zeigt Bild 259, das für $\beta = 90°$ und $\varphi_1 = 150°$ gezeichnet ist. In diesem Belastungsfall fließt über die elektronischen Schalter ES11 und ES41 kein Strom. Es ist

$$I_{d1+} = -I_{D11} \, ,$$

$$I_{d1-} = I_{D41} \, ,$$

woraus folgt, daß Leistung an die Gleichspannungsquelle abgegeben wird. Mit

$$I_{d0} = I_{D43} - I_{D13}$$

fließt über die Klemme 0 auch in diesem Belastungsfall ein reiner Wechselstrom.

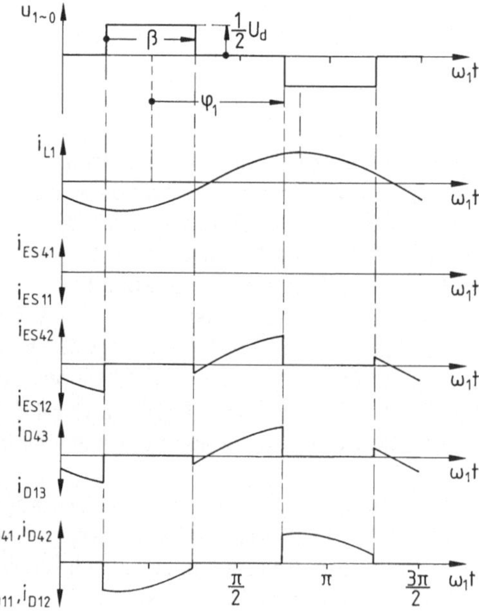

Bild 259. Zeitlicher Verlauf der Spannung $U_{1 \sim 0}$ und der Ströme in den Bauelementen des Zweigpaares nach Bild 256 bei Gleichrichterbetrieb. $\beta = 90°$; $\varphi_1 = 150°$

Bisher wurden anhand der Bilder 257, 258 und 259 die über die Klemmen 1+, 10 und 1− fließenden Ströme betrachtet. Werden die Teilströme der drei Brückenzweigpaare der Drehstrom-Brückenschaltung zusammengefaßt, so gelten die Beziehungen

$$i_{d+}(\omega_1 t) = i_{d1+}(\omega_1 t) + i_{d2+}(\omega t) + i_{d3+}(\omega_1 t)$$

$$i_{d0}(\omega_1 t) = i_{d10}(\omega_1 t) + i_{d20}(\omega_1 t) + i_{d30}(\omega_1 t)$$

und

$$i_{d-}(\omega_1 t) = i_{d1-}(\omega_1 t) + i_{d2-}(\omega_1 t) + i_{d3-}(\omega_1 t),$$

wobei für die Teilströme

$$i_{d2}(\omega_1 t) = i_{d1}\left(\omega_1 t - \frac{2\pi}{3}\right)$$

und

$$i_{d3}(\omega_1 t) = i_{d1}\left(\omega_1 t + \frac{2\pi}{3}\right)$$

zu setzen ist. Die Funktionen $i_{d+}(\omega_1 t)$, $i_{d0}(\omega_1 t)$ und $i_{d-}(\omega_1 t)$ für die anhand der Bilder 257, 258 und 259 betrachteten Belastungsfälle zeigt Bild 260. Da

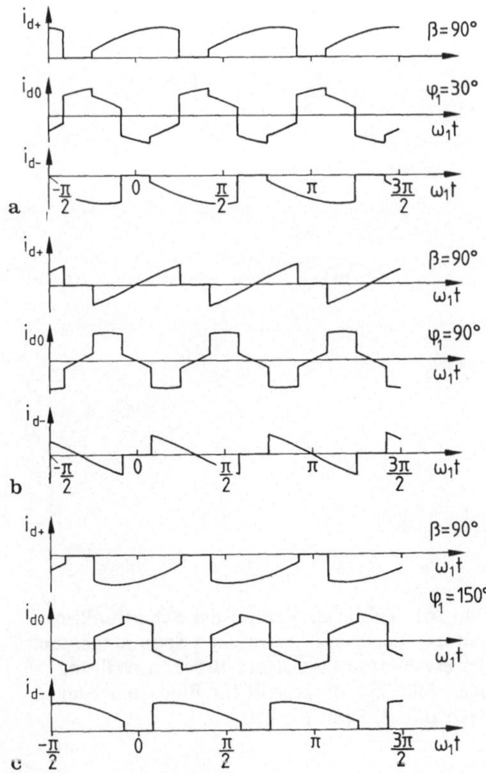

Bild 260. Zeitlicher Verlauf der Ströme über die Gleichspannungsklemmen des Stromrichters nach Bild 254 bei Wechselrichterbetrieb nach Bild 257 (a), Leerlauf nach Bild 258 (b) und Gleichrichterbetrieb nach Bild 259 (c)

drehstomseitig die Summe der Ströme gleich Null ist,

$$i_{L1}(\omega_1 t) + i_{L2}(\omega_1 t) + i_{L3}(\omega_1 t) = 0, \qquad (354)$$

muß auch auf der Gleichstromseite

$$i_{d+}(\omega_1 t) + i_{d0}(\omega_1 t) + i_{d-}(\omega_1 t) = 0 \qquad (355)$$

sein.

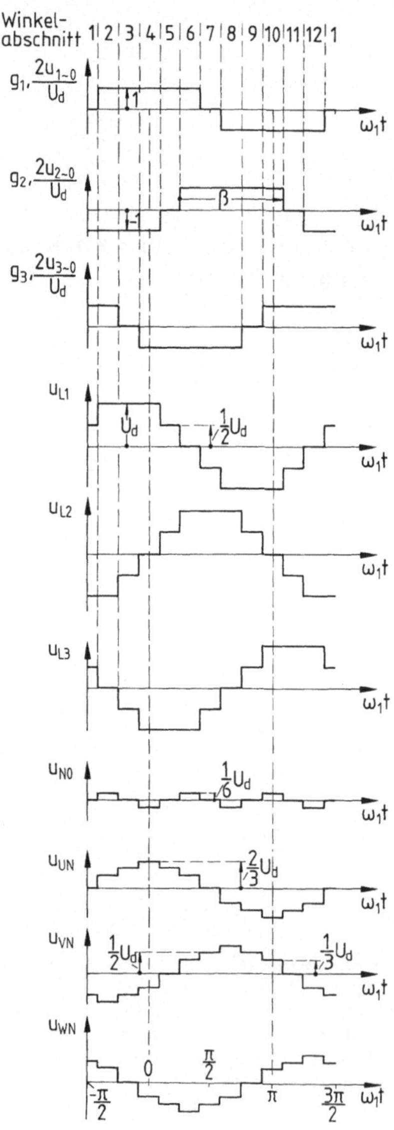

Bild 261. Zeitlicher Verlauf der Schaltfunktionen und der charakteristischen Spannungen bei der erweiterten Drehstrom-Brückenschaltung nach Bild 254, dargestellt für Blocksteuerung nach Bild 255 mit $\beta = 150°$

Blocksteuerung

Bild 261 gibt auf die auf der Drehspannungsseite der erweiterten Drehstrom-Brückenschaltung auftretenden Spannungen $u_{n\sim0}(\omega_1 t)$ und $u_{Ln}(\omega_1 t)$ sowie die an einer symmetrischen Drehstromlast mit den Klemmen U, V und W auftretenden Sternspannungen $u_{UN}(\omega_1 t)$, $u_{VN}(\omega_1 t)$ und $u_{WN}(\omega_1 t)$ für eine Blocklänge der Schaltfunktionen $g(\omega_1 t)$ von $\beta = 150°$ wieder.

Es gelten die Beziehungen

$$u_{L1}(\omega_1 t) = u_{1\sim0}(\omega_1 t) - u_{2\sim0}(\omega_1 t) = u_{UN}(\omega_1 t) - u_{VN}(\omega_1 t),$$

$$(356.1)$$

$$u_{L2}(\omega_1 t) = u_{2\sim0}(\omega_1 t) - u_{3\sim0}(\omega_1 t) = u_{VN}(\omega_1 t) - u_{WN}(\omega_1 t)$$

$$(356.2)$$

und

$$u_{L3}(\omega_1 t) = u_{3\sim0}(\omega_1 t) - u_{1\sim0}(\omega_1 t) = u_{WN}(\omega_1 t) - u_{UN}(\omega_1 t).$$

$$(356.3)$$

Das Potential des Sternpunktes N einer symmetrischen Drehstrombelastung oszilliert gegenüber dem der Klemme 0 mit einer Rechteckschwingung $u_{N0}(\omega_1 t)$ dreifacher Grundschwingungsfrequenz. Es bestehen die Beziehungen

$$u_{UN}(\omega_1 t) = u_{1\sim0}(\omega_1 t) - u_{N0}(\omega_1 t), \qquad (357.1)$$

$$u_{VN}(\omega_1 t) = u_{2\sim0}(\omega_1 t) - u_{N0}(\omega_1 t) \qquad (357.2)$$

und

$$u_{WN}(\omega_1 t) = u_{3\sim0}(\omega_1 t) - u_{N0}(\omega_1 t). \qquad (357.3)$$

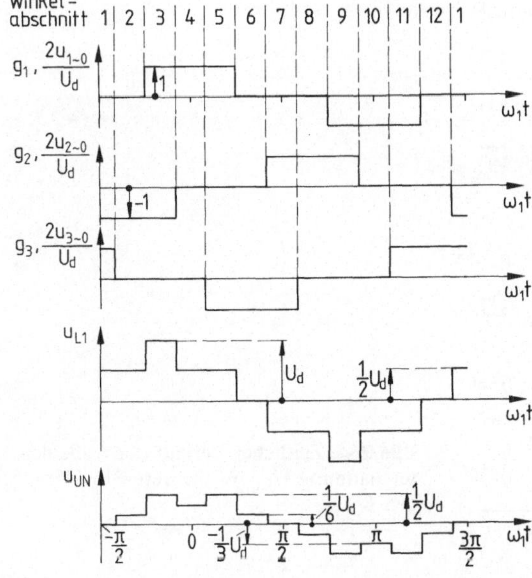

Bild 262. Zeitlicher Verlauf der Schaltfunktionen und der charakteristischen Spannungen bei der erweiterten Drehstrom-Brückenschaltung nach Bild 254, dargestellt für Blocksteuerung nach Bild 255 mit $\beta = 90°$

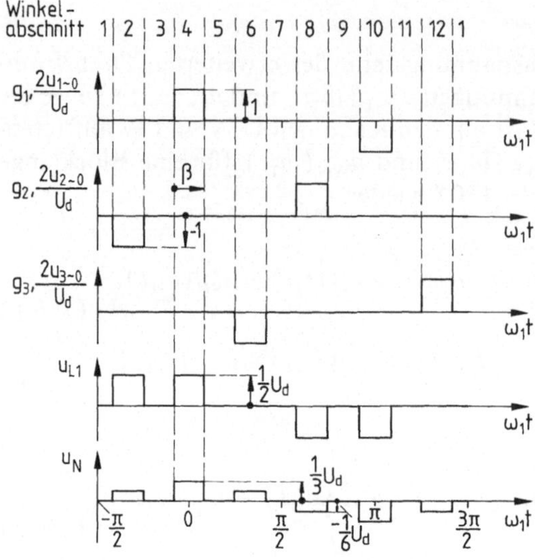

Bild 263. Zeitlicher Verlauf der Schaltfunktionen und der charakteristischen Spannungen bei der erweiterten Drehstrom-Brückenschaltung nach Bild 254, dargestellt für Blocksteuerung nach Bild 255 mit $\beta = 30°$

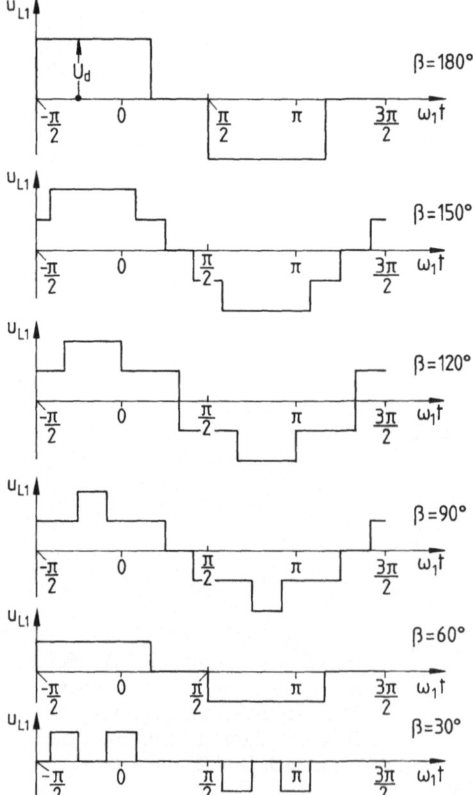

Bild 264. Zeitlicher Verlauf der Außenleiterspannung U_{L1} für mehrere Blocklängen β

Die Spannungen $U_{n\sim0}$ verfügen über drei ($+U_d/2$, 0, $-U_d/2$), die Leiterspannungen über fünf ($+U_d$, $+U_d/2$, 0, $-U_d/2$, $-U_d$) und die Sternspannungen über neun mögliche Spannungsniveaus ($+2U_d/3$, $+U_d/2$, $+U_d/3$, $+U_d/6$, 0, $-U_d/6$, $-U_d/3$, $-U_d/2$, $-2U_d/3$).

Die Bilder 262 und 263 zeigen die charakteristischen Drehspannungsverläufe für die Blocklängen $\beta = 90°$ und $\beta = 30°$, jedoch sind hier neben den Spannungen $u_{n\sim0}(\omega_1 t)$ nur die Leiterspannung $u_{L1}(\omega_1 t)$ und die Sternspannung $u_{UN}(\omega_1 t)$ dargestellt.

Der zeitliche Verlauf der Leiterspannung $u_{L1}(\omega_1 t)$ ist in Bild 264 für sechs um jeweils 30° unterschiedliche β-Werte wiedergegeben. Der Effektivwert U_L der Leiterspannung als Funktion der Blocklänge β läßt sich durch die Funktionen

$$U_L = \sqrt{\frac{1}{2}\cdot\frac{\beta}{\pi} + \frac{1}{6}}\, U_d \qquad\qquad (358.1)$$

im Bereich $\dfrac{2\pi}{3} \leqq \beta \leqq \pi$,

$$U_L = \sqrt{\frac{\beta}{\pi} - \frac{1}{6}}\cdot U_d \qquad\qquad (358.2)$$

im Bereich $\dfrac{\pi}{3} \leqq \beta \leqq \dfrac{2\pi}{3}$ und

$$U_L = \sqrt{\frac{1}{2}\cdot\frac{\beta}{\pi}}\cdot U_d \qquad\qquad (358.3)$$

im Bereich $0 \leqq \beta \leqq \dfrac{\pi}{3}$ beschreiben (Bild 265).

Nach Gl. (320) läßt sich der zeitliche Verlauf der Blockspannung $U_{1\sim0}$ zu

$$u_{1\sim0} = \frac{2U_d}{\pi}\sum_{v=1,3,5\ldots}^{\infty}\frac{1}{v}\cos\left(v\frac{\pi-\beta}{2}\right)\cos(v\omega_1 t)$$

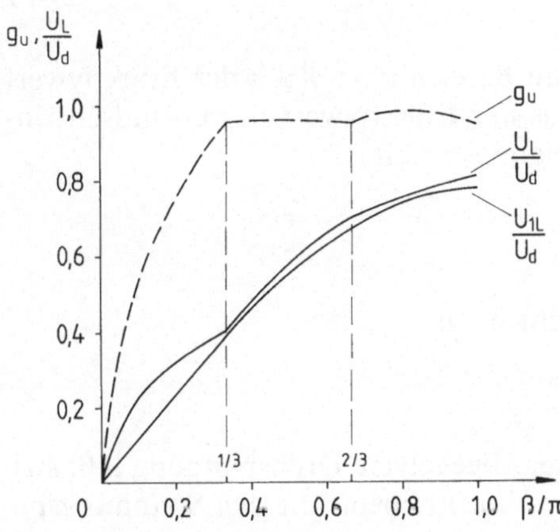

Bild 265. Abhängigkeit der auf die Gleichspannung U_d bezogenen Effektivwerte der Spannungen U_{1L} und U_L sowie des Grundschwingungsgehaltes g_u von der Blocklänge β bei der erweiterten Drehstrom-Brückenschaltung nach Bild 254 und Blocksteuerung nach den Bildern 255 und 264

angeben, wobei v die Werte $2n-1$ mit $n=1, 2, 3, \ldots$ annehmen kann. Entsprechend läßt sich die Blockspannung $U_{2\sim 0}$ mit

$$u_{2\sim 0} = \frac{2U_d}{\pi} \sum_{v=1,3,5\ldots}^{\infty} \frac{1}{v} \cos\left(v\,\frac{\pi-\beta}{2}\right) \cos v\left(\omega_1 t - \frac{2\pi}{3}\right)$$

beschreiben. Mit Gl. (356.1) wird der Verlauf der Leiterspannung

$$u_{L1} = u_{1\sim 0}(\omega_1 t) - u_{2\sim 0}(\omega_1 t) \tag{359}$$

$$= \frac{2\cdot\sqrt{3}}{\pi} U_d \sum_{v=1,5,7\ldots}^{\infty} \frac{1}{v} \cos\left(v\,\frac{\pi-\beta}{2}\right) \cos(v\omega_1 t + \varphi_v),$$

wobei $\varphi_v = \pm\dfrac{\pi}{6}$ ist. $\varphi_v = \dfrac{\pi}{6}$ gilt für die Ordnungszahlen $v=1$ und $v=6n+1$, während $\varphi_v = -\dfrac{\pi}{6}$ für die Ordnungszahlen $v=6n-1$ mit $n=1, 2, 3\ldots$ zutreffend ist.

Da die Oberschwingungen mit durch drei teilbaren Ordnungszahlen in den Spannungen $U_{n\sim 0}$ gleich groß und gleichphasig auftreten, heben sie sich bei der Subtraktion nach Gl. (359) heraus, es sind nur noch Oberschwingungen mit den Ordnungszahlen $v=6n\pm 1$ mit $n=1, 2, 3, \ldots$ vertreten.

Der Effektivwert der Teilschwingungen ergibt sich aus Gl. (359) zu

$$U_{vL\beta} = \frac{\sqrt{6}}{\pi} \cdot \frac{1}{v} U_d \left|\sin\left(\frac{v\cdot\beta}{2}\right)\right|. \tag{360}$$

Die Funktionen

$$\frac{v\cdot U_{vL\beta}}{\dfrac{\sqrt{6}}{\pi} U_d} = \left|\sin\left(\frac{v\cdot\beta}{2}\right)\right|$$

können für die Ordnungszahlen 1, 5 und 7 Bild 227 entnommen werden. Für die Grundschwingung ist die Funktion

$$\frac{U_{1L\beta}}{U_d} = \frac{\sqrt{6}}{\pi} \sin\left(\frac{\beta}{2}\right) \tag{361}$$

in Bild 265 dargestellt. Es zeigt sich, daß im Bereich $\pi/3 \leq \beta \leq \pi$ der Effektivwert der Gesamtspannung nur wenig größer als der Effektivwert der Grundschwingung ist, demzufolge ist der Grundschwingungsgehalt

$$g_u = \frac{U_{1L\beta}}{U_{L\beta}}$$

in diesem Bereich des Steuerwinkels β recht hoch.

Pulssteuerung

Die von einem selbstgeführten Stromrichter abgegebene Drehspannung läßt sich auch anhand eines Raumzeigerdiagrammes beschreiben. Mit den Spannungsbe-

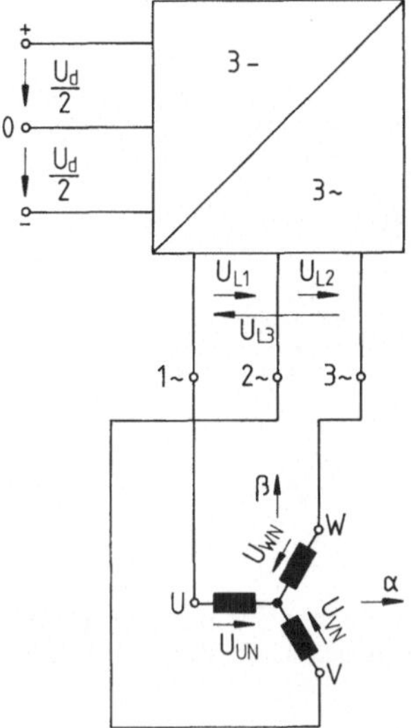

Bild 266. Grundsätzlicher Schaltplan einer über einen selbstgeführten Stromrichter aus einem Gleichspannungsnetz gespeisten Drehstromwicklung

zeichnungen nach Bild 266 läßt sich der Raumzeiger der Sternspannung

$$\underline{u}_s = \frac{1}{\sqrt{3}}\,(u_{UN} + \underline{a}u_{VN} + \underline{a}^2 u_{WN}) \tag{362}$$

schreiben [140], wobei $\underline{a} = e^{j2\pi/3}$ zu setzen ist. Der so definierte Raumzeiger ist allgemein eine komplexe Größe; handelt es sich bei der Drehstromlast um eine Drehstrommaschine, so kann ihm auch eine reale Richtung zugeordnet werden. Liegt z.B. die Klemme U der Drehstromwicklung auf dem Potential $+U_d/2$, während die Klemmen V und W jeweils auf $-U_d/2$ liegen, so zeigt der Spannungsraumzeiger in Richtung der α-Achse, die gleichzeitig die reelle Achse ist; die β-Achse entspricht der imaginären Achse.

Bei der Drehstrom-Brückenschaltung nach Bild 239 können die Potentiale der Klemmen U, V und W nur die Werte $+U_d/2$ und $-U_d/2$ gegenüber der Klemme 0 des Stromrichters annehmen (s. z.B. die Bilder 240, 243, 251). Das hat zur Folge, daß der Spannungsraumzeiger in der (α, β)-Ebene nur sieben mögliche Lagen hat, die Eckpunkte eines Sechsecks und den Nullpunkt (Bild 267a). Die Punkte sind mit den Potentialwerten der Klemmen U, V und W bezeichnet. Für den auf der α-Achse liegenden Punkt z.B. bedeutet das Zeichen $(+--)$, daß die Klemme U auf dem Potential $+U_d/2$ liegt, während sich die Klemmen V und W auf $-U_d/2$ befinden. Der Spannungsraumzeiger nimmt den Wert Null, an, wenn beim Pulsen alle drei Klemmen das gleiche Potential haben, in der Bezeichnungsweise von Bild 267, also bei $(+++)$ und $(---)$. Um einen Grundschwingungsraumzeiger $\underline{u}_{1s}$ in der im Bild 267a eingezeichneten Stellung zu verwirklichen, ist Pulsbetrieb zwischen den Punkten $(-+-)$, $(-++)$ und $(---)$ oder $(+++)$ im Sektor 3 erforderlich. Insgesamt stehen für den Pulsbetrieb sechs Sektoren zur Verfügung.

Erheblich günstigere Verhältnisse ergeben sich bei der erweiterten Drehstrom-Brückenschaltung nach Bild 254. Da die Potentiale der Klemmen U, V und W die

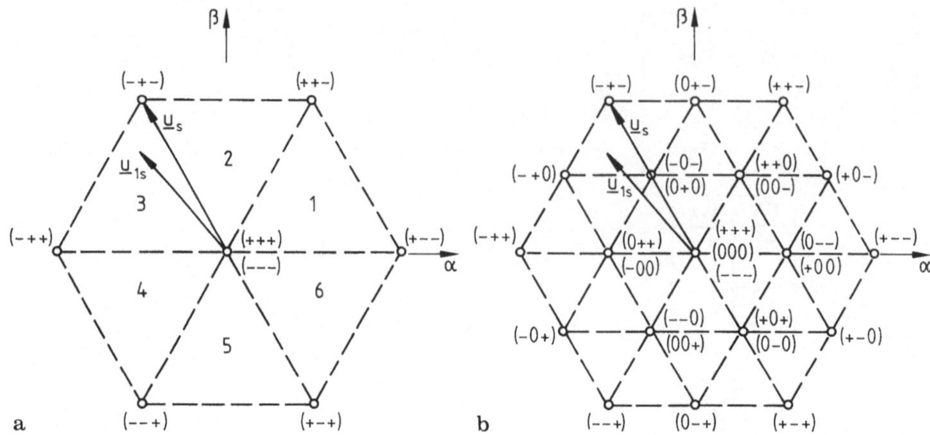

Bild 267. Raumzeigerdiagramme der Drehspannung beim Stromrichter. **a** für normale Drehstrom-Brückenschaltung nach Bild 239; **b** für erweiterte Drehstrom-Brückenschaltung nach Bild 254

Werte $+U_\mathrm{d}$, 0, und $-U_\mathrm{d}$ annehmen können, ergeben sich für den Spannungsraumzeiger nach Lage und Größe 19 Varianten (Bild 267b). Die Eckpunkte des äußeren Sechsecks entsprechen denen von Bild 267a, sie stellen sich bei voller Aussteuerung des Stromrichters ($\beta = 180°$ in Bild 255) ein. Liegt eine der Drehstromklemmen auf 0, während von den anderen beiden eine positives und die andere negatives Potential hat [z.B. $(0 + -)$], so ergeben sich im Raumzeigerdiagramm die Zwischenpunkte, die die Seiten des Sechsecks halbieren. Liegen zwei Klemmen auf dem gleichen von Null abweichenden Potential und die dritte liegt auf Null oder liegen zwei Klemmen auf dem Potential Null und die dritte liegt auf einem von Null abweichenden Potential [z.B. $(+00)$ oder $(0--)$], so zeigt die Spitze des Raumzeigers auf einen Eckpunkt des inneren Sechsecks. Der Raumzeiger wird Null für die Potentialwerte $(+++)$, (000) und $(---)$.

Bei Blocksteuerung im Bereich $2\pi/3 < \beta < \pi$ werden die Punkte des äußeren Sechsecks vom Raumzeiger $\underline{u}_\mathrm{s}$ angelaufen (Bild 268a). Während die in Bild 261 mit $1 - 12$ bezeichneten Winkelabschnitte durchlaufen werden, ruht der Raumzeiger jeweils in den zugeordneten Punkten $1 - 12$ des Diagramms. Im Bereich $\pi/3 < \beta < 2\pi/3$ werden vom Raumzeiger $\underline{u}_\mathrm{s}$ in einem sternförmigen Lauf die Mittelpunkte der Seiten des äußeren Sechsecks und die Eckpunkte des inneren Sechsecks angelaufen (Bild 268b). Während der in Bild 262 eingetragenen Winkelbereiche $1 - 12$ liegt seine Spitze in den entsprechenden Punkten $1 - 12$ des Bildes 268b. Im Winkelbereich $0 < \beta < \pi/3$ schließlich springt der Raumzeiger $\underline{u}_\mathrm{s}$ zwischen den Eckpunkten des inneren Sechsecks und dem Nullpunkt in der in Bild 268c angegebenen Weise; während der in Bild 263 angegebenen Winkelabschnitte ruht er in den entsprechenden Punkten des Raumzeigerdiagramms. Für den Pulsbetrieb des Stromrichters stehen bei der erweiterten Drehstrom-Brückenschaltung 24 Sektoren zur Verfügung (Bild 268d), bei der normalen Drehstrom-Brückenschaltung sind es nur sechs (Bild 267a). Um den Grundschwingungsraumzeiger $\underline{u}_{1\mathrm{s}}$ in der eingezeichneten Lage einzustellen, reicht hier ein Pulsbetrieb im Sektor 7 zwischen den Punkten $(-+-)$, $(-+0)$ und $(-0-)$ aus. Pulsen

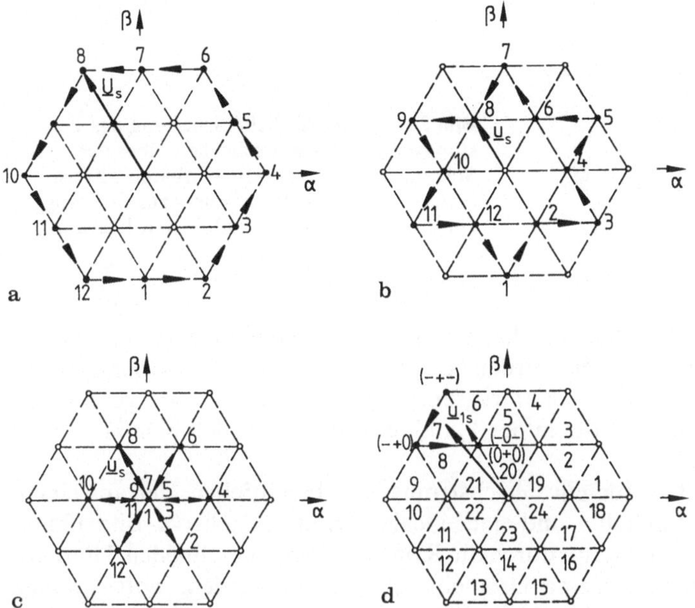

Bild 268. Raumzeigerdiagramme der Drehspannung beim Stromrichter in erweiterter Drehstrom-Brückenschaltung nach Bild 254 für mehrere Aussteuerungszustände. **a** Blocksteuerung mit $\beta = 150°$; **b** Blocksteuerung mit $\beta = 90°$; **c** Blocksteuerung mit $\beta = 30°$; **d** Pulsbetrieb im Sektor 7

in kleineren Sektoren bedingt bei gleicher Pulsfrequenz einen kleineren Spannungsklirrfaktor bzw. einen größeren Grundschwingungsgehalt, also eine sinusförmigere Wechselspannung.

10.1.2 Konventionelle Theorie

Im Rahmen der konventionellen Theorie der selbstgeführten Stromrichter sollen die Kommutierungsvorgänge des Laststromes vom elektronischen Schalter auf die Freilauf- bzw. Rückspeisedioden und wieder zurück untersucht werden. Dabei wird in zwei Schritten vorgegangen.

Erstens wird anhand einer Einquadrant-Gleichstromstellerschaltung die Kommutierung beim Einsatz nicht über den Steueranschluß abschaltbarer Thyristoren beschrieben. Geräte mit Schaltungen dieser Art werden heute zwar kaum noch entwickelt, aber sie sind in großer Zahl im Einsatz und werden voraussichtlich auch noch für mehrere Jahre angeboten und geliefert werden.

Zweitens werden, ebenfalls am Beispiel des Einquadrant-Gleichstromstellers, Kommutierungsvorgänge behandelt, wie sie beim Einsatz realer über den Steueranschluß abschaltbarer Leistungshalbleiter auftreten.

10.1.2.1 Kommutierung mit kapazitivem Energiespeicher

Die Kommutierung mit kapazitivem Energiespeicher verliert durch den zunehmenden Einsatz von über den Steueranschluß abschaltbaren elektrischen Ventil-

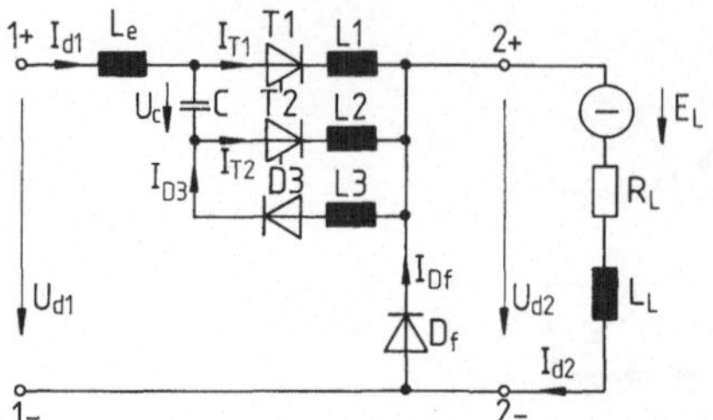

Bild 269. Grundsätzliche Schaltung des Leistungsteiles eines mit schnellen, über den Steueranschluß nicht abschaltbaren Thyristoren realisierten Gleichstromstellers zur Speisung einer gemischt ohmsch-induktiven Belastung

bausteinen an Bedeutung. Sie soll deshalb nur am Beispiel eines Einquadrant-Gleichstromstellers beschrieben werden. Bei selbstgeführten Stromrichtern mit Wechselspannungs- oder Drehspannungsausgang treten im Grunde genommen sehr ähnliche Vorgänge auf, die in der Fachliteratur ausführlich behandelt sind [60–65, 135].

In Abschn. 10.1.1.1 wurde ein Gleichstromsteller beschrieben, der aus einem idealen elektronischen Schalter und einer idealen Diode besteht (s. Bild 185a). Ein elektronischer Schalter kann durch die Kombination von schnellen Thyristoren, Dioden, Kondensatoren und Drosseln verwirklicht werden, wobei es eine Frage des Aufwandes ist, inwieweit die Eigenschaften des realen elektronischen Schalters sich denen des idealen annähern.

Ausgangspunkt für die weiteren Überlegungen sei die Schaltung von Bild 269. Den Bauelementen des Gleichstromstellers seien zunächst wieder ideale Eigenschaften zugeordnet. Die Induktivität $L3$, die als Umschwinginduktivität zur Begrenzung der Amplitude des Umschwingstromes I_3 dient, muß auf alle Fälle einen endlichen Wert haben. Die Induktivitäten $L1$ und $L2$ dienen zur Begrenzung der Stromanstiegsgeschwindigkeit beim Einschalten der Thyristoren T1 und T2. Die Induktivität L_e des Eingangskreises tritt meist nur als parasitäre Induktivität auf; in ihr sind die Induktivität der Spannungsquelle und der Leitungen zwischen Spannungsquelle und Gleichstromsteller vereinigt zu denken.

Induktivitätsfreie Kommutierungskreise

Um das Grundsätzliche der Kommutierung mit kapazitivem Energiespeicher zu erläutern, werden zunächst die Induktivitäten $L1$, $L2$ und L_e des grundsätzlichen Schaltplanes nach Bild 269 zu Null gesetzt. Weiterhin wird vorausgesetzt, daß die Lastkreiszeitkonstante $\tau_L = L_L/R_L$ groß gegenüber der Dauer T einer Schaltperiode ist. Damit kann der Laststrom I_{d2} als gut geglättet angenommen werden. Unter diesen Voraussetzungen ergibt sich der zeitliche Verlauf der charakteristischen Ströme und Spannungen nach Bild 270.

Zu Beginn des betrachteten Zeitabschnittes führt der Hauptthyristor, der Thyristor T1, den Laststrom I_{d2}; am Lastkreis liegt die Spannung $u_{d2} = U_{d1}$. Die Kapazität C des Kommutierungskondensators ist auf $u_c = -U_{d1}$ aufgeladen. Es fließt Leistung aus dem Gleichspannungsnetz in den Verbraucherkreis. Im Zeitpunkt t_1 wird der Hilfsthyristor T2, auch Löschthyristor genannt, eingeschaltet. Unter den getroffenen Voraussetzungen kommutiert der Strom I_{d2} augenblicklich von T1 auf T2 und die Kondensatorspannung u_c liegt als Sperrspannung

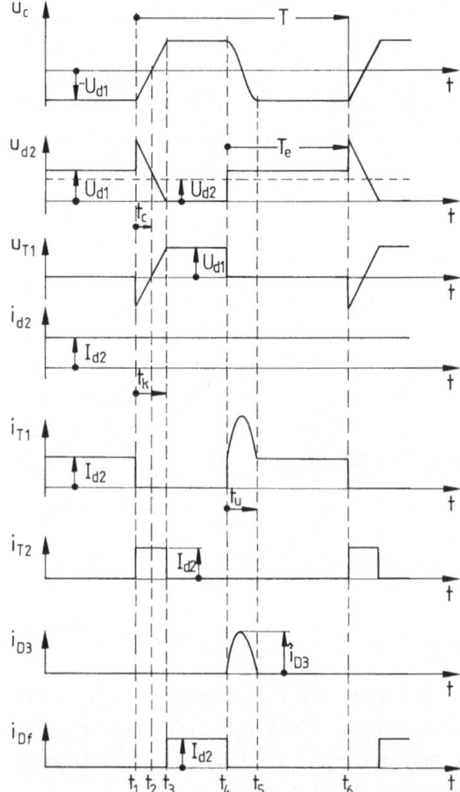

Bild 270. Zeitliche Verläufe von Strömen und Spannungen an dem Gleichstromsteller nach Bild 269. $L_e = 0$; $L_1 = 0$; $L_2 = 0$; $L_L/R_L \gg T$

am Thyristor T1. Der Strom I_{d2} lädt den Kondensator um, im Zeitpunkt t_2 geht die Spannung u_c durch Null. Der Zeitabschnitt

$$t_2 - t_1 = t_c$$

ist gleich der Schonzeit, die bei realen Thyristoren größer als die Freiwerdezeit t_q sein muß (s. auch Abschn. 4.1.3.3).

Andererseits ergibt sich die Schonzeit zu

$$t_c = \frac{U_{d1} \cdot C}{I_{d2}} . \tag{363}$$

Die erforderliche Mindestkapazität des Kommutierungskondensators ergibt sich damit zu

$$C = \frac{I_{d2max} \cdot t_c}{U_{d1}} , \tag{364}$$

wobei I_{d2max} der größte betriebsmäßig zu kommutierende Laststrom ist.

Die Spannung am Lastkreis springt im Zeitpunkt t_1 auf den Wert $u_{d2} = 2U_{d1}$ und fällt dann bis zum Zeitpunkt t_3, in dem der Wert Null erreicht wird, linear ab. U_{d2} kann wegen der Freilaufdiode D_f nicht negativ werden, im Zeitpunkt t_3

kommutiert der Laststrom I_{d2} augenblicklich aus dem Kommutierungskreis in den Freilaufkreis. Damit ist der Umladevorgang des Kondensators beendet, dieser ist auf $u_c = U_{d1}$ aufgeladen. I_{d2} fließt über die Diode D_f, bis im Zeitpunkt t_4 der Hauptthyristor T1 wieder eingeschaltet wird. Für die zweistufige Kommutierung des Stromes I_{d2} vom Hauptthyristor T1 auf die Freilaufdiode D_f wird die Zeit

$$t_k = t_3 - t_1 = 2U_{d1}\frac{C}{I_{d2}} \qquad (365)$$

benötigt.

Während des Zeitabschnittes $t_4 - t_3$ ist die Spannung am Lastkreis $u_{d2} = 0$. Im Zeitpunkt t_4 wird der Hauptthyristor T1 wieder eingeschaltet, als Folge kommutiert der Laststrom I_{d2} augenblicklich von D_f auf T1. Im Zeitabschnitt $t_5 - t_4$ muß der Hauptthyristor T1 neben dem Laststrom I_{d2} noch den Umschwingstrom I_{D3} des Kondensators führen, dessen Stromkreis sich über $L3$ und D3 schließt. Die Umschwingzeit der Kondensatorladung ergibt sich zu

$$t_u = t_5 - t_4 = \pi\sqrt{C \cdot L3}. \qquad (366)$$

Der Strom I_{D3} erreicht während des Umschwingvorgangs den Amplitudenwert

$$\hat{i}_{D3} = \sqrt{\frac{C}{L3}}\,U_{d1}. \qquad (367)$$

Die Induktivität $L3$ ist so zu wählen, daß einerseits die Umschwingzeit t_u klein gegenüber der Periodendauer T ist; andererseits darf der Amplitudenwert $\hat{i}_{D3}$ des Umschwingstromes, der sich im Hauptthyristor dem Laststrom I_{d2} überlagert, mit Rücksicht auf die Einschaltverluste nicht zu groß werden.

Während des Umschwingvorganges ändert die Kondensatorspannung ihr Vorzeichen, im Zeitpunkt t_5 ist $u_c = -U_{d1}$; der Kommutierungskreis ist damit wieder einschaltbereit. Die Umschwingdauer t_u ist gleich der Mindesteinschaltdauer des Thyristors T1. Zwischen den Zeitpunkten t_5 und t_6 befindet sich der Gleichstromsteller im gleichen Betriebszustand wie vor dem Zeitpunkt t_1. Zum Zeitpunkt t_6 wird der Hauptthyristor T1 durch Einschalten des Hilfsthyristors T2 wieder ausgeschaltet, die Kommutierung des Laststromes in den Freilaufkreis beginnt wieder usw.

Wird die Arbeitsweise des Gleichstromstellers nach Bild 269 mit der des idealen nach Bild 185 verglichen, so zeigen sich einige Nachteile. Ist der Hauptthyristor T1 zum Zeitpunkt t_1 ausgeschaltet, so darf er erst nach vollständiger Umladung des Kondensators zum Zeitpunkt t_3 wieder eingeschaltet werden. Die Kommutierungszeit t_k ist damit die Mindestausschaltzeit des Hauptthyristors. Damit wird der zulässige Bereich der Einschaltzeit von T1 eingeengt auf

$$t_u < T_e < (T - t_k),$$

wobei noch die in Gl. (365) beschriebene Abhängigkeit der Kommutierungszeit t_k von der Größe des Laststromes I_{d2} zu berücksichtigen ist. Daraus folgt, daß I_{d2} einen gewissen Mindestwert nicht unterschreiten darf; d.h. die Schaltung ist nicht leerlaufsicher.

Wie aus Bild 270 zu ersehen ist, ergibt sich der Mittelwert der Lastspannung zu

$$U_{d2} = \frac{T_e + t_k}{T} U_{d1}.$$ (368)

Der Vergleich der Gl. (251) und (368) zeigt, daß die idealisierte Theorie nur dann angenähert richtige Werte liefert, wenn t_k sehr klein gegenüber T ist. Mit dem Gleichstromsteller nach Bild 269 kann bei nichtlückendem Betrieb die kleinste Lastspannung

$$U_{d2min} = \frac{t_u + t_k}{T} U_{d1}$$ (369)

nicht unterschritten werden.

Induktivitätsbehaftete Kommutierungskreise

Die größte Induktivität in den Kommutierungskreisen ist häufig die Eingangsinduktivität L_e. Wird sie berücksichtigt, so ergibt sich der zeitliche Verlauf der charakteristischen Ströme und Spannungen nach Bild 271. Zu Beginn des

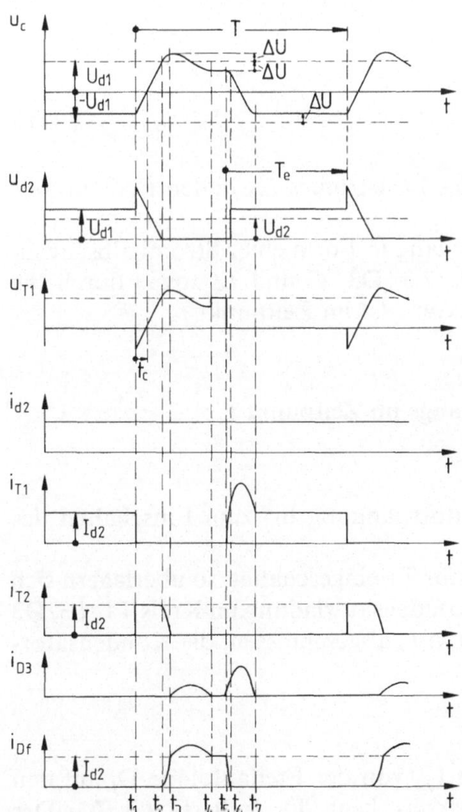

Bild 271. Zeitlicher Verlauf von Strömen und Spannungen am Gleichstromsteller nach Bild 269. $L_e \neq 0$; $L_1 = 0$; $L_2 = 0$; $L_L/R_L \gg T$

betrachteten Zeitabschnittes führt wieder der Thyristor T1 den Laststrom I_{d2}, gegenüber der Darstellung von Bild 270 ist jedoch die negative Kondensatorspannung dem Betrage nach kleiner $(u_c > -U_{d1})$. Wird im Zeitpunkt t_1 der Hilfsthyristor T2 eingeschaltet, so läuft der Kommutierungsvorgang zunächst ähnlich ab wie anhand von Bild 270 beschrieben, jedoch wird, wegen der geringeren negativen Anfangsladung des Kondensators, unter sonst gleichen Bedingungen die Schonzeit t_c kleiner.

Zum Zeitpunkt t_2 ist $u_c = U_{d1}$ und $u_{d2} = 0$, die Kommutierung des Laststromes I_{d2} vom Hilfsthyristor T2 auf die Freilaufdiode D_f beginnt. Da die Induktivität L_e im Kommutierungskreis liegt, kann der Stromübergang nicht augenblicklich erfolgen, sondern es wird der Zeitraum $t_3 - t_2$ dazu benötigt; die Kondensatorspannung steigt inzwischen auf

$$u_c = U_{d1} + \Delta U$$

an. Während des Kommutierungsvorganges wird die im Zeitpunkt t_2 in L_e vorhandene magnetische Energie in elektrische Energie überführt und im Kondensator gespeichert. Als Bestimmungsgleichung für die Spannung ΔU läßt sich somit

$$\frac{1}{2} L_e \cdot I_{d2}^2 = \frac{1}{2} C \cdot (\Delta U)^2 \qquad (370)$$

angeben, es folgt

$$\Delta U = \sqrt{\frac{L_e}{C}} \cdot I_{d2} . \qquad (371)$$

Im Zeitpunkt t_3 ist die Kommutierung des Laststromes I_{d2} in den Freilaufkreis abgeschlossen.

Gleichzeitig beginnt ein Ausgleichsvorgang in Form einer Stromhalbschwingung in dem durch die Bauelemente D_f, L3, D3, C und L_e sowie durch die Gleichspannungsquelle gebildeten Stromkreis. Ist im Zeitpunkt t_3

$$u_c = U_{d1} + \Delta U ,$$

so ist nach Abschluß des Ausgleichsvorgangs im Zeitpunkt t_4

$$u_c = U_{d1} - \Delta U .$$

Auf diesem Wert verharrt die Kondensatorspannung bis zum Einschalten des Hauptthyristors T1 im Zeitpunkt t_5.

Wird im Zeitpunkt t_5 der Hauptthyristor T1 eingeschaltet, so überlagern sich zwei Vorgänge. Zum einen schwingt die Kondensatorladung im Kreis T1, L3, D3 und C um. Dieser Vorgang ist im Zeitpunkt t_7 abgeschlossen, die Kondensatorspannung hat jetzt den Wert

$$u_c = -U_{d1} + \Delta U .$$

Zum anderen kommutiert der Laststrom I_{d2} von der Freilaufdiode D_f auf den Hauptthyristor T1. Im Kommutierungskreis liegt die Induktivität L_e. Der

Stromübergang benötigt die Zeit

$$t_6 - t_5 = \frac{L_e}{U_{d1}} \cdot I_{d2}\,.$$

In diesem Zeitabschnitt fällt die Spannung U_{d1} voll an L_e ab, und die Spannung am Lastkreis bleibt trotz des eingeschalteten Hauptthyristors T1 noch auf dem Wert $u_{d2} = 0$. Erst mit Abschluß des Kommutierungsvorgangs im Zeitpunkt t_6 springt die Ausgangsspannung auf den Wert $u_{d2} = U_{d1}$.

Werden auch den Induktivitäten $L1$ und $L2$ endliche Werte zugeordnet, so benötigen alle Kommutierungsvorgänge eine endliche Zeit. Während der Kommutierung des Laststromes von T1 auf T2 wird der Kondensator C zum Teil entladen, was zu einer weiteren Verkleinerung der Schonzeit führt.

Insgesamt bedingen also bei der Schaltung nach Bild 269 endliche Werte der Induktivitäten L_e, $L1$ und $L2$ im Zeitbereich vor dem Einschalten des Hilfsthyristors T2 eine dem Laststrom I_{d2} proportionale Erhöhung der Spannung U_c gegenüber der Spannung $-U_{d1}$ und damit eine Verkleinerung der Schonzeit des Hauptthyristors. Dieser Effekt ist bei der Dimensionierung des Kommutierungskondensators C zu berücksichtigen.

Schaltung mit Umschwingthyristor

Wird die Umschwingdiode D3 von Bild 269 durch einen Umschwingthyristor T3 ersetzt, so entsteht der in Bild 272 wiedergegebene Schaltplan. Die Induktivitäten $L1$ und $L2$ werden dabei für die folgenden Überlegungen idealisierend zu Null gesetzt. Der Rückschwingthyristor bietet gegenüber der Rückschwingdiode einen wesentlichen Vorteil: Die am Ende der Kommutierung des Laststromes I_{d2} von T2 auf D_f vorhandene Zusatzladung des Kondensators

$$\Delta Q = C \cdot \Delta U \tag{372}$$

kann nicht sogleich umschwingen, da T3 zu diesem Zeitpunkt nicht eingeschaltet ist und somit ΔU als Vorwärtssperrspannung aufnimmt. Die Zusatzladung bleibt bis zum Zeitpunkt t_5 von Bild 273, in dem die Thyristoren T1 und T3 eingeschaltet werden, erhalten. Die Kondensatorladung schwingt im Zeitabschnitt $t_6 - t_5$ um, anschließend steht bis zum Einschalten des Hilfsthyristors die Spannung

$$u_c = -U_{d1} - \Delta U$$

am Kondensator an. Im Gegensatz zu dem in Bild 271 dargestellten Vorgang, bei dem sich die für die Kommutierung des Laststroms von T1 über T2 auf D_f zur

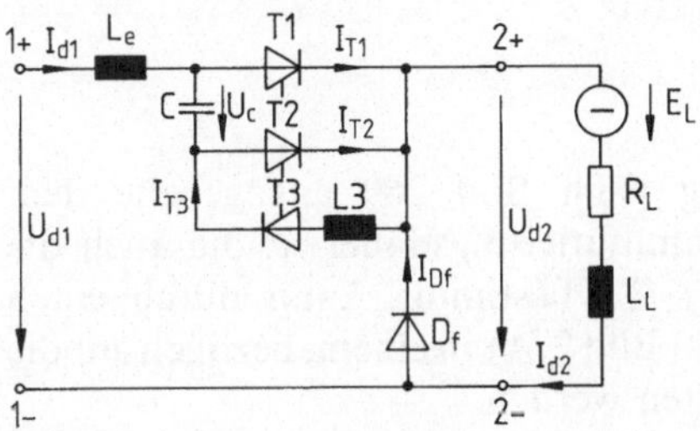

Bild 272. Grundsätzliche Schaltung des Leistungsteiles eines Gleichstromstellers mit Umschwingthyristor

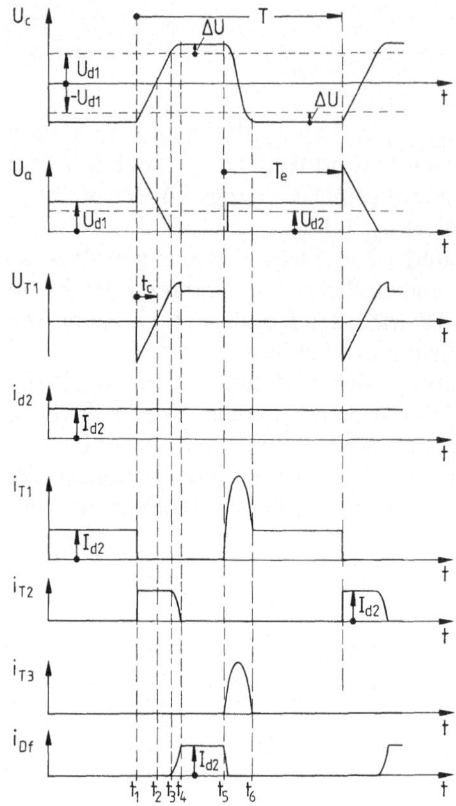

Bild 273. Zeitlicher Verlauf von Strömen und Spannungen am Gleichstromsteller nach Bild 272. $\dfrac{L_{\mathrm{L}}}{R_{\mathrm{L}}} \gg T$

Verfügung stehende Kondensatorladung auf

$$|Q| = C(U_{\mathrm{d1}} - \Delta U)$$

verkleinert, wird durch den Einsatz des Umschwingthyristors die Ladung auf

$$|Q| = C(U_{\mathrm{d1}} + \Delta U)$$

erhöht. Da ΔU dem Laststrom I_{d2} proportional ist [s. Gl. (371)], wird durch diese Überladung die dem Laststrom umgekehrt proportionale Verkürzung der Schonzeit t_{c} [s. Gl. (363)] teilweise kompensiert. Der Einsatz eines Umschwingthyristors bewirkt somit eine wesentliche Verbesserung der Schaltungseigenschaften.

Schaltung mit Rückladekreis

Die in Gl. (365) für die Grundschaltung nach Bild 269 angegebene dem Laststrom I_{d2} umgekehrt proportionale Kommutierungsdauer t_{k}, die auch die Mindestausschaltdauer des Hauptthyristors T1 bestimmt, kann durch einen Rückladekreis mit den Elementen $L5$ und D5 (Bild 274) in einem, bezogen auf die Periodendauer T, kleinen Zeitbereich gehalten werden.

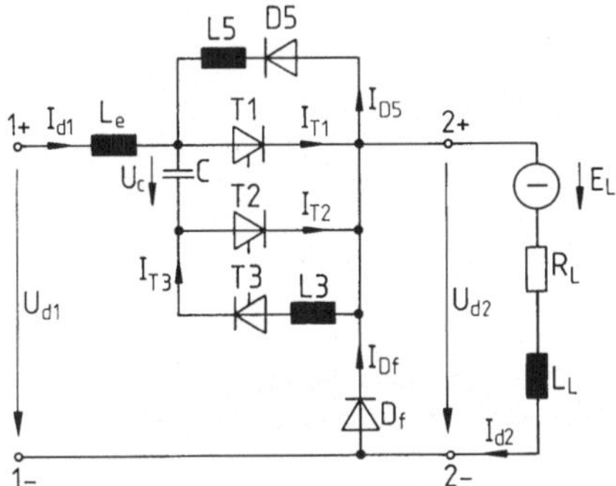

Bild 274. Gleichstromsteller mit Rückladekreis

Für die Umladung des Kondensators nach dem Einschalten des Hilfsthyristors T2 stehen jetzt zwei Wege zur Verfügung. Neben der bisher beschriebenen Umladung über den Lastkreis durch den Strom I_{d2} kann die Kondensatorladung im Kreis C, T2, D5, $L5$ umschwingen. Für $I_{d2} \rightarrow 0$ geht die Kommutierungsdauer $t_k \rightarrow \pi \sqrt{C \cdot L5}$. Dieser Wert ist der Maximalwert der Mindestausschaltdauer von T1. Der Nebenweg über D5 und $L5$, der zu einer Verkürzung der Schonzeit führt, ist bei der Dimensionierung der Kapazität C zu berücksichtigen. Die Begrenzung der Mindestausschaltdauer des Hauptthyristors T1 bedingt eine weitere wesentliche Verbesserung der Schaltungseigenschaften.

Die Schaltung nach Bild 274 hat jedoch noch den Nachteil, nicht leerlaufsicher zu sein. Die Kapazität C wird während einer Periode zweimal umgeladen. Durch die in den Umladekreisen vorhandenen realen Bauelemente treten dabei ohmsche Verluste auf. Solange ein hinreichend großer Laststrom I_{d2} fließt, werden die Verluste aus der Spannungsquelle U_{d1} gedeckt. Geht $I_{d2} \rightarrow 0$, so wird die Spannung U_c bei jedem Umschwingvorgang kleiner, und die Schaltung verliert ihre Kommutierungsfähigkeit.

Schaltung mit Nachlade- und getrenntem Umschwingkreis

Bei einer leerlaufsicheren Schaltung darf die durch Verluste beim Umschwingen der Kondensatorladung erforderliche Nachladung nicht durch den Laststrom erfolgen, sondern es ist ein getrennter Nachladekreis vorzusehen (Bild 275). Für einen sehr kleinen Laststrom ($I_{d2} \rightarrow 0$) lassen sich die Vorgänge während einer Periode wie folgt beschreiben.

Vor dem Einschalten des Hilfsthyristors T2 sei $u_c = -U_{d1} - \Delta U_1$. Nach dessen Einschalten schwingt die Kondensatorladung im Rückladekreis C, T2, D5, $L5$ um. Wegen der Dämpfung im Umschwingkreis erreicht die Kondensatorspannung am Ende dieses Ausgleichsvorganges nur den Wert $u_c = U_{d1} - \Delta U_2$. Wird nun der Nachladethyristor T7 eingeschaltet, so wird der Kondensator aus der Spannungsquelle U_{d1} über den Schwingkreis C, $L6$ nachgeladen und die Kondensatorspannung schwingt auf $u_c = U_{d1} + \Delta U_3$ auf. Jetzt kann der Umschwingthyristor T3 eingeschaltet werden, die Kondensatorladung schwingt dann im Kreis C, T3, $L6$ um und die Spannung am Kondensator erreicht den Wert $u_c = -U_{d1} - \Delta U_4$. Im stationären Betrieb ist $\Delta U_4 - \Delta U_1$.

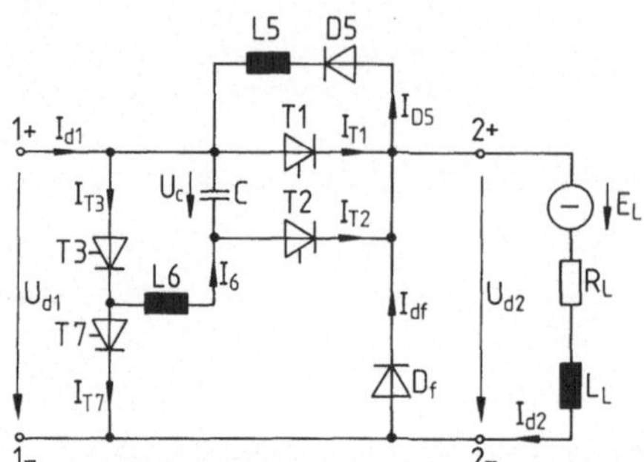

Bild 275. Gleichstromsteller mit getrenntem Umschwingkreis und mit Nachladekreis

Mit der Schaltung nach Bild 275 lassen sich somit weitere wichtige Verbesserungen erreichen:

— Durch die Nachladeeinrichtung wird die Schaltung leerlaufsicher.
— Durch den getrennten Umschwingkreis wird der Hauptthyristor T1 vom Umschwingstrom entlastet; es braucht keine Mindesteinschaltzeit mehr eingehalten zu werden.

Abschließende Betrachtung

In diesem Abschnitt „Kommutierung mit kapazitivem Energiespeicher" wurde gezeigt, wie, ausgehend von einer einfachen Gleichstromsteller-Grundschaltung, mit von einem idealen elektronischen Schalter weit entfernten Eigenschaften, durch einen steigenden Aufwand an Bauelementen eine Annäherung an den idealen Schalter erreicht werden kann. Ähnliche Überlegungen lassen sich auch für selbstgeführte Stromrichter mit Wechselspannungs- oder Drehspannungsausgang anstellen. Stromrichter, die mit diesem Kommutierungsprinzip arbeiten, werden sicherlich noch einige Jahre vertrieben werden und noch einige Jahrzehnte in Betrieb sein. Bei Neuentwicklungen werden jedoch bevorzugt über den Steueranschluß auch abschaltbare Leistungshalbleiter eingesetzt, die, wie der Vergleich der Bilder 275 und 276 zeigt, bei einem erheblich geringeren Aufwand an Bauelementen ein besseres Schaltverhalten und höhere Schaltfrequenzen ermöglichen.

10.1.2.2 Kommutierung bei über den Steueranschluß auch abschaltbaren realen elektrischen Ventilen

Der Schaltplan von Bild 276 hat mit dem im Rahmen der idealisierten Stromrichtertheorie anhand von Bild 185a behandelten eine große Ähnlichkeit. Hier soll jedoch das Verhalten der Schaltung beim Einsatz realer Bauelemente besprochen werden. Wird das über den Steueranschluß auch abschaltbare Ventil V durch einen Transistor realisiert, so kann dieser, wenn die Kommutierungskreise induktivitätsarm aufgebaut sind, die Gleichspannung U_{d1} als starr angenommen werden kann und an die Arbeitsfrequenz keine zu hohen Ansprüche gestellt werden, ohne Einschalt- und Ausschaltentlastungsnetzwerke betrieben werden. Aufmerksamkeit ist jetzt dem Ausschalt- und dem Einschaltverhalten der Freilaufdiode D_f zu schenken.

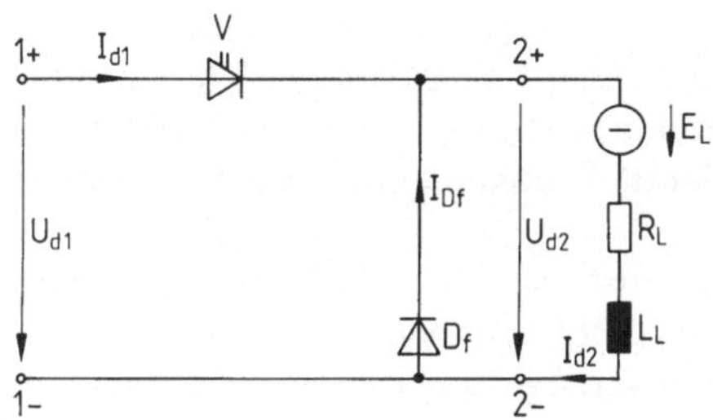

Bild 276. Grundsätzliche Schaltung des Leistungsteils eines Gleichstromstellers mit über den Steueranschluß abschaltbarem elektrischen Ventil V

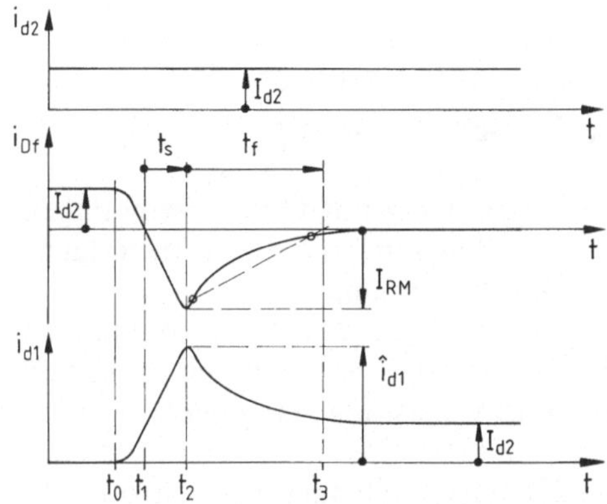

Bild 277. Zeitlicher Verlauf des Ventilstromes I_{d1} und des Freilaufdiodenstromes I_{Df} bei der Kommutierung des Laststromes I_{d2} vom Freilaufkreis in den Speisekreis

Ist die Spannungsnachlaufzeit t_s der Diode D_f (s. auch Bild 18) erheblich größer als die Stromanstiegszeit t_r des Transistors V (s. auch Bilder 34 und 40), so muß der Transistor nach dem Einschalten eine hohe Stromspitze, deren Maximum

$$\hat{i}_{d1} = I_{d2} + I_{RM}$$

beträgt, übernehmen. In Bild 277 ist ein derartiger Fall dargestellt. Bis zum Zeitpunkt t_0 führt der Freilaufkreis den Laststrom I_{d2}. Im Zeitpunkt t_0 wird das Ventil V eingeschaltet, die an ihm liegende Vorwärtssperrspannung bricht zusammen und der Strom I_{d2} kommutiert von der Diode D_f auf das Ventil V. Zum Zeitpunkt t_1 hat der Strom I_{df} den Wert $i_{df}=0$ erreicht. Bedingt durch den in Kap. 3 betrachteten Trägerspeichereffekt bleibt die Diode D_f während der anschließenden Spannungsnachlaufzeit t_s noch niederohmig, und der Strom I_{d1} steigt im Kreis $1+$, V, D_f, $1-$ steil an. Erst im Zeitpunkt t_2 nimmt die Freilaufdiode Sperrspannung auf, und ihr Rückstrom klingt während der Fallzeit gegen Null ab. Damit nähert sich auch der Strom I_{d1} dem stationären Durchlaßstrom I_{d2} des Ventils V an. Um diese Einschaltstromspitze $\hat{i}_{d1}$ klein zu halten, soll die Spannungsnachlaufzeit t_s der Freilaufdiode kleiner als die Stromanstiegszeit t_r des Ventils V sein.

Beim Abschalten des Ventils V übernimmt die Diode D_f den Laststrom I_{d2}. Dieser Übergang kann problemlos erfolgen, wenn die Durchlaßverzögerungszeit t_{fr} der Diode D_f (s. auch Kap. 3) klein ist gegenüber der Fallzeit t_f des Stroms I_{d1}

(s. auch Bild 34). Ist das nicht der Fall, so baut sich aufgrund der in der Lastkreisinduktivität L_L gespeicherten magnetischen Energie an der Freilaufdiode D_f eine transiente Spannungsspitze in Durchlaßrichtung auf, die sich der nach erfolgtem Abschaltvorgang stationär am Ventil V anstehenden Vorwärtsspannung U_{d1} überlagert.

Um schnell schaltende elektrische Ventilbausteine wie MOSFELTs, Ringemittertransistoren oder IGBTs voll ausnützen zu können, bedarf es sehr schneller Dioden, d.h. Dioden mit kleinen Durchlaßverzögerungszeiten und kleinen Spannungsnachlaufzeiten.

10.2 Selbstgeführte und netzgetaktete Stromrichter mit kapazitiver Glättung der Gleichspannung

Netzgeführte Stromrichter belasten das Drehstromnetz mit Oberschwingungen und Blindleistung (s. Abschn. 8.1.5 „Netzrückwirkungen" und 8.2 „Netzgeführte Stromrichter mit kapazitiver Glättung der Gleichspannung").

Mit selbstgeführten Stromrichtern lassen sich diese Nachteile weitgehend vermeiden, ja, selbstgeführte Stromrichter können auch zur Kompensation von Grundschwingungsblindleistung und Verzerrungsleistung eingesetzt werden [141–149d].

Im grundsätzlichen Schaltplan von Bild 278 ist ein selbstgeführter Stromrichter in Drehstrom-Brückenschaltung über die zur Entkopplung dienenden Induktivitäten L_k an das Drehstromnetz angeschlossen. Dieses wird der idealisierten Stromrichtertheorie entsprechend als starr und symmetrisch angenommen, es gelten die Gl. (32.1), (32.2) und (32.3). Weiterhin wird idealisierend ein Glättungskondensator hinreichend großer Kapazität C vorausgesetzt, so daß die Gleichspannung als gut geglättet angenommen werden kann. Der Stromrichter sei mit idealen elektrischen Ventilen (Dioden und über den Steueranschluß ein- und ausschaltbaren Bauelementen) ausgerüstet.

Arbeitet der Stromrichter im Pulsbetrieb, so stehen an den Klemmen 2U, 2V und 2W gegenüber dem Sternpunkt N gepulste Spannungen an (s. $u_{2UN}(\omega_1 t)$ in den Bildern 281, 282, 283), während die Spannungen U_{1UN}, U_{1VN} und U_{1WN} einen sinusförmigen Verlauf haben. Die Spannungsdifferenzen fallen an den Induktivi-

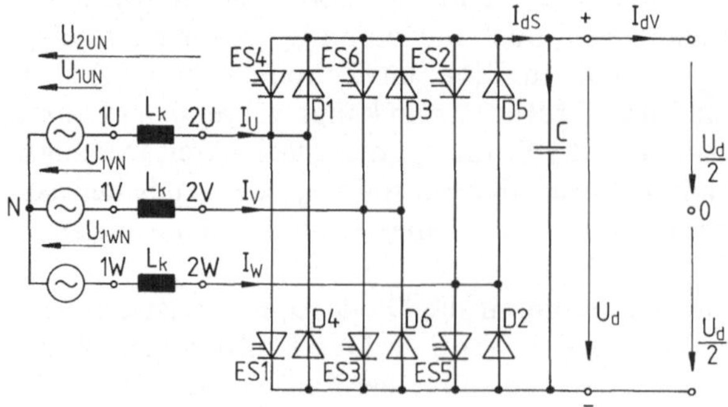

Bild 278. Selbstgeführter Stromrichter mit kapazitiver Glättung der Gleichspannung am Drehstromnetz — grundsätzlicher Schaltplan

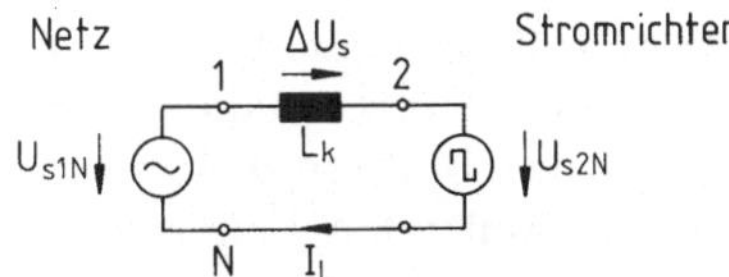

Bild 279. Einsträngiger Ersatzschaltplan des Schaltplans nach Bild 278

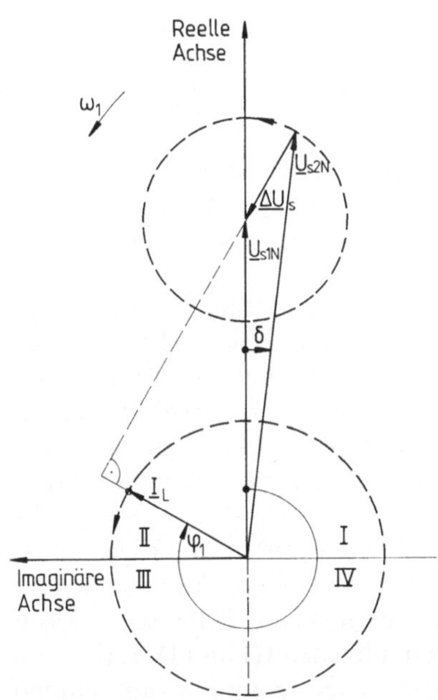

Bild 280. Zeitzeigerdiagramm für die charakteristischen Grundschwingungsgrößen des Stromrichters nach Bild 278. $\underline{U}_{s2N}$ Sternspannungszeiger des Stromrichters; $\underline{U}_{s1N}$ Sternspannungszeiger des Drehstromnetzes

täten L_k ab. Für den Strang U z.B. gilt

$$\Delta u_U(\omega_1 t) = u_{1UN}(\omega_1 t) - u_{2UN}(\omega_1 t). \tag{373}$$

Zur Veranschaulichung des Vorstehenden zeigt Bild 279 einen einsträngigen Ersatzschaltplan, in dem der Index s auf Sternspannung hindeutet. Auf Bild 279 bezogen, läßt sich der Leiterstrom I_L über die Beziehung

$$\Delta u_s(\omega_1 t) = L_k \frac{di_L(\omega_1 t)}{dt} \tag{374}$$

ermitteln. Werden zunächst nur die Grundschwingungen betrachtet, so können diese in einem Zeitzeigerdiagramm (Bild 280) veranschaulicht werden. Soll ein Leiterstrom der Größe I_{1L} bei einem Grundschwingungsverschiebungswinkel φ_1 fließen, so muß die Grundschwingung der Stromrichterspannung die Größe

$$U_{1s2N} = \sqrt{(U_{s1N} - X_k I_{1L} \sin \varphi_1)^2 + (X_k I_{1L} \cos \varphi_1)^2} \tag{375}$$

haben und in der Phasenlage gegenüber der Spannung U_{s1N} um

$$\delta = \arctan \frac{X_k \cdot I_{1L} \cos \varphi_1}{U_{s1N} - X_k \cdot I_{1L} \sin \varphi_1} \tag{376}$$

versetzt sein ($X_k = \omega_1 L_k$). Läuft der Zeiger $\underline{I}_L$ auf einer kreisförmigen Ortskurve um, so ist auch die Ortskurve der Stromrichterspannung ein Kreis um die Spitze des Spannungszeigers $\underline{U}_{s1N}$. Um die volle Stromortskurve durchfahren zu können, muß der Stromrichter bei der Netzspannung um 90° voreilenden Leiterstrom ($\varphi_1 = 270°$) die Spannung

$$U_{1s2N} = U_{s1N} + \Delta U_s$$

zur Verfügung stellen können, wobei

$$\Delta U_s = X_k \cdot I_{1L} \tag{377}$$

ist. Die Gleichspannung U_d muß deshalb entsprechend groß sein (Der Zusammenhang zwischen Gleichspannung U_d und Grundschwingungsspannung des Stromrichters kann dem Abschn. 10.1.1.6 für die dort behandelten Steuerverfahren entnommen werden).

Um die in Bild 280 eingezeichnete Stromortskurve durchfahren zu können, muß ein Gleichspannungsnetz zur Verfügung stehen, das elektrische Leistung sowohl aufnehmen als auch abgeben kann. Das ist in praktischen Anwendungsfällen meist nicht der Fall. Selbstgeführte Stromrichter im Netzbetrieb werden entweder als netzseitige Stromrichter eines Umrichters eingesetzt, dann ist ein Leistungsfaktor $\lambda \approx 1$ erwünscht, oder sie werden zur Blindleistungskompensation verwendet.

Wird die komplexe Ebene von Bild 280 in vier Quadranten unterteilt, so ist Betrieb in allen vier Quadranten möglich. Der Stromrichter kann aus dem Drehstromnetz Wirkleistung aufnehmen (Quadranten I und II) oder er kann Wirkleistung in das Drehstromnetz einspeisen (Quadranten III und IV). Er kann wie eine Induktivität Blindleistung aus dem Drehstromnetz aufnehmen (Quadranten I und IV), oder er kann wie eine Kapazität Blindleistung an das Netz abgeben (Quadranten II und III). Wird ein starres Gleichspannungsnetz mit hinreichend großer Gleichspannung U_d vorausgesetzt, so kann innerhalb eines Kreises, dessen Radius durch den Effektivwert des zulässigen Leiterstromes gegeben ist, jeder Betriebspunkt in den Quadranten I−IV der komplexen Ebene über die Aussteuerung des Stromrichters nach Größe U_{1s2N} und Winkellage δ der Stromrichterspannung $\underline{U}_{s2N}$ eingestellt werden.

10.2.1 Umkehrstromrichter zur Speisung eines Spannungszwischenkreises

Um unliebsame Netzrückwirkungen zu vermeiden, soll der am Drehstromnetz arbeitende Teilstromrichter eines Umrichters möglichst mit dem Leistungsfaktor $\lambda = 1$ arbeiten. Um das zu erreichen, müßte der Grundschwingungsverschiebungswinkel φ_1 zu Null gemacht und die Stromoberschwingungen müßten vollständig unterdrückt werden. Die erste Forderung läßt sich durch eine Blindstromregelung, der die Führungsgröße Null vorgegeben wird, hinreichend genau erfüllen [145]. Die Oberschwingungen des Leiterstromes lassen sich über das Verhältnis von Pulsfrequenz zur Netzfrequenz und über die Größe der Induktivität L_k beeinflussen; sie können jedoch nicht ganz auf Null gebracht werden, so daß beim Stromrichter nach Bild 278 immer eine gewisse Verzerrungsleistung vorhanden ist und der Leistungsfaktor an den Wert eins nur angenähert werden kann [145a].

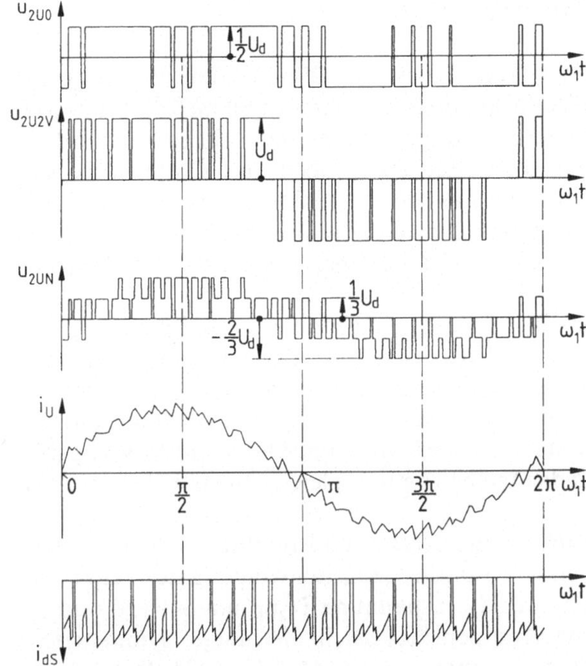

Bild 281. Verlauf der charakteristischen Spannungen und Ströme bei Elimination der Oberschwingungen mit den Ordnungszahlen v gleich 5, 7, 11, 13, 17 und 19. $\dfrac{f_p}{f_n}=15$; $\lambda\approx1$; Wirkleistungsaufnahme aus dem Drehstromnetz

Der Wirkstrom muß so geführt werden, daß im stationären Zustand der Gleichstrom I_{dS} des Stromrichters gleich dem Verbrauchergleichstrom I_{dV} ist und die Kondensatorspannung dabei auf ihren Nennwert $U_d = U_{dN}$ gehalten wird.

In Bild 281 ist der zeitliche Verlauf der charakteristischen Stromrichtergrößen bei Wirkleistungsaufnahme aus dem Drehstromnetz mit $\lambda\approx1$ dargestellt. Der Stromrichter wird mit der Pulsfrequenz $f_p = 15 f_n$ betrieben, wobei die Netzfrequenz f_n gleich der Grundschwingungsfrequenz f_1 ist. Die Aussteuerung erfolgt mit optimierten Pulsmustern. Nach Gl. (349) stehen $N = 7$ bewegliche Schaltwinkel zur Verfügung, so daß $N - 1 = 6$ Oberschwingungen eliminiert werden können. Dazu ausgewählt werden die Oberschwingungen mit den Ordnungszahlen 5, 7, 11, 13, 17 und 19, so daß in der Drehspannung als Oberschwingung mit der niedrigsten Ordnungszahl erst die 23. auftreten kann.

Beim Anschluß des Stromrichters an ein 50-Hz-Netz ergibt sich die Pulsfrequenz zu $f_p = 15 f_n = 750$ Hz. Sie liegt damit in dem Bereich, der auch mit den heute zur Verfügung stehenden abschaltbaren Thyristoren beherrscht werden kann.

Der Berechnung des Leiterstromes $i_U(\omega_1 t)$ ist eine relative Kurzschlußspannung

$$u_{kx} = \frac{X_k \cdot I_L}{U_{s1N}} = 0{,}2 \tag{378}$$

der drehstromseitigen Reaktanz zugrunde gelegt [144]. Unter den vorstehenden Bedingungen zeigt der zeitliche Verlauf des Leiterstromes eine recht gute Annäherung an die Sinusform.

10.2.2 Stromrichter zur Blindleistungskompensation

Der Stromrichter nach Bild 278 kann auch als Blindleistungskompensator eingesetzt werden. Da, von den Verlusten im Stromrichter und im Glättungskondensator abgesehen, Wirkleistung weder aufgenommen noch abgegeben wird, ist die Gleichspannungsseite nur mit dem Glättungskondensator C abgeschlossen. Da kein Gleichstromverbraucher vorhanden ist, gilt $I_{dV} = 0$. Durch einen Spannungsregelkreis ist dafür Sorge zu tragen, daß die Gleichspannung auf ihrem für die maximale Blindleistungsabgabe (in Bild 280 bei $\varphi_1 = 270°$) erforderlichen Nennwert gehalten wird.

In Bild 282, das, wie auch das Bild 281, für ein Frequenzverhältnis $f_p/f_n = 15$ und eine Kurzschlußspannung $u_{kx} = 0{,}2$ gezeichnet ist, eilt die Grundschwingung des Leiterstromes I_U der Grundschwingung der Sternspannung U_{2UN} um 90° vor ($\varphi_1 = 3\pi/2$), der Stromrichter gibt Grundschwingungsblindleistung an das Drehstromnetz ab. Da im Leiterstrom Oberschwingungen höherer Ordnungszahlen ($\nu \geqq 21$) enthalten sind, wird das Drehstromnetz gleichzeitig mit Verzerrungsleistung belastet.

Bei dem in Bild 283 dargestellten Betriebszustand nimmt der Stromrichter Blindleistung aus dem Drehstromnetz auf, die Grundschwingung des Leiterstromes I_U eilt der Grundschwingung der Sternspannung U_{2UN} um $\varphi_1 = 90°$ nach.

Der vorstehend beschriebene Kompensator ist in der Lage, symmetrische Grundschwingungsblindleistung zu kompensieren [144, 148, 149]. Wünschens-

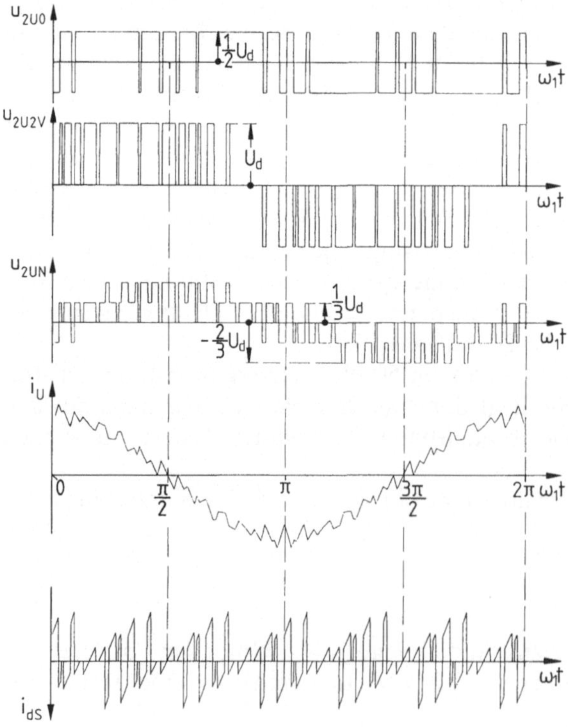

Bild 282. Verlauf der charakteristischen Spannungen und Ströme bei Elimination der Oberschwingungen mit den Ordnungszahlen ν gleich 5, 7, 11, 13, 17 und 19. $\dfrac{f_p}{f_n} = 15$; $\lambda \approx 0$; Blindleistungsabgabe an das Drehstromnetz

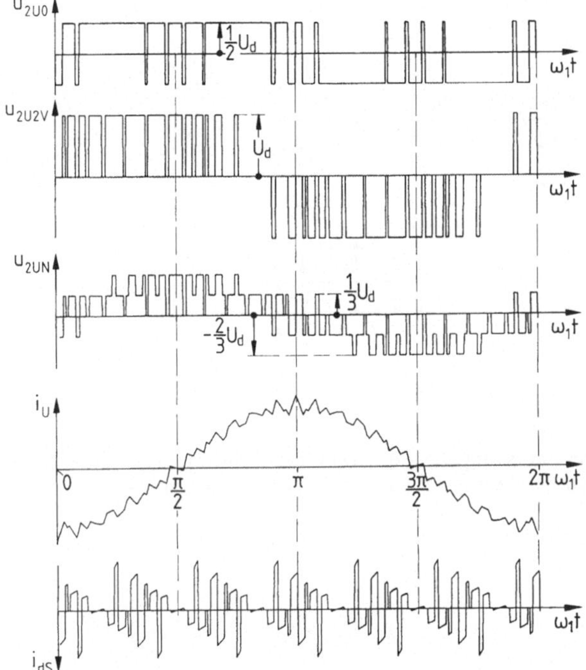

Bild 283. Verlauf der charakteristischen Spannungen und Ströme bei Elimination der Oberschwingungen mit den Ordnungszahlen v gleich 5, 7, 11, 13, 17 und 19. $\dfrac{f_{\mathrm{p}}}{f_{\mathrm{n}}} = 15$; $\lambda \approx 0$; Blindleistungsaufnahme aus dem Drehstromnetz

wert sind jedoch Kompensatoren, die darüber hinaus auch Verzerrungsleistung kompensieren und unsymmetrische Netzbelastungen symmetrieren können [146, 147]. Aufgabe eines derartigen universellen Kompensators ist es dafür zu sorgen, daß das Drehstromnetz bei stationärem Betrieb des Verbrauchers mit symmetrischen sinusförmigen Strömen $I_{\mathrm{L}1}$, $I_{\mathrm{L}2}$ und $I_{\mathrm{L}3}$ bei einem Leistungsfaktor $\lambda \approx 1$ belastet wird, unabhängig davon, welche Kurvenform und welche Phasenlage die Verbraucherströme $I_{\mathrm{V}1}$, $I_{\mathrm{V}2}$, $I_{\mathrm{V}3}$ und I_{VN} haben (Bild 284). Bei Änderungen der Verbraucherströme soll durch eine Regelung der stationäre Zustand schnell wiederhergestellt werden [147]. Die gestellte Aufgabe kann mit einer Kompensatorschaltung nach Bild 284 gelöst werden. Jeder der drei stromrichterseitigen Wicklungsstränge des Stromrichtertransformators ist an einen selbstgeführten Teilstromrichter in Wechselstrom-Brückenschaltung nach Bild 224 angeschlossen, so daß der Leistungsteil des Kompensators aus den drei Teilstromrichtern SR1, SR2 und SR3 besteht. Damit wird es möglich, die Kompensatorströme über eine Stromregelung unabhängig voneinander so einzuprägen, daß im stationären Betrieb im Idealfall

$$i_{\mathrm{V}1}(\omega_1 t) + i_{\mathrm{K}1}(\omega_1 t) = I_{\mathrm{L}}\sqrt{2}\cos(\omega_1 t), \tag{379.1}$$

$$i_{\mathrm{V}2}(\omega_1 t) + i_{\mathrm{K}2}(\omega_1 t) = I_{\mathrm{L}}\sqrt{2}\cos\left(\omega_1 t - \frac{2\pi}{3}\right) \tag{379.2}$$

und

$$i_{\mathrm{V}3}(\omega_1 t) + i_{\mathrm{K}3}(\omega_1 t) = I_{\mathrm{L}}\sqrt{2}\cos\left(\omega_1 t + \frac{2\pi}{3}\right) \tag{379.3}$$

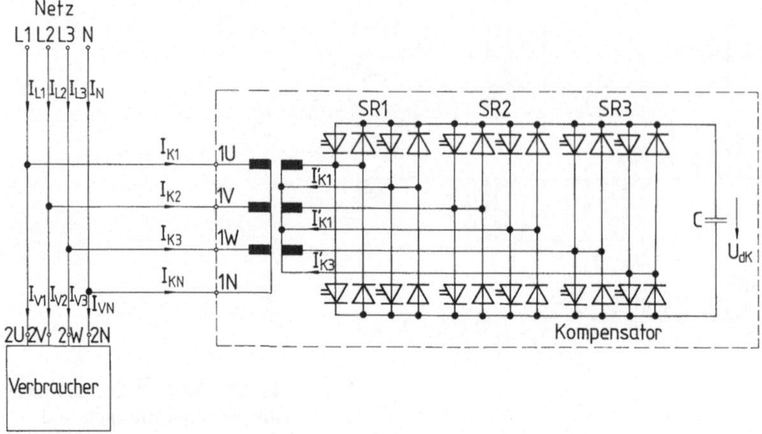

Bild 284. Selbstgeführter Stromrichter zur Kompensation von Grundschwingungsblindleistung und Verzerrungsleistung sowie zur Symmetrierung der aus dem Netz entnommenen Leiterströme — grundsätzlicher Schaltplan

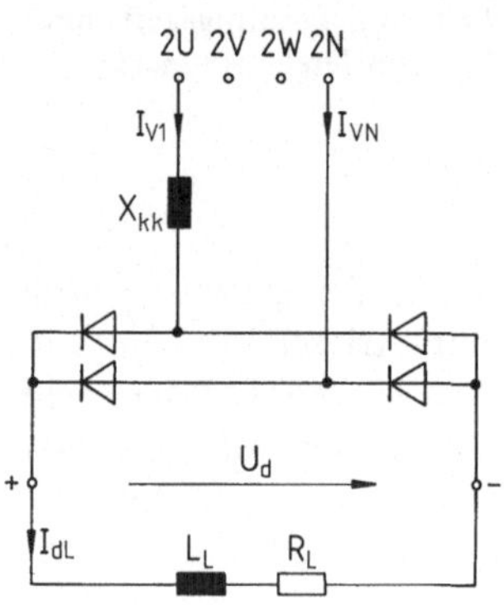

Bild 285. Nichtlineare unsymmetrische Belastung des Drehstromnetzes durch einen ungesteuerten Stromrichter in Zweipuls-Brückenschaltung

wird, wobei

$$I_{\mathrm{L}} = I_{\mathrm{L1}} = I_{\mathrm{L2}} = I_{\mathrm{L3}} \tag{380}$$

ist. Werden diese Bedingungen eingehalten, so ist

$$I_{\mathrm{N}} = 0. \tag{381}$$

Je höher die Pulsfrequenz der Teilstromrichter gewählt werden kann, desto kleiner wird deren Totzeit und eine desto bessere Annäherung an das in den Gln. (379), (380) und (381) formulierte Ziel kann erreicht werden. Die das Drehstromnetz und den Stromrichter entkoppelnde Induktivität L_{k} (s. Bild 279) ist im Schaltplan von Bild 284 nicht gesondert ausgewiesen, sie wird durch die Streuinduktivität L_{kT} des Stromrichtertransformators gebildet.

Der in Bild 286 dargestellte zeitliche Verlauf der charakteristischen Ströme und Spannungen zeigt die Arbeitsweise des Kompensators nach Bild 284 beim Kompensieren der unsymmetrischen Belastung mit nichtlinearer Strom-Span-

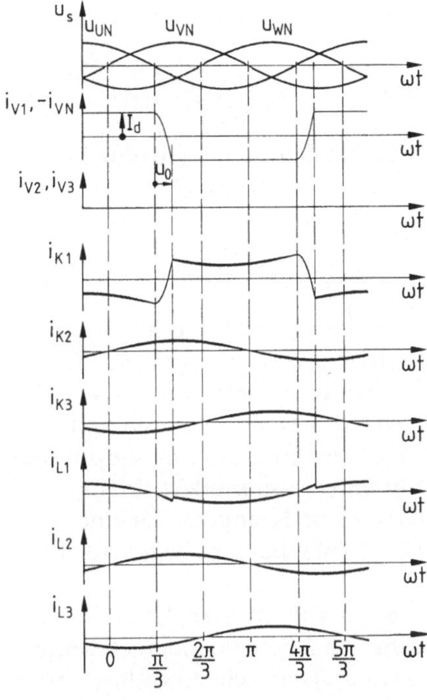

Bild 286. Zeitlicher Verlauf der charakteristischen Ströme und Spannungen am Kompensator nach Bild 284 bei Belastung mit einer ungesteuerten Zweipuls-Brückenschaltung nach Bild 285

nungskennlinie nach Bild 285, die aus einem ungesteuerten Stromrichter in Zweipuls-Brückenschaltung besteht.

Der Simulation des zeitlichen Verlaufs, inzwischen durch Messungen bestätigt, liegen folgende Voraussetzungen zugrunde:

Laststromrichter:

$$I_d = 100\,\text{A}, \quad U_s = 220\,\text{V}, \quad L_{kk} = 0,4\,\text{mH},$$

$$u_{xk} = X_{kk} \cdot \frac{I_d}{U_s} = 0,057,$$

$$u_0 = \arccos\left(1 - \sqrt{2}\,u_{xk}\right) = 23^\circ.$$

Kompensator:

$$I_{KN} = \frac{100}{\sqrt{2}}\,\text{A} = 70,7\,\text{A}, \quad U_s = 220\,\text{V},$$

$$S_{KN} = 3 \cdot U_s \cdot I_{KN} = 46,7\,\text{kVA},$$

$$L_{kT} = 0,6\,\text{mH}, \quad u_{xT} = \frac{X_{kT} \cdot I_{KN}}{U_s} = 0,06, \quad \omega_n = 2\pi \cdot 50\,\text{s}^{-1},$$

$$f_p = 10\,\text{kHz}.$$

Netz:

$$L_{\mathrm{kn}} = 0,02 \,\mathrm{mH}, \; S_{\mathrm{kn}} = \frac{3 U_{\mathrm{s}}^2}{X_{\mathrm{kn}}} = 23,1 \,\mathrm{MVA}\,.$$

Das Verhältnis der Kompensatornennleistung S_{KN} zur Kurzschlußleistung S_{kn} des Netzes beträgt damit

$$K_{\mathrm{Q}} = \frac{S_{\mathrm{KN}}}{S_{\mathrm{kn}}} = 2,02 \cdot 10^{-3}\,.$$

Mit Hife des mit einem robusten Regler ausgestatteten Kompensators [147] ist es möglich, den einsträngigen, oberschwingungshaltigen Verbraucherstrom I_{V1} zu symmetrieren und die Oberschwingungen weitgehend zu kompensieren. Die das Netz belastenden Leiterströme I_{L} sind weitgehend sinusförmig und mit den zugehörigen Sternspannungen U_{s} in Phase. Nur in der Funktion $i_{\mathrm{L1}}\,(\omega_1 t)$ sind in den Zeitbereichen, in denen der Laststromrichter kommutiert, kleine Abweichungen zu sehen. Insgesamt läßt sich jedoch mit dem Kompensator eine recht gute Annäherung an die mit den Gln. $(379) - (380)$ beschriebenen Idealfall erreichen.

Mit einem aus selbstgeführten Teilstromrichtern aufgebauten Kompensator nach Bild 284 lassen sich gegenüber den in Abschn. 9.2.2 behandelten netzgeführten kleineren Totzeiten und damit eine bessere Dynamik erreichen, wodurch auch die Kompensation von Oberschwingungen möglich wird. Es erfordert allerdings auch einen größeren Aufwand und bedingt damit höhere Kosten. Es ist möglich, den langsamen, netzgeführten Kompensator und den schnelleren, selbstgeführten parallel zu betreiben. Dem netzgeführten fällt dabei die Aufgabe zu, den sich langsam verändernden Anteil an Grundschwingungsblindleistung und Unsymmetrieleistung zu kompensieren, während der selbstgeführte die Oberschwingungen sowie den sich schnell ändernden Anteil der Grundschwingungsblindleistung und der Unsymmetrieleistung übernimmt.

10.3 Selbstgeführte und netzgetaktete Stromrichter mit induktiver Glättung des Gleichstroms

Bei der idealisierten Theorie der selbstgeführten Stromrichter mit kapazitiver Glättung der Gleichspannung wurde vom Anschluß des Stromrichters an eine Quelle oder Senke starrer Gleichspannung ausgegangen. Dieses ist Voraussetzung für einen sprunghaften Wechsel des Zeitwertes der Wechselspannung. Bei der nachstehend behandelten idealisierten Theorie des selbstgeführten Stromrichters mit induktiver Glättung des Gleichstromes ändert sich der Zeitwert des Wechselstromes sprunghaft. Voraussetzung dazu ist ein Netz mit starrer Wechsel- oder Drehspannung. Da diese am ehesten in einem Drehstromnetz hoher Kurzschlußleistung gegeben ist, wird zunächst der im Netzbetrieb arbeitende Stromrichter besprochen.

Bei den in den Abschn. 10.1 und 10.2 nach der idealisierten Stromrichtertheorie besprochenen Schaltungen brauchen die elektronischen Schalter keine Rückwärtssperrspannung aufzunehmen, da ihnen stets eine Diode antiparallel geschaltet ist. Bei den im folgenden diskutierten Schaltungen dagegen müssen die elektronischen Schalter rückwärtssperrfähig sein, ähnlich wie die Ventile der in Abschn. 8.1 beschriebenen netzgeführten Stromrichter.

10.3.1 Idealisierte Theorie der Drehstrom-Brückenschaltung

Die zu diskutierende Schaltung (Bild 287) stimmt im wesentlichen mit der des netzgeführten Stromrichters nach Bild 73 überein, nur die elektrischen Ventile unterscheiden sich. Die Thyristoren des Bilds 73 sind hier durch abschaltbare Ventile ersetzt zu denken.

10.3.1.1 Steuerung der Gleichspannung über den Steuerwinkel α bei einem Stromführungswinkel $\omega t_F = 2\pi/3$

Im einfachsten Fall kann der von der idealisierten Theorie des netzgeführten Stromrichters her bekannte Stromführungswinkel $\omega t_F = 2\pi/3$ der Stromrichterventile beibehalten werden. Während jedoch beim netzgeführten Stromrichter nur ein Bereich des Steuerwinkels von $0 \leq \alpha < \pi$ zur Verfügung steht, kann der selbstgeführte Stromrichter im Bereich $0 \leq \alpha \leq 2\pi$ gesteuert werden (Bild 288). In den Quadranten I und II arbeitet der Stromrichter als Gleichrichter, in den Quadranten III und IV als Wechselrichter. In den Quadranten I und IV nimmt der Stromrichter Steuerblindleistung aus dem Drehstromnetz auf, in den Quadranten II und III gibt er Steuerblindleistung an das Drehstromnetz ab. Werden ein starres, symmetrisches Drehstromnetz — beschrieben in den Gln. (32) und (33) — und ein gut geglätteter Gleichstrom vorausgesetzt, so gelten die in Abschn. 8.1.1.2 abgeleiteten Gl. (44) – (102) sinngemäß auch hier.

Der zeitliche Verlauf der charakteristischen Ströme und Spannungen des im Gleichrichterbetrieb bei $\alpha = 7\pi/4 = (2\pi) - \pi/4$ arbeitenden und dabei Blindlei-

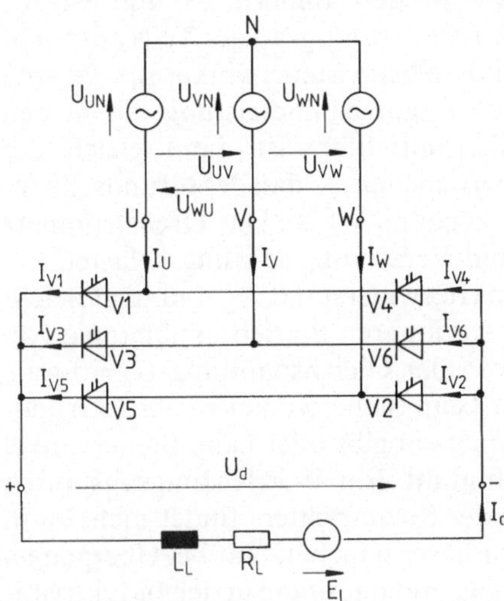

Bild 287. Grundsätzlicher Schaltplan eines selbstgeführten, netzgetakteten Stromrichters mit induktiver Glättung des Gleichstroms in Drehstrom-Brückenschaltung nach der idealisierten Stromrichtertheorie

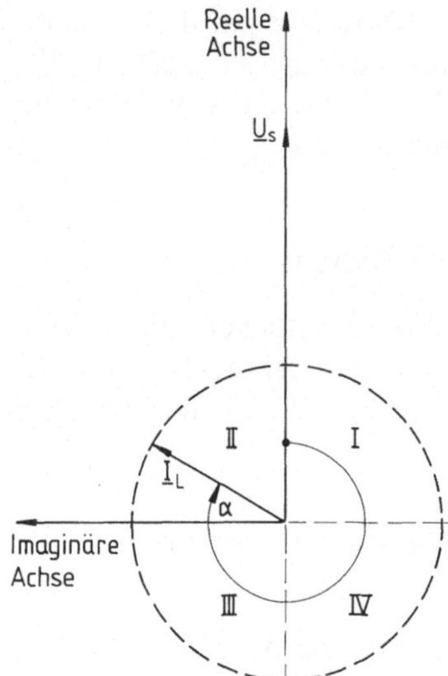

Bild 288. Zeitzeigerdiagramm von Sternspannung U_s des Drehstromnetzes und Leiterstrom I_L des Stromrichters nach Bild 287

stung abgebenden Stromrichters $\left[\varphi_1 = \alpha = (2\pi) - \dfrac{\pi}{4}\right]$ ist in Bild 289 dargestellt.

Der Vergleich mit den für $\alpha = \pi/4$ gezeichneten Bildern 81 und 82 zeigt für $i_L(\omega t)$ und $u_d(\omega t)$ gespiegelte Funktionsverläufe.

Wie die Betrachtung zeigt, unterscheidet sich die Arbeitsweise des selbstgeführten Stromrichters in den Quadranten II und III von der des netzgeführten in den Quadranten I und IV im wesentlichen nur durch die Belastung des Drehstromnetzes mit Grundschwingungsblindleistung; in dem einen Fall wird Blindleistung abgegeben, in dem anderen eine ebensogroße Blindleistung aufgenommen.

Werden zwei selbstgeführte Teilstromrichter zu einem Gesamtstromrichter in Reihe oder parallel geschaltet, ähnlich wie in den Bildern 93 und 94 für Netzführung gezeigt, so kann, bei gleichem Aussteuerungsgrad der Teilstromrichter, der eine beim Steuerwinkel α_A und der andere beim Steuerwinkel $\alpha_B = 2\pi - \alpha_A$ betrieben werden. Die Abgabe an Grundschwingungsblindleistung des in den Quadranten II oder III arbeitenden Teilstromrichters ist dann gleich der Aufnahme des in den Quadranten I oder IV betriebenen, so daß der Grundschwingungsleistungsfaktor des Gesamtstromrichters $\cos \varphi_1 = 1$ ist. Das Drehstromnetz wird in diesem Fall nur mit Wirkleistung und Verzerrungsleistung belastet.

Werden im Schaltplan von Bild 287 Lastkreiswiderstand R_L und die Gleichspannung E_L gleich Null gesetzt, so muß im stationären Betrieb unabhängig von der Größe des Gleichstroms I_d der Mittelwert der Gleichspannung $U_d = 0$ sein. Daraus folgt, daß der Stromrichter entweder beim Steuerwinkel $\alpha = 3\pi/2$ Grundschwingungsblindleistung an das Drehstromnetz abgibt oder beim Steuerwinkel $\alpha = \pi/2$ Grundschwingungsblindleistung aufnimmt. Ein Wirkleistungsaustausch zwischen Gleichstrom- und Drehstromseite des Stromrichters findet nicht statt. Der Stromrichter arbeitet somit als ruhender Phasenschieber. Nur bei Übergangsvorgängen muß die Größe des Gleichstromes I_d und damit die in der Induktivität

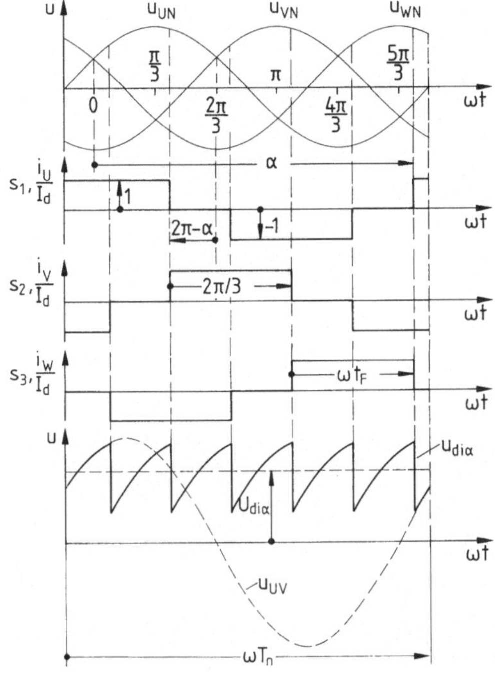

Bild 289. Zeitlicher Verlauf der charakteristischen Ströme und Spannungen am Stromrichter nach Bild 287 bei Steuerung der Gleichspannung über den Steuerwinkel α bei $\omega t_\mathrm{F} = 2\pi/3$, dargestellt für $\alpha = 7\pi/4$

gespeicherte Energie

$$W = \frac{1}{2} L_\mathrm{L} I_\mathrm{d}^2 \tag{382}$$

verändert werden. Die Dynamik einer Blindleistungsregelung wird durch die Totzeit des Stromrichters bei kleinen Steuerwinkeländerungen bestimmt, die hier genau wie beim netzgeführten Stromrichter

$$t_\mathrm{T} = \frac{T_\mathrm{n}}{2 \cdot 6}$$

[s. auch Gl. (40)] beträgt.

10.3.1.2 Steuerung der Gleichspannung durch Aufteilung der Ventilstromführungsdauer je Periode in zwei Abschnitte mit über den Steuerwinkel δ veränderbarer Länge beim Grundschwingungsleistungsfaktor $\cos\varphi_1 = 1$

Soll der Stromrichter nach Bild 287 mit dem Grundschwingungsleistungsfaktor $\cos\varphi_1 = 1$ betrieben werden, so ist durch ein geeignetes Steuerverfahren dafür zu sorgen, daß der Grundschwingungsverschiebungswinkel zwischen Sternspannung U_S und der Grundschwingung des Leiterstroms I_L nur die Werte $\varphi_1 = 0$ oder $\varphi_1 = \pi$ annehmen kann.

Ein mögliches Steuerverfahren für die Gleichspannung U_d sieht die Aufteilung der Stromführungsdauer der Ventile je Periode auf zwei Abschnitte mit den

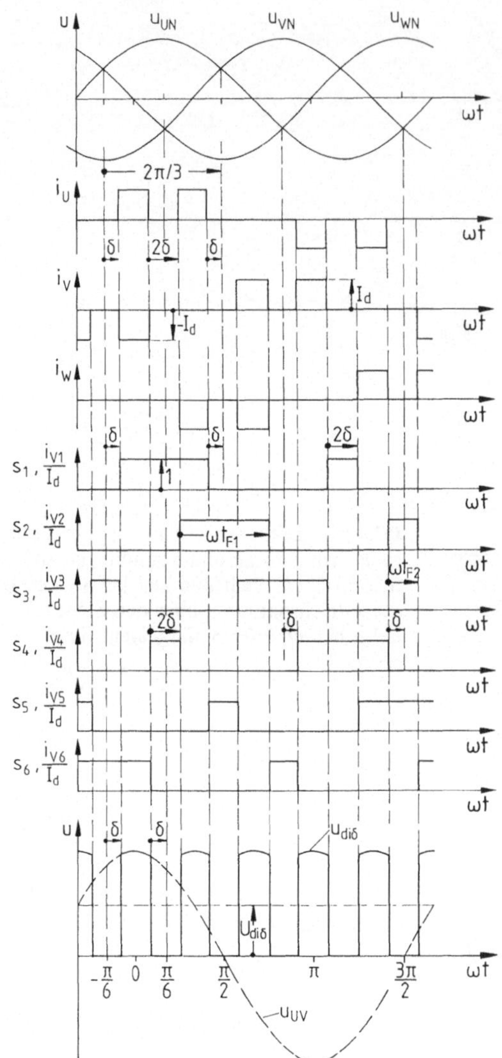

Bild 290. Zeitlicher Verlauf der Schaltfunktionen sowie der charakteristischen Ströme und Spannungen am Stromrichter nach Bild 287 bei Steuerung der Gleichspannung durch Aufteilung der Ventilstromführungsdauer je Periode in die Abschnitte

$$\omega t_{F1} = \frac{2\pi}{3} - 2\delta \quad \text{und} \quad \omega t_{F2} = 2\delta$$

Winkelbereichen

$$\omega t_{F1} = \frac{2\pi}{3} - 2\delta$$

und

$$\omega t_{F2} = 2\delta$$

vor (Bild 290), wobei der Stromführungswinkel ωt_{F1} der Ventile V1, V3 und V5 symmetrisch zum Maximum und ωt_{F2} symmetrisch zum Minimum der zugehörigen Sternspannung liegt. Bei den Ventilen mit den geraden Ordnungszahlen ist die Zuordnung umgekehrt. Die Spannung U_{UN} z.B. hat ihr Maximum bei $\omega t = \pi/6$.

Die Einschaltwinkel des Ventils V1 erstrecken sich somit von

$$\frac{\pi}{6} - \frac{\omega t_{F1}}{2} \leqq \omega t \leqq \frac{\pi}{6} + \frac{\omega t_{F1}}{2}$$

und

$$\frac{7\pi}{6} - \frac{\omega t_{F2}}{2} \leqq \omega t \leqq \frac{7\pi}{6} + \frac{\omega t_{F2}}{2} \; .$$

Entsprechend ist das Ventil V4 in den Winkelbereichen

$$\frac{\pi}{6} - \frac{\omega t_{F2}}{2} \leqq \omega t \leqq \frac{\pi}{6} + \frac{\omega t_{F2}}{2}$$

und

$$\frac{7\pi}{6} - \frac{\omega t_{F1}}{2} \leqq \omega t \leqq \frac{7\pi}{6} + \frac{\omega t_{F1}}{2}$$

eingeschaltet.

Wie aus den in Bild 290 dargestellten Schaltfunktionen S1 − S6 ersichtlich, ist in jeder der beiden Halbbrücken immer ein Ventil eingeschaltet. Gehören die eingeschalteten Ventile verschiedenen Zweigpaaren an (z.B. V1 und V6), so wird bei Gleichrichterbetrieb ($0 \leqq \delta < \pi/6$) die zugehörige Außenleiterspannung (z.B. U_{UV}) für den Winkelbereich $\frac{\pi}{3} - 2\delta$ (z.B. $-\frac{\pi}{6} + \delta \leqq \omega t \leqq \frac{\pi}{6} - \delta$) auf die Gleichspannungsklemmen geschaltet, und der Gleichstrom I_d fließt über die drehstromseitigen Klemmen (z.B. U und V) ins Drehstromnetz. Gehören die Ventile zum selben Zweigpaar (z.B. V1 und V4), so sind Drehstromseite und Gleichstromseite entkoppelt, d.h. der Gleichstromkreis ist für den Winkelbereich 2δ (z.B. $\frac{\pi}{6} - \delta \leqq \omega t \leqq \frac{\pi}{6} + \delta$ und $\frac{7\pi}{6} - \delta \leqq \omega t \leqq \frac{7\pi}{6} + \delta$) kurzgeschlossen, was zur Folge hat, daß die Zeitwerte der drei Leiterströme Null sind.

Als Folge davon bestehen die Halbschwingungen der Leiterströme aus zwei balkenförmigen Abschnitten der Länge $\frac{\pi}{3} - 2\delta$, die durch eine stromlose Pause der Länge 2δ getrennt sind.

Der zeitliche Verlauf der Gleichspannung U_d setzt sich aus den die Spannungsmaxima der Außenleiterspannung umfassenden Spannungspulsen der Breite $\frac{\pi}{3} - 2\delta$ zusammen. Zwischen den Spannungspulsen ist für einen Winkel von 2δ der Zeitwert der Gleichspannung $u_{di\delta} = 0$. Im Steuerwinkelbereich $\frac{\pi}{6} < \delta \leqq \frac{\pi}{3}$ ist die Gleichspannung $U_{di\delta}$ negativ. Für den gesamten Steuerbereich $0 \leqq \delta \leqq \frac{\pi}{3}$ ergibt sich der Mittelwert der Gleichspannung zu

$$U_{di\delta} = \frac{3 \cdot \sqrt{2}}{\pi} U_L \int\limits_{-\frac{\pi}{6}+\delta}^{+\frac{\pi}{6}-\delta} \cos\omega t \, d\omega t$$

$$= \frac{3 \cdot \sqrt{2}}{\pi} [\cos\delta - \sqrt{3} \; \sin\delta] \; . \tag{383}$$

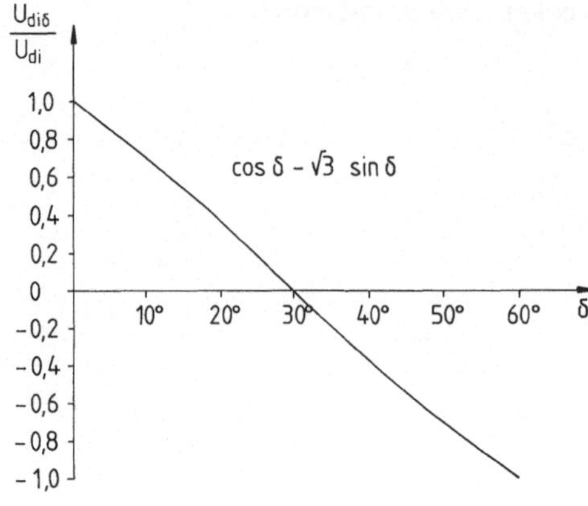

Bild 291. Steuerkennlinie des selbstgeführten Stromrichters nach Bild 289 bei dem anhand von Bild 290 erläuterten Steuerverfahren

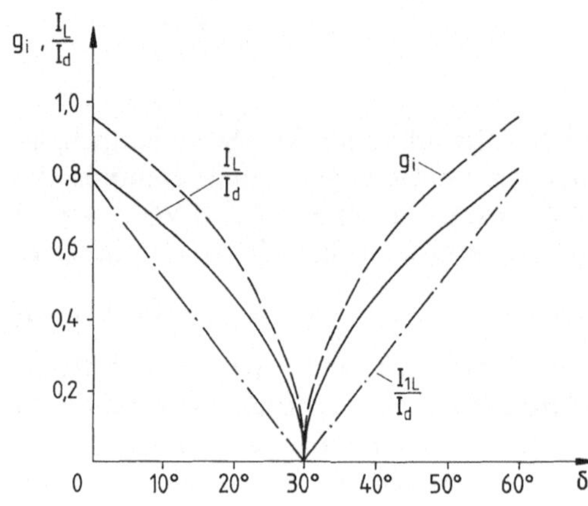

Bild 292. Abhängigkeit der auf den Gleichstrom I_d bezogenen Ströme I_{1L} und I_L sowie des Grundschwingungsgehaltes g_i vom Steuerwinkel δ

Für $\delta = 0$ ist

$$U_{di} = \frac{3 \cdot \sqrt{2}}{\pi}\,U_L = 1{,}35\,U_L\,,$$

Dieser Wert stimmt mit dem sich nach Gl. (45) ergebenden überein. Für $\delta = 30\,^\circ$ wird $U_{di30^\circ} = 0$ und für $\delta = 60\,^\circ$ ist

$$\frac{U_{di60\,^\circ}}{U_{di}} = -1\,.$$

Die Abhängigkeit der Gleichspannung $U_{di\delta}$ vom Steuerwinkel δ zeigt Bild 291. Der Effektivwert des Leiterstromes als Funktion des Steuerwinkels läßt sich zu

$$I_{L\delta} = \sqrt{\frac{1}{\pi} \cdot \left|\frac{2\pi}{3} - 4\delta\right|}\; I_d \qquad\qquad (384)$$

angeben (Bild 292). Im Leiterstrom können wegen der Viertelschwingungssymmetrie keine geradzahligen Teilschwingungen enthalten sein. Die harmonische

Analyse seines zeitlichen Verlaufs liefert für den Effektivwert der ungeradzahligen Oberschwingungen das Ergebnis

$$I_{\text{v}L\delta} = \frac{2 \cdot \sqrt{2}}{\pi} I_{\text{d}} \cdot \left| \sin\left(v\frac{\pi}{3}\right) \cos(v\delta) - \left[1 + \cos\left(v\frac{\pi}{3}\right)\right] \sin v\delta \right|.$$

(385)

(Gl. 385) ist zu entnehmen, daß im Leiterstrom auch keine Oberschwingungen mit durch drei teilbaren Ordnungszahlen enthalten sind. Für die Grundschwingung ergibt sich

$$I_{1L\delta} = \frac{2 \cdot \sqrt{2}}{\pi} I_{\text{d}} \cdot \left| \frac{\sqrt{3}}{2} \cos\delta - \frac{3}{2} \sin\delta \right|.$$

(386)

Der Verlauf der Funktion $I_{1L\delta}/I_{\text{d}} = f(\delta)$ ist fast linear (Bild 292). Der Grundschwingungsgehalt

$$g_{i\delta} = \frac{I_{1L\delta}}{I_{L\delta}}$$

fällt, ausgehend vom Wert $3/\pi$ für $\delta = 0$, zunächst ab, wird bei $\delta = 30°$ zu Null, steigt dann wieder an und erreicht für $\delta = 60°$ wieder den Wert $3/\pi$. Sind die Funktionen $I_{L\delta} = f(\delta)$ und $I_{1L\delta} = f(\delta)$ bekannt, so läßt sich auch der auf den Gleichstrom I_{d} bezogene Verzerrungsstrom

$$\frac{1}{I_{\text{d}}}\sqrt{\sum_{v=5}^{\infty} I_{\text{v}L\delta}^2} = \frac{1}{I_{\text{d}}}\sqrt{I_{L\delta}^2 - I_{1L\delta}^2}$$

errechnen und als Funktion des Steuerwinkels δ darstellen (Bild 293). Es zeigt sich, daß dieser bezogene Verzerrungsstrom zunächst mit steigendem Steuerwinkel δ ansteigt und ein Maximum erreicht, ehe er abfällt und bei $\delta = 30°$ den Wert Null erreicht. Sein Verlauf im Bereich $30° \leq \delta \leq 60°$ ist spiegelsymmetrisch zum Bereich $0 \leq \delta \leq 30°$.

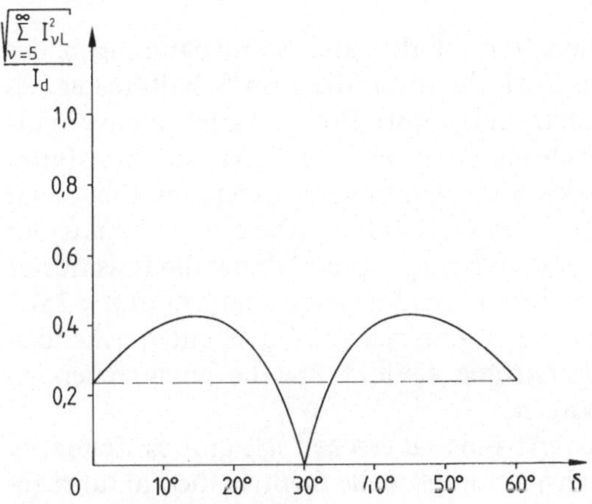

Bild 293. Abhängigkeit des auf den Gleichstrom I_{d} bezogenen Verzerrungsstromes vom Steuerwinkel δ

Der Verzerrungsstrom einer netzgeführten Sechspuls-Brückenschaltung entspricht nach der idealisierten Theorie dem Wert für $\delta = 0$; er ist über den Steuerbereich konstant. Daraus folgt, daß der selbstgeführte Stromrichter nach Bild 287 mit der vorstehend beschriebenen Steuerung (Bild 290) das Drehstromnetz in weiten Teilen des Steuerbereichs mit einem größeren Verzerrungsstrom belastet als ein netzgeführter Stromrichter nach Bild 73. Im Hinblick auf die Netzrückwirkungen ist das unerwünscht.

10.3.1.3 Pulssteuerung beim Grundschwingungsleistungsfaktor $\cos \varphi_1 = 1$

Soll das Netz unabhängig vom Aussteuerungsgrad des Stromrichters und unabhängig von der Größe des Gleichstroms mit einem nahezu sinusförmigen Strom beim Grundschwingungsleistungsfaktor $\cos \varphi_1 = 1$ betrieben werden, so kann diese Aufgabe durch folgende Maßnahmen gelöst werden:
1. Der Stromrichter arbeitet im Pulsbetrieb, wodurch Stromoberschwingungen niederer Ordnungszahl unterdrückt werden können.
2. Die verstärkt auftretenden Oberschwingungen höherer Ordnungszahl werden durch ein LC-Filter weitgehend abgefangen und so vom Drehstromnetz ferngehalten.

Für die folgenden, das Strompulsen betreffenden Überlegungen, wird von einem zeitlich konstanten Gleichstrom $[i_d(\omega t) = I_d]$ ausgegangen. Während bei dem im vorstehenden Abschn. 10.3.1.2 geschilderten Steuerverfahren die Halbschwingung des Leiterstromes aus zwei Stromblöcken besteht (s. Bild 290), wird sie beim Strompulsen in f_p/f_n Stromblöcke aufgelöst (Bild 294). In der Fachliteratur der letzten Jahre wurde eine Reihe von Steuerverfahren beschrieben, mit deren Hilfe niederfrequente Oberschwingungen im Leiterstrom durch Strompulsen unterdrückt werden können [150−154a].

Ähnlich, wie in Abschn. 10.1.1.6 für das Spannungspulsen ausgeführt, stehen auch für das Strompulsen mehrere Modulationsverfahren zur Unterdrückung bzw. Elimination niederfrequenter Oberschwingungen zur Verfügung. Anhand von Bild 294 soll auf eine modifizierte Dreieck-Sinus-Modulation eingegangen werden. Im dargestellten Beispiel arbeitet sie mit einem Frequenzverhältnis f_p/f_n $= 8$, die Oberschwingungen mit den Ordnungszahlen 5 und 7 können dabei weitgehend unterdrückt werden [151].

Bild 294 zeigt oben den zeitlichen Verlauf der drei Sternspannungen des Netzes. Darunter ist die Dreieck-Sinus-Modulation, die zum Schaltmuster des Stroms I_U und zur Spannungsschaltfunktion G_1 führt, für ein Amplitudenverhältnis $R = \hat{u}_{\sim}/\hat{u}_{\Delta} = 0{,}5$ dargestellt. Im Gleichrichterbetrieb sind die Modulationsfunktionen $u_{\sim U}(\omega t)$ und $u_{\Delta U}(\omega t)$ mit der Sternspannung $u_{UN}(\omega t)$ in Phase, im Wechselrichterbetrieb (nicht dargestellt) in Gegenphase. Die Schnittpunkte der Modulationsfunktionen liefern die Schaltwinkel $\alpha_1 - \alpha_4$ und damit die Pulsmuster des Stromes $i_U(\omega t)$ in den Winkelbereichen $-\pi/3 < \omega t < 0$ und $\pi/3 < \omega t < 2\pi/3$. Das Pulsmuster im Bereich $0 < \omega t < \pi/3$ ergibt sich aus den entsprechenden Modulationsfunktionen für die Leiterströme I_V und I_W, die entsprechenden Schaltwinkel sind in Bild 294 eingetragen.

Wie aus den Pulsmustern der Leiterströme zu ersehen ist, gibt es Zeiten, in denen der Gleichstrom I_d über die Drehspannungsquelle fließt, in diesem führt ein

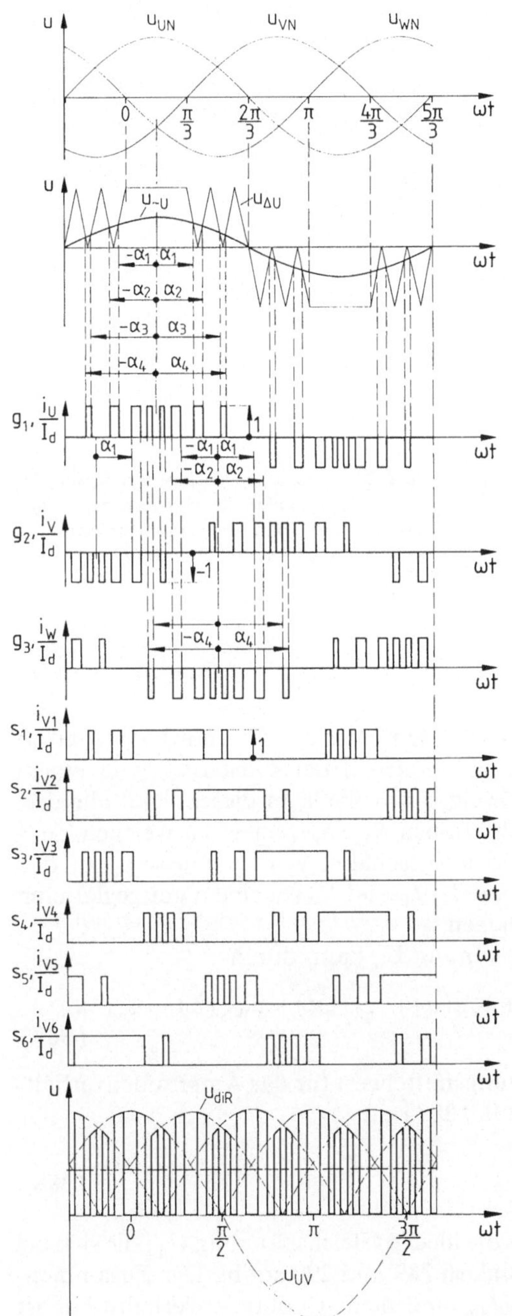

Bild 294. Zeitlicher Verlauf der Schaltfunktionen sowie der charakteristischen Ströme und Spannungen am Stromrichter nach Bild 287 bei Pulssteuerung mit Dreieck-Sinus-Modulation. $\dfrac{f_p}{f_n} = 8;\ R = \dfrac{\hat{u}_\sim}{\hat{u}_\Delta} = 0{,}5$

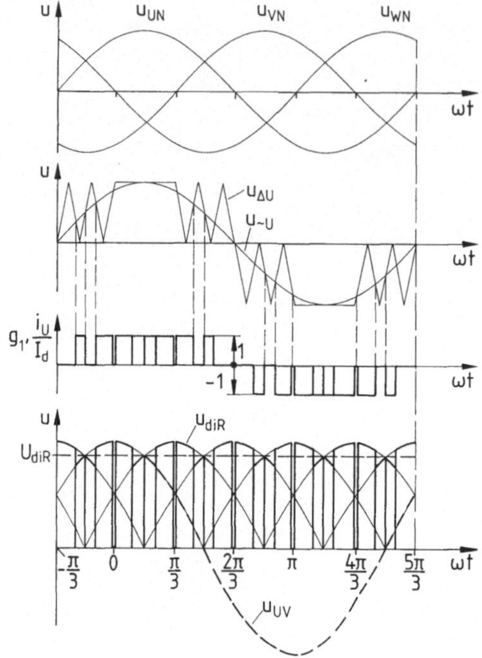

Bild 295. Zeitlicher Verlauf der Schaltfunktion G_1 sowie der charakteristischen Ströme und Spannungen am Stromrichter nach Bild 287 bei Pulssteuerung

Drehstromleiter den Strom I_d, ein zweiter den Strom $-I_d$, und der Strom im dritten ist Null. Es gibt andere Zeiten, in denen der Gleichstrom in einem Freilaufkreis über die Ventile eines Zweigpaares fließt; in diesem sind alle drei Leiterströme Null. Die Stromschaltfunktionen $S_1 - S_6$ zeigen, zu welchen Zeitpunkten die Ventile V1 – V6 ein- und ausgeschaltet werden müssen, um den eingezeichneten Verlauf der Leiterströme I_U, I_V und I_W bei einem gut geglätteten Gleichstrom $[i_d(\omega t) = I_d]$ zu ermöglichen.

Der zeitliche Verlauf der Gleichspannung U_d kann durch

$$u_d(\omega t) = u_{UN}(\omega t) \cdot g_1(\omega t) + u_{VN}(\omega t) \cdot g_2(\omega t) + u_{WN}(\omega t) \cdot g_3(\omega t) \tag{387}$$

beschrieben werden. Der Gleichspannungsmittelwert für das Amplitudenverhältnis $R = 1$ (Bild 295) ergibt sich aus Gl. (387) zu

$$U_{di1} = \frac{\sqrt{6}}{2} \cdot U_L = 1{,}225\, U_L \tag{388}$$

und ist damit um etwa 10 % kleiner als die ideelle Gleichspannung U_{di}, die sich bei den Blocksteuerverfahren nach den Bildern 289 und 290 ergibt. Der Zusammenhang zwischen der Gleichspannung U_{diR} und dem Amplitudenverhältnis R ist praktisch linear, so daß sich

$$U_{diR} \approx R \cdot U_{di1} = 0{,}907 \cdot R \cdot U_{di} \tag{389}$$

schreiben läßt. Im Wechselrichterbetrieb nimmt das Amplitudenverhältnis Werte im Bereich $-1 < R < 0$ an.

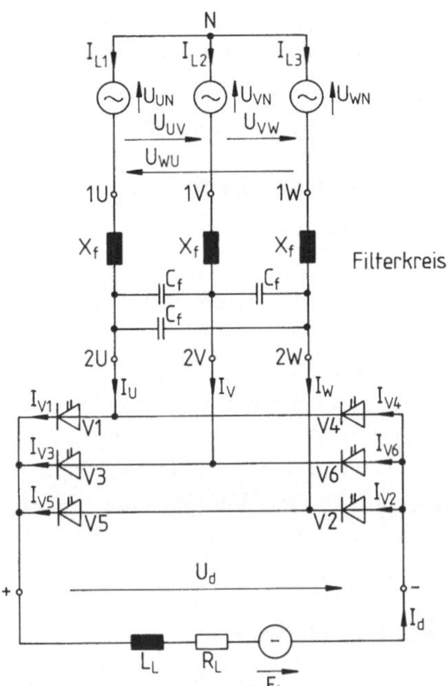

Bild 296. Grundsätzlicher Schaltplan eines selbstgeführten Stromrichters mit netzseitigem L-C-Filter

Durch das Strompulsen lassen sich einerseits niederfrequente Oberschwingungen der Leiterströme unterdrücken, andererseits wird jedoch im Vergleich zum ungepulsten Strom nach Bild 289 der Grundschwingungsfaktor kleiner und damit der Klirrfaktor größer. Soll das Drehstromnetz dennoch mit einem nahezu sinusförmigen Strom belastet werden, so ist zwischen Stromrichter und Drehstromnetz ein Filter anzuordnen (Bild 296). Dieses ist so zu dimensionieren, daß es von der Grundschwingung der Stromrichtereingangsströme möglichst ungehindert passiert werden kann, und daß sich die vom Stromrichter verursachten Oberschwingungsströme möglichst weitgehend über die Filterkapazitäten C_f schließen. Der für das Filter erforderliche Bauelementeaufwand verhält sich umgekehrt proportional dem Verhältnis f_p/f_n. Je höher mit Rücksicht auf die Ventilbauelemente die Pulsfrequenz gewählt werden kann, desto mehr niederfrequente Stromoberschwingungen können unterdrückt werden und desto geringer wird der Filteraufwand [151−155].

Ein reales Drehstromnetz ist nicht widerstandsfrei, sondern es verfügt, wie in Abschn. 8.1.5 beschrieben, über eine Netzimpedanz. Bei der Dimensionierung des Filters ist zu berücksichtigen, daß die Netzreaktanz X_{kn} (s. Bild 144) zur Filterreaktanz X_f in Reihe geschaltet ist. Die Größe der Netzreaktanz kann sich je nach Schaltzustand und Belastungszustand des Netzes in gewissen Grenzen ändern. Das Filter ist so zu dimensionieren, daß betriebsmäßige Änderungen der Netzreaktanz seine Funktion nicht beeinträchtigen.

Zusammenfassend läßt sich sagen, daß der vorstehend behandelte selbstgeführte Stromrichter mit induktiver Glättung in Kombination mit einem Netzfilter bei Pulsbetrieb mit einem Netzleistungsfaktor $\lambda \approx 1$ betrieben werden kann. Seine

Netzrückwirkung kann ähnlich gering gehalten werden wie die des in
Abschn. 10.2.1 beschriebenen selbstgeführten Stromrichters mit kapazitiver Glättung der Gleichspannung.

10.4 Selbstgeführte und eigengetaktete Stromrichter mit induktiver Glättung des Gleichstroms

Der selbstgeführte, eigengetaktete Stromrichter mit induktiver Glättung des
Gleichstroms hat in der elektrischen Antriebstechnik eine weite Verbreitung
gefunden. Über ihn werden vorwiegend Drehstrom-Asynchronmaschinen gespeist, wobei der Stromrichter der Asynchronmaschine neben der Wirkleistung
auch die für die Magnetisierung erforderliche Blindleistung zur Verfügung stellen
muß. Auch hier soll das Grundsätzliche zunächst anhand der idealisierten Theorie
erörtert werden. Anschließend wird mit der konventionellen Theorie eine bessere
Annäherung an die Realität versucht.

10.4.1 Idealisierte Theorie der Drehstrom-Brückenschaltung

Als vom Stromrichter gespeiste Drehstromlast wird eine idealisierte Drehstrom-
Asynchronmaschine angenommen, die im grundsätzlichen Schaltplan (Bild 297)
durch eine Drehspannungsquelle dargestellt ist. Wird die Asynchronmaschine mit
einem konstanten Luftspaltfluß betrieben ($I_\mu = \mathrm{const}$), so ist die in Bild 297 mit E_s
bezeichnete innere Spannung der Drehzahl proportional. Tritt weiterhin in der
Läuferwicklung keine Stromverdrängung auf, so bewegt sich der Zeitzeiger $\underline{I}_L$ des
Leiterstromes auf der in Bild 298 dargestellten Ortskurve; der eingetragene

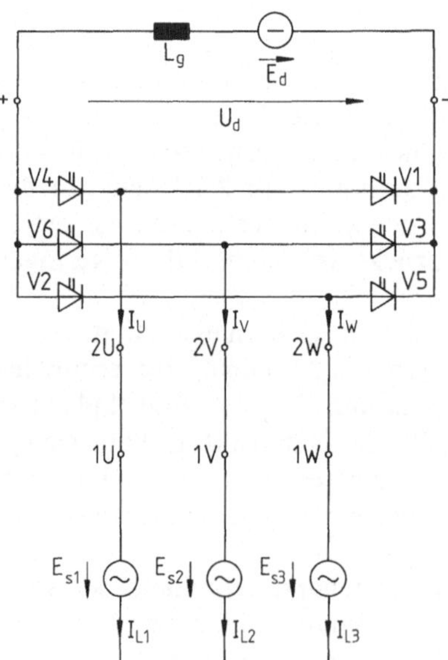

Bild 297. Grundsätzlicher Schaltplan eines selbstgeführten, eigengetakteten Stromrichters in Drehstrom-Brückenschaltung nach der idealisierten Stromrichtertheorie

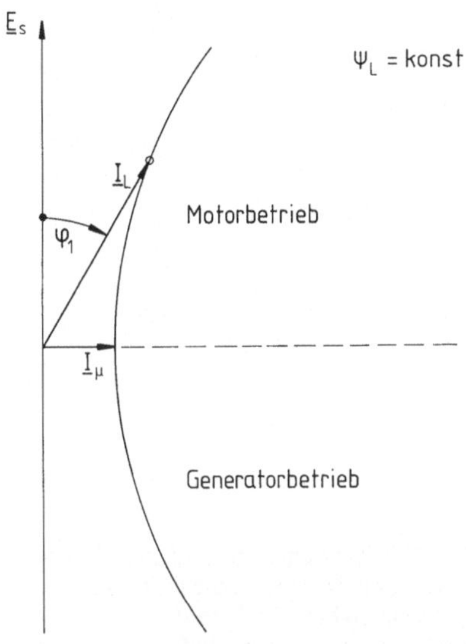

Bild 298. Idealisierte Stromortskurve einer Drehstrom-Asynchronmaschine für konstanten Luftspaltfluß ψ_L

Betriebspunkt entspricht dabei motorischem Betrieb mit Nennmoment. Die Asynchronmaschine nimmt sowohl im Motorbetrieb als auch im Generatorbetrieb Blindleistung auf, die vom Stromrichter geliefert werden muß.

Zur Einstellung eines bestimmten Betriebspunktes muß mit Hilfe eines geeigneten Steuer- und Regelverfahrens der Statorstrom (I_L in Bild 297) in der richtigen Größe, mit der richtigen Frequenz und gegebenenfalls der richtigen Phasenlage in die Statorwicklung eingeprägt werden [5]. Bei den heute üblichen Verfahren wird die Größe des Statorstromes über die Gleichspannung E_d gestellt, während Frequenz und die Phasenlage über die Schaltfolge der Stromrichterventile vorgegeben werden.

10.4.1.1 Blocksteuerung

Weit verbreitet ist die Blocksteuerung des Stromes, bei der der Gleichstrom zyklisch so auf die Maschinenstränge geschaltet wird, daß sich für die einzelnen Ventile Stromführungswinkel der Größe $\omega_1 t_\mathrm{F} = 2\pi/3$ ergeben. In Bild 299 ist der zeitliche Verlauf der charakteristischen Ströme und Spannungen für den Motorbetrieb der Asynchronmaschine mit einem Grundschwingungsverschiebungsfaktor $\varphi_1 = 30°$ unter der Voraussetzung eines gut geglätteten Gleichstroms ($i_\mathrm{d}(\omega_1 t) = I_\mathrm{d}$) dargestellt. Bezogen auf die in den Abschn. 8.1.1.2 und 10.3.1.1 benutzte Darstellungsweise entspricht das einem Steuerwinkel $\alpha = 210°$.

Abgesehen vom Steuerwinkelbereich ergeben sich im stationären Betrieb ähnliche Verhältnisse wie sie in Abschn. 8.1.1.2 anhand der idealisierten Theorie des netzgeführten Stromrichters behandelt worden sind. Die dort abgeleiteten Gleichungen $(44) - (102)$ gelten sinngemäß auch hier.

10.4.1.2 Pulssteuerung

Die im Leiterstrom enthaltenen Oberschwingungen verursachen in der Asynchronmaschine Pendelmomente [5], welche den Rundlauf des Antriebs stören

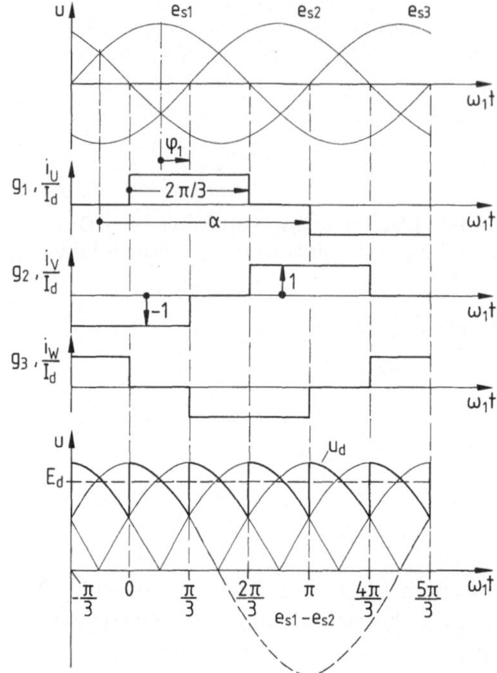

Bild 299. Zeitlicher Verlauf der charakteristischen Ströme und Spannungen am Stromrichter nach Bild 297 bei Blocksteuerung, dargestellt für $\varphi_1 = 30°$. $\alpha = 210°$

können. Insbesondere reicht bei kleinen Drehzahlen und damit bei kleinen Speisefrequenzen der Trägheitsmoment des Antriebs nicht aus, um die von den niederfrequenten Pendelmomenten verursachte Drehzahlwelligkeit ausreichend zu begrenzen.

Durch eine Pulssteuerung können die niederfrequenten Oberschwingungen im Leiterstrom unterdrückt bzw. eliminiert werden [152, 154, 156−160a]. Im Gegensatz zu der im Abschn. 10.3.1.3 beschriebenen Steuerungsaufgabe kommt es hier nur auf die Unterdrückung der niederfrequenten Oberschwingungen an, die Steuerung des Effektivwertes der Leiterstrom-Grundschwingung erfolgt über die Größe des Gleichstroms I_d.

Die dazu erforderlichen Schaltwinkel α können entweder durch ein Modulationsverfahren — Bild 300 zeigt die Bestimmung der Schaltwinkel mittels Dreieck-Trapez-Modulation — oder durch mathematische Verfahren zur Elimination der Oberschwingungen ermittelt werden. Zu beachten ist, daß die zu einer Brückenhälfte gehörenden Ventile, zwischen denen beim Pulsen der Strom hin- und herkommutiert wird, gleichzeitig geschaltet werden müssen, das eine ein- und das andere ausgeschaltet bzw. umgekehrt. Sollen die drei Leiterströme I_U, I_V und I_W einen ähnlichen Verlauf haben, soll also

$$i_V(\omega_1 t) = i_U(\omega_1 t - 2\pi/3)$$

und

$$i_W(\omega_1 t) = i_U(\omega_1 t + 2\pi/3)$$

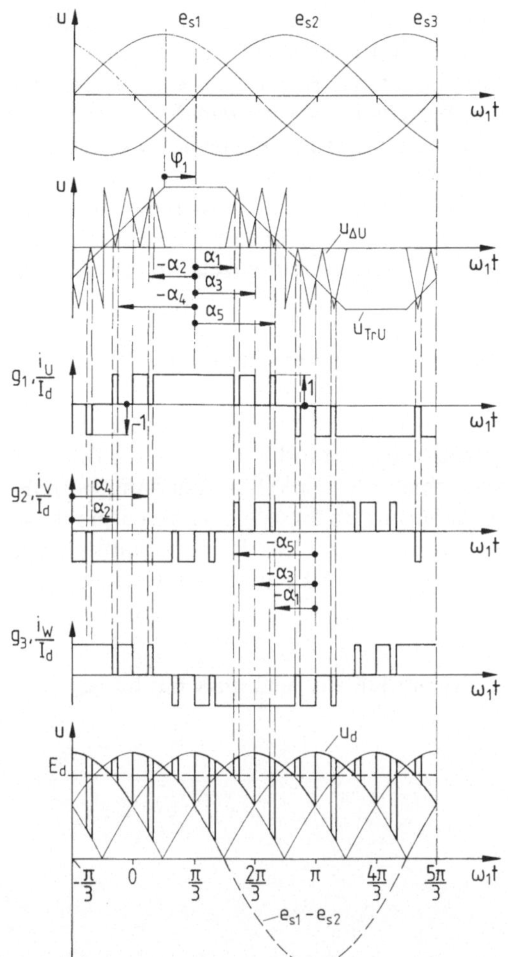

Bild 300. Zeitlicher Verlauf der Schaltfunktionen G sowie der charakteristischen Ströme und Spannungen am Stromrichter nach Bild 297 bei Pulssteuerung, dargestellt für $\varphi_1 = 30°$ und $f_\mathrm{p}/f_1 = 5$

sein, so müssen die Schaltwinkel α bestimmten Symmetriebedingungen genügen. Bei dem in Bild 300 dargestellten Modulationsverfahren ist das Frequenzverhältnis $f_\mathrm{p}/f_1 = 5$. Je Viertelschwingung ergeben sich fünf Schaltwinkel. Um die vorstehend genannten Anforderungen zu erfüllen, müssen die Schaltwinkel nachstehende aus Bild 300 abzulesende Bedingungen einhalten:

$$\alpha_1 + \alpha_5 = 2\pi/3 \tag{390.1}$$

$$\alpha_2 + \alpha_4 = 2\pi/3 \tag{390.2}$$

$$\alpha_3 = \pi/3 . \tag{390.3}$$

Zwischen dem zeitlichen Verlauf der ungeglätteten Gleichspannung U_d und dem der Sternspannungen besteht die Beziehung

$$u_\mathrm{d}(\omega_1 t) = e_1(\omega_1 t) \cdot g_1(\omega_1 t) + e_2(\omega_1 t) \cdot g_2(\omega_1 t) + e_3(\omega_1 t) \cdot g_3(\omega_1 t). \tag{391}$$

Die Schaltfunktionen $g_\mathrm{n}(\omega_1 t)$ für $n = 1, 2, 3$ können Bild 300 entnommen werden.

Weiterhin erkennt man aus diesem Bild, daß der Gleichstrom I_d sich zu jedem Zeitpunkt über den Drehstromkreis schließt; ein Freilauf über ein Zweigpaar tritt nicht auf. Auch bei dieser Art des Pulsens gilt die Regel, daß die Anzahl der beeinflußbaren niederfrequenten Stromoberschwingungen dem Verhältnis von Pulsfrequenz f_p zur Grundchwingungsfrequenz f_1 proportional ist. Je höher also das Frequenzverhältnis f_p/f_1 mit Rücksicht auf die eingesetzten Ventilbauelemente gewählt werden kann, desto mehr niederfrequente Oberschwingungen können unterdrückt werden. In der Drehstrom-Asynchronmaschine wird dadurch das Spektrum der Pendelmomente zu höheren Frequenzen hin verschoben.

10.4.2 Konventionelle Theorie der Drehstrom-Brückenschaltung

Im vorstehenden Abschnitt wurde die Drehstromlast als eine Drehspannungsquelle beschrieben, die, abhängig vom Belastungszustand, bei einem aus Bild 298 zu entnehmenden Grundschwingungsverschiebungswinkel φ_1 Leistung aufnehmen oder abgeben kann. Eine bessere Annäherung an die Wirklichkeit ergibt sich, wenn die Stränge der Drehstrom-Asynchronmaschine als Reihenschaltung aus einer inneren Spannungsquelle E_s und einer Reaktanz X_k aufgefaßt werden (Bild 301).

10.4.2.1 Stromrichter mit über den Steueranschluß ein- und ausschaltbaren elektrischen Ventilen

Da der in der Reaktanz

$$X_k = \omega_1 L_k$$

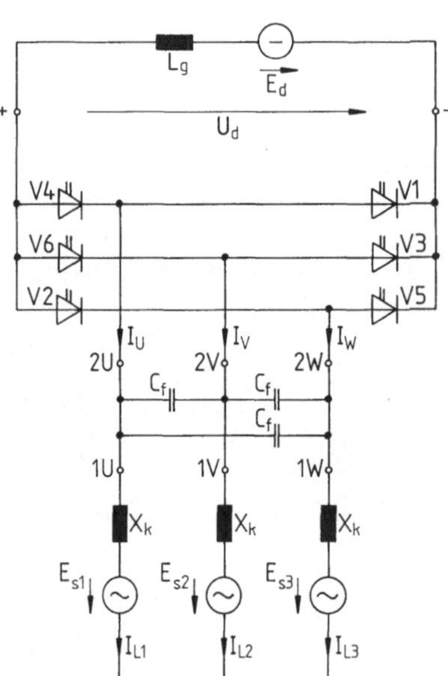

Bild 301. Grundsätzlicher Schaltplan eines selbstgeführten, eigengetakteten Stromrichters in Drehstrom-Brückenschaltung mit verbraucherseitigem LC-Filter

fließende Leiterstrom I_L seine Größe bei Schalthandlungen der elektrischen Ventile nicht sprunghaft ändern kann, sind zwischen Maschine und Stromrichter die Filterkapazitäten C_f anzuordnen. Diese ermöglichen eine Entkopplung zwischen den blockförmigen (Bild 299) bzw. gepulsten (Bild 300) Stromrichterströmen I_U, I_V und I_W sowie den angenähert sinusförmigen Maschinenströmen I_{L1}, I_{L2} und I_{L3}. Vom Stromrichter her betrachtet wirken die Reaktanzen X_k und die Kapazitäten C_f als ein Filter, das die Grundschwingung der Stromrichterströme möglichst vollständig über die Maschine und die Oberschwingungen möglichst vollständig über die Kondensatoren leiten soll. Bei der Dimensionierung der Filterkondensatoren ist darauf zu achten, daß im Stellbereich der Grundschwingungsfrequenz keine Parallelresonanz zwischen den Filterkondensatoren und den Maschinenreaktanzen auftritt. Je höher bei Stromrichtern mit Pulssteuerung die Pulsfrequenz gewählt werden kann, desto mehr niederfrequente Oberschwingungen können im Stromrichterstrom unterdrückt oder eliminiert werden und desto kleiner können die Filterkondensatoren gewählt werden.

Ob selbstgeführte Stromrichter mit eingeprägtem Gleichstrom und über den Steueranschluß abschaltbaren Ventilen nach Bild 301 zur Speisung von Drehstrommaschinen im oberen Leistungsbereich eine größere Bedeutung erlangen werden, dürfte von der weiteren Entwicklung bei den Halbleiterbauelementen abhängen. Wünschenswert für diese Schaltungstechnik sind schnellschaltende rückwärtssperrende Ventile, die eine Pulsfrequenz im Kilohertz-Bereich ermöglichen.

10.4.2.2 Stromrichter mit über den Steueranschluß nur einschaltbaren rückwärtssperrenden Thyristoren und Phasenfolgelöschung

Selbstgeführte Stromrichter mit eingeprägtem Strom und Phasenfolgelöschung (Bild 302) haben in den letzten 20 Jahren zur Speisung von Drehstrom-Asynchronmaschinen eine große Verbreitung gefunden. Die Schaltungstechnik

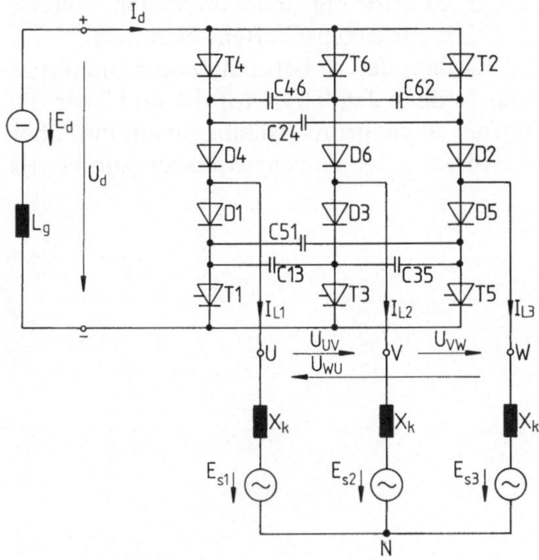

Bild 302. Selbstgeführter Stromrichter in Drehstrom-Brückenschaltung mit Phasenfolgelöschung für Betrieb mit eingeprägtem Gleichstrom

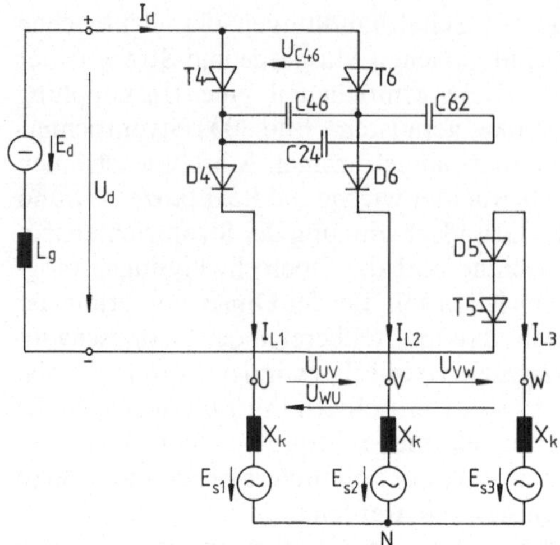

Bild 303. Selbstgeführter Stromrichter in Drehstrom-Brückenschaltung für Betrieb mit eingeprägtem Gleichstrom; für die Kommutierung des Stromes I_d vom Strang 1 auf den Strang 2 erforderlicher Teilbereich der Schaltung nach Bild 302. $R_k = 0$

wurde in den sechziger Jahren entwickelt, als noch keine über den Steueranschluß auch abschaltbaren elektrischen Ventile zur Verfügung standen [161, 162].

Beim Stromrichter nach Bild 302 wird der als gut geglättet angenommene Gleichstrom I_d ($i_d(\omega_1 t) = I_d$) nicht nur von einem Ventil auf das Folgeventil, sondern auch von einem Strang der Drehstromlast auf den Folgestrang kommutiert. Für die folgenden Überlegungen wird das Betriebsverhalten der Drehstromasynchronmaschine wieder durch das einer Reihenschaltung von einer Spannungsquelle E_s und einer Kommutierungsreaktanz X_k angenähert.

Anhand der Bilder 303 und 304 wird im folgenden die Kommutierung des Gleichstromes I_d vom Strang 1 auf den Strang 2 beschrieben. In Bild 303 ist nur der für diesen Kommutierungsvorgang zu betrachtende Schaltungsteil dargestellt. Die Drehstrom-Asynchronmaschine arbeite dabei im Motorbetrieb, die Grundschwingung des Leiterstroms I_L eile der sinusförmig angenommenen inneren Sternspannung E_s um etwa 45° nach. Die Ventileigenschaften seien ideal.

Unmittelbar vor dem Zeitpunkt t_1, an dem der zu betrachtende Kommutierungsvorgang beginnt, fließt der Strom I_d über den Thyristor T4 und über die Entkopplungsdiode D4 in den Strang 1 der Asynchronmaschine hinein und über den Strang 3 und die Bauelemente D5 und T5 in den Gleichstromkreis zurück. Es ist in diesem Zeitabschnitt

$$i_{L1}(\omega_1 t) = I_d,$$

$$i_{L2}(\omega_1 t) = 0$$

und

$$i_{L3}(\omega_1 t) = -I_d.$$

Da voraussetzungsgemäß

$$i_d(\omega_1 t) = I_d$$

sein soll, folgt die Gleichspannung U_d der Funktion

$$u_d(\omega_1 t) = e_{s1}(\omega_1 t) - e_{s3}(\omega_1 t).$$

Am Kondensator $C46$ liegt die Spannung $u_{C46}(\omega_1 t) = -u_C$ an.

Im Zeitpunkt t_1 wird der Thyristor T6 eingeschaltet, und der Strom I_d kommutiert, ideale Ventileigenschaften vorausgesetzt, augenblicklich von T4 auf T6, bedingt durch die am Kondensator $C46$ liegende Spannung. Damit ist der erste Abschnitt der mehrstufigen Kommutierung, die Thyristorkommutierung, abgeschlossen und der zweite Abschnitt, der lineare Umladevorgang des Kommutierungskondensators, beginnt. Die Kondensatorspannung U_{C46} liegt zunächst als Rückwärtssperrspannung am Thyristor T4, der während der Schonzeit t_c, die größer als die Freiwerdezeit t_q sein muß, seine Vorwärtssperrfähigkeit wiedererlangt. Der Gleichstrom I_d fließt im Winkelbereich $\omega_1 t_1 < \omega_1 t < \omega_1 t_2$ über T6, den Kondensator $C46$ sowie die zu diesem parallel liegende Reihenschaltung der Kondensatoren $C62$ und $C24$, D4, Strang 1, Strang 3, D5 und T5. An den Gleichspannungsklemmen des Stromrichters liegt jetzt die Spannung

$$u_d(\omega_1 t) = e_{s1}(\omega_1 t) - e_{s3}(\omega_1 t) + u_{C46}(\omega_1 t)$$

an. Wird vorausgesetzt, daß alle sechs Kommutierungskondensatoren die gleiche Kapazität C haben, so teilt sich der Gleichstrom I_d im Verhältnis 2:1 auf $C46$ einerseits und die Reihenschaltung von $C62$ und $C24$ andererseits auf. Im Winkelbereich $\omega_1 t_1 < \omega_1 t < \omega_1 t_2$ wird $C46$ mit dem konstanten Strom $2I_d/3$ umgeladen, weshalb $u_{C46}(\omega_1 t)$ linear ansteigt. Im Zeitpunkt t_2 wird

$$u_{C46}(\omega_1 t_2) = e_{s2}(\omega_1 t_2) - e_{s1}(\omega_1 t_2), \tag{392}$$

d.h. die Spannung an der Diode D6, die für $\omega_1 t < \omega_1 t_2$ negativ war, wird Null, und für $\omega_1 t > \omega_1 t_2$ kann der dritte Kommutierungsabschnitt, die Diodenkommutierung, beginnen.

Im Winkelbereich $\omega_1 t_2 < \omega_1 t < \omega_1 t_3$, in dem neben T5, D5 und T6 die Dioden D4 und D6 stromführend sind, ist die Klemmenspannung

$$u_{UV}(\omega_1 t) = -u_{C46}(\omega_1 t).$$

Mit dem Einschalten der Diode D6 hat sich ein LC-Schwingkreis gebildet, in dem die Diodenkommutierung als Teil einer Ausgleichsschwingung abläuft. Eine Anfangsbedingung für den Ausgleichsvorgang zwischen den Strängen 1 und 2 lautet

$$i_{L1}(\omega_1 t_2) = I_d,$$

die andere ist in Gl. (392) festgehalten. Während der Diodenkommutierung gilt

$$i_{L1}(\omega_1 t) + i_{L2}(\omega_1 t) = I_d. \tag{393}$$

Die im Schwingkreis wirksame Kapazität des Kondensatortripels ist

$$C_w = \frac{3}{2}C, \tag{394}$$

wobei C die Kapazität des einzelnen Kommutierungskondensators ist (z.B. $C = C46$). Die wirksame Induktivität ergibt sich zu

$$L_\mathrm{w} = \frac{2X_\mathrm{k}}{\omega_1} . \tag{395}$$

Für die Eigenfrequenz des Schwingkreises folgt

$$\omega_\mathrm{e}^2 = \frac{1}{C_\mathrm{w}L_\mathrm{w}} = \frac{\omega_1}{3CX_\mathrm{k}} . \tag{396}$$

Werden den im LC-Schwingkreis liegenden Dioden ideale Eigenschaften zugeordnet, so liefert ein Spannungsumlauf die Beziehung

$$\frac{1}{\omega_1 C_\mathrm{w}} \int i_{L1}\,\mathrm{d}\omega_1 t + X_\mathrm{k}\frac{\mathrm{d}i_{L1}}{\mathrm{d}\omega_1 t} + e_{\mathrm{s}1} - e_{\mathrm{s}2} - X_\mathrm{k}\frac{\mathrm{d}i_{L2}}{\mathrm{d}\omega_1 t} = 0 . \tag{397}$$

Aus Gl. (393) ergibt sich

$$\frac{\mathrm{d}i_{L1}}{\mathrm{d}\omega_1} = -\frac{\mathrm{d}i_{L2}}{\mathrm{d}\omega_1 t} . \tag{398}$$

Aus Bild 304 ist die Beziehung

$$e_{\mathrm{s}2} - e_{\mathrm{s}1} = \sqrt{6}E_\mathrm{s}\sin\omega_1 t \tag{399}$$

abzulesen. Weiterhin läßt sich mit den Gl. (395) und (396) schreiben

$$\frac{1}{3X_\mathrm{k}\omega_1 C} = \frac{\omega_\mathrm{e}^2}{\omega_1^2} . \tag{400}$$

Werden die Gln. (398), (399) und (400) in Gl. (397) eingesetzt, so läßt sich der im Winkelbereich $\omega_1 t_2 < \omega_1 t < \omega_1 t_3$ ablaufende Ausgleichsvorgang durch die Gleichung

$$\frac{\mathrm{d}i_{L1}}{\mathrm{d}\omega_1 t} + \frac{3}{2}\frac{\omega_\mathrm{e}^2}{\omega_1^2}\int i_{L1}\,\mathrm{d}\omega_1 t = \sqrt{\frac{3}{2}}\frac{E_\mathrm{s}}{X_\mathrm{k}}\sin\omega_1 t \tag{401}$$

beschreiben. Im Zeitpunkt t_3 ist die Diodenkommutierung, die, wie Gl. (401) zeigt, ein Ausschnitt aus einer ungedämpften Schwingung ist und deshalb in der Literatur auch Schwingkreiskommutierung genannt wird, abgeschlossen. Die Leiterströme haben die Werte

$$i_{L1}(\omega_1 t_2) = 0$$

und

$$i_{L2}(\omega_1 t_3) = I_\mathrm{d}$$

erreicht, auf denen sie bis zum Beginn der nächsten Diodenkommutierung des Gleichstroms I_d von D5 auf D1 im Zeitpunkt t_4 bzw. bis zum Beginn der übernächsten von D6 auf D2 im Zeitpunkt t_6 verharren.

Zum Abschluß des dreistufigen Kommutierungsvorgangs, bei dem der Gleichstrom I_d aus dem Strang 1 in den Strang 2 kommutiert wurde, erreicht die

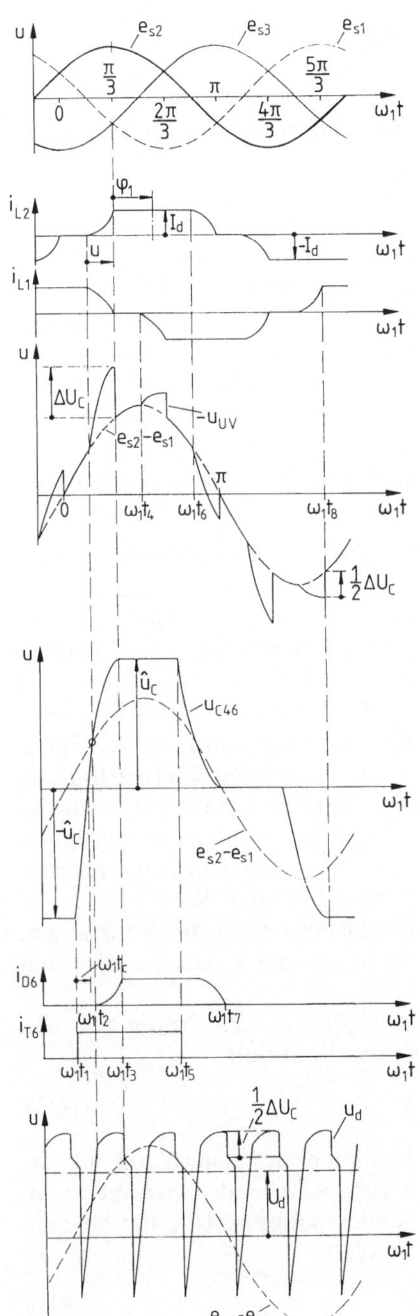

Bild 304. Zeitlicher Verlauf der charakteristischen Ströme und Spannungen am selbstgeführten Stromrichter nach Bild 302 bei Speisung einer Drehstrom-Asynchronmaschine (ohmsche Widerstände vernachlässigt, $R_k = 0$)

Kondensatorspannung U_{C46} im Zeitpunkt t_3 den Wert

$$u_{C46}(\omega_1 t_3) = \hat{u}_c,$$

sie ist damit dem Betrage nach gleich groß wie zum Zeitpunkt der Einleitung des Kommutierungsvorganges, in dem

$$u_{C46}(\omega_1 t_1) = -\hat{u}_c$$

war. Werden die mit den Gl. (394) und (395) definierten Größen C_w und L_w als Konstanten betrachtet, so ist die Größe der Spannung $\hat{u}_c$ abhängig
1. über die während der Diodenkommutierung in den Schwingkreisinduktivitäten ab- bzw. aufzubauende magnetische Energie [s. auch Gl. (370) und (371) in Abschn. 10.1.2.1] von der Größe des zu kommutierenden Gleichstromes,
2. von der Größe der Spannung, bei der die Diodenkommutierung beginnt [im Beispiel $u_{C46}(\omega_1 t_2)$],
3. von der Änderung der inneren Maschinenspannung während der Kommutierung [im Beispiel $\Delta(e_{s2}-e_{s1}) = (e_{s2}-e_{s1})(\omega_1 t_3) - (e_{s2}-e_{s1})(\omega_1 t_2)$].

Wird die Asynchronmaschine mit konstantem Luftspaltfluß betrieben, so ist die Größe der Sternspannung E_s direkt der Kreisfrequenz ω_1 der Grundschwingung proportional. Bei konstanter Grundschwingungsfrequenz f_1 und damit konstanter Sternspannung ist die Spannung $\hat{u}_c$ nur von der Belastung der Asynchronmaschine abhängig. In Abhängigkeit vom Maschinendrehmoment ändern sich Größe und Phasenlage des Leiterstroms I_L. Die Größe ΔU_c der auf die innere Dreieckspannung der Maschine während der Kommutierung aufgesetzten Spannungsspitze ist linear von der Größe des zu kommutierenden Gleichstroms I_d abhängig [s. auch Gl. (371)], der seinerseits wiederum dem Leiterstrom I_L direkt proportional ist. Die Größe der Spannung, bei der die Diodenkommutierung beginnt [$(e_{s2}-e_{s1})(\omega_1 t_2)$ in Bild 304], ist vom Grundschwingungsverschiebungswinkel φ_1 abhängig; sie hat bei $\varphi_1 \approx 90°$ ihren höchsten Wert.

Wird die Maschine im vorgesehenen Drehzahlstellbereich mit konstantem Drehmoment belastet, so stellt sich die höchste Spannung $\hat{u}_c$ bei der höchsten Drehzahl ein.

Nach Abschluß der Kommutierung des Gleichstroms vom Strang 1 in den Strang 2 folgt die ungeglättete Gleichspannung der Funktion

$$u_d(\omega_1 t) = e_{s2}(\omega_1 t) - e_{s3}(\omega_1 t), \tag{402}$$

bis in der unteren Brückenhälfte durch Einschalten des Thyristors T1 die Kommutierung des in die Gleichstromquelle zurückfließenden Stromes vom Strang 3 in den Strang 1 eingeleitet wird. Die Leiterspannung U_{UV} hat bis zum Beginn der nächsten Diodenkummutierung den Wert

$$u_{UV}(\omega_1 t) = e_{s1}(\omega_1 t) - e_{s2}(\omega_1 t). \tag{403}$$

Im Verlauf der nächsten Kommutierung in der oberen Brückenhälfte von T6, D6 auf T2, D2, die im Zeitpunkt t_5 beginnt, liegt der Kondensator $C46$ mit dem Kondensator $C24$ in Reihe; $C46$ wird dabei auf

$$u_{C46}(\omega_1 t_7) = 0$$

entladen. Bei der Kommutierung von T2, D2 auf T4, D4 erreicht U_{C46} mit

$$u_{C46}(\omega_1 t_8) = -\hat{u}_c$$

wieder den Anfangszustand.

In Bild 304 ist der zeitliche Verlauf der charakteristischen Spannungen und Ströme für den Fall der Blocksteuerung dargestellt; der Stromführungswinkel der Thyristoren beträgt dabei

$$\omega_1 t_{FT} = \frac{2\pi}{3},$$

der der Dioden

$$\omega_1 t_{FD} = \frac{2\pi}{3} + u.$$

Der Blockbetrieb ist die für den selbstgeführten Stromrichter nach Bild 302 übliche Betriebsart. Wenn sich jedoch bei einem Antrieb im Bereich kleiner Drehzahlen durch niederfrequente Stromoberschwingungen hervorgerufene niederfrequente Pendelmomente störend bemerkbar machen, so kann der Stromrichter wie schon erwähnt auch stromgepulst betrieben werden. Im Anschluß an die anhand von Bild 304 besprochene Kommutierung des Gleichstroms aus dem Strang 1 in den Strang 2 könnte durch Einschalten des Thyristors T4 eine Rückkommutierung in den Strang 1 eingeleitet werden. Voraussetzung für das Strompulsen ist, daß die Eigenfrequenz ω_e des Kommutierungsschwingkreises

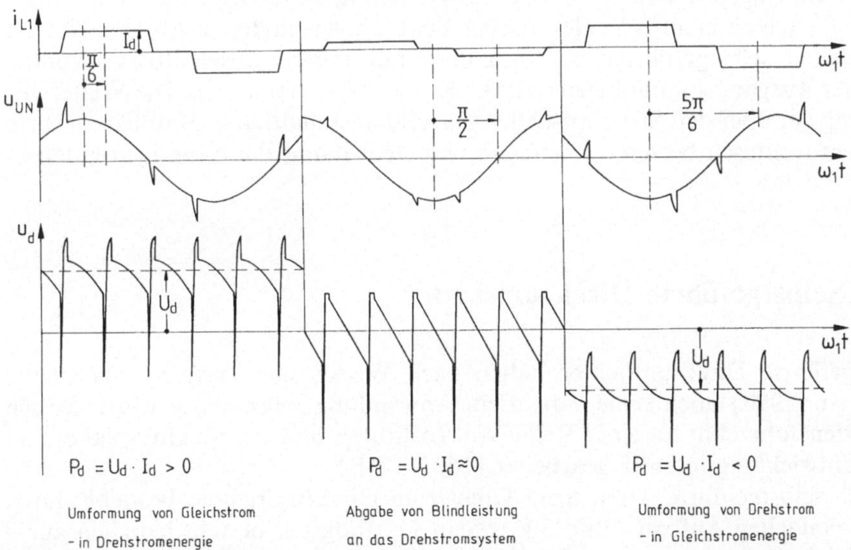

Bild 305. Leiterstrom i_{L1}, Sternspannung u_{UN} und Gleichspannung u_d des Stromrichters nach Bild 302 bei Belastung auf ein Drehstromsystem ($R_k \approx 0$). Links: Umformung von Gleichstrom- in Drehstromenergie; mitte: Abgabe von Blindleistung an das Drehstromsystem; rechts: Umformung von Drehstrom- in Gleichstromenergie

(Gl. 396) groß gegenüber der Kreisfrequenz ω_1 der Grundschwingung ist. In die Eigenkreisfrequenz ω_e geht neben der Kommutierungsreaktanz X_k der Drehstrommaschine die Kapazität C der Kommutierungskondensatoren ein [s. Gl. (394), (395), (396)]. Die Größe von C wird durch die an den Thyristoren einzuhaltende Schonzeit und die zulässige Spitzensperrspannung der Thyristoren bestimmt. Mit Rücksicht auf die sich so ergebenden Schwingkreisdaten liegt die im Pulsbetrieb erreichbare maximale Maschinenfrequenz bei etwa $10-20$ Hz.

Bild 305 zeigt den zeitlichen Verlauf des Leiterstromes I_{L1}, der Sternspannung U_{UN} und der Gleichspannung U_d für drei Belastungszustände bei Blocksteuerung. Im Bild links arbeitet die Asynchronmaschine bei einem Grundschwingungsverschiebungswinkel $\varphi_1 = \pi/6$ als Motor, die Gleichspannung U_d ist positiv, der Stromrichter gibt Wirkleistung und Blindleistung an die Asynchronmaschine ab. In der mittleren Spalte läuft die Maschine leer, der Grundschwingungsverschiebungswinkel beträgt $\varphi_1 = 90$. Die Gleichspannung U_d hat den Wert Null, der Stromrichter gibt nur Blindleistung an die Asynchronmaschine ab. Im Bild rechts schließlich wird die Maschine bei $\varphi_1 = 5\pi/6$ generatorisch betrieben. Die Gleichspannung U_d hat einen negativen Wert. Der Stromrichter formt als Gleichrichter Drehstromenergie in Gleichstromenergie um; er nimmt Wirkleistung von der Asynchronmaschine auf und gibt gleichzeitig Blindleistung an sie ab (s. auch Bild 298).

Stromrichter mit eingeprägtem Gleichstrom und Phasenfolgelöschung, wie sie vorstehend beschrieben sind, haben sowohl bei stationären Antrieben als auch bei Antrieben von Nahverkehrsfahrzeugen eine weite Verbreitung gefunden und werden auch heute (1989/90) noch in großen Stückzahlen geliefert. Diesen Stromrichtergeräten ist jedoch in den in Abschn. 10.4.1.2 beschriebenen Stromrichtern mit eingeprägtem Strom und Pulssteuerung mittels über den Steuerungsanschluß auch abschaltbarer elektrischer Ventile sowie in den in Abschn. 10.1.1.6 behandelten selbstgeführten Stromrichtern mit mittels abschaltbarer Ventile gepulster Ausgangsspannung eine starke Konkurrenz erwachsen. Die Weiterentwicklung der über den Steueranschluß ein- und ausschaltbaren Halbleiter führte zu neuen technisch besseren Lösungen und stellt damit die bisherigen guten in Frage.

10.5 Selbstgeführte Direktumrichter

Selbstgeführte Direktumrichter haben nach Wissen des Verfassers bis heute (Frühjahr 1990) noch keine industrielle Anwendung gefunden; es wurde jedoch im letzten Jahrzehnt an einer Reihe von Instituten und Entwicklungslabors an ihrer Entwicklung intensiv gearbeitet [163-171b].

Der selbstgeführte Drehstrom-Drehstrom-Direktumrichter besticht durch seinen einfachen Aufbau (Bild 306). Sein Leistungsteil besteht lediglich aus 9 bidirektionalen elektronischen Schaltern; er kommt im Prinzip ohne Energiespeicher aus. Unter bidirektionalen Schaltern sind Schalter ohne Richtwirkung zu verstehen, die mittels eines Steuerkommandos jederzeit ein- oder ausgeschaltet werden können. Bidirektionale elektronische Schalter stehen noch nicht als

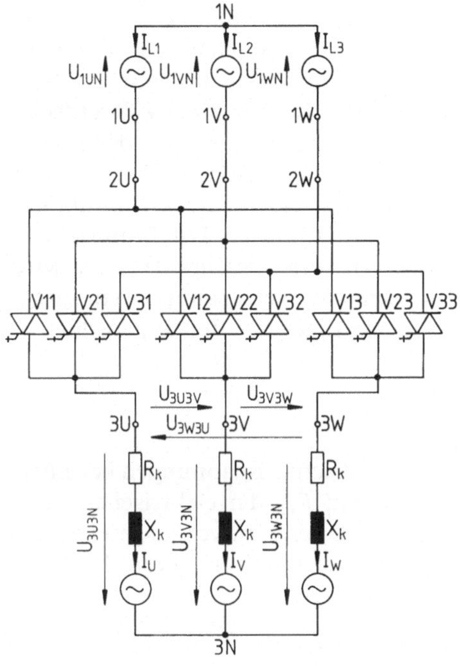

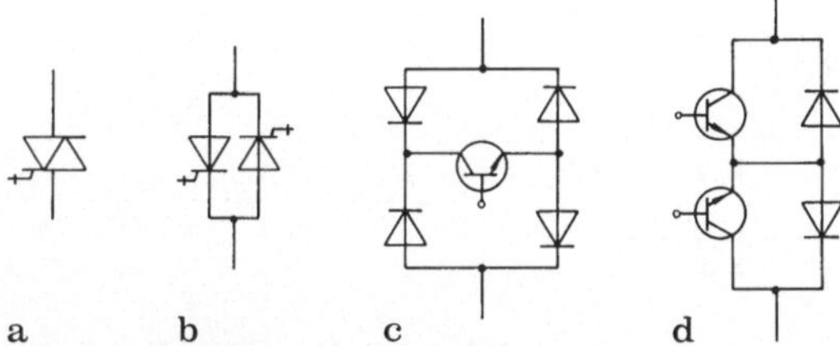

Bild 306. Grundsätzlicher Schaltplan eines selbstgeführten Drehstrom-Drehstrom-Direktumrichters

Bild 307. Bidirektionale Schalter: Im Bild 306 verwendetes Schaltzeichen **(a)** und Realisierungsmöglichkeiten durch antiparallel geschaltete, rückwärts sperrende, abschaltbare Thyristoren **(b)**, einen Transistor in der Diagonalen einer mit Dioden bestückten Wechselstrombrücke **(c)** oder einer halbgesteuerten aus Transistoren und Dioden bestehenden Wechselstrombrücke mit kurzgeschlossener Diagonale **(d)**

komplette Bauelemente zur Verfügung, sondern sie müssen aus anderen, heute vorhandenen Ventilbausteinen zusammengestellt werden. Sie lassen sich z.B. durch antiparallel geschaltete rückwärtssperrende abschaltbare Thyristoren (Bild 307b) oder durch die Kombination von Transistoren und Dioden (Bilder 307c und 307d) verwirklichen.

Wie von Gyugyi und Pelly schon Mitte der sechziger Jahre gezeigt wurde [172], gibt es für den selbstgeführten Direktumrichter eine ganze Anzahl möglicher Schaltungs- und Steuerungsvarianten. Im folgenden wird nur ein spezieller Anwendungsfall diskutiert. Es soll ein Drehstromverbraucher, z.B. eine Drehstrom-Asynchronmaschine mit einer Spannung variabler Größe und variabler Frequenz so gespeist werden, daß das Drehstromnetz mit einem Leistungsfaktor $\lambda \approx 1$ belastet wird.

Ein guter Netzleistungsfaktor läßt sich erreichen, wenn die Größe der Verbraucherspannung durch Pulsen gesteuert wird; es gelten hier ähnliche Überlegungen wie die in Abschn. 10.3.1.3 dargelegten. Für das Spannungspulsen kann eins der bisher beschriebenen Steuerverfahren, also die Dreieck-Rechteck-Modulation, die Dreieck-Trapez-Modulation oder die Elimination der Oberschwingungen eingesetzt werden. In dem im folgenden behandelten Beispiel wird der einfacheren Darstellbarkeit halber mit der Dreieck-Rechteck-Modulation gearbeitet. Dabei wird die Arbeitsweise des selbstgeführten Direktumrichters zunächst anhand der idealisierten Stromrichtertheorie beschrieben. Es wird Betrieb an einer starren symmetrischen sinusförmigen Netzspannung vorausgesetzt, den bidirektionalen Schaltern werden ideale Eigenschaften zugeordnet.

10.5.1 Blocksteuerung

Bild 308 zeigt den zeitlichen Verlauf der charakteristischen Spannungen bei einem Frequenzverhältnis der Grundschwingungsfrequenz f_{1L} der elektrischen Lastkreisgrößen zur Netzfrequenz f_n von $f_{1L}/f_n = 3$. Dabei wird vorausgesetzt, daß die Spannung am Lastkreis bei diesem Frequenzverhältnis ihren höchsten

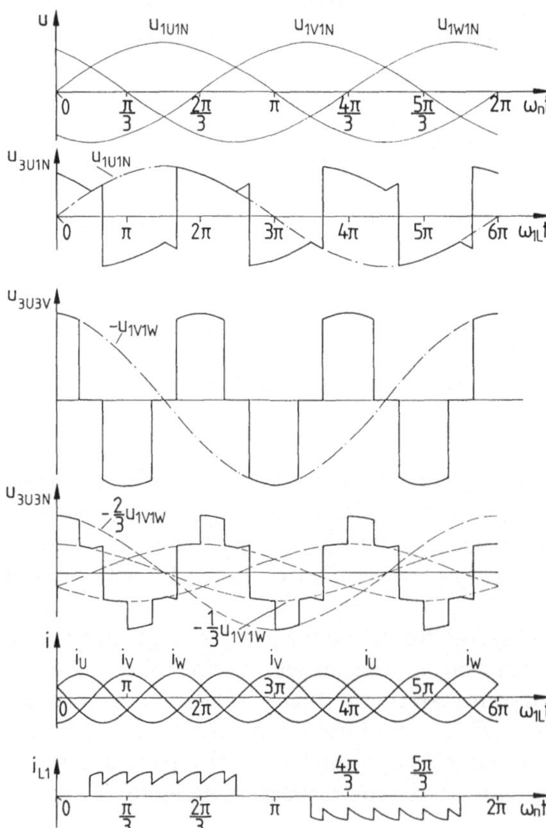

Bild 308. Zeitlicher Verlauf der charakteristischen Ströme und Spannungen am selbstgeführten Direktumrichter nach Bild 306 bei Speisung einer symmetrischen Drehstrombelastung ($\varphi_{1L} = 30°$) mit maximaler Spannung ($R = 1$). $f_{1L}/f_n = 3$

Effektivwert haben soll. Beim höchsten Aussteuerungsgrad ($A=1$) entfällt bei der Dreieck-Rechteckmodulation das Pulsen. Es kann hier, in Analogie zum selbstgeführten Stromrichter mit kapazitiver Glättung der Gleichspannung, auch von einer Blocksteuerung gesprochen werden. Die bidirektionalen Schalter sind so zu betätigen, daß während der positiven Halbschwingungen der Lastspannung das jeweils positivste Netzspannungspotential und während der negativen Halbschwingung das jeweils negativste Netzspannungspotential auf die entsprechende Lastklemme durchgeschaltet wird. Die bidirektionalen Schalter lassen sich in drei Dreiergruppen unterteilen, von denen jeweils eine einer Lastklemme zugeordnet ist. Die Schalter V11, V21 und V31 z.B. sind der Klemme 3U zugeordnet.

In Bild 308 oben ist der Verlauf der drei Sternspannungen des Drehstromnetzes dargestellt. Da im Umrichter keine Energiespeicher vorhanden sind, muß die Spannung im Lastkreis aus Abschnitten der Netzspannung aufgebaut werden. Die zweite Spur von Bild 308 zeigt den Verlauf des Spannungspotentials der Lastklemme 3U gegenüber dem Netzsternpunkt 1N. Die positiven Halbschwingungen sind aus einem Gleichspannungsverlauf herausgeschnitten, wie er sich bei einer netzgeführten Dreipuls-Mittelpunktschaltung, bei der die Kathoden der Ventile verbunden sind, bei einem Steuerwinkel $\alpha=0$ ergeben würde (vgl. Bilder 63 und 74). Die negativen Halbschwingungen dagegen sind einem Gleichspannungsverlauf entnommen, wie er sich bei einer Dreipuls-Mittelpunktschaltung, bei der die Anoden der Ventile verbunden sind, bei $\alpha=0$ ergeben würde (s. Bild 74).

Um zu dem dargestellten Potentialverlauf $u_{3U1N}(\omega_1 t)$ zu gelangen, muß zu Beginn des betrachteten Zeitabschnittes im Winkelbereich $0<\omega_n t<\pi/6$ das Ventil V31 eingeschaltet sein. Anschließend dann im Bereich $\pi/6<\omega_n t<\omega_{1L}t=2\pi/3$ das

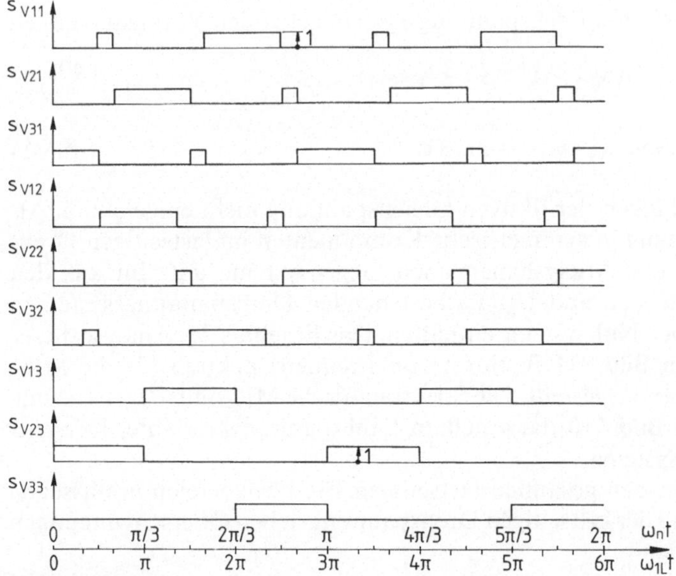

Bild 309. Zeitlicher Verlauf der Ventilschaltfunktionen S_V für den in Bild 308 dargestellten Umrichterbetrieb. $R=1$; $f_{1L}/f_n=3$

Ventil V11. Beim Winkel $\omega_{1L}t = 2\pi/3$ ist auf die negative Halbschwingung umzuschalten, dazu ist V11 aus- und V21 einzuschalten. Dieser Schaltzustand ist bis $\omega_n t = \pi/2$ beizubehalten, dann ist auf V31 umzuschalten usw.

Um dann die Potentialverläufe $u_{3V1N}(\omega_{1L}t)$ und $u_{3W1N}(\omega_{1L}t)$ zu erhalten, sind jeweils um $\omega_{1L}t = 2\pi/3$ bzw. $\omega_{1L}t = 4\pi/3$ versetzte Abschnitte aus den sich bei der Dreipuls-Mittelpunktschaltung für $\alpha = 0$ ergebenden fiktiven Spannungsverläufen herauszuschneiden. Die dazu erforderlichen Ein- und Ausschaltzeitpunkte der elektrischen Schalter können den in Bild 309 dargestellten Ventilschaltfunktionen S_{Vn} entnommen werden. $s_{Vn} = 1$ heißt, der entsprechende bidirektionale Schalter V_n ist eingeschaltet, bei $s_{Vn} = 0$ ist er ausgeschaltet.

Die lastseitigen Außenleiterspannungen ergeben sich als die Spannungsdifferenzen zwischen den lastseitigen Klemmenpotentialen, es ist

$$u_{3U3V}(\omega_{1L}t) = u_{3U1N}(\omega_{1L}t) - u_{3V1N}(\omega_{1L}t), \tag{404.1}$$

$$u_{3V3W}(\omega_{1L}t) = u_{3V1N}(\omega_{1L}t) - u_{3W1N}(\omega_{1L}t) \tag{404.2}$$

und

$$u_{3W3U}(\omega_{1L}t) = u_{3W1N}(\omega_{1L}t) - u_{3U1N}(\omega_{1L}t). \tag{404.3}$$

In Bild 308 ist weiterhin der zeitliche Verlauf der Außenleiterspannung U_{3U3V} und der Sternspannung U_{3U3N} dargestellt, Bild 310 zeigt die drei lastseitigen Außenleiterspannungen und die drei lastseitigen Sternspannungen. Wie den Verläufen zu entnehmen ist, setzen sich die lastseitigen Außenleiterspannungen aus Abschnitten der netzseitigen Außenleiterspannungen zusammen. Die Halbschwingungen der lastseitigen Außenleiterspannungen sind Ausschnitte aus dem positiven bzw. negativen Gleichspannungsverlauf, wie er sich bei einer netzgeführten Sechspuls-Brückenschaltung für $\alpha = 0$ ergeben würde. Entsprechendes gilt für die Sternspannungen.

Die für ein symmetrisches Drehspannungssystem geltenden Voraussetzungen

$$u_{3V3W}(\omega_{1L}t) = u_{3U3V}(\omega_{1L}t + 2\pi/3) \tag{405.1}$$

und

$$u_{3W3U}(\omega_{1L}t) = u_{3U3V}(\omega_{1L}t - 2\pi/3) \tag{405.2}$$

werden wegen der Welligkeit der fiktiven Gleichspannung nicht eingehalten. Als Folge treten bei Zerlegung in symmetrische Komponenten im lastseitigen Drehspanngssystem neben den Mitsystemen auch Gegensysteme auf. Im aus den Spannungen U_{3U1N}, U_{3V1N} und U_{3W1N} bestehenden Drehspannungssystemen sind darüber hinaus noch Nullsysteme enthalten. Das Ergebnis der Analyse dieser Drehspannungen ist in Bild 311 in Form von Frequenzspektren für die Mit-, Gegen- und Nullsysteme dargestellt. Die Spektren für die Mit- und Gegensysteme gelten auch für die in Bild 310 dargestellten Drehspannungsverläufe, hier entfallen jedoch die Nullsysteme.

Eine weitergehende, den gesamten lastseitigen Frequenzbereich umfassende Analyse zeigt, daß der in der lastseitigen Drehspannung neben Oberschwingungen mit den Ordnungszahlen

$$v_L = \frac{f_{vL}}{f_{1L}} = 6 \cdot n \pm 1 \tag{406}$$

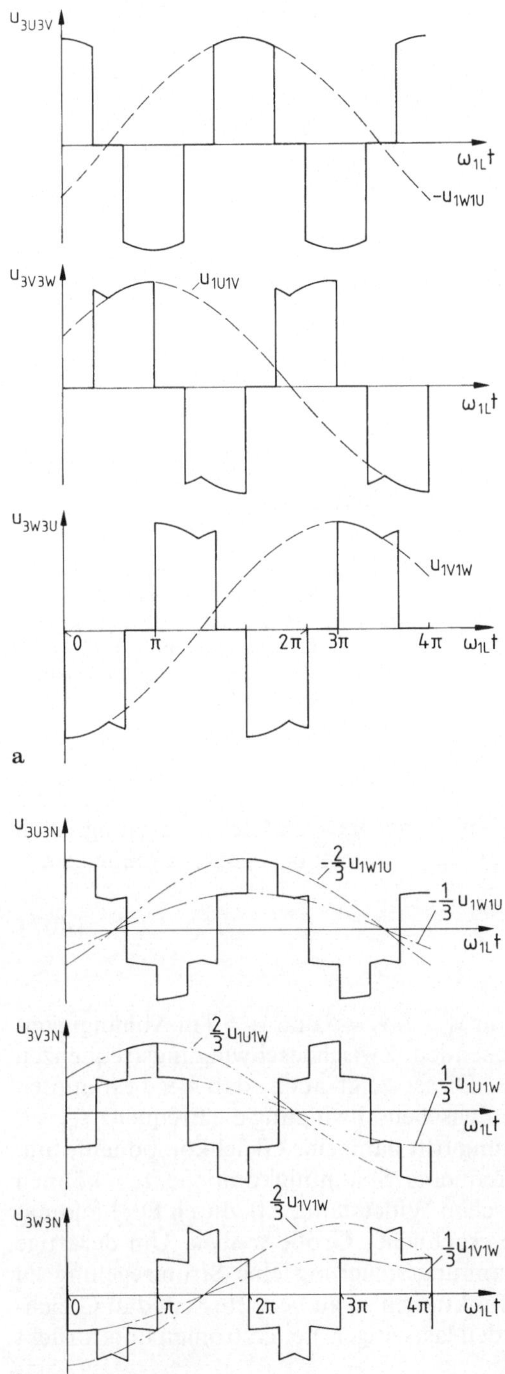

Bild 310. Zeitlicher Verlauf der Drehspannungen am Lastkreis bei dem in Bild 308 dargestellten Umrichterbetrieb ($R = 1$; $f_{1L}/f_n = 3$). **a** Außenleiterspannungen; **b** Sternspannungen

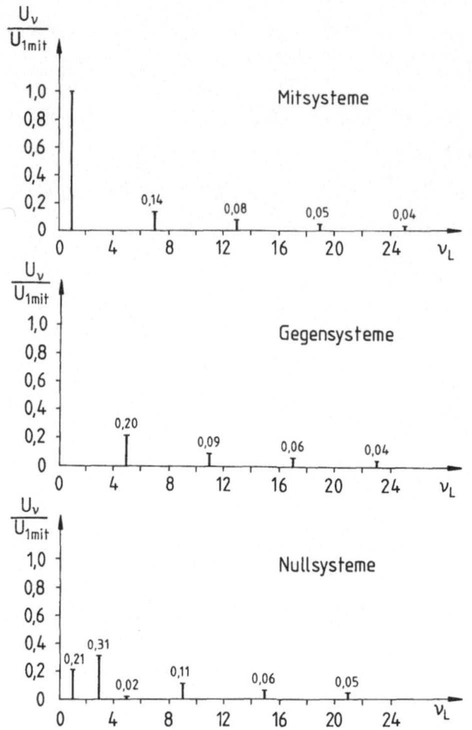

Bild 311. Schwingungsspektren der Drehspannungssysteme nach den Bildern 308 und 310. Nullsysteme sind nur im durch die Spannungen U_{3U1N}, $U_{3V1N}u \cdot U_{3W1N}$ gebildeten Drehspannungssystem enthalten

($n = 1, 2, 3, \ldots$), bedingt durch die Welligkeit der fiktiven Gleichspannung, auch Zwischenschwingungen mit den auf die Netzfrequenz bezogenen Frequenzen

$$\frac{f_{\varrho L}}{f_n} = |6 \cdot m \pm v_L \cdot \frac{f_{1L}}{f_n}| \tag{407}$$

($m = 1, 2, 3, \ldots$) zu erwarten sind.

Die sich für $m = 1$ und $m = 2$ sowie für $v_L = 1$, $v_L = 5$ und $v_L = 7$ in Abhängigkeit vom Frequenzverhältnis f_{1L}/f_n ergebenden Zwischenschwingungsfrequenzen können Bild 312 entnommen werden. Dieses zeigt auch, daß bei bestimmten Werten des Frequenzverhältnisses eine Zwischenschwingung die Frequenz $f_{\varrho L} = 0$ annehmen kann, d.h. in der Lastspannung tritt dann eine Gleichkomponente auf. Gleichanteile und auch sehr niederfrequente Spannungkomponenten können durch Verbraucher mit geringem ohmschen Widerstand, z.B. durch Drehfeldmaschinen, Zwischenschwingungsströme erheblicher Größe treiben. Um derartige Störeffekte zu vermeiden, ist der Spannungssteuerung eine Stromregelung zu überlagern. Diese hat die Ventilschaltfunktionen so zu beeinflussen, daß Gleichanteile und niederfrequente Anteile in den lastseitigen Leiterströmen unterdrückt werden.

Bei dem für die Darstellung in Bild 308 gewählten Frequenzverhältnis $f_{1L}/f_n = 3$ ergeben sich nach Bild 312 Zwischenschwingungen mit Frequenzverhältnissen $f_{\varrho L}/f_n = 3, 9, 15, \ldots$. Diese Teilschwingungen mit durch drei teilbaren

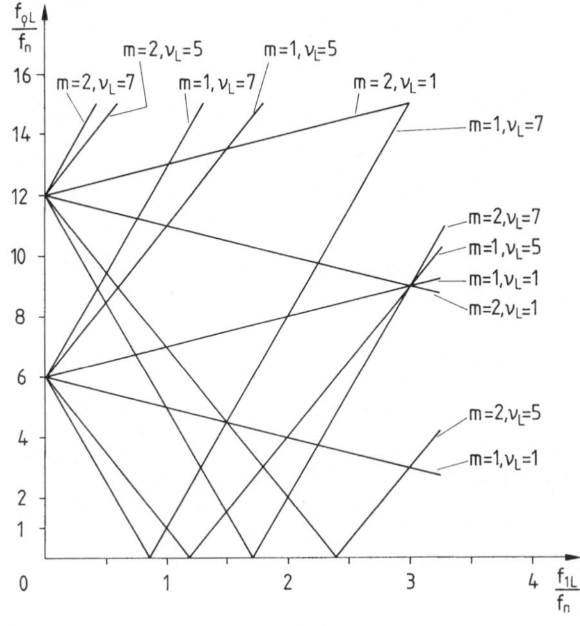

Bild 312. Frequenzen $f_{\varrho L}$ der am lastseitigen Drehspannungssystem auftretenden Zwischenschwingungen in Abhängigkeit von der lastseitigen Grundschwingungsfrequenz f_{1L}.

Ordnungszahlen, die als Nullsysteme vorhanden sind, können sich im lastseitigen Drehspannungssystem nicht ausbilden.

Für die Ermittlung der netzseitigen Leiterströme werden vereinfachend sinusförmige Ströme auf der Lastseite angenommen, die der Grundschwingung der Sternspannung um $\varphi_{1L} = 30°$ nacheilen (5. Spur des Bildes 308). Unter Berücksichtigung der Ventilschaltfunktionen nach Bild 309 ergibt sich der in der untersten Spur des Bilde 308 gezeigte Verlauf des netzseitigen Leiterstroms I_{L1}. Ein Vergleich mit dem Verlauf der zugehörigen netzseitigen Sternspannung U_{1U1} zeigt, daß die Bedingung $\cos\varphi_{1n} \approx 1$ erfüllt wird. Die genauere Analyse der Netzbelastung liefert folgende Ergebnisse.

Grundschwingungsblindleistung

$$Q_{1n} = 0,0084 S,$$

Verzerrungsleistung

$$D_n = 0,342 S,$$

Wirkleistung

$$P = 0,94 S,$$

Grundschwingungsverschiebungswinkel

$$\varphi_{1n} = 0,5°,$$

Grundschwingungsverschiebungsfaktor

$$\cos\varphi_{1n} = 0,99996,$$

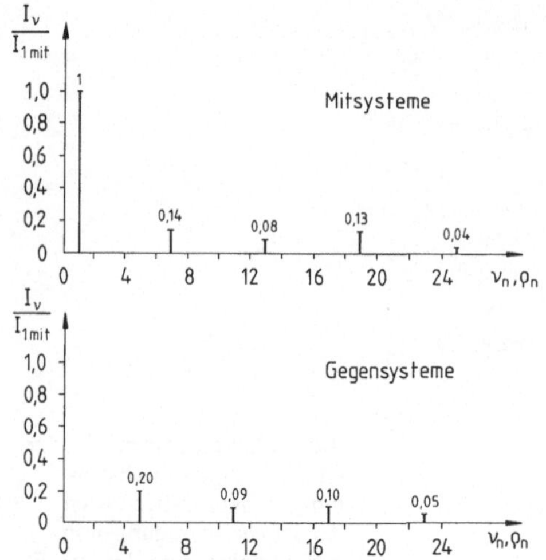

Bild 313. Schwingungsspektren des netzseitigen Leiterstromsystems bei dem in Bild 308 dargestellten Umrichterbetrieb

Grundschwingungsgehalt der netzseitigen Leiterströme

$$g_{in} = 0{,}94,$$

Leistungsfaktor

$$\lambda_n = 0{,}94.$$

Die Analyse der netzseitigen Leiterströme bringt drei wichtige Erkenntnisse:
— bei Zerlegung in symmetrische Komponenten treten neben den Mitsystemen auch Gegensysteme auf (s. Bild 313).
— neben den Oberschwingungen mit den Ordnungszahlen

$$v_n = 6n \pm 1 \tag{408}$$

($n = 1, 2, 3, \ldots$) sind im Schwingungsspektrum auch Zwischenschwingungen mit den Ordnungszahlen

$$\varrho_n = \frac{f_{\varrho n}}{f_{1n}} = |v \pm 6m \frac{f_{1L}}{f_{1n}}| \tag{409}$$

($m = 1, 2, 3, \ldots$) enthalten, wobei f_{1n} die Grundschwingungsfrequenz der netzseitigen Leiterströme I_L ist ($f_{1n} = f_n$), und

— der Leistungsfaktor $\lambda = \dfrac{P}{S} = g_i \cdot \cos \varphi_1$ wird bei $\cos \varphi_{1n} \approx 1$ fast ausschließlich durch den Grundschwingungsgehalt der netzseitigen Leiterströme bestimmt.

Die sich für die Ordnungszahlen $1 \leqq v_n \leqq 31$ sowie für $m = 0$ und $m = 1$ ergebenden Zwischenschwingungsfrequenzen können aus dem Bild 314 als Funktion des Frequenzverhältnisses f_{1L}/f_n abgelesen werden. Die Ordnungszahlen der im netzseitigen Leiterstrom des selbstgeführten Direktumrichters auftretenden Zwischenschwingungen zeigen dieselbe Abhängigkeit vom Frequenzverhältnis f_{1L}/f_{1n} wie beim netzgeführten Direktumrichter (s. Gl. (166) und Bild 141). Bei dem für die Darstellung des Bildes 308 gewählten Frequenzverhältnis $f_{1L}/f_n = 3$ treten neben den Oberschwingungen mit den Ordnungszahlen v keine zusätzlichen Zwischenschwingungen auf (Bild 313).

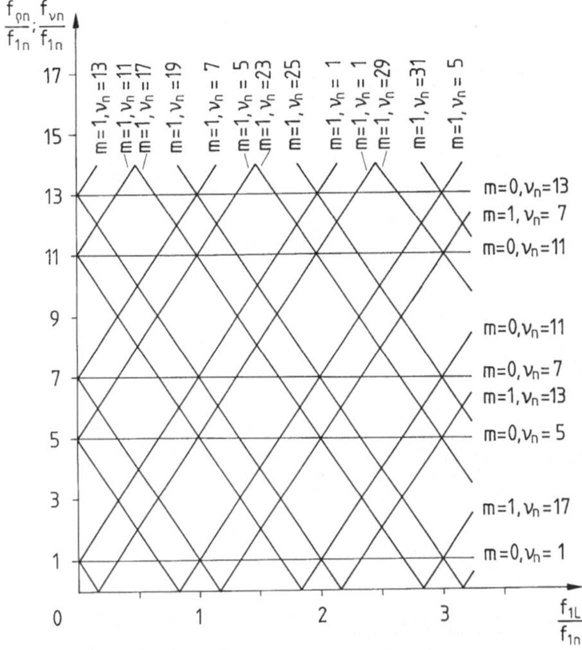

Bild 314. Frequenzen f_{vn} und $f_{\varrho n}$ der im Leiterstrom der Netzseite enthaltenen Teilschwingungen in Abhängigkeit von der lastseitigen Grundschwingungsfrequenz f_{1L}. (dargestellt für $m=0$ und $m=1$)

10.5.2 Pulssteuerung

Wie schon erwähnt, wird im folgenden die Pulssteuerung mittels Dreieck-Rechteck-Modulation behandelt. Ausgehend von der vorstehend beschriebenen Blocksteuerung, die dem Aussteuerungsgrad $A=1$ der Dreieck-Rechteck-Modulation entspricht, wird anhand der folgenden Bilder die Pulssteuerung beim Aussteuerungsgrad $A=0,5$, der sich bei einem Amplitudenverhältnis

$$R = \frac{\hat{u}_\square}{\hat{u}_\Delta} = 0,5$$

(s. Bild 315 Spur 2) angenähert einstellt, diskutiert. Als Drehstrombelastung wird eine Drehstrom-Asynchronmaschine angenommen; soll deren magnetischer Hauptfluß näherungsweise konstant gehalten werden, so ist die lastseitige Grundschwingungsfrequenz f_{1L} gegenüber der im vorstehenden Abschnitt beschriebenen Blocksteuerung zu halbieren. Die folgenden Bilder sind deshalb für $R=0,5$ und $f_{1L}/f_n=1,5$ gezeichnet.

Das Verhältnis der Pulsfrequenz f_p zur lastseitigen Grundschwingunsfrequenz muß bei synchroner Taktung eine durch drei teilbare, möglichst ungerade Zahl ergeben (s. auch Abschn. 10.1.1.6). Im Beispiel ist $f_p/f_{1L}=9$.

Beim Pulsen wird das auf den netzseitigen Sternpunkt 1N bezogene Spannungspotential der lastseitigen Klemmen im Takte der Pulsfrequenz zwischen den fiktiven Gleichspannungen $u_{d1}(\omega_n t)$ und $u_{d2}(\omega_n t)$ (s. Bilder 73 und 74) hin- und hergeschaltet. $u_{d1}(\omega_n t)$ entspricht dabei der positiven und $u_{d2}(\omega_n t)$ der negativen Hüllkurve der netzseitigen Sternspannungen (Bild 315 erste Spur). Den zeitlichen

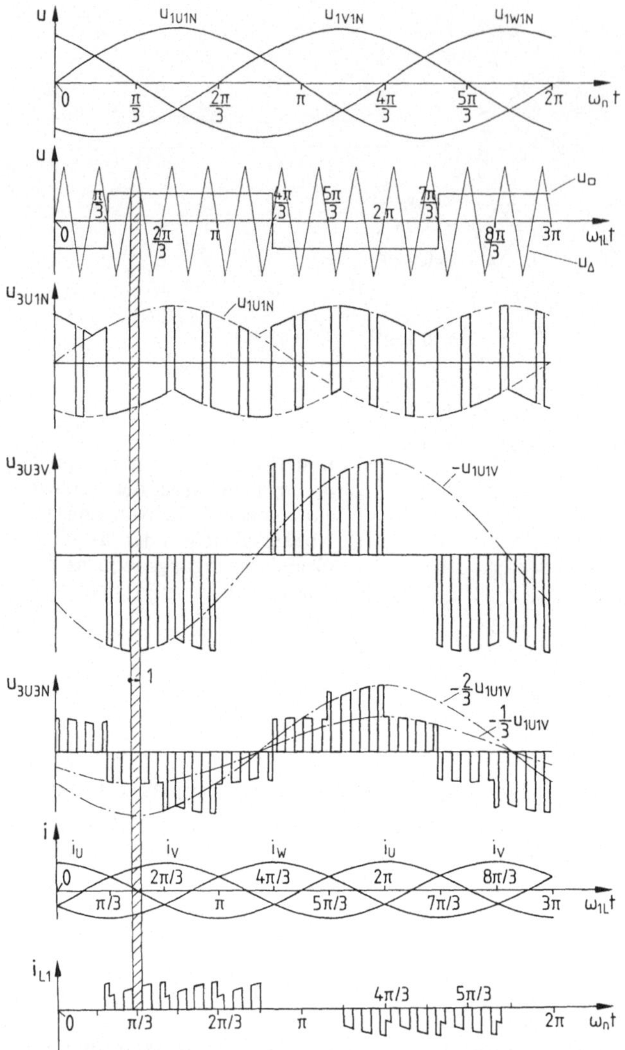

Bild 315. Zeitlicher Verlauf der charakteristischen Ströme und Spannungen am selbstgeführten Direktumrichter nach Bild 306 bei Speisung einer symmetrischen Drehstrombelastung ($\varphi_1 = 30°$) mit gepulster Spannung. Dreieck-Rechteck-Modulation mit $R = \dfrac{\hat{u}_\square}{\hat{u}_\triangle} = 0{,}5$; $f_{1L}/f_n = 1{,}5$; $f_p/f_{1L} = 9$

Verlauf $u_{3U1N}(\omega_{1L}t)$ zeigt die dritte Spur des Bildes 315. Aus den lastseitigen Klemmenpotentialen ergeben sich die lastseitigen Außenleiterspannungen nach den Gl. (404). In der vierten Spur ist $u_{3U3V}(\omega_{1L}t)$ dargestellt. Die fünfte gibt mit $u_{3U3N}(\omega_{1L}t)$ den Verlauf einer lastseitigen Sternspannung wieder. Vereinfachend werden auch hier symmetrische, sinusförmige Lastströme vorausgesetzt (sechste Spur), wobei ein Grundschwingungsverschiebungswinkel $\varphi_{1L} = 30°$ gegenüber der Grundschwingung der Sternspannung angenommen wird.

Um bei fließendem Laststrom die lastseitige Sternspannung (und damit auch die entsprechenden lastseitigen Außenleiterspannungen) zu Null zu machen, muß jeweils ein lastseitiger dreipoliger Kurzschluß hergestellt werden. Das ist z.B. in dem in den Bildern 315, 316 und 317 durch Schraffur gekennzeichneten Winkelabschnitt 1 der Fall. In diesem Winkelbereich sind die elektronischen Schalter V11, V12 und V13 eingeschaltet, die übrigen sind ausgeschaltet (s. Bild 316). Dadurch sind die lastseitigen Klemmen 3U, 3V und 3W untereinander und mit der netzseitigen Klemme 2U verbunden. Bei dieser Schalterkonstellation gilt für die lastseitigen Ströme

$$i_U(\omega_{1L}t) + i_V(\omega_{1L}t) + i_W(\omega_{1L}t) = 0, \tag{410}$$

während die netzseitigen Ströme jeder für sich Null sein müssen:

$$i_{L1}(\omega_n t) = 0, \tag{411.1}$$

$$i_{L2}(\omega_n t) = 0, \tag{411.2}$$

$$i_{L3}(\omega_n t) = 0. \tag{411.3}$$

Die vorstehenden Gl. (410) und (411) gelten auch, wenn die die Klemmen 2V, 3U, 3V und 3W verbindenden Schalter V21, V22 und V23 ein- und die übrigen Schalter ausgeschaltet sind (z.B. im Winkelabschnitt 2 von Bild 316). Entsprechendes gilt auch, wenn V31, V32 und V33 ein- und die übrigen Schalter ausgeschaltet sind (z.B. im Winkelabschnitt 3 von Bild 316).

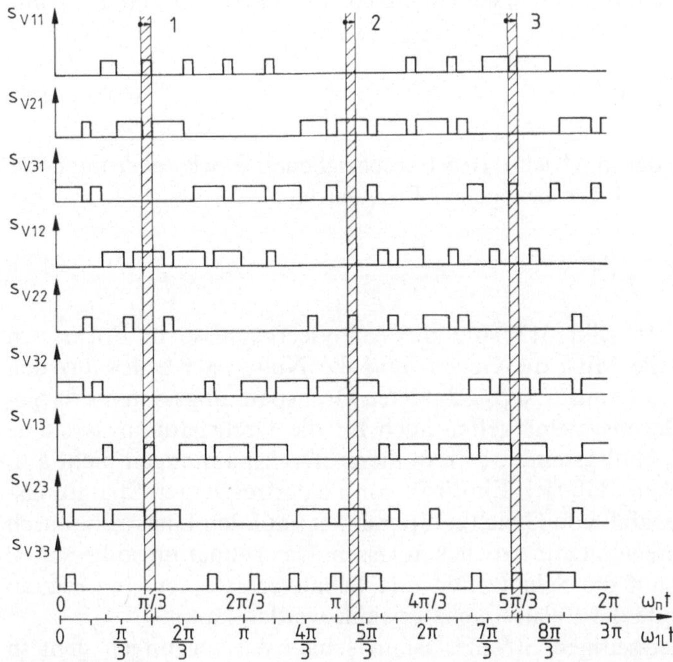

Bild 316. Zeitlicher Verlauf der Ventilschaltfunktionen S_V für den in Bild 315 dargestellten Umrichterbetrieb bei Dreieck-Rechteck-Modulation mit $R = 0{,}5$ und $f_{1L}/f_n = 1{,}5$

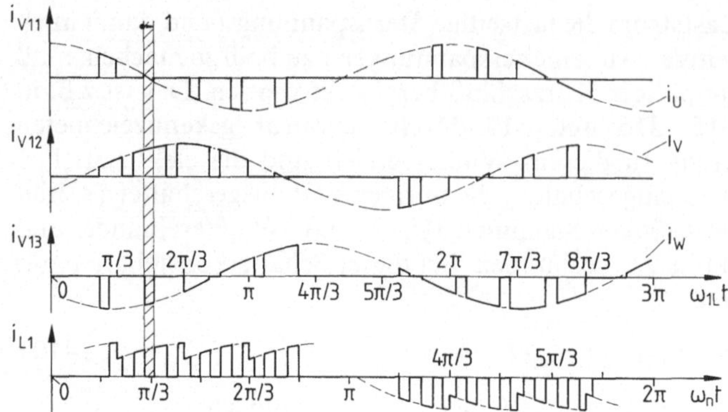

Bild 317. Zeitlicher Verlauf der Ströme in den an die Klemme 2U angeschlossenen Ventilen V11, V12 und V13 und des Leiterstromes I_{L1} für den in Bild 315 dargestellten Umrichterbetrieb. $\varphi_1 = 30°;\ R = 0,5;\ f_{1L}/f_n = 1,5$

Wie den Bildern 315 und 317 zu entnehmen ist, werden die lastseitige Spannung und der netzseitige Strom gepulst. Das Spannungspulsen hat eine große Ähnlichkeit mit dem in Abschn. 10.1.1.5 beschriebenen Spannungspulsen mittels des selbstgeführten Stromrichters in Drehstrom-Brückenschaltung mit kapazitiv geglätteter Gleichspannung. Nur ist hier die fiktive Gleichspannung, aus der heraus die lastseitigen Spannungen gebildet werden, wellig. Wie die harmonische Analyse zeigt, treten deshalb neben den vom Spannungspulsen mit gut geglätteter Gleichspannung her bekannten Oberschwingungen (s. Bilder 245 und 247) mit den Ordnungszahlen

$$v_L = \frac{f_{vL}}{f_{1L}} = 6 \cdot n \pm 1 \tag{412}$$

($n = 1, 2, 3, \ldots$) wie bei der in Abschn. 10.5.1 beschriebenen Blocksteuerung noch Zwischenschwingungen mit den bezogenen Frequenzen

$$\frac{f_{\varrho L}}{f_n} = |6m \pm v_L \cdot \frac{f_{1L}}{f_n}| \tag{413}$$

($m = 1, 2, 3, \ldots$) auf. In Bild 318 sind die Analyseergebnisse in Form von Frequenzspektren für die Mit-, die Gegen- und die Null-systeme des aus den Spannungen U_{3U1N}, U_{3V1N} und U_{3W1N} gebildeten Drehspannungssystems dargestellt. Die Mit- und Gegensysteme gelten auch für die Drehspannungssysteme U_{3U3N}, U_{3V3N}, U_{3W3N}; Nullsysteme treten in diesen Drehspannungen nicht auf. Auch hier ist anzumerken, daß sich Einflüsse von niederfrequenten Spannungs-komponenten (im Grenzfall von Gleichkomponenten) auf den Laststrom durch eine überlagerte Stromregelung unterdrücken lassen. Das gelingt umso besser, je größer mit Rücksicht auf die Schaltzeiten und Schaltverluste der eingesetzten elektrischen Bauelemente die Pulsfrequenz gewählt werden kann.

Das Pulsen des netzseitigen Stromes ist in seinen Auswirkungen dem in Abschn. 10.3.1.3 beschriebenen Strompulsen mittels eines selbstgeführten Strom-richters in Drehstrom-Brückenschaltung mit induktiver Glättung des Gleich-

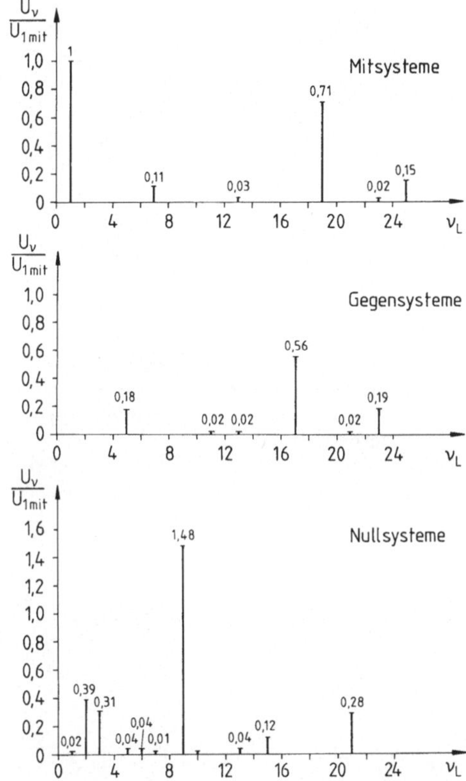

Bild 318. Schwingungsspektren der Drehspannungssysteme bei dem in Bild 315 dargestellten Umrichterbetrieb. Nullsysteme sind nur im durch die Spannungen U_{3U1N}, U_{3V1N} und U_{3W1N} gebildeten Drehspannungssystem enthalten.

stroms ähnlich. Neben den Oberschwingungen mit den Ordnungszahlen

$$\nu_n = 6 \cdot n \pm 1 \tag{414}$$

($n = 1, 2, 3, \ldots$) treten hier jedoch Zwischenschwingungen mit den Ordnungszahlen

$$\varrho_n = \frac{f_{\varrho n}}{f_{1n}} = \left| \nu \pm 6m \frac{f_{1L}}{f_{1n}} \right| \tag{415}$$

($m = 1, 2, 3, \ldots$) auf. Das Ergebnis der Analyse ist in Form von Frequenzspektren für die Mit- und Gegensysteme in Bild 319 dargestellt. Wie nach Bild 314 für das Frequenzverhältnis $f_{1L}/f_{1n} = 1,5$ zu erwarten, treten Zwischenschwingungen mit den Ordnungszahlen $\varrho_n = 2, 4, 8, 10, 14, 16, \ldots$ auf.

Die Analyse der Netzbelastung beim Umrichterbetrieb nach Bild 315 liefert nachstehende Ergebnisse:

Grundschwingungsblindleistung

$$Q_{1n} = -0,004 S \,,$$

Verzerrungsleistung

$$D_n = 0,766 S \,,$$

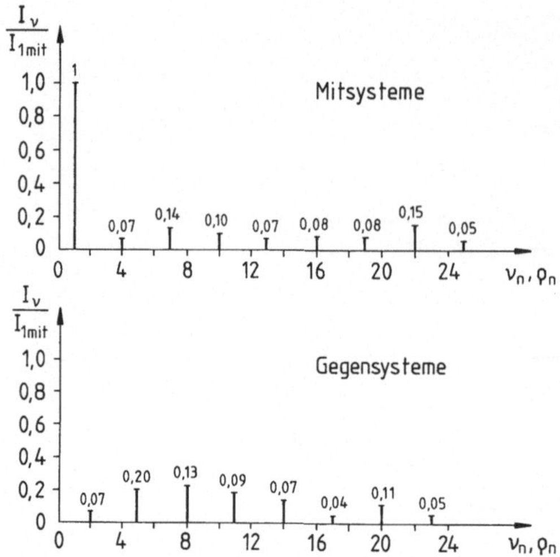

Bild 319. Schwingungsspektren des netzseitigen Leiterstromsystems bei dem in Bild 315 dargestellten Umrichterbetrieb

Wirkleistung

$$P_n = 0{,}665 S,$$

Grundschwingungsverschiebungswinkel

$$\varphi_{1n} = -0{,}3°,$$

Grundschwingungsleistungsfaktor

$$\cos \varphi_{1n} = 0{,}99998,$$

Grundschwingungsgehalt der netzseitigen Leiterströme

$$g_{in} = 0{,}665,$$

Leistungsfaktor

$$\lambda_n = 0{,}665.$$

Der im Pulsbetrieb aussteuerungsabhängige Leistungsfaktor $\lambda_n = g_{in} \cdot \cos \varphi_{1n}$ kann bei $\cos \varphi_{1n} \approx 1$ nur über eine Anhebung des Grundschwingungsgehaltes des Netzstromes, z.B. durch ein Netzfilter (Bild 320), auf den Wert $\lambda_n \approx 1$ verbessert werden.

10.5.3 Abschließende Bemerkungen zum selbstgeführten Direktumrichter

Bei den bisherigen Betrachtungen wurde eine starre Drehspannung vorausgesetzt. Nur bei Betrieb an einem starren Netz und bei Vernachlässigung der Schaltkreisinduktivitäten lassen sich die netzseitigen Leiterströme so stufig ein- und ausschalten, wie in den Bildern 308, 315 und 317 dargestellt, ohne daß die bidirektionalen Schalter durch Schaltüberspannungen und zu hohe Abschaltverluste zerstört werden.

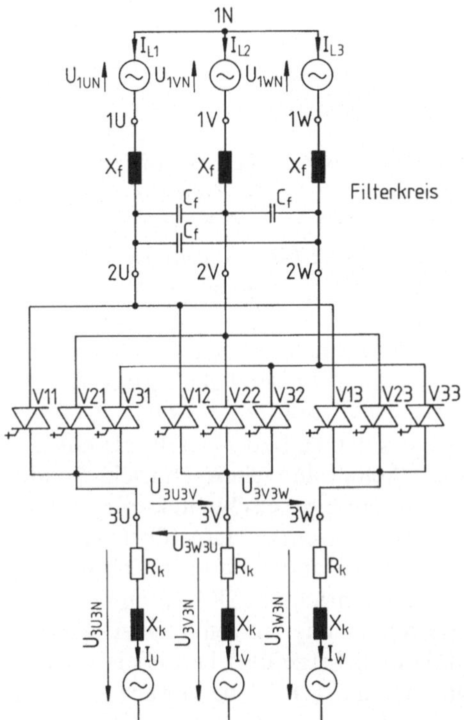

Bild 320. Grundsätzlicher Schaltplan eines selbstgeführten Drehstrom-Drehstrom-Direktumrichters mit netzseitigem L-C-Filter

Bei Betrieb an einem realen Netz, bei dem immer mit einer gewissen Netzreaktanz zu rechnen ist (s. auch Abschn. 8.1.5), sind Zusatzmaßnahmen erforderlich.

Um das Netz mit einem näherungweise sinusförmigen Strom und einem Leistungsfaktor $\lambda_n \approx 1$ zu belasten, ist ein Netzfilter vorzusehen (Bild 320). Dieses soll die durch das Pulsen hervorgerufenen Oberschwingungen höherer Ordnungszahl und größerer Amplitude sowie steile Stromänderungen vom Netz fernhalten und gleichzeitig die elektronischen Schalter beim Ausschaltvorgang entlasten.

Da die heute zur Verfügung stehenden elektronischen Schalter keine idealen Eigenschaften haben, können bei Kommutierungsvorgängen die beteiligten Schalter nicht gleichzeitig geschaltet werden. Um Kurzschlüsse zu vermeiden, muß erst der Ausschaltvorgang des stromabgebenden Schalters abgeschlossen sein, ehe der stromübernehmende einschaltet. Die beim Abschaltvorgang an den Schaltkreisinduktivitäten auftretende Spannung muß durch eine den elektronischen Schaltern zugeordnete Begrenzungsschaltung im zulässigen Bereich gehalten werden.

Der selbstgeführte Direktumrichter ist eine interessante Alternative zu den heute üblichen Zwischenkreisumrichtern, bei denen meist nur ein Teilstromrichter selbstgeführt ausgeführt ist. Ob und inwieweit der selbstgeführte Direktumrichter sich durchsetzen wird, dürfte nicht zuletzt von der weiteren Entwicklung auf dem Bauelementegebiet abhängen.

11 Umrichter mit Zwischenkreis

Umrichter mit Zwischenkreis bestehen aus wenigstens zwei Teilstromrichtern, die über einen Zwischenkreis in Reihe geschaltet sind. Steht im Zwischenkreis eine kondensatorgestützte Gleichspannung an (Bild 321b), so spricht man von einem Spannungszwischenkreis; wird dagegen ein durch eine Glättungsdrosselspule L_g möglichst gut geglätteter Gleichstrom im Zwischenkreis eingeprägt (Bild 321a), so handelt es sich um einen Stromzwischenkreis.

In den vorstehenden Abschnitten wurden schon einige spezielle Umrichter mit Zwischenkreis behandelt. So zeigt z.B. Bild 13 die grundsätzliche Struktur eines Umrichters mit Stromzwischenkreis, bei dem der Stromrichter SR1 netzgeführt und der Stromrichter SR2 maschinengeführt arbeitet. In Bild 14 ist die grundsätzliche Struktur, in Bild 157 der detailiertere Schaltplan eines Umrichters mit Stromzwischenkreis zur Speisung eines gedämpften Parallelschwingkreises dargestellt; der netzseitige Stromrichter ist netz-, der lastseitige lastgeführt. Hier sei angemerkt, daß beim heutigen Stand der Halbleiterentwicklung im Umrichter nach Bild 157 die Thyristoren des lastseitigen Stromrichters SR3 durch über den Steueranschluß abschaltbare rückwärtssperrende Thyristoren ersetzt werden können. Der lastseitige Stromrichter kann dann selbstgeführt betrieben werden. Diese Betriebsart bietet gegenüber der im Abschn. 8.1.3.2 beschriebenen zwei wesentliche Vorteile:
— Der Anschwingkreis (SR2 in Bild 157) kann entfallen.
— Der lastseitige Stromrichter kann mit dem Löschwinkel $\gamma = 0$ bei der Eigenkreisfrequenz $\omega_1 = \sqrt{\omega_0^2 - \delta^2}$ als Resonanzstromrichter betrieben werden. Da die lastseitigen Stromrichterventile im Nulldurchgang der Lastspannung geschaltet werden, sind die Schaltverluste gering.

Über erste bei Umrichtern kleinerer Leistung ($P_N \leqq 40\,\mathrm{kW}$) erzielte Erfolge wird in [172a] berichtet. In [172b] wird ein Umrichter beschrieben, dessen lastseitiger Stromrichter mit SI-Thyristoren (s. Abschn. 4.2.2.2) bestückt ist; dieser überträgt 17 kW bei einer Lastfrequenz von 78 kHz. Ein selbstgeführter Stromrichter für 100 kW bei 60 kHz wird in [42c] als Einsatzbeispiel für schnelle SI-Thyristoren vorgestellt.

Auch bei der Hochspannungs-Gleichstromübertragung (Bild 143) handelt es sich um einen Umrichter mit Stromzwischenkreis, hier arbeiten beide Teilstromrichter netzgeführt. Schließlich sei noch auf den anhand von Bild 161 besprochenen Umrichter mit Spannungszwischenkreis zur Speisung eines gedämpften Reihenschwingkreises hingewiesen, bei dem der netzseitige Stromrichter netzgeführt, der lastseitige lastgeführt betrieben wird.

Bei den in Bild 321 gezeichneten grundsätzlichen Strukturen sei der linke Teilstromrichter SR1 an das Drehstromnetz angeschlossen, der rechte Teilstromrichter SR2 speise eine Drehstromlast, z.B. eine Drehstrommaschine. Der netzseitige Stromrichter kann bei Speisung eines Stromzwischenkreises ein netzgeführter Stromrichter, z.B. in Sechspuls-Brückenschaltung (s. Bild 110)

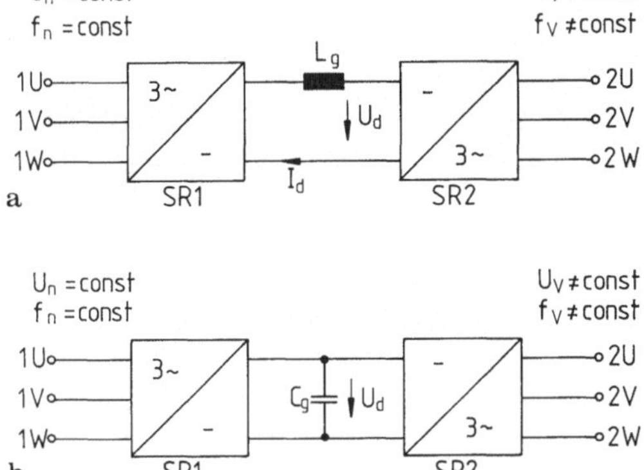

Bild 321. Grundsätzliche Strukturen von Umrichtern mit Zwischenkreis. **a** Umrichter mit Stromzwischenkreis; **b** Umrichter mit Spannungszwischenkreis

oder ein selbstgeführter Stromrichter in Drehstrom-Brückenschaltung (s. Bild 296) sein. Bei Speisung eines Spannungszwischenkreises kann auf der Netzseite ein nicht steuerbarer netzgeführter Stromrichter nach Bild 154 ($U_d \approx$ const), ein gesteuerter netzgeführter Stromrichter nach Bild 110 (U_d steuerbar) oder ein selbstgeführter Stromrichter nach Bild 278 (meist $U_d =$ const) eingesetzt werden.

Der lastseitige Stromrichter kann, wie anhand der Bilder 13, 14, 155, 157 und 161 beschrieben, last- bzw. maschinengeführt sein, oder aber er muß selbstgeführt arbeiten. Schaltungsbeispiele für selbstgeführte Stromrichter am Stromzwischenkreis wurden anhand der Bilder 301 und 302 besprochen, für selbstgeführte Stromrichter am Spannungszwischenkreis anhand der Bilder 239 und 254.

In Bild 322 sind einige spezielle Strukturen von Umrichtern mit Zwischenkreis dargestellt. Bei der Speisung von Drehstrommaschinen über einen Umrichter mit Spannungszwischenkreis wird der netzseitige Stromrichter SR1 oft ungesteuert nach Bild 151 oder Bild 154 ausgeführt. Elektrische Energie kann damit nur aus dem Netz in den Zwischenkreis gelangen, eine Rückspeisung beim Abbremsen der Maschine ist nicht möglich. Soll die Maschine jedoch auch elektrisch gebremst werden können, so ist im Zwischenkreis ein elektronischer Bremsschalter ES_{br} und ein Bremswiderstand R_{br} vorzusehen (Bild 322a). Sobald im Bremsbetrieb die Zwischenkreisspannung U_d einen oberen Grenzwert überschreitet, wird ES_{br} eingeschaltet und der Kondensator C_g entlädt sich über R_{br}. Wird ein unterer Grenzwert erreicht, wird ES_{br} wieder abgeschaltet. Auf diese Weise kann die anfallende Bremsenergie im Bremswiderstand R_{br} in Wärme überführt werden.

Das nächste Beispiel (Bild 322b) ist der Antriebstechnik der Nahverkehrsfahrzeuge entnommen. Ein stationärer Gleichrichter SR1 speist den Fahrdraht. In der Induktivität L_{g1} ist die ortsabhängig veränderliche Fahrdrahtinduktivität und die Induktivität einer im Fahrzeug mitgeführten Eingangsdrosselspule vereinigt zu denken. Die Kapazität C_g des Glättungskondensators ist so zu wählen, daß auch beim kleinsten Wert von L_{g1} die Gleichspannung U_{d1} hinreichend gut geglättet ist. Ein vom Fahrbetrieb (Bild 194a) auf Bremsbetrieb (Bild 194b) umschaltbarer Gleichstromsteller SR3 prägt mittels der Induktivität L_{g2} einer Glättungsdrosselspule einen hinreichend gut geglätteten Gleichstrom in einen selbstgeführten Stromrichter SR2 mit induktiver Glättung des Gleichstroms um,

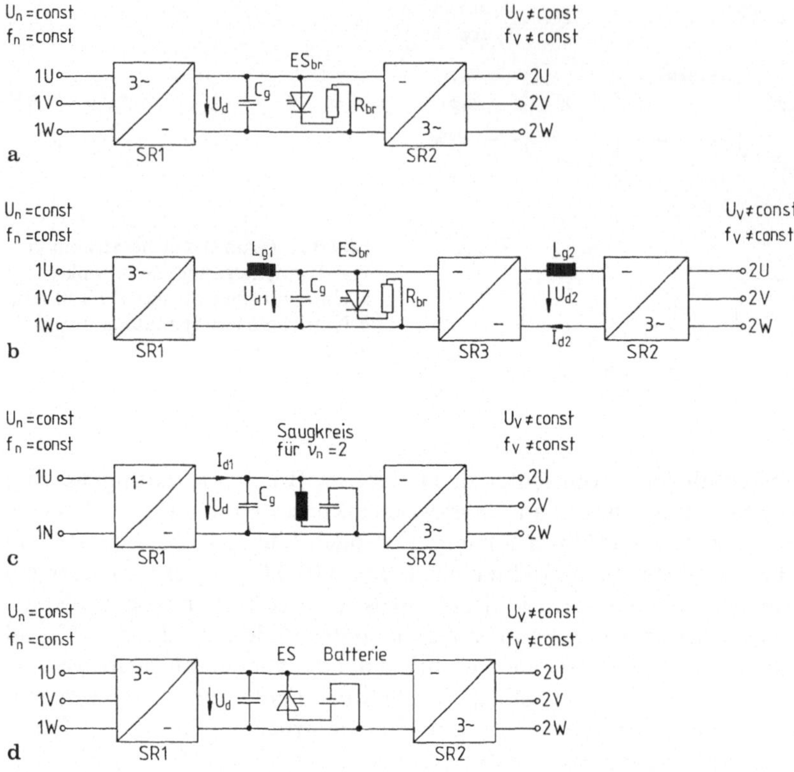

Bild 322. Einige spezielle Strukturen von Umrichtern mit Zwischenkreis (nähere Erläuterungen im Text)

der wiederum den Fahrmotor in Form einer Drehstrom-Asynchronmaschine speist. Der lastseitige Stromrichter SR2 wurde bisher üblicherweise mit Phasenfolgelöschung (Bild 302) ausgeführt. Beim Bremsen kann die Bremsenergie in den Fahrdraht zurückgespeist werden, wenn andere Gleichstromverbraucher aufnahmefähig sind. Ist das nicht der Fall, so tritt der aus dem elektronischen Schalter ES_{br} und dem Widerstand R_{br} bestehende Bremskreis in Funktion und die Bremsenergie wird − zumindest teilweise − im Bremswiderstand R_{br} in Wärme umgesetzt [173].

Fernbahnlokomotiven werden bei uns in Mitteleuropa heute meist aus dem Wechselstromfahrdraht mit elektrischer Energie versorgt. Bei modernen Lokomotiven, wie bei denen der Baureihe 120 der Deutschen Bundesbahn oder den Triebköpfen des ICE, werden die als Drehstrom-Asynchronmaschinen ausgeführten Fahrmotoren über einen Umrichter mit Spannungszwischenkreis gespeist, dessen beide Teilstromrichter selbstgeführt sind [173, 174]. Der netzseitige Teilstromrichter SR1 ist in Wechselstrom-Brückenschaltung nach Bild 224 ausgeführt und arbeitet pulsgesteuert. Dadurch ist es möglich, dem Netz einen angenähert sinusförmigen Strom mit einem Grundschwingungsverschiebungsfaktor $\cos\varphi \approx 1$ zu entnehmen. Ein sinusförmiger Strom auf der Netzseite bedingt einen Gleichstrom I_{d1} mit einem hohen Wechselanteil doppelter Netzfrequenz auf der Zwischenkreisseite. Dieser wird mittels eines Saugkreises kurzgeschlossen (Bild 322c). Der Glättungskondensator C_g braucht dann nur die höherfrequenten Anteile der Stromwelligkeit aufzunehmen [175].

Mittels eines Umrichters mit Spannungszwischenkreis läßt sich auch eine unterbrechungsfreie Stromversorgung für einen Operationssaal, ein Kaufhaus oder ein Rechenzentrum verwirklichen. Im Normalbetrieb wird das gesicherte Netz über den Umrichter aus dem öffentlichen Energieversorgungsnetz gespeist. Bei Ausfall des öffentlichen Netzes wird über einen elektronischen Schalter eine Batterie auf den Zwischenkreis zugeschaltet, aus der dann das sichere Netz mit Energie versorgt wird (Bild 322d). Anstelle eines sicheren Netzes kann über den Stromrichter SR2 auch eine Drehstrommaschine, die aus Sicherheitsgründen bei einem Netzausfall nicht stehenbleiben darf, gespeist werden.

In den vorstehenden Abschnitten wurde bei den Stromrichtern mit kapazitiv geglätteter Gleichspannung der Anschluß an eine starre Gleichspannung vorausgesetzt. Entsprechend wurde bei den Stromrichtern mit induktiver Glättung des Gleichstroms meist von einem sehr gut geglätteten Gleichstrom ausgegangen. Aus wirtschaftlichen und technischen Gründen können die Glättungseinrichtungen, also die Kapazität C_g des Glättungskondensators beim Spannungszwischenkreis bzw. die Induktivität L_g der Glättungsdrosselspule beim Stromzwischenkreis, nicht beliebig groß gemacht werden.

Die Glättungsglieder dienen gleichzeitig der Entkopplung der über den Zwischenkreis in Reihe geschalteten Teilstromrichter. Je besser die Glättung der Gleichspannung beim Spannungszwischenkreis oder des Gleichstroms beim Stromzwischenkreis ist, desto weniger wirkt der Betrieb des einen Teilstromrichters auf den des anderen zurück. Da die Glättung nicht unendlich gut gemacht werden kann, macht sich einerseits die vom lastseitigen Stromrichter verursachte Welligkeit auf der Netzseite in Form von Strom- und Spannungs-Zwischenschwingungen bemerkbar. Andererseits wirkt sich auch die vom netzseitigen Stromrichter verursachte Welligkeit auf der Lastseite in Form von Strom- und Spannungs-Zwischenschwingungen aus. Je besser die Glättung ist, desto kleinere Amplituden haben die Zwischenschwingungen [176—178].

Die Frequenzen und Ordnungszahlen der Zwischenschwingungen auf der Lastseite stimmen mit den für den Direktumrichter in den Gl. (412) und (413) angegebenen überein. Ebenso gelten die Gl. (414) und (415) für die Ordnungszahlen und Frequenzen der auf der Netzseite auftretenden Zwischenschwingungen.

12 Elektromagnetische Verträglichkeit

In der VDE-Bestimmung DIN VDE 0870 T1/7.84 ist die elektromagnetische
Verträglichkeit definiert als die Fähigkeit einer elektrischen Einrichtung in ihrer
elektromagnetischen Umgebung zufriedenstellend zu funktionieren, ohne die
Umgebung, zu der auch andere Einrichtungen gehören, unzulässig zu beeinflussen.

Um elektromagnetische Verträglichkeit nach außen hin zu gewährleisten, ist
zunächst einmal dafür zu sorgen, daß in den elektrischen Energieversorgungsnetzen bestimmte Verträglichkeitspegel (s. Abschn. 8.1.5.5), wie sie z.B. im Normentwurf DIN VDE 0839 T1/11.86 festgelegt sind, eingehalten werden. Um das
wiederum zu erreichen, dürfen die von Stromrichtern in Drehstromnetzen
verursachten Netzrückwirkungen (s. Abschn. 8.1.5) bestimmte Grenzwerte nicht
überschreiten. Jeder Stromrichter kann als Störquelle aufgefaßt werden, der
Störgrößen in das Netz einspeist. In der Norm DIN VDE 0838, an deren
Ergänzung und Verbesserung noch gearbeitet wird, sind Grenzen für die zulässige
Störemission von Haushaltsgeräten und ähnlichen elektrischen Einrichtungen
festgelegt. Bei leistungsstärkeren Geräten und Anlagen sind die von der Vereinigung Deutscher Elektrizitätswerke (VDEW) herausgegebenen „Grundsätze für
die Beurteilung von Netzrückwirkungen" [94] zu beachten. Die in den
Abschn. 8.1.5 und 8.2 für den netzgeführten Stromrichter beschriebenen Netzrückwirkungen stellen den ungünstigsten Fall dar. Mit den in den Abschn. 10.2
und 10.3 beschriebenen selbstgeführten Stromrichtern lassen sich die Netzrückwirkungen erheblich vermindern.

Neben den Netzrückwirkungen, die sich, auch bei Einsatz von mit hohen
Pulsfrequenzen arbeitenden selbstgeführten Stromrichtern i. allg. im Frequenzbereich unterhalb von einigen zig kHz abspielen, treten noch andere Arten der
elektromagnetischen Beeinflussung auf [179]. Diese sind auf den Einschalt- und
den Ausschaltvorgang der zum Stromrichter gehörenden elektrischen Ventile
zurückzuführen. Wie in Kap. 4 dargelegt wurde, sind im Hinblick auf geringe
Schaltverluste und hohe Schaltfrequenzen elektronische Bauelemente mit möglichst kleinen Schaltzeiten erwünscht. Kleine Schaltzeiten haben in den Ventilen
hohe Stromänderungsgeschwindigkeiten und an den Ventilen steile Spannungsänderungen zur Folge; das als elektronischer Schalter wirkende Stromrichterventil ist damit als Störquelle im Sinne von VDE 0870 Teil 1 aufzufassen. Im
stationären Stromrichterbetrieb erfolgen die Schaltvorgänge periodisch, woraus
folgt, daß sich der zeitliche Verlauf der Strom- und Spannungspulse im
Frequenzbereich als Linien- oder Amplitudenspektrum darstellen läßt (s. z.B.
auch die Bilder 83, 121, 124, 153).

Werden Rechteckpulse vorausgesetzt, so klingen die Amplituden der Oberschwingungen umgekehrt proportional mit der Oberschwingungsfrequenz ab, s.
z.B. Gl. (254) und (255). Der Stromverlauf während einer Schaltperiode in
einem elektronischen Schalter, wie er z.B. in Bild 40 für einen Leistungs-MOSFET
dargestellt ist, läßt sich recht gut durch den trapezförmigen Verlauf nach Bild 323

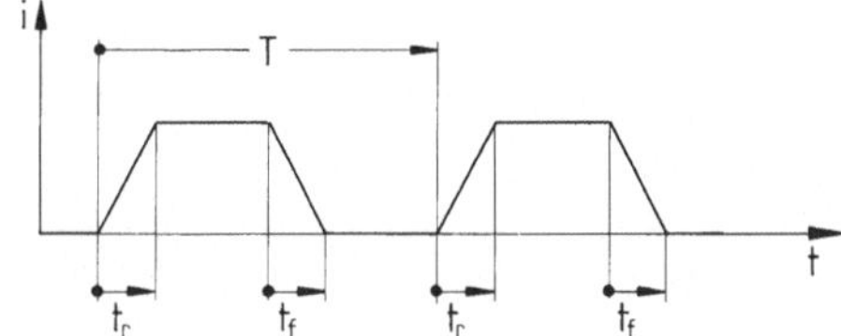

Bild 323. Impulsfolge bestehend aus trapezförmigen Einzelpulsen. t_r Anstiegszeit;
t_f Fallzeit; $t_r = t_f$

annähern, bei dem die Anstiegszeit t_r gleich der Fallzeit t_f ist ($t_r = t_f$). Es läßt sich
zeigen [65, 179a], daß oberhalb einer Grenzfrequenz

$$f_g = \frac{1}{\pi \cdot t_r} \tag{416}$$

die Oberschwingungsamplituden umgekehrt proportional dem Quadrat der
Oberschwingungsfrequenz abklingen. Je kleiner also die Schaltzeiten werden,
desto höhere Amplituden weisen die Oberschwingungen bei höheren Frequenzen
auf. Wird für einen schnellen elektronischen Schalter $t_r = t_f = 100$ ns gesetzt, so
ergibt sich die Grenzfrequenz zu $f_g = 3{,}18$ MHz, was einer Grenzwellenlänge

$$\lambda_g = \frac{c}{f_g} = 94 \text{ m}$$

entspricht ($c = 300 \cdot 10^6$ m/s).

Schnellschaltende elektronische Schalter sind somit Störquellen, deren Störgrößen (Störspannungen und Störströme) auch im Hochfrequenzbereich noch
nicht zu vernachlässigende Amplituden haben.

Da die elektronischen Schalter Teil des leistungselektronischen Gerätes oder
der leistungselektronischen Anlage sind, ist zunächst einmal die elektromagnetische Verträglichkeit innerhalb des Gerätes oder der Anlage sicherzustellen. Ist das
geschehen, so ist dafür Sorge zu tragen, daß die an die Umwelt abgegebenen
elektromagnetischen Störgrößen das zulässige Maß nicht überschreiten.

Bild 324 zeigt die möglichen Beeinflussungswege, auf denen die Störgrößen zu
den Störsenken gelangen können. Der Beeinflussungsweg läuft über eine oder
mehrere Kopplungen zwischen Störquelle und Störsenke, wobei unter Kopplung
die Wechselbeziehung zwischen Stromkreisen, bei der Energie von einem
Stromkreis auf einen anderen übertragen werden kann, zu verstehen ist. Zu
unterscheiden sind

— die galvanische Kopplung, eine Kopplung über eine gemeinsame Leitungsim-
   pedanz Z_k,
— die induktive Kopplung, eine Kopplung über zeitlich veränderliche magnetische Felder,
— die kapazitive Kopplung, eine Kopplung über zeitlich veränderliche elektrische Felder und
— die elektromagnetische Kopplung, eine Kopplung über hochfrequente
   elektromagnetische Strahlung.

Die elektromagnetische Strahlung spielt erst bei Frequenzen oberhalb 1 MHz eine
wesentliche Rolle. In den darunterliegenden Frequenzbereichen werden die

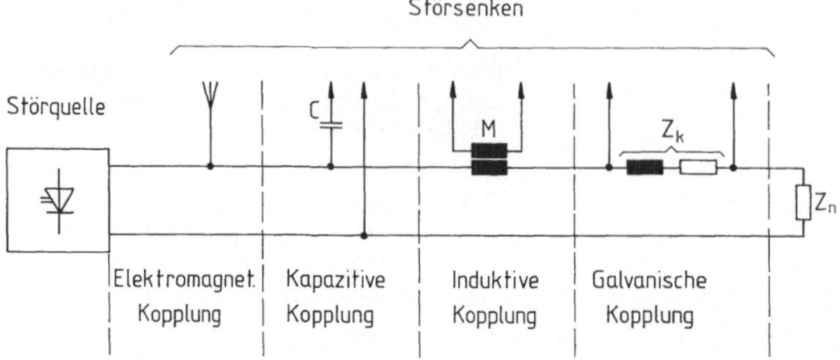

Bild 324. Beeinflussungswege der Störgrößen von der Störquelle zu den Störsenken

Störgrößen praktisch nur durch die galvanische, die induktive und die kapazitive Kopplung übertragen.

Auf die theoretischen Grundlagen der elektromagnetischen Beeinflussung bzw. der elektromagnetischen Verträglichkeit einzugehen, würde den Rahmen dieses Buches sprengen. Der interessierte Leser sei auf die in dem Sammelband „Elektromagnetische Verträglichkeit (EMV)" erschienenen Beiträge [179–183] hingewiesen, die einen guten Überblick über dieses recht komplexe Gebiet geben. Eine Fülle von Beiträgen zu speziellen EMV-Problemen finden sich in den Tagungsbänden der großen internationalen EMV-Tagungen, z.B. in den Tagungsbänden 1–8 des „International Zurich Symposium on Electromagnetic Compatibility", von denen der 8. im Literaturverzeichnis unter [184] angeführt ist. Auch im „Handbuch Elektromagnetische Verträglichkeit" [185] sind viele nützliche Hinweise enthalten.

Hier sei nur angemerkt, daß bei der Entwicklung und der Konstruktion von leistungselektronischen Geräten und Anlagen EMV-Gesichtspunkte berücksichtigt werden müssen, wenn ein störungsfreier Betrieb erreicht werden soll. So ist darauf zu achten, daß Leitungen des Leistungsteils, auf denen Strompulse mit steilen Flanken fließen, möglichst kurz und induktivitätsarm ausgeführt werden, um die Gefahr einer induktiven Kopplung möglichst klein zu halten. Aus dem gleichen Grund sollen auch die Steuerleitungen entweder gut verdrillt oder koaxial ausgeführt werden. Die Leitungen des Leistungsteils und die Steuerleitungen sind im Gerät oder in der Anlage so zu führen, daß die elektromagnetische Beeinflussung möglichst klein gehalten wird. Galvanische Kopplungen, wie sie sich z.B. bei Benutzung einer gemeinsamen Rückleitung für mehrere Stromkreise ergeben können, sind möglichst zu vermeiden. Die kapazitive Einkopplung von Störimpulsen, wie sie bei Potentialsprüngen, ausgelöst durch Schalthandlungen elektrischer Ventile, in Steuer- oder Meßleitungen auftreten kann, ist durch geeignete Filterung auf ein erträgliches Maß zu reduzieren.

Ist durch entsprechende konstruktive und schaltungstechnische Maßnahmen die elektromagnetische Verträglichkeit innerhalb des Gerätes oder der Anlage sichergestellt, so ist, falls erforderlich, durch Maßnahmen wie z.B. Schirmung der leistungselektronischen Baugruppen und Filterung der elektrischen Eingangs- und Ausgangsgrößen die elektromagnetische Verträglichkeit nach außen herzustellen. Dabei sind folgende Normen zu beachten, die sich mit Fragen der elektromagnetischen Verträglichkeit befassen:

— DIN VDE 0843 „Elektromagnetische Verträglichkeit von Meß-, Steuer- und Regeleinrichtungen in der industriellen Prozeßtechnik" (Bisher erschienen die Teile 1—3, weitere Teile sind in Vorbereitung),
— DIN VDE 0846 „Meßgeräte zur Beurteilung der elektromagnetischen Verträglichkeit" (Bisher erschien Teil 1, weitere Teile sind in Vorbereitung),
— DIN VDE 0847 „Meßverfahren zur Beurteilung der elektromagnetischen Verträglichkeit" (Bisher erschien Teil 1, weitere Teile sind in Vorbereitung)
— DIN 40 839 „Elektromagnetische Verträglichkeit (EMV) in Kraftfahrzeugen" (Bisher erschien Teil 1, weitere Teile sind in Vorbereitung).
— Als Entwurf liegen mehrere Teile der Norm DIN VDE 0839 „Elektromagnetische Verträglichkeit" vor.

An der Festlegung von Emissionsgrenzwerten für elektromagnetische Störgrößen wird in den nationalen und internationalen Normengremien intensiv gearbeitet.

Literatur

1 Pfaff, G.: Regelung elektrischer Antriebe I. R. Oldenbourg, München Wien 1971
2 Pfaff, G.: Regelung elektrischer Antriebe II. R. Oldenbourg, München Wien 1982
3 Föllinger, O.: Lineare Abtastsysteme. R. Oldenbourg, München Wien 1982
4 Leonhard, W.: Control of Electrical Drives. Springer, Berlin 1985
5 Meyer, M.: Elektrische Antriebstechnik Bd. 2. Springer, Berlin 1987
6 Hoffmann, A.; Stocker, K.: Thyristor-Handbuch. Siemens AG, Berlin München 1976
7 Heumann, K.; Stumpe, C.: Thyristoren, Eigenschaften und Anwendungen. B. G. Teubner, Stuttgart 1974
8 Müller, R.: Halbleiter-Elektronik Bd. 1: Grundlagen der Halbleiter-Elektronik. Springer, Berlin 1971
9 Müller, R.: Halbleiter-Elektronik Bd. 2: Bauelemente der Halbleiter-Elektronik. Springer, Berlin 1973
10 Gerlach, W.: Halbleiter-Elektronik Bd. 12: Thyristoren. Springer, Berlin 1979
11 BBC AG: Silizium Stromrichter Handbuch. BBC, Baden Mannheim 1971
12 Porst, A.: Bipolare Halbleiter. Hüthig & Pflaum, München Heidelberg 1979
13 Buri, H.: Leistungshalbleiter, Eigenschaften und Anwendungen. W. Girardet, Essen 1983
14 Depenbrock, M.: Vorträge der VDE-Tagung Dynamische Probleme der Thyristortechnik. VDE, Berlin 1971
14a Junge, G.; Tadros, Y.; Wondrak, W.: Verbesserung des dynamischen Verhaltens von Rücklaufdioden in Pulswechselrichtern. etz 110 (1989) H. 10, S. 478−483
15 Moll, J.W.; Tannenbaum, M.; Goldey, J.M.; Holonyak, N.: PNPN-Transistor Switches. Proc. I.R.E. 44 (1956), p. 1174−1182
16 Macintosh, J.M.: The Electrical Characteristics of Silicon PNPN-Triodes. Proc. I.R.E. 46 (1958), p. 1229−1235
16a Åberg, A.: Optisch gezündete Thyristoren für die Übertragung elektrischer Energie. ABB Technik 2/90, S. 31−36
17 Ruegg, A.; Vitins, J.: Leistungshalbleiter für höchste Leistungen, Stand der Technik und Entwicklungstendenzen. Bull. SEV/VSE 77 (1986) H. 19, S. 1 206−1 211
17a Heumann, K.; Papp, G.: Neue abschaltbare Halbleiterbauelemente verändern die Leistungselektronik. etz. 110 (1989) H. 20, S. 458−463
17b Heumann, K.: Untersuchungen und Erfahrungen mit abschaltbaren Leistungshalbleitern. Archiv f. Elektrotechnik 72 (1989) H. 2, S. 95−111
18 Thomson-CSF: Handbuch II, Transistoren in der Leistungselektronik. Thomson-CSF Bauelemente GmbH München
19 Anke, D.: Leistungselektronik. R. Oldenbourg, München Wien 1986
20 Lemme, H.: Der ideale Schalter rückt näher. Elektronik (1987) H. 9, S. 100−106
21 Barret, J.: Geringere Schaltverluste durch zellularen Aufbau. Elektronik (1987) H. 9, S. 125−127
22 Hebenstreit, E.: SIRET − ein superschneller 1 000-V-Bipolartransistor, Siemens Components 25 (1987) H. 4, S. 147−150
23 Perier, L.; Maugest, P.: Leistungs-Darlingtonmodule ermöglichen neuartige Schaltungskonzepte. Elektronik (1986) H. 11, S. 100−102
24 Tihanyi, J.: A Qualitative Study of the DC Performance of SIPMOS Transistors. Siemens Forsch.- u. Entwickl.-Ber. 9 (1980) H. 4, S. 181−189
25 Bell, G.; Ladenhauf, W.: SIPMOS Technology, an Example of VLSI Precision Realized with Standard LSI for Power Transistors. Siemens Forsch.- u. Entwickl.-Ber. 9 (1980) H. 4, S. 190−194
26 Griebsch, U.; Krumm, M.: Leistungs-MOSFETs als schnelle Schalter. Elektronik (1982) H. 19, S. 108−112
27 Dumsky, G.: MOSFETs mit VLSI-Strukturen. Elektronik (1987) H. 9, S. 110−112

28   Kaifler, E.: SIPMOS-Depletionstransistoren − leitend auch ohne Ansteuersignal. Siemens Components 25 (1987) H. 3, S. 104−107

29   Hebenstreit, E.: Driving the SIPMOS Field-Effekt Transistor as a Fast Power Switch. Siemens Forsch.- u. Entwickl.-Ber. 9 (1980) H. 4, S. 200−204

30   Siemens AG: SIPMOS Bauelemente, Datenbuch 1987/88. Siemens AG, Berlin München 1987

31   Brauschke, P.; Sommer, P.: Smart SIPMOS; Leistungshalbleiter mit Intelligenz. Siemens Components 25 (1987) H. 5, S. 182−184

31a   Lemme, H.: Kraft und Intelligenz vereint: „Smartpower"-Bausteine − Möglichkeiten und Grenzen. Elektronik (1989) H. 11, S. 80−83

32   Peter, J.M.; Nadd, B.: Power Electronics, from the Discrete Component to the Function. Proceedings of the Second European Conference on Power Electronics and Applications, p. 43−48, EPE International Committee 1987

33   Aloisi, P.: Future of Power MOSFET. Proceedings of the Second European Conference on Power Electronics and Applications, p. 93−98. EPE International Committee 1987

34   Vogel, D.: IGBT − hochsperrende, schnell schaltende Transistormodule. Elektronik (1987) H. 9, S. 120−124

34a   Bösterling, W.; Jörke, R.; Tscharn, M.: IGBT-Module in Stromrichtern: regeln, steuern schützen. etz 110 (1989) H. 10, S. 464−471

34b   Bayerer, R.: Anwendung, Ansteuerung und Kurzschlußschutz von IGBT. etz 110 (1989) H. 10, S. 472−477

34c   Vogel, D.: IGBT-Modul: 1 000 V/300 A. Elektronik (1989) H. 14, S. 56−59

34d   Hauenstein, H.; Tihanyi, J.: IGBT: Ein neues Hochspannungsbauelement in SIPMOS-Technologie. Siemens Components 27 (1989) H.4, S. 151−153

35   Bechteler, M.: The Gate-Turnoff Thyristor (GTO). Siemens Forsch.- u. Entwickl.-Ber. 14 (1985) H. 2, S. 39−44

36   Hayashi, Y. et al.: A Consideration on Turn-Off Failure of GTO with Amplifying Gate. IEEE Transactions on Power Electronics, Vol. PE-2 (1987) No. 2, p. 90−97

37   Bechteler, M.: GTO-Thyristoren: Leistungsschalter für heute und morgen. Siemens Components 25 (1987) H. 1, S. 24−26

38   Bösterling, W.; Ludwig, H.; Schimmer, R.; Scharn, M.: Praxis mit dem GTO-Abschaltthyristor für selbstgeführte Stromrichter. Elektrotechnik 64 (1982) H. 24, S. 16−21; 65 (1983) H. 4, S. 14−17

39   Hempel, H.-P.: Bemessung und Ansteuerung von GTO-Thyristoren. Elektronik (1987) H. 9, S. 113−117

39a   Ishidoh, M. et al.: A New Reverse Conducting GTO. Proceedings of the third European Conference on Power Electronics and Applications, p. 121−125; EPE International Commitee 1989

40   Stoisiek, M.; Patalong, H.: Power Devices with MOS-Controlled Emitter Shorts. Siemens Forsch.- u. Entwickl.-Ber. 14 (1985) H. 2, S. 45−49

41   Nishizawa, J.-I. et al.: Low-Loss High-Speed Switching Devices, 2300-V 150-A Static Induction Thyristor. IEEE Transactions on Electronic Divices, Vol. ED-32 (1985) No. 4, p. 822−830

42   Nakamura, Y. et al.: Very high Speed Static Induction Thyristor. IEEE Transactions on Industry Applications, Vol. IA-22 (1986) No. 6, p. 1000−1006

42a   Nishizawa, J.; Tamanushi, T.: Recent development and future potential of the power static induction (SI) devices. Proceedings of the Third International Conference on Power Electronics and Variable Speed Drives London 1988. Power Division of the IEE, 21−24

42b   Nishizawa, J. et al.: Recent development of the static induction thyristors. Proceedings of the Third International Conference on Power Electronics and Variable Speed Drives London 1988. Power Division off the IEE, p. 37−40

42c   Muraoka, K. et al.: Characteristics of High-Speed SI Thyristor and its Application to the 60-kHz 100-kW High Efficienty Inverter. IEEE Transactions on Power Electronics, Vol. 4 (1989) No. 1, p. 92−100

42d   Grüning, G.: Der Feldgesteuerte Thyristor (FCTh) − ein Leitungshalbleiter für den Umrichter der Zukunft. Bulletin SEV/VSE 79 (1988) H. 5, S. 242−249

42e Grüning, H.; Voboril, J.: Der feldgesteuerte Thyristor (FCTh) – ein Leistungsschalter mit weitgehend optimalen Eigenschaften für den Einsatz im oberen Leistungsbereich. Archiv für Elektrotechnik 72 (1989) H. 2, S. 69–82

42f Haböck, A.: Anwendungsmöglichkeiten abschaltbarer Leistungshalbleiter. Energie & Automation 10 (1988) H. 4, S. 4–7

43 Robinson, F.V.P.; Williams, B.W.: Emitter Switching High-Power Transistors. Proceedings of the Second European Conference on Power Electronics and Applications, p. 56–59. EPE International Committee 1987

44 Clerk, G. et al.: A New Step towards the ideal Switch: The GTO MOS Cascode. Proceedings of the Second European Conference on Power Elektronics and Applications, p. 87–92. EPE International Committee 1987

44a Williams, B.W. et al.: GTO thyristor and bipolar transistor cascode switches. IEE Proceedings Vol. 137 (1990) Pt. B. No. 3 p. 141–153

45 Millour, C.: New Perspectives for GTO used as Conventional Thyristors with Gate Assisted Turn-Off Technique. Proceedings of the Second European Conference on Power Electronics and Applications, p. 69–75. EPE International Committee 1987

46 Hammerton, C.J.; Woodworth, F.A.: The GTO as a Fast Thyristor. Proceedings of the Second Conference on Power Electronics and Applications. p. 81–85. EPE International Committee 1987

46a Benčić, Z.; Ilić, D.: Calculation method for estimating thermal impedance for pulse current of power semiconductor devices. Archiv für Elektrotechnik 73 (1990), S. 173–180

47 Boehringer, A.; Knöll, H.: Transistorschalter im Bereich hoher Leistung und Frequenzen. etz 100 (1979) H. 13, S. 664–670

48 Vogelmann, H.: Analyse einer Wechselrichterschaltung mit bipolaren Transistoren. etz Archiv 8 (1986) H. 4, S. 129–136

49 Vogelmann, H.: Die permanenterregte umrichtergespeiste Synchronmaschine ohne Polradlagegeber als drehzahlgeregelter Antrieb. Dissertation Universität Karlsruhe 1986

50 Marquardt, R.: Untersuchung von Stromrichterschaltungen mit GTO-Thyristoren. Dissertation Universität Hannover 1982

51 Steinke, J.: Untersuchungen zur Ansteuerung und Entlastung des Abschaltthyristors beim Einsatz bis zu hohen Schaltfrequenzen. Dissertation Bochum 1986

52 Jung, M.: Improved Snubber for GTO Inverter with Energy Recovery by Simple passive Network. Proceedings of the Second European Conference on Power Electronics and Applications, p. 15–20. EPE International Committee 1987

53 Steinke, J.K.: Experimental Results on the Influence of the Capacity of the Snubber Capacitor on the Shape of the Tail Current of a GTO-Thyristor. Proceedings of the Second European Conference on Power Electronics and Applications, p. 21–25. EPE International Committee 1987

54 Sneyers, B.; Lataire, Ph.; Magetto, G.: Improved Voltage Source GTO Inverter with New Snubber Design. Proceedings of the Second European Conference on Power Electronics and Applications, p. 31–36. EPE International Committee 1987

55 Meissen, W.: Transiente Netzüberspannungen. etz 107 (1986) H. 2, S. 50–55

56 Glaser, A.; Müller-Lübeck, K.: Einführung in die Theorie der Stromrichter, Bd. 1: Elektrotechnische Grundlagen. Springer, Berlin 1935

57 Wasserrab, Th.: Schaltungslehre der Stromrichtertechnik. Springer, Berlin 1962

58 Möltgen, G.: Netzgeführte Stromrichter mit Thyristoren, Siemens AG, Berlin München 1974

59 Hartel, W.: Stromrichterschaltungen. Springer, Berlin 1977

60 Jötten, R.: Leistungselektronik, Bd. 1: Stromrichter-Schaltungstechnik. Vieweg, Braunschweig 1977

61 Bystron, K.: Technische Elektronik, Bd. 2: Leistungselektronik. Hanser, München 1979

62 Jäger, R.: Leistungselektronik, Grundlagen und Anwendungen. VDE, Berlin 1980

63 Möltgen, G.: Stromrichtertechnik, Einführung in Wirkungsweise und Theorie. Siemens AG, Berlin München 1983

64 Heumann, K.: Grundlagen der Leistungselektronik. Teubner, Stuttgart 1985

65 Anke, D.: Leistungselektronik. R. Oldenbourg, München Wien 1986

65a Zach, F.: Leistungselektronik. 2. Aufl. Springer, Wien New York 1988

66 Meyer, M.; Möltgen, G.; Wesselak, F.: Der Quecksilberdampf-Stromrichter als Stellglied in Regelkreisen

67 Flachmann, U.; Hestermann, H.: Stromversorgung für die Aluminiumhütte Tomago (Australien). Siemens Energie & Automation 7 (1985) H. 1, S. 42−46

68 Feyertag, H.: 86-MVA-Drehstrom-Gleichrichtertransformatoren für die Aluminiumhütte Tomago (Australien). Siemens Energie & Automation 7 (1985) H. 1, S. 47−50

69 Arremann, H.; Möltgen, G.: Oberschwingungen im netzseitigen Strom sechspulsiger netzgeführter Stromrichter. Siemens Forsch.- u. Entwickl.-Ber. 7 (1978) Nr. 2, S. 71−76

70 Grötzbach, M.: Berechnung der Oberschwingungen im Netzstrom von Drehstrom-Brückenschaltungen bei unvollkommener Glättung des Gleichstromes. etz Archiv 7 (1985) H. 2, S. 59−62

71 Canay, M.: Stationäres Verhalten von Gleichrichterschaltungen, Teil I: m-phasige Mittelpunktschaltung, etz Archiv 9 (1987) H. 11, S. 357−364

72 Grötzbach, M.: Netzoberschwingungen von stromgeregelten Drehstrombrückenschaltungen. etz 108 (1987) H. 19, S. 930−934

73 Salzmann, Th.: Leistungs- und Oberschwingungsverhältnisse beim netzgeführten Direktumrichter. ETG Fachberichte, Bd. 6, S. 87−105. VDE, Berlin 1980

74 Pelly, B.R.: Thyristor Phase-Controlled Converters and Cycloconverters. J. Wiley and Sons, New York 1971

75 Lundberg, R.: Die Stromversorgung für den elektrischen Zugbetrieb der Schwedischen Staatsbahnen (SJ). Elektr. Bahnen 46 (1975), S. 192−200

76 Salzmann, Th.; Wokusch, H.: Direktumrichterantrieb für große Leistungen und hohe dynamische Anforderungen. Siemens-Energietechnik 2 (1980) S. 409−413

77 Fink, R.; Grumbrecht, P.; Rautz, E.: Steuerung und Regelung von direkt umrichtergespeisten Synchronmaschinen. Techn. Mitt. AEG-TELEFUNKEN (1981) H. 1/2, S. 55−60

78 Terens, L.; Bommeli, J.; Peters, K.: Der Direktumrichter-Synchronmotor. Brown Boveri Mitt. (1982) H. 4/5, S. 122−132

79 Gleisner, G.; Wokusch, H.: Umrichtergespeiste Drehstrommotoren verdrängen den Gleichstromantrieb im oberen Leistungsbereich. Energie & Automation 9 (1987) H. 1, S. 4−7

80 Trautner, J.; Wieck, A.: Stromrichtermotor und Direktumrichterantrieb: Konzepte und Eigenschaften regelbarer Großantriebe. Energie & Automation 9 (1987) Special „Drehzahlveränderbare elektrische Großantriebe", S. 16−31

81 Pacas, J.M.: Drehstrommaschine mit Serienschaltung von Stator und Rotor als feldorientiert geregelter Direktumrichterantrieb. etz Archiv 9 (1987) H. 10, S. 315−320

82 Altmann, G.; Feyertag, H.: Stromrichtertransformatoren für große drehzahlveränderbare Antriebe. Energie & Automation 9 (1987) Spezial „Drehzahlveränderbare elektrische Großantriebe", S. 86−95

83 Bethge, W.; Güldenpfennig, A.: Eine neue Leistungsklasse von Bahnumformersätzen bei der Deutschen Bundesbahn. Elektrische Bahnen 80 (1982), S. 63−69

84 Stirba, A.; Vau, G.: Stromversorgungen im Rahmen des Erweiterungsprogramms für das 28-GeV-Protonensynchrotron des CERN in Genf. Siemens-Z. 45 (1971), S. 59−63

85 Warnke, O.: Einsatz einer doppeltgespeisten Asynchronmaschine in einer großen Windenergieanlage. Siemens-Energietechnik 5 (1983), S. 364−367

86 Möltgen, G.; Neupauer, H.: Ein netzfreundliches Verfahren zur Bahnstromversorgung über Direktumrichter. Elektr. Bahnen 79 (1981) H. 7, S. 286−288; H. 8, S. 312−314

87 Kanngießer, K.-W.; Obermann, Z.: Energieübertragung über weite Entfernungen. etz 102 (1981) H. 25, S. 1 332−1 337

88 Povh, D.: Technik der Hochspannungs-Gleichstrom-Übertragung. E und M 101 (1984) H. 11, S. 496−503

89 Moraw, G.: Hochspannungs-Gleichstrom-Kurzkupplung Dürnrohr. E und M 101 (1984) H. 11, S. 504−512

89a Essl, H. u.a.: HGÜ als Verbindung zwischen Drehstromnetzen. etz 110 (1989) H. 14, S. 702−707

89b Gampenrieder, R.; Novotný V.: HGÜ-Brückenschlag zwischen Bayern und der Tschechoslowakei. etz 110 (1989) H. 14, S. 712−714

90   Beringer, C.; Hengsberger, J.; Thiele, G.: HGÜ-Ventilentwicklung. etz 102 (1981) H. 25, S. 1 338 – 1 342

91   Adler, Th.; Geis, H.-B; Kanngießer, K.-W.: Oberschwingungen bei der Hochspannungs-Gleichstrom-Übertragung. etz 102 (1981) H. 25, S. 1 347 – 1 351

91a Jötten, R. u.a.: Verhalten einer HGÜ bei Störungen. etz 110 (1989) H. 14, S. 716 – 721

92   Nevries, K.-B.; Pestka, J.: Neue Erkenntnisse bei der Behandlung von Flickerproblemen unter Einbeziehung des UIE/IEC-Flickermeßverfahrens. Elektrizitätswirtschaft 6 (1986), S. 224 – 228

93   Nevries, K.-B.; Pestka, J.: Bewertung der Flickerwirkung von Spannungsschwankungen in öffentlichen Versorgungsnetzen und die daraus abgeleitete zulässige Störemission einzelner Kundenanlagen. Elektrizitätswirtschaft 7 (1987), S. 245 – 250

94   VDEW: Grundsätze für die Beurteilung von Netzrückwirkungen. Verlags- und Wirtschaftsgesellschaft der Elektrizitätswerke mbH Frankfurt a/M 1987

95   Knapp, P.; Kloss, A.: Oberschwingungskompensation mit Saugkreisfiltern bei Stromrichtergeräten, deren Anschlußleistung groß im Verhältnis zur Netzkurzschlußleistung ist. ETG-Fachberichte Bd. 6 (1980), S. 168 – 179, VDE Berlin

96   Schwarzenau, R.: Kompensation der Blindleistung durch Filterkreise in Netzen mit Stromrichter-Gleichstromantrieben. ETG-Fachberichte Bd. 6 (1980) 181 – 197, VDE Berlin

97   Schulz, W.: Netzrückwirkungen und ihre Kompensation in industriellen und gewerblichen Einrichtungen – Stromrichter. ETG-Fachberichte Bd. 17 (1986) 64 – 90. VDE Berlin

98   Schierling, H.; Weß, Th.: Netzrückwirkung durch Zwischenharmonische von Strom-Zwischenkreisumrichtern für drehzahlgeregelte Asynchronmotoren. etz Archiv 9 (1987) H. 7, S. 219 – 223

99   Gretsch, R.; Weber, R.: Oberschwingungsmessungen in Nieder- und Mittelspannungsnetzen – Netzimpedanzen. Elektrizitätswirtschaft 88 (1989) H. 12, S. 745 – 758

99a Meyer, M.: Netzrückwirkungen und elektromagnetische Verträglichkeit. ETG-Fachberichte Bd. 17 (1986), S. 7 – 14, VDE, Berlin

100 Pasel, K.: Netzrückwirkungen von Verbrauchern des Niederspannungsnetzes. ETG Fachbericht Bd. 17 (1986), S. 146 – 161, VDE, Berlin

101 Eisenack, H.; Hofmeister, H.: Digitale Nachbildung von elektrischen Netzwerken mit Dioden und Thyristoren. Arch. f. Elektrotech. 55 (1972) H. 1, S. 32 – 43

102 Vogt, F.: Die Simulation von Stromrichtern. ETZ-A 94 (1973) H. 8, S. 479 – 482

103 Gutzwiller, R.: Methode der digitalen Simulation von Stromrichterschaltungen gezeigt am Beispiel eines Gleichstromstellers. EZT-A 99 (1978) H. 1, S. 8 – 11

104 Arremann, H.: Digitale Simulation von Anlagen der Leistungselektronik. Siemens Forsch.- u. Entwickl.-Ber. 6 (1977) H. 5, S. 293 – 299; H. 6, S. 355 – 363

105 Möltgen, G.: Simulationsuntersuchungen zum Stromrichter mit Phasenfolgelöschung. Siemens Forsch.- u. Entwickl.-Ber. 12 (1983) H. 3, S. 166 – 175

106 Clos, G.; Söhner, W.; Späth, H.: Pulsstromrichter als Einspeise- und Kompensationseinrichtung. etz Archiv 8 (1986) H. 4, S. 137 – 142

107 Minasian, R.A.: Power MOSFET dynamic large-signal model. IEE Proc. Pt. I Vol. 130 (1983) No. 2, p. 73 – 79

108 Nuß, U.: Regelungstechnische Konzeption einer Blindleistungskompensationseinrichtung für hohe dynamische Anforderungen. etz Archiv Bd. 10 (1988) H. 2, S. 41 – 46

108a Klose, O.; Leuchs, M.: Simulationswerkzeug für die Stromrichter- und Antriebstechnik. Energie & Automation 12 (1990) H. 1, S. 11 – 13

108b Lavers, J.D. et al.: Analysis of power electronic circuits with feedback control: a general approach. IEE Proceedings Vol. 137 (1990) Pt. B. No. 4, p. 213 – 222

109 Gutzeit, K.: Meßtechnische Untersuchung der Oberschwingungen in Wechselstrom und -spannung, die bei Speisung eines Stromrichters in Brückenschaltung mit Ladekondensator als Glättungsmittel aus einem Wechselstromgenerator entstehen sowie theoretische und meßtechnische Untersuchung dieser Größen bei Anschluß des Stromrichters an das öffentliche Netz. Dissertation Hochschule der Bundeswehr Hamburg 1985

110 Albrecht, P.; Schlegel, Th.; Siebert, J.: Digitale Steuerung und Regelung für Stromrichterantriebe, Energie & Automation 9 (1987) Special „Drehzahlveränderbare elektrische Großantriebe", S. 66 – 75

111 Eder, E.; Henderson, J.; Lentz, C.: Heizumrichter für Diessellokomotiven. Siemens-Z. 39 (1965), S. 262−265

112 Golde, E.; Lehmann, G.: Schwingkreisumrichter für die induktive Erwärmung. AEG Mitteilungen 7 (1966) H. 7, S. 445−450

113 Matthes, H.G.: Einsatzbeispiele von statischen Umrichtern für Induktionserwärmung im Mittelfrequenzbereich bis 10 kHz im Hinblick auf Energieeinsparung und Betriebskosten. elektrowärme international 39 (1981) Bd. 3, S. B127−B132

114 Depenbrock, M.: Die Verknüpfung von Frequenz, Dämpfung und Steuerwinkel beim Schwingkreiswechselrichter. Archiv f. Elektrotechnik 49 (1964) H. 4, S. 235−239

115 Esche, R.; Walter, B.: 10-MW-Induktionserhitzer mit Schwingkreisumrichtern für 500 bis 1 000 Hz. Siemens-Z. 41 (1967) H. 7, S. 626−634

116 Seelig, A.: Mittelfrequenz-Wechselrichter für das induktive Kochen. Wiss. Ber. AEG-TELEFUNKEN 55 (1982) H. 1−2, S. 80−89

117 Neubig, A.: Neue elektronische Motorstarter 3RW1 SIKOSTART. Energie & Automation Produktinformation Standarderzeugnisse 5 (1985) H. 2, S. 9−11

118 Kaluza, P.; Neubig, A.: SIKOSTART: neue Funktionen − neue Anwendungsgebiete. Energie & Automation Produktinformation Standarderzeugnisse 8 (1988) H. 1, S. 17−19

119 Povh, D.; Tyll, H.: Statische Kompensatoren für Übertragungsnetze. Siemens-Energietechnik 4 (1982) H. 1, S. 34−39

120 Weschta, A.: Influence of Thyristor-Controlled Reactors on Harmonics and Resonance Effects in Power Supply Systems. Siemens Forsch.- u. Entwickl.-Ber. 14 (1985) H. 2, S. 62−68

121 Kohlhuber, E.: Selbstgeführter Umrichter mit Kommutierungsschwingkreis und Steuerung nach dem Unterschwingungsverfahren. BBC-Nachrichten 46 (1964) H. 12, S. 694−698

122 Schönung, A.; Stemmler, H.: Geregelter Drehstrom-Umkehrantrieb mit gesteuertem Umrichter nach dem Unterschwingungsverfahren. BBC-Nachrichten 46 (1964) H. 12, S. 699−721

123 Brenneisen, J.; Schönung, A.: Bestimmungsgrößen des selbstgeführten Stromrichters in sperrspannungsfreier Schaltung bei Steuerung nach dem Unterschwingungsverfahren. ETZ-A 90 (1969) H. 14, S. 353−357

124 Jackson, S.P.: Multiple Pulse Modulation in Static Inverters Reduces Selected Output Harmonics and Provides Smooth Adjustment of Fundamentals. IEEE Transactions on Industry and General Applications Vol. IGA-6 (1970) No. 4, p. 357−360

125 Daum, D.: Unterdrückung von Oberschwingungen durch Pulsbreitensteuerung. ETZ-A 93 (1972) H. 9, S. 528−530

126 Patel, S.P.; Hoft, R.G.: Generalized Techniques of Harmonic Elimination and Voltage Control in Thyristor Inverters: Part I − Harmonic Elimination, Part II − Voltage Control Techniques. IEEE Transactions on Industry Applications Vol. IA-9 (1973) No. 3, p. 310−317; Vol. IA-10 (1974) No. 5, p. 666−673

127 Undeland, T.M.; Mohan, N.: Overmodulation and Loss Considerations in High-Frequency Modulated Transitorized Induction Motor Drives. IEEE Transactions on Power Electronics Vol. 3 (1988) No. 4, p. 447−452

128 Pitel, I.J.: Spectral Errors in the Application of Pulsewidth Modulated Waveforms. IEEE Transactions on Industry Applications Vol. IA-17 (1981) No. 3, p. 289−295

129 Matsuda, Y. et al.: Development of PWM Inverter Employing GTO. IEEE Transactions on Industry Applications Vol. IA-19 (1983) No. 3, p. 335−342

130 Pollmann, A.: A Digital Pulsewidth Modulator Employing Advanced Modulation Techniques. IEEE Transactions on Industry Applications Vol. IA-19 (1983) No. 3, p. 409−414

131 Ziogas, P.D. et al.: Optimum Disign of a Three-Phase Rectifier-Inverter Type of Frequency Changer. IEEE Transactions on Industry Applications Vol. IA-21 (1985) No. 5, p. 1215−1225

132 Takahashi, I.; Mochikawa, H.: Optimum PWM Waveforms of an Inverter for Decreasing Acoustic Noise of an Induction Motor. IEEE Transactions on Industry Applications Vol. IA-22 (1986) No. 5, 828−834

133 Weichmann, E.P. et al.: Generalized Functional Model for Three-Phase PWM Inverter-Rectifier Converters. IEEE Transactions on Industry Applications Vol. IA-23 (1987) No. 2, p. 236−246

134 Hamman, J.; van der Merve, F.S.: Voltage Harmonics Generated by Voltage-Fed Inverters Using PWM Natural Sampling. IEEE Transactions on Power Electronics, Vol. 3 (1988) No. 3, p. 297–302

135 Taniguchi, K. et al.: PWM Technique for Power MOSFET Inverter. IEEE Transactions on Power Electronics Vol. 3 (1988) No. 3, p. 328–334

136 Thorborg, K.; Nyström, A.: Staircase PWM: An Uncomplicated and Efficient Modulation Technique for AC Motor Drives. IEEE Transactions on Power Electronics, Vol. 3 (1988) No. 4, p. 391–398

136a Malesani, L.; Tenti, P.: A Novel Hysteresis Control Method for Current-Controlled Voltage-Source PWM Inverters with Constant Modulation Frequency. IEEE Transactions on Industry Applications Vol. 26 (1990) No. 1, p. 88–92

136b Enjeti, P.N. et al.: Programmed PWM Techniques to Eliminate Harmonics: A Critical Evaluation. IEEE Transactions on Industry Applications Vol. 26 (1990) No. 2, p. 302–316

137 Holtz, J.; Wurm, H.P.: A new type of voltage fed inverter for the megawatt range. Elektrische Bahnen 80 (1982) H. 7, S. 214–221

138 Alolah, A.I. et al.: A Three-Phase Neutral Point Clamped Inverter for Motor Control. IEEE Transactions on Power Electronics, Vol. 3 (1988) No. 4, p. 399–405

139 Steinke, J.K.: Grundlagen für die Entwicklung eines Steuerverfahrens für GTO-Dreipunktwechselrichter für Traktionsantriebe. etz Archiv 10 (1988) H. 7, S. 215–220

139a Steinke, J.K.: Pulsbreitenmodulationssteuerung eines Dreipunktwechselrichters für Traktionsantriebe im Bereich niedriger Motordrehzahlen. etz Archiv 11 (1989) H. 1, S. 17–24

140 Späth, H.: Steuerverfahren für Drehstrommaschinen. Springer, Berlin 1983

141 Meyer, M.: Selbstgeführte Thyristor-Stromrichter, Siemens AG, Berlin München 1974

142 Müller-Hellmann, A.: Pulsstromrichter am Einphasen-Wechselstromnetz. etz Archiv 1 (1979) H. 3, S. 73–78

143 Van der Broeck, H.: Untersuchung des Oberschwingungsverhaltens eines hochtaktenden Vierquadrantenstellers. etz Archiv 8 (1986) H. 6, S. 195–199

144 Clos, G.; Söhner, W.; Späth, H.: Pulsstromrichter als Einspeise- und Kompensationseinrichtung. etz Archiv 8 (1986) H. 4, S. 137–142

145 Braun, M.: Selbstgeführter Netzstromrichter mit Spannungsausgang und geringer Netzrückwirkung. Siemens Forsch.- u. Entwickl.-Ber 16 (1987) Nr. 2, S. 55–59

145a Green, A.W. et al.: 3-phase voltage sourced reversible rectifier. IEE Proceedings Vol. 135 (1988) Pt. B. No. 6, p. 366–370

146 Dinkel, G.; Gretsch, R.: Kompensator für Oberschwingungen und Blindleistung. etz Archiv 9 (1987) H. 1, S. 9–14

147 Nuß, U.: Blindleistungskompensation mit selbstgeführtem Stromrichter und kapazitivem Energiespeicher. Dissertation Universität Karlsruhe 1989

148 Sumi, Y. et al.: New Static VAR Control using Force-Commutated Inverters. IEEE Transactions on Power Apparatus and Systems, Vol. PAS-100 (1981) No. 9, p. 4216–4224

149 Schwarzenau, R.: Verbraucher mit Stoßleistungsbedarf. ETG-Fachberichte 17 (1986), S. 112–132 VDE Berlin

149a Walker, L.H.: 10-MW GTO Converter for Battery Peaking Service. IEEE Transactions Vol. 26 (1990) No. 1, p. 63–72

149b Akagi, H. et al.: Analysis and Design of an Active Power Filter Using Quad-Series Voltage Source PWM Converters. IEEE transactions on Industry applications Vol. 26 (1990) No. 1, p. 93–98

149c Clemens, M.: Blindleistungskompensation in industriellen Mittelspannungsnetzen. etz 111 (1990) H. 10, S. 500–505

149d Pesch, H.: Energiespeicher im Netz- und Inselbetrieb. etz 111 (1990) H. 10, S. 506–511

150 Inaba, H. et al.: A New Speed Control System for DC Motors Using GTO Converter and its Application to Elevators. IEEE Transactions on Industry Applications, Vol. IA-21 (1985) No. 2, p. 391–397

151 Ziogas, P.D. et al.: PWM Control Techniques for Rectifier Filter Minimization. IEEE Transactions on Industry Applications, Vol. IA-21 (1985) No. 5, p. 1206–1214

152 Wiechmann, E.P. et al.: A Novel Bilateral Power Conversion Scheme for Variable Frequency Static Power Supplies. IEEE Transactions on Industry Applications. Vol. IA-21 (1985) No. 5, p. 1226–1233

153 Malesani, L.; Tenti, P.: Three-Phase AC/DC PWM Converter with Sinusoidal AC Currents and Minimum Filter Requirements. IEEE Transactions on Industry Applications, Vol. IA-23 (1987) No. 1, p. 71−77

154 Hombu, M. et al.: A Current Source GTO Inverter with Sinusoidal Inputs and Outputs. IEEE Transactions on Industry Applications, Vol. IA-23 (1987) No. 2, p. 247−255

154a Itoh, R.; Ishizaka, K.: Series connected PWM GTO current/source converter with symmetrical phase angle control. IEE Proceedings Vol. 137 (1990) Pt. B. No. 4, p. 205−212

155 Sharodi, E.; Dewan, A.S.: Steady-State Characteristics of the Six-Pulse Bridge Rectifier with Input-Filter. IEEE Transaction on Industry Applications, Vol. IA-21 (1985), p. 1418−1423

156 Lienau, W.; Müller-Hellmann, A.: Möglichkeit zum Betrieb von stromeinprägenden Wechselrichtern ohne niederfrequente Oberschwingungen. ETZ-A 97 (1976) H. 11, S. 663−667

157 Bowes, S.R.; Bullough, R.: PWM switching strategies for current-fed inverter drives. IEE Proceedings Vol. 131 (1984) Pt. B No. 5, p. 195−202

158 Namuduri, C.; Sen, P.C.: Optimal Pulswidth Modulation for Current Source Inverters. IEEE Transactions on Industry Applications, Vol. IA-22 (1986) No. 6, p. 1052−1072

158a Kaltenbach, K.: Modulationsverfahren mit Raumzeigern für Stromzwischenkreis-Pulswechselrichter. etz Archiv 10 (1988) H. 9, S. 303−306

159 Itoh, R.: Simplified configuration of GTO current source inverter for induction motor drives. IEE Proceedings Vol. 135 (1988) Pt. B. No. 5, p. 218−223

160 Bowes, S.R.; Bullough, R.I.: Optimal PWM microprocessor-controlled current-source inverter drives. IEE Proceedings Vol. 135 (1988) Pt. B. No. 5, p. 59−75

160a Nonaka, S.; Neba, Y.: A PWM GTO Current Source Converter-Inverter System with Sinusoidal Inputs and Outputs. IEEE Transactions on Industry Applications Vol. 25 (1989) No. 1, p. 76−85

161 Backhaus, G.; Möltgen, G.: Kommutierung beim sechspulsigen selbstgeführten Wechselrichter für Betrieb mit eingeprägtem Strom. ETZ-A 90 (1969) H. 14, S. 327−331

162 Möltgen, G.: Grundlagen einer Theorie des Stromrichters in Drehstrom-Brückenschaltung mit mehrstufiger LC-Kommutierung. Siemens-Z. 43 (1969) H. 8, S. 680−685

163 Alesina, A.; Venturini, M.: Solid-State Power Conversion: A Fourier Analysis Approach to Generalized Transformer Synthesis. IEEE Transactions of Circuits and Systems Vol. CAS-28 (1981) No. 4, p. 319−330

164 Braun, M.: Ein dreiphasiger Direktumrichter mit Pulsbreitenmodulation zur getrennten Steuerung der Ausgangsspannung und der Eingangsblindleistung. Dissertation TH Darmstadt 1983

165 Rodriguez, J.: Realisierungsmöglichkeiten und Steuerverfahren für Direktumrichter mit Leistungstransistoren. Dissertation Universität Erlangen 1984

166 Ziogas, P.D. et al.: Some Improved Forced Commutated Cycloconverter Structures. IEEE Transactions on Industry Applications, Vol. IA-21 (1985) No. 5, p. 1242−1253

167 Cheron, Y. et al.: An improved direct frequency changer using power Transistors. Proceedings of the first European Conference on Power Electronics and Applications, p. 1123−1127. EPE International Committee 1985

168 Kastner, G.; Rodriguez, J.: A forced commutated cycloconverter with control of the source and load currents. Proceedings of the first European Conference on Power Electronics and Applications, p. 1141−1146. EPE International Committee 1985

169 Khan, S.I. et al.: Forced Commutated Cycloconverters for High-Frequency Link Applications. IEEE Transactions on Industry Applications Vol. IA-23 (1987) No. 4, p. 661−672

170 Lipo, Th.A.: Recent Progress in the Development of Solid-State AC Motor Drives. IEEE Transactions on Power Electronics Vol. 3 (1988) No. 2, p. 105−117

171 Späth, H.; Söhner, W.: Der selbstgeführte Direktumrichter als Stellglied für Drehstrommaschinen. Archiv für Elektrotechnik 71 (1988), S. 441−450

171a Alesina, A.; Venturini, M.: Analysis and Design of Optimum-Amplitude Nine-Switch Direct AC-AC Converters. IEEE Transactions on Power Electronics, Vol. 4 (1989) No. 1, p. 101−112

171b Shin, D.-H.; Cho, G.-H.; Park, S.-B.: Improved PWM method of forced commutated cycloconverters. IEE Proceedings Vol. 136 (1989) Pt. B. No. 3, p. 121−126

172 Gyugyi, L.; Pelly, B.R.: Static power frequency changer. John Wiley & Sons, New York London Sydney Toronto 1976

172a Thomas, F.W.; Dahlinger, D.: Neuartiger Parallelschwingkreis-Umrichter für das induktive Erwärmen. Elektrowärme International 47 (1989) B2, S. B80—B86

172b Peng, F.Z. et al.: High-Frequency Current-Source Inverters Using SI Thyristors for Induction Heating Applications. IEEE Transactions on Industry Applications, Vol. 25 (1989) No. 1, p. 172—180

173 Gathmann, H.; Harprecht, W.; Weigel, W.D.: Übersicht über die jüngsten Entwicklungen der Drehstromantriebstechnik bei elektrischen Bahnen 86 (1988) H. 1, S. 22—39

174 Bohli, W.U.; Steinmann, F.: Die Umrichter-Lokomotiven mit GTO-Thyristoren und Mikroprozessorsteuerung für die Schweizer Bahnen. ZEV-Glasers Annalen 111 (1987) H. 11/12, S. 401—417

175 Körber, J.: Die elektrische Ausrüstung der Hochleistungslokomotive Baureihe E 120 der Deutschen Bundesbahn mit Drehstromfahrmotoren. ZEV-Glasers Annalen 104 (1980) H. 8/9, S. 299—308

176 Laber, H.: Phase Effects of Current-Source DC Link Converters on Power Systems. Siemens Forsch. -u. Entwickl. Ber. 10 (1981) H. 6, S. 346—350

177 Schierling, H.; Weß, Th.: Netzrückwirkungen durch Zwischenharmonische von Strom-Zwischenkreisumrichtern für drehzahlgeregelte Asynchronmotoren. etz Archiv 9 (1987) H. 7, S. 219—223

178 Ettner, N. u.a.: Netzrückwirkungen umrichtergespeister Drehstromantriebe. etz 109 (1988) H. 14, S. 626—629

179 Jungnitsch, M.F.; Tavares, C.: Einfluß der HGÜ auf Telekommunikationssysteme. etz 110 (1989) H. 14, S. 722—726

179a Anke, D.: Elektromagnetische Beeinflussung durch leistungselektronische Wandler. S. 27—64 in „Elektromagnetische Verträglichkeit (EMV)". expert Verlag; VDE, Berlin 1981

180 Wilhelm, J.: Begriffe und Probleme der „Elektromagnetischen Verträglichkeit (EMV)". S. 13—26 in „Elektromagnetische Verträglichkeit (EMV)". expert Verlag; VDE, Berlin 1981

181 Anke, D.: Störsicherheit elektronischer Systeme. S. 65—110 in „Elektromagnetische Verträglichkeit (EMV)". expert Verlag; VDE, Berlin 1981

182 Landt, K.: EMV-gerechte Verkabelung und Erdung. S. 153—174 in „Elektromagnetische Verträglichkeit (EMV)". expert Verlag; VDE, Berlin 1981

183 Schaller, R.: EMV durch Einsatz von Entstörbauelementen. S. 189—215 in „Elektromagnetische Verträglichkeit (EMV)". expert Verlag; VDE, Berlin 1981

184 Dvorak, T. (Proceedings Editor): electromagnetic compatibility 1989. Proceedings of the 8th International Zürich Symposium on Electromagnetic Compatibility. Institute for Communication Technology of the Swiss Federal Institute of Technology Zürich

185 Handbuch Elektromagnetische Verträglichkeit. VDE, Berlin 1987

Sachverzeichnis